A. HAACK UND N. KLAWA

UNTERIRDISCHE STAHLTRAGWERKE
HINWEISE UND EMPFEHLUNGEN ZU PLANUNG, BERECHNUNG UND AUSFÜHRUNG

MIT BEITRÄGEN VON H. DUDDECK UND A. STÄDING

1982

BERATUNGSSTELLE FÜR STAHLVERWENDUNG
DÜSSELDORF

Der vorliegende Bericht wurde im Arbeitsausschuß „Bautechnik" der STUVA beraten und vom Arbeitskreis „Tunnelbau" der Studiengesellschaft für Anwendungstechnik von Eisen und Stahl e. V. betreut. Für die dort erhaltenen Anregungen und Ergänzungen sei an dieser Stelle den Mitarbeitern beider Gremien nochmals gedankt.

Arbeitsausschuß „Bautechnik" der STUVA

Stadtdirektor a. D. Dr.-Ing. E. h. Oehm (Vorsitzender), Essen
Dir. Dipl.-Ing. Babendererde, Hochtief AG., Essen
Dr.-Ing. Deters, Teerbau-Gesellschaft für Straßenbau mbH., Essen
Städt. Baudirektor Duda, Stadtbahnbauamt Dortmund
Baurat Emig, Baubehörde Hamburg, Hauptabteilung Brücken- und Ingenieurbau
Bundesbahn-Abteilungspräsident Dipl.-Ing. Grosche, Bundesbahndirektion Essen
Dipl.-Ing. Hänig, Stahlwerke Peine-Salzgitter AG., Peine
Dipl.-Berging. Helfferich, Deilmann-Haniel GmbH., Dortmund
Dipl.-Ing. Huwar, Stadt Duisburg, Stadtbahnbauamt
Stadtdirektor Dipl.-Ing. Krischke, U-Bahnreferat München
Bergassessor Masson, Heitkamp GmbH., Herne II
Dipl.-Ing. Mayer, Rhein-Ruhr Ingenieurgesellschaft mbH., Dortmund
Dipl.-Ing. Rottenfußer, Dyckerhoff & Widmann AG., München
Ltd. Min.-Rat Dipl.-Ing. Schmidt, Ministerium für Wirtschaft,
Mittelstand und Verkehr des Landes NRW, Düsseldorf
Dipl.-Ing. Sommer, Gewerkschaft Walter, Essen

Arbeitskreis „Tunnelbau" der Studiengesellschaft für Anwendungstechnik von Eisen und Stahl e. V.

Dr.-Ing. Oberegge, TradeARBED Deutschland GmbH, Köln
Ing. (grad.) Wilzek, ESTEL Hoesch Werke AG, Abt. Spundwand, Dortmund
Dipl.-Ing. Hundt, Klöckner-Werke AG, Mannstaedt Werke, Troisdorf
Ing. (grad.) Krämer, Theodor Wuppermann GmbH, Leverkusen

Sonderdruck für die Beratungsstelle für Stahlverwendung, Düsseldorf, des gleichnamigen Titels aus der Buchreihe „Forschung + Praxis – U-Verkehr und unterirdisches Bauen" der Studiengesellschaft für unterirdische Verkehrsanlagen e. V. – STUVA, Köln.

Diese Veröffentlichung ist das Ergebnis eines Forschungsauftrages der Studiengesellschaft für Anwendungstechnik von Eisen und Stahl e. V., Düsseldorf, an die Studiengesellschaft für unterirdische Verkehrsanlagen e. V. – STUVA, Köln, mit finanzieller Unterstützung durch den Bundesminister für Forschung und Technologie (Förderungskennzeichen S 088/2). Bericht abgeschlossen April 1981.

Bearbeitung: Dr.-Ing. Alfred Haack, Dr.-Ing. Norbert Klawa, beide STUVA, Köln; Prof. Dr.-Ing. Heinz Duddeck, Dr.-Ing. Axel Städing, beide Institut für Statik an der TU Braunschweig.

Inhalt

Verzeichnis der Anhänge

---

* Verfasser: Prof. Dr.-Ing. H. Duddeck und Dr.-Ing. A. Städing, Institut für Statik, TU Braunschweig

Underground Steel Supporting Structures, Recommendations governing Planning, Calculation and Execution

Summary

In the case of tunnelling and in fact generally as far as subterranean construction is concerned – particularly, where major deformations and ground movements appear likely – the question arises time and time again about the possibility of using steel supporting frameworks. Such considerations first and foremost are derived from the positive material characteristics of steel, which have been taken advantage of in other spheres of construction for a long time now. The use of steel for instance, for piling or as construction pit lining, frame skeletons or bridge supporting structures is a matter of course in civil engineering. Support systems down mines and lining for pressure tunnels make use of steel's great plasticity.

In tunnelling, steel is generally only used for temporary sheeting (steel arches, forepoling boards or liner plates), but till now scarcely as the final lining. This may have a lot to do with the relatively difficult production and the present price-relationships to other lining systems. However, the corrosion behaviour of steel materials – both with regard to time and enviromental conditions – always plays a big part in the discussion concerning the pros and cons of deploying steel constructions as the sole means of providing the permanent support system for a subterranean cavity.

Generally speaking, planners and contractors have only had sufficient practical experience with reference to the setting up and maintenance of subterranean supporting structures made of steel from a handful of construction projects. There was no systematic compilation and evaluation of this experience available. As a consequence, each new project up for tendering, provided new problems relating to the constructional possibility, the means of execution, corrosion protection, sound and fire protection as well as static calculation. As far as all these factors are concerned, STUVA's investigation should create improved basic conditions in this field. Numerous literary sources at home and abroad were evaluated in order to achieve this. Furthermore, around one hundred organisations within the Federal Republic of Germany and elsewhere were written to specially: municipal offices, construction firms, metallurgic plants and rolling mills, institutes of universities and the top construction authorities of the Länder within the Federal Republic of Germany, as well as communal and state offices abroad.

The Report initially looks at the material „Steel" and its characteristics for use within the field of subterranean construction (Chapter 2). The supporting behaviour of steel, its weldability and issues relating to corrosion both in the ground as well as in the air are all dealt with. The most important corrosion protection measures are summarised in 12 recommendations.

Three further chapters deal at length with various issues relating to application and execution technique. They contain summarizing recommendations for practice, which have been derived from numerous examples at home and abroad. In detail, these three main chapters pertaining to constructional measures for subterranean steel supporting structures or components subdivide as follows:

– Steel as a constant, statically effective safety element (Chapter 3) in the case of
  - the open construction method in a temporarily secured construction pit (4 recommendations, 2 examples),
  - wall-ceiling and/or wall-floor method of construction (5 recommendations, 7 examples),
  - the closed construction method with shield drivage and pipe-jacking (7 recommendations, 13 examples),
  - closed construction method with temporary rock securing (5 recommendations, 2 examples).

In addition, in this chapter considerations pertaining to sound-borne noise and vibration protection as well as fire protection in the case of steel tunnels are included.

– Steel as a constant sealing measure (Chapter 4)
  - in the case of immersed underwater tunnels (4 recommendations, 4 examples),
  - in the case of shield drivage, tunnels driven by mining means and through jacking (5 recommendations, 4 examples).

– Steel as a temporary securing element (Chapter 5) for
  - the open construction method (3 recommendations, 2 examples),
  - the closed construction method with screens (5 recommendations, 11 examples),
  - closed construction method with segment lining or blocking (6 recommendations, 10 examples).

Altogether, 55 examples from home and abroad have been included in order to illustrate the variety of the possibilities of application. The examples have been split up into several appendices corresponding to the thematic division of the overall report. Each example is comprised of a text and a pictorial section. In the process, an attempt is made to provide in concentrated form, the most comprehensive information possible relating to the various individual constructional measures which were carried out.

Aspects relating to static calculation and dimensioning of subterranean steel supporting structures have been dealt with at length in Chapter 6 by the Institute for Statics at the Technical University of Brunswick (Prof. Duddeck). Load acceptances, structural safety measures and calculating measures are all examined in detail. A related appendix deals with the dimensioning of steel segments in accordance with the load-factor method of design.

A list of valid German standards, regulations and guidelines (Chapter 7) as well as a further list of no less than 154 related sources of reference (Chapter 8) serve to round off the overall picture.

1. Einführung

Beim Tunnelbau und allgemein im Bereich des unterirdischen Bauens tritt – besonders dort, wo mit großen Verformungen und Baugrundbewegungen zu rechnen ist – immer wieder auch die Frage nach der Anwendungsmöglichkeit von Stahltragwerken auf. Derartige Überlegungen werden in erster Linie geleitet von den günstigen Stoffeigenschaften des Stahls, die in anderen bautechnischen Bereichen seit langem genutzt werden. So ist im Ingenieurbau der Einsatz von Stahl zum Beispiel als Spundwand oder Baugrubenverbau selbstverständlich. Der bergbauliche Grubenausbau und die Druckstollenauskleidung machen von der großen Plastizierfähigkeit des Stahls Gebrauch. Im Tunnelbau ist die Verwendung von Stahl als vorläufiger Verbau üblich (Stahlbögen, Vorpfänddielen oder Liner-plates), aber bisher kaum als endgültige Auskleidung. Dies mag an der relativ schwierigen Fertigung und an den derzeitigen Preisrelationen liegen. Stets nimmt aber in der Diskussion über das Für und Wider den Einsatz von Stahlkonstruktionen als alleinige Maßnahme für den endgültigen Ausbau eines unterirdischen Hohlraums das zeit- und umweltabhängige Korrosionsverhalten der Stahlwerkstoffe einen breiten Raum ein. Gerade von dieser Frage ausgehend bestehen in weiten Kreisen sowohl auf der Bauherrenseite als auch unter den planenden und ausführenden Stellen zum Teil erhebliche Unklarheiten.

Vor diesem Hintergrund haben die Studiengesellschaft für Anwendungstechnik von Eisen und Stahl e. V. und die Beratungsstelle für Stahlverwendung, Düsseldorf, mit finanzieller Förderung durch die Kernforschungsanlage Jülich GmbH (BMFT, Förderungskennzeichen 5 088/2) die STUVA beauftragt, die technischen Anwendungsmöglichkeiten und -grenzen von unterirdischen Stahltragwerken anhand von Beispielen aufzuzeigen und daraus Empfehlungen für die Praxis abzuleiten.

Verbesserte Kenntnisse auf diesem Gebiet dürften unter Berücksichtigung der spezifischen Trageigenschaften des Stahls (Plastizierbarkeit bei Überschreiten der Streckgrenze – Anwendbarkeit des Traglastverfahrens) zumindest in speziellen Fällen zu technischen und wirtschaftlichen Vorteilen gegenüber anderen Auskleidungssystemen führen. Dies gilt in besonderem Maße für den Bereich der Bergsenkungsgebiete. Erste Anwendungsbeispiele hierzu sind aus dem Stadtbahnbau in Gelsenkirchen bekannt. Aber auch sonst kann ein stählerner Tunnelausbau nicht unbeträchtliche Einsparungen mit sich bringen, wenn z. B. ein verringerter Bodenaushub und eine verkürzte Bauzeit erreicht werden können. Verbesserungen in dieser Hinsicht kommen in Form verringerter Baukosten volkswirtschaftlich der Allgemeinheit zugute. Eine kürzere Bauzeit im Zusammenhang mit der Errichtung von Tunnelbauwerken im Innenstadtbereich würde sich darüber hinaus für die Anlieger und den betroffenen Oberflächenverkehr günstig auswirken.

Bisher lagen Planern und Ausführenden in der Regel jeweils nur von wenigen Bauvorhaben ausreichende praktische Erfahrungen bezüglich der Errichtung und Unterhaltung unterirdischer Stahltragwerke vor.

Eine systematische Zusammenstellung und Auswertung dieser Kenntnisse fehlte. Dadurch bestanden Unsicherheiten bei der Stahlanwendung im Tunnelbau. Bei jedem Ausschreibungsobjekt stellten sich demzufolge Fragen zu den Problemen der konstruktiven Gestaltungsmöglichkeit, der Ausführungstechnik, des Korrosionsschutzes, des Schall- und Brandschutzes und der statischen Berechnung.

Zahlreiche im Rahmen der Untersuchung ausgewertete Unterlagen, insbesondere die Ergebnisse von Sondervorschlägen zu größeren Bauvorhaben, sind nicht allgemein zugänglich. Andere Erkenntnisse sind nur sehr verstreut in Einzelveröffentlichungen zu finden. Für den Praktiker ist es daher oft zu aufwendig, teilweise sogar unmöglich, sich den erforderlichen Überblick zu verschaffen. Daraus resultieren zum großen Teil die oben erwähnten Unklarheiten über die Anwendungsmöglichkeiten von Stahl auf dem Gebiet des unterirdischen Bauens. In dieser Hinsicht kann und soll die vorliegende Arbeit zu einer grundlegend verbesserten Situation führen. Dabei war seitens des Auftraggebers von vornherein daran gedacht, die von ihm zuvor geförderten Untersuchungen von Duddeck, Maidl und der STUVA [1/1 bis 1/5] zusammenfassend einzuarbeiten, zu ergänzen und zu aktualisieren.

Der nachfolgende Bericht geht zunächst auf den Werkstoff „Stahl" und seine generellen Eigenschaften ein (Kapitel 2). Drei weitere Kapitel behandeln die Fragen der Anwendungs- und Ausführungstechnik. Dabei wurde unterschieden zwischen dem Einsatz von Stahl als bleibendes, statisch wirksames Sicherungselement (Kapitel 3), als bleibende Abdichtungsmaßnahme (Kapitel 4) und als vorläufiges Sicherungselement (Kapitel 5). Zahlreiche Beispiele aus dem In- und Ausland wurden herangezogen, um die Vielfalt der Anwendungsmöglichkeiten aufzuzeigen und aus den dabei gewonnenen Erfahrungen Empfehlungen für künftige Bauaufgaben abzuleiten. Die Beispiele sind in verschiedenen, thematisch der Gliederung des Gesamtberichts entsprechend abgegrenzten Anhängen zusammengestellt und erläutert. Im Kapitel 6 wurden Probleme der statischen Berechnung und Bemessung vom Institut für Statik an der TU Braunschweig (Prof. Duddeck) bearbeitet. Ein Verzeichnis der gültigen Normen, Vorschriften und Richtlinien (Kapitel 7) sowie eine Zusammenstellung weiterführender Literatur (Kapitel 8) dienen zur Abrundung des Gesamtbildes. Besonderer Wert wurde auf eine deutliche Quellenangabe sowie auf die Zugänglichkeit von mitgeteilten Arbeitsunterlagen gelegt, um dem Interessenten auf der Planungs- und Ausführungsseite in Einzelfragen die Möglichkeit zu weiterer Information zu geben.

Die komplizierte und vielschichtige Thematik sowie die mit der teilweise weltweiten Beschaffung von technischen Details und Daten verbundenen Schwierigkeiten haben für die Erstellung der Arbeit einen erheblichen Zeitaufwand erfordert. Der Auftraggeber hat allen diesbezüglichen Problemen gegenüber viel Verständnis aufgebracht, wofür an dieser Stelle ausdrücklich gedankt sei.

2. Grundlagen für den Einsatz von Stahl im Bereich des unterirdischen Bauens

2.1 Generelles Tragverhalten

Der Baustoff Stahl zeichnet sich nach [2/1] u. a. durch folgende charakteristische Eigenschaften aus:

- hohe Festigkeit
- großes Plastiziervermögen in Verbindung mit einer hohen Unempfindlichkeit gegen Sprödbruch
- gute Schweißeignung
- geringes Gewicht im Vergleich zur Tragfähigkeit

Der mögliche Einfluß der Korrosion auf das Tragverhalten wird in Abschnitt 2.3 behandelt.

Um die spezifischen Eigenschaften des Stahls im Bereich des unterirdischen Bauens möglichst optimal nutzen zu können, sollen diese nachstehend kurz erläutert werden [2/1]:

Das typische Tragverhalten einer Stahlauskleidung, beispielhaft dargestellt am Berechnungsmodell eines teilweise gebetteten Kreisringes, geht aus Bild 2/1 hervor. Generell ist ersichtlich, daß bei gleichbleibender Baugrundbettung K_B die Momente M mit Verringerung der Ausbau-Biegesteifigkeit EJ sehr stark abnehmen. Die hier nicht dargestellten Längskräfte N hängen dagegen nur wenig von der Biegefestigkeit ab. In der Regel sind die Einflüsse von M und N auf die Grenztragfähigkeit der Auskleidung von etwa gleicher Größenordnung. Mit der Wahl einer biegeweicheren, hochfesten Auskleidung können die Momente wesentlich verkleinert werden. Beim Stahlausbau hoher Flexibilität sind also grundsätzlich kleinere Biegemomentenbeanspruchungen zu erwarten als bei einer relativ steifen Ortbetonschale.

Im Spannungsdehnungsdiagramm Bild 2/2 wird Stahl mit Gußwerkstoffen verglichen. Im Grenztragfähigkeitsfall bilden sich aufgrund der Plastizierungsmöglichkeiten des Stahls plastische Momente aus, die nicht überschritten werden dürfen. Durch Fließgelenkbildung wird die Konstruktion zu einer Gelenkkette. Bei sehr weichen Auskleidungen sind die plastischen Momente vernachlässigbar klein. Dies bestätigt die Praxis zum Beispiel durch den Einsatz von sehr dünnen stählernen Auskleidungen wie Armco-Thyssen-Rohren [2/2] (vgl. auch Beispiel A2 im Anhang A). Beim Gußeisen besitzt erst die hochduktile Klasse mit Kugelgraphit GGG eine größere plastische Verformbarkeit [2/3]. Zusätzlich ist hierbei jedoch zu beachten, daß die Materialeigenschaften von Gußerzeugnissen gegenüber Walzerzeugnissen in der Regel stärker von der Wanddicke und dem Gießvorgang abhängig sind.

Die Tragfähigkeit von Tunnelauskleidungen muß auch unter dem Aspekt der Definition des der Berechnung zugrunde liegenden Sicherheitskonzeptes gesehen werden. In Bild 2/3 sind symbolisch die drei Varianten dargestellt, nach denen zur Zeit Ingenieurbauwerke bemessen werden. Die Berechnung nach der Elastizitätstheorie begrenzt die Tragfähigkeit einer Konstruktion in der Regel auf den Zustand, bei dem der Baustoff in einem ersten Punkt eine Grenzspannung σ_u (bei Stahl zum Beispiel die Fließspannung) erreicht. Tragreserven, die bei plastizierbarem Material beim Erreichen der Streckgrenze vorhanden sind, werden nicht erfaßt.

Wird die Berechnung auf einen tatsächlichen Versagenszustand des statischen Systems bezogen (Entwicklung einer kinematischen Kette mit Verlust des Gleichgewichts), ist die Plastizierfähigkeit zu berücksichtigen. Die Plastizitätstheorie in der vereinfachten Form des Traglastverfahrens [2/4], [2/5] mit der Annahme plastischer Gelenke liefert die System-Sicherheit N_T.

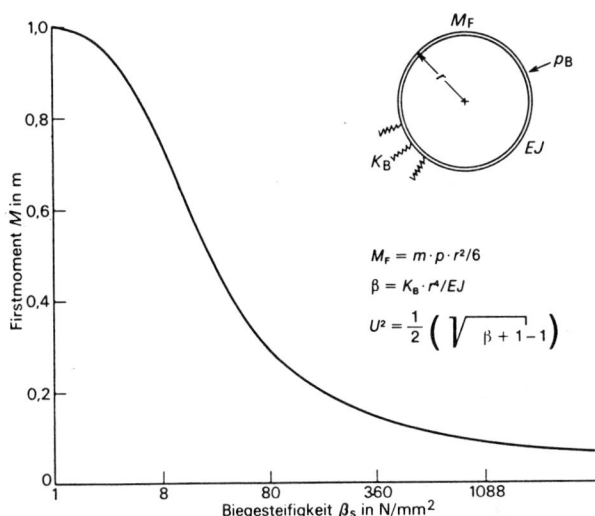

$$M_F = m \cdot p \cdot r^2/6$$
$$\beta = K_B \cdot r^4/EJ$$
$$U^2 = \frac{1}{2}\left(\sqrt{\beta + 1} - 1\right)$$

Bild 2/1: Abnahme des Firstmomentes M_F mit Verkleinerung der Ausbau-Biegesteifigkeit EJ (P_B = Biegung erzeugender Erddruckanteil) [2/1]

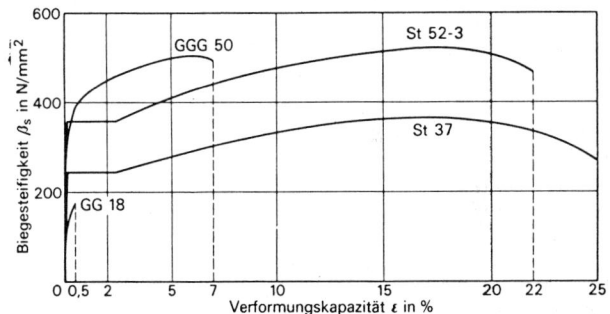

Bild 2/2: Spannungs-Dehnungsdiagramm für Stahl (St) und Gußeisen (GG, GGG)

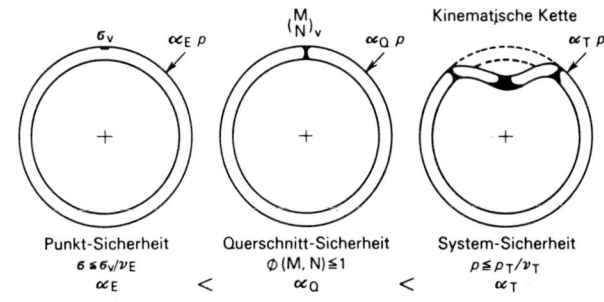

Bild 2/3: Rechnerische Grenzzustände [2/1]

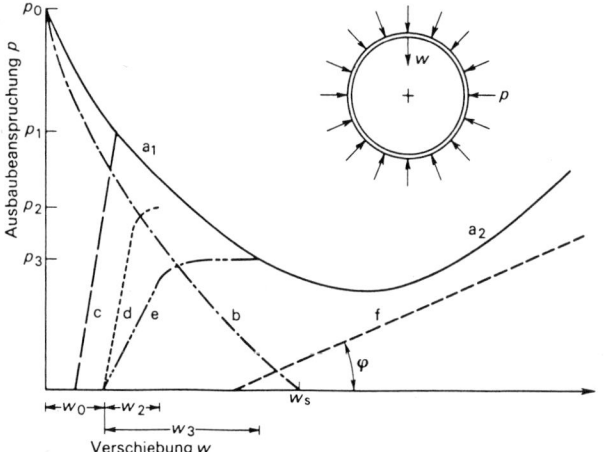

p_0 Primärdruck
a_1 Gebirge
a_2 Gebirgsbruch
b standfestes Gebirge

c Ausbau zu früh, zu steif
d Ausbau bricht
e Ausbau plastisch
f Ausbau zu spät, zu weich

Bild 2/4: Abhängigkeit der Ausbaubeanspruchung p von Einbauzeitpunkt w_o und Ausbausteifigkeit a

Wird die Grenztragfähigkeit mit der Erschöpfung eines Querschnitts definiert, wie im Stahlbetonbau nach DIN 1045, so wird bei statisch unbestimmten Systemen nur ein kleiner Anteil der Tragreserven von der Punkt- zur Systemsicherheit genutzt. Bei Vernachlässigung der Querkraftanteile gibt für einen Ringbalken die Fließbedingung ⌀ (M, N) ≤1 die jeweilige Kombination von Biegemoment M und Ringdruckkraft N an, bei der die Grenztragfähigkeit eines Querschnitts erreicht wird.

Wenn man, grob vereinfachend, Sicherheit nur durch Lastfaktoren ausdrückt, ist $\alpha_E > \alpha_Q > \alpha_T$. Der Unterschied zwischen α_E und α_T kann groß sein. Für stählerne Tunnelauskleidungen mit großer Werkstoff-Plastizität ist die Bemessung nach der Traglast technisch konsequenter und zugleich wirtschaftlicher als zum Beispiel die Bemessung nach der Elastizitätstheorie mit dem Konzept zulässiger Spannungen (vgl. auch Kapitel 6).

In Bild 2/4 ist das Wechselspiel zwischen Auskleidung und Baugrund (Gebirge) anhand der Darstellung von Pacher und Fenner qualitativ veranschaulicht. Bei einem mindestens anfänglich standfesten Gebirge sinkt der Druck p an der Kontur der Tunnelleibung mit der Freigabe der einwärtsgerichteten Verschiebung w durch den Ausbruch. Ein ohne Ausbau standfestes Gebirge ist im Beispiel des Bildes 2/4 mit der Verschiebung w_s an der Wandung spannungsfrei. Umgekehrt wächst der Widerstand eines Ausbaus mit einwärts gerichtetem w. In der Regel läßt sich bis zum Einbau einer tragfähigen Auskleidung eine Teilentspannung mit w_o nicht vermeiden. Wird ein sehr steifer Ausbau sehr früh eingebracht, muß die Auskleidung für einen hohen Gebirgsdruck p_1 bemessen werden. Wird eine weiche Auskleidung (kleiner Winkel φ) spät wirksam, kann ein Gleichgewichtszustand überhaupt nicht erreicht werden, weil der Gebirgsdruck mit der Auflösung des Gefügeverbands infolge großer w wieder ansteigt. Eine bei w_o eingebrachte spröde Auskleidung kann trotz der Bemessung mit $p_2 > p_3$ ohne Gewährleistung der Standsicherheit zu Bruch gehen. Ein plastizierfähiger Ausbau erreicht dagegen, obwohl er für den geringeren Druck p_3 bemessen ist, mit Verschiebungen $w_o + w_3$ einen Gleichgewichtszustand. Bild 2/4 zeigt deutlich, daß ein elastisch-plastischer Ausbau – sofern Verschiebungen $w_o + w_3$ zulässig sind – zugleich zwei Vorteile hat:

– Die Bemessungslast p_3 kann näher am optimalen Minimum liegen,
– ein plastischer Teil der p-w-Kurve für den Ausbau trifft die relativ unbekannte p-w-Kurve des Gebirges auch dann, wenn diese weit streut.

Der zweite Punkt bedeutet für die Praxis, daß eine stählerne Auskleidung sich viel stärker wechselnden Gebirgsverhältnissen anpassen kann als ein spröder und steifer Ausbau. Eine Gebirgskurve nach Bild 2/4 kann außerdem mit der Zeit veränderlich sein, wenn der Gebirgsdruck p zum Beispiel wegen rheologischer Eigenschaften, nachträglicher Verkehrseinrüttelungen oder infolge Wasser mit der Zeit wieder wächst.

Die Pacher-Fenner-Kurve (Bild 24) ist vor allem für Tunnel in Felsgebirge gültig. Tunnel in Lockergestein mit geringer Überdeckung sind beim Schildvortrieb nach den Richtlinien [2/6] mit dem Primärdruck p_0 zu berechnen, da nur kleine Senkungen an der Geländeoberfläche zugelassen werden können.

2.2 Schweißbarkeit

Die Schweißbarkeit des Baustoffes Stahl bietet Vorteile bei der Entwurfsbearbeitung in statischer und konstruktiver Hinsicht sowie bei der Einbautechnik.

Die Schweißbarkeit hängt im wesentlichen von drei etwa gleichgewichtigen Einflußgrößen ab, im einzelnen von der:

– Schweißeignung des Werkstoffes,
– Schweißsicherheit der Konstruktion und
– Schweißmöglichkeit der Fertigung.

Die chemische Zusammensetzung des Grundwerkstoffs und des Zusatzwerkstoffs sowie die Schweißbedingungen sind so zu wählen, daß durch den thermischen Einfluß beim Schweißen in der Wärmeeinflußzone weder ein Festigkeitsverlust noch eine unzulässige Versprödung eintritt und gleichzeitig ein festes, zähes Schweißgut entsteht.

Die grundsätzlichen Anforderungen an Schweißkonstruktionen sind in DIN 4100 [7/54] geregelt. Der Nachweis für die Befähigung zum Schweißen ist gemäß DIN 4100 Beiblatt 1 (großer Nachweis) oder Beiblatt 2 (kleiner Nachweis) in Verbindung mit DIN 8563 [7/57] zu erbringen.

Bezüglich der Grundwerkstoffe wird auf DIN 17 100 [7/58], auf die Technischen Lieferbedingungen für Stahlspundbohlen und Stahlrammpfähle [7/62] sowie auf die Empfehlungen des Arbeitsausschusses Ufereinfassungen hingewiesen (u. a. E 99) [7/40].

Für das Lichtbogenschweißen sind die Stähle der Gütegruppe 2 und 3 bis einschließlich St 52-3 im allgemeinen geeignet, das heißt Stähle nach DIN 17 100 mit einem Gehalt von höchstens 0,22% Kohlenstoff in der Schmelzenanalyse.

2.3 Korrosion

Fragen der Korrosion bei unterirdischen Stahltragwerken werden ausführlich in [2/7] abgehandelt. An dieser Stelle wird daher nur auf einige wesentliche Zusammenhänge kurz eingegangen.

DIN 50 900, Teil 1 [7/84] definiert den Begriff Korrosion allgemein als Reaktion eines metallischen Werkstoffes mit seiner Umgebung, die zu meßbaren Veränderungen führt und die Gebrauchseigenschaften beeinträchtigen kann. Die Reaktion ist im allgemeinen elektrochemischer Art. Ein Korrosionsvorgang kann, muß aber nicht zu einem Korrosionsschaden führen.

Die unterirdischen Stahltragwerke sind generell den Medien Boden, Wasser und Luft ausgesetzt. In diesem Zusammenhang kann sich Korrosion in folgender Weise auswirken:

– flächenmäßiger Abtrag. Er verringert die Wanddicke der tragenden Konstruktion und führt zu einem Verlust an Festigkeit,
– örtlicher Abtrag. Er kann z. B. bei Lochfraß die Dichtigkeit einer Tunnelwand beeinträchtigen.

Bei der Korrosion von unlegierten und niedriglegierten Stählen handelt es sich um Vorgänge im Baugrund und an der Luft, die i. a. unter dem Begriff Sauerstoffkorrosion zusammengefaßt werden. Dabei sind die Reaktionspartner:

Eisen, Wasser und Sauerstoff.

8

	Ursachen für die Bildung von Korrosionselementen	Beispiele (Korrosionselemente)
1	heterogene Stahloberfläche	Elektrolyt: Boden oder Wasser — K I A K A K A K — Stahl — unedle unedle unedle edle edle edle edle Oberflächenbereiche — kurzgeschlossene galvanische Elemente an der korrodierenden Stahloberfläche
2	unterschiedliche Belüftung der Stahloberfläche	Wassertropfen — K I A I K — Fe — (schwächer belüftet); Spalt — Elektrolyt — Schlamm — K I I K — K I A I K — Fe — Fe — (schwächer belüftet) (schwächer belüftet)
3	elektrisch leitende undichte Deckschichten	Elektrolyt — K I K Ni — A I K A Zn — Fe — Fe — Nickel (Ni) edler als Stahl; anodische Konzentration des Angriffs in der Überzugslücke — Stahl edler als Zink (Zn); kathodischer Schutz der Überzugslücke — undichte Überzüge aus einem anderen Metall — Elektrolyt — K I A K Walzzunder — Fe — Oxidschicht edler als Stahl — unvollständige Walzzunderschicht
4	Wechsel des Elektrolyten	Ton — Sand — A I K — Elektrolyt I — Elektrolyt II — ungeschütztes Stahltragwerk in verschiedenen Böden (Makroelement)
5	feuchte Betonummantelung	Elektrolyt — Stahlbetonbauwerk (feucht) — Stahltragwerk (ungeschützt) — Bewehrung mit Stahltragwerk leitend verbunden (Stahl im feuchten Beton meist "edler" als Stahlteile mit Erdberührung)
6	Einwirkung elektrischer Gleichströme	Fahrleitung — Kraftwerk — Schiene — Boden — A K — ungeschütztes Stahltragwerk mit Streustrombeeinflussung durch eine Straßenbahn

Bild 2/5: Beispiele für die Bildung von Korrosionselementen

Anmerkungen: A = anod.,
K = kathod. Oberflächenbereich, I = Korrosionsstrom

Im Baugrund sind wäßrige Lösungen von Salzen und Gasen im neutralen Bereich (ph-Wert 4–9) mit mehr oder weniger guter elektrischer Leitfähigkeit (Elektrolytlösungen) stets vorhanden.

Die Abtragungsgeschwindigkeit ist in wäßrigen Lösungen unabhängig von der Stahlsorte der unlegierten oder niedriglegierten Stähle. Dabei ist grundsätzlich zwischen zwei Fällen zu unterscheiden:

a) Bei der Korrosion ohne Deckschichtbildung wird die Abtragungsgeschwindigkeit im wesentlichen vom Sauerstoffgehalt bestimmt:

Eisen plus Sauerstoff plus Wasser → Rost

b) Bei der Korrosion mit Deckschichtbildung bestimmt die Schutzwirkung (Dichtheit) der Schicht die Abtragungsgeschwindigkeit.

Deckschichten mit hoher Schutzwirkung können auf der Stahloberfläche entstehen:

– in Wässern mit gelöstem Kalk,
– in Böden mit Kalciumkarbonatgehalt,
– in Sandböden.

Durch die innige Verbindung von Kalk und Rost bzw. Sand und Rost kann sich eine dichte, festhaftende Deckschicht (Verkrustung) bilden, die den Sauerstofftransport zur Stahloberfläche erschwert und damit die Korrosion allmählich zum Stillstand bringt. Ungleichmäßige Deckschichten jedoch fördern die Korrosion durch Elementbildung.

Deckschichtbildungen können bei bestimmten Stählen auch an der Luftseite eintreten und zur Korrosionshemmung beitragen.

Allgemein laufen bei der Korrosion von Stahl in wäßrigen Lösungen infolge von Potentialunterschieden an der Oberfläche zwei elektrochemische Teilreaktionen unabhängig voneinander ab:

– anodische Eisenauflösung
– kathodische Reduktion eines in der Lösung vorhandenen Oxydationsmittels (z. B. Sauerstoff)

Bild 2/5 zeigt einige Beispiele für die Bildung von Korrosionselementen bei unterschiedlichen Ursachen für die Potentialdifferenz.

Die Bildung von Deckschichten an der Stahloberfläche kann z. B. an gezogenen Spundwandbohlen beobachtet werden. Schon einige Wochen nach dem Einbau der Bohlen in sandige und/oder kalkhaltige Böden bildet sich die Schutzschicht. Spundwandbohlen mit einer Standzeit von mehreren Jahrzehnten zeigten praktisch keinen Abtragungsverlust. Auch im Bereich der wechselnden Grundwasserspiegels entstehen Deckschichten, die sich bis zum oberflächennahen Bereich der Stahlkonstruktion ausdehnen können, wenn auch dieser Bereich sorgfältig mit Sandboden hinterfüllt wird.

Im Luft-/Bodenbereich einer Stahlkonstruktion zeigt deren Oberfläche i. a. ungleichmäßige Deckschichtbildungen, die bei Feuchtigkeit infolge Elementbildung die Oberfläche angreifen, wenn nicht entsprechende Schutzmaßnahmen getroffen werden.

Bezüglich des Einflusses aus dem Baugrund auf die Korrosion kann zwischen folgenden Bodenarten unterschieden werden:

– gewachsene, ungestörte Böden (natürliche Böden),
– künstliche Böden und
– aufgeschüttete Böden.

Bei einem *natürlichen* Boden lassen sich anhand der vorhandenen Bodenkomponenten Sand-Ton-Kalk-Humus Rückschlüsse auf das korrosive Angriffsvermögen ziehen. Sandböden, Sandmergelböden einschließlich Lößböden, Kalkmergelböden und Kalkböden sowie stark kalkhaltige Humusböden und gut belüftete Lehm- und Lehmmergelböden sind im allgemeinen nicht aggressiv.

Als aggressive natürliche Böden gelten dagegen Torfböden, kalkfreie Humusböden, Schlick- und Marschböden, Böden mit deutlichen Mengen an Schwefelwasserstoff, sulfithaltige Böden, koks- und kohlehaltige Böden. Bei anaeroben Böden, z. B. bei Ton- und Humusböden, besteht die Möglichkeit zur Sulfatreduktion, ausgelöst durch sulfatreduzierende Bakterien, wodurch die Angriffsfähigkeit wesentlich gesteigert werden kann.

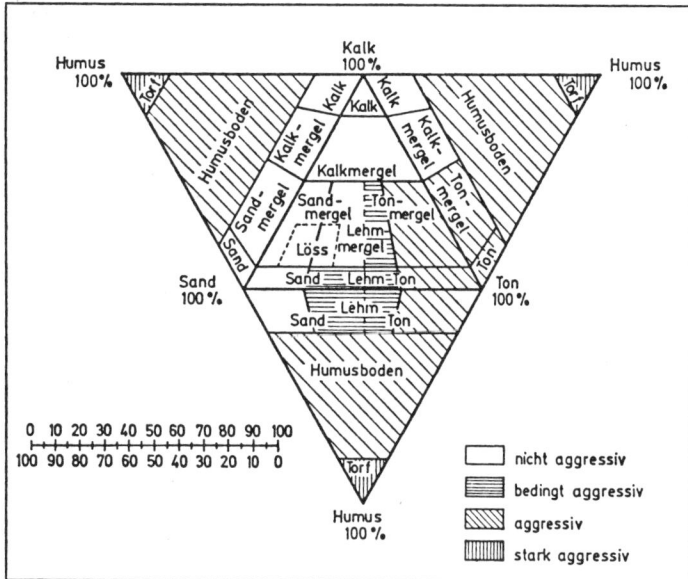

Bild 2/6: Die Beurteilung der Böden [2/12]

der Regel großen Kontaktflächen eines unterirdischen Stahltragwerks zum umgebenden Boden (Elektrolyt) die spezifische Stromdichte jedoch meist verhältnismäßig klein und damit auch der Abtrag relativ gering. Außerdem ist hier der Korrosionsstrom um so geringer, je größer die Widerstände im umgebenden Elektrolyten sind. Nichtbindige Böden z. B. besitzen hohe Bodenwiderstandswerte. Ist die Außenwandung der Stahlkonstruktion allerdings mit einem Korrosionsschutz versehen, so kann an den Fehlstellen des Korrosionsschutzes (kleine Fläche) die höhere Stromdichte (Flächenregel) zu einer stärkeren anodischen Abtragung führen.

Für das Konstruieren mit Stahl im Bereich des unterirdischen Bauens sind Anhaltswerte über Abrostungsraten im Boden von großer Wichtigkeit. Die in der Tabelle 2/1 angegebenen Grenzen für die mittleren Korrosionsgeschwindigkeiten gelten für den Flächenangriff ungeschützter Stahltragwerke in gewachsenem, weitgehend gleichförmigem Boden ohne Streustromeinflüsse und bei einer Tiefenlage des Bauwerks von mindestens 2,0 m. Die beim Festigkeitsnachweis zu berücksichtigende Abrostungsrate errechnet sich aus der mittleren Korrosionsgeschwindigkeit (nach Tabelle 2/1) in mm/Jahr multipliziert mit der Anzahl der erwarteten Nutzungsjahre. Man geht hierbei also von einem linearen Abrostungsverlauf aus. In deckschichtbildenden Böden ist der Korrosionsverlauf dagegen in der ersten Zeit stärker. Er verlangsamt sich dann aber infolge der Deckschichtbildung und kommt schließlich bei einer dichten Deckschicht praktisch zum Stillstand (Bild 2/7).

In *künstlichen* Böden sind häufig aggressive Substanzen vorhanden wie bei aufgeschütteten Schlacken- und Müllböden, bei Waschbergen (von der Kohlewäsche herrührend) oder bei durch Auftausalze, Unkrautvernichtungsmitteln, Düngemitteln und Abwässer aller Art verunreinigten Böden.

Die Aggressivität der *aufgeschütteten Böden* ist abhängig von der jeweiligen Bodenart. Aufgeschüttetete Sandböden z. B. sind nicht aggressiv, im Gegenteil schützen sie die Stahloberfläche durch Deckschichtbildung.

Einen Überblick über die Beurteilung der Böden hinsichtlich ihrer Aggressivität gibt Bild 2/6.

Durch unterschiedliche Belüftung von Bodenbereichen entlang der Tunneltrasse, aber auch über den Tunnelquerschnitt, kann es bei Stahlkonstruktionen mit niedrigem elektrischen Längswiderstand auch zur Bildung von Makroelementen kommen und damit zu Korrosion in sonst weniger aggressiven Böden (vgl. Bild 2/5, Zeile 4).

Für die Korrosion im Boden ist die Anwesenheit von Wasser als Elektrolyt mit Sauerstoff unbedingt erforderlich. Der Korrosionsangriff ist in vielen Böden dann am stärksten, wenn der Feuchtigkeitsgehalt des Bodens etwa einem Drittel der Wassersättigungsmenge entspricht. Die schnellere Nachdiffusion des Sauerstoffs in den nur teilweise gesättigten Böden ist als Ursache hierfür anzusehen. Bei Stahltragwerken, die ganz im Grundwasser liegen, sind die Korrosionsgeschwindigkeiten am geringsten.

Der elektrochemische Vorgang der Korrosion kann auch durch eine außerhalb des Tragwerkes liegende Stromquelle ausgelöst werden, wenn z. B. Streuströme von einer mit Gleichstrom betriebenen Bahn wie Straßen- oder U-Bahnen das unterirdische Stahltragwerk erreichen. Das kann der Fall sein, wenn die Schienen-Rückleitungen der Gleichstrombahn mit der Erde in leitender Verbindung stehen (Bild 2/5, Zeile 6). Als weitere Streustromerreger sind Anlagen zu nennen, die ebenfalls mit Gleichstrom betrieben werden und bei denen ein Leiter mehrfach geerdet ist.

Die Streuströme treten in die Stahlwandungen des unterirdischen Tragwerkes ein. Die Austrittstellen aus dem Tragwerk in den umgebenden Boden sind anodisch gefährdet und daher mit Wanddickenverlust verbunden.

Allgemein gilt, daß der Wanddickenverlust proportional zur Korrosionsstromdichte ist. Bei Makroelementbildung, Elementbildung zwischen Stahl im Boden und Stahl im Beton sowie Streuströmen ist bei den in

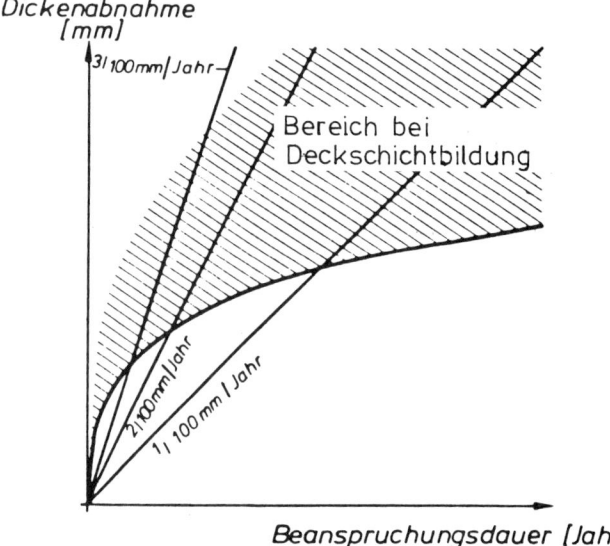

Bild 2/7: Korrosionsverhalten des Stahls in deckschichtbildenden Böden

Beurteilung des Bodens	Bodengruppe nach [2/15]	Mittlere Korrosionsgeschwindigkeit (Flächenangriff) in mm/Jahr
praktisch nicht aggressiv	la	bis 0,01
schwach aggressiv	lb	bis 0,02
aggressiv	II	bis 0,05
stark aggressiv	III	> 0,05

Tabelle 2/1: Korrosionsgeschwindigkeiten in Abhängigkeit von der Bodenaggressivität

10

2.4 Allgemeine Korrosionsschutzmaßnahmen*

Zur Verminderung oder Hemmung der Korrosion und zur Vermeidung von Korrosionsschäden an unterirdischen Stahltragwerken steht eine Reihe von Schutzverfahren zur Verfügung (Bild 2/8). Je nach dem, ob die Bedingungen für die Korrosion geändert oder die Reaktionspartner durch eine schützende Zwischenschicht getrennt werden, lassen sich aktive oder passive Korrosionschutzverfahren unterscheiden.

Allgemein können für Korrosionsschutzmaßnahmen im unterirdischen Bauen folgende Hinweise und Empfehlungen gegeben werden (beachte auch [2/8], DIN 55 928 [7/97] und Richtlinien zur Anwendung der DIN 55 928 [7/102]):

(1) *Konstruktive Maßnahmen zur Korrosionshemmung*

– Die Gesichtspunkte des Korrosionsschutzes sollten bereits bei der Planung und konstruktiven Gestaltung der unterirdischen Stahltragwerke berücksichtigt werden. Die rechtzeitige Einschaltung eines Korrosionsschutzfachmannes ist zu empfehlen.

– Die konstruktiven Maßnahmen zur Korrosionshemmung sollten sich in erster Linie darauf erstrecken, einen geringen und möglichst gleichmäßigen Abtrag über die gesamte äußere und innere Stahloberfläche zu erreichen. Maßnahmen hierzu sind z. B. in DIN 55 928, Teil 2, zusammengestellt.

– Bei Bauwerksteilen, zwischen denen großflächige Elementbildungen entstehen können, ist im Einzelfall zu prüfen, ob eine elektrische Trennung von Vorteil ist. Dies gilt z. B. bei Wechsel der Bodenaggressivität (Bild 2/5, Zeile 4) oder bei Wechsel von Stahl zu Stahlbeton-Bauwerksteilen (Bild 2/5, Zeile 5).

– Die im unterirdischen Bauen zur Anwendung kommenden Konstruktionsbleche sollten mindestens 8 mm dick sein, da die Gefahr der Durchrostung sowie des Tragfähigkeitsverlustes durch gleichmäßige Abrostung um so größer ist, je dünner die Bleche sind.

– Abgestimmt auf die jeweilige Art und Wirkungsweise des Tragwerkes bzw. Bauteils, ist zu prüfen, inwieweit eine Spannungsreserve oder ein Abrostungszuschlag zur statisch erforderlichen Mindestdicke eine geeignete wirtschaftliche Maßnahme gegen Korrosionsgefährdung darstellt.

– Im Einzelfall sollte geprüft werden, inwieweit durch eine Bemessung der Tragwerke nach Bauzuständen (Berücksichtigung von Sonderlasten, die nur durch die jeweilige Bauweise bedingt sind) Spannungsreserven vorhanden sind, die ohne Gefährdung der Standsicherheit des fertigen Bauwerkes im Endzustand durch Abrostung abgebaut werden können.

– Bei zu erwartendem ungleichmäßigen Korrosionsverlauf (z. B. über die Tragwerkshöhe oder den Tragwerksquerschnitt) im Grundwasserwechselbereich, sollte das statische System nach Möglichkeit so gewählt werden, daß die Bereiche maximaler statischer Beanspruchung nicht mit denen starker Korrosion zusammenfallen.

– Sofern es das Bauverfahren in wirtschaftlicher Hinsicht zuläßt, kann generell empfohlen werden, das Stahltragwerk in einen Sand-, Kalksand- bzw. Kunstboden mit besonderen Zusätzen einzubetten. Durch Deckschichtenbildung wird eine hohe Schutzwirkung gegen Weiterrosten erzielt (Bild 2/7).

(2) *Werkstoffauswahl*

– In unterirdischen Stahltragwerken ist bei Kombination verschiedener Werkstoffe darauf zu achten, daß nur solche Werkstoffe miteinander in Berührung stehen, die nicht zu einer Elementbildung führen können. Ist dies nicht zu erreichen, so sind – abgestimmt auf den Einzelfall – besondere Schutzmaßnahmen zu treffen.

– Die Auswertung des Korrosionsverhaltens verschiedenartiger Stahlsorten (unlegierte und niedrig legierte Stähle mit verschiedenartigen Legierungszusätzen) im Boden hat zu keinen so signifikanten und vor allem eindeutigen Unterschieden geführt, die eine Ausarbeitung dies-

bezüglicher Empfehlungen berechtigt erscheinen lassen. Insbesondere muß beachtet werden, daß die Wirkung von Legierungszusätzen im Hinblick auf die Korrosionshemmung in der Atmosphäre und im Boden unterschiedlich ist.

– Ungeschützte Stahltragwerke im Tunnelbau unterliegen in der Regel außenseitig der Bodenkorrosion und innenseitig der atmosphärischen Korrosion. Legierungszusätze, welche das Verhalten gegen eine der beiden Einwirkungen verbessern und gegen die andere nicht verschlechtern, können daher mit Aussicht auf insgesamt verbesserte Korrosionseigenschaften eingesetzt werden.

Hierzu können nach dem bisherigen Stand der Erkenntnisse gerechnet werden:

● Kupferzusätze (um 0,3%) bewirken Korrosionshemmung in Luft, zeigen aber keinen verbessernden Einfluß im Bodenbereich

● Zusätze von Chrom (bis 2,5%), Aluminium (1,4% bis 2,8%) und Nickel (1,5% bis 3,5%) ergeben ein leicht verbessertes Korrosionsverhalten im Bodenbereich; jedoch können Chrom und Nickel die Neigung zum Lochfraß erhöhen

● Wetterfester Stahl führt zu einem verbesserten Korrosionsverhalten in der Atmosphäre, jedoch nicht im Boden.

– Wegen der insgesamt wenig ausgeprägten und noch nicht endgültig geklärten Unterschiede erscheint es zweckmäßig, die Werkstoffauswahl nach sonstigen technischen und wirtschaftlichen Gesichtspunkten zu treffen und die Korrosionsschutzmaßnahmen darauf abzustimmen.

– An Schweißverbindungen sowie an kaltverformten und verfestigten Stellen konnten bisher keine eindeutigen Unterschiede des Korrosionsverhaltens im Boden und in der Atmosphäre gegenüber den sonstigen Flächenbereichen festgestellt werden.

(3) *Walzhautentfernung von der Stahloberfläche*

– Die im Schrifttum beschriebenen Versuche und praktischen Erfahrungen über den Einfluß der Walzhaut auf die Stahlkorrosion haben zu keinen einheitlichen Aussagen geführt. Mit Bezug auf unterirdische Stahltragwerke ist festzustellen, daß

● die Unterschiede in der flächenbezogenen Abrostung von Stahl mit und ohne Walzhaut nicht sehr ausgeprägt sind und die Werte sich im Laufe der Zeit annähern

● mit Walzhaut behafteter Stahl zwar wegen der unvermeidlichen Verletzungen der Walzhaut eine größere Neigung zu narbiger Korrosion zeigt, die jedoch bei den hier vorliegenden Bedingungen nicht entscheidend zum Tragen kommt (s. Bild 2/5, Zeile 3).

– Die Frage der Entfernung der Walzhaut ist als ein wesentlicher wirtschaftlicher Gesichtspunkt anzusehen und somit die Notwendigkeit einer derartigen Maßnahme im Einzelfall zu prüfen. Folgende Anhaltspunkte können hierzu gegeben werden:

● Die Walzhaut ist stets durch Strahlen zu entfernen, wenn metallische oder hochwertige organische Überzüge*) auf die Stahloberfläche aufgebracht werden sollen.

● Die Walzhaut kann auf der dem Elektrolyten (Boden/Wasser) zugewandten Seite eines unbeschichteten Tragwerksteiles belassen werden.

● Die Walzhaut kann auf der der Atmosphäre zugewandten Seite eines unbeschichteten Tragwerksteiles belassen werden, da sie hier abwittert.

● Soll der Korrosionsbeginn bei einem Stahltragwerk, z. B. durch die Anwendung von bituminösen Anstrichen zeitlich hinausgezögert werden, so kann in Sonderfällen die Walzhaut belassen werden; grundsätzlich ist aber eine Entfernung besonders auf der Boden-/Wasserseite auch in diesem Fall besser.

● Die Walzhaut kann bei Anwendung von Zementmörtel und Betonüberzügen belassen werden.

---

*) Spezielle Korrosionsschutzmaßnahmen zu den einzelnen Bauverfahren und Bauweisen s. Kap. 3 und 4 sowie die zugehörigen Beispiele.

*) Zu hochwertigen organischen Überzügen im Sinne dieser Hinweise und Empfehlungen zählen Beschichtungen auf Epoxid-, Polyurethan-, Chlorkautschuk- und Acrylat-Basis.

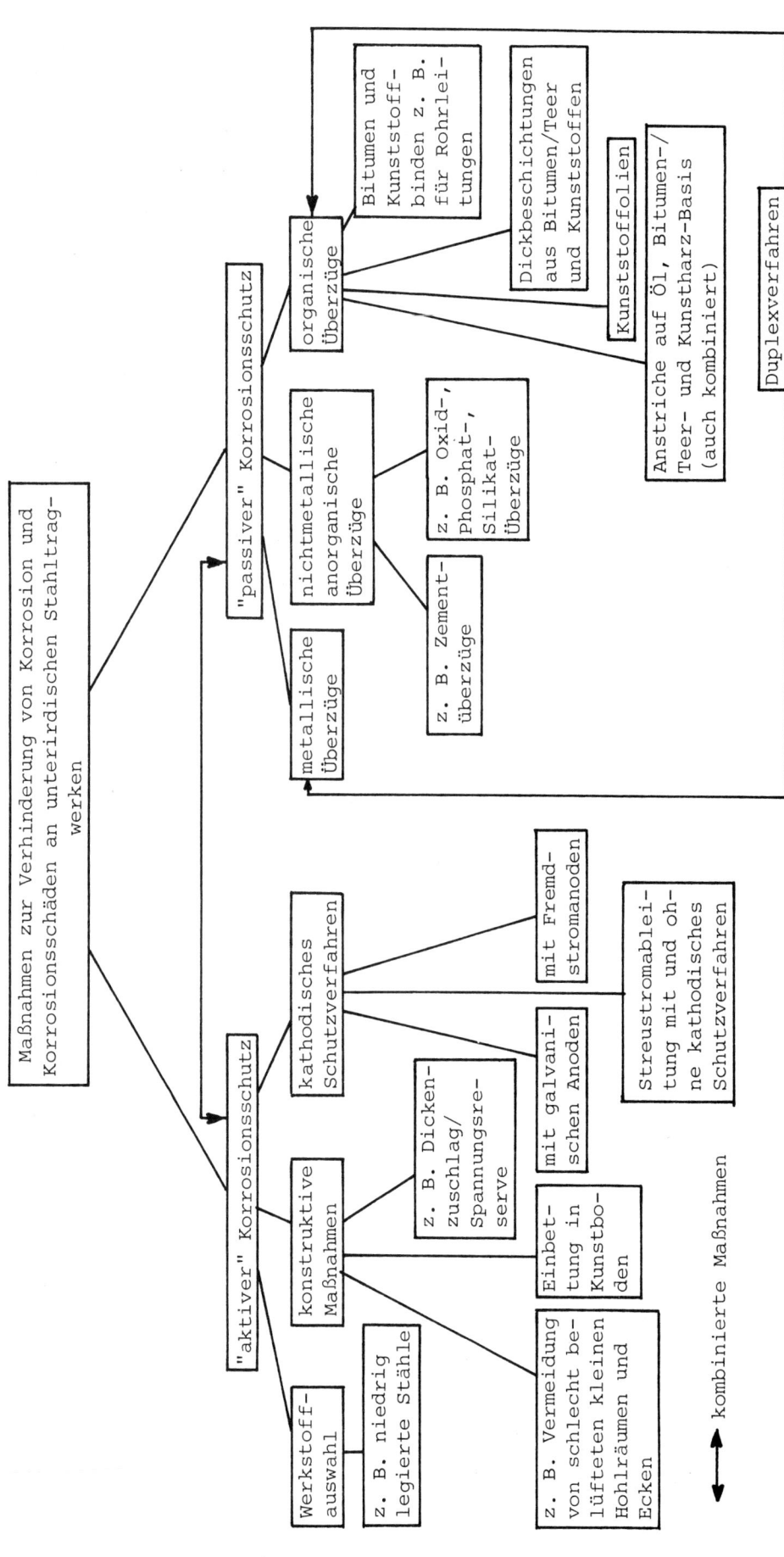

Bild 2/8: Übersicht über die zur Verfügung stehenden allgemeinen Korrosionsschutzverfahren nach [2/8]

12

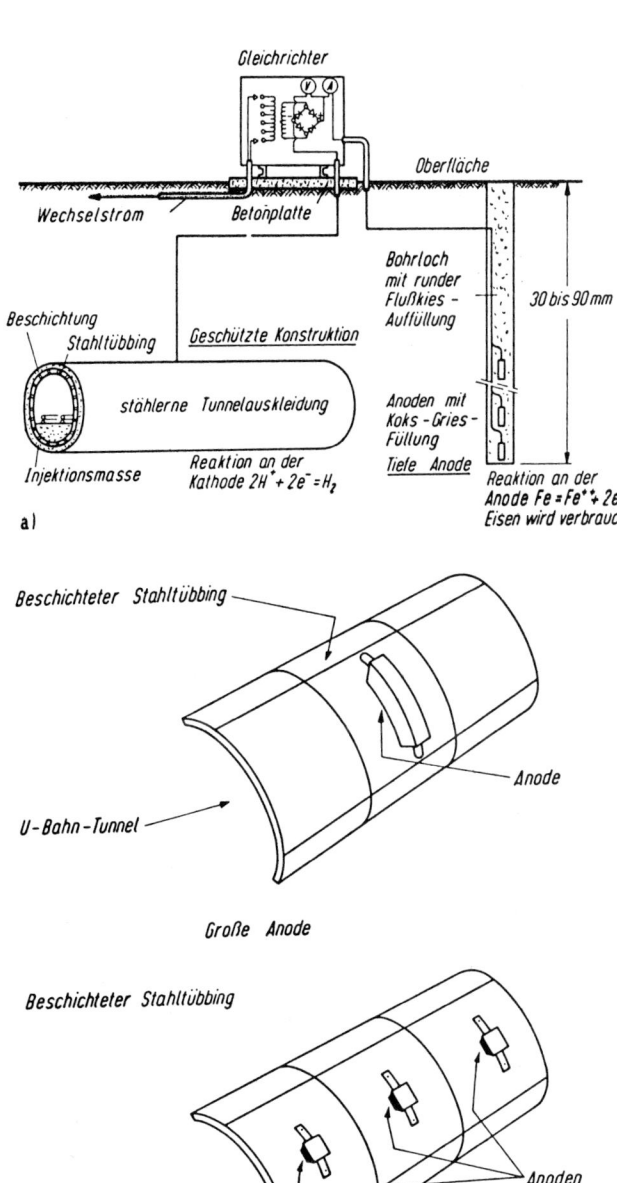

Gleichrichter

Oberfläche

Wechselstrom Betonplatte

Bohrloch
mit runder
Flußkies -
Auffüllung 30 bis 90 mm

Beschichtung
Stahltübbing Geschützte Konstruktion

stählerne Tunnelauskleidung

Anoden mit
Koks - Gries -
Füllung

Injektionsmasse Reaktion an der
Kathode $2H^+ + 2e^- = H_2$ Tiefe Anode

Reaktion an der
Anode $Fe = Fe^{++} + 2e^-$
Eisen wird verbraucht

a)

Beschichteter Stahltübbing

Anode

U-Bahn-Tunnel

Große Anode

Beschichteter Stahltübbing

Anoden

U-Bahn-Tunnel

b) Kleine Anoden

Bild 2/9: Schematische Darstellung eines kathodischen Korrosionsschutzes beim Bahntunnel mit Stahltübbingen [2/8]
a) nach dem Fremdstromverfahren
b) mit Opferanoden

(4) *Anwendung von organischen und metallischen Schutzüberzügen*

– Als Schutzüberzüge sind für Stahltragwerke im unterirdischen Bauen prinzipiell in Betracht zu ziehen:
  - hochwertige organische Überzüge, und zwar schwerpunktmäßig auf der Basis von Epoxid, Polyurethan, Chlorkautschuk und Acrylat
  - organische Überzüge als Bitumen- und Steinkohlenteerpechanstriche
  - metallische Überzüge meist in Form einer Verzinkung als Grundierung für organische Überzüge

– Für Wahl, Ausführung und Unterhaltung von Anstrichen und Beschichtungen wird besonders auf DIN 55 928 [7/97] und die Richtlinie zur Anwendung der DIN 55 928 [7/102] verwiesen. Die dort enthaltenen Regelungen sind sinngemäß auf die Verhältnisse im Tunnelbau anzuwenden.

– Alle z. Z. auf dem Markt befindlichen organischen und metallischen Schutzüberzüge haben nur eine begrenzte Lebensdauer. Ein dauerhafter Korrosionsschutz eines Stahltragwerks über eine lange Lebenszeit wird daher nur erreicht, wenn Pflege- und Erneuerungsarbeiten durchgeführt werden können.

Da dies auf der dem Erdreich zugewandten Seite des Tragwerks nicht möglich ist, werden hier neben hochwertigen Schutzsystemen, die die Korrosion möglichst lange hinauszögern, zusätzlich konstruktive Maßnahmen (z. B. Spannungsreserven oder Korrosionszuschläge zu den statisch erforderlichen Mindestdicken) erforderlich.

(5) *Anwendung von Zementmörtel- und Betonüberzügen*

– Die praktische Anwendung von Zementmörtel- und Betonüberzügen bei Stahltragwerken im Tunnelbau hat ergeben, daß hierdurch ein optimaler Korrosionsschutz erreicht werden kann, wenn sich die entsprechenden Vorbedingungen erfüllen lassen. Zu diesen Vorbedingungen gehören insbesondere:
  - das umgebende Medium darf nicht sehr stark betonangreifend wirken (DIN 4030)
  - die Einbettung des Stahls in Beton muß hohlraumfrei möglich sein.

– Bei stark betonaggressiven umgebenden Medien kann das Überziehen des Betons mit Bitumenanstrichen oder Kunststoffen eine erfolgreiche zusätzliche Schutzmaßnahme darstellen.

– Zur Ausschaltung der nachteiligen Wirkungen von Hohlraumbildungen sind u. U. nachträgliche Injektionen zwischen Beton und Stahlblech erforderlich. Die Notwendigkeit derartiger Maßnahmen ist im Einzelfall zu prüfen.

(6) *Kathodischer Korrosionsschutz bei großen und unterirdischen Stahltragwerken*

– Praktische Bauausführungen haben gezeigt, daß das Verfahren des kathodischen Korrosionsschutzes (Bild 2/9) grundsätzlich auch bei sehr großen unterirdischen Stahlbauwerken (z. B. Straßentunnel mit Stahltübbingausbau) mit technischem und wirtschaftlichem Erfolg anwendbar ist. Dabei kommt aus folgenden Gründen im wesentlichen das Fremdstromverfahren in Betracht:
  - die großen Oberflächen des zu schützenden Tragwerkes bedingen einen für den Einsatz von Opferanoden ungünstig hohen Schutzstrombedarf,
  - die Stärke des Schutzstromes muß bei Änderung der Verhältnisse anpaßbar sein,
  - Opferanoden auf der Außenseite des Tragwerkes sind nur schwierig zu erneuern.

Die Anwendung des kathodischen Korrosionsschutzes erfordert jedoch die Erfüllung einiger Vorbedingungen und sollte bei großen unterirdischen Stahltragwerken nur in Sonderfällen in Betracht gezogen werden.

– Wichtigste Voraussetzung für die Anwendung des kathodischen Korrosionsschutzes nach dem Fremdstromverfahren ist, daß andere unterirdische Bauwerke (z. B. metallische Rohrleitungen und Behälter) durch die Streuströme aus der Schutzanlage nicht gefährdet werden. Dies ist vor einer Bauausführung sorgfältig zu überprüfen. In der Regel dürfte jedoch wegen des hohen Schutzstrombedarfs großer Tunnelbauwerke und der dadurch bedingten zusätzlichen Streustromgefährdung eine Anwendung des Fremdstromverfahrens bei derartigen Anlagen in der Innenstadt nicht möglich sein, sofern nicht durch die in den folgenden Absätzen beschriebenen Maßnahmen die Gefährdungen ausgeschaltet werden können.

- Ist ein kathodischer Korrosionsschutz der Stahltragwerke notwendig und seine Anwendung möglich, so sollten am zu schützenden Objekt folgende Maßnahmen getroffen werden:

  ● Das Stahltragwerk ist auf den mit dem Erdreich in Berührung stehenden Flächen in jedem Fall mit einer elektrisch isolierenden Beschichtung ($\geq$ 1 mm Dicke) zu versehen, um die erforderliche Schutzstromdichte (mA/m^2) zu begrenzen. Es ist zu beachten, daß die Schutzwirkung der Beschichtungen im Laufe der Zeit nachlassen und hierdurch der Schutzstrombedarf größer werden kann.

  ● Das Bauwerk sollte eine möglichst gute elektrische Längsleitfähigkeit aufweisen, die durch Messungen nachzuweisen ist.

  ● Stärke und Richtung sowie Ein- und Austrittsbereiche der Streuströme sind durch Messungen zu ermitteln und die vollkommene Überlagerung des kathodischen Schutzstromes über den Streustrom ist meßtechnisch nachzuweisen.

  ● Für die Durchführung der den Stromverlauf betreffenden Messungen sind an den Stahltragwerken in bestimmten Abständen (z. B. alle 200 m) im Tunnelinnern Anschlußstellen vorzusehen.

  ● Eine Funktionskontrolle des Systems (z. B. der Gleichrichter) ist in halbjährlichen Abständen zu empfehlen.

  ● Die Bauwerk-Bodenpotentiale sind zunächst jährlich, später alle fünf Jahre zu überprüfen. Das Bauwerk ist vollständig kathodisch geschützt, wenn das Bauwerk-Bodenpotential (Ausschaltpotential) gegen eine $Cu/CuSO_4$-Halbzelle gemessen unter – 850 mV (bei Böden mit anaerober Sulfatreduktion unter – 950 mV) liegt. Etwaige bei den Messungen erkannte positivere Werte der Schutzpotentiale sollten durch Veränderung des Schutzstromes dem Sollwert wieder angeglichen werden.

- Kommt eine Anwendung des Fremdstromverfahrens bei einem Bauobjekt in Betracht, so sollten im Hinblick auf eine Herabsetzung bzw. Beseitigung der Gefährdungen anderer Objekte durch Streuströme aus der kathodischen Schutzanlage folgende Möglichkeiten auf ihre Anwendbarkeit und Wirksamkeit überprüft werden:

  ● Einbeziehung des betroffenen anderen Bauwerkes in das kathodische Schutzsystem

  ● möglichst große Entfernung zwischen den Anoden und den Kreuzungsstellen von geschütztem und ungeschütztem Objekt

  ● Anordnung der Anoden in großer Tiefenlage

  ● Bau einer größeren Zahl von Schutzanlagen mit entsprechend verringerter Stromabgabe an Stelle einer Anlage mit großer Stromabgabe.

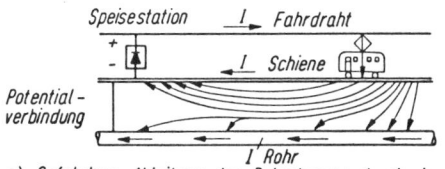

a) *Gefahrlose Ableitung des Rohrstromes durch eine direkte Streustromableitung (Die Schiene ist hier Anode)*

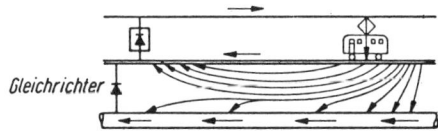

b) *Kathodischer Schutz durch polarisierte Streustromableitung (Strom kann nur von der Rohrleitung zur Schiene fließen)*

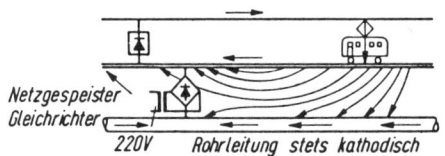

c) *Kathodischer Schutz durch Streustromabsaugung*

Bild 2/10: Korrosionsschutz durch Streustromableitung bzw. Absaugung am Beispiel einer unterirdischen Rohrleitung, die durch eine Gleichstrombahn gefährdet ist, nach [2/8]

- Bei unterirdischen Stahltragwerken, die durch Streuströme aus Gleichstromanlagen (z. B. Straßenbahnen) gefährdet sind, können folgende Schutzmaßnahmen nach VDE 0150 angewandt werden (Bild 2/10):

  ● direkte Streustromableitung
  ● gerichtete Streustromableitung
  ● Streustromabsaugung.

(7) *Schutz gegen zu hohe Berührungsspannungen*

- In allen Tunneln, die dem Betrieb von Gleichstrombahnen dienen, sind besondere Maßnahmen zum Schutz gegen zu hohe Berührungsspannungen zu treffen. Hierzu sind gesondert zu beachten: VDE-Bestimmungen 0100 und 0115 [7/159]; VÖV-Empfehlung 04.740.5 [7/109].

- Die Maßnahmen zum Schutz gegen zu hohe Berührungsspannungen sind so auszulegen, daß sie nicht zu einer erhöhten Korrosionsgefährdung führen.

3. Stahl als bleibendes statisches Sicherungselement beim Bau von Tunneln

3.1 Offene Bauweisen

3.1.1 Allgemeines

Voll oder zumindest im Wand- und Deckenbereich umschließende Stahlkonstruktionen als bleibendes statisches Sicherungselement wurden bisher beim Bau von Verkehrstunneln in offener Bauweise kaum angewandt.

Beispiele für derartige Stahllösungen sind in der Bundesrepublik Deutschland die 1973/76 in Gelsenkirchen gebauten 1- bis 3gleisigen Stadtbautunnel mit Wänden aus Spundbohlen und einer Korbbogendecke aus wellenförmigen Stahlgußprofilen (Beispiel A 1)*) sowie der 1977/78 bei Hambach gebaute zweispurige Straßentunnel mit geschlossenem Maulprofilquerschnitt aus Multiplate-Platten der Armco Thyssen GmbH (Beispiel A2).

Des öfteren wurden dagegen Mischkonstruktionen ausgeführt, bei denen die Tunnelwände aus Spundbohlen, Tunneldecke und -sohle aus Stahlbeton bestehen. Das älteste hier bekannte Beispiel einer solchen Konstruktion ist der 1927 erstellte eingleisige Tunnel einer Abstellanlage in Tokio (Beispiel B1). In der Bundesrepublik Deutschland wurden nach diesem Prinzip z. B.

- 1968/69 der Rheinallee-Tunnel in Düsseldorf (Beispiel B2)
- 1970/71 ein Straßenbahn-Tunnel in Mülheim/Ruhr (Beispiel B3)
- 1969/72 ein Straßentunnel in Kiel (Beispiel B4)
- 1972/74 der Eisenbahntunnel „Roter Hahn" in Lübeck (Beispiel B8)
- 1977 ein Straßentunnel in Frankfurt (Beispiel B10).

gebaut.

Weitere Beispiele enthält Anhang B.

Für Tunnelbauwerke mit bleibenden Sicherungselementen aus Stahl kommen grundsätzlich zwei Bauweisen in Frage:

a) die herkömmliche Bauweise in offener, vorübergehend gesicherter Baugrube (Baugrubensicherung und Tunnelbauwerk sind völlig getrennt) und

b) die Wand-Deckel- und/oder Wand-Sohle-Bauweise (die Wände sind gleichzeitig Verbau und endgültige Tunnelwand).

Als wesentliche Vorteile der Verwendung von Stahl als endgültiger Auskleidung bei der offenen Bauweise sind zu nennen:
- eine verhältnismäßig kurze Bauzeit
- die relative Witterungsunabhängigkeit durch weitgehende Vorfertigung

  Durch das geringe Gewicht des Stahls im Vergleich zur Tragfähigkeit können große Elemente bzw. ganze Tunnelquerschnitte vorgefertigt werden. Dadurch verringern sich die Arbeiten auf der Baustelle.

- die sofort nach dem Einbau verfügbare Tragfähigkeit der Konstruktion.

  Dies wirkt sich maßgeblich und günstig auf den Baufortschritt aus.

- große Plastizierungsreserven und einfache Reparaturmöglichkeit (durch Schweißen).

Stahl ist besonders gut geeignet für Tunnelauskleidungen im Bergsenkungsgebiet, bei denen zusätzliche Beanspruchungen aus Setzungen, Pressungen und Dehnungen des umgebenden Gebirges auftreten (Beispiel A1).

Nachfolgend werden die aus Praxis, Literatur und untersuchten Beispielen gewonnenen Erkenntnissen beim Bau von Stahltunneln in offener Bauweise zu Hinweisen und Empfehlungen zusammengefaßt.

3.1.2 Tunnelbau in offener, vorübergehend gesicherter Baugrube (Beispiele A1 und A2 in Anhang A)

(A4) *Bauverfahren bei herkömmlicher Bauweise in offener, vorübergehend gesicherter Baugrube*

Für den Tunnelbau in offener Bauweise mit vorübergehend gesicherter vom späteren Bauwerk unabhängiger Baugrube gelangen je nach Grundwasserstand und Beanspruchung als Tunneltragsysteme aus Stahl folgende Lösungen zur Anwendung (Bild 3/1):

- an der Sohle offene Rahmen

- geschlossene Rahmen

Es werden weitgehend vorgefertigte Stahl- bzw. Stahlverbundrahmenelemente (s. Hinweis [A2]) mit entsprechenden Montageverfahren derart eingesetzt, daß nach kurzer Zeit eine tragfähige Tunnelkonstruktion zur Verfügung steht und die Baugrube schnell wieder verfüllt werden kann. Die kürzeren Bauzeiten gegenüber der Massivbauweise aus Stahlbeton führen zu geringeren Belästigungen der Anlieger und vermindern Verkehrsbeschränkungen.

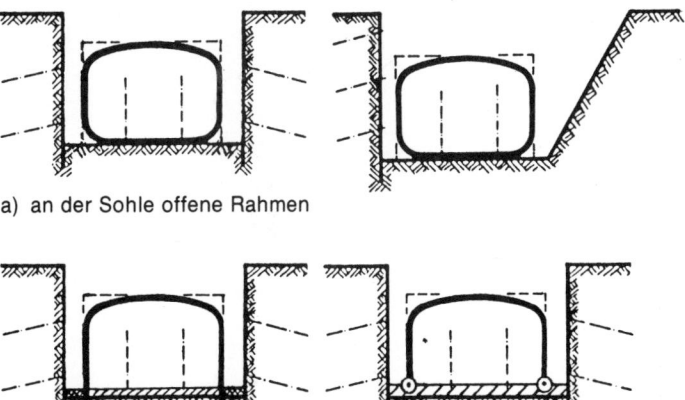

a) an der Sohle offene Rahmen

b) geschlossene Rahmen

Bild 3/1: Tragesysteme für Stahltunnel in offener Bauweise

---

*) die mit A bzw. B gekennzeichneten Beispiele sind im Anhang A bzw. Anhang B zusammengestellt.

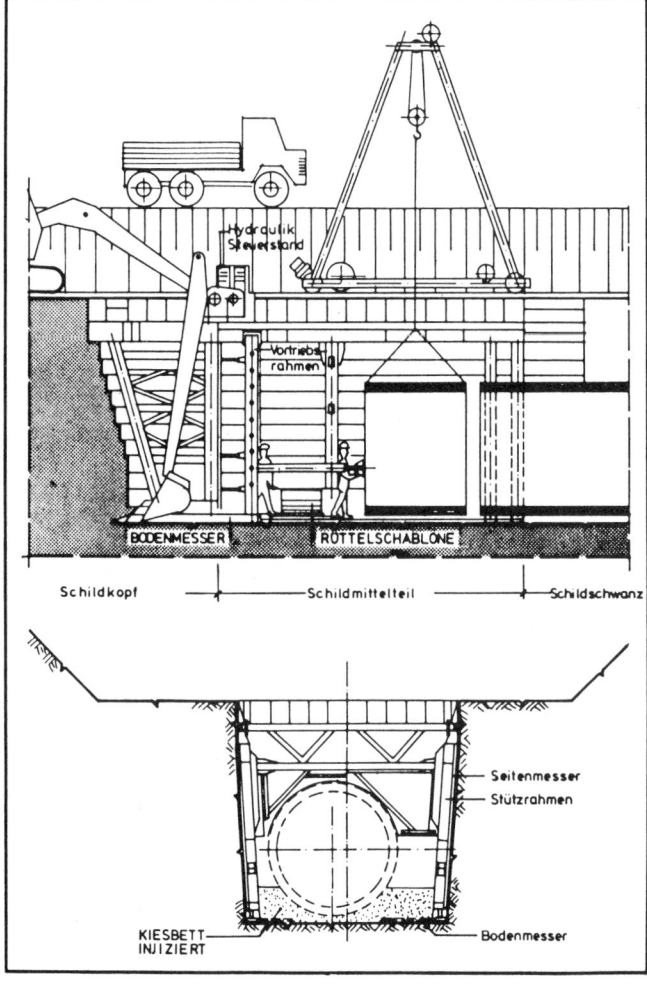

Bild 3/2: Gleitender Messerverbauschild mit nachfolgendem Tunnelrahmeneinbau und Verfüllen der Baugrube [3/3]

Neben den üblichen Baugrubensicherungen wie Trägerbohlwänden, Böschungen usw. [3/1], [3/2] können durch die schnelle Fertigstellung des Tunnelrahmens bei großen Bauloslängen auch wandernde Verbauschilde eingesetzt werden (Bild 3/2). Bei entsprechender Standzeit des Gebirges bildet sich an der Ortsbrust ein horizontales Gewölbe aus, das sich auf die bereits eingebauten Tunnelrahmen seitlich abstützt (Bild 3/3). Je nach Beschaffenheit des Gebirges ist hier entweder überhaupt keine vorübergehende Sicherung der Seitenwände oder nur eine leichte Teilsicherung – z. B. aus Spritzbeton – erforderlich.

Bei biegeweicher erdstabiler Tunnelschale ist unbedingt eine gleichmäßige Bettung der Konstruktion vorzusehen.

Zu diesem Zweck sollten Kies-/Sand-Schichten in Lagen von jeweils ≤ 40 cm Dicke eingebracht werden. Die Dicke dieser Schichten hängt vom Untergrund, von der Spannweite der Konstruktion und von der Verdichtungsart ab. Der Untergrund und die seitliche Anschüttung sollten den zusätzlichen technischen Vorschriften und Richtlinien für Erdarbeiten im Straßenbau entsprechen (ZTVE-StB 76). Danach ist ein Verdichtungsgrad für nichtbindige Böden von mindestens 0,95 und für bindige Böden von mindestens 0,92 der einfachen Proctordichte nachzuweisen. Die seitliche Anschüttung muß lagenweise auf beiden Seiten gleichzeitig erfolgen. Für die Verdichtung des Erdreiches darf im näheren Bereich der Tunnelkonstruktion nur ein leichtes Verdichtungsgerät eingesetzt werden (Bild 3/4).

(A2) *Auskleidungselemente bei herkömmlicher Bauweise in offener, vorübergehend gesicherter Baugrube*

Als Konstruktionsprinzipien für die Tragsysteme bieten sich generell

– skelettartige oder

– wandartige

Auskleidungen an (Bild 3/5; s. Beispiele A1 und A2).

Um Vorteile der industriellen Stahlfertigung zu nutzen, sollten die Bauteile weitgehend für Baukastensysteme – wie z. B. in Bild 3/6 dargestellt – standardisiert werden. Derartige Lösungen sind sowohl für skelettartige als auch für wandartige Konstruktionen möglich:

– Bei skelettartigen Konstruktionen kann bei gleichartigen Längsträgerelementen der Abstand der Querträger je nach Belastung variiert werden. Eine weitere Anpassungsmöglichkeit an die örtlichen Verhältnisse sollte hierbei durch Variation der Blechdicken und Stahlgüten genutzt werden. Dadurch läßt sich eine wirtschaftliche Profilierung für die jeweils gegebene Belastung auf der gesamten Tunnellänge erreichen.

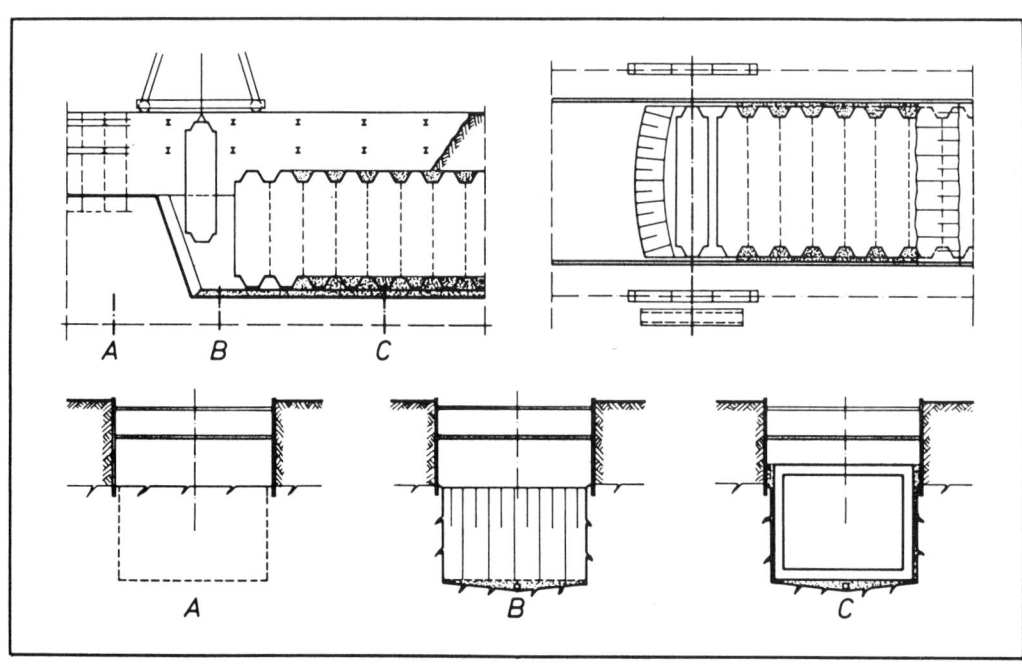

Bild 3/3: Offener Vortrieb in zeitweise standfesten Böden mit Stahltunnelsegmenten ([3/3] und nicht veröffentlichte Unterlagen der Hochtief AG.; sogenannter „Herner Verbau")

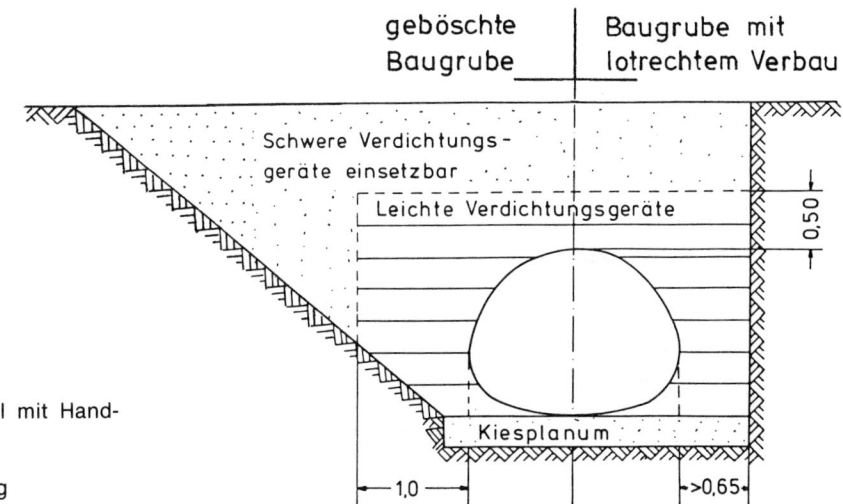

1. Vorprofilieren des Untergrundes
2. Montage der Bodenschale
3. Auffüllung der Bodenschale
4. Hinterfüllen und Verdichten bis H = 2,50 m, Zwickel mit Hand-stampfgerät gut verdichten
5. Montage des oberen Durchlaßbereiches
6. Überschütten bis H = 6 m, rechts und links gleichzeitig
7. 1. Auflast mit R = 46 kN/m
         V = 2,3 m³/m
8. Überschütten von 6 m auf 7,50 m
9. Auflasterhöhung mit $\triangle$R = 20 kN/m auf
                       R = 66 kN/m mit
              $\triangle$V = 1,0 m³/m auf
                       V = 3,3 m³/m
10. Überschütten von H = 7,50 m auf
                     H = 8,50 m
11. Ausbau der Stützkonstruktion und Überprüfen und Nachziehen der Schrauben

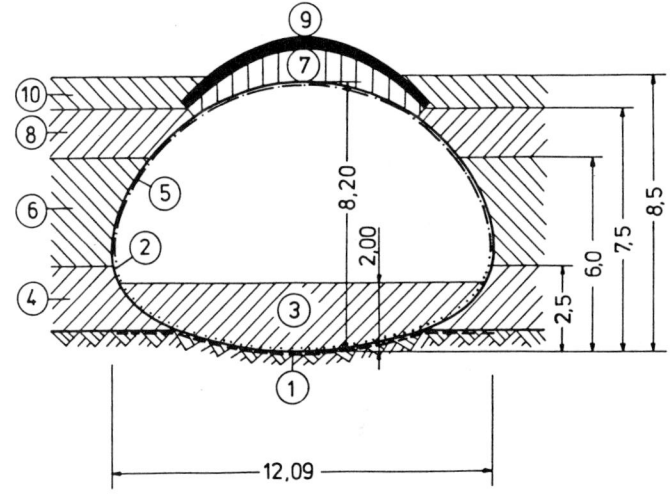

Bild 3/4: Einbauvorschriften für den unmittelbaren Querschnittsbereich sowie vorgegebene Reihenfolge der Maßnahmen für die Errichtung, Hinterfüllung und Überschüttung eines Multiplate-Tunnels (Beispiel A2) [3/4]

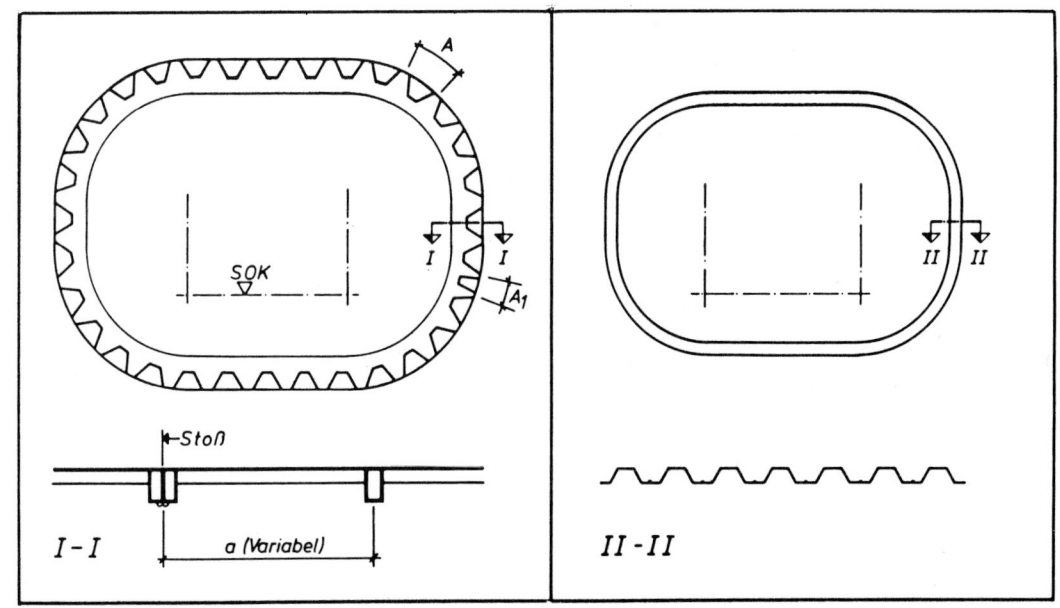

Bild 3/5: Konstruktionsprinzipien stählerner Tunnelrahmen [3/3]

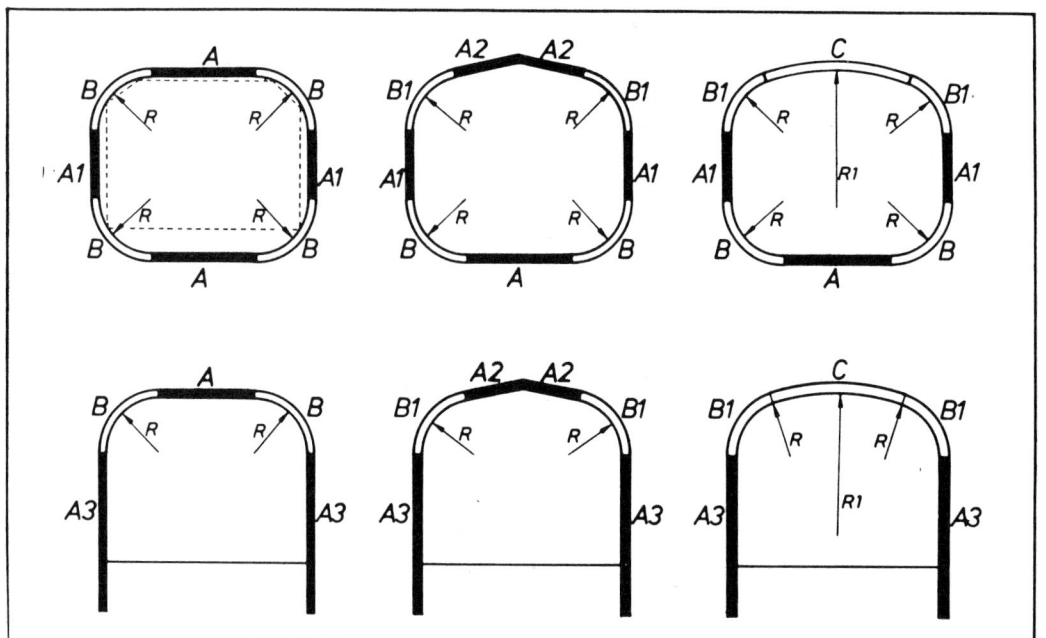

Bild 3/6: Standardteile für Stahltunnel in offener Bauweise bei wandartiger Tragkonstruktion [3/3]

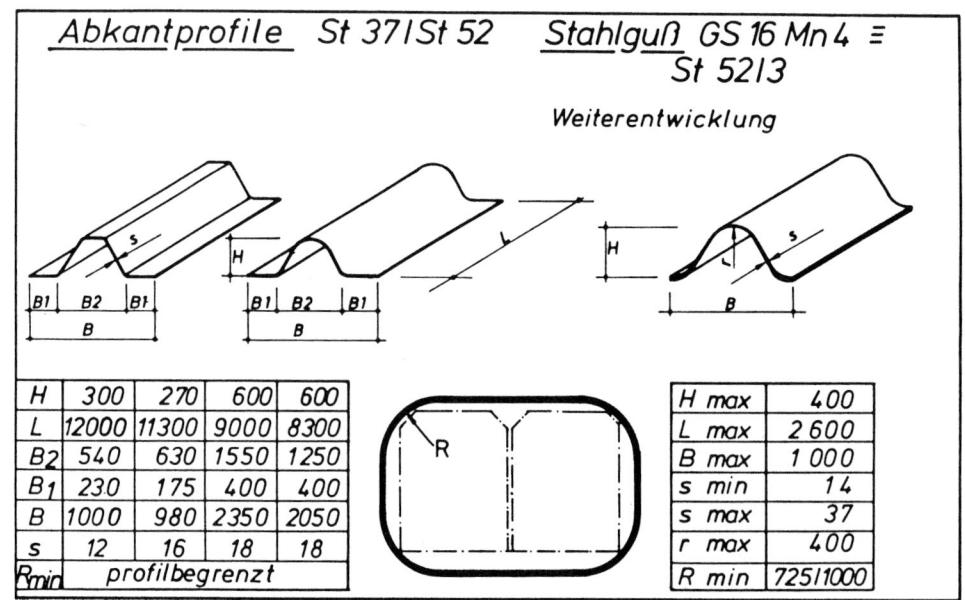

Bild 3/7: Abkantprofil und Stahlgußprofil für wandartige Konstruktionen bei Stahltunneln in offener Bauweise [3/3]

Abkantprofile   St 37/St 52   Stahlguß GS 16 Mn 4 ≡ St 52/3

Weiterentwicklung

H	300	270	600	600
L	12000	11300	9000	8300
B₂	540	630	1550	1250
B₁	230	175	400	400
B	1000	980	2350	2050
s	12	16	18	18
R$_{min}$	profilbegrenzt			

H max	400
L max	2 600
B max	1 000
s min	14
s max	37
r max	400
R min	725/1000

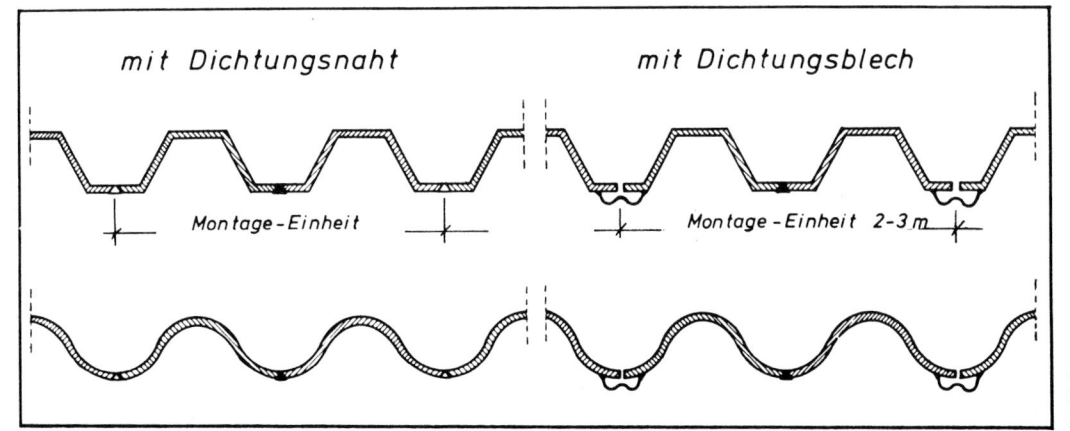

Bild 3/8: Baustellenstöße für wandartige Tragkonstruktionen bei Wellen- und Trapezprofilen [3/3]

mit Dichtungsnaht   mit Dichtungsblech

Montage-Einheit   Montage-Einheit 2-3 m

18

26 Forschung + Praxis

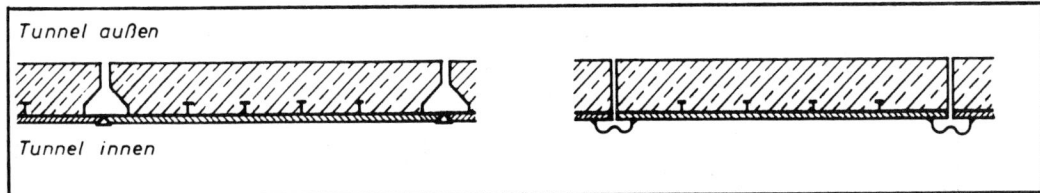

Bild 3/9: Baustellenstoß bei Stahl-verbundbauteilen [3/3]

– Für wandartige Bauteile kommen gewalzte, abgekantete oder Stahl-guß-Profile in Wellen- oder Trapezform in Frage. Beispiele hierzu zeigt Bild 3/7. Um die Schweißarbeiten vor Ort möglichst gering zu halten, sollten die Profile grundsätzlich in Breiten von mindestens einem Meter gefertigt werden. Ferner ist anzustreben, die Bauteile zu größeren, etwa 2 bis 3 m breiten Tragelementen auf der Baustelle in einer Feldwerkstatt vorzumontieren (vgl. Beispiel A1).

Die Montage-Stöße können mit einer Dichtungsnaht oder mit einem Dichtungsblech in Sickenform geschlossen werden (Bild 3/8). Der Hohl-raum in der Sicke ist mit Bitumen oder ähnlichem dauerhaft plastischem Material auszufüllen. Bei geschlossenen Stahlrahmen sind die Sicken-bleche im Sohlbereich durch entsprechend geformte Betonwerksteine gegen Beschädigung zu schützen.

Geschraubte Montagestöße, wie sie z. B. bei der Multiplate-Konstruk-tion des Beispiels A2 zur Anwendung gelangten, werden vorwiegend bei nicht von Grundwasser beanspruchten Tunnelbauten verwendet.

(A3) *Auftriebssicherung bei herkömmlicher Bauweise in offener, vor-übergehend gesicherter Baugrube*

Bei Stahltunnelkonstruktionen sind wegen ihres geringeren Gewichtes Maßnahmen zur Auftriebssicherung durchzuführen. Folgende Lösun-gen sind hierfür z. B. möglich (Bild 3/10):

(a) Wände und Decken mit Beton- oder Kiesballast ohne tragende Funktion eines Stahlverbundes

(b) Wände und Decken aus Stahlverbundtragelementen

(c) Zuganker an der Stahlkonstruktion im Sohlen- oder im Sohlen- und Wandbereich (Körperschallübertragung durch Anker beachten)

(d) außen angeordnete horizontale Stahlstege in den Wandbereichen zur Erzielung einer Rucksackwirkung (Vergrößerung der Bodenauflast)

(e) Stahlbetonschwergewichtssohle, evtl. beidseitig überstehend zur Heranziehung der seitlichen Bodenauflast, oder verankerte Stahlbeton-sohle

(f) Sohldränage mit Pumpenanlage bei geringem Wasseranfall wie Sik-kerwasser [3/5]

(A4) *Äußerer Korrosionsschutz bei herkömmlicher Bauweise in offener, vorübergehend gesicherter Baugrube*

Für den äußeren Schutz des Stahltunnels gegen Bodenkorrosion kom-men bei der herkömmlichen Bauweise in offener, vorübergehend gesi-cherter Baugrube sowohl passive als auch aktive Maßnahmen in Frage. Sie gelangen einzeln oder in Kombination zur Anwendung. Zu den passiven Maßnahmen zählen:

(a) Ausbildung des Tunnels als Stahlverbundquerschnitt

Ein solcher Querschnitt kann beispielsweise außen aus Beton und innen aus glattem Stahlblech bestehen (Bilder 3/9 und 3/10). Hierbei ergeben sich zusätzlich Vorteile beim Lastfall Auftrieb (vergleiche Hinweis [A3]). Als nachteilig sind allerdings die größeren Montagegewichte anzu-sehen.

(b) Beschichtungen des Stahltunnels mit Zementmörtel oder organi-schen Stoffen

Werden die Beschichtungen nach der Montage aufgebracht, so verzö-gert sich der Baufortschritt erheblich. Ähnlich wie im Rohrleitungsbau können derartige Beschichtungen aber bereits vorher z. B. in einer Feldwerkstatt aufgebracht werden, so daß nach der Montage nur noch die Bereiche der Baustellenstöße zu beschichten und evtl. Transportbe-schädigungen zu beseitigen sind. Schwierigkeiten gibt es hierbei

jedoch im Sohlbereich bei geschlossenem Rahmen. Diese Art des Kor-rosionsschutzes ist daher nicht generell zu empfehlen. Außerdem ist allgemein zu berücksichtigen, daß die Montage zur Vermeidung mecha-nischer Beschädigungen der fertigen Beschichtung schonend erfolgen muß, und daß organische Beschichtungen meist nur eine begrenzte Lebensdauer haben.

(c) Beschichtungen des Stahltunnels mit Zink

Dieses Verfahren bietet sich vor allem dann an, wenn die Verzinkung vor der Montage durchgeführt werden kann, in der Regel also, wenn die einzelnen Elemente auf der Baustelle verschraubt werden (Beispiel A2).

Zu den aktiven Maßnahmen zählen:

(d) Einbettung des Stahltunnels in einen Kalksand- bzw. Kunstboden mit besonderen Zusätzen (Beispiel A1)

Hierbei erhält der Stahltunnel zunächst einen Kalkanstrich, um ein basisches Anrosten zu erzwingen. Durch den umgebenden kalkhaltigen Kunstboden bildet sich dann eine basische Korrosionsschutzschicht. Bei ausreichender Dicke des Kunstbodens ist außerdem ein Puffer

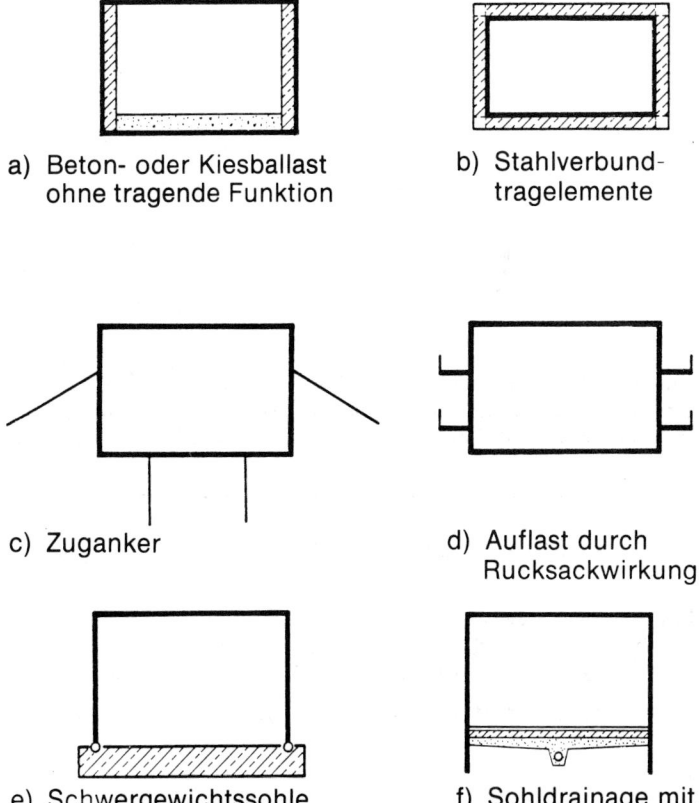

a) Beton- oder Kiesballast ohne tragende Funktion

b) Stahlverbund-tragelemente

c) Zuganker

d) Auflast durch Rucksackwirkung

e) Schwergewichtssohle aus Stahlbeton

f) Sohldrainage mit Pumpenanlage

Bild 3/10: Mögliche Lösungen für die Auftriebssicherung bei Stahl-tunneln in offener Bauweise

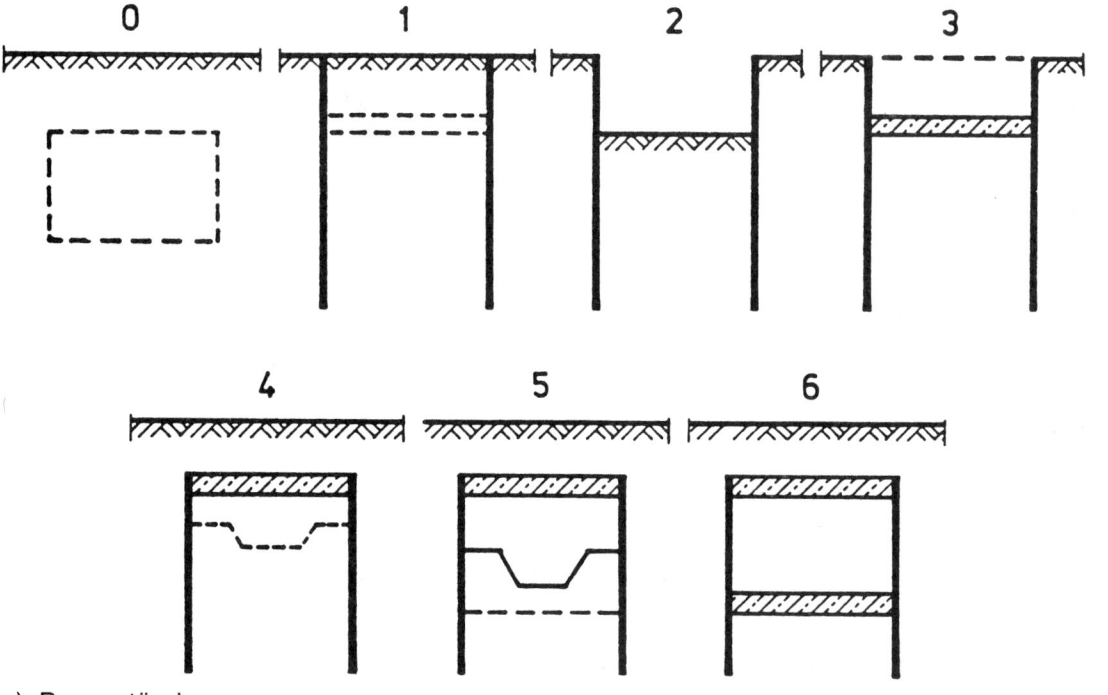

a) Bauzustände

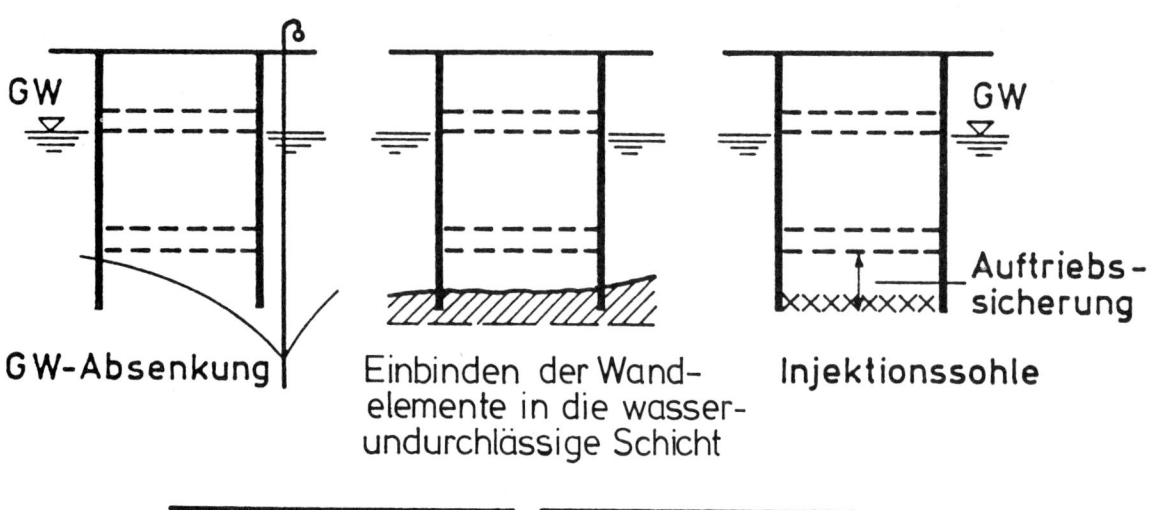

GW-Absenkung Einbinden der Wand- Injektionssohle
elemente in die wasser-
undurchlässige Schicht

Auftriebs-
sicherung

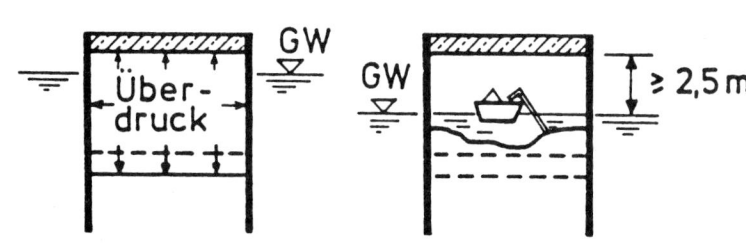

Druckluft-Wasserhaltung Unterwasseraushub
und Sohle

b) Möglichkeiten der Wasserhaltung

Bild 3/11: Wand-Deckel-Bauweise

gegen mögliche aktive Säuren im Boden gegeben. Diese Maßnahme kann generell empfohlen werden, zumal sie sich auch gut in das Bauverfahren einpaßt.

(e) Berücksichtigung der Abrostung beim Festigkeitsnachweis des unterirdischen Tragwerkes

Ein um die Abrostung verstärktes Profil für die Tunnelauskleidung führt zu größeren Steifigkeiten des Tragwerkes. Da die Tragsysteme meist statisch unbestimmt sind, werden die Biegemomente in den für die Bemessung maßgebenden Querschnitten größer, so daß die Konstruktion insgesamt unwirtschaftlich werden kann und evtl. andere Schutzmaßnahmen allein oder in Kombination mit einem Abrostungszuschlag in Frage kommen.

(f) Gestaltung des Tragsystems

Die Tunnelkonstruktion ist so zu konzipieren, daß im Bereich der voraussichtlichen Korrosionsmaxima (meist im Grundwasserschwankungsbereich) keine maximalen Querschnittskräfte und keine komplizierten Konstruktionsteile (wie Anschlüsse oder Lager) liegen. Statisch sollte man in diesen Bereichen vor Erreichen des Versagenszustandes die Bildung von „Fließgelenken" annehmen.

(g) Kombination des Tunnelquerschnitts aus Stahlbeton- und Stahlelementen

Eine solche Lösung ist beispielsweise bei Anordnung einer Stahlbetonsohle gemäß Bild 3/10 e gegeben. Bei Tunneln für Gleichstrombahnen ist aus Gründen des Schutzes gegen zu hohe Berührungsspannungen und gegen Streustromkorrosion (s. Punkt [i]) eine elektrisch leitende Verbindung zwischen der Sohlbewehrung und dem Stahltragwerk erforderlich. Durch Elementbildung (Stahl im Beton = Kathode, Stahlkonstruktion = Anode) kann dies aber bei entsprechend ungünstigem Flächenverhältnis zwischen Anode und Kathode zu einer zusätzlichen Korrosionsgefährdung des Stahltragwerks führen. Um in solchen Fällen eine Elementbildung zu vermeiden, ist entweder für eine metallische Trennung zwischen Betonstahl und Stahlkonstruktion zu sorgen (z. B. durch elektrisch getrennte Verankerung der Stahlkonstruktion in der Sohle) oder der Stahlbetonquerschnittsteil ist vom Elektrolyten (Boden bzw. Grundwasser) durch eine elektrisch wirksame Isolierung (i. a. ist das eine Abdichtungshaut) vollständig zu trennen. Dabei muß die Abdichtungshaut wasserdicht an die Stahlkonstruktion angeflanscht werden.

(h) Kathodischer Schutz des Stahltunnels

Ein kathodischer Korrosionsschutz kommt normalerweise nur in Betracht, wenn der Tunnelkörper eine elektrisch isolierende Außenbeschichtung (bituminöse bzw. Kunststoffbeschichtung) hat, da sonst der Schutzstrombedarf sowie die hierdurch ausgelösten anderweitigen Gefährdungen (Streuströme) sehr groß werden. Aufgrund der Kosten dieses Verfahrens sollte ein Einsatz nur in Ausnahmefällen erwogen werden.

(i) Schutz gegen Streuströme

Werden im Tunnel Gleichstrombahnen betrieben, so sind zum Schutz gegen Streuströme die einzelnen Tunnelabschnitte in Längs- und Querrichtung elektrisch leitend miteinander zu verbinden. Auf eine sorgfältige elektrische Trennung der Stromschiene bzw. Oberleitung und der Fahrschienen vom Tunnelbaukörper ist gemäß VÖV-Empfehlung 04.740.5 zu achten [3/6]. Bei unten offenem Rahmen ist es auch möglich, den Tunnel als „Quasi Faraday'schen Käfig" mit leitenden Seitenwänden und Deckenteilen aus Stahl und praktisch stromdichter Sohle (Asphaltbeton) auszubilden (Beispiel A1).

3.1.3 Wand-Deckel- und/oder Wand-Sohle-Bauweisen (Beispiele B1 bis B7 in Anhang B)

(B1) *Bauverfahren bei Wand-Deckel- und/oder Wand-Sohle-Bauweisen*
Soll auf die gesonderte Erstellung einer Baugrube mit einer von der späteren Tunnelkonstruktion unabhängigen Wandsicherung verzichtet werden (vgl. zu dieser Lösung die Hinweise und Empfehlungen [A1] bis [A4]), empfiehlt sich die Anwendung der Wand-Deckel- bzw. der Wand-

Sohle-Methode und deren Konstruktionen. Bei diesen Bauweisen werden zunächst Stahlelemente als spätere Tunnelwände in den Boden eingerammt, eingerüttelt oder eingepreßt. Dies geschieht zum Teil mit Spül- und Bohrhilfen. Es ist auch möglich, die Wandelemente in bentonitgefüllte Schlitze zu stellen und die Schlitze mit Kunstboden zu verfüllen.

Um Behinderungen und Belästigungen aus dem Baubetrieb an der Oberfläche zeitlich zu verkürzen, erfolgt anschließend nach Möglichkeit der Aushub der Baugrube zunächst nur bis zur Unterfläche der Tunneldecke. Nach Herstellung der Decke aus Stahlelementen oder aus Stahlbeton kann die Baugrube oberhalb sofort wieder verfüllt und die Oberfläche wieder genutzt werden ([Bauzustände] siehe Deckelbauweise Bild 3/11 a).

Der Aushub des eigentlichen Tunnelraumes erfolgt unterhalb der fertigen Decke. Sofern eine solche Sohle erforderlich ist, wird sie aus Stahlbeton (evtl. auch aus Stahlelementen) nach Erreichen der entsprechenden Aushubtiefe abschnittweise eingebaut. Liegt das geplante Tunnelbauwerk voll oder teilweise im Grundwasser und darf das Grundwasser nicht abgesenkt werden, so bieten sich für den Bauablauf verschiedene Möglichkeiten an (Bild 3/11 b):

– Die Wände werden bis in eine wasserundurchlässige Schicht geführt und der so entstandene Trog ausgepumpt (1)

– Die Grundwasserhaltung erfolgt unter dem Deckel mit Druckluft (2). Um die Luftverluste gering zu halten, sollten die Spundwandschlösser mit einer Vordichtung versehen sein, z. B. Schloßdichtung aus eingeklebten speziellen Kunststoffstreifen.

– Während der Wandherstellung wird zwischen den Wandelementen unterhalb der späteren Tunnelsohle eine Injektionsdichtungssohle erstellt und das Wasser aus der Baugrube gepumpt (3). Die Erdauflast zwischen Dichtungssohle und Tunnelsohle muß hierbei den vollen Auftrieb aufnehmen können.

– Liegt der Grundwasserspiegel $\geq$ 2,50 m unterhalb des Deckels, kann der Bodenaushub auch nach Fertigstellung der Decke von Pontons aus unter Wasser erfolgen (4). Nach Erreichen der endgültigen Aushubsohle wird eine Unterwasserbetonsohle hergestellt, die die Baugrube nach unten abdichtet. Sie muß außerdem die Auftriebskräfte entweder über Eigengewicht aufnehmen oder über Reibung bzw. über besondere an die Wände geschweißte Konsolen in die Wände einleiten. Anschließend wird die Baugrube ausgepumpt und normalerweise noch eine endgültige Sohle eingebaut.

Wird die Tunneldecke erst zum Schluß hergestellt, können bis auf die Druckluft alle oben und in Bild 3/11 b angeführten Maßnahmen zur Wasserhaltung uneingeschränkt angewendet werden.

Man spricht dann von einer Wand-Sohle-Bauweise.

Bisher sind aus der Bundesrepublik Deutschland und dem Ausland bezüglich dieser Bauweise nur sogenannte Mischkonstruktionen bekannt. Sie bestehen aus Spundwandelementen in den Wandbereichen und Stahlbetonplatten als Decke und Sohle (Beispiel B1 bis B7).

(B2) *Deckenanschluß bei Wand-Deckel- und/oder Wand-Sohle-Bauweisen*

In der Bundesrepublik Deutschland sind bei Anwendung der Wand-Deckel- bzw. Wand-Sohle-Bauweise bisher ausschließlich Tunnel mit Spundwänden und Stahlbeton- bzw. Spannbetondecken hergestellt worden (Bilder 3/12 bis 3/14).

Für die konstruktive Lösung des Auflagerpunktes bieten sich verschiedene Möglichkeiten an:

(a) Auf einem Stahlbetonholm, der auf die Spundwand aufbetoniert ist, lagert die Tunneldecke mit einer nutartigen Aussparung auf einer Gleitschicht (z. B. geklebte nackte Pappe mit Kupferriffelblech verstärkt). Vertikal- und Querkräfte aus der Decke werden über die Nut in den Betonholm und von dort in die Wand geleitet. Im Tunnelquerschnitt wirkt die Auflagerung als Gelenk, in Tunnellängsrichtung als verschiebbares Lager für eine weitgehend zwängungsfreie Auflagerung der Deckenabschnitte. Das flächenhafte Auflager dichtet über die Bitumengleitschicht die Fuge gegen Sickerwasser ausreichend ab (Bild 3/12 a; Beispiel B3).

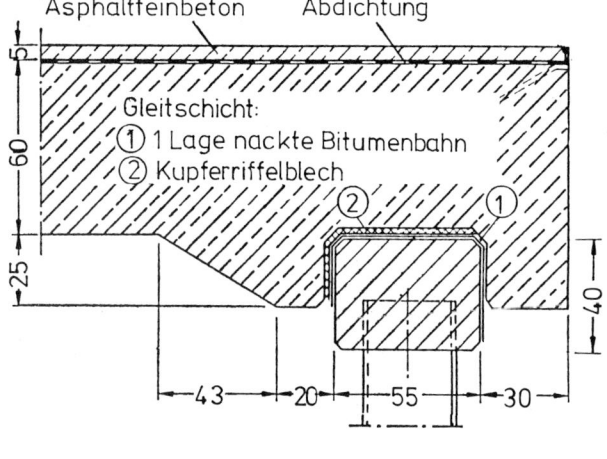

Bild 3/12: *Deckenauflager aus Betonholm mit Gleitschichtzwischenlage bzw. Stahllager*

a) Deckenanschluß beim Straßentunnel in Mülheim/Ruhr; 1970/71 (Beispiel B3)

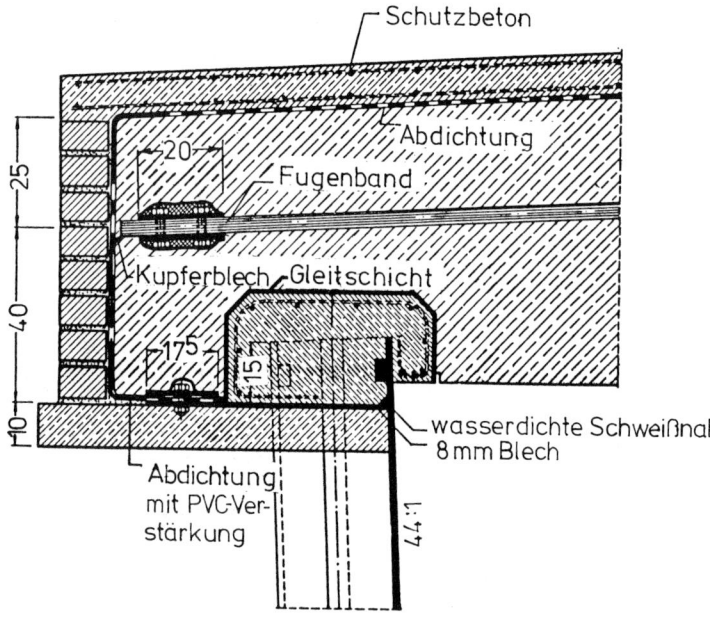

b) Deckenanschluß beim Rheinalleetunnel in Düsseldorf; 1968/69 (Beispiel B2)

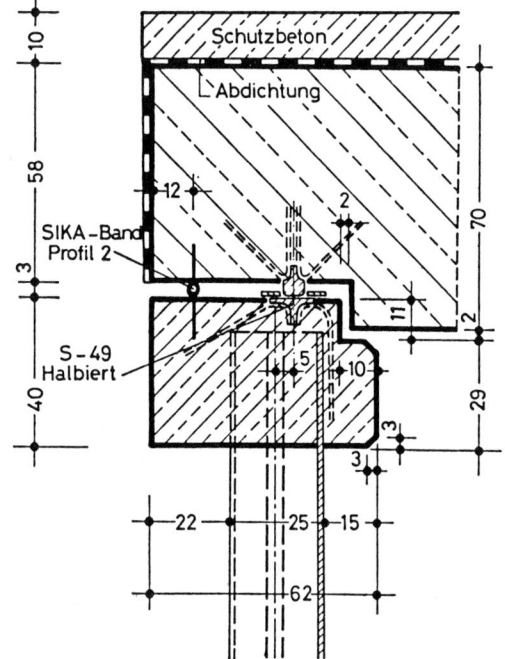

c) Deckenanschluß beim Straßentunnel Adenauerallee in Bonn; 1964 (Beispiel B7)

Bild 3/13: Deckenauflager aus Stahlholm mit Gleitschichtzwischenlage bzw. Stahllager

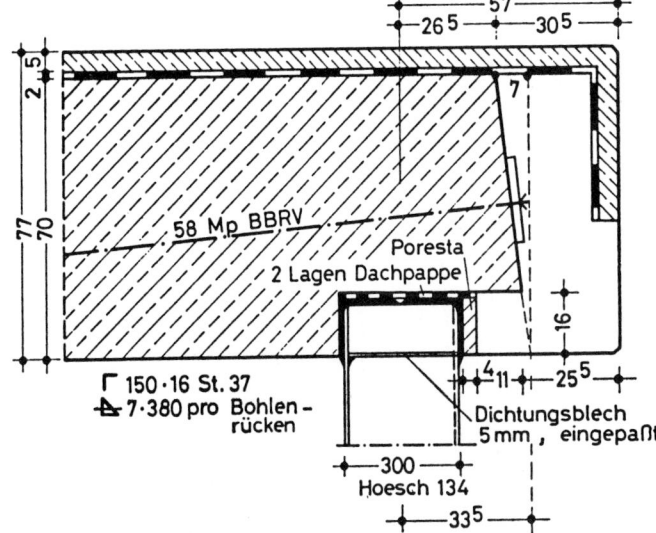

a) Deckenanschluß beim Straßentunnel Mürwicker Straße in Flensburg; 1969/70 (Beispiel B5)

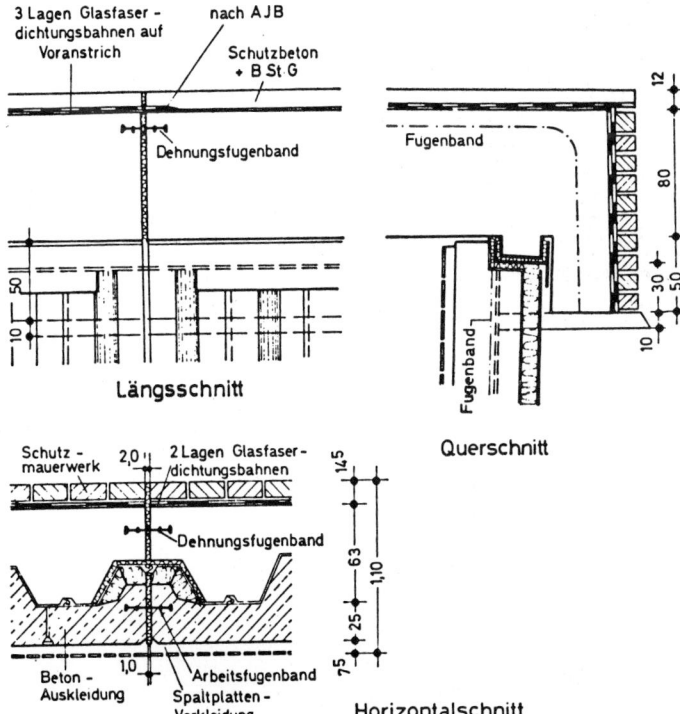

b) Deckenanschluß und Ausbildung der Dehnungsfugen in der Tunneldecke beim Straßentunnel unter der Projensdorfer Straße in Kiel; 1969/71 (Beispiel B4)

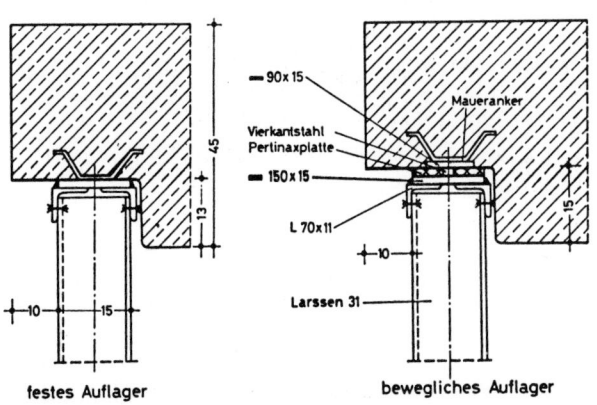

c) Deckenanschlüsse bei den Fußgängertunneln an der Kanalbrücke in Hamm; 1965/66 (Beispiel B6)

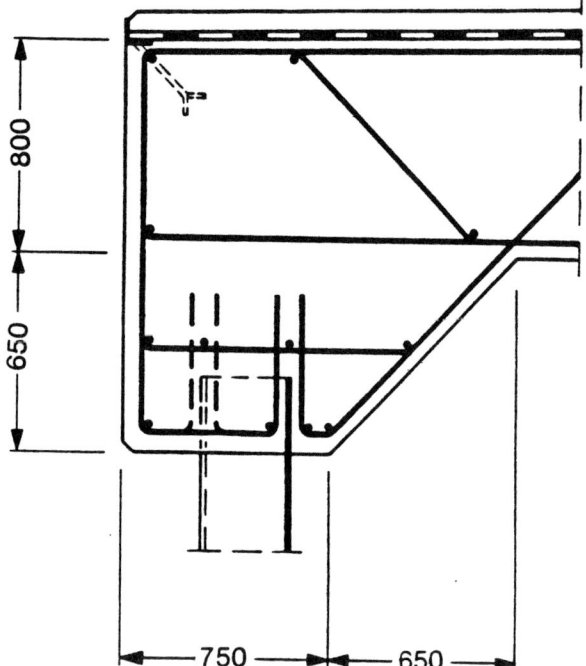

Bild 3/14: *Schneidenlagerung auf Stahlspundbohlen: Deckenanschluß beim Eisenbahntunnel „Roter Hahn" in Lübeck (Beispiel B8)*

Erforderliche Dehnungsfugen in den Holmen werden in einer nach außen weisenden Welle der Spundwand angeordnet. Die Welle wird z. B. mit Bitumen dick beschichtet, so daß die Fugenbewegungen durch elastisches Nachgeben der Spundwandwelle möglich sind.

(b) Zwischen Stahlbetonholm und -tunneldecke ist ein Stahllager angeordnet (Bild 3/12 c; Beispiel B7), das eine weitgehend zwängungsfreie Auflagerung der Deckenplatte ermöglicht. Es wird gegen eindringendes Wasser durch ein Fugenband geschützt.

(c) Ähnlich wie in den Fällen (a) und (b) lagert die Tunneldecke auf einem Holm, hier allerdings aus Stahlprofilen (Bild 3/13; Beispiele B4 bis B6).

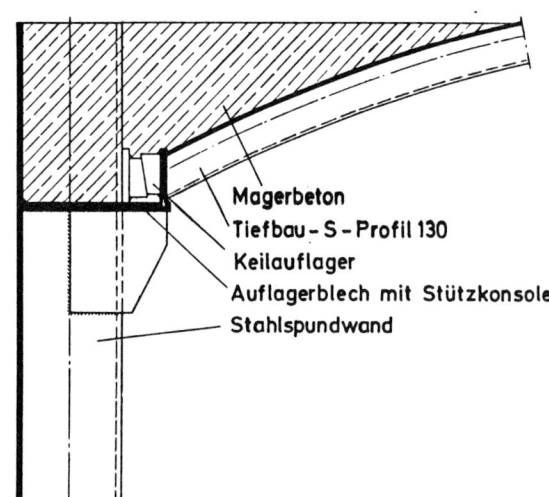

Magerbeton
Tiefbau - S - Profil 130
Keilauflager
Auflagerblech mit Stützkonsole
Stahlspundwand

Bild 3/15: *Stählerne Deckenbögen aus Tiefbau-S-Profilen [3/9]*

(d) Ohne Zwischenkonstruktion werden die statischen und dynamischen Vertikal- und Horizontallasten aus der Tunneldecke mit der Schneidenlagerung direkt in die Stahlspundwände eingeleitet. Der sich hierbei im Stahlbetonkörper der Decke einstellende dreiachsige Spannungszustand wird aufgenommen [3/46]:

– in Längsrichtung durch die Ausnutzung der geometrischen Form der Stahlspundbohlen bei nur 15 cm Einbindetiefe der Spundbohlen in den Stahlbeton,

– in Querrichtung durch eine schlangenförmig gebogene Spaltzugbewehrung dicht über der Spundbohlenschneide und durch Bügelbewehrung.

Die auftretenden Horizontalkräfte werden in die Spundbohlen eingeleitet. Die Stahlspundbohlen behalten bei der gewählten Bewehrungsführung im Einbindebereich ihre volle Biege- und Dehnsteifigkeit, da sie nicht mehr zum Durchstecken der Bewehrung geschlitzt werden.

Gegenüber der bisherigen Bauausführung entfallen somit:

– Das Einschweißen von Konstruktionselementen in die Stahlspundbohlen zur Vergrößerung der Auflagerfläche,

– das Schlitzen der Stahlspundbohlen im Einbindebereich bzw. das Herstellen von Löchern für die Bewehrungsführung,

– das Anschweißen von Bewehrungsstäben an den Stahlspundbohlen, um die auftretenden Zugkräfte vom Stahlbeton in die Spundbohlen weiterzuleiten.

Die erforderlichen Dehnungsquerfugen in der Decke werden in einer nach außen weisenden Welle der Spundwand angeordnet. Die Welle wird z. B. mit Bitumen dick beschichtet, so daß die Fugenbewegung durch elastisches Nachgeben der Spundwandwelle fast ohne Zwängungskräfte aufgefangen wird.

Die Tunneldecke wird i. a. mindestens mit einer Abdichtung gegen Sickerwasser versehen werden. Ein wasserdichter Anschluß von Sickerwasserabdichtungen an die Spundwände ist nicht üblich. Kann das Grundwasser bis über die Tunneldecke ansteigen, wird meist eine wasserdruckhaltende Deckenabdichtung mit wasserdichtem Anschluß an die Spundwand vorgesehen. Für diesen Anschluß empfiehlt sich nach dem heutigen Stand der Technik als zuverlässigste Lösung eine Los-/Festflanschkonstruktion (Bild 3/12 b, Beispiel B2).

Die Dehnungsfugen in den Deckenplatten sind häufig zusätzlich zur Hautabdichtung noch mit einem einbetonierten Dehnungsfugenband abgedichtet. Bilder 3/12 b und 3/13 b zeigen hierfür ausgeführte Beispiele.

Zur Vermeidung zu hoher Berührungsspannungen und Streustromkorrosion in Tunneln mit Gleichstrombahnen ist die Bewehrung der einzelnen Deckenabschnitte untereinander sowie mit den Spundwänden elektrisch leitend zu verbinden (beachte Hinweis [B5]).

Neben den bisher üblichen Stahlbetonlösungen besteht auch die Möglichkeit, die Tunneldecke wirtschaftlich aus Stahltafeln herzustellen:

Die Stahltafeln werden dabei als bogenförmige Fertigelemente von 2,5 m Breite angeliefert und in der Baugrube auf dort an die Spundwand geschweißte Konsolen abgelegt (Bild 3/15). Anschließend werden die Längsfugen im Auflager und im Abstand von 2,5 m die Querfugen dichtgeschweißt. Der Vorteil dieser Lösung liegt in der großen Schnelligkeit beim Einbau.

Der Bogenschub wird durch die Bodenbettung aufgenommen.

(B3) *Sohlenanschluß bei Wand-Deckel- und/oder Wand-Sohle-Bauweisen*

Für die Gestaltung der Tunnelsohle empfiehlt sich, folgende in der Praxis bisher übliche Regeln zu beachten:

– Eine Tunnelsohle aus Stahlbeton kann entfallen

● wenn der höchste Grundwasserspiegel bis maximal 30 cm unter OK Sohle ansteigt,

● wenn die Spundwände in eine wasserundurchlässige Schicht einbinden.

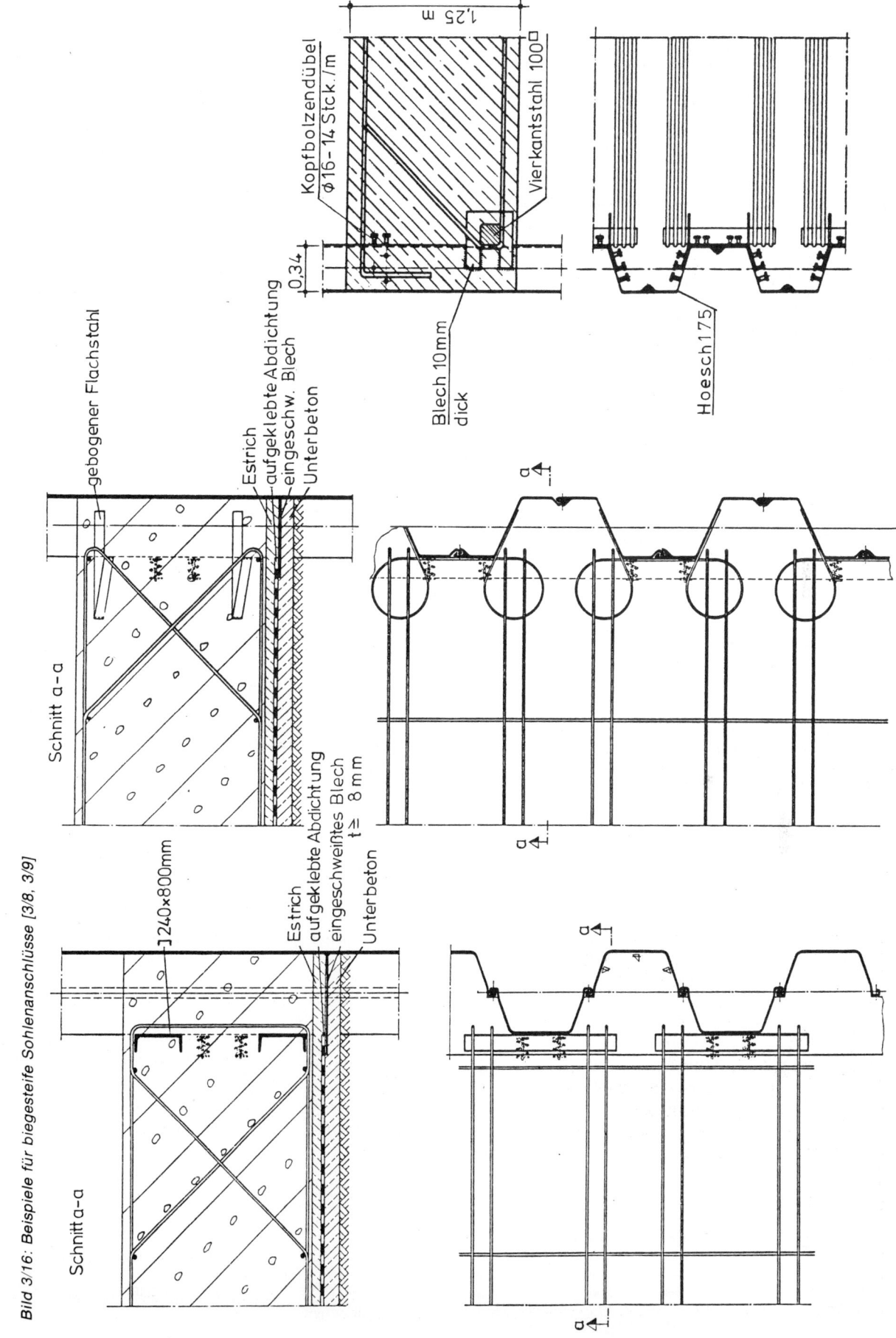

Bild 3/16: Beispiele für biegesteife Sohlenanschlüsse [3/8, 3/9]

Kopfbolzendübel Ø16–14 Stck./m

1,25 m

Vierkantstahl 100□

0,34

Blech 10 mm dick

aufgeklebte Abdichtung eingeschw. Blech Unterbeton

Estrich

Hoesch 175

gebogener Flachstahl

Schnitt a-a

Estrich aufgeklebte Abdichtung eingeschweißtes Blech t≥ 8 mm Unterbeton

⌐240×800mm

Schnitt a-a

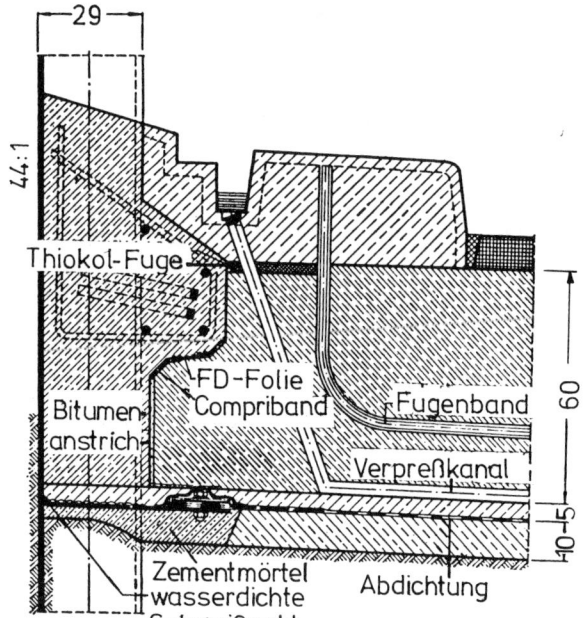

—29—

44:1

Thiokol-Fuge

FD-Folie
Compriband

Fugenband

Bitumen anstrich

Verpreßkanal

60

10-5

Zementmörtel
wasserdichte
Schweißnaht

Abdichtung

Bild 3/17: Sohlenanschluß beim Rheinalleetunnel in Düsseldorf; 1968/69 (Beispiel B2)

Bild 3/18: Sohlenanschluß und Ausbildung der Sohlendehnungsfuge beim Straßenbahntunnel in Mülheim/Ruhr; 1970/71 (Beispiel B3)

—34—

Flacheisen zur elek-
trischen Durchverbindung

50

10-5

Bitumenspachtelung
Klemmleiste ⌐10×170

Abdichtung

Schweißbolzen M20

Querschnitt

Blech ≠ 10×600
wasserdicht verschweißt

Grundriß

In solchen Fällen genügt im Sohlenbereich der Einbau der normalen Straßendecke bzw. des Bahnunterbaus. Allerdings ist meist die Anordnung von Längsdränungen unter der Fahrbahn zweckmäßig, um evtl. anfallendes Wasser kontrolliert ableiten zu können.

— Kann das Grundwasser bis über die Ebene der Tunnelsohle ansteigen, so ist eine massive Sohlplatte aus Beton oder Stahlbeton einzubauen. Die Sohle erhält normalerweise eine wasserdruckhaltende Hautabdichtung. Der wasserdichte Anschluß der Abdichtung an die Spundwand erfolgt durch eine Los-/Festflanschkonstruktion. Die ausreichende Sicherheit der Tunnelsohle gegen Auftrieb ist nachzuweisen. Wenn dazu das Eigengewicht der Sohlplatte nicht ausreicht, ist ein starrer Anschluß an die Spundwand erforderlich etwa gemäß Bild 3/16. Eine andere Möglichkeit besteht darin, eine Stahlbetonkonsole starr gegen die Spundwand zu betonieren, gegen die sich die Sohlplatte mit ihren Auftriebskräften über eine Gleitschicht (z. B. Kunststoff-Folie) etwa gemäß Bild 3/17 abstützen kann. Letzteres stellt eine zwängungsfreie Bewegung von Sohle und Spundwand sicher.

— Steht das Grundwasser nur geringfügig oberhalb der Tunnelsohle an und ist der Boden wenig wasserdurchlässig, so kann auch ein Flächenfilter unterhalb der normalen Straßendecke mit entsprechender Vorflut ausreichen und die Sohlplatte einschließlich Abdichtung entfallen.

Der Anschluß von querlaufenden Dehnungsfugen in der Sohle kann bei in Bild 3/18 ausgeführt werden. Dabei werden die Fugen in einer Welle der Spundwand angeordnet, so daß die Bewegung durch elastisches Nachgeben der Spundwandwelle fast ohne Zwängungskräfte aufgefangen wird.

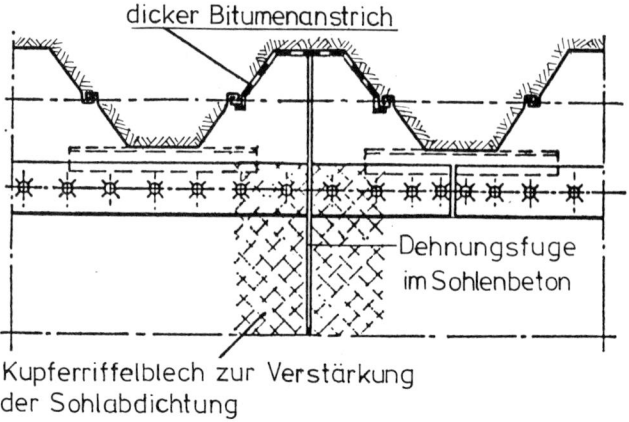

dicker Bitumenanstrich

Dehnungsfuge
im Sohlenbeton

Kupferriffelblech zur Verstärkung
der Sohlabdichtung

Bild 3/19: Sohlenanschluß an die Tunnel-Mittelwand [3/8]

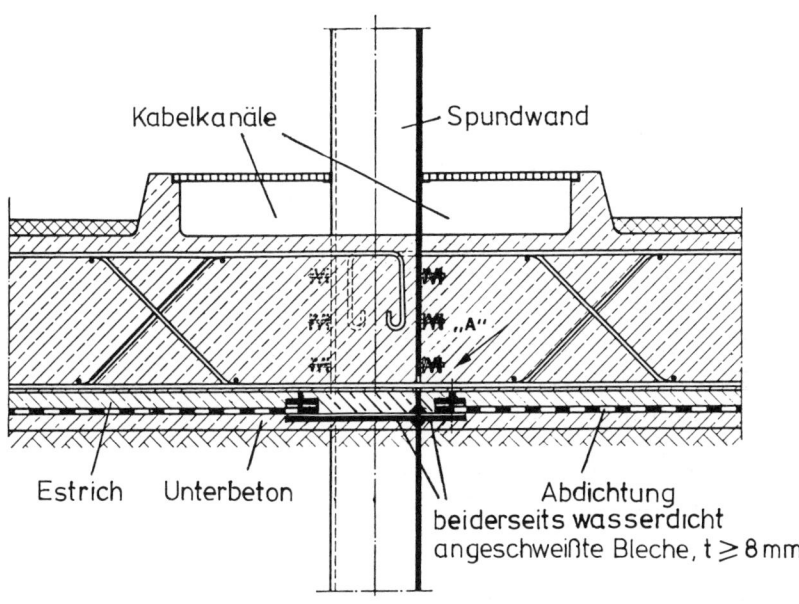

Kabelkanäle — Spundwand

"A"

Estrich   Unterbeton

Abdichtung
beiderseits wasserdicht
angeschweißte Bleche, t ≥ 8 mm

Ansicht „A"

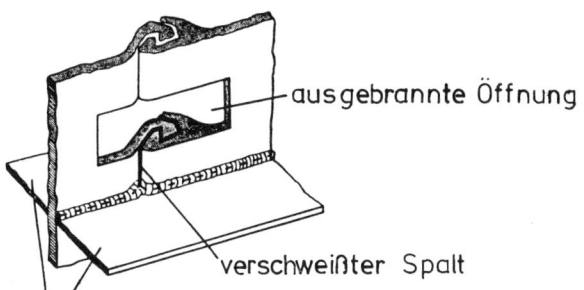

— ausgebrannte Öffnung

— verschweißter Spalt

beiderseits wasserdicht angeschweißte Bleche, t ≥ 8mm

Besteht die Mittelwand des Tunnels aus einer Spundwand, so ist bei Lage der Sohle im Grundwasser der Sickerweg des Wassers in der Längsrichtung der Schlösser zu unterbinden. Bild 3/19 zeigt hierfür eine einfache Lösung, bei der im Schloß unmittelbar über der Sohlenabdichtung eine kleine Öffnung herausgebrannt und der Spalt wasserdicht zugeschweißt wird. Das Fenster kann zum Durchstecken der Sohlbewehrung benutzt werden.

Zur Vermeidung zu hoher Berührungsspannungen und Streustromkorrosion in Tunneln mit Gleichstrombahnen ist die Bewehrung der einzelnen Sohlabschnitte untereinander sowie mit den Spundwänden elektrisch leitend zu verbinden (beachte Hinweis [B5]).

(B4) *Wandausbildung bei Wand-Deckel- und/oder Wand-Sohle-Bauweisen*

Üblicherweise werden stählerne Tunnelwände bei der Wand-Deckel- bzw. Wand-Sohle-Bauweise aus eingerammten, eingerüttelten oder ein-

gepreßten Spundbohlen, evtl. mit Spül- oder Bohrhilfen, hergestellt. Die Dichtung der Spundwandschlösser erfolgt auch bei Tunneln, die nicht ständig im drückenden Wasser liegen, heute im allgemeinen durch von Unterkante Sohle bis Oberkante Decke laufende Schweißnähte. Bisher hat sich im Tunnelbau trotz verschiedener anderer Lösungsansätze (z. B. dauerelastische Kitte, Gummidichtungsprofile usw.) noch kein alternatives Dichtungsverfahren als alleinige dauerhaft wirksame Maßnahme finden lassen.

Um die Länge der Baustellennähte erheblich zu reduzieren, wird empfohlen, fertig verschweißte Doppel- oder Dreifachbohlen einzubauen. Auch breite Profile sind schmaleren vorzuziehen. Die werkseitig verschweißten Nähte müssen vom Tunnelinnern her sichtbar sein, um sowohl einen dichten Anschluß für die Decken- und Sohl-Abdichtungsflansche herzustellen, als auch evtl. undichte Nähte nachschweißen zu können.

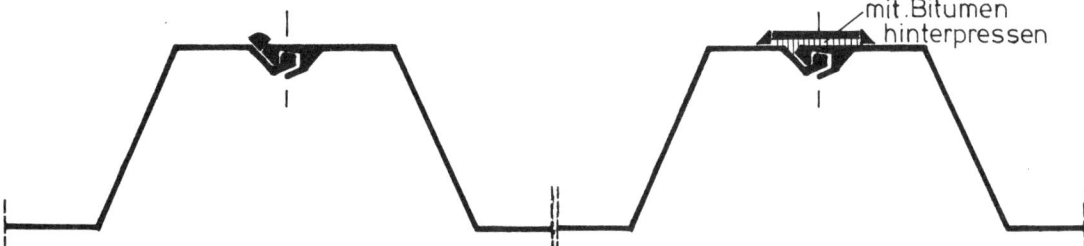

Bild 3/20: Dichtung der Baustellennähte

Baustellennähte sind in der Regel Kehlnähte. Häufig hat es sich aber auch als zweckmäßig erwiesen, eine Flachstahlleiste über die Fuge zu legen und diese mit den beiden angrenzenden Spundbohlen wasserdicht zu verschweißen (Bild 3/20). Undichte Fugen müssen vor dem Verschweißen durch Verstemmen vorgedichtet werden, um eine wasserdichte Schweißnaht zu erhalten. Die beim Dichtschweißen auftretenden Schrumpfspannungen sind wegen der Wellenform der Profile unbedeutend.

Ist aus geologischen und/oder Umweltschutzgründen ein Rammen, Einrütteln oder Einpressen der Spundbohlen nicht möglich, so können die Stahlwandelemente auch in mit Bentonitsuspension gefüllte Schlitze versetzt werden. Die Bentonitfüllung wird anschließend i. a. gegen einen Kunstboden ausgetauscht, der auf der späteren Tunnelaußenseite zugleich als Korrosionsschutz wirken sollte. Das läßt sich z. B. durch Verwendung eines kalkhaltigen Bodens erreichen.

Werden die Spundwände auf der Tunnelinnenseite z. B. aus Brandschutzgründen (Straßentunnel) mit Beton ausgekleidet, so sind in bestimmten Abständen Dehnfugen in der Betonauskleidung vorzusehen. Bild 3/21 zeigt hierzu mögliche Lösungen.

(B5) *Äußerer Korrosionsschutz bei Wand-Deckel- und/oder Wand-Sohle-Bauweisen*

Die für den äußeren Korrosionsschutz bei Wand-Deckel- bzw. Wand-Sohle-Bauweisen zu ergreifenden Maßnahmen werden wesentlich von der Art des Einbringens der Spundwände in den Boden beeinflußt. Dabei ist zu unterscheiden zwischen dem Rammen, Rütteln oder Einpressen der Spundbohlen und dem Einsetzen der Wände in bentonitgestützte bzw. mit Kunstboden verfüllte Schlitze. Dieser Aufteilung folgend sollten nachstehende Hinweise und Empfehlungen beachtet werden.

(1) Schutzmaßnahmen gegen Bodenkorrosion bei eingerammten, eingerüttelten oder eingepreßten Stahlwänden (Spundwänden).

Bei eingerammten, eingerüttelten oder eingepreßten Spundwänden lassen sich verschiedene aktive Korrosionsschutzmaßnahmen einsetzen:

(a) Berücksichtigung der Abrostung beim Festigkeitsnachweis des unterirdischen Tragwerks

Vom Aufbringen eines Korrosionsschutzüberzuges vor dem Einbau der Spundwände ist wegen der nachträglichen Beschädigungsgefahr abzu-

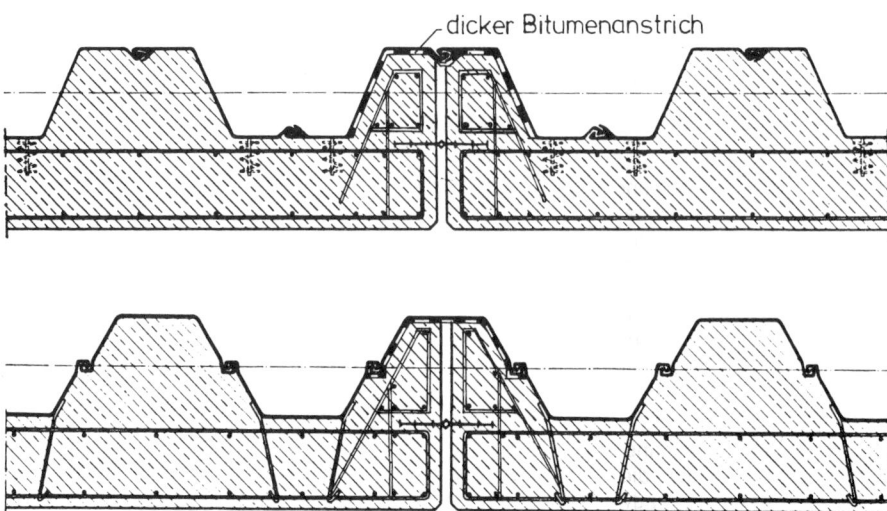

Bild 3/21: Dehnungsfugen in Verbundwänden [3/8]

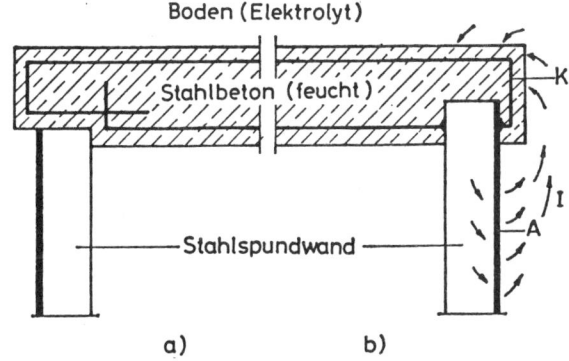

a) b)

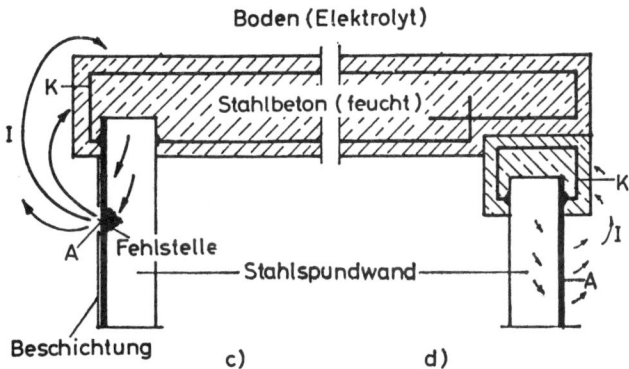

Beschichtung c) d)

Bild 3/22: Schematische Darstellung der Elementbildung zwischen Stahl im Beton und Stahl im Boden bei der Spundwandbauweise [3/7]

a) Keine elektrische Verbindung der Bewehrung mit der Stahlspundwand; kein Korrosionsangriff durch Elementbildung

b) Elektrische Verbindung der Bewehrung mit der Spundwand; Spundwandoberfläche ~ Bewehrungsoberfläche; vernachlässigbar geringer Korrosionsangriff durch Elementbildung

c) Elektrische Verbindung der Bewehrung mit der Spundwand; Spundwand beschichtet; freie Spundwandoberfläche (Beschichtung mit Fehlstelle) << Bewehrungsoberfläche starker örtlicher Korrosionsangriff durch Elementbildung

d) Elektrische Verbindung z. B. nur der Bewehrung der Betonholme mit der Spundwand; freie Spundwandoberfläche > Bewehrungsoberfläche; vernachlässigbar geringer Korrosionsangriff durch Elementbildung (kleiner als im Fall b!)

(Neben den Flächenverhältnissen von Anode und Kathode ist für den Korrosionsangriff auch der elektrische Widerstand des Elektrolyten – Boden, Wasser – von Bedeutung. Je größer der Widerstand, um so kleiner ist der Korrosionsstrom und damit die Korrosion).

raten. Zur Zeit stehen nämlich keine ausreichend verschleißfesten Beschichtungen zur Verfügung. Dies bedeutet, daß in den meisten Fällen die nach Fertigstellung des Bauwerkes dem Erdreich zugewandte Seite der Spundwand ohne Korrosionsschutz bleibt. Die zu erwartende Abrostung im Verlauf der vorgesehenen Lebensdauer ist beim Festigkeitsnachweis der Spundwand für die Belastung im Endzustand zu berücksichtigen.

(b) Gestaltung des Tragsystems

Das Tragsystem ist so zu wählen, daß im Bereich der voraussichtlichen Korrosionsmaxima (meist im Grundwasserwechselbereich oder im Bereich eines Betonholmes, siehe unter (c)) die statische Beanspruchung einer Wand möglichst gering ist.

(c) Anschluß der Stahlbetonsohle und -decke

Bei Tunneln für Gleichstrombahnen ist aus Gründen des Schutzes gegen Streustromkorrosion (s. Pkt. (d)) und zu hohe Berührungsspannungen eine elektrisch leitende Verbindung der Decken- und Sohlenbewehrung mit der Spundwand erforderlich. Durch Elementbildung kann dies aber bei zu ungünstigem Flächenverhältnis zwischen Spundwand (= Anode) und Betonstahl im feuchten Beton (= Kathode) zu einer zusätzlichen Korrosionsgefährdung der Spundwand führen (vgl. Bild 3/22). Eine Elementbildung zwischen dem Betonstahl und der Spundwand ist in solchen Fällen nur durch vollständige Abtrennung des Betons vom Elektrolyten (Erdreich bzw. Grundwasser) zu erreichen. Dies ist z. B. durch eine Abdichtungshaut möglich, die an der Spundwand angeflanscht ist (vgl. Bilder 3/12 b und 3/16 bis 3/18).

In Straßen- und Fußgängertunneln können Schutzmaßnahmen gegen zu hohe Berührungsspannungen (z. B. für die Beleuchtung) nach VDE 0100 angewandt werden, die eine Verbindung der Decken- und Sohlenbewehrung mit der Spundwand nicht erforderlich machen. In einem

solchen Fall läßt sich eine zusätzliche Korrosionsgefährdung der Spundwand ganz vermeiden.

(d) Schutz gegen Streuströme

Alle Tunnel für Gleichstrombahnen müssen in Längs- und Querrichtung elektrisch leitend durchverbunden sein. Dies geschieht durch Verschweißen der Fugen zwischen den Stahlelementen (aus Wasserdichtigkeitsgründen meist ohnehin erforderlich) und durch elektrisch leitende Verbindungen der Bewehrung von Stahlbetondecke und -sohle sowohl von Abschnitt zu Abschnitt im Bereich der Dehnungsfugen als auch zur Spundwand hin. Sind elektrisch wirksame Isolierfugen in den Stahlwänden für Meßzwecke erforderlich, so sind diese während des Bahnbetriebes mit ausreichendem Querschnitt metallisch leitend zu überbrücken.

Tunnel, in denen keine Gleichstrombahnen verkehren (z. B. Straßen- und Fußgängertunnel), brauchen in Längs- und Querrichtung nicht elektrisch leitend durchverbunden zu werden. Um einen Übertritt von Strömen aus in der Nähe verlaufenden oder kreuzenden Gleichstrombahnen weitestgehend zu vermeiden, wäre hier sogar – falls bautechnisch ausführbar – die Anwendung von Isolierfugen (elektrische Trennung benachbarter Tunnelabschnitte) anzustreben. Sie sollten möglichst an all den Stellen angeordnet werden, an denen in Tunnellängsrichtung die Bodenart und damit die Bodenaggressivität wechselt.

(e) Kathodischer Schutz

Bei Spundwandtunneln kommt ein kathodischer Korrosionsschutz normalerweise nicht in Betracht, da in den meisten Fällen die Spundwände ohne Außenbeschichtungen im Erdreich liegen (s. unter (a)), und daher der Schutzstrombedarf sowie die hierdurch ausgelösten anderweitigen Gefährdungen sehr groß werden (beachte allgemeine Ausführung zum kathodischen Korrosionsschutz in Kapitel 2).

(2) Schutzmaßnahmen gegen Bodenkorrosion bei Einsetzen der Stahlwände in bentonitgestützte Schlitze bzw. bei Bodenaustausch vor dem Rammen, Einrütteln oder Einpressen der Stahlspundwände.

In beiden Fällen ist es möglich, durch einen Kunstboden mit besonderen Zusätzen (z. B. Kalk) günstige Voraussetzungen für eine vernachlässigbar kleine Bodenkorrosion zu schaffen. Durch den Kalk baut sich eine basische Korrosionsschutzschicht (Verkrustung) am Stahl auf, die eine Korrosion praktisch verhindert.

3.2 Geschlossene Bauweisen

3.2.1 Allgemeines

Zu den geschlossenen Bauweisen, die sich für die Anwendung einer vollumschließenden Stahlauskleidung als bleibende Maßnahme zur Sicherung des Gebirges eignen, zählen der Schildvortrieb, die Rohrvorpressung und die Neue Österreichische Tunnelbauweise (NÖT). Ohne auf die Verfahrenstechnik näher einzugehen (hierzu siehe [3/13] bis [3/17]), kann bezüglich des Stahleinsatzes im Tunnelbau folgendes angemerkt werden:

Stahltübbinge oder Stahlrohre wurden als bleibendes tragendes Element bisher weder im Verkehrstunnelbau noch auf dem Sektor der Ver- und Entsorgung in größerem Umfang eingesetzt. Andere Werkstoffe wie Gußeisen und Stahlbeton haben sich hier in stärkerem Maße durchgesetzt. Dies liegt teilweise daran, das Stahltübbinge oder Stahlrohre in Form geschweißter Konstruktionen einen hohen Lohnaufwand erfordern und damit oftmals nicht wettbewerbsfähig sind, zum Teil aber vor allem auch an – meistens unbegründeten – Befürchtungen hinsichtlich einer schädlichen Korrosion.

In Deutschland gibt es nur 2 ausgeführte Beispiele für die Anwendung von Stahltübbingen:

– der Straßenbahntunnel unter der Spree in Berlin, Baujahr 1896/99 (Beispiel C1)*)

– der alte Elbtunnel in Hamburg, Baujahr 1907/09 (Beispiel C2)

Mitte der 60er Jahre wurden für den BAB-Elbtunnel in Hamburg und 1969 für Los H98 der U-Bahn in Berlin (Beispiele C3 und C13) Angebote mit Stahltübbingauskleidung ausgearbeitet, die aber nicht zur Ausführung gelangten. Aus dem Ausland sind dagegen mehrere Anwendungen sowie Planungen gerade auch aus jüngster Zeit bekannt. So enthält Anhang C Beispiele aus Österreich (C4), England (C5 bis C7), USA (C8 bis C10), Kanada (C11) und Holland (C12).

Der Einsatz von Stahlauskleidungen im Zusammenhang mit dem Vorpreßverfahren erfolgte bisher nur bei kleineren Durchmessern z. B. in Form von Schutzrohren für Gas- und Wasserleitungen oder als Kabelkanalrohre. Beispiele hierzu werden nicht besonders aufgeführt.

In standfestem oder zumindest zeitweise standfestem Gebirge kann eine tragende Stahlauskleidung in zuvor mit andersartiger, vorläufiger Sicherung versehenen Tunnel (z. B. Vortrieb und Sicherung nach den Regeln der NÖT) als Innenschale eingezogen werden. Für die vorläufige Sicherung kommt dabei beispielsweise eine Spritzbetonversiegelung oder eine Ankerung der Ausbruchleibung in Betracht. Als Beispiele für solche Stahlinnenauskleidungen sind die in einigen Fällen als tragend herangezogenen Panzerungen von Druckwasserstollen (Beispiel D1) und das im Bergsenkungsgebiet gelegene U-Bahnlos Schalke-Nord in Gelsenkirchen (Beispiel D2) anzusehen.

Gegenüber anderen Ausbaumöglichkeiten bietet der Baustoff Stahl speziell beim Tübbingausbau generell folgende Vorteile:

(a) Durch Wechsel in der Materialgüte (ST52, ST46, ST42 und ST37 nach DIN 17 100 [7/57]) können bei gleichbleibendem Gesamtquerschnitt die Materialeigenschaften weitestgehend ausgenutzt und bereichsweise den verschiedenen Belastungen über die gesamte Tunellänge angepaßt werden (siehe Beispiele C5 und C6 im Anhang C).

*) Die mit C und D gekennzeichneten Beispiele sind im Anhang C bzw. Anhang D zusammengestellt.

(b) Der Werkstoff verhält sich überwiegend elastisch, kann sich aber darüber hinaus in Bereichen mit hoher Belastung auch plastisch verformen, ohne den Bruchzustand zu erreichen. Die zulässigen Zug- und Druckspannungen können in voller Höhe ausgenutzt werden.

(c) Die hohe Tragfähigkeit des Werkstoffes erlaubt die Verwendung von Tübbingelementen mit verhältnismäßig geringen Profilhöhen, so daß der Ausbruchquerschnitt klein gehalten werden kann.

(d) Die Breiten- und Längenabmessungen der Einzelelemente sind nur durch die Fertigungsmöglichkeiten (Walzen, Pressen, Gießen) und im Hinblick auf die Handhabung durch die räumlichen Verhältnisse im Bereich der Ortsbrust, nicht aber vom Gewicht her begrenzt. Dadurch wird es möglich, relativ große Einzelteile anzuliefern und einzubauen, die den Arbeitsaufwand im Schild herabsetzen und damit u. U. höhere Vortriebsgeschwindigkeiten erlauben.

(e) Der Werkstoff läßt verschiedenartigste Profilgestaltung zu, z. B. durch

– Walzen oder Pressen von Profilen

– Gießen von Profilen (Stahlguß)

– Zusammenbau unterschiedlicher Grundquerschnitte

Auf diese Weise wird eine weitgehende Anpassung an örtliche Verhältnisse (Tunnelquerschnitt, Tunneldurchmesser, Belastungen usw.) möglich.

(f) Innerhalb eines Ringes kann die Profilgestaltung der Belastungsverteilung angepaßt werden, indem z. B. an den Stellen höherer Spannung Verstärkungen (Lamellen usw.) auf das Grundprofil aufgeschweißt oder stärkere Profile verwendet werden.

(g) Einbauten wie z. B. für Querschläge oder Notausstiege sind durch Einschweißen zusätzlicher Konstruktionsglieder ohne großen Zusatzaufwand möglich. Außerdem können i. a. auch später evtl. erforderlich werdende Konstruktionsänderungen schweißtechnisch einfach gelöst werden.

(h) Die Tunnelkonstruktion weist insgesamt ein relativ geringes Gewicht auf. Sie müßte sich bei entsprechender rationeller Fertigungsweise und größeren Abnahmemengen durchaus preisgünstig herstellen lassen, zumal bei der im Stahlbau üblichen Genauigkeit eine besondere Bearbeitung der Ring- und Kopfflansche nicht unbedingt erforderlich erscheint.

(i) Eine werkstoffgerechte Abdichtung des Tunnels ist nötigenfalls durch Aufschweißen von Dichtungsprofilen über die Tübbingfugen oder ein direktes Verschweißen der Tübbingränder möglich. Dadurch kann ein absolut dichter Tunnelmantel aus einem Werkstoff geschaffen werden. Andererseits kann die Fugenabdichtung aber auch problemlos in der für Gußeisen- oder Stahlbetontübbinge üblichen Form mit kammartig profilierten Elastomerbändern erfolgen.

Tabelle 3/1 zeigt einen Überblick über bisher ausgeführte Tunnel mit Stahltübbingauskleidung und enthält jeweils einige wesentliche technische Daten. Eine detaillierte Beschreibung der einzelnen aufgeführten Beispiele befindet sich in Anhang C (Beispiele C1 bis C12).

In England wurde Stahl nach Craig und Muir Wood [3/18] ähnlich wie in Deutschland relativ wenig als alleinige Auskleidungsmaßnahme eingesetzt. Dies ist vor allem auf die hohen Materialkosten zurückzuführen. Stahl wurde deshalb an Stelle von Grauguß insbesondere nur in solchen Tunnelabschnitten eingesetzt, wo die Auflasten oder die Schildvortriebskräfte hohe Biegemomente oder Zugbeanspruchungen in der Auskleidung bewirkten. Außerdem fanden vorgefertigte Stahlsegmente dort Anwendung, wo die Herstellung einer nur kleinen erforderlichen Anzahl besonders geformter Gußeisensegmente zu unwirtschaftlich gewesen wäre. Das ist der Fall bei Durchbrüchen und der damit verbundenen erforderlichen Ausbildung von Stürzen und in speziellen Übergangsbereichen von Tunnelröhren.

Die wichtigsten Arten der in England im Zusammenhang mit dem Schildvortrieb verwendeten Stahltübbingauskleidungen sind folgende:

a) in den Flanschen verschraubbare vorgefertigte Stahltübbinge mit prinzipiell gleicher Form wie die verschraubbaren Gußeisentübbinge

Tabelle 3/1: Zusammenstellung einiger ausgeführter Tunnel mit Stahltübbingausbau

Lfd. Nr.	Tunnel	Baujahr	Zweck	Länge m	Anzahl der Tunnel	inner. Ø m	Arbeitsweise	äußer. Ø m	Flanschlänge mm	Ringe Breite m	Ringe Länge m	Ringe Wanddicke mm	Segmentzahl	Bolzen Ø mm	Material	Tübbing-Querschnitt	Tübbing-Längsschn.	Dichtung der Fugen	Korrosionsschutz außen	Korrosionsschutz innen	Beispiel
1	Spree	1896/99	Straßenbahn	454	1	3,87	mit Schild u.Druckluft 374 m	4,11	70	0,65 / 0,50	1,40	10	9		Flußeisen	70 / 650		Bleiverstemmung	Zementmörtel d = 80 mm	Zementmörtel d = 120 mm	C1
2	Elbe	1907/09	Straße	448,5	2	5,40 / 5,64	mit Schild u.Druckluft 4448,5	5,92	135	0,25	3,10	18	6	22	Sonderwalzprofile genietet	250 / 135		Bleiverstemmung	Betonfüllung der Nut 1. und 2. Injektion	Betonauskl.	C2
3	Wien	1971/74	U-Bahn haltestellen		2	7,45	mit Schild u.Druckluft	7,85	200	1,13	2,59	15	9 + 1		geschw. Walzstahl	1130 / 200			Dickenzuschlag von 3 mm + zweimaliger Steinkohlenteerpechanstr.	zweimaliger Steinkohlenteerpechanstr.	C4
4	London	1965/66	U-Bahn King. Cross		2	7,74–8,04 / 6,52–6,73	mit Schild	8,38 / 6,96	172–318 / 115–220	0,458			12	28⁶ / 44⁵	geschw. Walzstahl	458			Zink Epoxy-Harz + zwei Bitumenanstriche	Zink Epoxy-Harz + 1 Anstrich m. Bleifarbe	C5
5	London		U-Bahn Oxford Circ.		1	6,67	mit Schild	6,97	203	0,458		19	8	28⁶	geschw. Walzstahl	152 / 458			Tauchung in Steinkohlenteerpech		C6
6	San Francisco	1968/72	U-Bahn	ca. 2500	2	5,03 ÷ 5,18	mit Schild u.Druckluft o. Bodenabdicht.	5,33 ÷ 5,48	150	0,76	2,79	13 ÷ 18	6 + 1	19 ÷ 25	geschw. Walzstahl	150 / 458		Bleiverstemmung	zweimaliger Steinkohlenteerpechanstr. Kathodischer Schutz vorges.	organische Zinksilikatschicht	C8
7	Baltimore USA		U-Bahn	4500	2	5,46	mit Schild u.Druckluft	5,77	100	1,22	3,62	14	5 + 1		geschw. Walzstahl	100 / 760		Fugendichtungsprofil	Teerepoxidharz	Anorganisch Zinksilikat	C9
8	Boston-Habour (Callahan-Tunnel)	1959/62	Straßentunnel	1475	1	8,90	mit Schild u.Druckluft	9,35	224	0,813	2,67	15,4	11 + 1		geschw. Walzstahl	224 / 813		graphitfreie Asbestpackung	Grundierung und Steinkohlenteeranstrich	Leinölanstr. und Betonauskleidung	C10

b) vorgefertigte Stahltübbinge mit ebenfalls prinzipiell gleicher Form wie die verschraubbaren Gußeisentübbinge, aber mit Aussparungen für Spezialpressen versehen, um den bereits eingebauten Tübbingring nach außen gegen das Gebirge drücken zu können.

Der an sich in England bevorzugte Einsatz von Gußeisen mit Kugelgraphit beruht auf Festigkeitseigenschaften, die mit Stahl bei gleichzeitig geringeren Kosten vergleichbar sind. Dies wird vermutlich auch in Zukunft die Verwendung von verschraubbaren Stahltübbingen auf kurze Tunnelabschnitte beschränken, für die eine hohe oder ungleichmäßige Belastung erwartet wird. Eine Ausnahme dürfte die Nutzung von Liner Plates bei Tunneln mit kleinem Durchmesser bilden (vgl. Kapitel 5.2.3).

Aus der jüngsten Zeit gibt es in England nur ein Beispiel für die Auskleidung eines langen Tunnels mit *verschraubten Stahltübbingen*. Beim Wasserkraftwerk Dungeness, Ausbaustufe A, sollte der Einlaßstollen ursprünglich mit Gußeisen ausgebaut werden. Wegen der extremen hohen Vorschubkräfte, bedingt durch zu kleine Öffnungen im Brustverbau des Schildes, zerbrachen die Flansche der Gußeisentübbinge. Es wurde daher der Ausbau sämtlicher Einlaßstollen auf Stahltübbinge umgestellt. Als einige Jahre später die Ausbaustufe B geplant wurde, wurde sowohl für die Einlaß- als auch für die Auslaßstollen von vornherein eine Stahlauskleidung vorgesehen. Einzelheiten hierzu enthält Beispiel C7. Die Ausbildung von Kurven in der Gradiente erfolgte durch Einbau konischer Tübbingringe.

Mitte der 60er Jahre hat die englische Ingenieurgemeinschaft Sir William Halcrow and Partners eine Stahltübbingauskleidung für 2 parallele Bahntunnel der Metro Amsterdam geplant. Beide Tunnel waren zur Unterquerung des Ij-Flusses in sehr weichem Ton aufzufahren. Während der Bauzeit war mit beachtlichen Be- und Entlastungsvorgängen zu rechnen. Vor diesem Hintergrund wurde eine steife Auskleidung gewählt, um ein Zusammenbrechen in dem sehr weichen Untergrund auszuschließen. Die nicht zur Ausführung gelangte Auskleidung war in der Lage, Zerrungen bis 0,3% des Durchmessers bei Spannungen bis zur Größenordnung von 150 MN/m² aufzunehmen. Einzelheiten zu diesem Entwurf enthält Beispiel C12.

Hydraulisch *aufweitbare Stahlauskleidungen* wurden in kurzen Tunnelabschnitten in zwei Baulosen der Londoner Victoria U-Bahnlinie eingebaut und zwar in Bereichen, wo schwere oder exzentrisch angreifende Gebäudelasten aufzunehmen waren. Es handelt sich hierbei um die Haltestellen Oxford Circus und Kings Cross. Die nur in ausreichend lange standfesten Böden anwendbare hydraulische Aufweitung der Tunnelauskleidung bietet den Vorteil einer verkürzten Zeitspanne zwischen Bodenaushub und der effektiven Lastübernahme. Bei der sonst üblichen Verpressung des Schildschwanzringspalts müßte erst die Erhärtung des Verpreßmaterials abgewartet werden. In dieser Zeit können jedoch bereits Setzungen eintreten. Nach der hydraulischen Aufweitung werden die Lasten auf Stahlkeile bzw. auf Keile und Kipphebel übertragen, so daß die Pressen zurückgewonnen werden. Stahltübbinge wurden in den genannten Fällen gewählt, weil Gußeisentübbinge nicht in der Lage gewesen wären, die hohen Pressenkräfte (1 MN-Pressen) aus dem Aufweitvorgang aufzunehmen. Konstruktive Einzelheiten sind den Beispielen C5 und C6 zu entnehmen. Die spezielle Auskleidungstechnik hat sich nach Aussagen von Craig und Muir Wood gut bewährt. Bei der Haltestelle Oxford Circus war die Ringlast innerhalb von 5 Monaten auf 90% der ursprünglichen Auflast aus dem zu unterfahrenden Kaufhaus (Peter Robinson) mit 3 Untergeschossen und der verbliebenen Tonüberdeckung angestiegen. Dies entsprach allerdings nur etwa 50% der Auflast aus der vollen Tonüberdeckung. Die gemessenen Verformungen der Stahltübbingauskleidung sind vernachlässigbar. Die Einzelstützen des Kaufhauses (s. Beispiel C 6) haben sich weniger als 1,5 mm gesetzt. Bei der Haltestelle Kings Cross war die Ringlast nach 7 Monaten auf 55% der ursprünglichen Auflast in der Haltestellenröhre für die Nordrichtung bzw. nach 5 Monaten auf ca. 90% in der Schalterhalle angewachsen. Hier beliefen sich die Setzungen der darüber befindlichen gemauerten Tunnelgewölbe (vgl. Beispiel C5) auf etwa 37,5 mm. Das entspricht etwa dem halben Wert der Setzungen, die sich beim Bau des Verbindungstunnels ergeben hatten.

In Japan werden Stahltübbinge in größerem Umfang eingesetzt als in Europa oder in den USA. In der Regel wird dabei ein zweischaliger Ausbau gewählt, bei dem entweder die tragende Stahlauskleidung auf ihrer Innenseite eine zusätzliche Betonschale als Schutzschicht erhält oder die Stahltübbinge nur als vorläufige Sicherung dienen. Die verwendeten Stähle weisen eine Zugfestigkeit zwischen 410 und 620 N/mm² auf. Die Tübbinge werden geschweißt und bestehen aus dem Außenhautblech mit Flanschen, Längs- und Querrippen aus Flachstahl, ungleichschenkligen Winkeln oder U-Profilen. Für verschiedene Nutzungsbereiche wie Wasserfernversorgung, Abwasserbeseitigung, Versorgungssammelkanäle und Verkehrstunnel werden von der Stahlindustrie standardisierte Querschnitte mit einem lichten Durchmesser von 1,0 bis 9,8 m angeboten [3/19].

3.2.2 Schildvortrieb und Rohrvorpressung (Beispiele C1 bis C13 in Anhang C)

(C1) *Ringaufbau und Profilgestaltung*

Die bisher ausgeführten Verkehrstunnel mit einer bleibenden statisch wirksamen Tübbingauskleidung aus Stahl (Tabelle 3/1) entsprechen in Ringaufbau und Profilgestaltung prinzipiell den klassischen Formen der Gußeisentunnel: Kammtübbingquerschnitt, Segmentzahl 6 bis 11 + 1 Schlußstein (Bilder 3/23 und 3/24).

In dieser Hinsicht muß festgestellt werden, daß die Vorteile des Werkstoffes Stahl hinsichtlich Gestaltungs- und Verarbeitungsmöglichkeiten in den bisher vorliegenden Ausführungsbeispielen bei weitem nicht voll genutzt wurden. Aufgrund von Sonderentwürfen für den BAB-Elbtunnel in Hamburg (Beispiel C 3) und z. B. die U-Bahn in Berlin (Beispiel C13) können jedoch der Tendenz nach folgende Hinweise und Empfehlungen für den Ringaufbau und die Profilgestaltung gegeben werden:

– *Anzahl der Einzelelemente:*

Selbst bei großen Durchmessern (ca. 10 m) sollte der Ring nur aus 4 Einzelsegmenten und einem Schlußstück bestehen. Die Einbau-, Verbindungs- und Dichtungsarbeiten werden dadurch im Vergleich zu den Gußeisen- und Stahlbetonauskleidungen wesentlich herabgesetzt. Bei einzelnen Sonderkonstruktionen ist es sogar möglich, ohne Schlußstück zu arbeiten (Bild 3/25, Entwürfe (2), (5) und (6)).

– *Lage der Tübbingstöße im Querschnitt:*

Die Stöße der Tübbinge innerhalb des Ringes sollten etwa in den Momentennullpunkten liegen. Hierdurch wird die volle Biegesteifigkeit des Ringes gewährleistet, auch wenn die Momentenübertragung in den Stößen geringer ist.

– *Ausbildung von Gelenken:*

Bei Ausbildung der Stöße als echte Gelenke (Bild 3/25, Entwurf (2)) ist zu berücksichtigen, daß der Ring statisch unterbestimmt ist. Seine Standsicherheit wird erst durch die Bettungskräfte erreicht, d. h. es müssen beim Einbau besondere Maßnahmen (z. B. Queraussteifungen) getroffen werden. Diese müssen so lange wirksam bleiben, bis der Tübbingring über den vollen Umfang hinterpreßt und somit die Verbindung zwischen Ausbau und Gebirge hergestellt ist. Bei einer Ausbildung von „Scheingelenken" gemäß Bild 3/25, Entwurf (3) mit Stoßflanschen geringerer Höhe erübrigt sich eine derartige Hilfsaussteifung, da die Momente aus Eigengewicht in den Stoßflanschen noch übertragen werden können.

– *Tübbingbreite:*

Die Tübbingbreite sollte möglichst groß gewählt werden, da sich dies auf den Arbeitsaufwand im Tunnel und damit auf die Vortriebsgeschwindigkeit vorteilhaft auswirkt. Allerdings sind der Breitenentwicklung der Tübbinge durch den Bauvorgang Grenzen gesetzt. Einerseits darf bei Belastung kein Beulen der Bleche eintreten und andererseits muß der Maximalhub der Vortriebspressen am Schild berücksichtigt werden. Neuere Vortriebsmaschinen ermöglichen jedoch bereits bis zu 1,50 m breite Elemente.

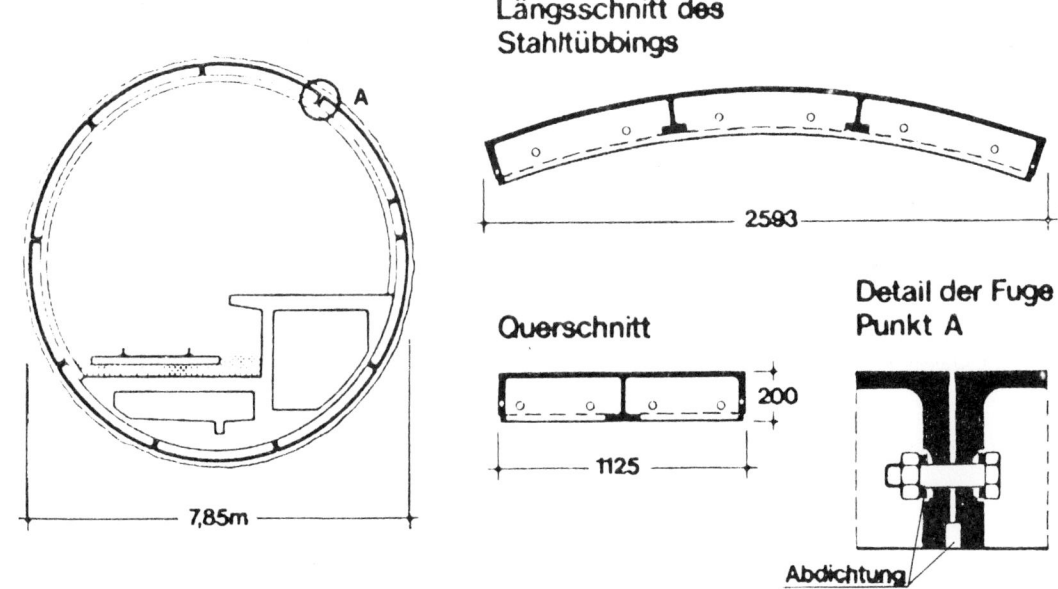

Längsschnitt des
Stahltübbings

2593

Querschnitt

1125 · 200

Detail der Fuge
Punkt A

Abdichtung

a)

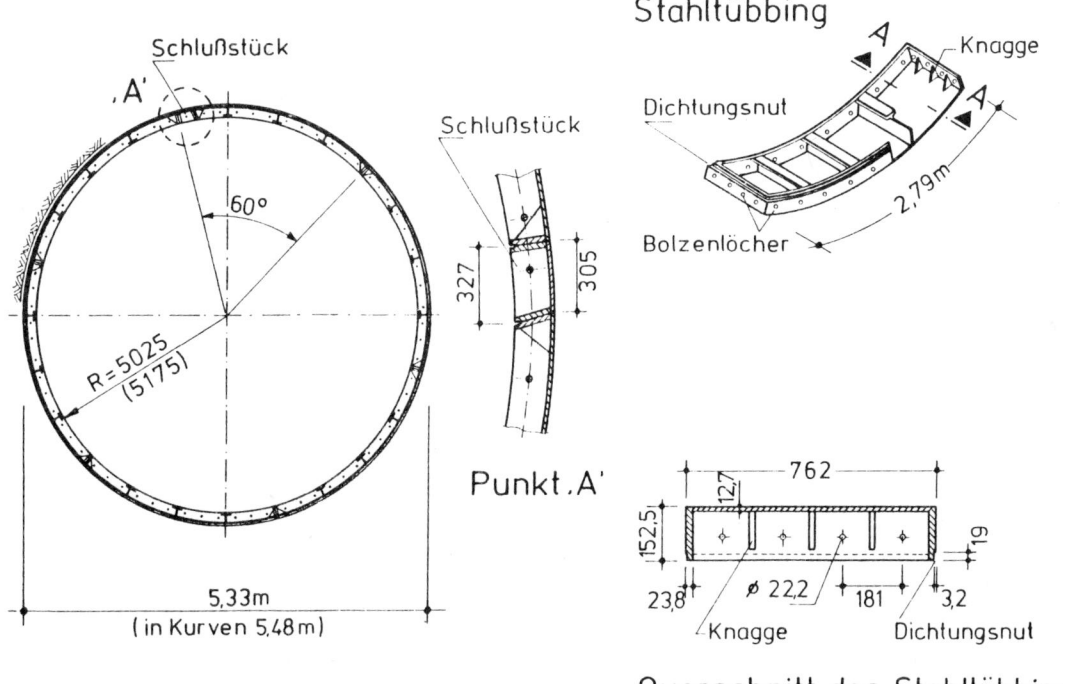

Stahltübbing

Schlußstück

,A'

60°

R=5025
(5175)

5,33m
(in Kurven 5,48m)

Schlußstück

327 · 305

Punkt ,A'

Knagge
Dichtungsnut
Bolzenlöcher
2,79m

762
127
152,5
19
23,8 · ⌀ 22,2 · 181 · 3,2
Knagge
Dichtungsnut

Querschnitt des Stahltübbings·

b)

Bild 3/23: Neuere Ausführungsbeispiele für Tunnelauskleidungen mit
Stahltübbingen

(a) Bahnhofsröhre der U-Bahn Wien   (Beispiel C4)
(b) Schnellbahntunnel in San Francisco (Beispiel C8)

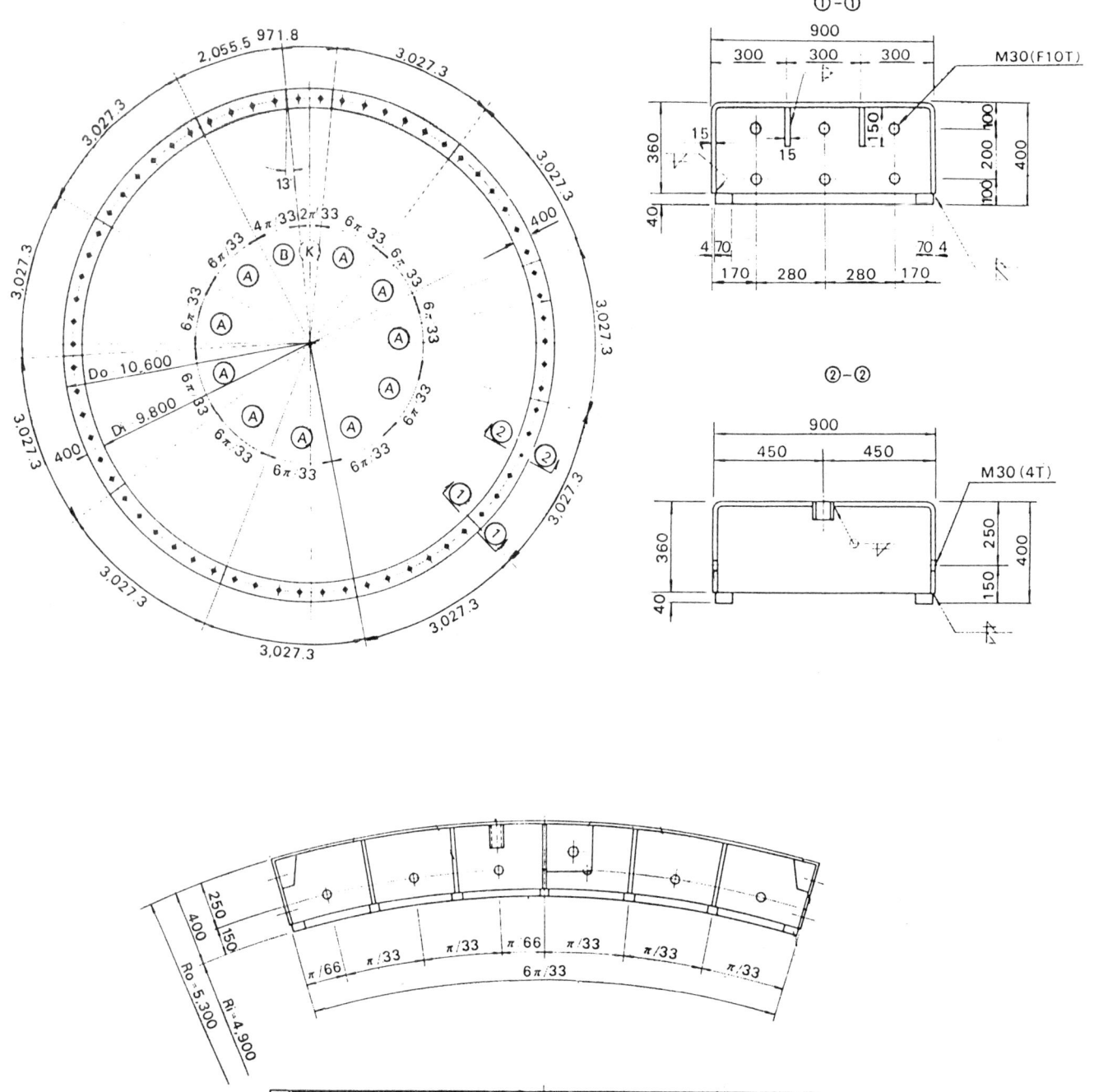

Bild 3/24: Standardisierte Stahltübbingauskleidung mit großem Durchmesser aus Stahltübbingen der Nippon Steel Corporation, Japan [3/19]

34

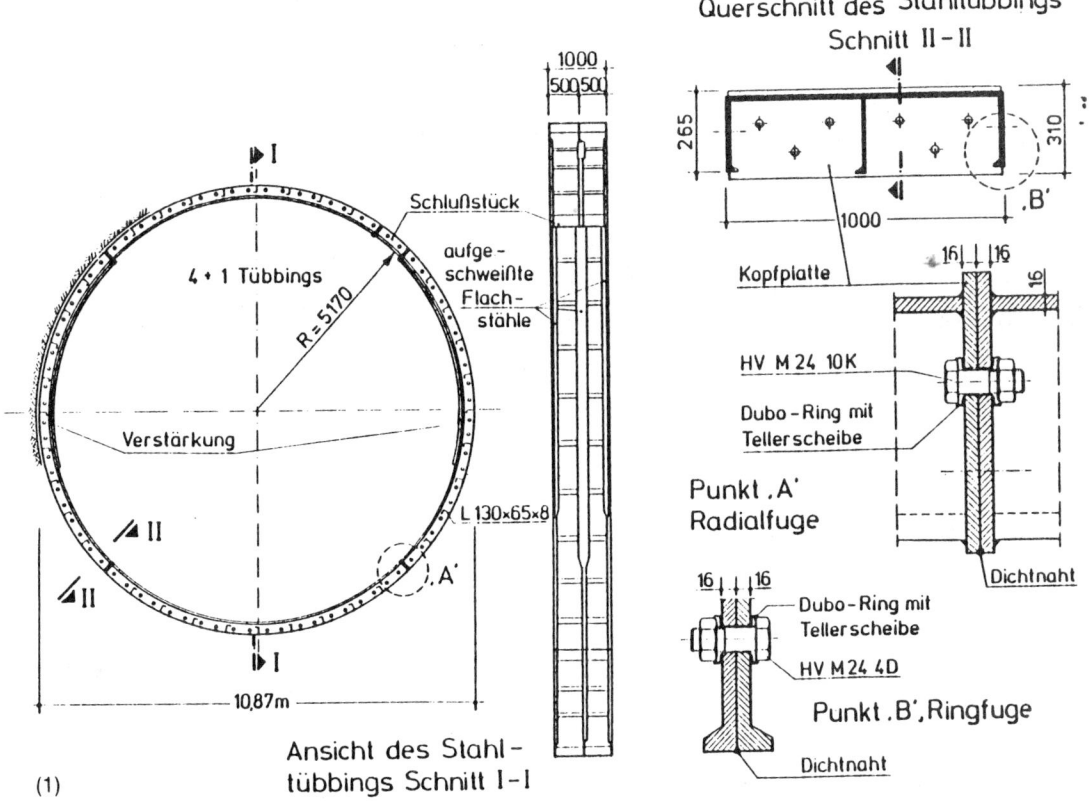

Querschnitt des Stahltübbings
Schnitt II – II

4 + 1 Tübbings
R = 5170
Schlußstück
aufge-
schweißte
Flach-
stähle
Verstärkung
L 130×65×8
II
II
.A'
10,87m

Kopfplatte
.B'
1000
265
310

HV M 24 10K
Dubo-Ring mit
Tellerscheibe

Punkt .A'
Radialfuge

Dichtnaht

Dubo-Ring mit
Tellerscheibe
HV M 24 4D

Punkt .B', Ringfuge

Dichtnaht

(1)
Ansicht des Stahl-
tübbings Schnitt I-I

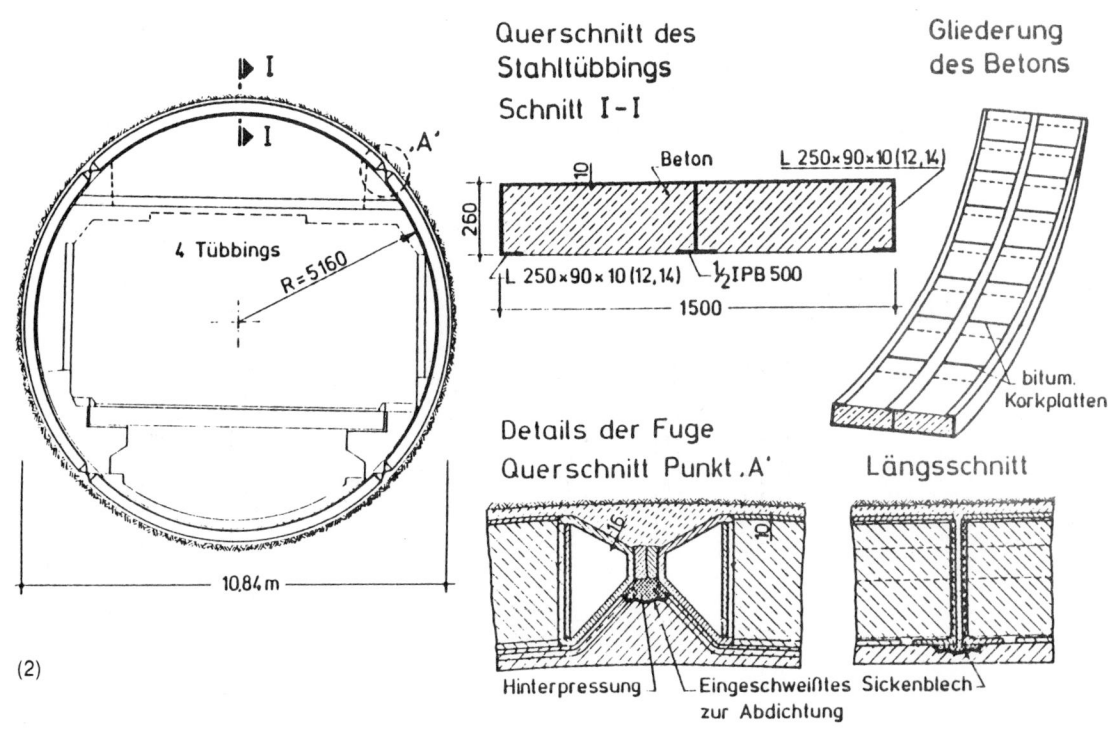

Querschnitt des
Stahltübbings
Schnitt I-I

Gliederung
des Betons

4 Tübbings
R = 5160
.A'
I
I
10,84 m
(2)

Beton
L 250×90×10 (12,14)
L 250×90×10 (12,14)
½ IPB 500
260
1500

bitum.
Korkplatten

Details der Fuge
Querschnitt Punkt .A'

Längsschnitt

Hinterpressung
Eingeschweißtes
zur Abdichtung
Sickenblech

Bild 3/25: Entwürfe für eine tragende Stahltübbingauskleidung des BAB-Elbtunnels, Baulos II, in Hamburg ((1) und (2); siehe Beispiel C3)

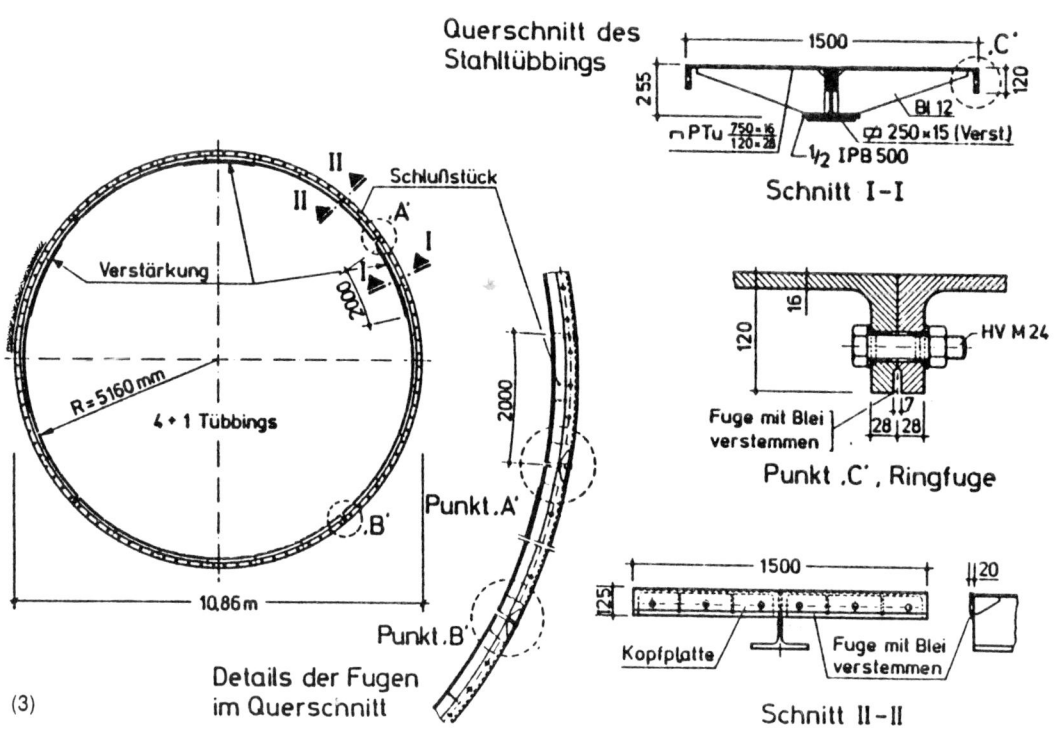

Querschnitt des Stahltübbings

Schnitt I-I

Punkt „C', Ringfuge

Schnitt II-II

Verstärkung

R = 5160 mm

4 + 1 Tübbings

10,86 m

Schlußstück

Punkt „A'

Punkt „B'

Details der Fugen im Querschnitt

(3)

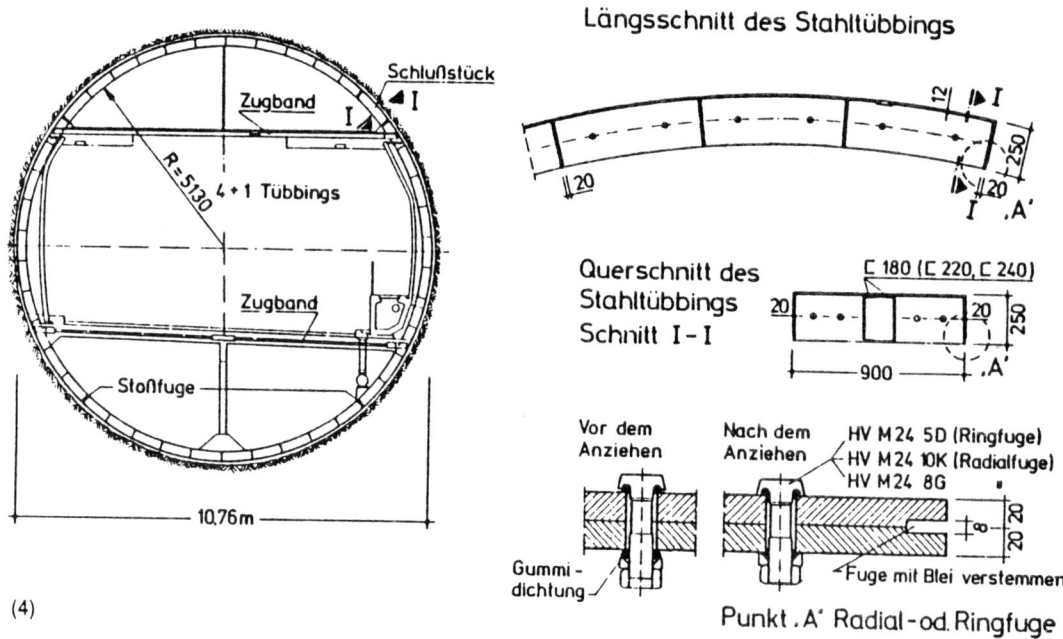

Längsschnitt des Stahltübbings

Querschnitt des Stahltübbings
Schnitt I-I

Vor dem Anziehen

Nach dem Anziehen

HV M 24 5D (Ringfuge)
HV M 24 10K (Radialfuge)
HV M 24 8G

Gummi-dichtung

Fuge mit Blei verstemmen

Punkt „A' Radial-od. Ringfuge

Schlußstück

Zugband

R = 5130

4 + 1 Tübbings

Zugband

Stoßfuge

10,76 m

(4)

Bild 3/25: Entwürfe für eine tragende Stahltübbingauskleidung des BAB- Elbtunnels, Baulos II, in Hamburg ((3) und (4); sie Beispiel C3)

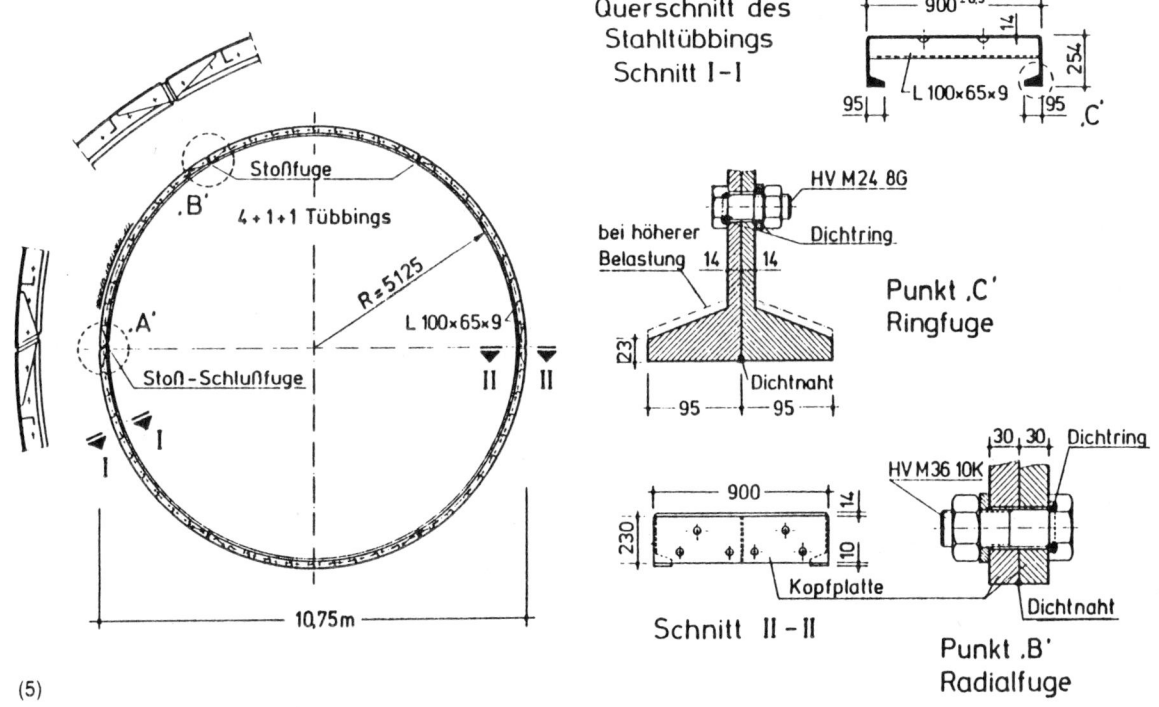

Querschnitt des Stahltübbings Schnitt I-I

900 ±0,5

L 100×65×9

254

95 95 C'

HV M24 8G

bei höherer Belastung 14 14

Dichtring

Punkt ,C' Ringfuge

Dichtnaht

95 95

Stoßfuge

.B'

4 + 1 + 1 Tübbings

R = 5125

.A'

L 100×65×9

Stoß - Schlußfuge

II II

I I

10,75 m

(5)

30 30 Dichtring

HV M36 10K

900

230

Kopfplatte

Dichtnaht

Schnitt II - II

Punkt ,B' Radialfuge

– Tübbingquerschnitt:

Die statischen Erfordernisse aus äußerer Belastung, Tunneldurchmesser, Lastverteilung bzw. Lage des Tübbings im Querschnitt spielen bei der Art der Zusammensetzung des Tübbings sowie bei der Wahl der einzelnen Walzprofile und Stahlgüten eine entscheidende Rolle. Aber auch Forderungen aus dem Einbauvorgang (Gewicht, Art der Verbindung, Kurvenfahrten usw.), aus der Fertigung (z. B. möglichst wenig Handarbeit, leichte Durchführbarkeit der Schweißarbeiten) und nicht zuletzt der Korrosionsschutz sind hierbei zu berücksichtigen (s. auch folgende Hinweise und Empfehlungen). Aus statischer Sicht wäre ein völlig symmetrisch aufgebauter, geschlossener Kastenquerschnitt ideal, in dem der größte Teil der Querschnittsfläche in den innen- und außenliegenden Blechen zusammengefaßt ist und die Stege verhältnismäßig dünn gehalten werden. Bei allen Vorschlägen, die Schraubverbindungen zwischen den einzelnen Tübbingen vorsehen, ist der vollständig geschlossene Kastenquerschnitt jedoch aus Montagegründen nicht ausführbar. Um hier dennoch eine möglichst mittige Schwerlinie zu erhalten, werden Tübbingquerschnitte vorgeschlagen mit z. T. stark verdickten Flanschabwinklungen sowie mit und ohne Mittelrippen. Sowohl Flansche als auch Rippen werden dabei aus T-, Kasten- und Winkelprofilen gebildet (Bild 3/25, Entwürfe (1) bis (5)). Aber auch Wellenprofiltübbinge sind entwickelt worden, wie Entwurf (6) aus Bild 3/25 zeigt.

(C2) *Übertragung der Pressenkräfte und Stabilisierungsmaßnahmen*

In der Regel sind bei den im Vergleich zu Stahlbetontübbingen leichten, feingliedrigen Stahltübbingen besondere Maßnahmen zur Aufnahme und Weiterleitung der Pressenkräfte in enger Abstimmung mit der Bauausführung erforderlich. Es bestehen hierzu folgende Möglichkeiten [3/20].

– Einbau von Längsrippen:

Diese Form ist die gebräuchlichste. Sie hat jedoch den Nachteil, arbeitsaufwendig und damit teuer zu sein. Außerdem haben die Rippen in vielen Fällen für die Aufnahme der Erd- und Verkehrslasten keine Funktion, so daß hier für eine vorübergehende Maßnahme bleibende Einbauten vorgesehen werden müssen (Bild 3/25, Entwürfe

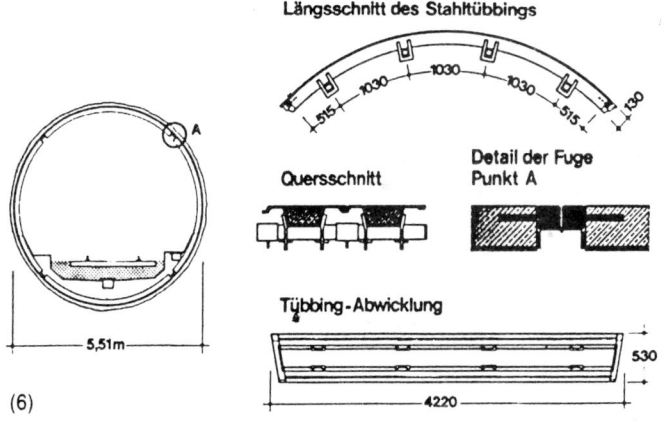

Längsschnitt des Stahltübbings

1030 1030 1030

515 515 130

Detail der Fuge Punkt A

Querschnitt

Tübbing-Abwicklung

530

4220

A

5,51 m

(6)

noch

Bild 3/25: Entwürfe für eine tragende Stahltübbingauskleidung des BAB-Elbtunnels, Baulos II, in Hamburg ((5); siehe Beispiel C3) und der Berliner U-Bahn ((6); siehe Beispiel C13)

(1) bis (5)). In einigen Fällen werden die Rippen jedoch auch zur Stabilisierung von Trägerflanschen und zur Verhinderung des Ausbeulens dünner Außenbleche unter Last herangezogen.

– *Vorübergehender Einbau von Längsaussteifungen:*

Sie werden nur in dem Bereich vorgesehen, in dem die Pressenkräfte wirksam sind (auf ca. 25 bis 30 m Länge hinter dem Schildschwanz). Anschließend können sie ausgebaut und wieder verwendet werden. Nachteilig ist der Arbeitsaufwand beim Ein- und Ausbau, jedoch entfallen Materialkosten für die Rippen und Kosten bei der Herstellung der Tübbinge (z. B. Bild 3/25, Entwurf (6)).

– *Verfüllen der Profile mit Ortbeton:*

Hierbei hat der Beton keine statische Funktion im Tunnelausbau, sondern dient nur der Übertragung der Pressenkräfte und zur Stabilisierung der Blechhäute (Bild 3/25, Entwurf (2)). Aus statischen Gründen ist in jedem Fall anzustreben, daß einerseits die Haftung des Betons am Stahl ausgeschaltet wird (keine Verbundwirkung zu diesem Zweck z. B. Anstrich) und daß am Umfang des Ringes keine stabilisierende Wirkung eintritt, hierfür z. B. Unterteilung der Betonfüllung durch elastische Einlagen. Andernfalls ergeben sich rechnerisch sehr hohe Momente. Die Betonfüllung hat den Nachteil, daß das Gewicht der einzelnen Tübbinge beträchtlich steigt, wodurch ein Vorteil der reinen Stahlbauweise verlorengeht oder zumindest deutlich eingeschränkt wird.

– *Einleitung der Pressenkräfte in das äußere Tübbingblech:*

Hierzu ist eine besondere Gestaltung des Druckringes der Vortriebsmaschine erforderlich. Technisch ist das Problem gelöst wie aus Bild 3/26 ersichtlich. Die Methode hat bezüglich der Ableitung der Pressenkräfte besonders für den Stahlausbau nennenswerte Vorteile. Trotzdem lassen sich Aussteifungsrippen dadurch nicht völlig vermeiden, da das Beulen der Bleche verhindert werden muß. Tübbinge gemäß Bild 3/25, Entwurf (3) bauen auf diesen Verhältnissen auf.

Insgesamt ist zu beachten, daß die Aufnahme der Pressenkräfte bei Stahltübbingen schwieriger ist als bei anderen Ausbauarten. Die Aufgabe kann aber mit den beschriebenen Maßnahmen technisch gelöst werden. In jedem Fall sind eine Stabilitätsuntersuchung in Ringrichtung (Durchschlagproblem) und in Längsrichtung (Pressenkräfte) sowie ein Beulnachweis erforderlich.

(C3) Fertigung

Der Tübbing sollte aus möglichst wenigen Einzelteilen zusammengesetzt werden, um die Schweiß- und Biegearbeit gering zu halten. Ideal wäre es, wenn das Tübbingprofil als ganzes gewalzt werden könnte. Hierbei fiele dann nur die Biegearbeit für das Gesamtprofil an, während beim Zusammensetzen mehrerer Einzelprofile diese zunächst einzeln

gebogen und dann verschweißt werden müssen. Dem Walzen von kompliziert aufgebauten breiten Stahltübbingen sind jedoch Grenzen gesetzt, die im technischen Ablauf des Walzvorgangs begründet liegen. Zweifellos bestehen hier in Zukunft noch Entwicklungsmöglichkeiten. Um ein nahezu reines Walzprofil handelt es sich z. B. beim Entwurf (6) des Bildes 3/25 (Breite des Einzelprofils ca. 600 mm). Hier sind nur an den Enden Bleche eingeschweißt (vergl. auch Beispiel C13).

Tübbinge lassen sich auch aus gepreßten Stahlprofilen oder aus Stahlgußteilen zusammensetzen. Entscheidend für die Art der Fertigung sind neben den Stückzahlen letztlich die Kosten.

Auf der dem Gebirge zugewandten Seite des Tübbings sollten Schweißnähte auf ein Minimum beschränkt werden, da sie hier wegen des Korrosionsangriffs der Dicke des Grundmaterials voll entsprechen müssen, obwohl eine geringere Dimensionierung ohne weiteres ausreichend wäre.

Beim Zusammenbau der Tübbinge ist besonders auf den Schweißverzug zu achten. In paßgerechten Vorrichtungen müssen die Einzelteile so aneinander fixiert werden, daß sie nach dem Schweißvorgang und der Auswirkung des Schweißverzuges der Sollabmessung des Rohlings möglichst nahe kommen. Eine besondere zusätzliche Bearbeitung der Ring- und Kopfflansche ist dann bei der üblicherweise im Stahlbau ohnehin geforderten Genauigkeit nicht unbedingt nötig. Voraussetzung hierfür ist jedoch eine entsprechend „weiche" Ausbildung der Flansche z. B. durch Verzicht auf eine Einpassung der Längsrippen (Entwurf (3) in Bild 3/25). Beim Einleiten der Vortriebskräfte bzw. bei der Verschraubung der Ringflansche werden benachbarte Ringe dann derart fest zusammengepreßt, daß kleinere Maßabweichungen, wie z. B. geringe Flanschneigungen, nach dem Zusammenbau beseitigt sind.

(C4) Einbau

Der Einbau des Tübbingrings unterbricht den eigentlichen Vortrieb. Ziel muß es daher sein, den Tübbingeinbau in möglichst kurzer Zeit durchzuführen.

Dies läßt sich erreichen durch:

– weitgehende Mechanisierung des Einbaus

– Einsatz weniger großer Tübbingelemente bzw. durch Vormontage kleinerer Elemente zu größeren Einheiten und

– Ersetzen der Schraubverbindungen an den Stoßfugen z. B. durch Gelenke und kraftschlüssige Steckverbindungen.

Ist keine bleibende Längsaussteifung für die Fortleitung der Pressenkräfte bei den Tübbingen vorhanden, so muß wie in Entwurf (6) des Bildes 3/25 eine provisorische, auswechselbare Längsaussteifung auf ca. 25 bis 30 m Länge hinter dem Schildschwanz eingebaut werden. Bei der Konstruktion derartiger Aussteifungen ist besonders auf eine leichte Umsetzbarkeit zu achten.

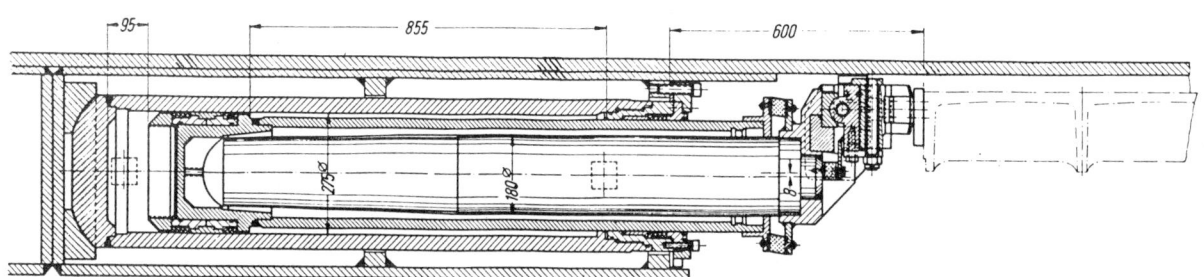

Bild 3/26: Spezielle Ausbildung des Druckringes zur Einleitung der Vortriebskräfte in das äußere Tübbingblech (Mechanischer Vortriebsschild System Bade-Holzmann) [3/13]

Bild 3/27: Möglichkeiten für die Abdichtung von
Stoßfugen und Schrauben bei Stahltübbingen

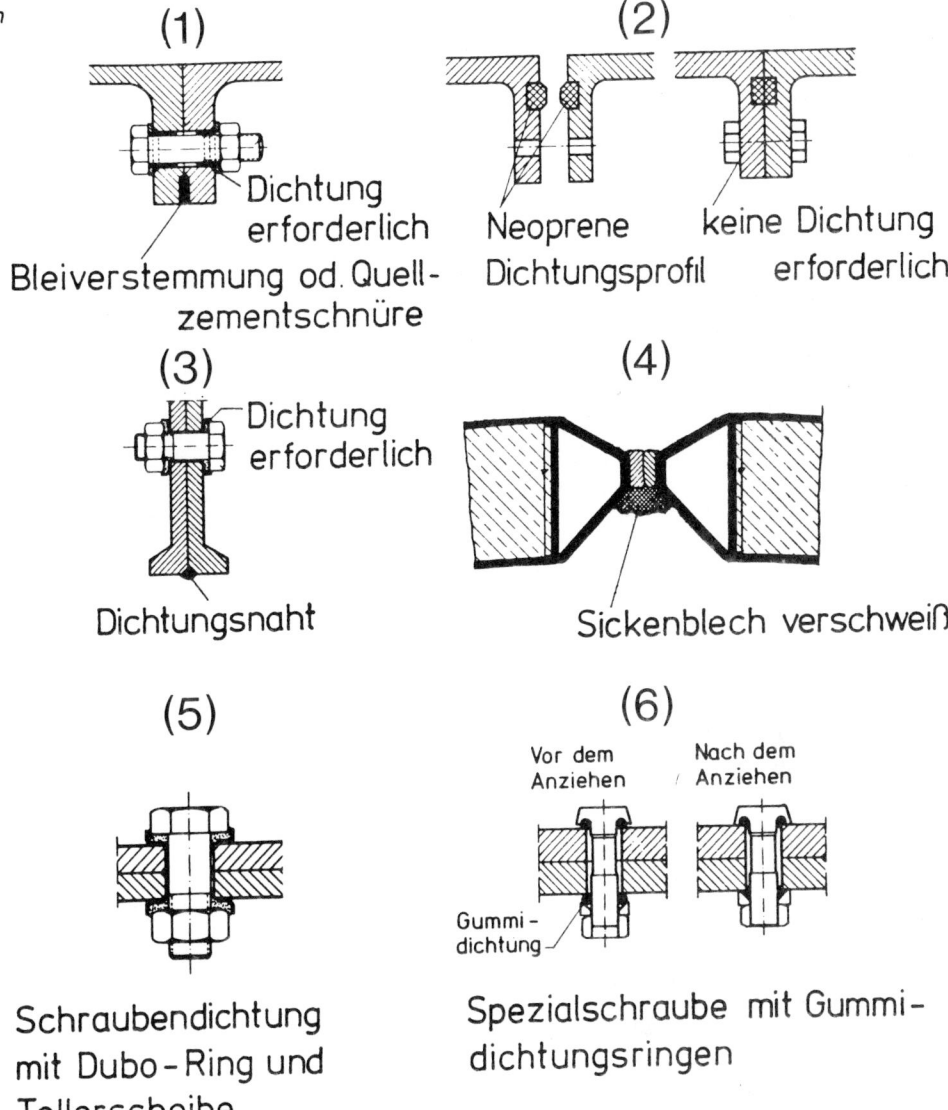

(1)
Dichtung
erforderlich
Bleiverstemmung od. Quell-
zementschnüre

(2)
Neoprene   keine Dichtung
Dichtungsprofil   erforderlich

(3)
Dichtung
erforderlich
Dichtungsnaht

(4)
Sickenblech verschweißt

(5)
Schraubendichtung
mit Dubo - Ring und
Tellerscheibe

(6)
Vor dem   Nach dem
Anziehen   Anziehen
Gummi-
dichtung
Spezialschraube mit Gummi-
dichtungsringen

Für Kurvenfahrten werden normalerweise konische Tübbinge verwandt, die in Sonderanfertigung hergestellt werden müssen. Es ist aber auch möglich, in Kurven parallel begrenzte Tübbinge einzusetzen und beim Einbau die Richtungskorrekturen vorzunehmen. Dies kann geschehen z. B. durch
– Einsetzen von konischen Zwischenringen in den Fugen. Die Fugen-dichtung kann in einem solchen Fall z. B. mit überschweißten Ble-chen (siehe auch EC5) erfolgen.
– Veränderung der Profilüberlappung z. B. bei der Tübbingform (6) in Bild 3/25 und Anpassung der vorübergehenden Längsaussteifung an die Kurve.

(C5) *Fugenabdichtung*
Im Grundwasserbereich müssen die Fugen zwischen den Tübbingen in den Längs- und Querfugen vollkommen wasserdicht herzustellen sein. Die Wasserdichtigkeit läßt sich durch verschiedene Verfahren erreichen (Bild 3/27):

– Verstemmen der Fugennut von 8 bis 10 mm Breite zwischen den Tübbingen nach der Montage vom Tunnelinneren her mit Blei, Quell-zementschnüren o. ä. und Abdichten der Schrauben durch Unterlags-platten aus Kunststoff, Gummi usw. (1). Nachteilig bei dieser Dich-tungsart ist, daß die Verstemmassen praktisch starr sind, so daß es bei größeren Temperaturschwankungen in der Tunnelauskleidung zu Undichtigkeiten in den Fugen kommen kann. Diese Lösung gelangt daher in der Bundesrepublik Deutschland heute nicht mehr zur An-wendung.

– Einlegen eines endlosen Elastomerprofils (meist auf Basis von Chlo-ropren-Kautschuk) in eine Nut an den Tübbingstirnflächen bereits vor der Montage der Tübbingauskleidung. Die Dichtung erfolgt durch Einpressen der Profile zwischen den Stirnflächen der benachbarten Tübbinge (2). Eine Dichtung der Schrauben ist hierbei nicht mehr erforderlich, da die Fuge bereits außerhalb der Schraubenlinie gedichtet ist. Nachteilig bei dieser Methode dürfte sein, daß die

Stirnflächen der Tübbinge bearbeitet werden müssen, was bei Stahltübbingen i. a. sonst nicht erforderlich wäre. Die Elastomerdichtungsprofile haben sich bei Gußeisen und Stahlbetontübbingen seit einigen Jahren gut bewährt (vgl. hierzu [3/21]).

– Verschweißen der Fugen zwischen den Tübbingen nach der Montage mit einer Dichtnaht und Abdichten der Schrauben durch Unterlagsplatten (3). Dieses Verfahren kann auch bei Gelenkkonstruktionen durch Verwendung zusätzlicher Bleche eingesetzt werden (4). Durch die besondere Formgebung der Bleche (z. B. Sickenbleche) bleibt die Beweglichkeit des Gelenks erhalten. Die Dichtung durch Schweißen ist werkstoffgerecht und hat den Vorteil, daß es sich um eine hochwirksame Maßnahme handelt, deren Qualität überprüft werden kann und die Nacharbeiten normalerweise nicht erfordert.

Schwierigkeiten können entstehen, wenn bei sehr feuchten Verhältnissen im Tunnel geschweißt werden muß.

Für die Dichtung der HV-Schrauben können z. B. Dubo-Ringe mit Tellerscheiben eingesetzt werden (5). Zu empfehlen sind Spezialschrauben,

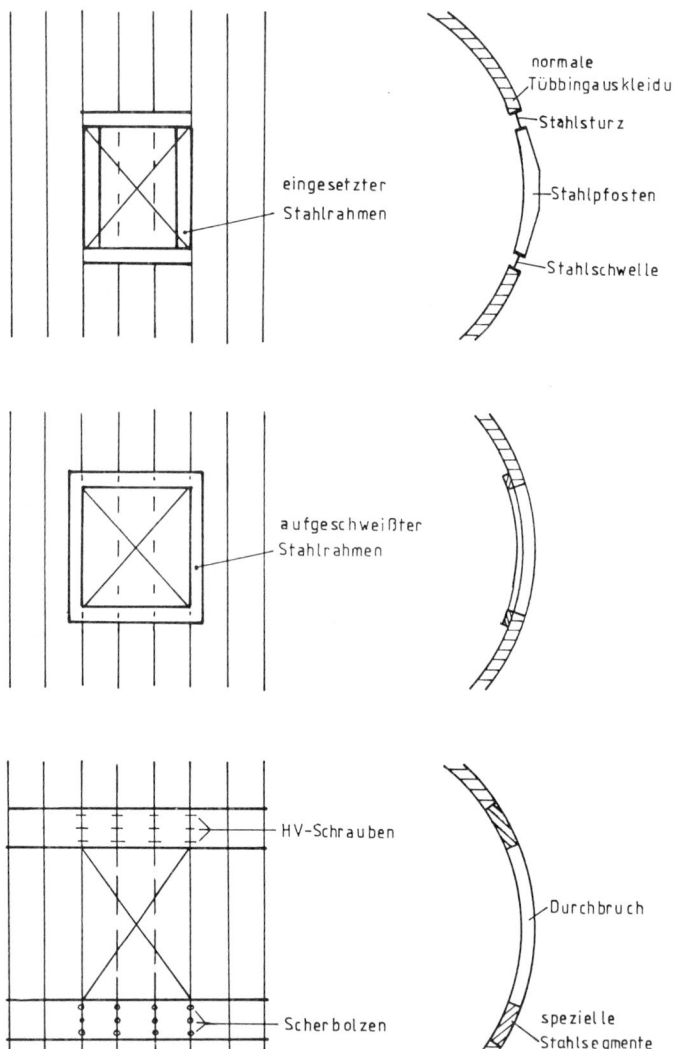

Bild 3/28: Möglichkeiten zur nachträglichen Erstellung von Durchbrüchen in Tunneln mit Tübbingauskleidung [3/17]

bei denen die Dichtung so angeordnet ist, daß eine metallische Verbindung zwischen Schraube und Bauteil gewährleistet bleibt. Dadurch kann die einmal aufgebrachte Vorspannung nicht verloren gehen (6).

(C6) *Konstruktive Gestaltung von Durchbrüchen*

Beim Bau von Durchbrüchen in der zunächst durchgehend eingebauten Tübbingauskleidung, z. B. für Zugangstunnel, Notausgänge oder Belüftungskanäle, müssen die in Frage kommenden Tunnelringe so entlastet werden, daß eine Lastumlagerung auf die benachbarten Stützringe erfolgt. Bei kleinen Öffnungen über die Länge von ein bis zwei Tunnelringen sind normalerweise keine Zusatzmaßnahmen an den benachbarten Stützringen erforderlich. In jedem Einzelfall ist dies durch eine statische Berechnung zu überprüfen. Bei größeren Öffnungen werden besondere Verstärkungen der Nachbarringe notwendig bzw. die Last muß zu beiden Seiten der Öffnung hin auf mehrere Tunnelringe übertragen werden. Hierfür werden verschiedene Methoden angewandt oder vorgeschlagen:

a) Nach Abstützung der Tunnelröhre von innen her werden die Tübbinge im geplanten Durchbruchbereich herausgenommen und ein Stahlrahmen eingesetzt, der die Lasten aufnimmt (Bild 3/28 a).

b) Auf die Innenseite der Tübbinge wird ein Verstärkungsrahmen aufgeschweißt. Anschließend erfolgt der Durchbruch ohne besondere Abstützmaßnahmen (Bild 3/28 b).

c) Es werden bereits beim Vortrieb oberhalb und unterhalb des späteren Durchbruchs spezielle Stahltübbinge eingebaut. Mit HV-Schrauben verschraubt oder mit Scherbolzen gesichert bilden sie lastverteilende Balken über und unter dem Durchbruch, so daß die Tübbinge im Öffnungsbereich ohne besondere Abstützmaßnahmen herausgenommen werden können (Bild 3/28 c).

(C7) *Spezielle Korrosionsschutzmaßnahmen außen*

Normalerweise ist bei Tunneln mit Stahltübbingausbau – sofern sie nicht einer Streustromgefährdung unterliegen und keine großflächigen Elementbildungen zu erwarten sind (Bild 2/8,4) – mit geringen Korrosionsraten und gleichmäßigem Korrosionsverlauf über die Bauwerkshöhe zu rechnen. Dies läßt sich wie folgt erklären:

– im Schildvortrieb erstellte Tunnel verlaufen überwiegend in großer Tiefenlage, der Boden um den Tunnel ist weitgehend ungestört (geringes Sauerstoffangebot)

– die Tunnel liegen meist vollständig unter dem Grundwasserspiegel und das Wasser hat in der Regel eine geringe Fließgeschwindigkeit (< 1m/Tag).

Für den Korrosionsschutz sollten bei Tübbingtunneln nachstehende Hinweise und Empfehlungen beachtet werden:

a) *Abrostungszuschlag für Außenblechdicke*

Bei Stahltübbingen wird ein Zuschlag zur statisch erforderlichen Dicke des Außenblechs (nicht der Flanschen) am besten in Verbindung mit einer äußeren Beschichtung als die wirkungsvollste und wirtschaftlichste Maßnahme gegen Korrosionsschäden angesehen.

Der Dickenzuschlag darf für Bauzustände voll bei der statischen Berechnung ausgenutzt werden. Bei der Berechnung des fertigen Bauwerks ist nachzuweisen, daß die Konstruktion sowohl ohne Abrostungserscheinungen als auch bei einer gleichmäßigen Abrostung der Außenbleche um den gewählten Dickenzuschlag ausreichend standfest ist (Änderung der Steifigkeiten!) und die Verformungen im zulässigen Rahmen bleiben.

b) *Korrosionsschutzüberzüge*

Als Beschichtungen für die Tübbingaußenseite kommen im wesentlichen hochwertige Schutzsysteme in Frage, wie z. B. Zinkstaubepoxid plus Teerepoxid oder Beschichtungen auf Polyurethanbasis. Nähere Angaben zu den Schutzsystemen und ihrer Applikation sind zu finden in [7/97] und [7/102].

Beschädigungen der Beschichtungen auf der Tübbingaußenseite sollten durch Sorgfalt bei Transport und Einbau der Tübbinge so weit wie möglich vermieden werden. Da die Beschichtungen nicht unterhalten werden können, führen sie bei den sehr langlebigen Verkehrsbauwerken nicht zu einem ausreichend dauerhaften, sondern nur zu einem zeitlich begrenzten Schutz. Ein Abrostungszuschlag ist daher i. a. außerdem erforderlich (allerdings in geringerer Größe).

In Einzelfällen wurden bei Stahltunnelbauten als Korrosionsschutz auch dünne unbewehrte Beton- oder Mörtelüberzüge mit Erfolg eingesetzt. Sie sind für eine Anwendung auf den Außenflächen nur dann geeignet, wenn bei den unvermeidlichen Verformungen und Bewegungen des Ausbaus die Gefahr der Rißbildung (evtl. sogar des Abplatzens) nicht besteht (siehe Beispiele C1 und C2).

c) *Ringspaltinjektion*

Bei Schildtunneln wird der zwischen Tunnelausbau und Erdreich verbleibende Ringspalt während des Vortriebs verpreßt. Heute werden dazu in der Regel Zementmörtelinjektionen verwandt. Diese sind jedoch als Korrosionsschutz nicht geeignet, da eine hohlraumfreie Umhüllung des Tunnels, besonders bei nachbrüchigen Böden, nicht gewährleistet werden kann. Ergeben sich nur kleine, von Zementmörtel unbedeckte Flächen, so ist dies wegen der Wirkung als Anode (im Vergleich zur großflächigen mörtelbedeckten Kathode) sogar im Hinblick auf die Korrosion nachteilig. Um diese Wirkung zu verhindern, sollten die Außenflächen der Tübbinge in jedem Fall eine Beschichtung erhalten.

Es ist bei Schildtunneln mit Stahltübbingausbau im Einzelfall zu prüfen, ob die Ringspaltinjektion mit anderen (möglichst nicht zementhaltigen) Materialien durchgeführt werden kann, um die dargestellte nachteilige Wirkung vollständig auszuschließen.

d) *Elektrische Durchverbindung*

Alle Tunnel für Gleichstrombahnen, auch Stahltunnelbauwerke, die einen kathodischen Korrosionsschutz erhalten, müssen in Längsrichtung elektrisch leitend durchverbunden sein. Um dies zu erreichen, sollten bei der Gestaltung der Fugen folgende Gesichtspunkte beachtet werden:

— Die einfachste und wirtschaftlichste Maßnahme besteht normalerweise in der Herstellung eines einwandfreien metallischen Kontaktes in den Stoßfugen der Tübbinge. Dieser braucht nicht unbedingt auf den gesamten Flanschflächen zu bestehen, muß aber doch so weit sichergestellt sein, daß ein Stromfluß von einem Tübbingring zum anderen einwandfrei möglich ist. Auf keinen Fall dürfen die Flanschflächen in irgendeiner Form beschichtet werden. Es sollte im Einzelfall geprüft werden, ob zur Herstellung eines einwandfreien elektrischen Kontaktes eine maschinelle Bearbeitung der Flanschflächen erforderlich ist.

— Kann die leitende Verbindung nicht durch Kontakt der Flanschflächen erreicht werden (z. B. weil Dichtungselemente in den Fugen liegen) oder nachträglich unterbunden werden (z. B. durch in die Fugen laufende Zementmilch beim späteren Tunnelausbau), so können folgende Maßnahmen notwendig werden:

● Einbau besonderer Elemente zur elektrisch leitenden Fugenüberbrückung (z. B. Bandeisen, Kabel)

● vollständige oder teilweise Verschweißung der Tübbinge an den Fugenkanten.

Tunnel, in denen keine Gleichstrombahnen verkehren und die keinen kathodischen Korrosionsschutz erhalten, brauchen in Längsrichtung auch nicht elektrisch durchverbunden zu werden. Um einen Übertritt von Streuströmen aus in der Nähe verlaufenden oder kreuzenden Gleichstrombahnen so weit wie möglich zu vermeiden, sollten in diesen Bereichen und außerdem an Stellen, an denen in Tunnellängsrichtung die Bodenaggressivität wechselt, Isolierfugen (elektrische Trennung zweier benachbarter Tunnelringe, Bild 3/29) eingebaut werden. Die Möglichkeit der elektrischen Überbrückung der Isolierfugen (z. B. für Meßzwecke) muß vorgesehen werden.

Am Übergang eines Tunnelabschnittes in geschlossener Bauweise mit Stahlausbau in ein Bauwerk aus Stahlbeton (z. B. Haltestelle oder Lüftungsschacht) wird normalerweise eine Bewegungsfuge angeordnet. Diese sollte gleichzeitig als Isolierfuge ausgebildet werden, um sie zu Meßzwecken nutzen zu können. In Bahntunneln sind in einem solchen Fall zur Einhaltung der Forderungen des Schutzes gegen zu hohe Berührungsspannungen die Isolierungen während des Betriebes mit ausreichendem Querschnitt metallisch leitend zu überbrücken.

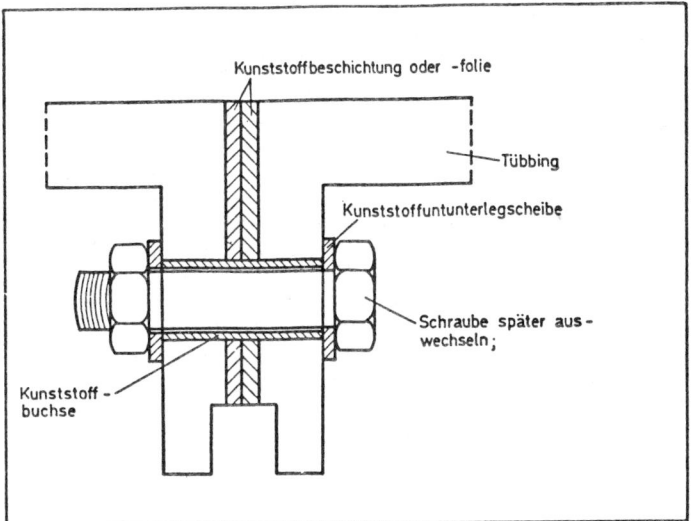

Bild 3/29: Möglichkeit zur Gestaltung von „Isolierfugen" zwischen zwei Stahltübbingringen [3/22]

3.2.3 Tunnelbau mit vorläufiger Gebirgssicherung (Beispiele D1 und D2 in Anhang D)

(D1) *Vorfertigung der Stahlauskleidung* [3/24]

Als eine wirksame Maßnahme zur Erreichung kurzer Bauzeiten ist der Einbau möglichst großer vorgefertigter Stahlauskleidungsabschnitte in den zuvor bergmännisch aufgefahrenen Tunnelraum zu empfehlen. Die dabei durch den Transport und das Einfahren schwerer Einheiten entstehenden Nachteile stehen normalerweise in keinem Verhältnis zu den Vorteilen, die ein solches Vorgehen für den zeitlichen Ablauf im Gesamtbauplan bietet. Darüber hinaus läßt sich mit der Vorfertigung großer Einheiten außerhalb des Tunnels durch die Anwendung automatischer Schweißverfahren der Anteil der Handschweißung unter erschwerten Bedingungen und z. T. in Zwangslage auf ein Minimum beschränken. Dies bringt neben den wirtschaftlichen Vorteilen eine Steigerung der Schweißsicherheit und damit generell eine Qualitätsverbesserung mit sich. Auch kann die Durchführung der erforderlichen zerstörungsfreien Schweißnahtprüfungen an den Auskleidungsabschnitten bereits außerhalb des Tunnels ohne Behinderung anderer Arbeiten erfolgen. Schließlich sind bei Einsatz hochfester Stähle die erforderlichen Maßnahmen beim Schweißen, beispielsweise das gleichmäßige Vorwärmen des zu verschweißenden Materials, auf einem Montageplatz leichter durchzuführen als im Tunnel.

Die Vorfertigung großer Einheiten außerhalb des Tunnels ist aber nicht nur aus den aufgezeigten Gründen einer Qualitätsverbesserung und Bauzeitenverkürzung anzustreben. Vielmehr kann dadurch auch die Größe des Tunnelausbruches erheblich reduziert werden, sofern geeignete Verfahren für den Einbau der großen Auskleidungsabschnitte zur Anwendung gelangen (siehe hierzu (D2)).

Die Abmessungen großer einbaufertiger Tunnelabschnitte schließen die Vorfertigung in den Werkstätten der Lieferfirmen normalerweise aus. Ein Ferntransport über öffentliche Verkehrsstraßen ist i. a. nur für Einheiten bis etwa 4,0 m Durchmesser möglich. Rohr- und Tunnelstücke größeren Durchmessers müssen deshalb an der Baustelle hergestellt werden.

(D2) *Einbau der Stahlauskleidung und Größe des Tunnelquerschnitts*

Die einzelnen Schüsse der Stahlinnenauskleidung sind nach dem Einfahren in den Tunnel an der Einbaustelle sorgfältig auszusteifen, auszurichten und gegen die Tunnelleibung abzustützen. Die Aussteifung und Abstützung der Stahlkonstruktion ist so auszulegen, daß die Auftriebskräfte beim Einbringen des Einbettungsbetons sicher aufgenommen werden.

Die innere Aussteifung des Stahlmantels erfolgt üblicherweise mit einer Aussteifungsspinne (Bild 3/30). Zur Gebirgsseite hin werden unterschiedliche Abstützelemente eingesetzt. Je nach Art der Einbettung des Stahlmantels können die äußeren Abstützungen im Bauwerk verbleiben (Beispiel D1/1) oder sie werden mit dem Einbau der Einbettung zurückgebaut.

Der Tunnelquerschnitt ist aus Gründen der Kosteneinsparung normalerweise sehr klein ausgelegt, so daß die Stahlwandung nach dem Einfahren in den Tunnel von außen nicht mehr zugänglich ist. Die Montagenähte vor Ort müssen daher von der Innenseite der Auskleidung her erfolgen. Als einwandfrei verschweißbar und mit Ultraschall prüfbar hat sich z. B. die in Bild 3/31 dargestellte Steilflankennaht mit hinterlegtem Flacheisen erwiesen. Neben schweißtechnischen Erfordernissen dient das Flacheisen gleichzeitig zur Zentrierung des anzusetzenden Tunnelschusses.

Maßgebend für die Größe des Tunnelquerschnitts ist neben der als erforderlich angesehenen Dicke der Einbettung (i. a. 15 bis 20 cm) vor allem auch die Art, wie die Stahlauskleidungsschüsse in den Tunnel transportiert werden. Üblicherweise geschieht dies mit Schienenfahrzeugen. Das Verlegen von Schienen mit einer ausreichend breiten Spur erfordert jedoch Bankette, deren einwandfreie Verankerung durch einen entsprechend groß gewählten Tunnelquerschnitt sichergestellt sein muß. Ein Minimum an Ausbruchfläche ist durch den Einsatz von Einschienenfahrwerken zu erzielen. Diese werden mittig unter dem Stahlmantel angeordnet. Eine seitliche Abstützung erfolgt durch Rollen, die außen an den Rohrschüssen montiert werden und auf der äußeren vorläufigen Tunnelauskleidung entlang laufen [3/24].

(D3) *Bemessung der Stahlauskleidung*

Die Bemessung von Druckstollenpanzerungen erfolgt sowohl für den Innenwasserdruck aus dem Leitungsbetrieb als auch bei leerer Leitung für den Gebirgsdruck und einen eventuellen Außenwasserdruck. Bei der Bemessung der Stahlauskleidung für den Innendruck kann bei entsprechend tragfähigem Gebirge ein Mittragen berücksichtigt werden.

Besondere Verhältnisse liegen bei Tunneln im Einwirkungsbereich des aktiven Bergbaus vor. Durch die bergbaulichen Maßnahmen werden dem überlagernden Gebirge vertikale und horizontale Verformungen aufgezwungen, die sich u. U. bis zur Geländeoberfläche fortpflanzen. Neben dem normalen Gebirgsdruck hat der Tunnel hier zusätzlich vor allem auch die horizontalen Baugrundbewegungen sowohl in Tunnellängs- als auch in Tunnelquerrichtung aufzunehmen. Hierfür wurden besondere Konstruktionen entwickelt (s. Hinweis (D4) und Beispiel D2).

(D4) *Konstruktionsprinzipien für die Tunnelauskleidung bei geschlossener Bauweise im Bergsenkungsgebiet*

Für die Ausbildung der Tunnelkonstruktion ergeben sich aus bergbaulicher Einwirkung folgende Randbedingungen:

1. Die Konstruktionen müssen so ausgebildet werden, daß sie den Senkungen, Zerrungen und Pressungen des Gebirges ohne Schäden am Tunnel folgen können.

2. Die dem Tunnelbauwerk aufgezwungenen Verformungen dürfen insbesondere im Bereich der Bebauung keine zusätzlichen vertikalen Verformungen, die möglicherweise zu Schäden an den Häusern führen, hervorrufen.

Um die Beanspruchungen nach (1.) auf lange Sicht schadlos aufnehmen zu können, ist die Tunnelkonstruktion nach der Theorie des orthogonal-anisotropen Ausweich-Widerstandsprinzips zu konzipieren. Bild 3/32 zeigt einen Tunnelausbau dieses Prinzips. Die pulsierenden Bewegungen aus dem Bergbau werden hier in Tunnellängsrichtung durch wellenförmige Profilierung der Stahlhaut und in Querrichtung durch aktive Ausgleichselemente in der Tunnelfirste aufgenommen. Sekundärsetzungen (2.) aus den bergbaulichen Bewegungen über dem Tunnel sollen durch die aktiven Ausgleichselemente vermieden werden.

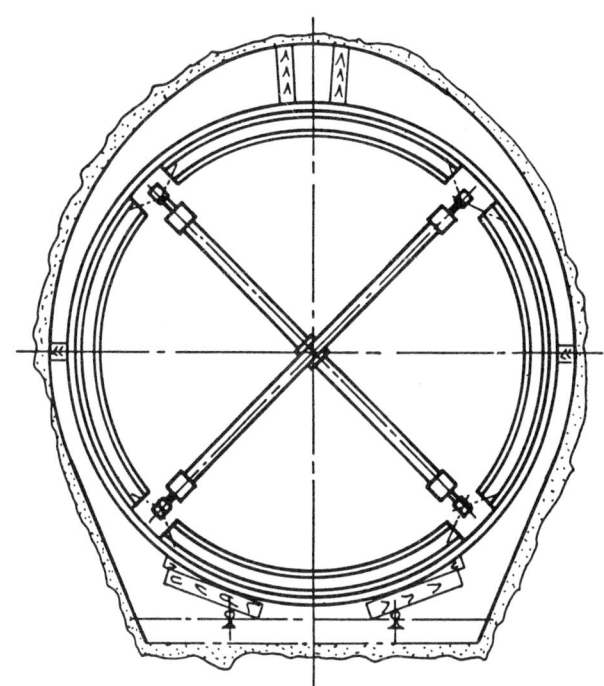

Bild 3/30: Innere Aussteifung der Stahlauskleidung mit einer Spinne und äußere Abstützung gegen die Tunnelleibung mit Betonelementen [3/25]

Bild 3/31: Beispiel einer geeigneten Nahtform für Schweißung von der Rohrinnenseite her [3/25]

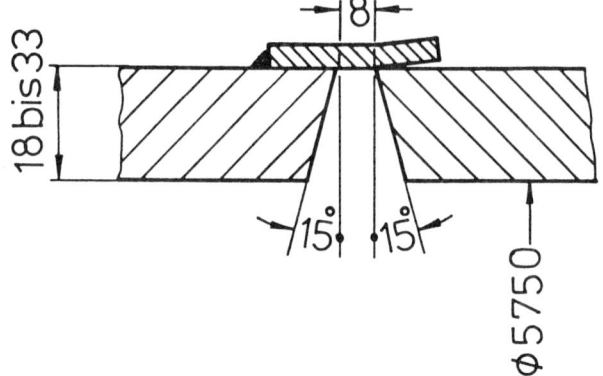

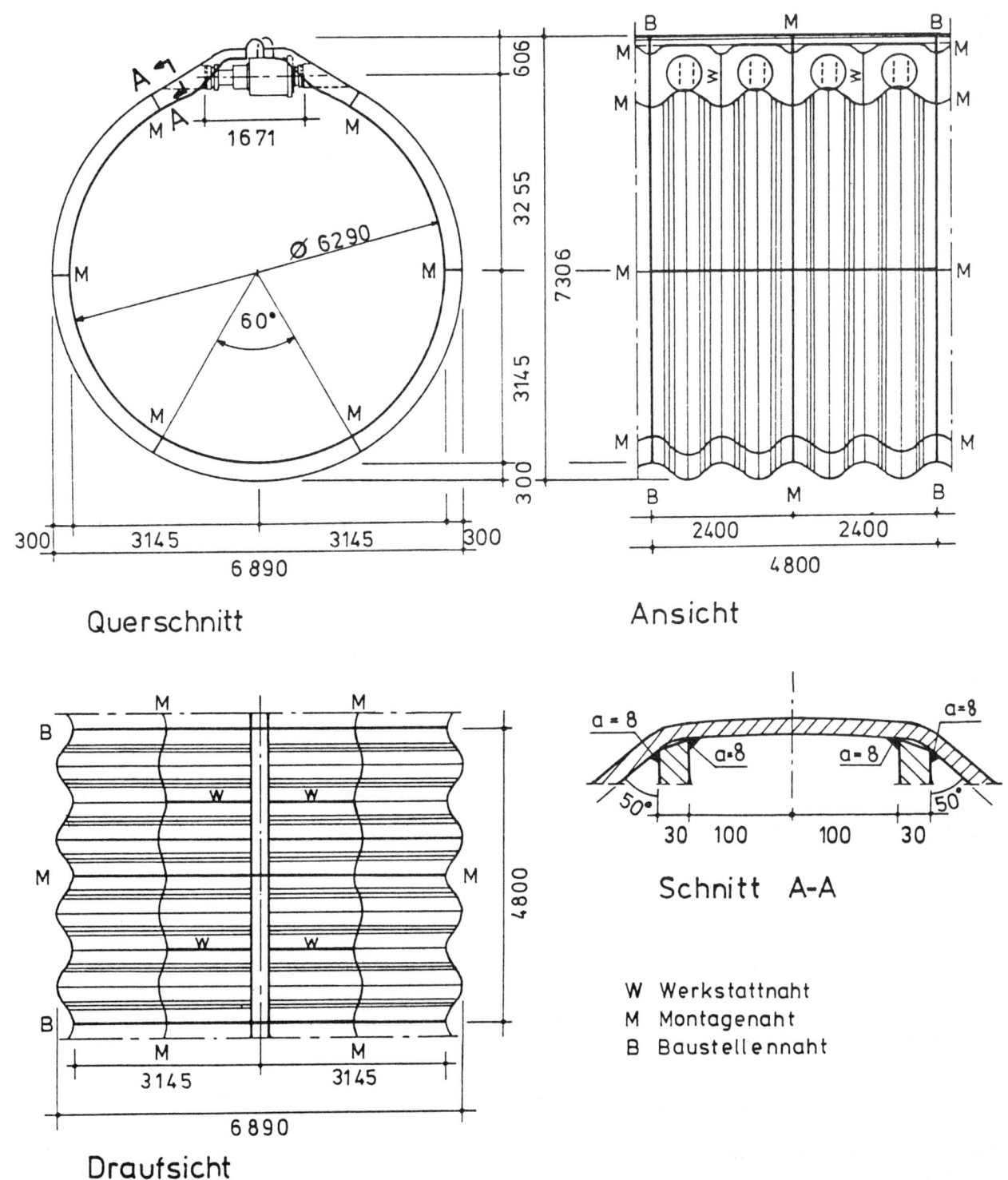

Querschnitt

Ansicht

Draufsicht

Schnitt A-A

W Werkstattnaht
M Montagenaht
B Baustellennaht

Bild 3/32: Stahlauskleidung mit Ausgleichselement im First für einen Tunnel im Bergsenkungsgebiet (Beispiel D2)

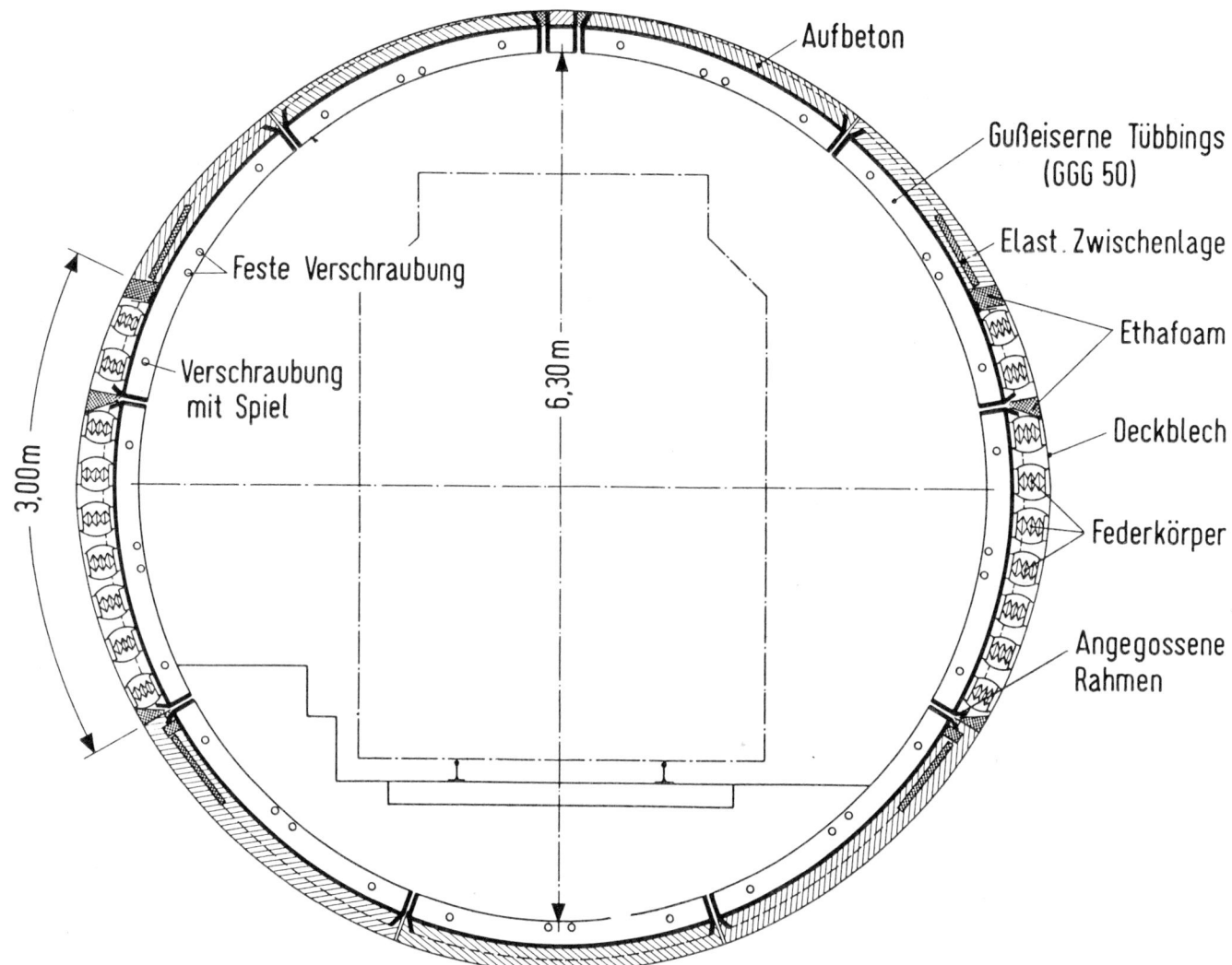

Aufbeton

Gußeiserne Tübbings (GGG 50)

Elast. Zwischenlage

Ethafoam

Deckblech

Federkörper

Angegossene Rahmen

Feste Verschraubung

Verschraubung mit Spiel

3,00 m

6,30 m

Bild 3/33: Prinzip einer Tübbingauskleidung mit außen liegenden aktiven Ausgleichselementen im Ulmenbereich

Eine andere Lösung sieht zum Ausgleich der Bewegungen in Tunnelquerrichtung Federpakete in den Ulmenbereichen außerhalb der Auskleidung vor (Bild 3/33). Dieses Prinzip wurde in Gelsenkirchen bei der Gußeisentübbingauskleidung eines im Schildvortrieb erstellten Tunnels [3/26] angewendet.

(D5) *Einbettung der Stahlauskleidung*
Der Raum zwischen vorläufiger Ausbruchsicherung und Stahlauskleidung wird üblicherweise ausbetoniert. Die Dicke der Einbettung sollte mindestens 15 bis 20 cm betragen. An den Verfüllbeton sind vor allem folgende Forderungen zu stellen:

– Seine Druckfestigkeit sollte der Festigkeit des umgebenden Gebirges angepaßt sein, damit die Übertragung der Kräfte vom Gebirge in die Stahlauskleidung oder umgekehrt optimal funktioniert.

– Seine Fließfähigkeit muß ausreichen im Hinblick darauf, daß die Stahlauskleidung hohlraumfrei umhüllt und der Raum zwischen Stahlhaut und Gebirge satt ausgefüllt wird. Dies ist zum einen erforderlich, um ein Flattern der Stahlhaut im späteren Betrieb mit Sicherheit zu vermeiden. Das Flattern der Stahlhaut ist besonders für die Druckrohrleitungen gefährlich. Zum anderen ist das hohlraumfreie Ausfüllen des Ringspalts wichtig, um einen ausreichenden Korrosionsschutz sicherzustellen.

– Der Verfüllbeton sollte ausreichend dicht und damit wasserundurchlässig sein. Dies ist von Bedeutung für den Korrosionsschutz.

– Der Verfüllbeton sollte weitgehend volumenbeständig sein. Dies setzt eine geringe Abbinde- und Hydratationswärme voraus und erfordert außerdem die Reduzierung des Schwindens und Kriechens z. B. durch den Einsatz plastifizierender, luftporenbildender oder auch expandierender Zusatzmittel.

Im allgemeinen werden heute für die Verfüllung Betone aus Sand, Zement und Bentonit, nötigenfalls unter Zugabe von Zusatzmitteln eingesetzt.

3.3 Besondere Schutzmaßnahmen

3.3.1 Körperschall- und Erschütterungsschutz

Das Bundes-Immissions-Schutz-Gesetz vom 15. März 1974 sowie die entsprechenden Ländergesetze verpflichten generell den Erbauer und Betreiber z. B. von Verkehrsanlagen zu der Überprüfung, inwieweit schädliche Umwelteinwirkungen verursacht werden können. Ggfs. muß er geeignete Gegenmaßnahmen treffen (vergl. § 41 des BImSchG). Die Durchführung der Immissionsschutzgesetze bei Bau und Betrieb von Verkehrswegen ist bisher jedoch nur bedingt möglich, da immer noch eindeutige, verbindliche Vorschriften sowohl über die zulässigen Immissionswerte als auch über die erforderlichen technischen Maßnahmen am Bauwerk fehlen.

Allgemein stellt sich das Problem des Körperschall- und Erschütterungsschutzes erläutert am Beispiel des Schienenverkehrs wie folgt dar [3/11]:

Im Bahnbetrieb entstehen beim Abrollvorgang zwischen Rad und Schiene Schwingungen, die bei unterirdischen Anlagen über das Tunnelbauwerk und eine evtl. vorhandene rückwärtige Verankerung z. B. der Baugrubenwand in den angrenzenden Boden übertragen werden. Bei diesen Schwingungen ist zwischen Erschütterungen und Körperschall zu unterscheiden. Als Erschütterungen gelten Schwingungen mit niedriger Frequenz und großer Wellenlänge, als Körperschall dagegen Schwingungen mit hoher Frequenz und kleiner Wellenlänge, wobei die Übergänge fließend sind.

Die wesentlichen Erschütterungen liegen im Frequenzbereich von 15 bis 30 Hz, das Maximum des Körperschalls liegt im Frequenzbereich von 50 bis 125 Hz.

Aufgrund neuerer Erfahrungen können die in unterirdischen Bahnanlagen auftretenden Erschütterungen durchaus eine derartige Intensität aufweisen, daß sowohl ihre Wirkung auf benachbarte Gebäude als auch die Einwirkung auf den Menschen in diesen Gebäuden nicht mehr vernachlässigt werden können [3/27]. Es genügt demnach nicht immer, sich auf die Frage der ausreichenden Körperschalldämmung allein zu konzentrieren. Die Übertragung der Schwingungen erfolgt auf zwei Wegen:

– unmittelbare Übertragung von der Kontaktstelle Rad/Schiene über den Gleisoberbau in die Tunnelkonstruktion
– Anregung des Tunnelbauwerks durch den vom fahrenden Zug abgestrahlten Luftschall.

Nach Abstrahlung von der Tunnelkonstruktion werden die Schwingungen über das umgebende Erdreich in die benachbarten Gebäude übertragen, so daß eine Belästigung der sich darin aufhaltenden Personen erfolgt. Letzteres kann sowohl direkt in Form von Erschütterungen bzw. Körperschall als auch in Form von mittelbarem Luftschall nach Abstrahlung des Körperschalls von Wänden und Decken erfolgen [3/27].

Intensität und Frequenzzusammensetzung der in der anstehenden Bebauung auftretenden Erschütterungen bzw. des Körper- und Luftschalls hängen im wesentlichen von folgenden Faktoren ab [3/28]:

– Konstruktion der Fahrzeuge
– Zustand von Radreifen und Schiene
– Oberbauform
– Querschnittsausbildung und Material des Tunnelbauwerks
– Ankopplung des Tunnels an den Boden
– Bodenbeschaffenheit unter Einbeziehung evtl. vorhandenen Grundwassers
– Einbauten im Boden (z. B. Anker, Rohrleitungsnetze)
– Abstand des Tunnels zur Bebauung
– Abmessungen und Konstruktion der anstehenden Bebauung

Da die meisten der genannten Einflußfaktoren fest vorgegeben und nur bedingt beeinflußbar sind, ergeben sich nur relativ wenige Ansatzpunkte zur Minderung des zu erwartenden Störschalls.

Grundsätzlich bestehen bauseitig zwei Möglichkeiten der Schwingungsminderung:

– Aktive Maßnahmen
Die Schallquelle wird an der Kontaktstelle zum umgebenden Medium isoliert, um die Übertragung der Schwingungen vom Entstehungsherd in die Umgebung weitestgehend einzuschränken oder zu verhindern (Beispiele: Kapselung eines Getriebes; Schalldämpfer in der Abgasleitung eines Verbrennungsmotors usw.).

– Passive Maßnahmen
Das zu schützende Bauwerk wird gegen den Untergrund isoliert, um eine Übertragung der vom Tunnel abgestrahlten Schwingungen aus dem Untergrund in das Bauwerk zu verhindern.

In der Praxis kommen vorwiegend aktive Maßnahmen zur Anwendung, da sie wesentlich kostengünstiger und problemloser herzustellen sind als die passiven. Ggfs. werden Zusatzmaßnahmen gegen Luftschall im Tunnel erforderlich, um ein Abstrahlen in Form von Körperschall über Tunnelbauwerk und Erdreich in die benachbarte Bebauung und hohe Luftschallpegel im Tunnel zu verhindern.

Sehr intensiv hat man sich in den letzten Jahren darum bemüht, die Schwingungsdämmung zwischen Schiene und Tunnelsohle durch entsprechende Ausgestaltung der Gleislagerung zu erhöhen.

Im folgenden werden hierzu beispielhaft verschiedene Ausführungen von schwingungsdämmenden Oberbauformen beschrieben.

a) Schwingungsdämpfende Schienenbefestigungen

Mehrere schwingungsdämpfende Schienenbefestigungen sind entwickelt und erprobt worden (Beispiele s. Bild 3/34). Die Zielsetzung besteht im wesentlichen in der Einsparung von Bauhöhe für den Oberbau ohne Verzicht auf eine mindestens gleich gute Schwingungsdämmung, wie sie der normale Schotteroberbau bereits aufweist. Diese Bauformen können bei Bedarf auch nachträglich in einen Bahntunnel eingebaut werden. Nachteilig bei den bisher entwickelten Bauformen ist, daß wegen der fehlenden Absorptionsflächen des Schotters im Tunnel erhöhte Luftschallpegel auftreten.

b) Unterschottermatten

Eine Verbesserung der Körperschalldämmung oberhalb ca. 30 Hz gegenüber dem herkömmlichen Schotteroberbau wird durch Matten erzielt, die zwischen den Schotter und der Tunnelsohle bzw. -wand angeordnet werden (Bild 3/35). Es gibt derzeit 4 Typen von Unterschottermatten:

– Profilgummimatten (überwiegend Neumaterial)
– Gummigranulatmatten (Altmaterial)
– Matten aus Technischen Schäumen
– Mineralfasermatten (z. B. Steinwolle).

Der letztgenannte Mattentyp hat sich bisher hinsichtlich der Dämmwirkung als unbefriedigend erwiesen. Von den übrigen Mattentypen wurden in Prüfstandsversuchen mit der Matte aus Technischen Schäumen die günstigsten Wirkungen erzielt, aber auch die Profilgummimatten und die Gummigranulatmatten führen zu einer Verbesserung der Dämmwirkung im Vergleich zum normalen Schotteroberbau. Die Konstruktion ist relativ einfach, wenn die Matten vor Einbringung des Oberbaus verlegt werden. Die Kosten sind dann vergleichsweise niedrig. Nachträglich lassen sich die Matten nach und nach jeweils nur in kleineren Längenabschnitten (etwa über 2 bis 3 Schwellenfelder) in nächtlichen Betriebspausen einbringen.

c) Masse-Feder-Systeme

Für hohe Anforderungen an die Körperschall- und Erschütterungsdämmung – insbesondere wenn eine Dämmwirkung auch bei niedrigen Frequenzen (ab ca. 20 Hz aufwärts) gefordert wird – wurden verschiedene Varianten von Masse-Feder-Systemen entwickelt. Das Prinzip besteht darin, daß der Gleisrost mit einer großen über Federelemente auf die Tunnelsohle aufgelagerten Masse, verbunden wird.

– Tiefabgestimmte Gleislagerung nach Uderstädt [3/27], [3/28]. Das tiefabgestimmte Federungssystem (Bild 3/36) besteht aus der sogenannten Ruhemasse und den in Rohrhülsen arretierten Federelementen, die die Ruhemasse gegen die Tunnelsohle abstützen. Bei der Ruhemasse handelt es sich um eine ca. 60 cm starke Stahlbetonplatte mit normalem Schotteroberbau und Holzschwellen. Die Federelemente

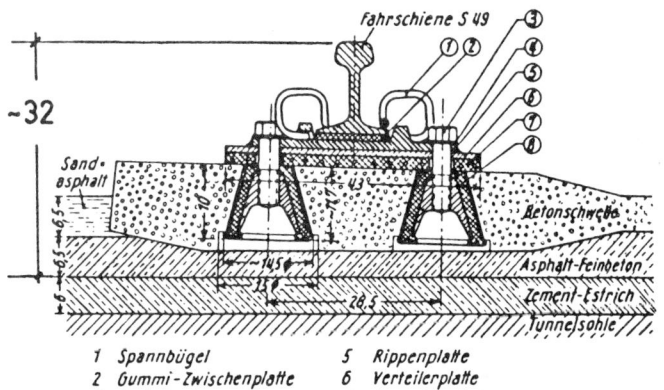

Fahrschiene S 49
~32
Sand-asphalt
Betonschwelle
Asphalt-Feinbeton
Zement-Estrich
Tunnelsohle
43
28,5
1 Spannbügel
2 Gummi-Zwischenplatte
3 Sechskantschraube
4 Federring
5 Rippenplatte
6 Verteilerplatte
7 Gummi-Zwischenlage
8 Doppelkegel-Element

a) Schienen mit Doppelkegelfederelementen in Betonschwellen (U-Bahn Hamburg)

Tunnelsohle
H

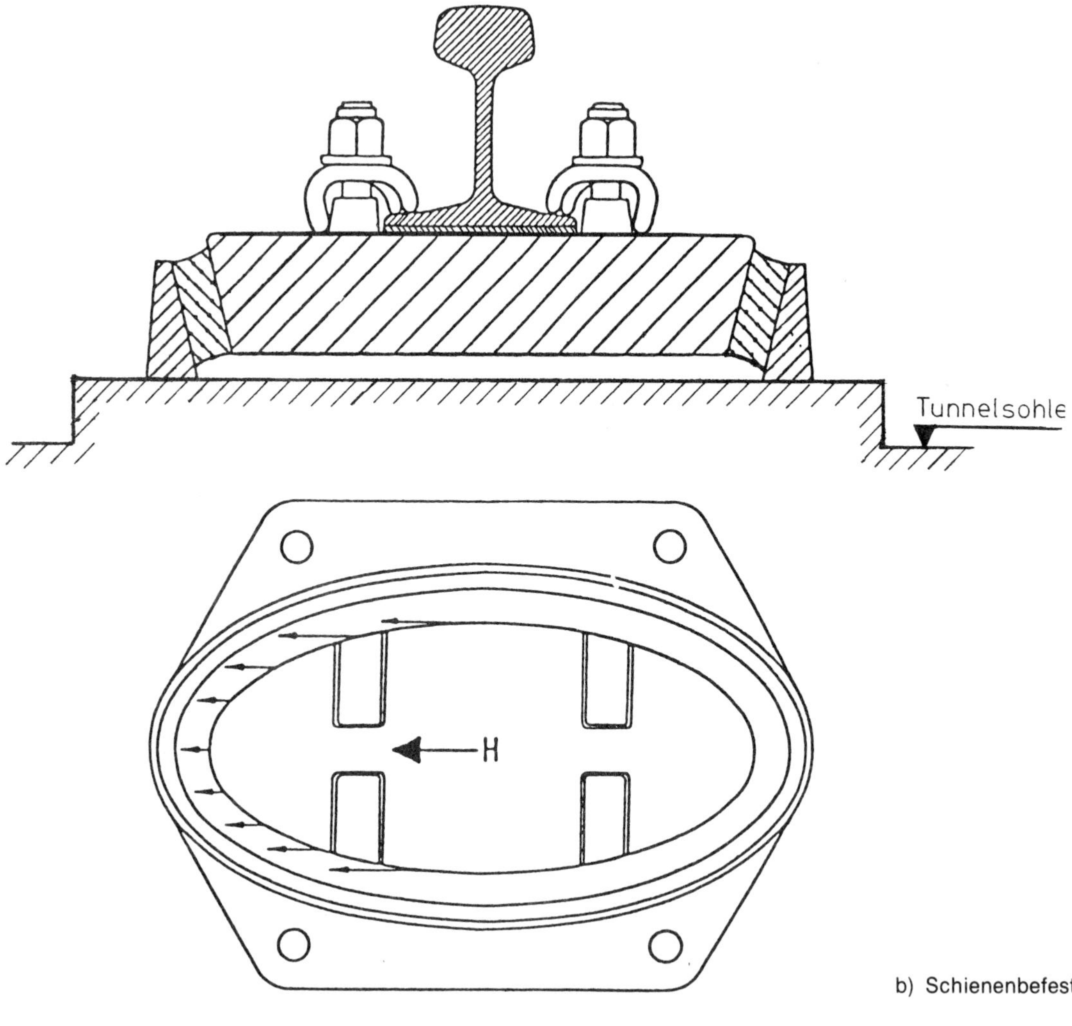

b) Schienenbefestigungselement 1403 c („Kölner Ei")

Bild 3/34: Beispiele für körperschalldämmende Schienenbefestigungselemente

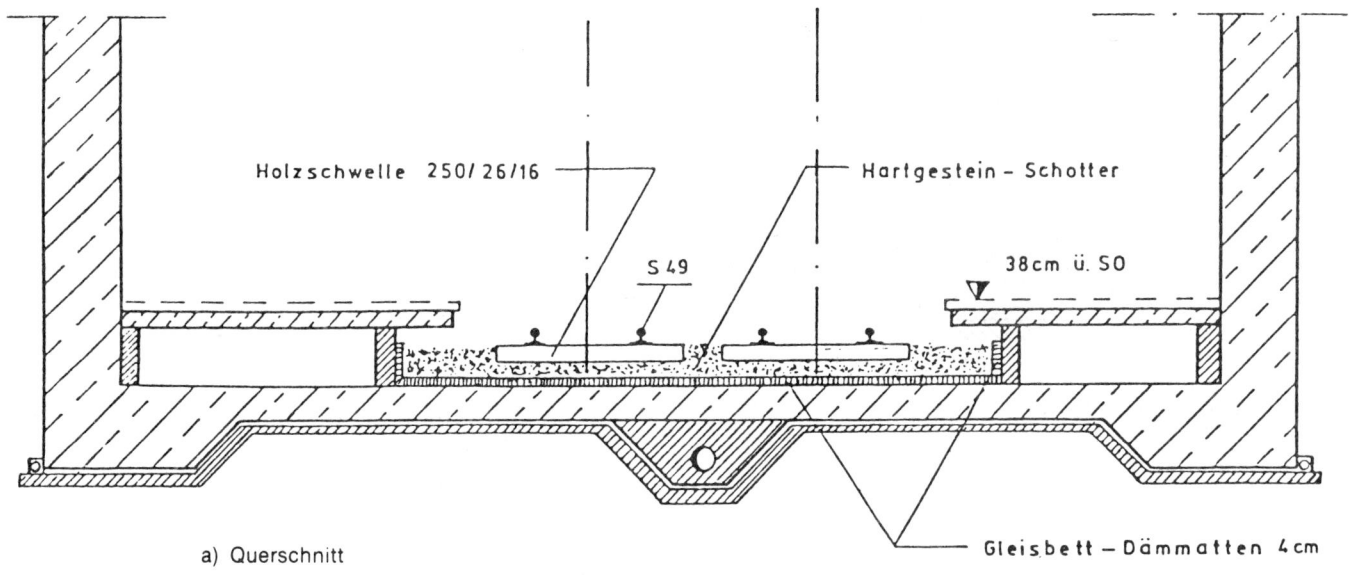

Holzschwelle 250/26/16 — Hartgestein – Schotter

S 49

38cm ü. SO

Gleisbett – Dämmatten 4 cm

a) Querschnitt

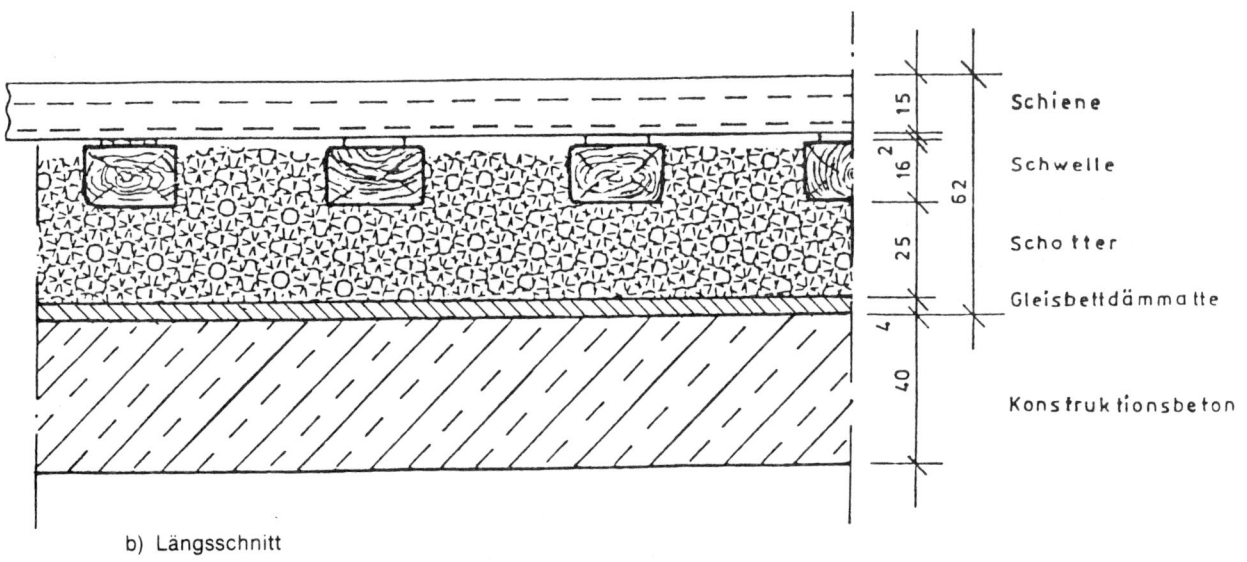

Schiene

Schwelle

Schotter

Gleisbettdämmatte

Konstruktionsbeton

15
2
16
62
25
4
40

b) Längsschnitt

Bild 3/35: Schotter-Oberbau mit Gleisbett-Dämmatte (Prinzip)

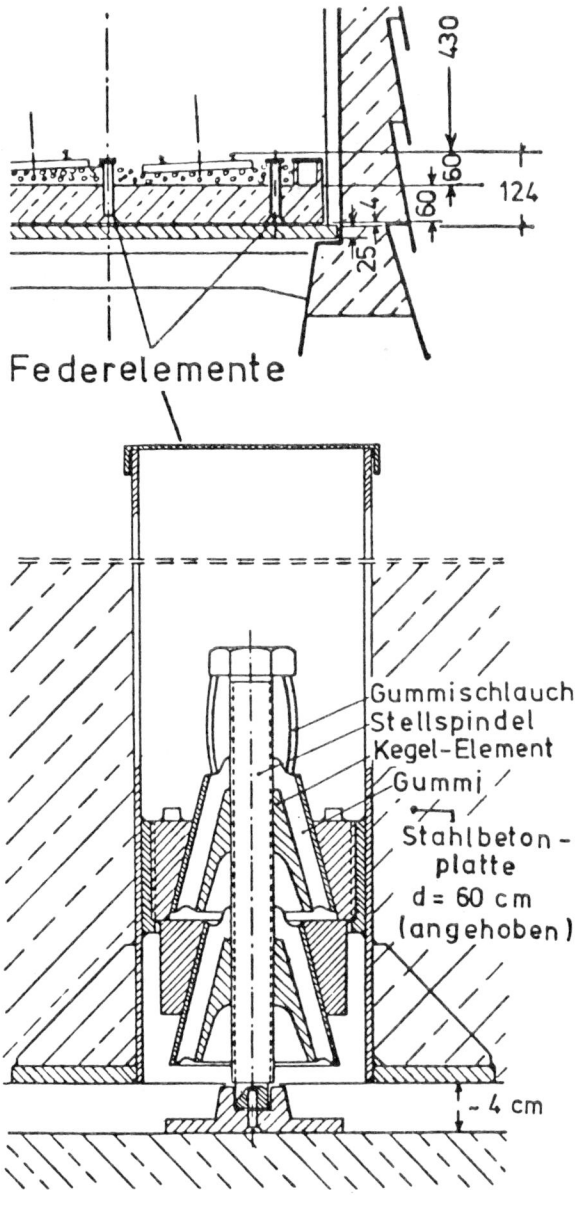

Federelemente

Gummischlauch
Stellspindel
Kegel-Element
Gummi
Stahlbeton-
platte
d = 60 cm
(angehoben)

~ 4 cm

Bild 3/36: Körperschalldämmender Oberbau mit Schotterbett in Beton-wanne und Gummischub-/druck-Federelementen nach Uderstädt [3/32]

bestehen aus Schub-Druck-Gummielementen, die neben einer günstigen Körperschall-Dämmwirkung den Vorteil einer geringen Horizontalauslenkung bieten. Die Federelemente können jederzeit einzeln ausgetauscht werden.

Durch dieses Masse-Feder-System wird eine Verschiebung des Hauptfrequenzbereichs von 50 bis 70 Hz auf 8 bis 10 Hz erreicht; das bedeutet eine Verlagerung der Körperschallenergien in einen den Menschen nicht störenden Frequenzbereich.

Bei einer direkten Gebäudeunterfahrung in Köln ist eine Abminderung des Störschalles in einem über dem Tunnel liegenden Gebäude um mehr als 20 dB (A) erreicht worden. Die beschriebene Ausführungsform mit Schotteroberbau erfordert eine Vergrößerung der Tunnelhöhe um ca. 65 cm. Bei Anwendung eines schotterlosen Oberbaues läßt sich dieses Maß auf ca. 45 cm reduzieren.

– Masse-Feder-System Eisenmann (TU München) [3/31]
Eine andere schotterlose Form der Masse-Feder-Systeme ist bei der U-Bahn in München, der Flughafen in Frankfurt/Main und bei der Stadtbahn in Dortmund gewählt worden.

Hierbei werden vorgefertigte, auf Elastomer-Lager aufgesetzte Stahlbetontröge verwendet, in die in einem weiteren Arbeitsgang Betonschwellen B 70 W in voller Höhe eingesetzt werden (Bild 3/37). Auf die Schwellen wird ein normaler Oberbau aufgebracht. Der Vorteil dieser Ausführungsform liegt darin, daß sie keine größere Bauhöhe als der herkömmliche Schotteroberbau und ggfs. noch nachträglich anstelle des Schotteroberbaus eingebaut werden kann. Ein Nachteil dieses Systems liegt in dem relativ hohen Eigengewicht von 2,0 bis 2,5 Mp/m des Oberbaus begründet. Dieses hohe Eigengewicht ist erforderlich, um die für die angestrebte Eigenfrequenz von 10 bis 12 Hz erforderliche Einfederung der elastisch gelagerten Platten zu erreichen. Die Verbesserung der Körperschalldämmung beträgt etwa 10 dB. Durch die schallharte Oberfläche ist im Tunnel allerdings mit einem erhöhten Luftschallpegel zu rechnen.

In einer Variante dieser Lösung werden die Einzelbetontröge durch eine durchgehende Betonplatte aus Ortbeton oder Fertigteilen ersetzt, die ebenfalls über Gummielemente zur Tunnelsohle abgefedert ist. Die Schwellen werden hier entweder einbetoniert (hoher Luftschall im Tunnel) oder in einem Schotterbett auf der Betonplatte gelagert. Derartige Lösungen kamen u. a. bei der U-Bahn in München und bei der Stadtbahn in Dortmund zur Anwendung.

Obwohl in der einschlägigen Literatur eine Fülle von Schwingstärke-Meßdaten für verschiedene Oberbauformen vorliegen, besteht in der Fachwelt nach wie vor die Uneinigkeit darüber, wann und wo eines der bekannten Oberbausysteme im Hinblick auf seine Kosten-Nutzen-Relation eingesetzt werden sollte. Bei den bisherigen Vergleichsmessungen wurden in der Regel – neben dem Oberbau – meist zwangsläufig auch ein Teil der anderen, die Schwingstärke beeinflussende Parameter verändert. Weiterhin ist zu berücksichtigen, daß die im Hinblick auf die Schwingungsdämpfung unterschiedlich wirksamen Oberbauformen ebenfalls große Unterschiede in kostenmäßiger Hinsicht sowie in den Konsequenzen für die Bemessung der Tunnelquerschnitte haben. Dies ist einerseits in den reinen Baukosten für den Oberbau begründet (Spanne ca. 1:3 bis 1:5 zwischen normalem Schotteroberbau und einem Masse-Feder-System), andererseits sind die Höhen der einzelnen Oberbauformen sehr unterschiedlich, so daß manche Systeme nicht mehr nachträglich in einen Tunnel bei gegebener Lichtraumhöhe eingebaut werden können.

Die unterschiedlichen Einflußfaktoren für die Entstehung und Übertragung von Schwingungen führen dazu, daß je nach örtlichen Verhältnissen sehr unterschiedliche Effekte eintreten. So können auch noch bei einem Abstand von mehr als 30 m zwischen Tunnel und benachbarten Gebäuden durch Körperschallbrücken und/oder ungünstige Bodenverhältnisse für die Anlieger störende Immissionen auftreten. Die Entscheidung über die zu wählende Maßnahme muß daher stets im Einzelfall getroffen werden.

Es sei darauf hingewiesen, daß derzeit im Auftrage des BMFT verschiedene Forschungsarbeiten durchgeführt werden, in denen die Wirkungs- und Einsatzbereiche der verschiedenen Oberbausysteme sowie die Einflußfaktoren für die Schwingungsausbreitung und deren Prognose genauer untersucht werden [3/37] bis [3/39].

Die bisher aufgezeigten Maßnahmen konzentrieren sich auf die Modifizierung der Gleislagerung. Sie gehen grundsätzlich von bestehenden Erfahrungen bei Stahlbetonkonstruktionen aus. Sie stellen keine wesentlichen, zusätzlichen Anforderungen an das Material und an die Querschnittsausbildung des Tunnelbauwerkes.

Zur Frage des Einflusses der Tunnelabmessungen oder des Baumaterials gibt es bisher nur wenige Aussagen. Von Rechtecktunneln aus Stahlbeton ist bekannt, daß die an der Tunnelwand gemessenen Körperschallpegel mit zunehmender Dicke der Wand abnehmen [3/34]. Neuere Messungen an Bahntunnel mit Kreisquerschnitt und Gußeisentübbing- bzw. zweischaliger Stahlbetonauskleidung zeigten keine besonderen Einflüsse der Querschnittsform bzw. des Auskleidungsmaterials auf die Schwingungsentstehung und -ausbreitung [3/40].

Aufgrund der aufgezeigten Unsicherheiten in Prognosefällen hat man bei einem Stadtbahntunnel mit Stahlauskleidung in Gelsenkirchen (Baujahre 1974/78) besondere Maßnahmen zur Schwingungsdämmung getroffen:

Im Stadtbahn-Baulos 5051.1 (Husemannstraße) in Gelsenkirchen gelangte ein Stahltunnel, dessen Decke aus gewellten Krümmern (vorgefertigte Stahlgußelemente) und dessen Wände aus Spundwandprofilen (Hoesch 134) besteht, zur Ausführung.

Diese Konstruktion ist gewählt worden, da im Bereich dieses Bauloses auch in Zukunft noch mit erheblichen Einwirkungen aus dem Bergbau gerechnet werden muß. Der Schutz gegen Körperschall und Erschütterungen ist bei einem derart ausgekleideten Tunnelbauwerk insbesondere wegen der durch die Materialwahl bedingten geringen Masse u. U. problematisch.

Um einen ausreichenden Schallschutz zu erreichen, hat man folgende, z. T. konstruktiv bedingte Maßnahmen vorgesehen (Bild 3/38):

– Wahl eines herkömmlichen Schotteroberbaus mit einer Höhe von 65 cm. Die Trennung zwischen Spundwand und Schotter erfolgt über eine 6 cm starke Platte aus Bongossiholz.

– Anordnung einer weichen Sohle, bestehend aus einem Kiesfilter mit Längsdränung, mindestens 10 cm dick, einer bituminösen Tragschicht, ebenfalls 10 cm dick, und einem Asphaltbeton von 3 cm Dicke.

– Hinterfüllung der Stahlkonstruktion mit einem Kunstboden; dieser soll die Körperschallübertragung herabmindern und gleichzeitig durch Zugabe von Kalkhydrat als Korrosionsschutz dienen (vgl. Beispiel A1 im Anhang A).

Da es sich bei Stahl um einen ausgeprägt schallharten Stoff handelt, ist in diesem Tunnel mit einem erhöhten Luftschallpegel zu rechnen. Sollte sich dieser Pegel nach Betriebsaufnahme als störend erweisen, müssen auf der Innenseite des Tunnels nachträglich luftschallmindernde Maßnahmen getroffen werden.

Angaben über die Eigenfrequenzen von Stahltunneln sind nicht bekannt. Entsprechende Werte für Stahlbetontunnel schwanken zwischen ca. 25 und 80 Hz. Sie beruhen teils auf Abschätzungen, teils auf Messungen am fertigen Bauwerk. Schwierigkeiten ergeben sich für eine rechnerische Abschätzung daraus, daß der Einfluß des umliegenden Erdreichs nicht ohne weiteres zu erfassen ist. Da die Erregerschwingungen in einem Frequenzbereich von ca. 40 bis 100 Hz liegen, können im Falle des Stahlbetontunnels Resonanzkopplungen zwischen der Erregerfrequenz und der Eigenfrequenz des Bauwerks auftreten, die die Schwingungen derart verstärken, daß ein zunächst unkritischer Störschall in der benachbarten Bebauung unzulässig stark ansteigt. Wenn

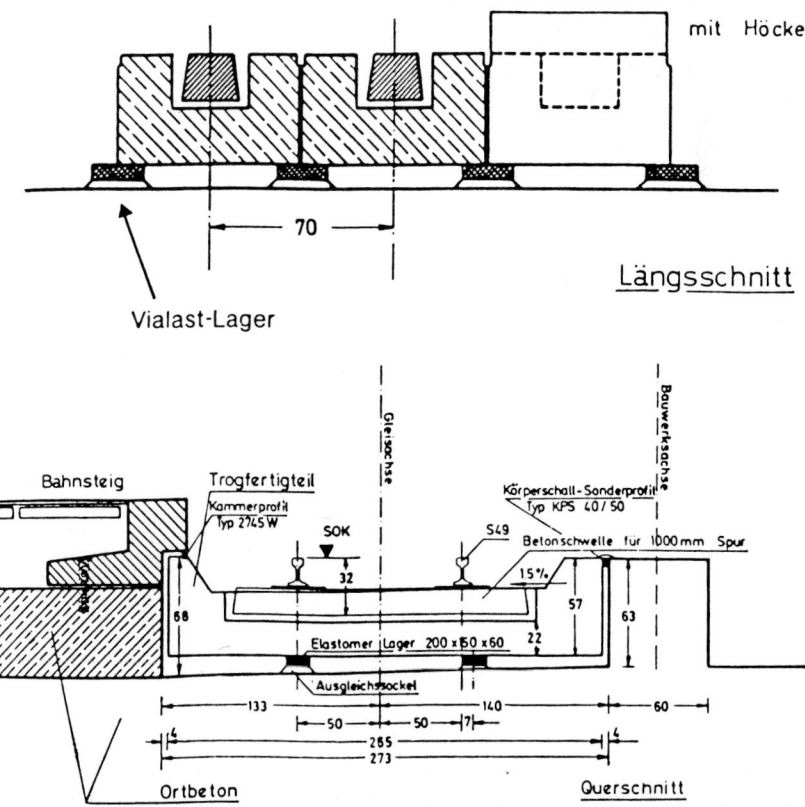

Bild 3/37: Körperschalldämmender, schotterloser Oberbau mit Betonschwellen, Betonfertigteilen und Elastomer-Drucklagern nach Prof. Eisenmann [3/33]

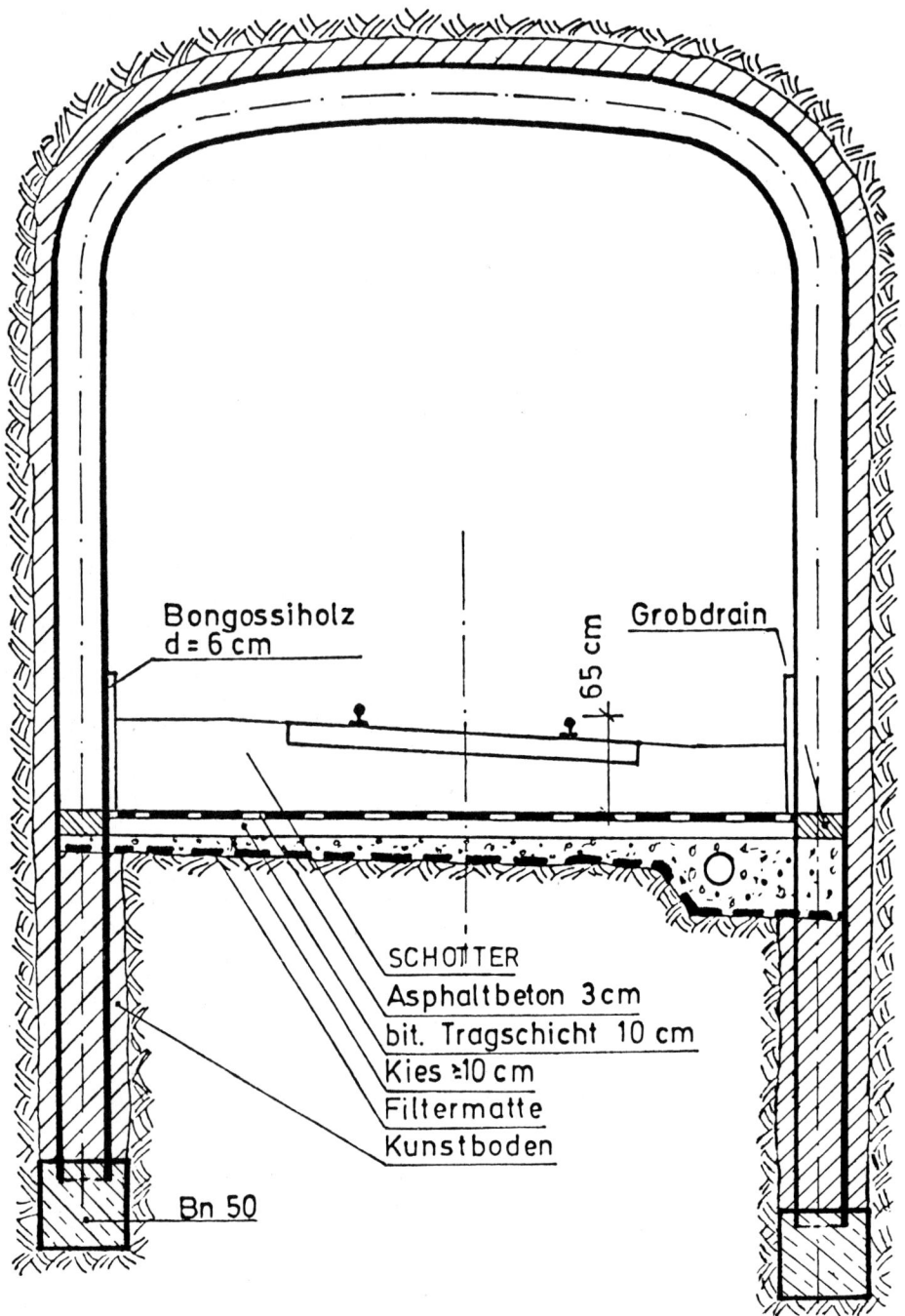

Bild 3/38: Beispiel für den Schallschutz bei einem Stahltunnel der Stadtbahn Gelsenkirchen; Baulos 5051.1 „Husemannstraße"

die Eigenfrequenzen von Stahltunneln in gleicher Größenordnung liegen, ist mit denselben Effekten zu rechnen. In solchen Fällen muß dann die Anordnung einer geeigneten Konstruktion zur Schwingungsdämmung vorgesehen werden, sofern nicht z. B. durch die Hinterfüllung des Tunnels mit rolligem Material und durch Verstärkung der Tunnelwände und -decken ein ausreichender Schutz zu erreichen ist.

Es steht fest, daß die Kenntnisse auf dem Gebiet der Körperschallimmissionen aus dem unterirdischen Bahnbetrieb bzw. aus Straßentunnel zur Zeit noch lückenhaft sind. Eine exakte Aussage über die Ausbreitung des Körperschalls in der Umgebung eines Verkehrstunnels und die zu erwartende Höhe des Störschalls in den umliegenden Gebäuden ist nur begrenzt möglich. Bei der Entscheidung über die Anordnung zusätzlicher Maßnahmen zur Schwingungsdämmung ist man in erster Linie auf Erfahrungswerte angewiesen, die bei ausgeführten Tunnelbauwerken unter Betrieb gewonnen worden sind.

Alle bisher gesammelten Erfahrungen entstammen weitgehend Tunnelbauten mit Betonauskleidungen. Da bei Tunnelbauten mit Stahlauskleidungen noch keine Erfahrungen vorliegen, sind Untersuchungen mit Messungen an Modellen und ausgeführten Konstruktionen erforderlich. Erst dann können zuverlässige Aussagen über das Schwingungsverhalten derartiger Tragwerke gemacht werden.

Hinweise für den Luftschall-, Körperschall- und Erschütterungsschutz geben die in den Kapiteln 7.5 und 7.6 aufgeführten Normen, Vorschriften und Richtlinien [7/79], [7/135] bis [7/137] und [7/154] bis [7/158].

3.3.2 Brandschutz

Bei der Errichtung von unterirdischen Verkehrsanlagen oder anders genutzten, insbesondere für den Aufenthalt von Personen bestimmten unterirdischen Bauwerken ist dem Brandschutz ein besonders hoher Stellenwert einzuräumen. Dies gilt sowohl für jeden Bauzustand als auch für den endgültigen Betriebszustand. Zahlreiche Normen und Vorschriften regeln Einzelheiten zu dieser Frage wie beispielsweise [7/76], [7/104] bis [7/106] und [7/150]. Die rechtliche Grundlage für den vorbeugenden baulichen Brandschutz bilden die Landesbauordnungen der einzelnen Bundesländer (Beispiel [3/41]), die alle im wesentlichen auf der Musterbauordnung basieren. Im § 3 der Musterbauordnung sind die wesentlichen Schutzziele aufgeführt:

,,Bauliche Anlagen sind so zu entwerfen, anzuordnen, zu errichten, zu ändern und zu unterhalten, daß die öffentliche Sicherheit und Ordnung, insbesondere Leben und Gesundheit, nicht gefährdet werden . . . Die allgemein anerkannten Regeln der Baukunst sind zu beachten.''

Dementsprechend liegt der Schwerpunkt vorrangig beim Schutz von Leben und Gesundheit und erst in zweiter Linie bei den Sachwerten. Der Brandschutz wird im § 19 der Musterbauordnung unmittelbar angesprochen:

,,Bauliche Anlagen sind anzuordnen, zu errichten und zu unterhalten, daß der Entstehung und der Ausbreitung von Schadenfeuer vorgebeugt wird und bei einem Brand wirksame Löscharbeiten und die Rettung von Menschen und Tieren möglich sind.''

Auch in den Richtlinien für Tunnelbauten [7/8] wird auf den Brandschutz eingegangen. Dort werden im Abschnitt 1.3 allgemeine Forderungen wie folgt aufgezeigt:

,,Tunnelbauten dürfen nur errichtet und in Betrieb genommen werden, wenn sie den allgemein anerkannten Regeln der Technik, insbesondere diesen Richtlinien sowie den Arbeitsschutz- und Unfallverhütungsvorschriften entsprechen und so beschaffen sind, daß bei ihrer bestimmungsgemäßen Benutzung Fahrgäste, Betriebsbedienstete und andere Personen gegen Gefahren aller Art für Leben oder Gesundheit so weit geschützt sind, wie es die Art der bestimmungsmäßigen Benutzung gestattet.''

In der Anlage 1 zu [7/8] wird auf weitere Bestimmungen und im Zusammenhang mit dem Schutz der Bauwerke gegen Grundwasser, Feuer, Witterungseinflüsse, usw. speziell auch auch DIN 4102 [7/76] verwiesen. Im Normalfall treten bei den verschiedenen Bau- und Betriebszuständen z. B. eines Verkehrstunnelbauwerks Temperaturen zwischen −20°C und +70°C auf. In diesem Temperaturbereich können die Festigkeitswerte und der E-Modul von Stahl mit hinreichender Genauigkeit als konstant angenommen werden.

Grundsätzlich ist zur Brandgefährdung eines Verkehrstunnelbauwerks anzumerken, daß für dieses relativ komplexe Gebiet noch zahlreiche Fragen in wissenschaftlicher und technischer Hinsicht zu klären sind. Eine umfassende Sicherheitsanalyse zur Brandgefährdung müßte Antworten zu den nachfolgenden, miteinander gekoppelten Hauptproblemen geben:

– Gesamtwärmebilanzanalyse, einschließlich Stoffverhalten unter Wärme,
– Traglastanalyse mit temperaturabhängigen Festigkeitswerten,
– Sicherheitsanalyse und Schadensfolge-Untersuchungen.

Bei der Gesamtwärmebilanzanalyse wird, ausgehend von den planerischen und konstruktiven Gegebenheiten des jeweiligen Tunnels, die thermische Analyse möglicher Brand-Belastungen durchgeführt. Mit dieser Berechnung kann der Temperatur-Zeitverlauf des Brandes in Abhängigkeit von Art, Menge und Verteilung der Brandlast, Geometrie des Tunnels (u. a. auch Ventilationsbedingungen) und den konstruktiven Gegebenheiten bestimmt werden. Besondere Bedeutung haben in diesem Zusammenhang die thermischen Stoffeigenschaften der Tunnelkonstruktion selbst sowie die Folgen eines Feuers auf das anstehende Bodenmaterial und die Wasserverhältnisse im Baugrund.

Bei vorgegebener Brandlast und Ventilation ist die Höhe der maximalen Brandraumtemperatur u. a. wesentlich abhängig vom Wärmetransport durch die Tunnelwandung zum dahinterliegenden Medium (Gebirge und gfs. Grundwasser). Stahlbeton-Tunnelkonstruktionen mit zusätzlichem brandschutztechnischem Schutz, z. B. durch Isolierputze, erreichen Maximaltemperaturen, da eine Wärmeabfuhr an die Umgebung stark behindert ist. Nicht isolierte Stahltunnel dürften hingegen die Wärme rasch an die benachbarten Stahlteile und den Baugrund weiterleiten, so daß hier Bauteiloberflächentemperaturen auftreten, die deutlich kleiner als bei Stahlbeton-Tunnelbauwerken zu erwarten sind.

Die thermische Analyse des Bauwerks liefert als Ergebnis der Wärmebilanzanalyse die thermischen Randbedingungen für eine statische Traglastananalyse. In Abhängigkeit von der berechneten Oberflächentemperatur der Tunnelwandung, die über die Tunnelhöhe veränderlich ist, lassen sich die infolge Temperatureinwirkung veränderten mechanischen Stoffeigenschaften in einer Traglastberechnung erfassen. Damit wird es möglich, die Tragsicherheit einer Tunnelkonstruktion bei Katastrophenbrandeinwirkung rechnerisch zu simulieren. Für eine realistische Betrachtungsweise ist es dabei notwendig, nicht nur den Querschnitt der eigentlichen Tunnelkonstruktion, sondern auch das Verhalten des Baugrunds einzubeziehen. Damit muß erfaßt werden, daß eine Interaktion zwischen der sich deformierenden Tunnelstruktur und der Baugrundbelastung besteht. Unter üblichen geologischen Bedingungen kann sich z. B. eine Verlagerung bzw. Neubildung des Druckgewölbes im Baugrund ausbilden, so daß nur ein kleinerer Teil der Baugrunddrücke im Brandfall belastend wirkt. Diese Untersuchungen sind z. B. mit der Methode der Finiten Elemente mindestens in abschätzender Größe möglich.

Das Ergebnis der statischen Traglastuntersuchung sollte Aussagen liefern zur Sicherheit des Tunnelbauwerks bei einem angenommenen Katastrophenbrand.

Zusammenfassend läßt sich bereits jetzt feststellen: Das Brandverhalten von Tunnelbauwerken hängt stark von der konstruktiven Ausbildung der Tunnelsicherungselemente ab. Es kann nicht ohne weiteres pauschal davon ausgegangen werden, daß Stahltunnel ein signifikant schlechteres Brandverhalten als Stahlbeton-Tunnelkonstruktionen besitzen. Im Rahmen von jeweils projektspezifisch festzulegenden Schutzmaßnahmen mußten letztere bisher stets unter besonderen Gesichtspunkten brandschutztechnisch gesichert werden. Die derzeit vorhandenen Informationen erlauben noch keine verallgemeinernden Aussagen zur Brandsicherheit von Tunnelbauwerken, da vielmehr nur einzelne Detailinformationen vorliegen. Gleiches gilt auch für ausreichend abgesicherte Werkstoffgesetze zur Beschreibung thermisch bedingter Stoffveränderungen. Eine systematische Klärung der mit dem Brandverhalten von Verkehrstunnel-Bauwerken zusammenhängenden wesentlichen Fragen sollte sich nicht auf die Untersuchung spezieller Konstruktionstypen (z. B. nur Stahl- oder nur Stahlbeton-Tunnelbauwerke) beschränken, da erst bei einer vergleichenden Auswertung verschiedener Konstruktionsarten und unterschiedlicher Randbedingungen gesicherte Aussagen ermöglicht werden.

Allgemein müssen Überlegungen zum Brandschutz sowohl den Bauzustand als auch den Gebrauchszustand berücksichtigen. Der Bauzustand betrifft vor allem auch den Einbau organischer Stoffe u. a. zum Zweck der Bauwerksabdichtung. Hier kommen für Stahlauskleidungen, die als bleibendes statisches Sicherungselement dienen sollen, in erster Linie Fugendichtprofile aus thermoplastischen und elastomeren Kunststoffen in Betracht. In solchen Fällen, wo Stahl als vorläufiges Sicherungselement eingesetzt wird (Kap. 5), ist dagegen auch die Verwendung von Bitumen- oder Kunststoffbahnenabdichtungen nicht auszuschließen. Schließlich sind im Hinblick auf den Korrosionsschutz Beschichtungen auf Bitumen- oder Kunststoffbasis zu berücksichtigen. Solange diese Stoffe im Zuge des Bauablaufes offen liegen, also auch von offenen Flammen unmittelbar erfaßt werden können, besteht ein erhöhtes Brandrisiko im Vergleich zum Endzustand, wo die Stoffe in aller Regel von anderen Bauteilen oder Baustoffen vollständig überdeckt sind. Für den Bauzustand ist daher in Anlehnung an die derzeitige Ausschreibungspraxis der Deutschen Bundesbahn (vgl. auch [3/43]) zu fordern, daß die Abdichtungsstoffe nach Möglichkeit folgenden Anforderungen genügen:

– mindestens Brandklasse B2 nach DIN 4102 [7/76]: ,,schwer entflammbar''

– mindestens Qualmklasse Q3 nach DS 899/35 [7/105], [7/106]: ,,qualmt und rußt mäßig''

– mindestens Tropfbarkeitsgrad T3 nach DS 889/35: ,,verformt stark, erweicht zonenweise oder bildet anstelle von Tropfen langgezogene Fäden''.

Die Brandgefährdung der offen liegenden Abdichtungen kann entweder vom Einbauvorgang der Stoffe ausgehen oder von anderen Arbeiten auf der Tunnelbaustelle wie beispielsweise von Schweißarbeiten an der Stahlauskleidung oder an Gerüsten und Maschinen.

Für den Endzustand einer bleibenden Stahlauskleidung gibt es grundsätzlich bezüglich der Brandvorbeugung und Brandschutzmaßnahmen verschiedene Möglichkeiten:

a) Verkleidung der Stahlkonstruktion mit Ortbeton oder durch Vorhängen von Betonfertigteilen.

Entsprechend wurde bei verschiedenen Straßentunneln verfahren:

– Straßentunnel unter der Projensdorfer Straße in Kiel (Beispiel B4; Anhang B). Es wurde eine 25 cm dicke Ortbetoninnenschale eingezogen.

– Rheinalleetunnel in Düsseldorf (Beispiel B2; Anhang B). Vor die Spundwände des Tunnels wurden 10 cm dicke Stahlbetonfertigteile gehängt.

– Alter Elbtunnel in Hamburg (Beispiel C2; Anhang C). Der Tunnel ist mit einer mehr als 15 cm dicken Ortbetoninnenschale versehen.

– BAB-Elbtunnel Hamburg (Planungsbeispiel C3, Entwurf der Bietergemeinschaft (2); Anhang C). Der Entwurf sah die Ausfüllung der Stahltübbinge mit Beton vor. Der Tübbingform entsprechend hätte dies eine Schalendicke von ca. 25 cm bedeutet.

b) Sperrung des Tunnelbauwerks für die Durchfahrt von Fahrzeugen mit besonders definierter, brandgefährlicher Ladung.

Dies wird vor allem im Ausland praktiziert. Aber auch in der Bundesrepublik Deutschland ist z. B. der BAB-Elbtunnel, Hamburg, in der Zeit von 22.00 bis 6.00 Uhr für Fahrzeuge mit derartigen Ladungen gesperrt.

c) Ausrüstung des Tunnels mit geeigneten Brandmelde- und Brandbekämpfungseinrichtungen.

Entwicklungen der 70er Jahre haben hier u. a. zu linienförmigen Wärme-Differentialmeldern geführt, die eine automatische Überwachung des Verkehrsbauwerks ermöglichen. Zahlreiche Straßentunnel in Österreich und in der Schweiz sind in dieser Weise ausgerüstet. Ein anderes Brandschutzsystem wurde im BAB-Elbtunnel in Hamburg gewählt.

Dort wird der gesamte Tunnel Tag und Nacht über Monitore überwacht. Außer den im Tunnel in bestimmten Abständen angeordneten Feuerlöscheinrichtungen wurden an beiden Tunnelenden spezielle Tunnellöschfahrzeuge mit einer kombinierten Schaum-Wasser-Löschanlage und Werfereinrichtung stationiert. Diese Fahrzeuge können im Brandfall bereits vor Eintreffen der Berufsfeuerwehr durch schnelle Feuerbekämpfung entscheidend zum Personen- und Objektschutz beitragen [3/45].

d) Aufbringen von feuerhemmenden Spezialbeschichtungen.

Im BAB-Elbtunnel in Hamburg beispielsweise wurde auf die Stahlbetondecken oberhalb der Fahrbahnen sowie auf Teile der Wände und Tübbinge ein Putz auf Mineralfaserbasis aufgespritzt, der eine unmittelbare Einwirkung heißer Brandgase auf die Konstruktionsteile unterbindet. Die mittlere Dicke des Putzes beträgt 2 cm und ist damit auf eine Brandtemperatur von 1200° C und eine Brandzeit von 90 Minuten ausgelegt (Feuerklasse F90) [3/45].

Es gibt viele kürzere Straßentunnel im Innenstadtbereich, die keine Brandschutzeinrichtungen enthalten. Hier wird davon ausgegangen, daß die Feuerwehr im Brandfall rechtzeitig eingreifen bzw. ein in Brand geratenes Fahrzeug den Tunnel im Regelfall noch verlassen kann.

U-Bahn- und Stadtbahntunnel werden ebenfalls in den Streckenbereichen nicht mit Brandbekämpfungseinrichtungen ausgerüstet. Lediglich in den Haltestellen werden Handfeuerlöscher und Hydrantenanschlüsse angeordnet. Es bleibt abzuwarten, ob und in welchem Maße Ergänzungen der bisher üblichen Brandschutzmaßnahmen in unterirdischen Bahnanlagen künftig gefordert werden als Folge verschiedener Unfälle im In- und Ausland. Entsprechende Überlegungen erfordern jedoch aus heutiger Sicht noch intensive Forschung zur Klärung verschiedener offener Fragen.

4. Stahl als bleibende Abdichtungsmaßnahme

4.1 Offene Bauweise

4.1.1 Allgemeines

Im Verkehrstunnelbau wurden Stahlblechabdichtungen bei der offenen Bauweise bisher nur bei abgesenkten Unterwassertunnel eingesetzt. Dies liegt einerseits an den relativ hohen Material- und Einbaukosten des Stahls gegenüber anderen Abdichtungswerkstoffen und andererseits daran, daß die mechanischen Eigenschaften und sonstigen Vorteile des Stahls im allgemeinen nicht genügend zusätzlich ausgenutzt werden können.

Beim Abdichten abgesenkter Unterwassertunnel mit Stahl sind jedoch in mehrfacher Hinsicht auch die mechanischen Eigenschaften des Stahls erforderlich. Neben der reinen Abdichtungsfunktion übernimmt die außen angeordnete Stahlhaut je nach Bauverfahren zusätzliche Aufgaben z. B. als:

- Betonschalung
- mechanischer Schutz
- zeitweise tragende Konstruktion.

Dementsprechend ist auch die Dicke des Stahlblechmantels unterschiedlich:

- Bei den runden Tunneln mit Stahlblechabdichtung, wie sie bisher überwiegend in den USA angewandt wurden, wird eine stählerne mit Rippen verstärkte Dichtungshaut auf einer Werft als schwimmfähiger Körper hergestellt und auf einen Slip ins Wasser gelassen. Die Stahlhaut wird dann im schwimmenden Zustand innen und häufig auch noch von außen mit Beton umhüllt und dann verlegt. Die Blechdicke beträgt bei diesem Bauverfahren 8 bis 12 mm, da sie im Montagezustand tragende Funktion zu übernehmen hat (s. Bild 4/1 sowie Beispiele E1 und E2 im Anhang E).

- Bei den rechteckigen Tunneln, wie sie in Europa üblich sind, wird ein rechteckiger Tunnelquerschnitt durch einen rahmenartigen Betonquerschnitt gebildet. Die Schwimmstücke werden in Trockendocks oder besonders hergestellten Baugruben in bzw. auf einer Stahlblechabdichtung betoniert. Es gibt Ausführungen mit rundumlaufender Stahlblechabdichtung, mit Stahlblechabdichtung nur im Sohl- und Wand- oder auch nur im Sohlbereich. In letzteren Fällen sind die übrigen Flächen des Bauwerkes bituminös abgedichtet. Die Dicke der Abdichtungsbleche beträgt bei dieser Art von Tunnelkonstruktionen 3 bis 8 mm. Sie dienen hier zusätzlich als Betonschalung und mechanischer Schutz beim Einschwimmen und Absenken der Elemente (s. Bild 4/2 sowie Beispiel E4 im Anhang E).

Für die unterschiedlichen Konstruktionsprinzipien der abgesenkten Unterwassertunnel in den USA und Europa lassen sich im wesentlichen zwei Gründe anführen:

- In den USA sind neben den Materialkosten für Stahl im wesentlichen die Finanzierungsbedingungen für die Wahl der kreisrunden Unterwassertunnel ausschlaggebend. Da die Tunnel meist durch private Gesellschaften errichtet und durch Benutzergebühren finanziert werden, kommt es auf möglichst kurze Bauzeiten an, um die Vorfinanzierungskosten gering zu halten. Durch die Stahlbauweise der Tunnelelemente können mehrere Schiffswerften und Stahlbaufirmen auch in größerer Entfernung von der Baustelle zum Bau herangezogen werden, was die Bauzeit des Tunnels erheblich verkürzt.

- In Europa sind im wesentlichen die geringere Tiefenlage und damit die kürzeren Rampen von rechteckigen Tunnelquerschnitten für die Wahl ausschlaggebend.

Einzelheiten über Konstruktion und Ausführung abgesenkter Unterwassertunnel sind enthalten in [4/1] bis [4/3].

4.1.2 Abgesenkte Unterwassertunnel (Beispiele E1 bis E4 in Anhang E)

(E1) *Konstruktive Ausbildung der Stahlblechabdichtung bei runden Unterwassertunneln*

Die eigentliche Abdichtung besteht bei diesem Bauverfahren aus einem zusammengeschweißten Stahlblechzylinder mit 8 bis 12 mm Wanddicke, 10 bis 12 m Durchmesser und 13 bis 75 m Länge. Für den Bau- und Montagevorgang ist die Röhre von außen durch Längs- oder Querrippen sowie Querschotte im Abstand von ca. 5 bis 6 m ausgesteift. Die Querschotte enthalten üblicherweise außen eine achteckige Form, sind an ihren schmalsten Stellen ca. 60 cm breit und haben an ihren Außenflanschen einen zweiten äußeren Blechmantel. Innen erhält der Stahlblechzylinder eine tragende Betonauskleidung. Der Zwischenraum zwischen dem Stahlblechzylinder und dem äußeren Blechmantel wird später mit Ballastbeton gefüllt, der gleichzeitig als äußerer Korrosionsschutz der Stahlabdichtungshaut dient. Besondere Sorgfalt ist bei der Herstellung und Prüfung der Schweißnähte erforderlich, da davon die Dichtigkeit des Tunnels abhängt. Bei Tunnel mit mehreren Röhren werden üblicherweise je 2 Röhren durch entsprechend ausgebildete Querschotte zu einem Querschnitt zusammengefaßt (Bild 4/3, Beispiel E1 im Anhang E).

Bei anderen Ausführungen entfällt der äußere Blechmantel. Die Verstärkungsrippen werden innerhalb des Stahlblechzylinders angeordnet, so daß außen eine glatte Außenhaut vorhanden ist (Bild 4/4, Beispiel E2 im Anhang E). Der Korrosionsschutz der Abdichtungshaut erfolgt in diesen Fällen entweder durch einen entsprechenden Dickenzuschlag (i. a. 3 mm) oder durch 5 bis 6 cm dicke Spritzbetonschichten. Im Einzelfall wird auch schon mal das kathodische Korrosionsschutzverfahren eingesetzt.

(E2) *Konstruktive Ausbildung der Stahlblechabdichtung bei rechteckigen Unterwassertunneln*

Die Abdichtung besteht bei diesem Bauverfahren aus 4 bis 8 mm dicken Stahlblechen, die das eigentliche Tunnelbauwerk aus Stahlbeton im Sohl-, Sohl- und Wandbereich oder rundherum umgeben. Die erforderlichen großen Abdichtungsflächen aus Stahl müssen aus vielen Einzelblechen im Baudock an Ort und Stelle zusammengeschweißt werden. Die Güte der Abdichtung ist entscheidend von der Qualität der Schweißnähte abhängig. Sorgfältige Planung, Schutzmaßnahmen gegen Feuchtigkeit und Regen bei den Außenarbeiten und Überprüfung der Nähte z. B. mittels Vakuumverfahren oder Ammoniakverfahren sowie stichprobenartig durch Röntgen sind unbedingt erforderlich.

Bei der konstruktiven Planung des Abdichtungssystems für ein Tunneleinschwimmstück ist es wichtig, die insgesamt erwarteten Bewegungen innerhalb des Elementes (während und nach dem Einschwimm- und Absenkvorgang) genau zu analysieren und durch geeignete Fugenaufteilung und -ausbildung der Stahlhaut zu berücksichtigen (s. Hinweis (E3)).

Besondere Aufmerksamkeit muß der Verbindung zwischen Blechhaut und Betonbauwerk geschenkt werden, da durch die Wärmespannungen beim Abbinden des Betons erhebliche Beanspruchungen dieser Fuge auftreten. In besonderen Fällen können sogar konstruktive Maßnahmen zur Begrenzung der Abbindetemperatur erforderlich werden. Zur Verbindung der Bleche und des Betons werden auf den Sohl- und Wandblechen üblicherweise 3 bis 4 Anker pro m² Fläche angeordnet.

Die Abdichtung der Decke der Einschwimmstücke mit Stahlblechen macht besondere Schwierigkeiten und wurde deshalb auch nur in wenigen Fällen ausgeführt. Beim Straßentunnel Rendsburg (Bild 4/5, Beispiel E3 im Anhang E) wurden z. B. T-Eisen rasterförmig in die Decke einbetoniert. Auf die ca. 2 cm aus dem Beton ragenden T-Flansche

Nr.	Land / Ort / Wasserstraße	In Betrieb	Querschnitt (Stahl — Beton)	Zweck (m)	Länge zwischen den Portalen (m)	Abge- senkte Strecke (m)	Tiefster Punkt der Fahrbahn unter GW (m)	Stärkste Neigung (%)	Schwimmkörper Anzahl und Länge (Stück × m)	Wasser- verdrängung abgesenkt (m³)	Bauweise	Lüftung
1	USA – Michigan; Detroit; Detroit-Fluss	1909	9,4 mm Stahl / Holzschalung; 16,96 m; 6,1; 3,5; 9,38	Eisenbahn 2 × 3,5 m	807	782	22,4	5,0	10 × 78,20	11200	Stahlröhren mit Rippen ausgesteift und ausbetoniert. Äußerer Beton nach dem Ablassen eingebracht. Auflager: An den Enden jedes Stückes Rammpfähle, dann dazwischen Unterwasserbeton.	Längs
2	USA u CANADA; Detroit – Windsor; Detroit-Fluss	1930	9,4mm Stahl / Holzschalung; 10,50; 6,6	Straße 6,6 m	1565	669	24,4	5,0	9 × 74,30	6500	Stahlröhren innen mit Rippen ausgesteift und ausbetoniert. Abgelassen mit Innenbeton und äußerem Kielbeton dann restlicher Aussenbeton. Auflager: Sandbett mit Schürfkübel planiert.	Quer
3	USA – Alabama; Bankhead-Mobile; Mobile-Fluss	1941	6,5 mm Stahl / 12,0 mm Stahl; 10,50 m; 6,3	Straße 6,3 m	930	611	20,3	6,0	2 × 78,00	7100	Zwei Stahlröhren mit Rippen gegeneinander ausgesteift und ausbetoniert. Auflager: Hängend mit Sand unterspült.	Halbquer
4	USA – Texas; Houston-Pasadena Seekanal; Houston – Galveston	1950	Stahl / Stahl; 10,40 m; 6,7	Straße 6,7 m	895	457	21,0	6,0	5 × 91,00	8300	Zwei Stahlröhren mit Rippen gegeneinander ausgesteift und ausbetoniert. Auflager: Hängend mit Sand unterspült.	Halbquer
5	USA – Virginia; Portsmouth – Norfolk; Elizabeth – Fluss	1952	9,4mm Stahl / 9,4mm Stahl; 11,20; 5,6; 10,80 m	Straße 6,6 m	1060	640	25,5	5,0	7 × 91,44	8700	Doppelte Stahlröhre mit Rippen und Schott für Deckenbeton. Abgelassen mit Innen- sowie äußeren Kiel- und Deckenbeton ergab 100t Überlast. Auflager: Kiesbett 0,6m hoch mit Pflug planiert.	Halbquer (Saugend)
6	USA – Texas; Houston-Baytown Seekanal; Houston – Galveston	1953	12,0 mm Stahl; 10,60; 6,6	Straße 6,6 m	915	776	23,9	5,8	8 × 97,00	9200	Einfache Stahlröhre mit inneren Rippen und Stahlbeton. Abgelassen mit vollständigem Innenbeton ergab 500t Überlast. Auflager: wie 5.	Halbquer
7	USA – Virginia; Hampton – Norfolk; Hampton – Road; Chesapeake – Bay	1957	7,9 mm Stahl / 6,3 mm Stahl; 11,20; 6,9; 10,80 m	Straße 6,9 m	2112	2112	32,0	4,0	23 × 91,83	8600	Doppelte Stahlröhre: wie 5. Abgelassen: wie 5. Auflager: wie 5.	Quer
8	USA – Maryland; Hafen – Baltimore; Patapsco – Fluss	1957	9,4mm Stahl; 6,7; 6,7; 22,60 m; 11,00	Straße 2 × 6,7 m	2332	1920	27,1	3,5	21 × 91,44	22400	Stahlröhren mit inneren Rippen und Stahlbeton, außen Baustahlgewebe und 6,5cm Torkretputz. Auflager: wie 5.	Quer
9	USA – Virginia; Portsmouth – Norfolk; Elizabeth – Fluss	1962	9,4mm Stahl / 9,4mm Stahl; 11,00; 6,6; 10,80 m	Straße 6,6 m	1280	1100	29,0	4,5	12 × 91,44	9000	Doppelte Stahlröhre: wie 5. Abgelassen: wie 5. Auflager: wie 5.	Halbquer
10	USA – Virginia; Baltimore Channel; Chesapeake – Bay	1964	7,9 mm Stahl / 6,3 mm Stahl; 11,20; 7,3; 10,80 m	Straße 7,3 m	1817	1646	25,7	4,0	18 × 91,44	9500	Doppelte Stahlröhre: wie 5 mit 275t Überlast. Abgelassen: wie 5. Auflager: wie 5.	Quer
11	USA – Virginia; Thimble Shoal Tunnel; Chesapeake – Bay	1964	7,9 mm Stahl / 6,3 mm Stahl; 11,20; 7,3	Straße 7,3 m	1920	1738	25,7	4,0	19 × 91,44	9500	Doppelte Stahlröhre: wie 5. Abgelassen: wie 5. Auflager: wie 10.	Quer

Bild 4/1: Zusammenstellung runder abgesenkter Unterwassertunnel mit rundumlaufender Stahlabdichtung [4/1]

Bild 4/2: Zusammenstellung von rechteckigen abgesenkten Unterwassertunneln aus Stahlbeton mit Stahlabdichtung [4/1]

Nr.	Land / Ort / Wasserstraße	in Betrieb	Querschnitt (Stahl — Beton)	Zweck	Länge zwischen den Portalen m	Abgesenkte Strecke m	Tiefster Punkt der Fahrbahn unter GW m	Stärkste Neigung %	Schwimmkörper Anzahl und Länge Stück·m	Wasserverdrängung m³	Bauweise	Lüftung
1	Niederlande Rotterdam Neue Maas	1941	6mm Stahl + 10cm Beton (8.39; 5.0; 4.0; 6.0; 8.0; 24.77)	Straße 2·6.0m Radfahrer 1·5.0m Fußgänger 1·4.4m	1070	584	19.4	3.5	9 · 61.3	12600	Stahlbeton. Ablassen mit Schwimmkränen. Auflager: Betonschwellen, dann mit Sand unterspült.	Quer
2	Cuba Havanna Hafen-Einfahrt	1958	Bitumenanstrich; 6mm Stahl (7.10; 6.7; 21.75)	Straße 2·6.7m	733	520	21.1	5.75	1 · 900 / 4 · 107.5	16000	Längs und quer vorgespannter Beton. Auflager: Betonplatten auf Schotter dann Unterwasserbeton.	Längs (Halbquer möglich)
3	Canada Vancouver Deas Island Fraser Fluß	1959	Bitumendichtung + 10cm Beton; Bitumendichtung +10cm Holz; 4.8mm Stahl + 10cm Beton (7.10; 7.3; 23.80)	Straße 2·7.0m	658	628	20.2	4.5	6 · 104.8	18700	Stahlbeton. Auflager: Vier mit jedem Stück abgesenkte Platten dann mit Sand unterspült.	Halbquer
4	Deutschland Rendsburg Nord-Ostsee-Kan.	1961	6mm Stahl + 10cm Beton; 6mm Stahl (7.28; 6.8; 20.20)	Straße 2·6.8m	640	140	20.0	4.0	1 · 140	21000	Stahlbeton. Auflager: Kiesbett mit Pflug unter den am Gerüst hängenden Stück planiert.	Längs
5	Niederlande Amsterdam Hafen Ij und Dijksgracht	im Bau	Bitumendichtung + 10cm Beton; 8mm Stahl mit Eboxydharzanstrich (8.85; 7.0; 24.80)	Straße 2·7.0m	1039	786	20.3	3.5	9 · 6850-9150	16000	Stahlbeton. Auflager: Alle 30m auf Banketten mit Gleitlagern und acht bis zwölf Bohrpfählen.	Quer
6	Canada Montreal Boucherville St.Lawrenz Strom	im Bau	Bitumendichtung +10cm Beton; 12mm Stahl (7.83; 10.6; 36.93)	Straße 2·10.6m	1590	770	22.2	4.5	7 · 110	32000	Längs und quer vorgespannter Beton. Auflager: wie 3.	Halbquer
7	Schweden Göteborg Tingstad-Tunnel Göta Älv	im Bau	6mm Stahl +10cm Beton; 6mm Stahl (7.85; 10.5; 30.00)	Straße 2·10.5m	456	456	13.9	4.0	4 · 94 / 1 · 80	21500	Stahlbeton. Auflager: Verpreßmörtel aus Sand, Ton und Zement.	Halbquer
8	Belgien Antwerpen Schelde	im Bau	Bitumendichtung; Stahl (10.00; 12.25; 47.70)	Straße 2·12.25m Eisenbahn 1·5.2m Radfahrer 1·4.0m	690	494	23.3	2.3	5 · 98.8	47000	Stahlbeton, teilweise quer vorgespannt. Auflager: wie 3.	Längs
9	Frankreich Marseille Hafen	im Bau	Bitumendichtung +10cm Beton; 4mm Stahl +10cm Beton (7.00; 7.0; 14.00)	Straße 2·7.0m Fußgänger 4·1.4m	590	310	13.5	3.8	12 · 45	4300	Stahlbeton. Auflager: Betonschwellen	Halbquer

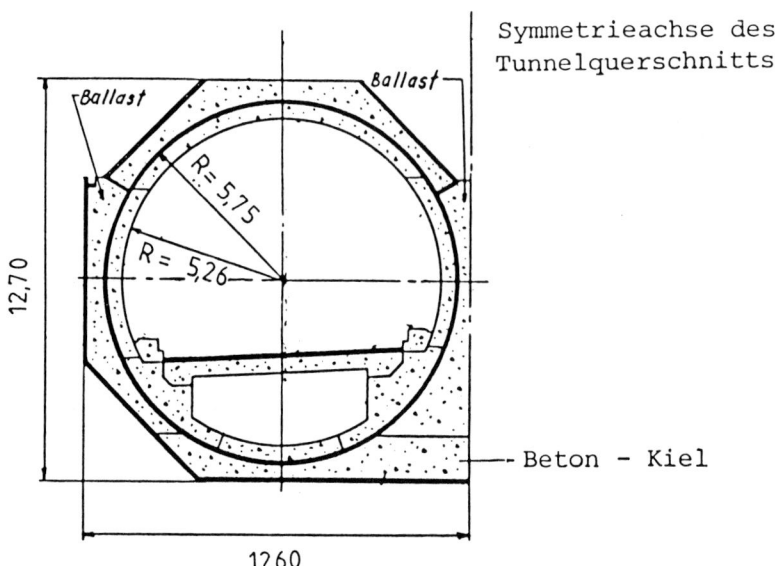

Symmetrieachse des
Tunnelquerschnitts

Ballast
Ballast
R = 5,75
R = 5,26
12,70
Beton - Kiel
12,60

Bild 4/3: Zweiröhriger runder Unterwassertunnel: Zweischalige Stahlkonstruktion eines halben Tunnelquerschnittes
(Beispiel E1 im Anhang E) [4/4]

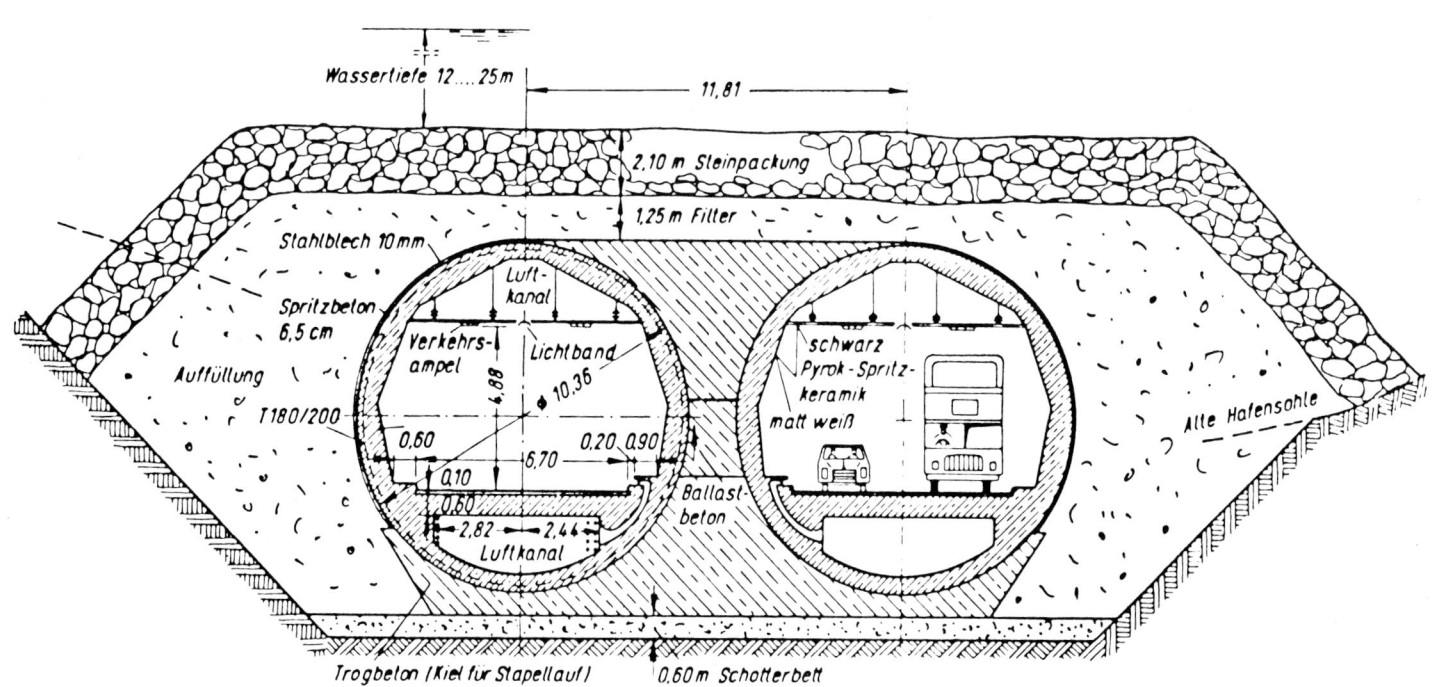

Bild 4/4: Zweiröhriger runder Unterwassertunnel: Einschalige Stahlkonstruktion mit Spritzbetonkorrosionsschutz (Beispiel E2 im Anhang E) [4/5]

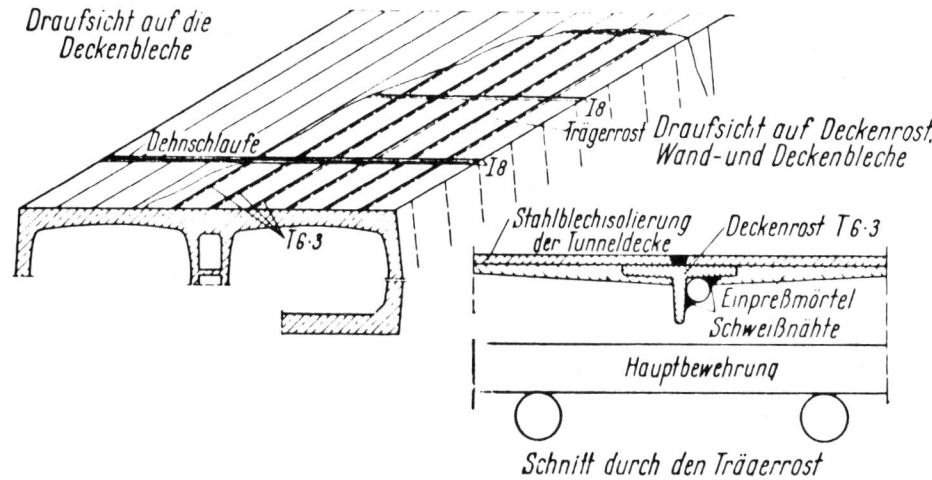

Bild 4/5: Rastereinteilung der Decke zur Befestigung der Stahlblechabdichtung und Dehnungsschlaufe im Deckenblech (Straßentunnel Rendsburg, Beispiel E3 im Anhang E) [4/6]

Draufsicht auf die Deckenbleche

Draufsicht auf Deckenrost, Wand- und Deckenbleche

Schnitt durch den Trägerrost

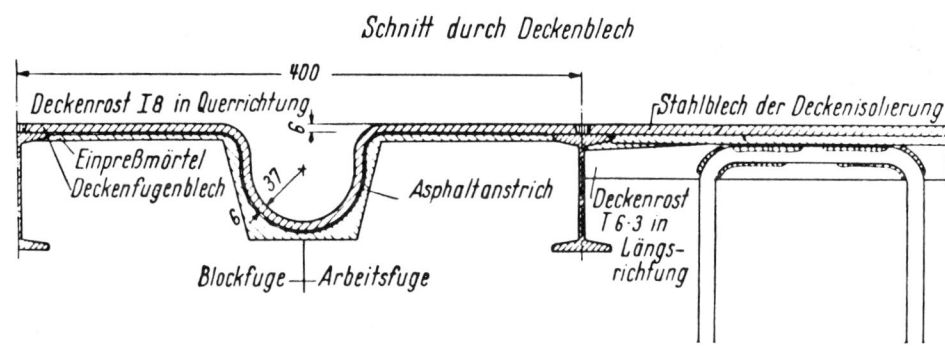

Schnitt durch Deckenblech

wurden dann die Abdichtungsbleche aufgeschweißt. Durch die herausstehenden Flansche der T-Eisen sollten beim Schweißen der Deckenbleche Schäden am Beton vermieden werden. Nach dem Aufschweißen der Bleche wurde der Hohlraum mit geeignetem Mörtel ausgepreßt, um allseitig sattes Anliegen und Haften zu erzielen. In anderen Fällen wurden großflächige Deckenabdichtungsbleche mit den angeschweißten Dübeln in den frisch abgezogenen Deckenbeton eingerüttelt und nach dem Erhärten des Betons mit den Wandblechen untereinander verschweißt.

(E3) *Ausbildung von Fugen*

Bei den rechteckigen Unterwassertunneln kommen 3 Arten von Querfugen vor:

– Arbeitsfugen innerhalb der Schwimmstücke

– Bewegungsfugen innerhalb der Schwimmstücke. Die Fugen sind während des Absenkens blockiert.

– Stoßfugen zwischen den Schwimmstücken.

An den *Arbeitsfugen* ist eine besondere Ausbildung der Stahlblechabdichtung nicht erforderlich (s. Bild 4/6).

Im Bereich der *Bewegungsfugen* innerhalb des Schwimmstückes ist eine besondere Ausbildung der Stahlblechabdichtung erforderlich:

– Bei Gelenk- und Scheinfugen genügen Schlaufenbleche mit einer Welle (Bilder 4/7 und 4/8 b)

– Bei Fugen mit Längsbewegungen sind mehrwellige Schlaufenbleche erforderlich bzw. Kautschukfugenbänder (Bilder 4/8 d und 4/8 c).

Alle Schlaufenbleche sollten zum Boden hin durch Schleppbleche geschützt werden, damit kein Bodenmaterial in die Schlaufe eindringen kann und bei Bewegungen diese blockiert und dadurch evtl. zerstört.

An den *Stoßfugen* der Schwimmstücke wird die Stahlblechabdichtung nach innen herumgezogen und im Schutze der vorläufigen Gina-Profildichtung o. ä. wird die Fuge zwischen den Schwimmstücken entweder durch ein aufgeschweißtes Blech (s. Bild 4/9) oder mit einem aufgeflanschten Gummifugenband von innen endgültig verschlossen (s. Bild 4/10).

Bei den runden Unterwassertunneln ist nur die Stoßfuge zwischen den Schwimmstücken besonders auszubilden. Hier hat sich bei neueren Tunneln ein ähnliches Dichtungsverfahren wie bei den Rechtecktunneln durchgesetzt (s. Bild 4/11).

(E4) *Korrosionsschutz*

Unterwassertunnel sind normalerweise von gleichförmigem angeschüttetem Sand umgeben und liegen ständig unter Wasser. Die Korrosionsbeanspruchungen können daher i. a. als über den Querschnitt weitgehend gleichförmig und sehr gering angesehen werden (ca. 0,01 bis 0,02 mm/Jahr).

Durch die Beanspruchungen der Stahlblechabdichtung beim Betonieren (z. T. als Schalung benutzt) und während des Einschwimm- und Absenkvorgangs ist normalerweise eine Blechdicke erforderlich, die schon einen ausreichenden Abrostungszuschlag enthält. Als zusätzliche Maßnahme wird die Entfernung der Walzhaut vom Stahl empfohlen, um ein gleichmäßiges Rosten zu erzielen.

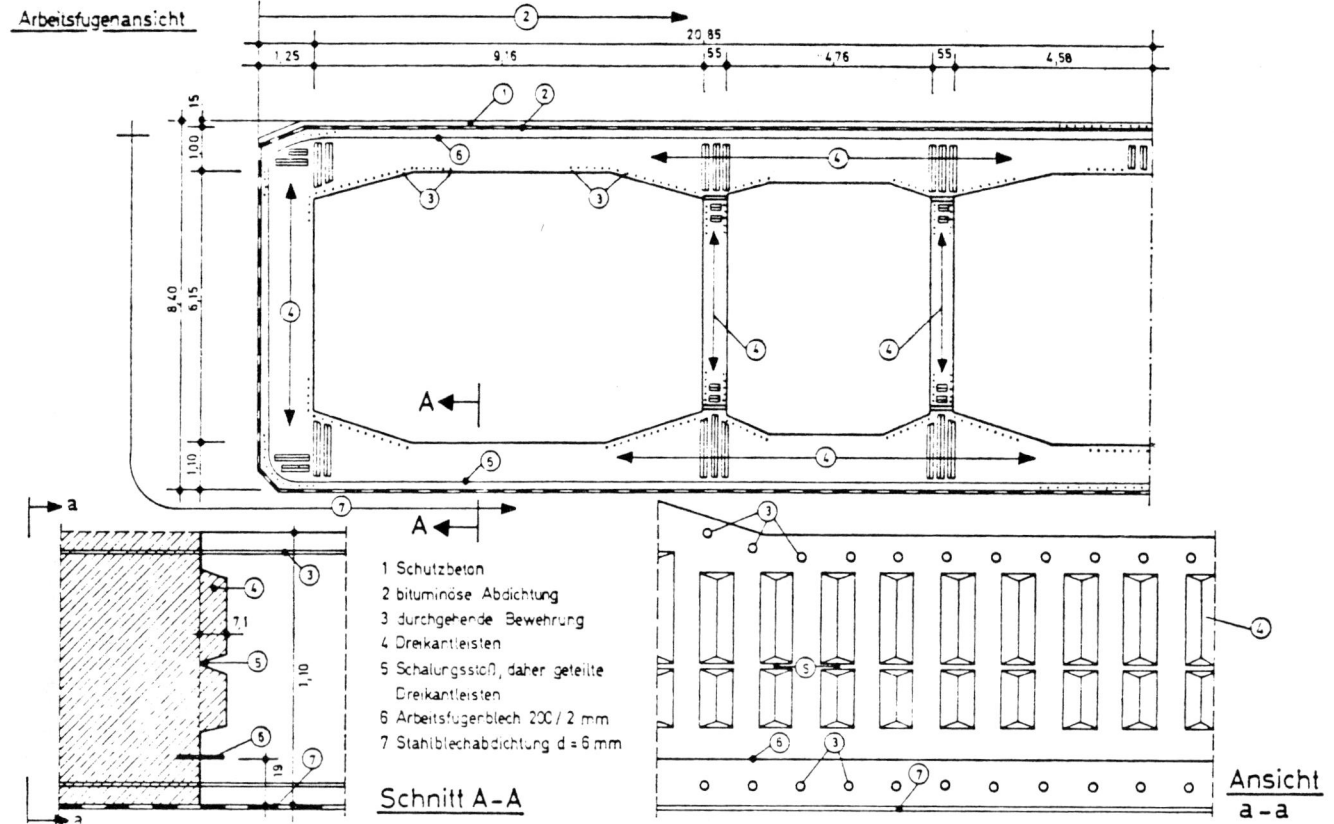

1 Schutzbeton
2 bituminöse Abdichtung
3 durchgehende Bewehrung
4 Dreikantleisten
5 Schalungsstoß, daher geteilte Dreikantleisten
6 Arbeitsfugenblech 200 / 2 mm
7 Stahlblechabdichtung d = 6 mm

Schnitt A-A

Ansicht
a-a

Bild 4/6: Arbeitsfugenausbildung in der Stromstrecke des neuen Elbtunnels in Hamburg (Beispiel E4 im Anhang) [4/7]

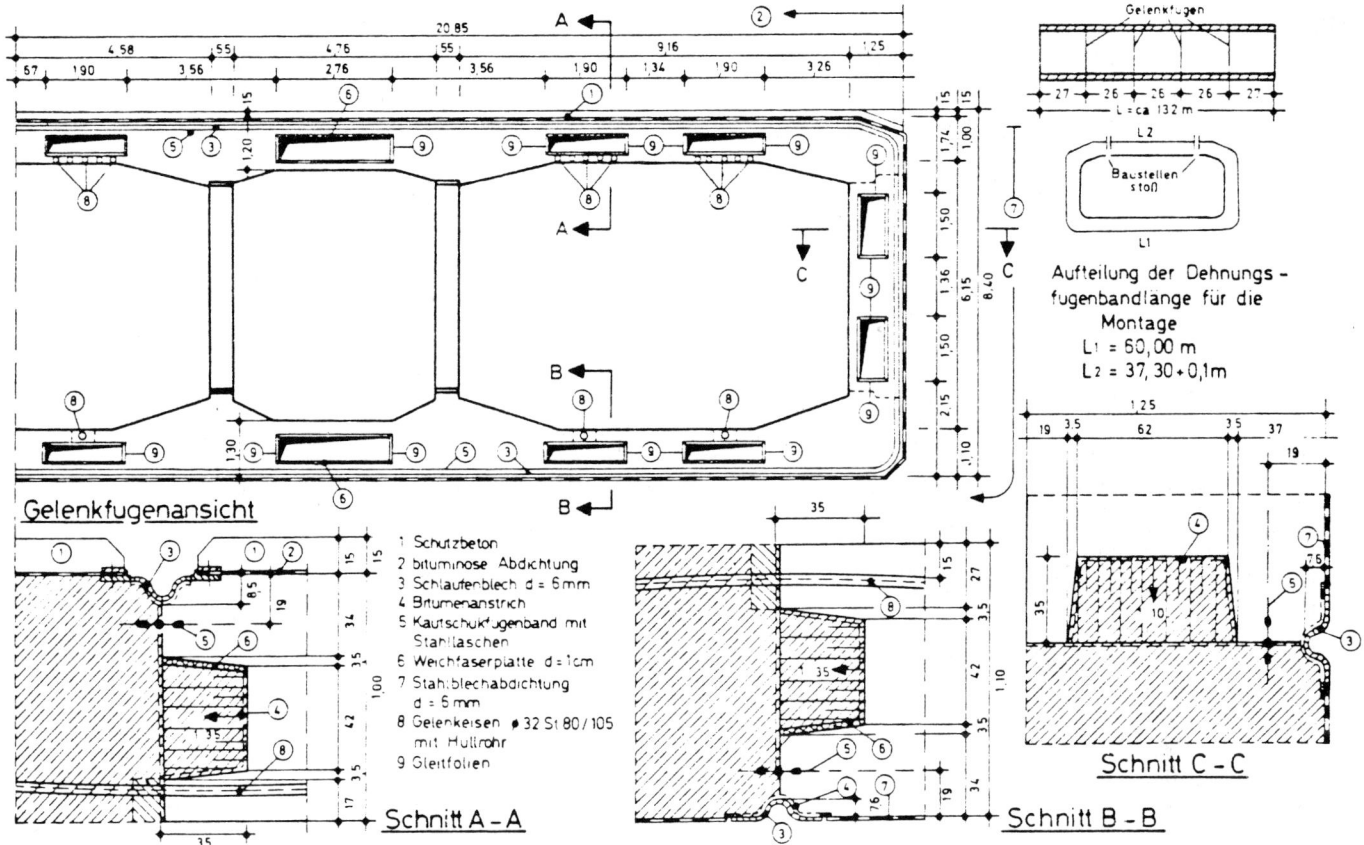

Bild 4/7: Gelenkfugenausbildung in der Stromstrecke des BAB-Elbtunnels in Hamburg (Beispiel E4 im Anhang E) [4/7]

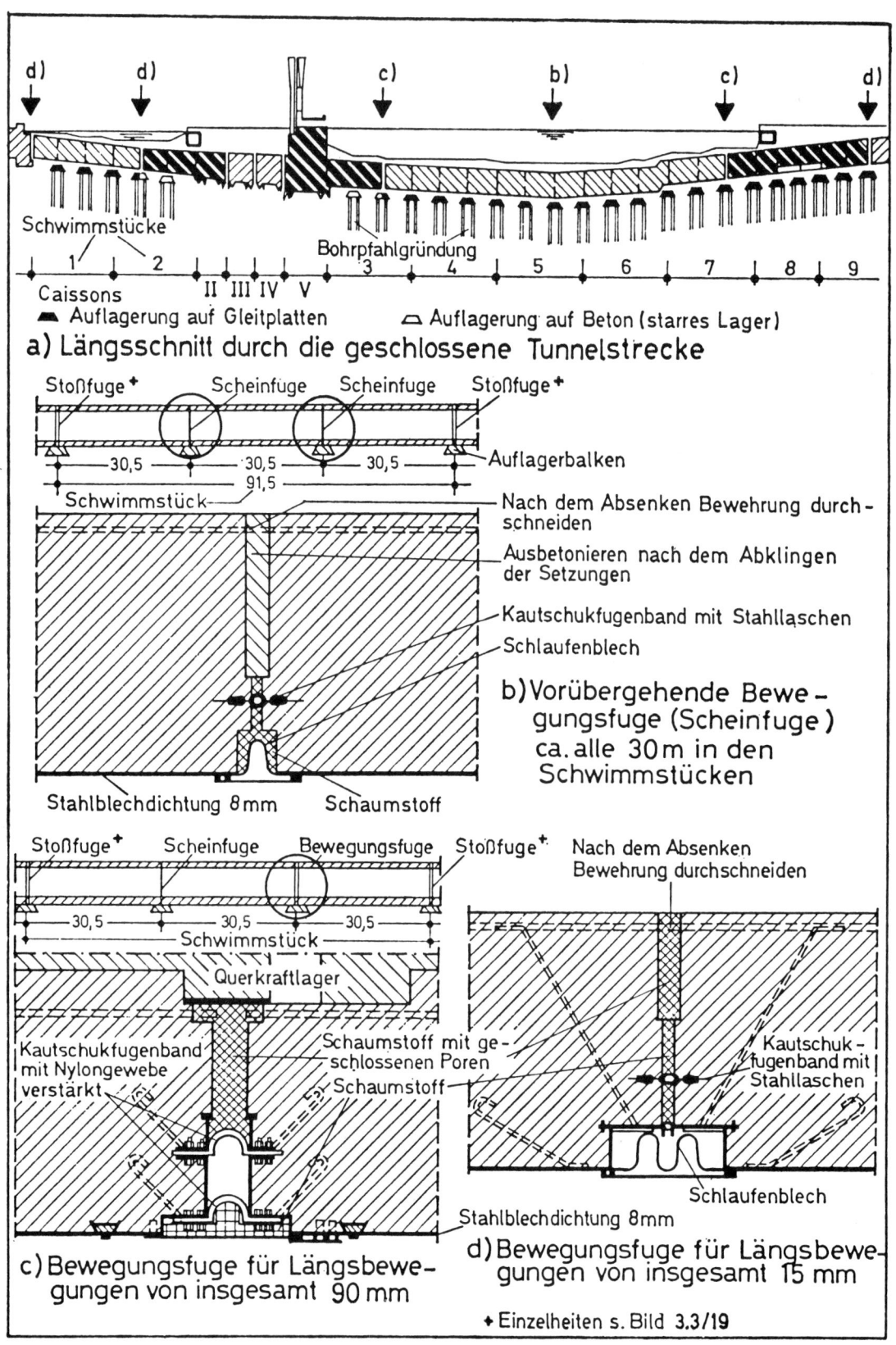

d)   d)   c)   b)   c)   d)

Schwimmstücke
Bohrpfahlgründung

| 1 | 2 | II III IV V | 3 | 4 | 5 | 6 | 7 | 8 | 9 |

Caissons
▪ Auflagerung auf Gleitplatten   ◠ Auflagerung auf Beton (starres Lager)

a) Längsschnitt durch die geschlossene Tunnelstrecke

Stoßfuge⁺   Scheinfuge   Scheinfuge   Stoßfuge⁺

Auflagerbalken
├─ 30,5 ─┤─ 30,5 ─┤─ 30,5 ─┤
├──────── 91,5 ────────┤
Schwimmstück

Nach dem Absenken Bewehrung durchschneiden

Ausbetonieren nach dem Abklingen
der Setzungen

Kautschukfugenband mit Stahllaschen

Schlaufenblech

b) Vorübergehende Bewe-gungsfuge (Scheinfuge) ca. alle 30 m in den Schwimmstücken

Stahlblechdichtung 8mm   Schaumstoff

Stoßfuge⁺   Scheinfuge   Bewegungsfuge   Stoßfuge⁺

Nach dem Absenken
Bewehrung durchschneiden

├─ 30,5 ─┤─ 30,5 ─┤─ 30,5 ─┤
Schwimmstück

Querkraftlager

Kautschukfugenband
mit Nylongewebe
verstärkt

Schaumstoff mit ge-
schlossenen Poren
Schaumstoff

Kautschuk-
fugenband mit
Stahllaschen

Schlaufenblech

Stahlblechdichtung 8mm

c) Bewegungsfuge für Längsbewe-gungen von insgesamt 90 mm

d) Bewegungsfuge für Längsbewe-gungen von insgesamt 15 mm

⁺ Einzelheiten s. Bild **3.3/19**

Bild 4/8: Bewegungsfugen des Amsterdamer Ij-Tunnels innerhalb der Schwimmstücke [4/7]

Bild 4/9: Fugenausbildung zwischen zwei Schwimmstücken beim Ij-Tunnel in Amsterdam, Holland [4/7]

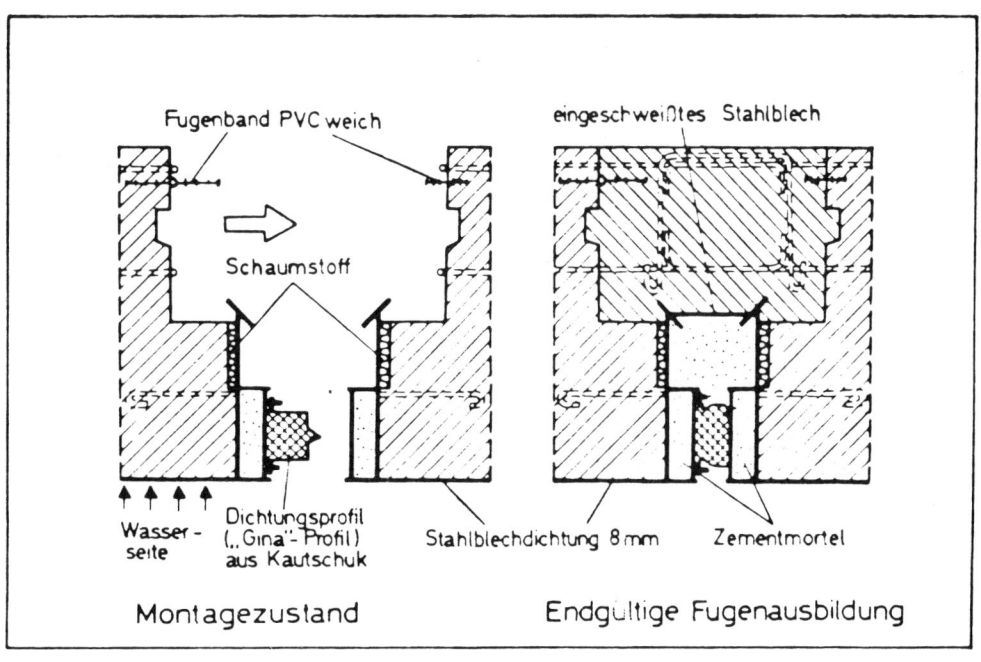

Bild 4/10: Endgültige Ausbildung der Stoßfuge zwischen den Schwimmstükken des Dojimagawa-Tunnels der U-Bahn-Linie Nr. 6 von Osaka City, Japan [4/7]

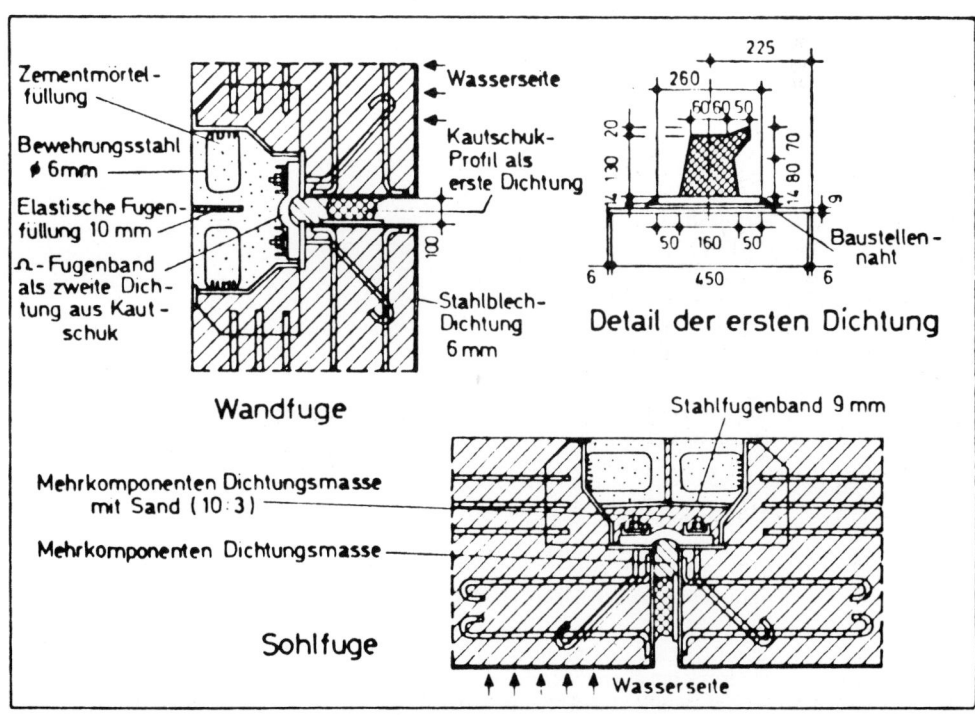

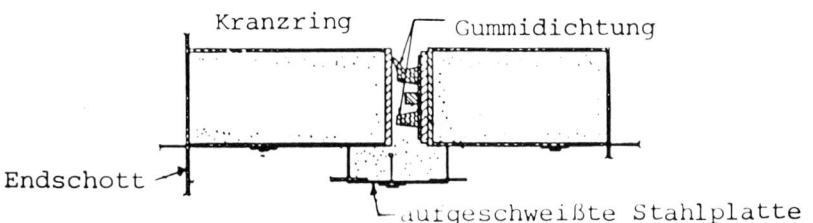

Kranzring   Gummidichtung

Endschott

aufgeschweißte Stahlplatte

Bild 4/11: Fugenausbildung zwischen zwei Schwimmstük-
ken des Ft. Mc Henry Highway Tunnels in Baltimore, USA
[4/4]

In der Praxis werden jedoch vielfach weitere Schutzmaßnahmen ausgeführt. Hierzu zählen organische Beschichtungen der Stahlbleche, die in ihrer Schutzwirkung jedoch zeitlich begrenzt sind sowie Beton- bzw. Spritzbetonschutzschichten (d = 5 bzw. 10 cm). Weitere Sicherheit gegen Schäden infolge Durchrostung der Abdichtungshaut ist möglich durch eine Herstellung des Betonbaukörpers aus wasserundurchlässigem Beton mit Fugenbanddichtung.

Auf der dem Betontragwerk zugewandten Seite des Stahls erfolgt der Korrosionsschutz normalerweise ausreichend durch den gegenbetonierten Konstruktionsbeton, wobei Maßnahmen zu einer hohlraumfreien Einbettung und Anlage der Bleche zu treffen sind. Hierzu zählen eine engmaschige Verankerung der Bleche im Beton, die Begrenzung der Temperatur- und Schwindverformungen des Betons durch konstruktive Maßnahmen sowie Injektionen zur Füllung von Hohlräumen z. B. unter den Deckenblechen. Auch auf der dem Beton zugewandten Seite der Stahlbleche sollte unbedingt die Walzhaut entfernt werden.

4.2 Geschlossene Bauweisen

4.2.1 Allgemeines

Bei der geschlossenen Bauweise liegen praktische Erfahrungen mit dem Einsatz von Stahlblechabdichtungen mit mehreren Bauverfahren vor:

– Tübbinge mit einer inneren Stahlblechabdichtung wurden im Schildvortrieb beim zweiten Mersey-Tunnel in Liverpool, England, eingesetzt (Beispiel F2 im Anhang F)

– Bergmännisch aufgefahrene U-Bahn-Tunnel erhielten in Budapest, Ungarn, innere Stahlblechabdichtungen (Beispiel F3 im Anhang F)

– Ein in Kernbauweise bergmännisch im Schutze eines Rohrschirms aufgefahrener S-Bahn-Tunnel in Frankfurt erhielt eine äußere Stahlblechabdichtung (Beispiel H11 im Anhang H)

– Im Vorpreßverfahren wurde in Hamburg ein S-Bahn-Tunnel mit einer äußeren Abdichtung hergestellt (Beispiel F 4 im Anhang F).

Für Tübbingauskleidungen in Verbindung mit dem Schildvortrieb wurden auch Vorschläge mit Außenabdichtungen erarbeitet und angeboten, die aber nicht zur Ausführung gelangten (Beispiel F1 im Anhang F).

Wie die Aufzählung zeigt, handelte es sich bisher überwiegend um Einzelfälle, in denen Stahlbleche als Abdichtungswerkstoff zum Einsatz kamen. Dies, obwohl Stahl als Abdichtungswerkstoff bei der geschlossenen Bauweise einige besondere Vorteile bietet:

– Durch die Möglichkeit, die Bleche zu verschweißen und die Schweißnähte zu prüfen, ist auch bei vielen Fugen (Tübbingauskleidung, bergmännische Auffahrung in Kernbauweise) ein absolut trockener Tunnel zu erzielen.

– Durch die hohe mechanische Festigkeit sind Beschädigungen der Stahlblechabdichtung während der Bauarbeiten auch bei noch so beengten Verhältnissen praktisch ausgeschlossen. Eine besondere Verwahrung von Abdichtungsanschlüssen ist aus diesem Grunde auch nicht erforderlich.

– Die Stahlblechabdichtung ist zur Zeit als einziges Dichtungssystem in der Lage, den Wasserdruck bei ausreichender Verankerung selbständig aufzunehmen, so daß eine innere Stützung entfallen kann.

Diesen Vorteilen stehen als entscheidende Nachteile die sehr hohen Material- und Einbaukosten gegenüber. Außerdem müssen in manchen Fällen aus Korrosionsschutzgründen innenliegende Stahlblechabdichtungen „unterhalten" werden (z. B. Erneuerung von Korrosionsschutzanstrichen). Dies sind gleichzeitig auch die wesentlichen Gründe dafür, daß eine praktische Anwendung trotz der genannten Vorteile bisher nur in verhältnismäßig wenigen Fällen erfolgte.

4.2.2 Im Schildvortrieb bergmännisch oder in Vorpreßverfahren erstellte Tunnel (Beispiele F1 bis F4 in Anhang F)

(F1) *Stahlbetontübbinge mit Stahlblechabdichtung*

Grundsätzlich sind sowohl Stahlbetontübbinge mit Außen- als auch mit Innenblechabdichtungen möglich (Prinzipien s. Bild 4/12).

Bei den Tübbingen mit *Außenblechabdichtungen* ist die Stahlhaut an den Stoßfugen nach innen zu ziehen und dort zu verbolzen und wasserdicht zu verschweißen (s. Bild 4/13). Wegen des hohen Stahlverbrauchs und wegen der vielen Schweißnähte ist die Tübbingart sehr aufwendig.

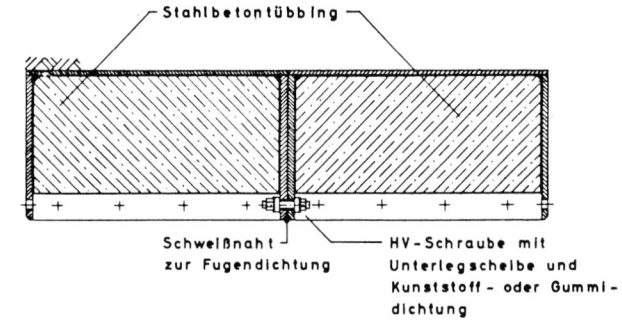

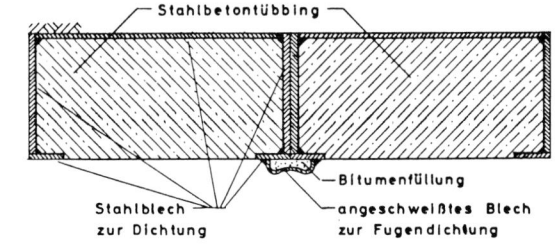

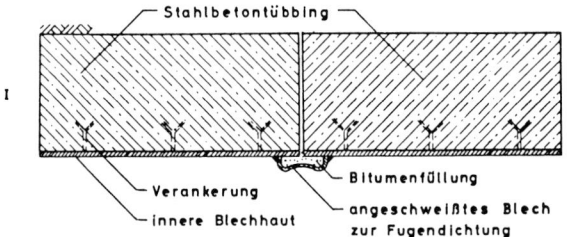

Bild 4/12: Prinzipielle Möglichkeiten für die Dichtung von Stahlbeton-
tübbingen mit Stahlblechen [4/8]

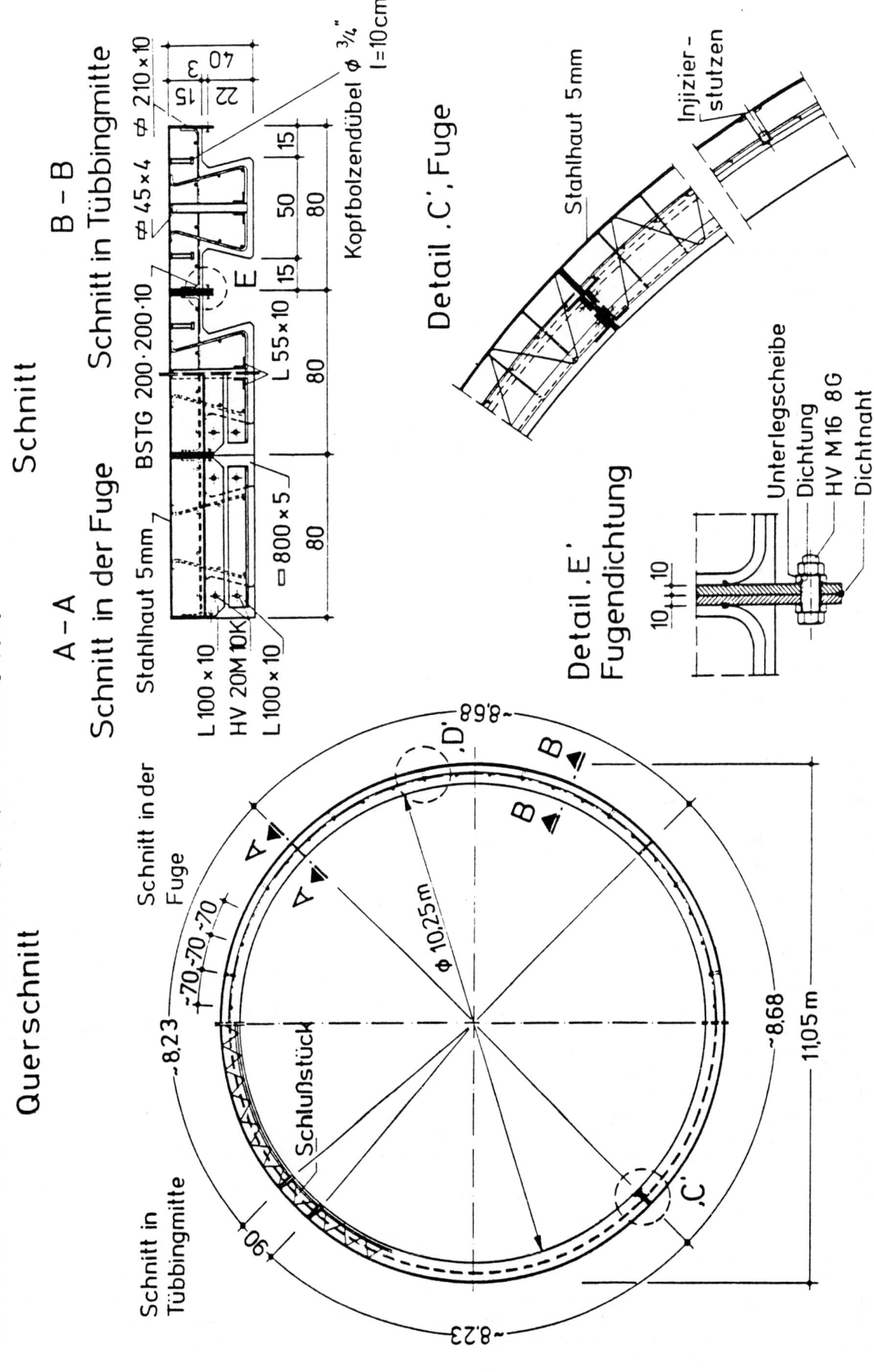

Bild 4/13: Verbundtübbingring mit Stahlblechaußenabdichtung (Beispiel F1 im Anhang F) [4/9]

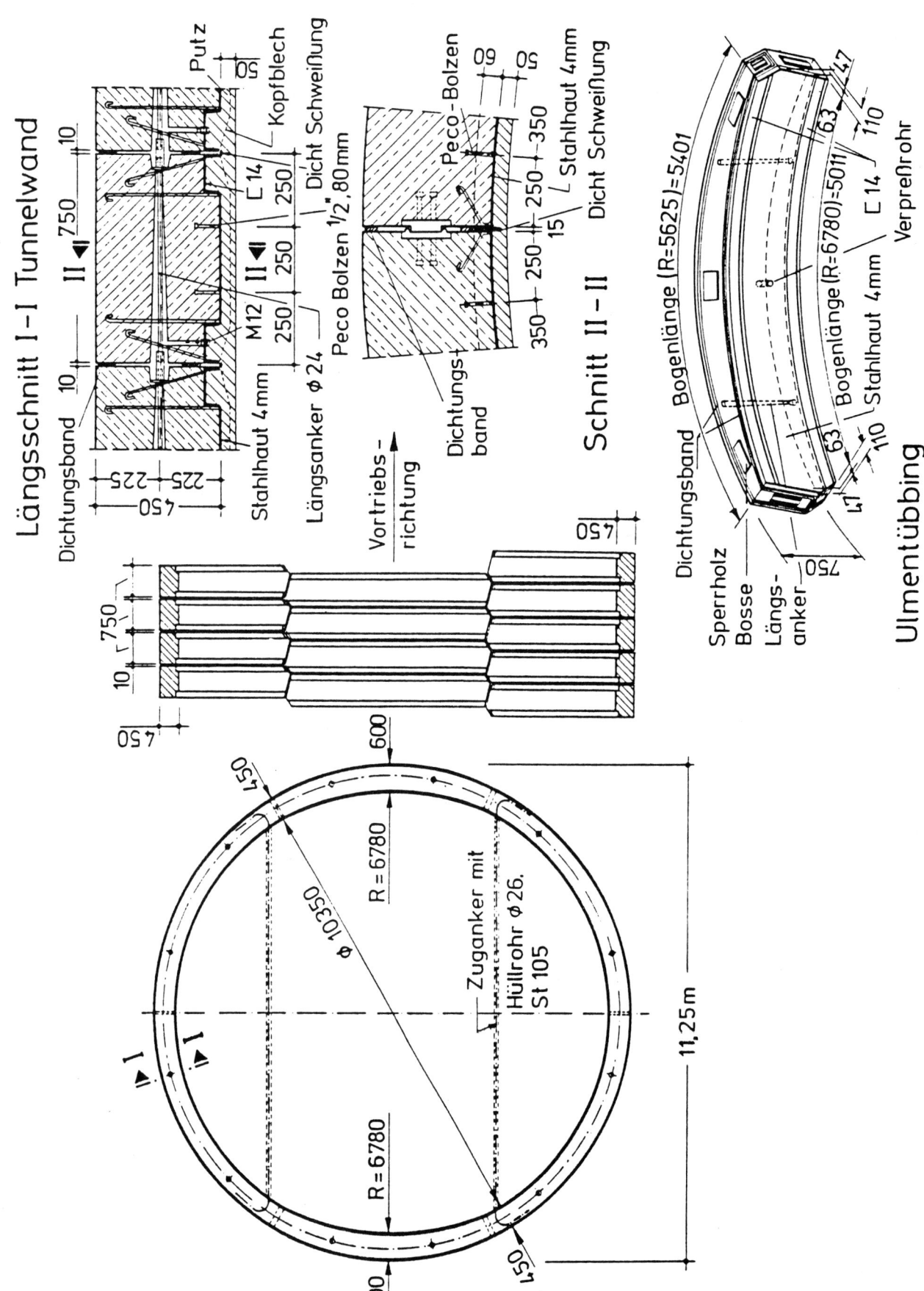

Bild 4/14: Wendeltübbingring mit Stahlblechinnenabdichtung (Beispiel F1 im Anhang F) [4/9]

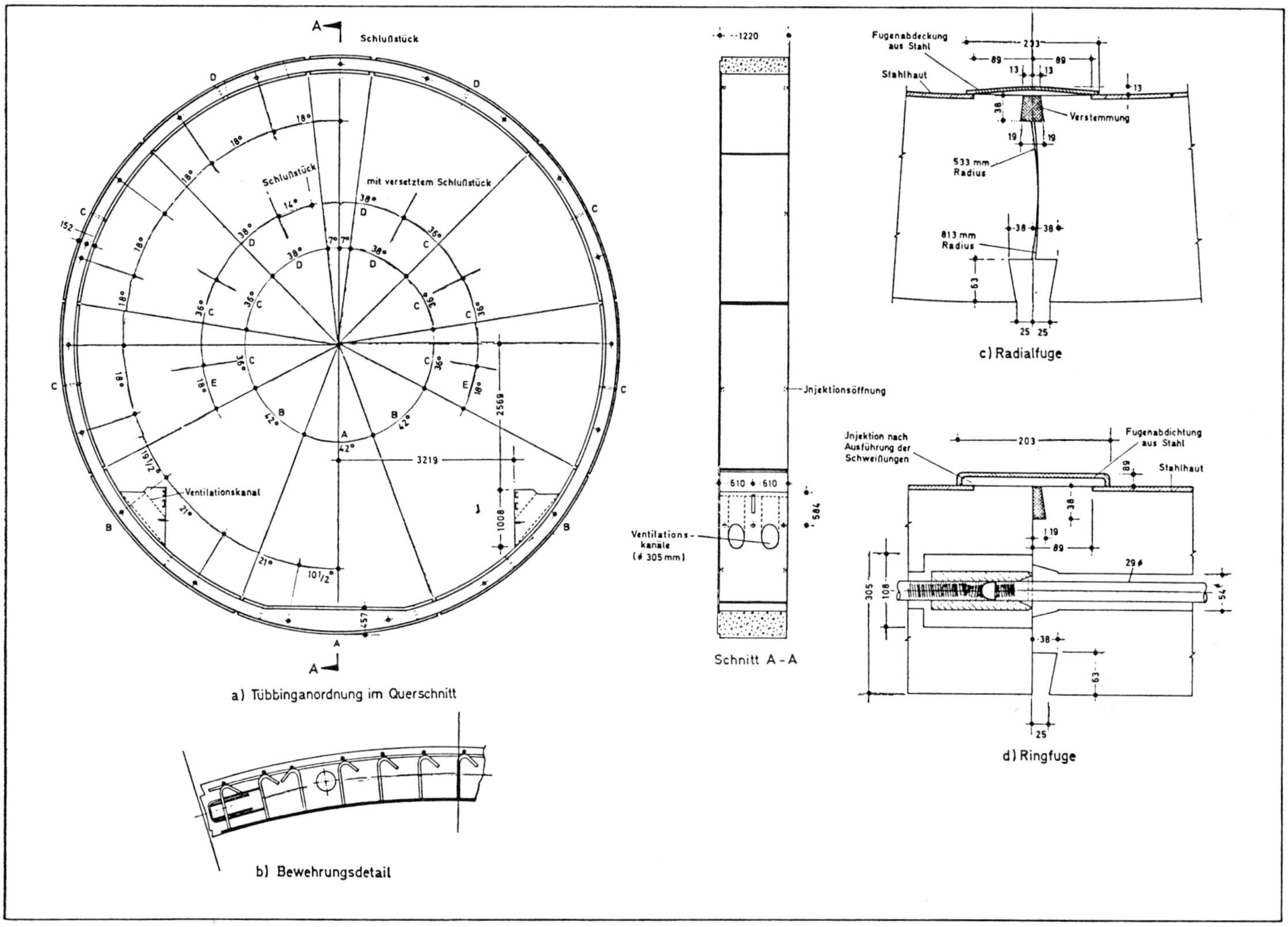

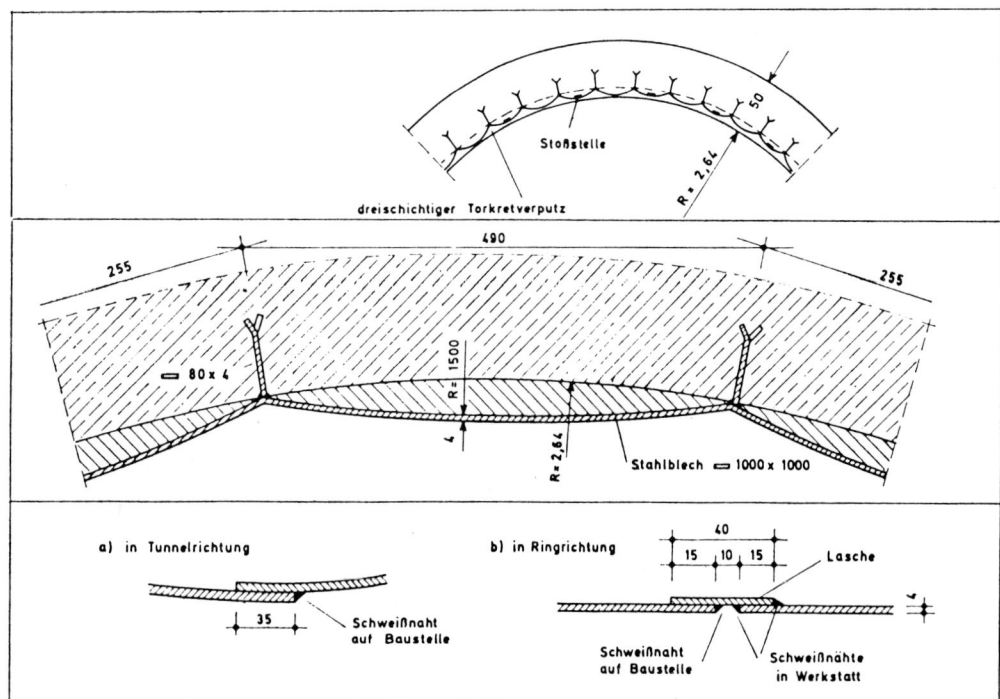

A

Schlußstück

D   D

18°

18°

18°

Schlußstück   mit versetztem Schlußstück

C   C

152

18°

C D   C C

36°

18°

2569

Ventilationskanal

B   B

3219

1008

10 1/2°

A

a) Tübbinganordnung im Querschnitt

b) Bewehrungsdetail

Schnitt A - A

Ventilations-
kanäle
(⌀ 305 mm)

610 610

584

Jnjektionsöffnung

c) Radialfuge

Fugenabdeckung
aus Stahl

Stahlhaut

533 mm
Radius

813 mm
Radius

Verstemmung

d) Ringfuge

Jnjektion nach
Ausführung der
Schweißungen

Fugenabdichtung
aus Stahl

Stahlhaut

Bild 4/15: Tübbingausbau des zweiten
Mersey-Tunnels in Liverpool mit Stahl-
blechinnenabdichtung (Beispiel F2 im
Anhang F) [4/10]

Bild 4/16: Stahlinnenblechabdichtung
bei einschalig ausgebauten bergmännisch vorgetriebenen Tunneln in Budapest, Ungarn, (Beispiel F3 im Anhang F)
[4/11]

Stoßstelle

dreischichtiger Torkretverputz

R = 2,64

255   490   255

80 x 4

R = 1500

R = 2,64

Stahlblech ▭ 1000 x 1000

a) in Tunnelrichtung

35

Schweißnaht
auf Baustelle

b) in Ringrichtung

40

15 10 15

Lasche

Schweißnaht
auf Baustelle

Schweißnähte
in Werkstatt

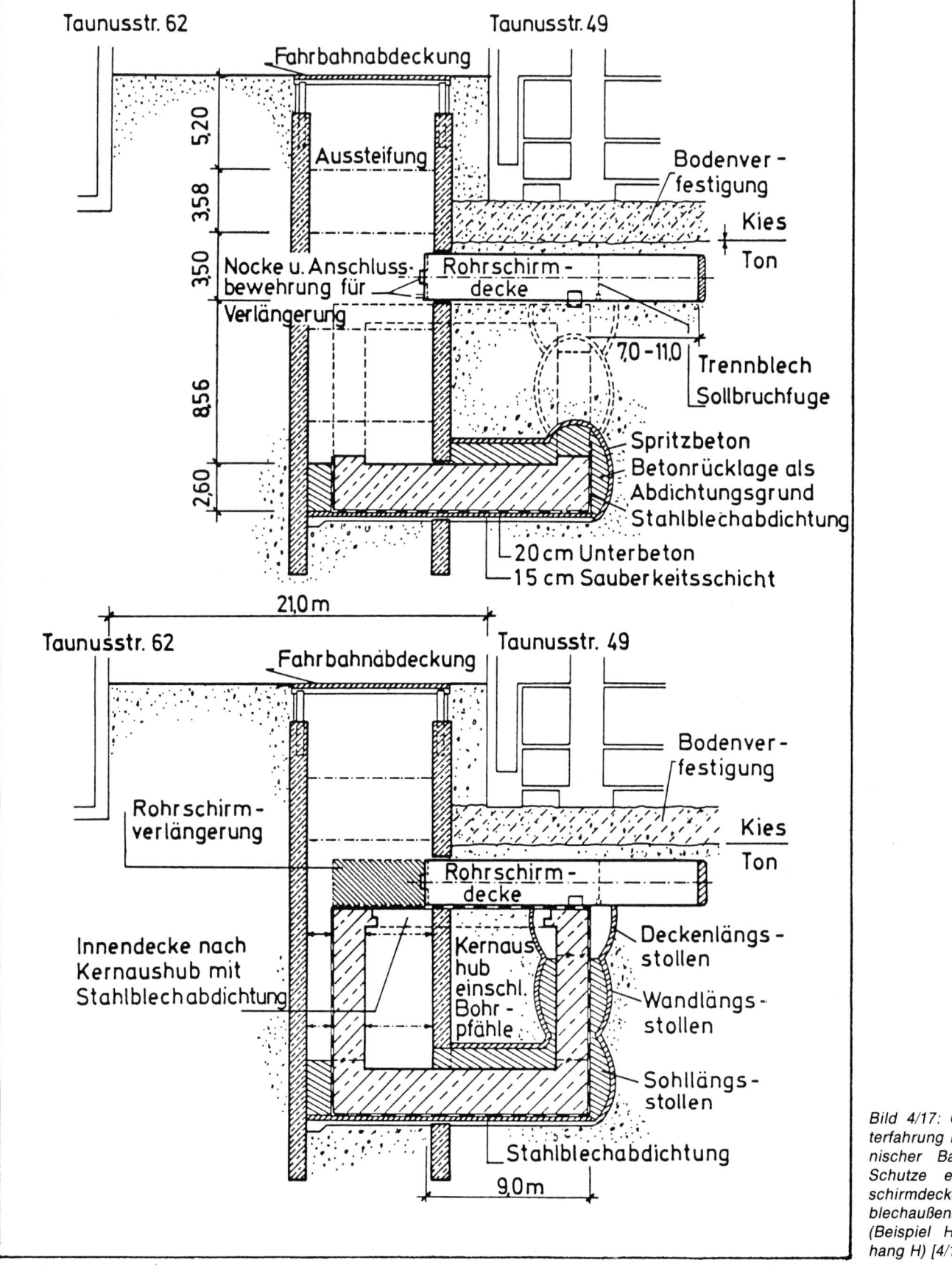

Taunusstr. 62

Taunusstr. 49

Fahrbahnabdeckung

5,20

3,58

Aussteifung

Bodenver-festigung

Kies

Ton

3,50

Nocke u. Anschluss-bewehrung für Verlängerung

Rohrschirm-decke

Trennblech
Sollbruchfuge

7,0 – 11,0

8,56

Spritzbeton
Betonrücklage als Abdichtungsgrund
Stahlblechabdichtung

2,60

20 cm Unterbeton
15 cm Sauberkeitsschicht

21,0 m

Taunusstr. 62

Taunusstr. 49

Fahrbahnabdeckung

Rohrschirm-verlängerung

Bodenver-festigung

Kies

Ton

Rohrschirm-decke

Innendecke nach Kernaushub mit Stahlblechabdichtung

Kernaus hub einschl. Bohr-pfähle

Deckenlängs-stollen

Wandlängs-stollen

Sohllängs-stollen

Stahlblechabdichtung

9,0 m

Bild 4/17: Gebäudeun-terfahrung in bergmän-nischer Bauweise im Schutze einer Rohr-schirmdecke mit Stahl-blechaußenabdichtung (Beispiel H11 im An-hang H) [4/12]

Bild 4/18: Ausbildung der Stahlblechaußenabdichtung und der Fugen zwischen den Tunnelrahmen beim Vorpreßverfahren (Beispiel F4 im Anhang F) [4/13]

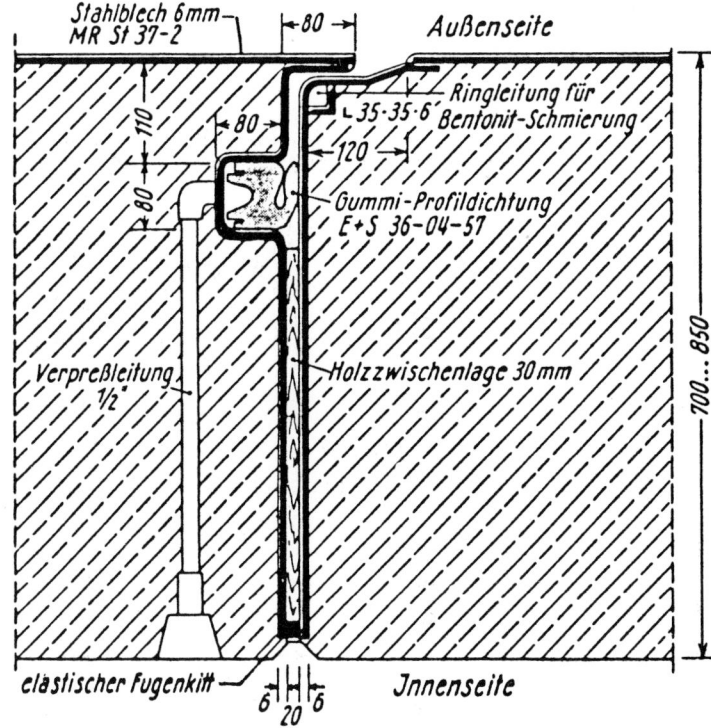

Einen geringeren Aufwand an Material und Arbeitszeit erfordern Tübbinge mit *Innenblechabdichtung*. Hier erhält der Betontübbing nur auf der Innenseite eine Stahlhaut, die allerdings für die Aufnahme des Wasserdruckes in Dicke und Verankerung bemessen sein muß (s. Bilder 4/14 und 4/15). Die Verbindung der Tübbinge geschieht hier in beiden Fällen nur in Tunnellängsrichtung über Spannglieder. In Ringrichtung sind Gelenke zwischen den Tübbingen angeordnet. Die Fugendichtung erfolgt mit aufgeschweißten profilierten Blechen (s. Bild 4/15) oder die Abdichtungsbleche können auch an den Fugen aufgekantet und verschweißt werden (s. Bild 4/14).

(F2) Bergmännische Auffahrungen mit innerer Stahlblechabdichtung
Bei starkem Wasserandrang haben sich in Budapest, Ungarn, bei bergmännischem Vortrieb einschalige Tunnelausbauten aus Beton mit innenliegender Stahlblechabdichtung sowohl in dichtungstechnischer als auch arbeitstechnischer Hinsicht gut bewährt (s. Bild 4/16) und können empfohlen werden. Das dargestellte System besteht aus 4 mm dicken Stahlblechen mit einer Fläche von 1000 × 1000 mm². In Tunnellängsrichtung sind die Bleche zweimal geknickt. Das 490 mm breite Mittelfeld zwischen den beiden Falten sowie die beiden je 255 mm breiten Randfelder sind mit einem Radius von 1500 mm gewölbt. Auf die Biegefalten werden zur Aussteifung Flachstähle von 80 × 4 mm² Querschnitt aufgeschweißt, die gleichzeitig als Verankerung dienen. Dazu werden sie an der Außenkante in bestimmten Abständen aufgeschnitten und wechselseitig aufgebogen. Die Blechtafeln (wegen ihrer Form auch Schmetterling genannt) werden bei der Herstellung des Konstruktionsbetons als Innenschalung verwendet. Zur Erleichterung der Montage werden die Laschen für die Ringstöße bereits in der Werkstatt an eine Seite der Stahltafel angeschweißt. Die Stöße in Tunnellängsrichtung erfolgen durch Überlappung der benachbarten Bleche. **Für den Korrosionsschutz werden auf der Außenseite der Bleche Zementinjektionen durchgeführt. Auf der Innenseite wird ein Torkretputz aufgebracht.**

(F3) Bergmännische Auffahrungen mit äußerer Stahlblechabdichtung
Wird wie bei der Kernbauweise die Tunnelkonstruktion durch Auffahren vieler kleiner Stollen um den Kern herum in vielen kleinen Abschnitten hergestellt, so bietet sich als Abdichtungswerkstoff für das Bauwerk ein Stahlblech an.

Durch Schweißen können die Abdichtungsabschnitte absolut dicht miteinander verbunden werden. Eine Verwahrung der Abdichtungsanschlüsse ist wie bei anderen Abdichtungswerkstoffen nicht erforderlich, da der Stahl eine hohe mechanische Festigkeit besitzt. Bei den beengten Verhältnissen dieser Bauweise erscheint dies von besonderem Vorteil. Ein Beispiel zeigt Bild 4/17.

(F4) Vorpreßtunnel mit äußerer Stahlblechabdichtung
Wird eine Stahlblechabdichtung bei einem Vorpreßtunnel eingesetzt, so hat sie neben der Dichtungsfunktion zusätzliche Aufgaben als Betonschalung und als mechanisch stark beanspruchte Gleitfläche. Außerdem dient die verstärkte Stahlummantelung im Fugenbereich als Zentriermanschette für den folgenden Einpreßabschnitt.

Wichtig bei diesem Verfahren ist, daß sich die Bleche auch bei der Beanspruchung durch das Vorpressen nicht vom Beton ablösen und Wellen bilden, da sonst der Vorpreßvorgang behindert oder sogar die Stahlhaut zerstört wird. Hierzu sind erforderlich eine engmaschige Verankerung der Bleche im Beton und ferner Maßnahmen, die die Temperatur- und Schwindverformung der Betonfertigteile möglichst begrenzt halten.

An den Stößen sollte die Stahlhaut ganz herum gezogen werden, einerseits zum Schutz der Betonkanten, andererseits vor allem, um eine einwandfreie Fugendichtung ohne Umläufigkeit zu erhalten (Bild 4/18).

(F5) *Korrosionsschutz*

Stahlblechabdichtungen kommen bei der geschlossenen Bauweise im Zusammenhang mit Stahlbetonkonstruktionen (Ortbeton oder Fertigteile) sowohl als Innen- als auch als Außenabdichtung zum Einsatz.

Für den Korrosionsschutz von *Innenabdichtungen aus Stahl* können folgende Hinweise und Empfehlungen gegeben werden:

– Auf der dem Betontragwerk zugewandten Seite des Stahls kann der Korrosionsschutz durch den Konstruktionsbeton erfolgen, wobei Maßnahmen zur Sicherstellung einer hohlraumfreien Einbettung (z. B. Injektionen) zu treffen sind. Können diese nicht durchgeführt werden, so ist eine Beschichtung des Stahlblechs vor dem Gegenbetonieren zu empfehlen. Besondere Maßnahmen (z. B. Bitumeninjektionen) zum Schutz der Bleche sind stets auch im Bereich von Fugen auf der dem Wasser zugewandten Seite vorzunehmen.

– Korrosionsschutzmaßnahmen auf der Innenseite (Luftseite) einer Stahlblechinnenabdichtung sind im wesentlichen von der Tunnelnutzung abhängig. Auf Grund praktischer Erfahrungen können empfohlen werden:

● wo Überzüge nicht zu unterhalten und zu erneuern sind sowie keinen mechanischen Beanspruchungen aus Bauwerksbewegungen unterliegen: Zementmörtelüberzüge. Möglich sind auch Abdichtungsbleche aus korrosionsträgen Stählen.

● wo Stahlabdichtungen gleichzeitig „Sichtflächen" sind (z. B. in Straßentunneln): hochwertige mehrschichtige, organische Überzüge.

– Wegen der Lage der Stahlabdichtung auf der Tunnelinnenseite sind evtl. auftretende örtliche Durchrostungen leicht zu orten und zu reparieren. Ein Zuschlag zur Blechdicke über das statisch bzw. konstruktiv erforderliche Maß hinaus wird daher nicht empfohlen. Übliche Blechdicken sind 4–6 mm.

Für den Korrosionsschutz von *Außenabdichtungen* können folgende Hinweise und Empfehlungen gegeben werden:

– Für die dem Betontragwerk zugewandte Seite des Stahls gelten die Aussagen wie bei Innenabdichtungen.

– Für die dem Boden zugewandte Seite der Stahlblechhaut kommen in Abhängigkeit vom Bauverfahren unterschiedliche Schutzmaßnahmen in Betracht:

● Beim Vorpreßverfahren (s. Bild 4/18) und beim bergmännischen Auffahren (s. Bild 4/17) kommt aus verfahrenstechnischen Gründen als Korrosionsschutzmaßnahme für die Abdichtung nur ein Abrostungszuschlag in Frage. Zur Größe dieses Abrostungszuschlages s. Kap. 2.3, Tabelle 2/1. Es ist zu prüfen, ob die Stahlblechabdichtung aus einbau- und montagetechnischen Gründen bereits so dimensioniert ist, daß ein besonderer Dickenzuschlag ganz oder teilweise entfallen kann.

● Anders liegen die Dinge bei Tübbingen. Hier ist ein äußerer Korrosionsschutz in Form einer Beschichtung möglich und sollte auch ausgeführt werden.

5. Stahl als vorläufiges Sicherungselement

5.1. Offene Bauweise

5.1.1 Allgemeines

Bei der offenen Bauweise kommt Stahl als Sicherungselement der Baugrube in vielfacher Form zum Einsatz. Im folgenden wird nur stichwortartig auf die diesbezüglichen Anwendungsbereiche und -arten hingewiesen. Bezüglich konstruktiver Details und Angaben zu den einzusetzenden Stahlprodukten sei auf die hierzu umfangreiche Literatur verwiesen z. B. [5/1] bis [5/4].

(1) *Trägerbohlwandbaugrube (Bild 5/1)*

- senkrechte Tragglieder der Baugrubenwand (Bohlträger).

  Als Tragglieder kommen überwiegend I-Breitflanschprofile zum Einsatz. Sie werden in 1 bis 3 m Abstand eingerammt oder in vorgebohrte Löcher eingesetzt.

- Aussteifungen der Baugrubenwände gegenseitig oder Absteifungen zur Baugrubensohle hin.

  Zum Einsatz kommen überwiegend I-Breitflanschprofile, aber auch Rohre u. a. Profile.

- Gurte und Verbände zur Verringerung der Knicklängen von Aussteifungen und Stützkonstruktionen.

- Gurte und rückwärtige Verankerungen der Baugrubenwand.

- senkrechte Ausfachung mit Stahlkanaldielen.

  Diese Ausführung kommt im wesentlichen nur bei fließgefährdeten Böden zum Einsatz. Die Dielen können in senkrechter oder in geneigter, gestaffelter Rammung (Bild 5/2) zwischen den Traggliedern eingebracht werden. Sie erfordern wegen der senkrechten Ausrichtung zusätzlich den Einbau horizontaler Gurtträger.

(2) *Spundwandbaugrube*

- Kanaldielen und Spundbohlen.

  Sie werden überwiegend als senkrechter Verbau eingesetzt. Eine große Anzahl von Profilen unterschiedlicher Form und Abmessungen stehen zur Verfügung [5/5]:

- Aussteifungen der Baugrubenwände gegenseitig

- Gurte und Verbände

- Gurte und rückwärtige Verankerungen

(3) *Schachtbaugrube*

- Liner Plates (s. Kapitel 5.2.1)

- Kanaldielen und Spundbohlen in senkrechter oder geneigter, gestaffelter Rammung

- Aussteifrahmen und Gurte

(4) *Baugrube mit Steilböschungen (Bild 5/3)*

- Stahlträgergurte

- Baustahlgewebe

- Anker

Nicht unerwähnt bleiben sollen in diesem Zusammenhang wandernde Stahlverbaue für offene Baugruben wie z. B. Verbauhilfsgeräte und Verbauplatten für Leitungsgräben sowie Messerschilde (vgl. Bild 3/2).

5.1.2 Spundwände als Baugrubenbegrenzung (Beispiele G1 und G2 im Anhang G)

(G1) *Anwendungsbereich der Spundwände*

Stahlspundwände sollten als Baugrubenbegrenzung vor allem angewendet werden, wenn die Baugrube in sehr weichen Böden, Schluffsanden, Faulschlammlinsen oder sogar Wasserläufen zu erstellen ist bzw. ein hoher Grundwasserstand nicht abgesenkt werden darf. Bei fehlerfreier Rammung der Spundwände ergibt sich durch die Führung der einzelnen Spundbohlen im Schloß eine saubere, weitgehend dichte Baugrubenumschließung (bei anstehendem Wasserdruck müssen die Fugen allerdings zusätzlich gedichtet werden, s. weiter unten).

Ist eine einwandfreie Rammung der Spundwand durch Einschluß von Findlingen oder anderen Hindernissen im Boden nicht möglich, so kann durch das Bodenaustauschverfahren gemäß Beispiel G1 im Anhang G eine dichte Baugrube sichergestellt werden (Bild 5/4).

Bei der Durchquerung von Wasserläufen und Seen werden häufig im Bereich des Gewässers vorsichtshalber zwei Spundwände im Abstand von 2 bis 5 m vorgesehen, die dann mit Sand- oder Lehmboden gefüllt einen Fangedamm ergeben (s. Bild 5/5).

Binden die Spundwände nicht in einer dichten Bodenschicht ein, so kann die Abdichtung der Baugrube nach unten durch eine Injektionssohle (s. Bild 5/6) oder nach der sogenannten Wand-Sohle-Bauweise mit einer Unterwasserbetonsohle erfolgen (s. Bild 5/7).

Die provisorische Abdichtung der Spundwandschlösser gegen Druckwasser kann im freiliegenden Bereich durch Verstemmen mit Bleiwolle, Hanf oder Gummiprofilen erreicht werden. Es gibt hierfür inzwischen aber auch besondere Schloßdichtungen aus Kunststoffstreifen, die bereits vor dem Rammen eingeklebt werden.

Mit Spundwand gesicherte Baugruben wurden auch in Verbindung mit dem Einschwimm- und Absenkverfahren angewendet (Bild 5/8, Beispiel G2 im Anhang G). Die Stahlspundwände begrenzen und sichern in diesem Fall den künstlich geschaffenen Kanal, in dem die Tunnelstücke eingeschwommen und abgesenkt werden.

(G2) *Beseitigung von Störungsstellen in der Stahlspundwand*

Besondere Gefahren bei Spundwandbaugruben im Grundwasserbereich bzw. im Bereich von Gewässern ergeben sich aus Hindernissen im Baugrund. So können Spundwände in den Schlössern aufgerissen und restlos deformiert werden oder Spundbohlen aus dem Schloß laufen, weil sie auf Findlinge, alte Brückenwiderlager, Pfähle, einzelne Baumstümpfe oder ähnliches treffen. Beim Aushub können dann gefährliche Wassereinbrüche auftreten.

Der verantwortliche Ingenieur muß auf derartige Störstellen in der Stahlbaugrubenwand ständig vorbereitet sein und ihnen zu begegnen wissen. Hierzu gehört die Planung sowohl von vorbeugenden Sicherheitsmaßnahmen und Reparaturmöglichkeiten als auch die Bereithaltung der notwendigen Geräte und Baustoffe.

Als Reparaturmaßnahmen kommen z. B. in Frage:

- vorläufiges Schließen kleinerer Lecks z. B. durch Sandsäcke und danach endgültiges Dichten der Spundwände durch Aufschweißen von Blechen

- bei größeren Lecks Vorrammen eines Spundwandkastens, der mit bindigem Boden gefüllt wird, vorläufiges Abdichten und nach Leerpumpen der Baugrube, endgültiges Dichten der Spundwand durch Aufschweißen von Blechen.

In Sonderfällen, z. B. Baugruben in offenen Gewässern, kann es aus Sicherheitsgründen zweckmäßig sein, die Baugrube durch Querschotte in einzelne Kammern zu unterteilen.

(G3) *Geräusch- und Erschütterungsminderung beim Einbringen von Spundwänden*

Die Immissionsschutzgesetze lassen herkömmliches Rammen und Einrütteln von Stahlspundwänden wegen Lärmbelästigung und Erschütterungen in Innenstadtbereichen kaum noch zu.

Für Rammarbeiten haben sich als Lärmschutz sogenannte Schallschutzkamine bewährt. Allerdings bringen sie keine Minderung der Erschütterungen.

Müssen Erschütterungen vermieden werden, weil setzungsempfindliche Bauwerke oder erschütterungsempfindliche Anlagen in der Nähe

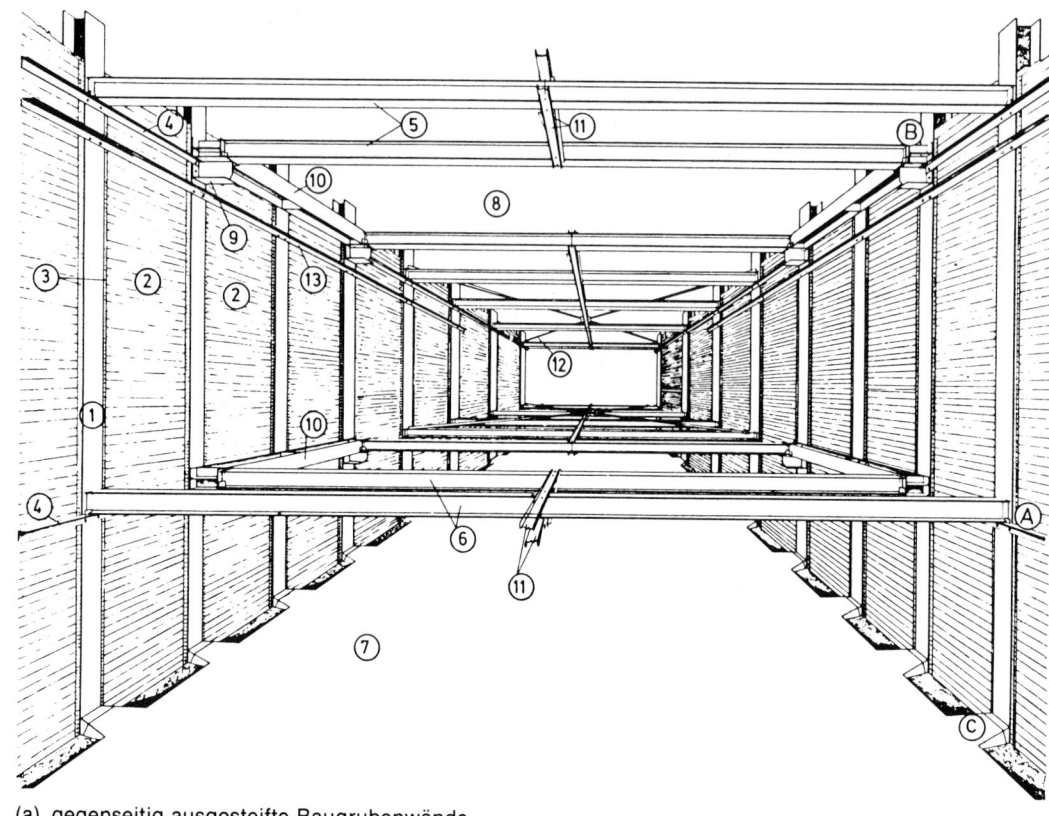

1. Bohlträger
2. Verbohlung
3. Verkeilung
4. Auflagergurt
5. obere oder erste Steifenlage
6. zweite Steifenlage
7. Unterbeton als untere Aussteifung und Bohlträgerstützung
8. Baggerloch
9. Auflagerkonsole
10. Längsgurt zur Unterbrechung der Steifenlage (Steifenauswechselung)
11. Knickgurt längs
12. Knickverband diagonal als Kreuzverband
13. Längsverband

(a) gegenseitig ausgesteifte Baugrubenwände

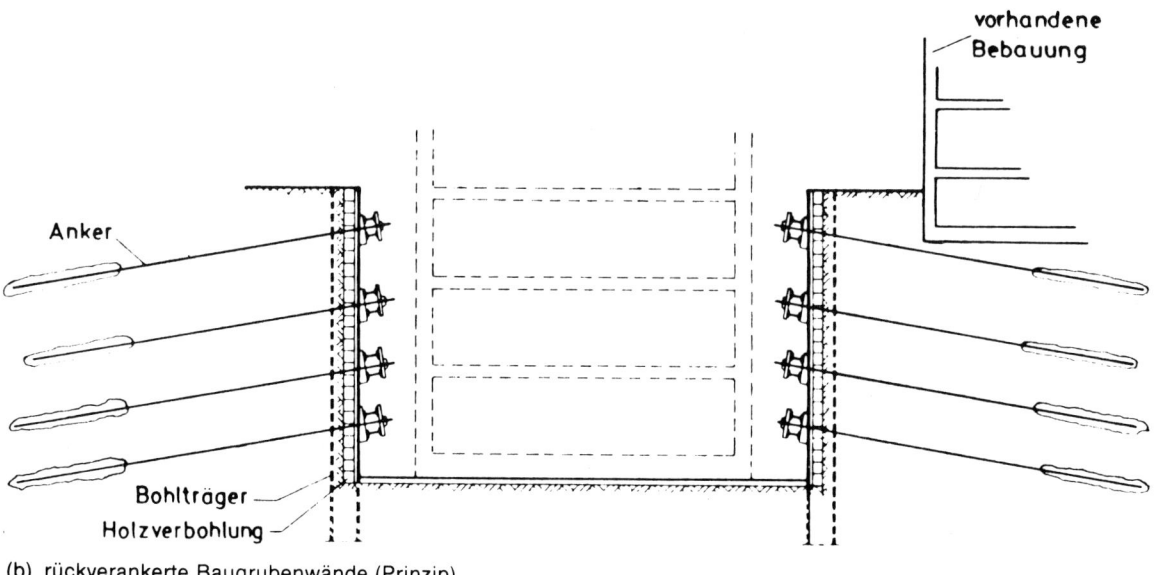

Anker

Bohlträger
Holzverbohlung

vorhandene Bebauung

(b) rückverankerte Baugrubenwände (Prinzip)

Bild 5/1: Baugrube mit Trägerbohlwandverbau [5/1]

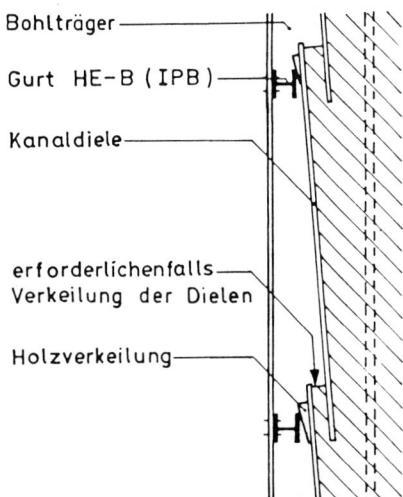

Bohlträger

Gurt HE-B (IPB)

Kanaldiele

erforderlichenfalls
Verkeilung der Dielen

Holzverkeilung

Bild 5/2: Geneigte und gestaffelte Rammung (Prinzip des „gepfänderten Verbaus")

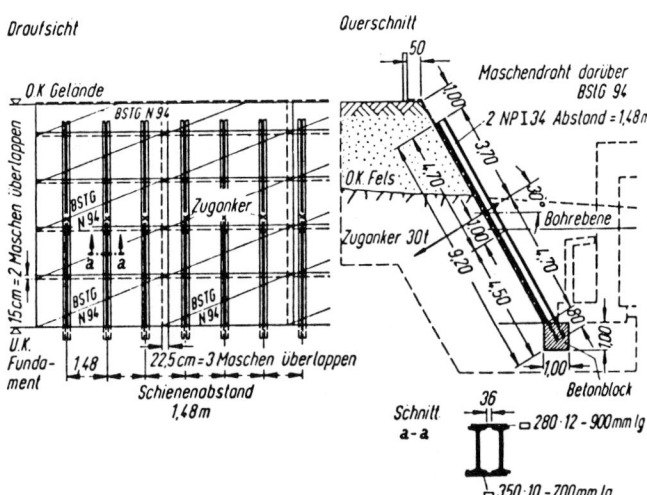

Bild 5/3: Beispiel für einen liegenden Böschungsverbau beim U-Bahnbau in Essen [5/6]

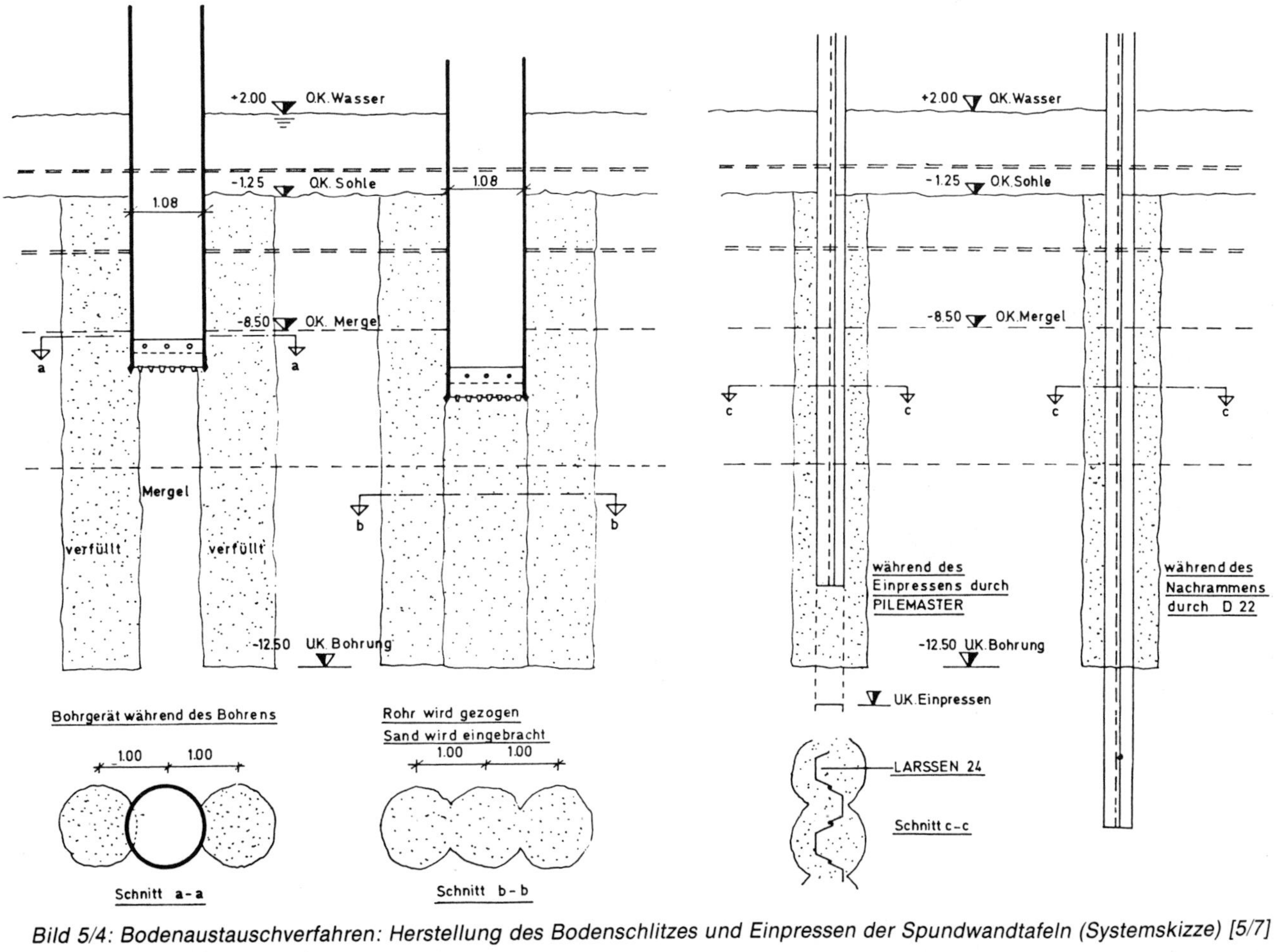

Bild 5/4: Bodenaustauschverfahren: Herstellung des Bodenschlitzes und Einpressen der Spundwandtafeln (Systemskizze) [5/7]

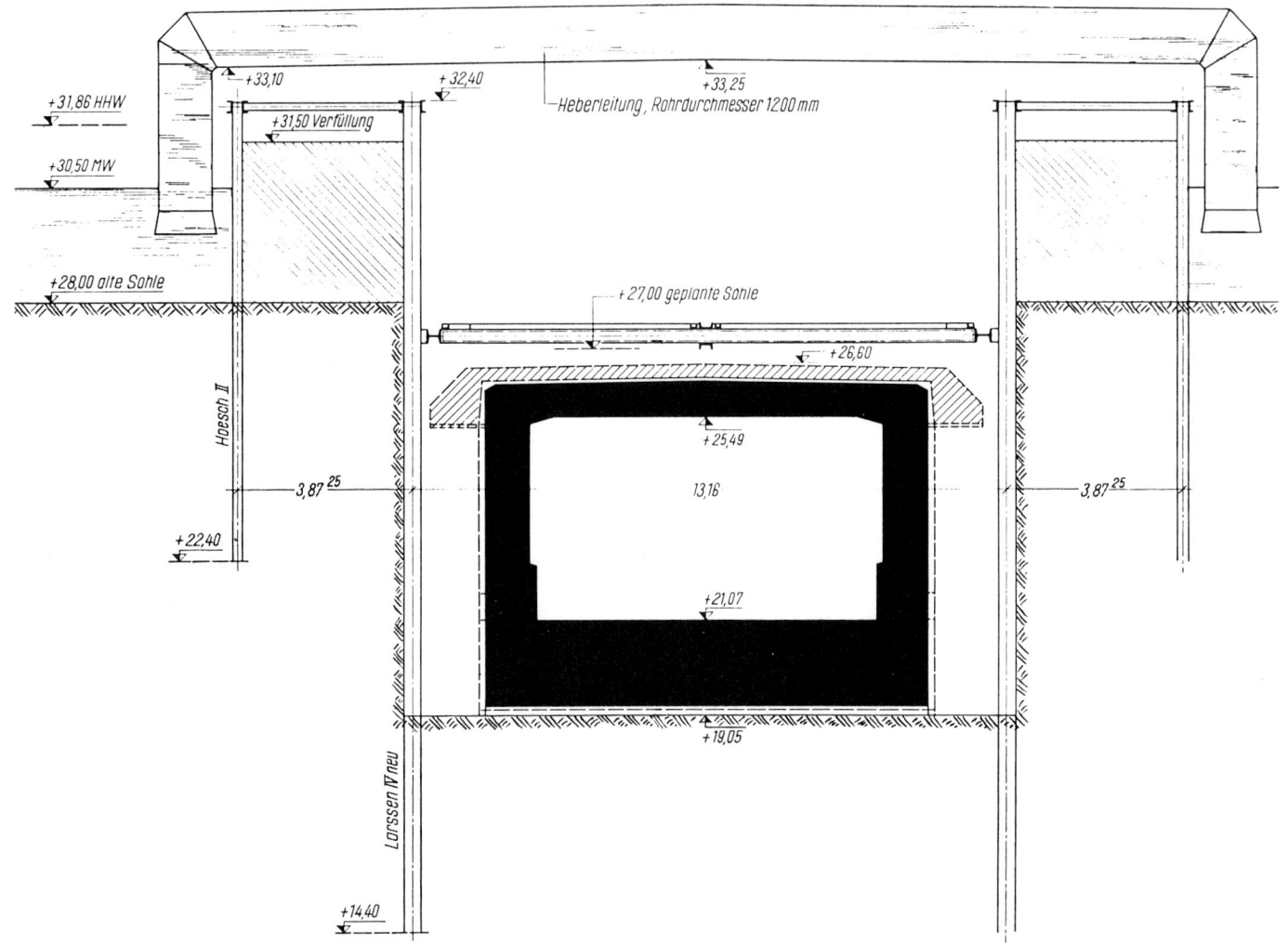

+31,86 HHW

+30,50 MW

+28,00 alte Sohle

Hoesch II

+22,40

Lorssen IV neu

+14,40

+33,10

+31,50 Verfüllung

+32,40

+33,25

─Heberleitung, Rohrdurchmesser 1200 mm

+27,00 geplante Sohle

+26,60

+25,49

13,16

+21,07

3,87²⁵

3,87²⁵

+19,05

Bild 5/5: U-Bahn-Baugrubensicherung im Bereich eines Gewässers mit Spundwänden und Fangedämmen (Kreuzung des Spandauer Schiffahrtskanals 1959/61) [5/8]

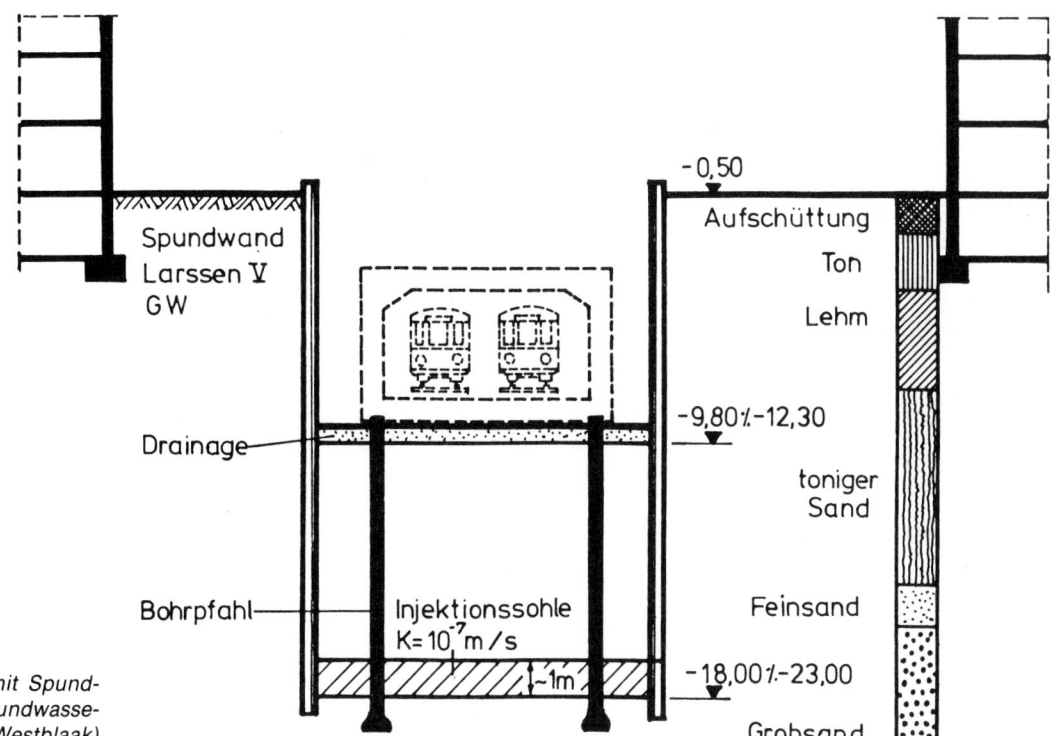

Spundwand
Larssen V
GW

Drainage

Bohrpfahl

Injektionssohle
K = 10⁻⁷ m/s

−0,50

Aufschüttung

Ton

Lehm

−9,80 ÷ −12,30

toniger
Sand

Feinsand

−18,00 ÷ −23,00

Grobsand

~1m

Bild 5/6: Baugrubenumschließung mit Spundwänden und Injektionssohle zur Grundwasse-
erhaltung (Metro Rotterdam; Los Westblaak)
[5/9]

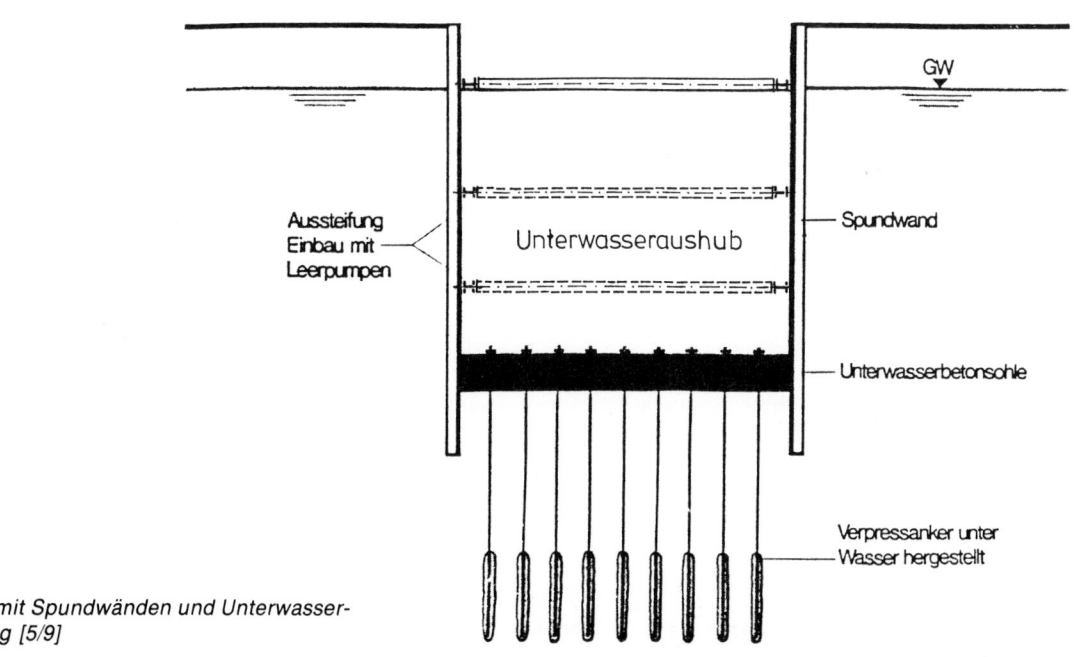

GW

Aussteifung
Einbau mit
Leerpumpen

Unterwasseraushub

Spundwand

Unterwasserbetonsohle

Verpressanker unter
Wasser hergestellt

Bild 5/7: Baugrubenumschließung mit Spundwänden und Unterwasserbetonsohle zur Grundwasserhaltung [5/9]

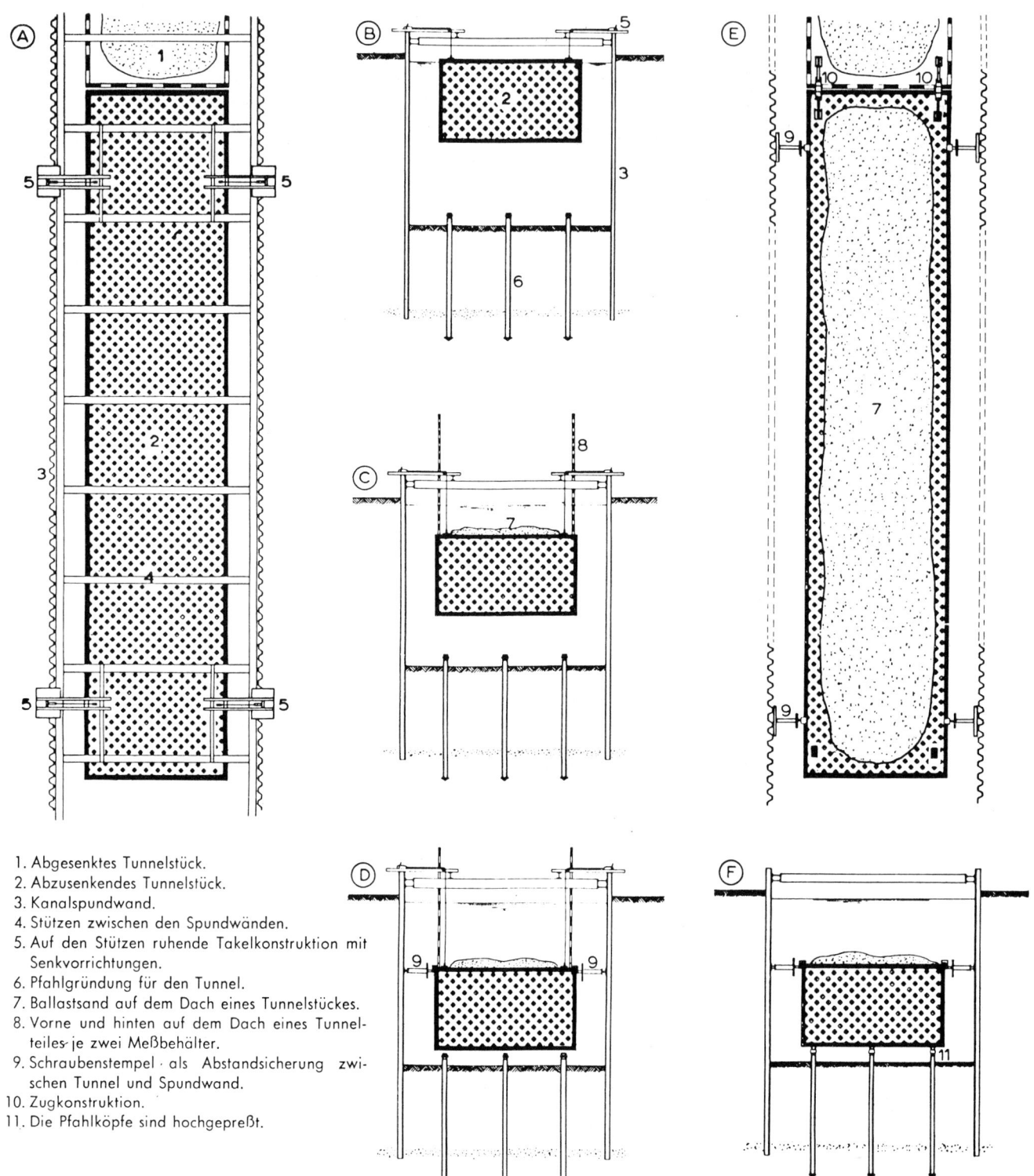

1. Abgesenktes Tunnelstück.
2. Abzusenkendes Tunnelstück.
3. Kanalspundwand.
4. Stützen zwischen den Spundwänden.
5. Auf den Stützen ruhende Takelkonstruktion mit Senkvorrichtungen.
6. Pfahlgründung für den Tunnel.
7. Ballastsand auf dem Dach eines Tunnelstückes.
8. Vorne und hinten auf dem Dach eines Tunnelteiles je zwei Meßbehälter.
9. Schraubenstempel · als Abstandsicherung zwischen Tunnel und Spundwand.
10. Zugkonstruktion.
11. Die Pfahlköpfe sind hochgepreßt.

Bild 5/8: Einschwimmen und Absenken eines Tunnelelementes in einer wassergefüllten Spundwandbaugrube (Beispiel G2 im Anhang G) [5/10]

*Bild 5/9: Arbeitsweise des Pilemaster (a) Ausgangs-
phase, (b) erstes Bohlenpaar ist um ganzen Kolbenhub eingetrieben, (c) Eintreiben des zweiten Boh-
lenpaares, (d) alle Bohlen um Kolbenhub eingetrieben, Kolbenstangen in Zylinder eingefahren, zugleich Ausgangslage für nächsten Arbeitszyklus*

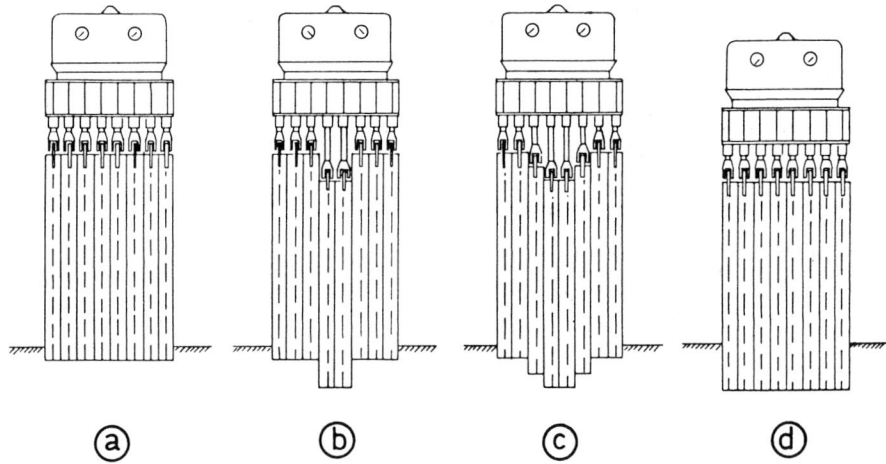

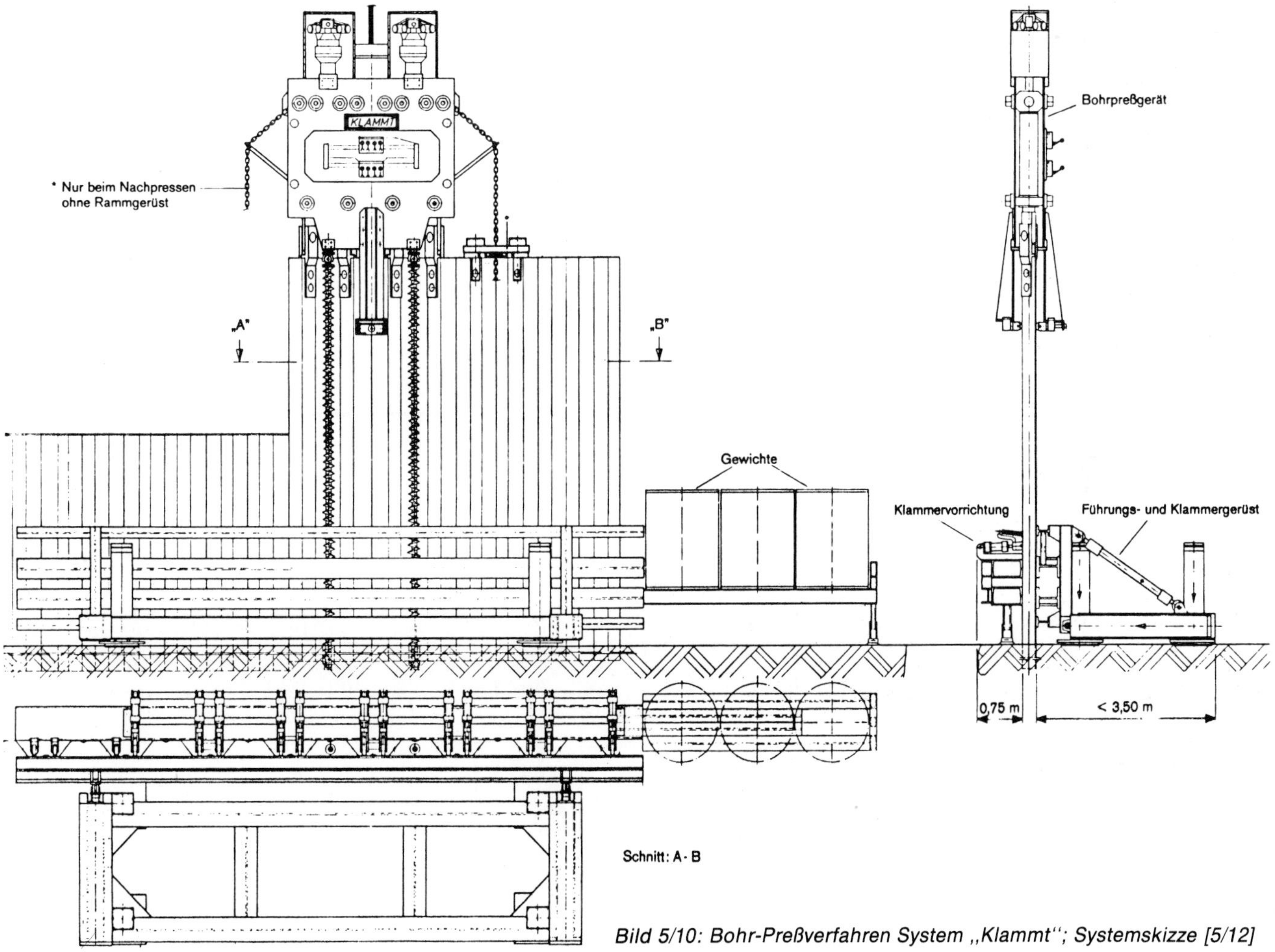

(a) (b) (c) (d)

* Nur beim Nachpressen
ohne Rammgerüst

KLAMMT

„A" „B"

Gewichte

Bohrpreßgerät

Klammervorrichtung

Führungs- und Klammergerüst

Schnitt: A · B

0,75 m   < 3,50 m

Bild 5/10: Bohr-Preßverfahren System „Klammt"; Systemskizze [5/12]

sind, so bietet sich bei bestimmten Bodenverhältnissen das Einpressen der Spundbohlen mit dem Pilemaster-Gerät (Funktionsweise s. Bild 5/9) oder das Bohr-Preßverfahren an (Funktionsweise s. Bild 5/10). Letzteres ermöglicht durch die Entspannungsbohrungen das Einpressen von Stahlbohlen in nichtbindigen Böden wie z. B. Sand und Kies überhaupt erst. Sind die Bodenverhältnisse für beide Verfahren nicht geeignet, so kann dies durch Bodenaustausch behoben werden (Bild 5/4, Beispiel G1 im Anhang G).

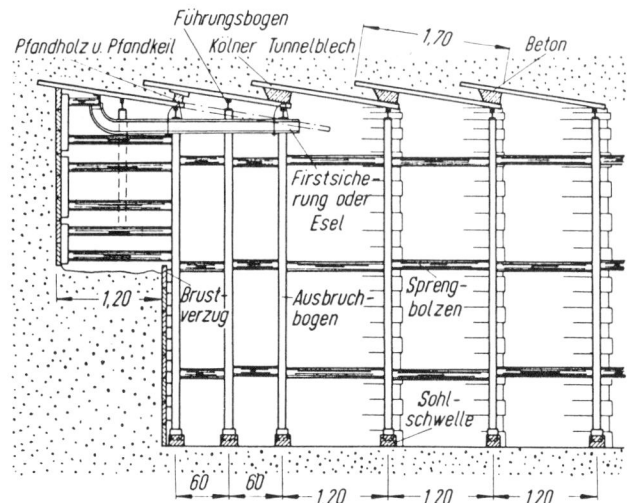

Bild 5/11: Getriebezimmerung mit Stahldielen (Kölner Verbau) [5/13]

5.2 Geschlossene Bauweisen

5.2.1 Allgemeines

Im heutigen Tunnelbau gelangt Stahl bei den geschlossenen Bauweisen als erstes vorläufiges Sicherungselement in vielfältiger Form zum Einsatz:

a) bei der Rohrschirmbauweise

Die Rohrschirmbauweise ist eine spezielle Anwendung der Rohrvorpressung mit dem Einsatzgebiet vor allem in druckhaften Lockerböden. Hierbei werden einzelne Rohre dicht nebeneinander in den Baugrund eingepreßt, in der Regel sofort bewehrt und ausbetoniert. Auf diese Weise entsteht eine Hilfskonstruktion, in deren Schutz das eigentliche Bauwerk errichtet wird. Meist wird der Schutzschirm nur im Deckenbereich eingesetzt. Die Tunnelwände werden dann aus den Randrohren des Schirms heraus in Schachtbauweise abgeteuft oder als Stabwände aus Kleinbohrpfählen o. ä. hergestellt (vgl. Kapitel 5.2.2 und Beispiele H1 bis H11).

b) bei den bergmännischen Bauweisen

Beim Schildvortrieb wird im Schutze eines in den Boden eingepreßten wandernden Stahlzylinders – dem Schild – der Baugrund im vorderen Teil abgebaut und der Tunnelausbau aus Liner-Plates oder geschweißten Stahltübbingen eingebaut. Beim Vorpressen stützen sich die Vortriebspressen über einen Druckring auf die fertiggestellte vorläufige Tunnelauskleidung ab (vgl. Kapitel 5.2.3 und Beispiele I 11 ff. und I 21 ff.).

In druckhaften rolligen Lockerböden hat sich in der Bundesrepublik Deutschland bei kurzen Tunneln sowohl mit größeren als auch mit kleineren Querschnitten eine Getriebezimmerung aus Stahldielen und Stahlbögen bewährt (Kölner Verbau). Die Dielen mit 1,70 m bis 2,0 m Länge werden über Stahlstützbögen schräg nach vorn in das Gebirge vorgetrieben. In ihrem Schutze erfolgt der Tunnelausbruch. Einzelheiten zum Prinzip dieser vorläufigen Gebirgssicherung zeigt Bild 5/11. Die Ortsbrust muß in Abhängigkeit vom Boden verbaut bzw. abgeböscht werden. Verzugsdielen und Stützbögen werden bei Vollausbruch des Tunnels mit in die endgültige Tunnelauskleidung einbetoniert. Bei Auffahrung des Tunnels in mehreren Teilquerschnitten kann ein Teil der Dielen und Stützbögen wiedergewonnen werden (Beispiele I 31 bis I 34). Teilweise wird der Kölner Verbau während des Vortriebs sofort mit Spritzbeton verstärkt (NÖT mit Vorpfändung).

Anders als in der Bundesrepublik Deutschland werden im Ausland in druckhaften rolligen Lockerböden häufig Liner-Plates als Auskleidung in Verbindung mit Vortriebslanzen eingesetzt. Dabei bieten die Vortriebslanzen als wandernder Messerverzug den erforderlichen Schutz beim Einbau der Auskleidung (Bild 5/12; vgl. auch Kapitel 5.2.3).

In nachbrüchigem und gebrächem Gebirge sowie in bindigen Lockerböden mit ausreichender Standzeit gelangt sowohl für kurze als auch für lange Tunnel die Neue Österreichische Tunnelbauweise (NÖT) in zunehmender Häufigkeit zum Einsatz. Bei dieser Bauweise werden folgende Sicherungselemente aus Stahl benutzt:

– Anker und Gittermatten. Die Anker haben die Aufgabe, die unmittelbar an den Hohlraum angrenzenden Schichten in ausbruchferneren Gebirgszonen zu verankern und dadurch um den Querschnitt herum ein mittragendes Gewölbe zu erzeugen. Die Matten dienen als Steinschlagsicherung. Die heute gebräuchlichen wichtigsten Ankerarten zeigt Bild 5/13 auf.

– Mattenbewehrung der ausbausichernden Spritzbetonschale.

– Gitter- oder Walzprofilbögen in der Spritzbetonschale.

– Stollen- und Vorpfänddielen bei druckhaftem Gebirge.

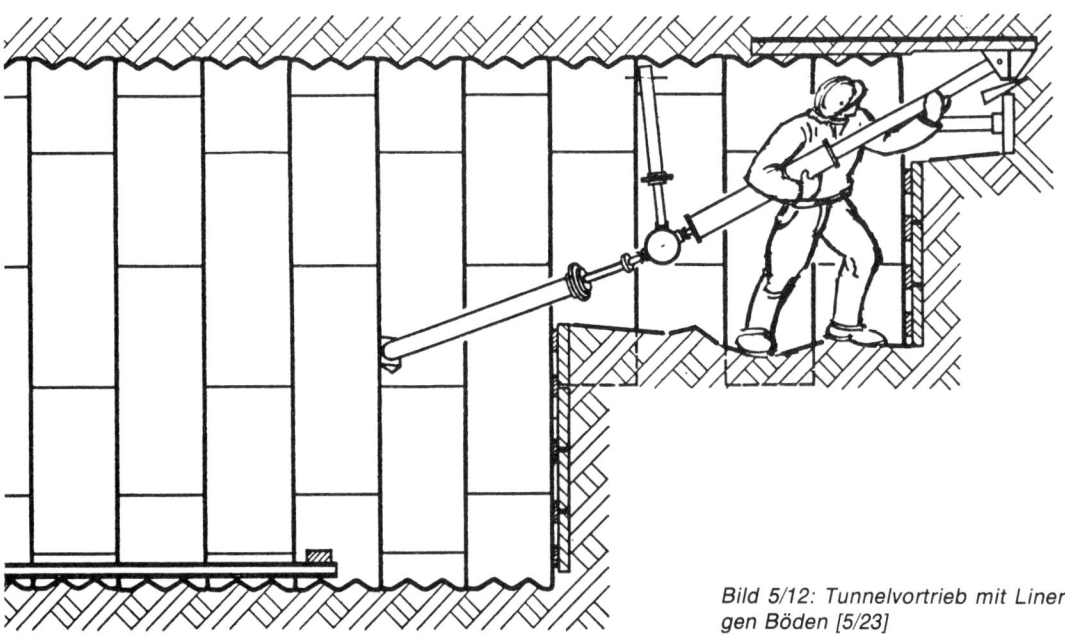

Bild 5/12: Tunnelvortrieb mit Liner-Plates und Vortriebslanzen in rolligen Böden [5/23]

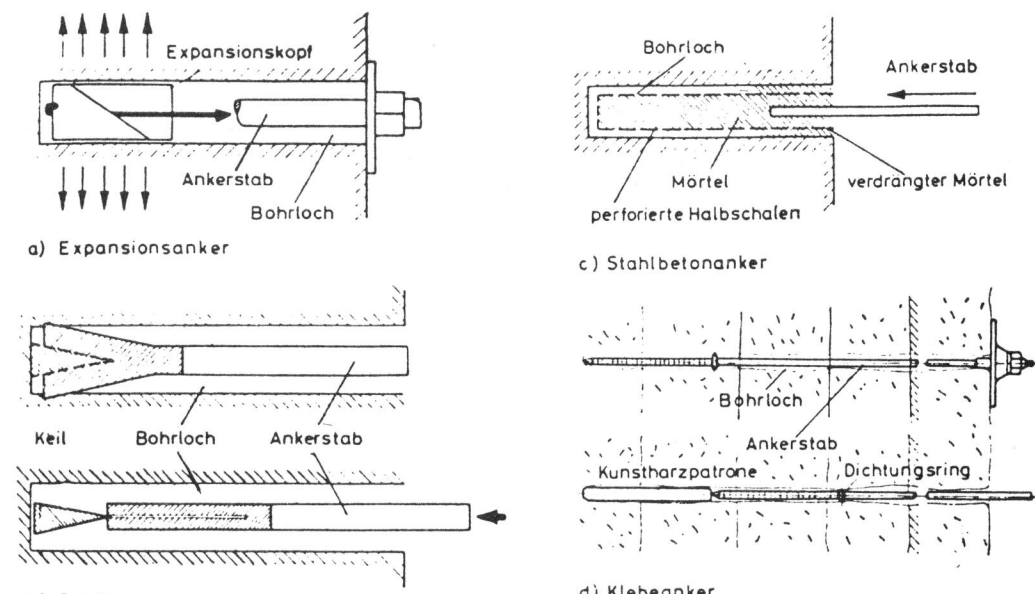

a) Expansionsanker

c) Stahlbetonanker

b) Schlitzanker

d) Klebeanker

Bild 5/13: Ankerarten

Generell kann in diesem Zusammenhang festgestellt werden, daß der Umfang des Einsatzes von Stahl mit schlechter werdender Gebirgsqualität zunimmt. Ein prinzipielles Beispiel hierzu zeigt Bild 5/14.

Eine weitere Sicherungsmethode bei der NÖT besteht in der Betonhinterfüllung von Schalungs- und Armierungsblechen (z. B. System „Bernold", Bild 5/15) oder von Auskleidungen mit Liner-Plates und evtl. als Verstärkung angeordneten Tunnelbögen. Die letztgenannte Methode wird besonders im Ausland sowohl bei kleinen als auch bei großen Tunneln praktiziert (vgl. Kapitel 5.2.3).

5.2.2 Rohrschirme (Beispiele H1 bis H11 im Anhang H)

(H1) *Anwendungsbereich der Rohrschirme*

Die Herstellung von Tunneln und Tunnelabschnitten im Schutze von Rohrschirmen hat sich in vielen Einsätzen bewährt und kann empfohlen werden:

(a) für Tunnelbauwerke, die in geschlossener Bauweise mit geringer Überdeckung z. B. unter Straßen zu errichten sind (Beispiele H1 und H2)

(b) für die Unterfahrung von Bahnanlagen und Bahndämmen in geschlossener Bauweise.

Hier ist eine Mindestüberdeckung zwischen Tunnel und Gleisbett von 1,50 m erforderlich (Beispiel H3).

(c) für kurze Bauwerksunterfahrungen in halbgeschlossener und geschlossener Bauweise (Teil-, Eck- und Vollunterfahrungen).

Die Anwendung dieses Verfahrens setzt voraus, daß eine genügend große Überdeckung und zwar mindestens 1,5 m zwischen Oberfläche Tunneldecke und Unterkante der Gebäudefundamente zum Einbau des Rohrschirmes vorhanden ist (Beispiele H4 bis H11).

Die Vorteile der Tunnelherstellung im Schutze von Rohrschirmen liegen darin, daß „geschlossene" Unterfahrungen von Gebäuden, Bahndämmen und Straßen mit geringer Überdeckung erfolgen können und die Bauweise ohne große Investitionen den verschiedensten Bedingungen und Tunnelgrößen angepaßt werden kann. Bei ihrer Anwendung werden in jeder Bauphase örtlich nur sehr begrenzte kleine Querschnitte bergmännisch freigelegt, so daß mit einer Vielzahl von im einzelnen einfachen und risikolosen Arbeitsvorgängen insgesamt schwierige Bauprobleme lösbar sind. Nachteilig sind die meist mehrfachen Lastumlagerungen insbesondere bei Gebäudeunterfahrungen. Die Summierung der daraus resultierenden Setzungsanteile kann jedoch durch Vorbelastungen der Konstruktion mit hydraulischen Pressen und Druckkissen weitgehend unschädlich gehalten werden.

(H2) *Baumethoden von Tunneln und Tunnelabschnitten im Schutze von Rohrschirmen*

Für die Anordnung der Rohrschirme gibt es grundsätzlich zwei Möglichkeiten:

(1) Einbau der Rohre in Tunnellängsrichtung

(2) Einbau der Rohre in Tunnelquerrichtung

Welche der beiden Lösungen im konkreten Einzelfall zum Einsatz gelangen sollte, ist von den örtlichen Bedingungen und den speziellen Anforderungen der Baumaßnahme abhängig. Allgemeine Empfehlungen lassen sich hierfür nicht geben. Für die beiden Einbauarten kommen folgende Auffahrtmethoden in Frage:

Zu (1): Die Rohrschirme für die Decken-, Wand- und evtl. auch Sohlbereiche werden parallel zur Tunnelachse von Schächten vor Kopf des Tunnelabschnitts oder von Mittelschächten aus vorgetrieben. Für den Tunnelausbau gibt es unter anderem die folgenden Möglichkeiten:

– Tunnelauffahrung im Teilausbruch mit abgeböschter Ortsbrust (Beispiele H1 und H2; Prinzip: Bild 5/16 a):

Zunächst werden die Tunnelaußenwände von den Randrohren aus im Schlitzverbau auf volle Tiefe hergestellt. Nach Teilaushub des Tunnels mit abgeböschter Ortsbrust folgt unmittelbar anschließend die Unterfangung des Rohrschirms mit der Tunneldecke, danach der Restaushub und die Herstellung der Sohle. Nachteil dieser Methode: Die Tragfähigkeit des Rohrschirms wird nur während des Bauzustandes genutzt.

– Tunnelauffahrung mit abgeböschter Ortsbrust und Wandergerüst (Prinzip Bild 5/16 b):

Soll der Tunnelrahmen als Ganzes hergestellt werden, z. B. wenn auch im Wandbereich ein Rohrschirm vorhanden ist, so kann die dadurch erforderliche größere Stützweite des Deckenrohrschirms durch eine wandernde Abstützung verkleinert werden. Ein Teilausbruch ist vorzuziehen, um die Ortsbrust möglichst klein zu halten. Nachteil der Methode wie vor.

– Tunnelauffahrung mit Kavernen (Beispiel H3 und H4; Prinzip Bild 5/16 c):

Der in Tunnellängsrichtung vorgepreßte Rohrschirm im Decken- und Wandbereich wird am Anfangs- und Endpunkt sowie in Zwischenpunkten in Kavernenbauweise mit endgültigen Tunnelrahmenstücken unterfangen. Danach wird der restliche Boden ausgehoben und der Tunnelrahmen ergänzt. Nachteil der Methode wie vor.

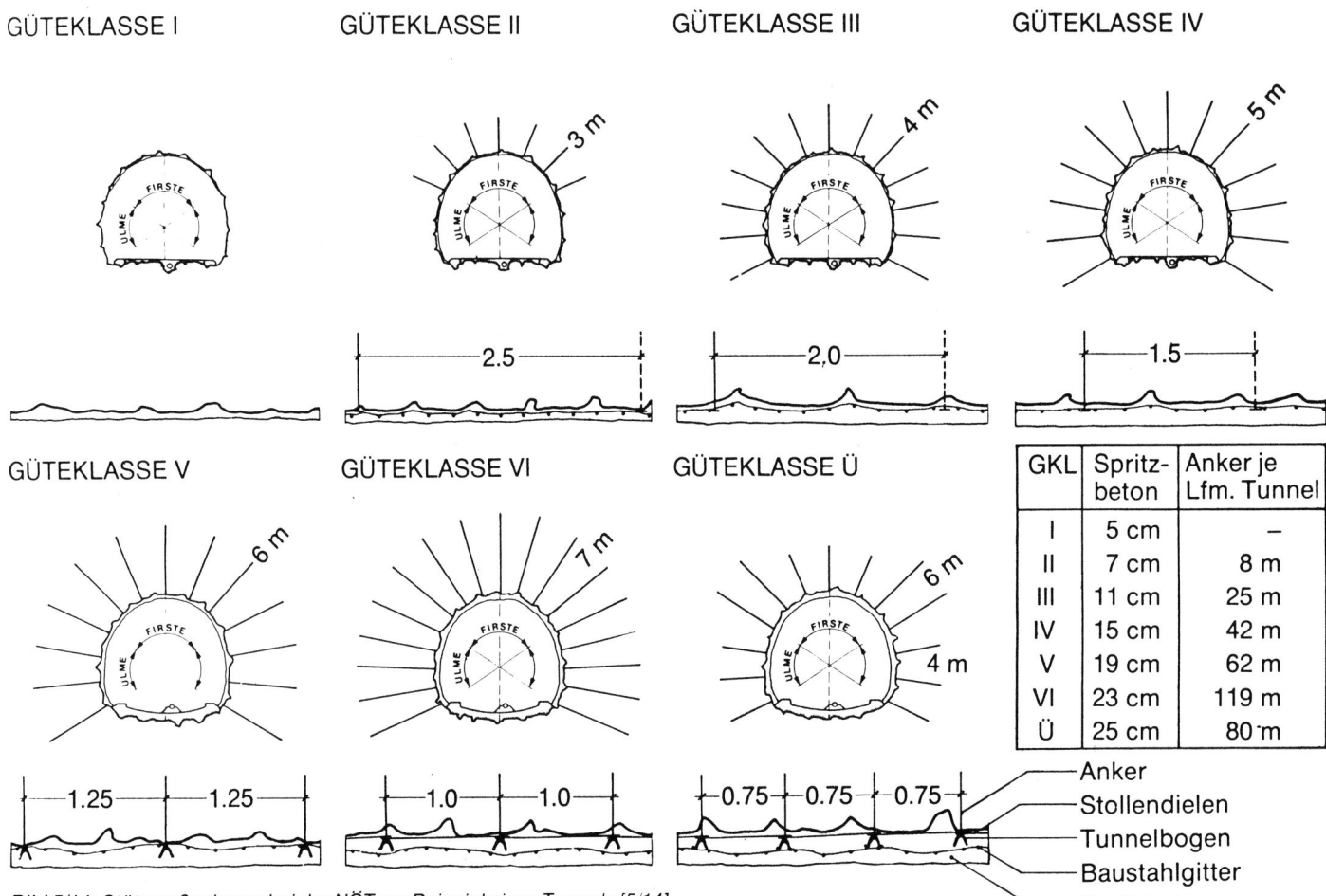

GKL	Spritz-beton	Anker je Lfm. Tunnel
I	5 cm	–
II	7 cm	8 m
III	11 cm	25 m
IV	15 cm	42 m
V	19 cm	62 m
VI	23 cm	119 m
Ü	25 cm	80 m

Bild 5/14: Stützmaßnahmen bei der NÖT am Beispiel eines Tunnels [5/14]

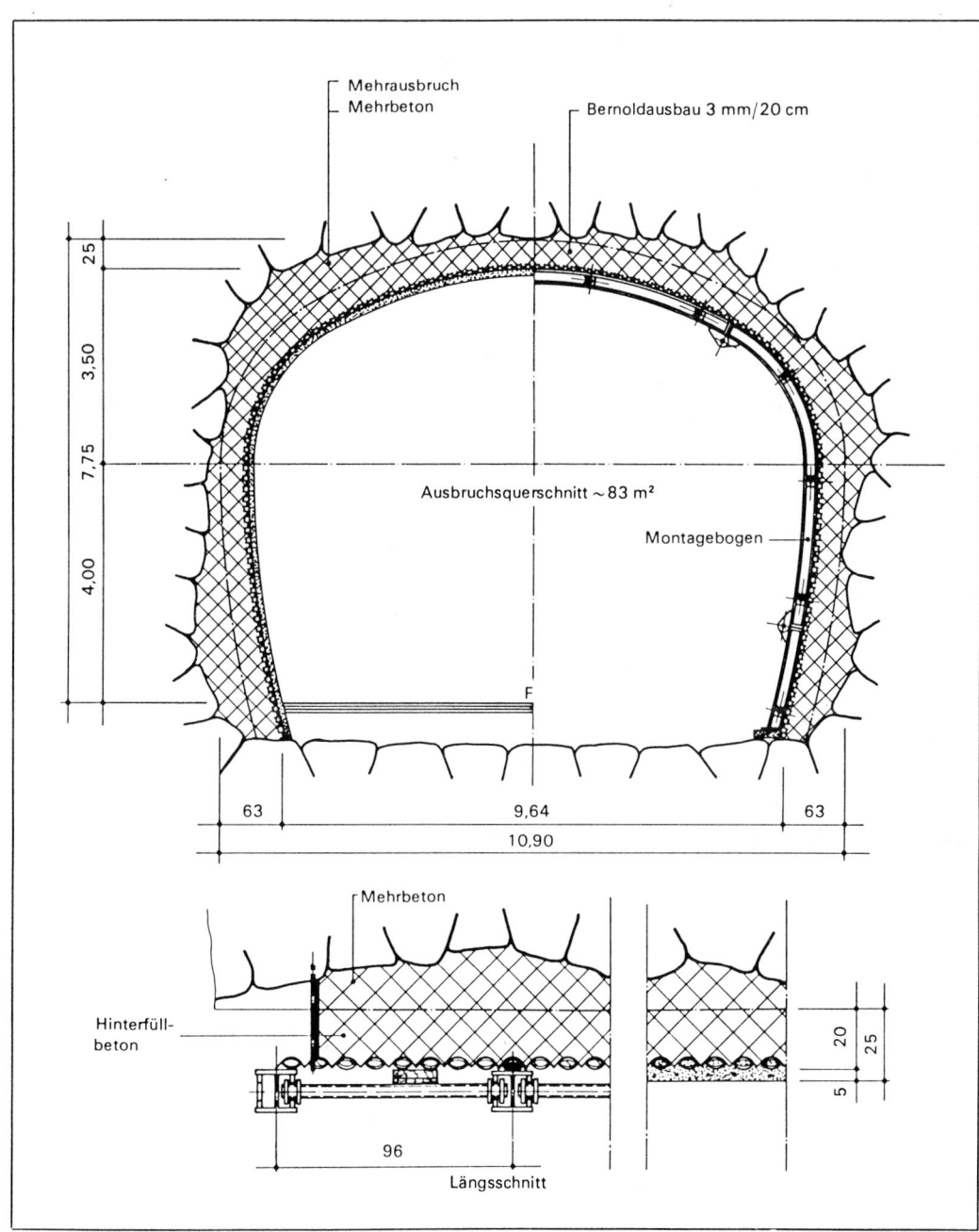

Bild 5/15: Bernoldausbau mit Schalungsblechen [5/15]

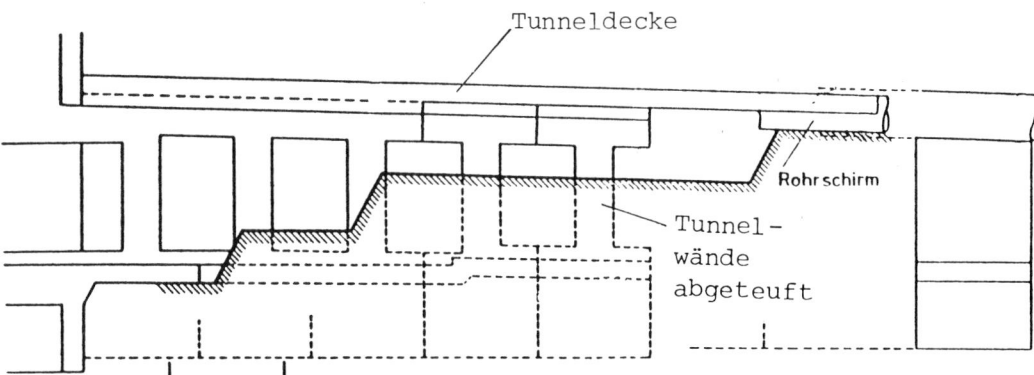

Tunneldecke

Rohrschirm

Tunnel-wände abgeteuft

a) Tunnelausbau im Teilausbruch mit abgeböschter Ortsbrust und unmittelbar nachfolgend abgeteuften Tunnelwänden (Beispiele H1 u. H2 im Anhang H)

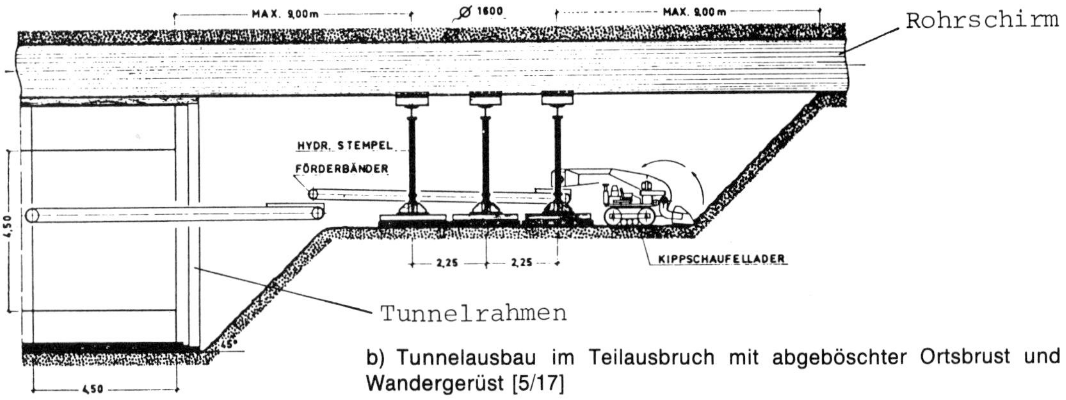

Rohrschirm

MAX. 9,00m — Ø 1600 — MAX. 9,00m

HYDR. STEMPEL
FÖRDERBÄNDER

2,25 — 2,25

KIPPSCHAUFELLADER

Tunnelrahmen

b) Tunnelausbau im Teilausbruch mit abgeböschter Ortsbrust und Wandergerüst [5/17]

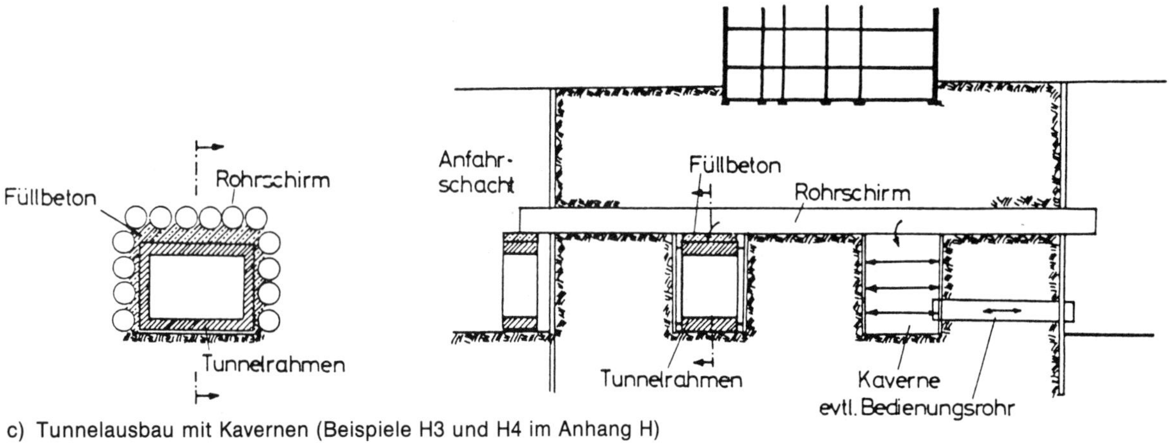

Füllbeton

Rohrschirm

Tunnelrahmen

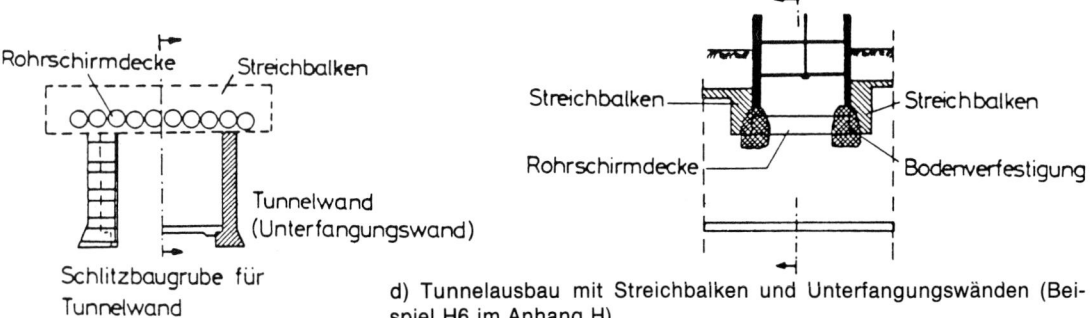

Anfahr-schacht

Füllbeton

Rohrschirm

Tunnelrahmen

Kaverne
evtl. Bedienungsrohr

c) Tunnelausbau mit Kavernen (Beispiele H3 und H4 im Anhang H)

Rohrschirmdecke

Streichbalken

Tunnelwand (Unterfangungswand)

Schlitzbaugrube für Tunnelwand

Streichbalken

Rohrschirmdecke

Streichbalken

Bodenverfestigung

d) Tunnelausbau mit Streichbalken und Unterfangungswänden (Beispiel H6 im Anhang H)

Bild 5/16: Wesentliche Tunnelauffahrmethoden in geschlossener Bauweise bei Einbau des Rohrschirmes in Tunnellängsrichtung (Prinzipdarstellung)

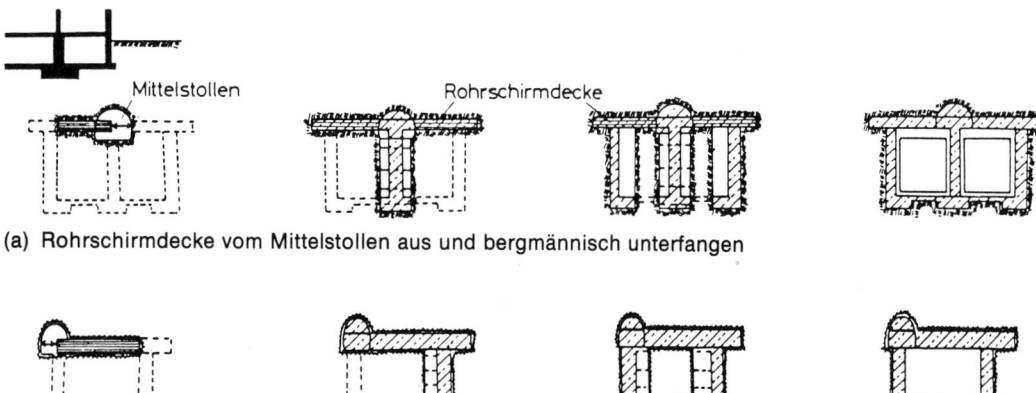

Bild 5/17: Wesentliche Tunnelauffahrmethoden in geschlossener
Bauweise bei Einbau des Rohrschirmes in Tunnelquerrichtung
(Prinzipdarstellung) [5/16]

(a) Rohrschirmdecke vom Mittelstollen aus und bergmännisch unterfangen

(b) Rohrschirmdecke von Seitenstollen aus und bergmännisch unterfangen

– Tunnelauffahrung mit Streichbalken und Unterfangungswänden für kurze Unterfahrungslängen (Beispiel H6; Prinzip Bild 5/16 d):

Der in Tunnellängsrichtung unter dem Gebäude vorgepreßte Rohrschirm wird durch Streichbalken beiderseits des Gebäudes quer zum Tunnel gefaßt und mit im Schlitzverbau hergestellten Tunnelwänden unterfangen. Vorteilhaft bei der Methode ist die Einbeziehung der Rohrschirmdecke in die endgültige Tunnelkonstruktion. Wegen der großen Kräfte ist die Spannweite der Rohrschirmdecke jedoch sehr begrenzt oder es ergeben sich unwirtschaftliche Rohr- und Balkenquerschnitte.

Zu (2): Die Rohrschirme werden bei dieser Lösung nur im Deckenbereich angeordnet. Bei der geschlossenen Bauweise werden sie quer zur Tunnellängsrichtung von bergmännisch aufgefahrenen Mittel- oder Seitenstollen aus vorgetrieben (Beispiel H8; Prinzip Bild 5/17 a). Anschließend werden die Rohrschirme mit bergmännisch hergestellten Wänden oder Bohrpfählen unterfangen und der Tunnel wird im Schutze dieser Konstruktion aufgefahren.

Bei der halboffenen Bauweise – im wesentlichen bei Eck- und Teilunterfahrungen – erfolgt der Vortrieb von seitlich angeordneten offenen Baugruben aus (Beispiele H9 bis H11, Bild 5/18 a). Letzteres ist aber auch bei schrägen Vollunterfahrungen möglich (vgl. Bild 5/18 b). Bisher sind für die Herstellung von Tunneln bzw. Tunnelabschnitten in halboffener Bauweise bei Gebäudeunterfahrungen folgende Lösungen zur Anwendung gekommen:

– Einbeziehung der Rohrschirmdecke in eine Portalabfangkonstruktion (Beispiel H9, Prinzip Bild 5/19 a und b). Die Auflagerung des Rohrschirmes erfolgt unter dem Gebäude z. B. auf einer Stabwand aus Kleinbohrpfählen, die aus den Rohren heraus hergestellt wird. Es können aber auch Stollen unter der Rohrschirmdecke zum Abteufen von Bohrpfahlwänden o. ä. vorgetrieben werden. Außerhalb des Gebäudes dienen Großbohrpfähle, Bohrpfahl- oder Schlitzwände als Auflager.

– Abfangen der Rohrschirmdecke außerhalb des Gebäudes mit einer Hilfsstütze und unterhalb des Gebäudes mit einer seitlich offenen Spritzbetonschale, in NÖT erstellt, die ihre horizontalen Kräfte in die Baugrubenaussteifung abgibt (Anhang Beispiel H10, Prinzip: Bild 5/18 a). Nach Fertigstellung des Tunnelbauwerks wird die Rohrschirmdecke auf die Tunneldecke abgesetzt.

– Abfangen der Rohrschirmdecke mit einer Hilfsabstützung und Herstellen der Tunnelsohle sowie der Tunnelwände unterhalb der Rohrschirmdecke bergmännisch in einzelnen Quer- und Längsstollen sowie Ergänzen des Tunnelquerschnitts außerhalb der Rohrschirmdecke in offener Bauweise (Anhang Beispiel H11; Prinzip: Bild 5/18 a)

(H3) Konstruktionsregeln für Rohrschirme

Verwendet werden für die Rohrschirme vorwiegend Stahlrohre mit Wanddicken zwischen 10 und 20 mm. Die Rohrdurchmesser müssen den statischen Erfordernissen angepaßt werden. Sie sollten aus baubetrieblichen Gründen aber nicht unter 1,20 m liegen.

Die Länge der einzelnen Rohrschüsse ist möglichst groß zu wählen. Werden die Rohre von Stollen aus vorgetrieben, so sollte die Stollenbreite zwischen 2,5 m und 3,5 m, die Rohrschußlänge zwischen 1,0 m bis 1,60 m betragen. Müssen die Rohre vor dem Ausbetonieren Biegemomente aufnehmen, so sind die Rohrschüsse unbedingt zu verschweißen. Dies gilt bei Rohren für den Materialtransport, die nicht sofort mit Beton verfüllt werden können. An die Qualität der Schweißnähte sind in einem solchen Fall hohe Anforderungen zu stellen, da sie auf Querkraft und Biegung beansprucht werden. Außerdem sind die Kerbspannungen an den Übergängen zu beachten. Um schwierige Überkopfschweißungen zu vermeiden, sollte die Schweißnaht in der oberen Hälfte als Außennaht und in der unteren Hälfte als Innennaht ausgeführt werden.

Dienen die Rohre dagegen nur als Schalung und werden sie – wie meist üblich – nach dem Vortrieb sofort bewehrt und ausbetoniert, so können die Rohrschüsse auch stumpf gestoßen und nur mit einem inneren Führungsring gegeneinander fixiert werden.

(H4) Auslegung und Anordnung der Vorschubpressen im Anfahrschacht

Bei den meist kurzen Strecken von 40 bis 60 m und den verhältnismäßig geringen Rohrdurchmessern unter 2,0 m ist für die Hauptpressenstation im Anfahrschacht eine Kraft von 6,00 MN i. a. ausreichend. Die Tendenz geht heute dahin, die Vortriebskräfte mit wenigen Hydraulikpressen zu erzielen. Noch vor wenigen Jahren wurden Vorschubzylinder mit einer Einzelkraft von 1,00 MN angesetzt. Heute verwendet man üblicherweise zur Erzeugung von 6,00 MN Vorschubkraft einen Zweiersatz mit 3,00 MN Einzelpressenkraft. Sofern es die auftretende Wandreibung zwischen Rohr und Gebirge erfordert, wird die aus Spitzendruck und Reibungskraft gebildete Gesamtvorschubkraft durch die Anwendung thixotroper Gleitschichten herabgesetzt.

Was die Anordnung der Vorschubpressen im Anfahrschacht anbetrifft, so kennt man heute im wesentlichen 3 Systeme:

– Das Leitersystem (Bild 5/19a) wurde überwiegend für längere Vortriebe verwendet. Vier Führungs- und Abstützträger werden im Anfahrschacht fest installiert. Die Vorschubpressen stehen mit ihrem Fuß auf Traversen, die in den Führungsträgern ½-m-weise abgesteckt werden können. Die Pressenköpfe sind am Druckverteilungsring befestigt und werden über diesen in den Führungs- oder Leiterträgern geführt.

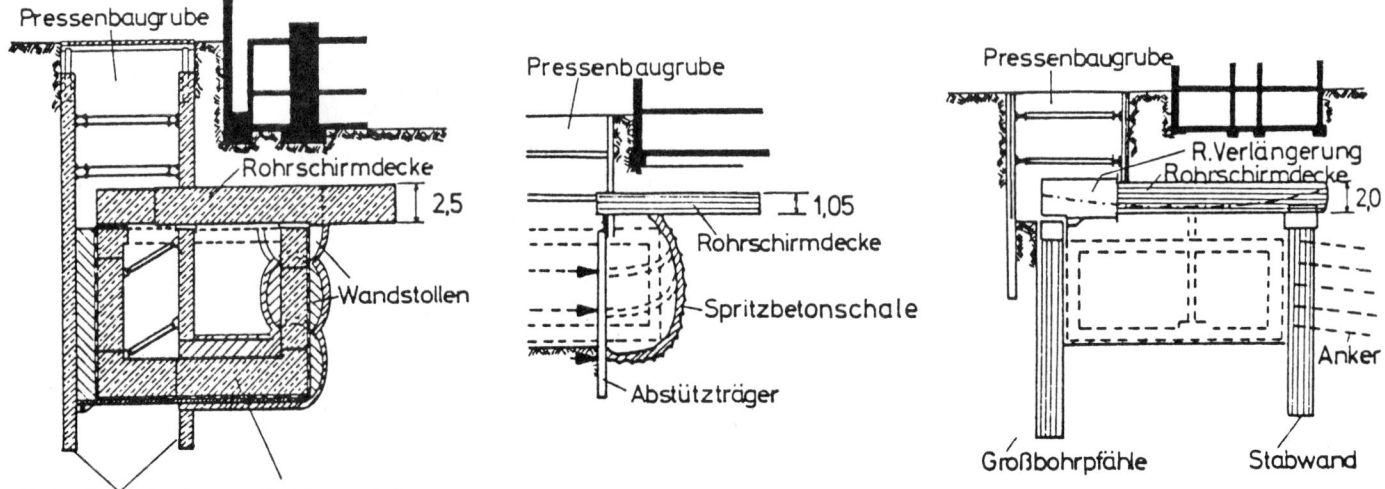

a) Eck- und Teilunterfahrungen

b) Schräge Vollunterfahrung

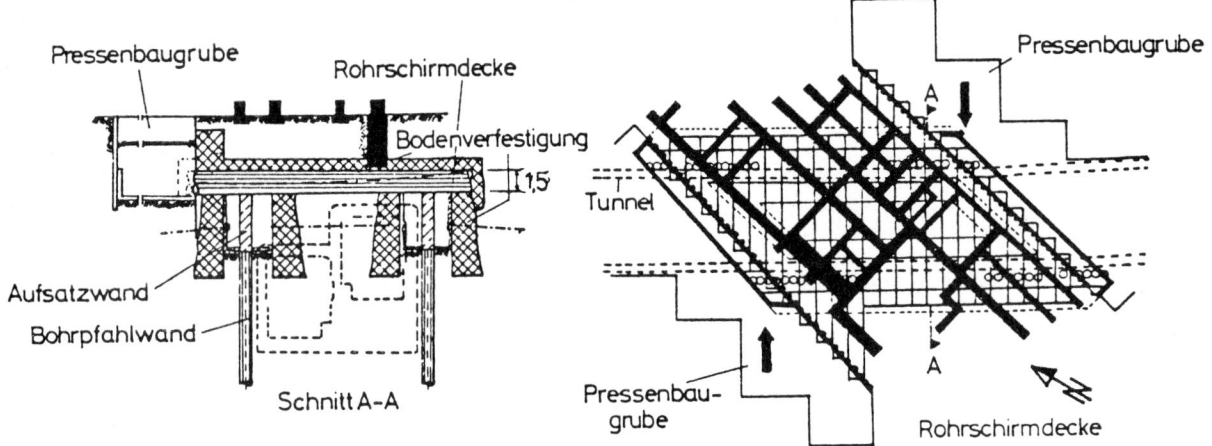

Bild 5/18: Ausgeführte „halboffene" Gebäudeunterfahrungen mit Rohrschirmen quer zur Tunnelachse [5/16]

— Geringeren Montageaufwand und schnellere Umbau-Möglichkeit von einem Vortrieb zum nächsten bietet das zweite System (Bild 5/19b). Der Pressensatz wird in einem fahrbaren Gestell untergebracht. Nachdem der Pressenhub einmal aufgefahren ist, wird nach Einziehen der Kolben ein ebenfalls fahrbares Verlängerungs-Element zwischen Pressen und Verteilungs-Rahmen eingesetzt.

— Als drittes System ist der Einsatz von teleskopartig ausgebildeten Vorschubpressen zu erwähnen. In diesem Fall muß der mögliche Hub einschl. Teleskopauszug der Länge eines Rohrschusses entsprechen.

(H5) *Maßnahmen zur Setzungsminderung bei der Herstellung von Tunneln und Tunnelabschnitten im Schutze von Rohrschirmen*

Die Setzungen bei der Herstellung von Tunneln im Schutze von Rohrschirmen ergeben sich aus verschiedenen Komponenten, nämlich aus:

— der Grundwasserabsenkung,

— der Rohrvorpressung (5 bis 20 mm),

— den elastischen Verformungen der Rohre je nach Baumethode (zum Teil mehrere Male),

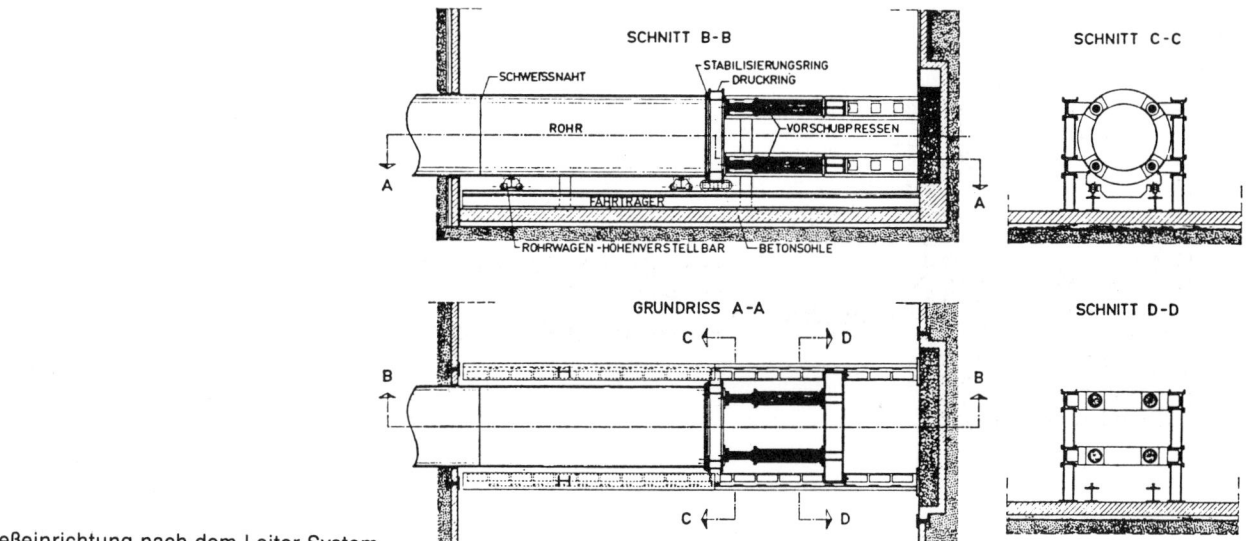

a) Vorpreßeinrichtung nach dem Leiter-System

b) Vorpreßeinrichtung mit Verlängerungs-Element

Bild 5/19: Anordnung der Vorschubpressen im Anfahrschacht [5/17]

– der Herstellung der Unterfangungskonstruktion,

– der Unterfangungskonstruktion bei Umlagerung der Lasten.

Zur Beherrschung der Setzungen können folgende Maßnahmen in Abhängigkeit von den örtlichen Gegebenheiten empfohlen werden:

– Bodenverfestigung zwischen Rohrschirm und Hausfundamenten (Beispiele H6, 9, 11)

– Setzungsminderung beim Vortrieb der Rohre z. B. durch:

  ● versetztes Vortreiben der einzelnen Rohre und sofortiges Ausbetonieren nach Fertigstellung eines Rohrvertriebs auf voller Länge

● voreilende Rohre gegenüber dem jeweiligen Aushub, um so die Auflockerung an der Ortsbrust im Rohr zu verhindern.

– Vorspannen der Rohrschirmdecke (Beispiel H 9)

– Einbau von Pressen unter dem Rohrschirm am Kopf der Unterfangungswände und -stützen, um die Setzungen der Unterfangungswände und -stützen vorwegzunehmen (Beispiele H5, 8, 9, 10).

– Schneller kraftschlüssiger Verbau der bergmännisch aufgefahrenen First- und Wandstollen und Vorspannen evtl. eingebauter Tunnelbögen gegen das Gebirge (Beispiele H6, 8, 11).

5.2.3 Tübbinge oder Pfändung (Beispiele I 11 bis I 34 in Anhang I)

(I 1) *Anwendungsbereiche*

– Liner-Plates (Stahlausbauplatten, Bilder 5/20 und 5/21) haben sich als vorläufige Tunnelauskleidung im Ausland sowohl in druckhaften Lockerböden als auch in gebrächem Gebirge bewährt. Sie werden eingesetzt für kleine und große Tunnel mit kreis-, hufeisen- bzw. ellipsenförmigen Querschnitten.

Für die unterschiedlichen Gebirgsbedingungen und Tunnelgrößen haben sich verschiedene Einbaumethoden herausgebildet (vgl. Hinweis (I 4)). In Verbindung mit Vortriebsmaschinen und Schilden lassen sich mit der Liner-Plate-Auskleidung verhältnismäßig hohe Vortriebsleistungen erzielen. Allerdings ist der Montageaufwand wegen der geringen Elementabmessungen z. T. erheblich.

In Deutschland wurden Liner-Plates bisher nur bei kleinen Tunneldurchmessern (1,56 bis 2,75 m) in Verbindung mit einem Schildvortrieb eingesetzt (vgl. Hinweis (I 3)).

Die Grundwasserhaltung kann durch Absenkung, aber auch durch Druckluft oder flüssigkeitsgestützte Ortsbrust (Schildvortrieb) erfolgen, da die Fugen der Liner-Plates abgedichtet werden können (vgl. Hinweis (I 5)).

– Geschweißte Stahltübbinge einfacher Form wurden im Ausland als vorläufige Tunnelauskleidung in Verbindung mit dem Schildvortrieb des öfteren eingesetzt. Diese Art der Auskleidung ist überwiegend aus Beispielen für Ver- und Entsorgungskanäle bekannt (Bilder 5/22 und 5/23), in Einzelfällen aber auch für U-Bahn- und Straßentunnel (Bild 5/24) bekannt.

Die Grundwasserhaltung kann wiederum durch Absenkung, Druckluft oder flüssigkeitsgestützte Ortsbrust erfolgen, da entsprechende Fugenabdichtugen möglich sind.

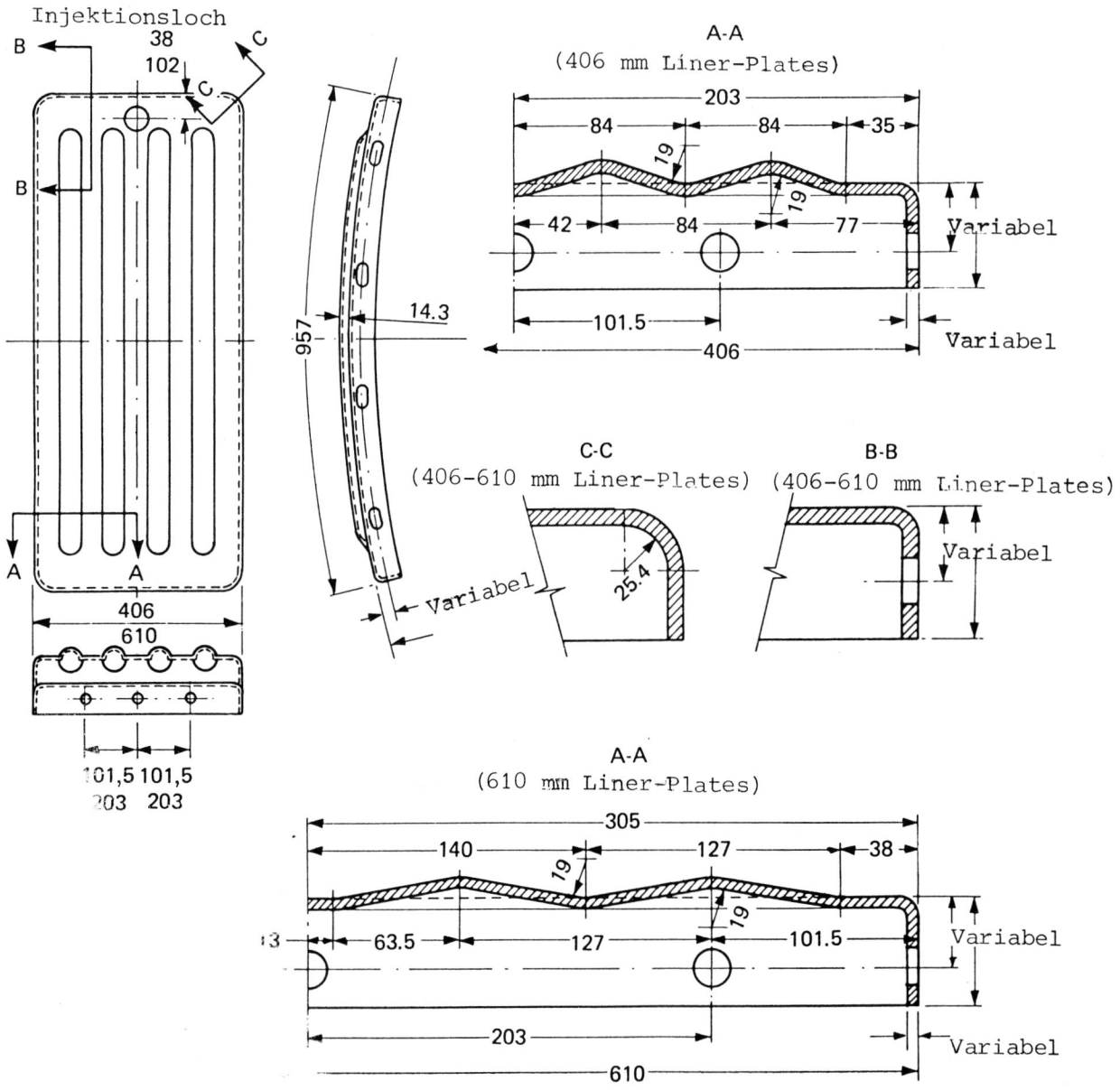

Bild 5/20. Commercial Hydraulics Liner Plates (alle Angaben in mm)

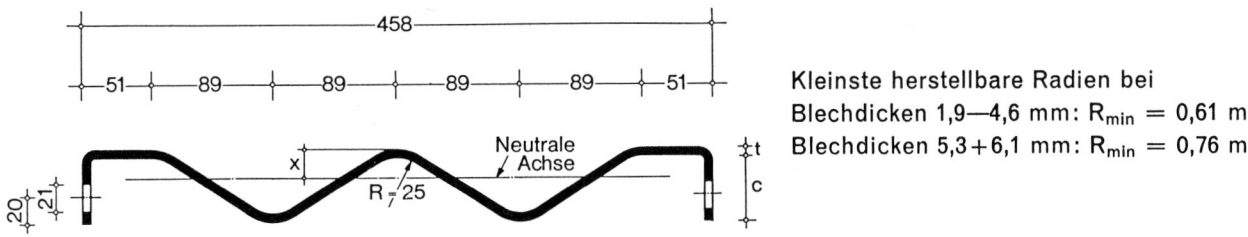

Kleinste herstellbare Radien bei
Blechdicken 1,9—4,6 mm: $R_{min} = 0,61$ m
Blechdicken 5,3+6,1 mm: $R_{min} = 0,76$ m

ARMCO LINER-PLATE -Querschnittswerte und Gewichte der Platten

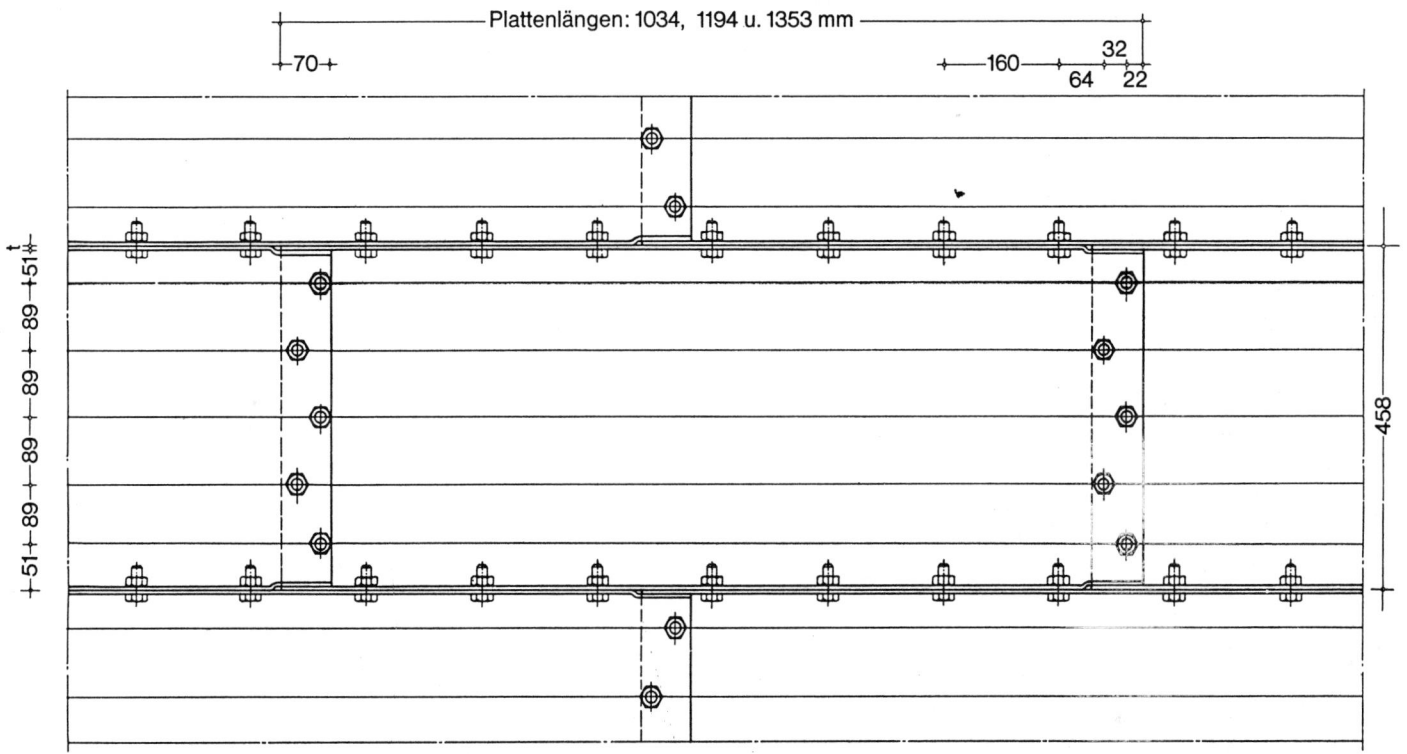

Bild 5/21: Technische Daten und Abmessungen von Stahlausbauplatten der Firma Armco-Thyssen [5/23]

Abwassersiel Chicago

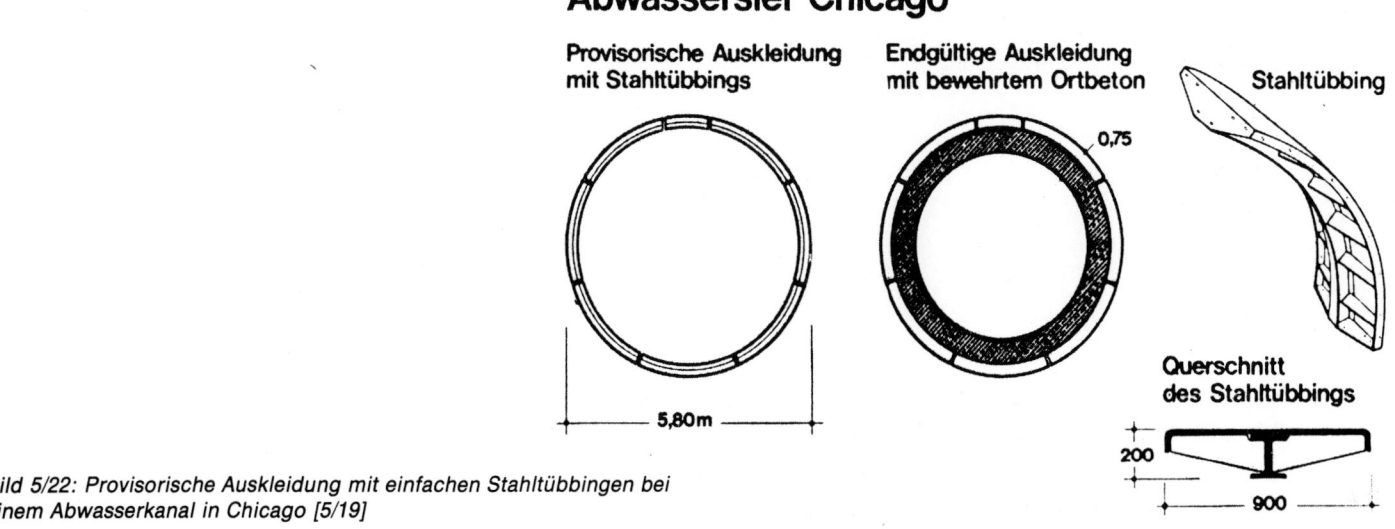

Bild 5/22: Provisorische Auskleidung mit einfachen Stahltübbingen bei einem Abwasserkanal in Chicago [5/19]

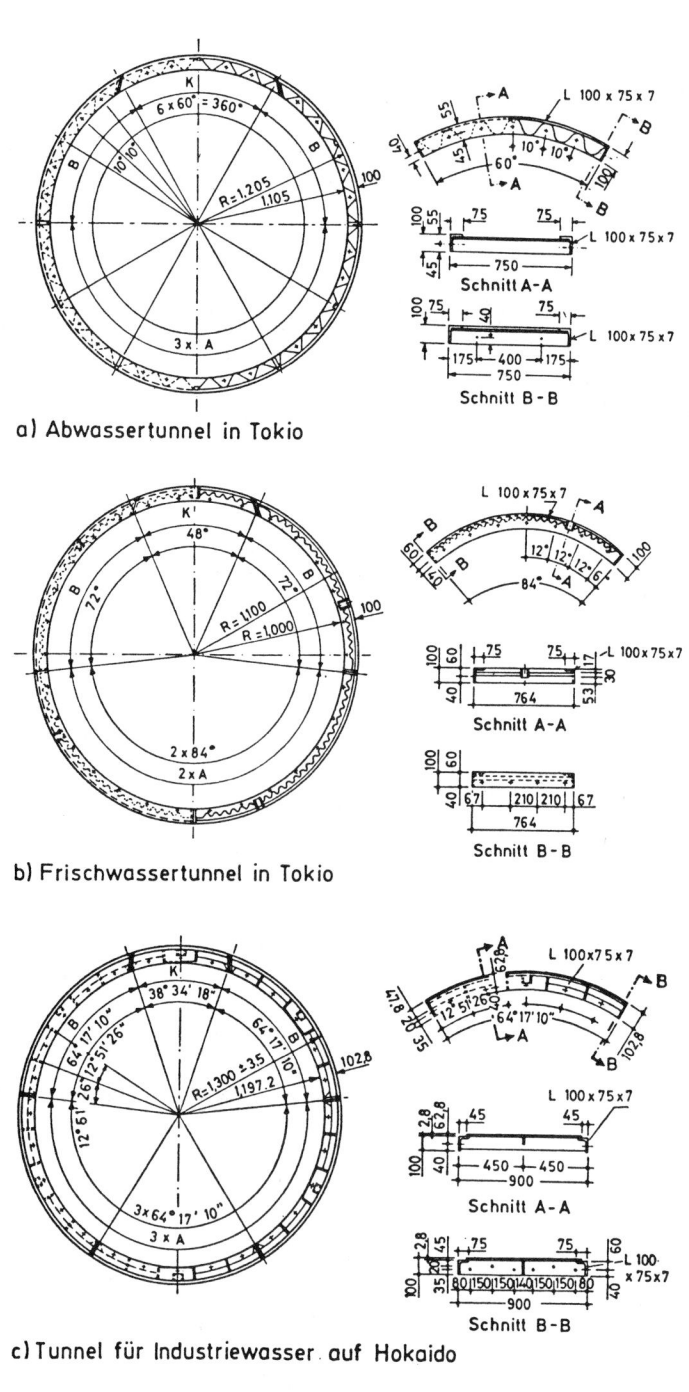

a) Abwassertunnel in Tokio

b) Frischwassertunnel in Tokio

c) Tunnel für Industriewasser auf Hokaido

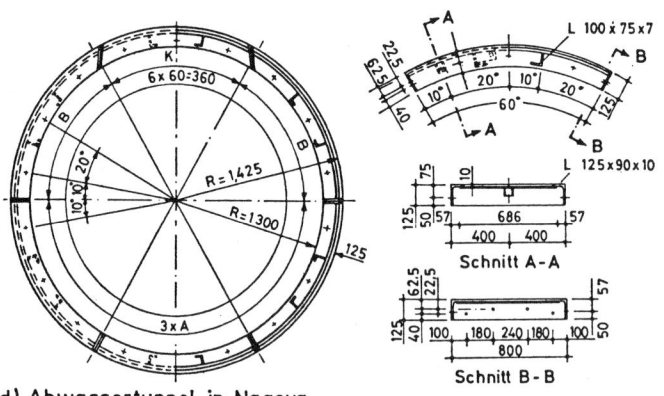

d) Abwassertunnel in Nagoya

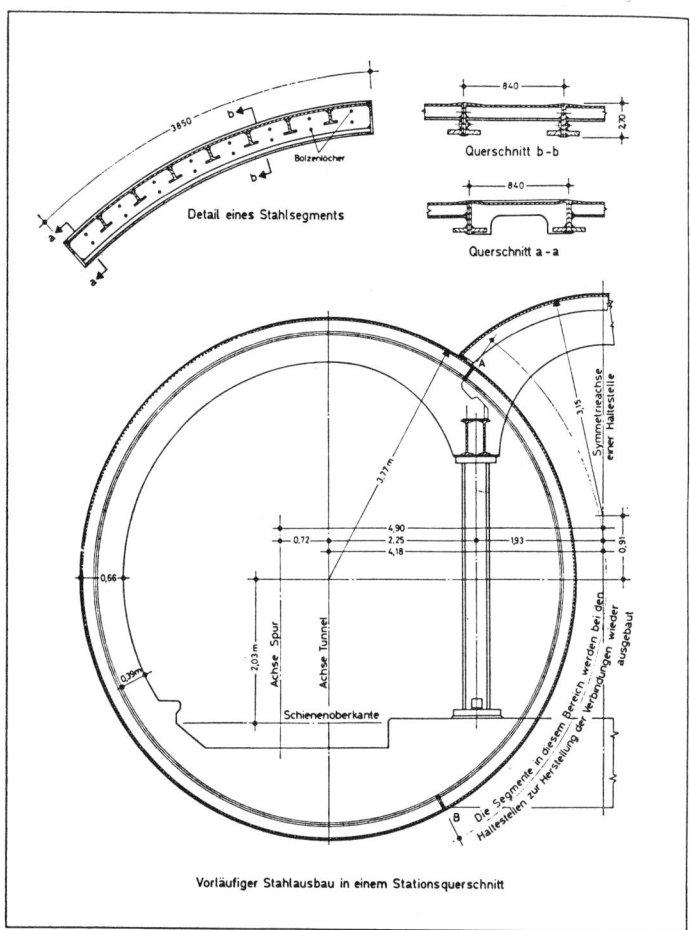

Bild 5/24: Stahlausbau des U-Bahntunnels in Chicago [5/20]

– Vorpfänddielen aus Stahl haben sich in Verbindung mit Tunnelbögen und Trägerkonstruktionen (Kölner Verbau) sowohl in Deutschland als auch im Ausland in druckhaften Lockerböden als vorläufige Tunnelsicherung mehrfach bewährt. Sie gelangten bei Vollausbrüchen ebenso wie bei Teilausbrüchen kurzer Tunnel zur Anwendung. Eine solche vorläufige Gebirgssicherung erfordert keinen hohen Investitionsaufwand und ist an örtliche Verhältnisse sehr anpassungsfähig. Es lassen sich mit dieser Sicherungsmethode kreisförmige Tunnel, aber auch Gewölbe- und Rechteckquerschnitte auffahren (Bild 5/25). In Verbindung mit Spritzbeton läßt sich die Steifigkeit des Verbaus günstig erhöhen. Bisher wurde der Kölner Verbau nur außerhalb des Grundwassers in Verbindung mit einer Grundwasserabsenkung eingesetzt (Beispiele I 31 bis I 33 in Anhang I).

(I 2) *Konstruktive Ausbildung des Liner-Plate-Verbaus*

Liner-Plates sind kaltverformte profilierte Stahlplatten. Es gibt sie mit rundumlaufenden Flanschen, mit gewellter oder glatter Außenhaut (Bild 5/20) und nur mit parallelen Flanschen in gewellter Form (Bild 5/21).

Bild 5/23: Beispiele für Ver- und Entsorgungstunnel mit Stahltübbingausbau in Japan [5/18]

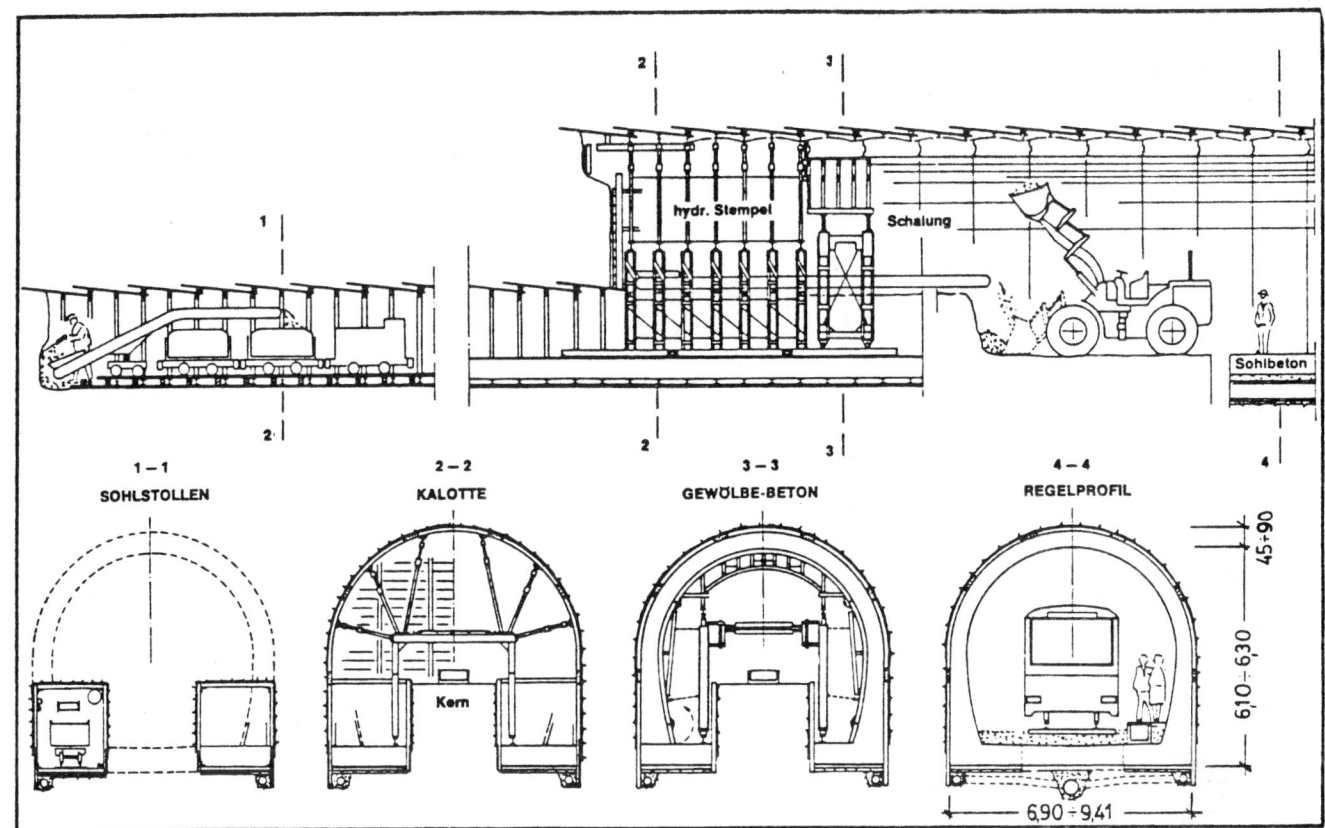

a) Gewölbequerschnitt

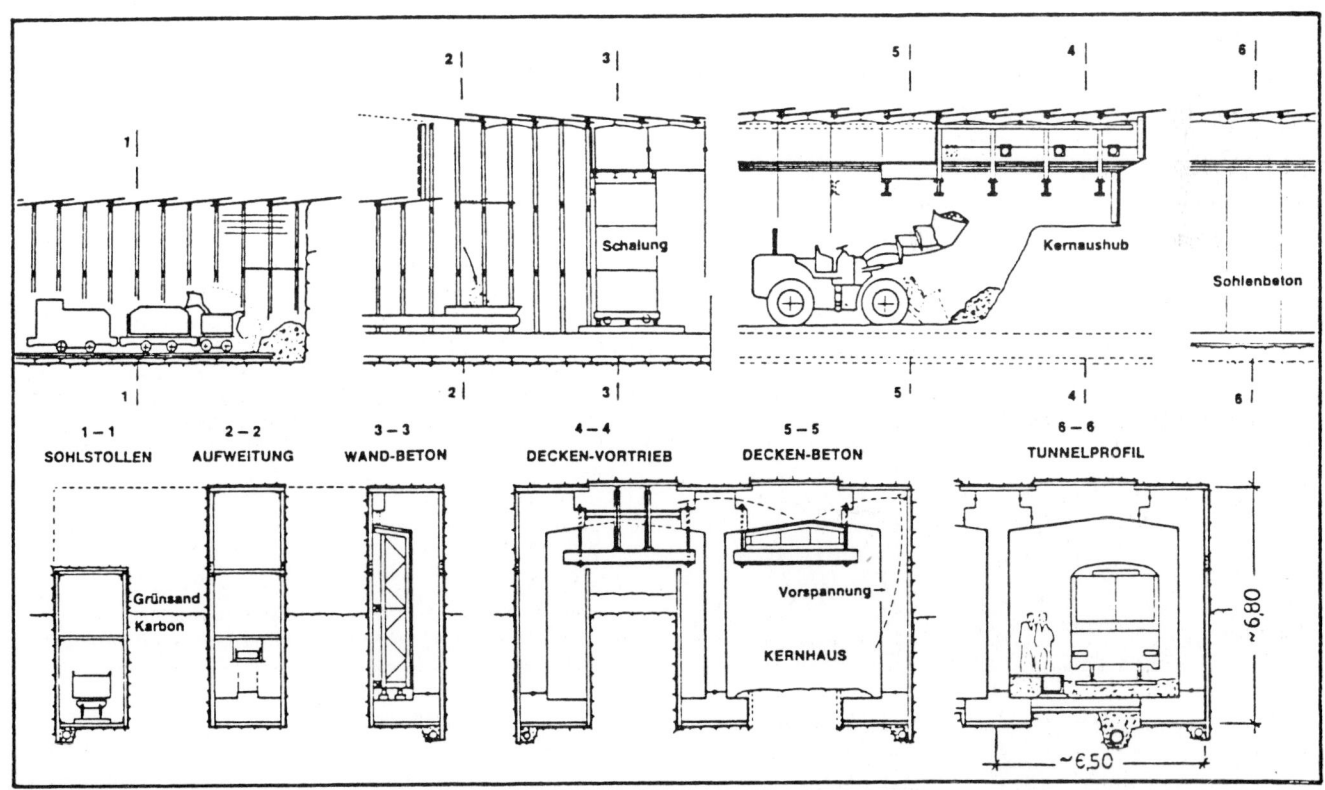

b) Rechteckquerschnitt

Bild 5/25: Einsatz des Kölner Verbaus für Gewölbe- und Rechteckquerschnitte [5/21] (Beispiel I 31 im Anhang I)

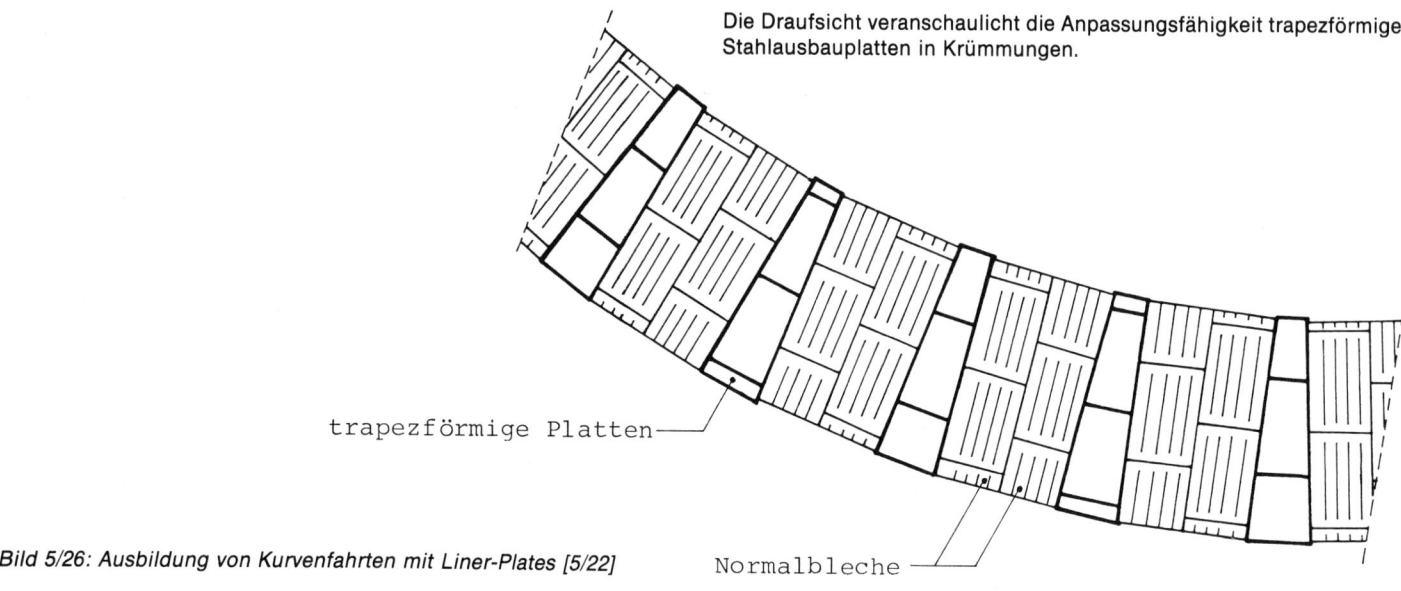

Die Draufsicht veranschaulicht die Anpassungsfähigkeit trapezförmiger Stahlausbauplatten in Krümmungen.

trapezförmige Platten

Bild 5/26: Ausbildung von Kurvenfahrten mit Liner-Plates [5/22]

Normalbleche

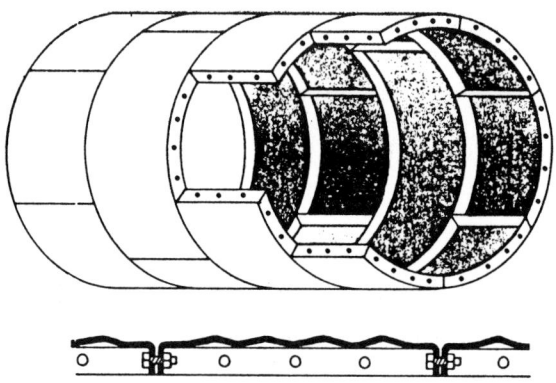

a) ohne Träger

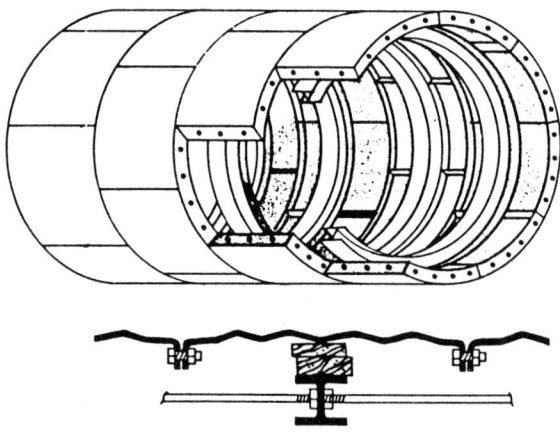

b) mit Trägern auf der Innenseite

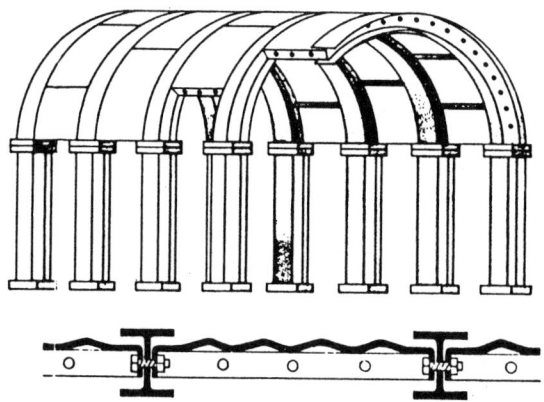

c) mit Trägern zwischen den Liner-Plates

Bild 5/27: Verschiedene Ausbildungen des Verbaus mit Liner-Plates [5/22]

Die Stahlausbauplatten werden normalerweise in Längen von 1000 bis 1300 mm und Breiten von 400 bis 600 mm hergestellt. Ihre Blechdicke (gewählt werden kann zwischen 2 und 6 bzw. 9 mm) und Krümmung wird aber jeweils der Art des betreffenden Projektes angepaßt. Kurvenfahrten werden durch den Einbau trapezförmiger Platten erreicht (Bild 5/26). Verbunden werden die einzelnen Stahlplatten durch Verschraubung der Flansche bzw. der Blechaußenhaut. Die Gewichte der Platten sind i. a. so gering, daß sie von Hand versetzt werden können. Falls erforderlich, werden die Platten mit Injizierlöchern versehen geliefert.

Bei größeren Durchmessern und für schwere Lasten empfiehlt es sich, die Stahlausbauplatten durch gebogene Träger oder Rippen zwischen den Auskleidungsringen oder auf deren Innenseite zu ergänzen (Bild 5/27).

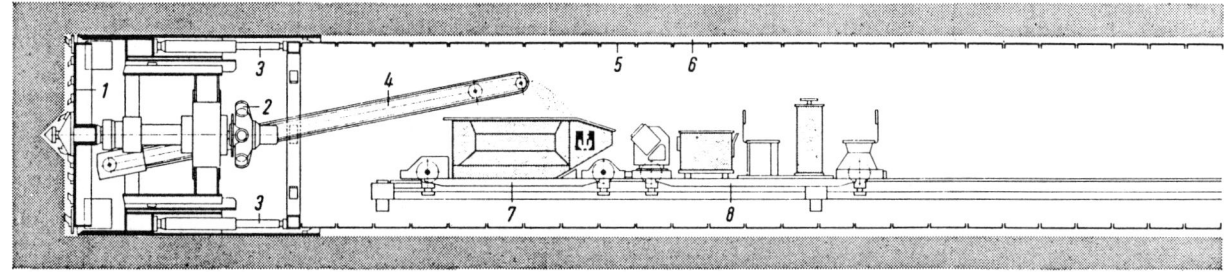

1 SCHNEIDRAD	4 AUSTRAGBAND 300 mm	7 KÜBELWAGEN	10 ANTRIEBSAGGREGATE	13 SCHLITZWAND
2 ANTRIEBSMOTOR STAFFA MARK 5	5 LINER PLATES 5 mm	8 MOTORWAGEN	11 KÜBEL	14 SCHIENEN-ZWISCHENSTÜCK
3 8 HYDR. VORSCHUB-PRESSEN JE 50 MP	6 HINTERPRESSMÖRTEL	9 LUFTLEITUNGEN	12 KIPPGRUBE	15 SCHLEUSE

Bild 5/28: Schildvortrieb mit Liner-Plate-Ausbau (Beispiel I 12 im Anhang I) [5/24]

(I 3) *Einsatz von Liner-Plates beim Schildvortrieb.*

Der Schildvortrieb in Verbindung mit einer vorläufigen Auskleidung aus Liner-Plates hat sich in Deutschland bei kleinen Tunneldurchmessern (1,56 bis 2,75 m) bewährt und kann sowohl in preislicher als auch in technischer Hinsicht als konkurrenzfähiges Verfahren angesehen werden. Insbesondere beim Bau von Abwasserkanälen liegt der Vorteil dieser Bauweise darin, daß ein qualitätsmäßig besserer Kanal (weniger Fugen, höhere Genauigkeit im Gefälle usw.) durch das nachträgliche Einziehen einer Ortbetoninnenschale erzielt wird, als z. B. mit einer bleibenden endgültigen Tübbingauskleidung aus Beton.

Beim Schildvortrieb können nur Liner-Plates mit glatter Außenhaut eingesetzt werden, da es sonst Schwierigkeiten mit der Schildschwanzabdichtung gibt (Bild 5/28). Für die Abtragung der Schildvortriebskräfte über die Liner-Plate-Auskleidung in den Boden sind ein entsprechend ausgebildeter Druckring und zusätzlich in die Ausbauplatten eingeschweißte Längsaussteifungen erforderlich, die ein Ausbeulen der Platten verhindern (Bild 5/29, vergl. auch Beispiele I 11 im Anhang I).

Wird der Schildtunnel in wasserführenden Schichten z. B. mit Druckluft vorgetrieben, so ist eine weitgehend luft- und wasserdichte Auskleidung anzustreben (s. Hinweis (I 5)).

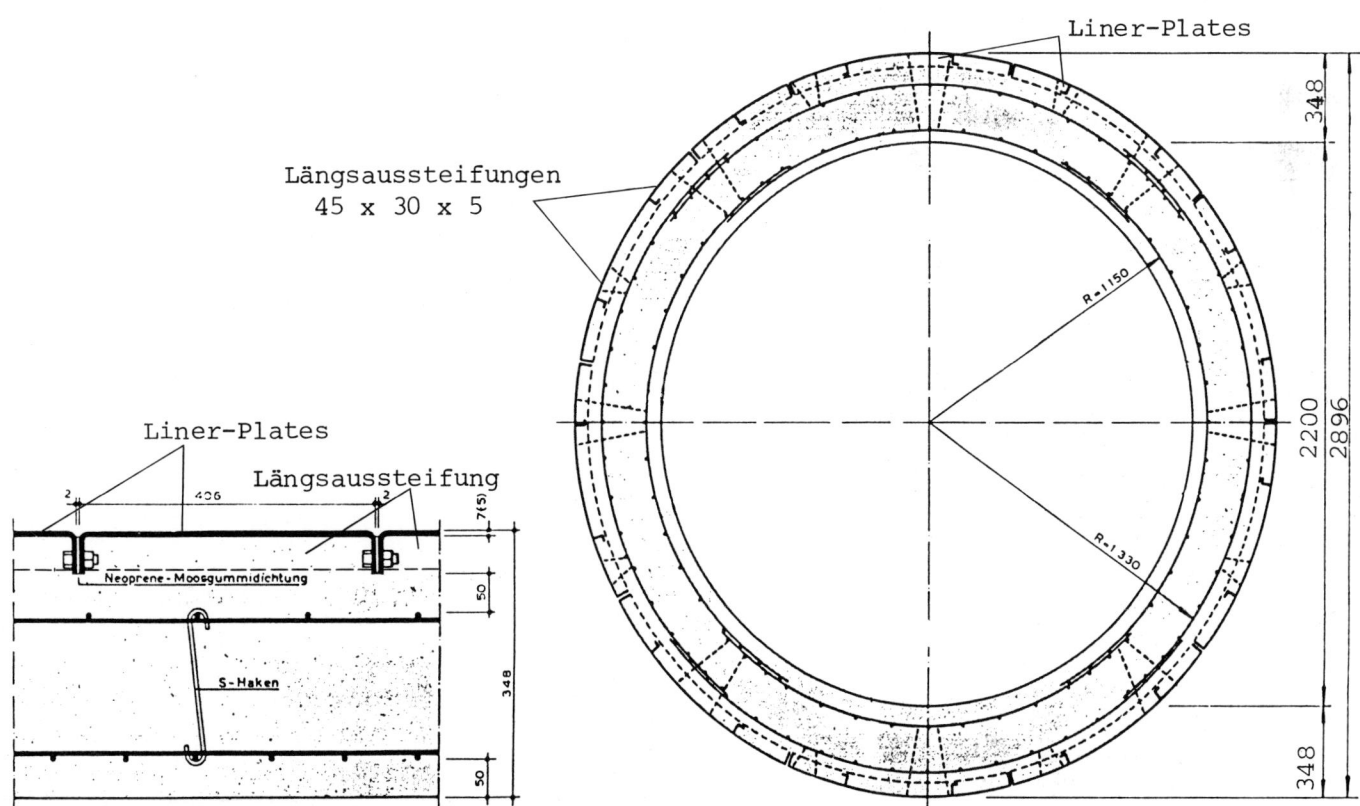

Bild 5/29: Tunnel mit vorläufigem Liner-Plate-Verbau und Stahlbetoninnenschale (s. auch Beispiel I 11 im Anhang I) [5/25]

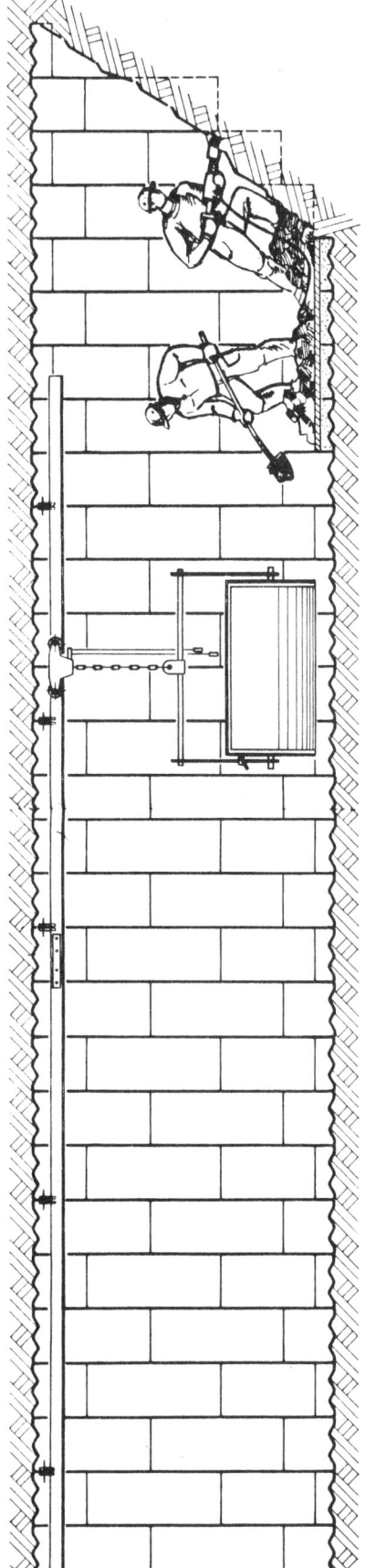

a) Einbau von Liner-Plates bei zeitweise standfestem Erdreich oder Fels für Tunnelabmessungen bis zu etwa 3 m Durchmesser

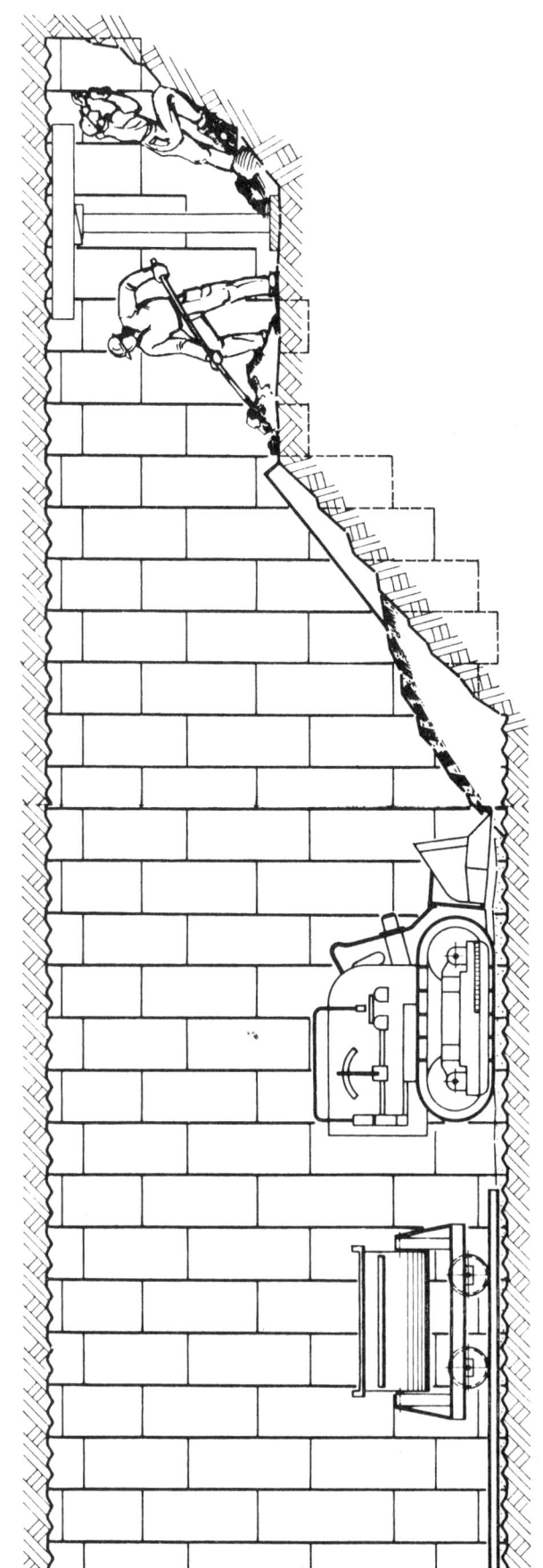

b) Einbau von Liner-Plates bei zeitweise standfestem Erdreich oder Fels für Tunnelabmessungen über 3 m Durchmesser

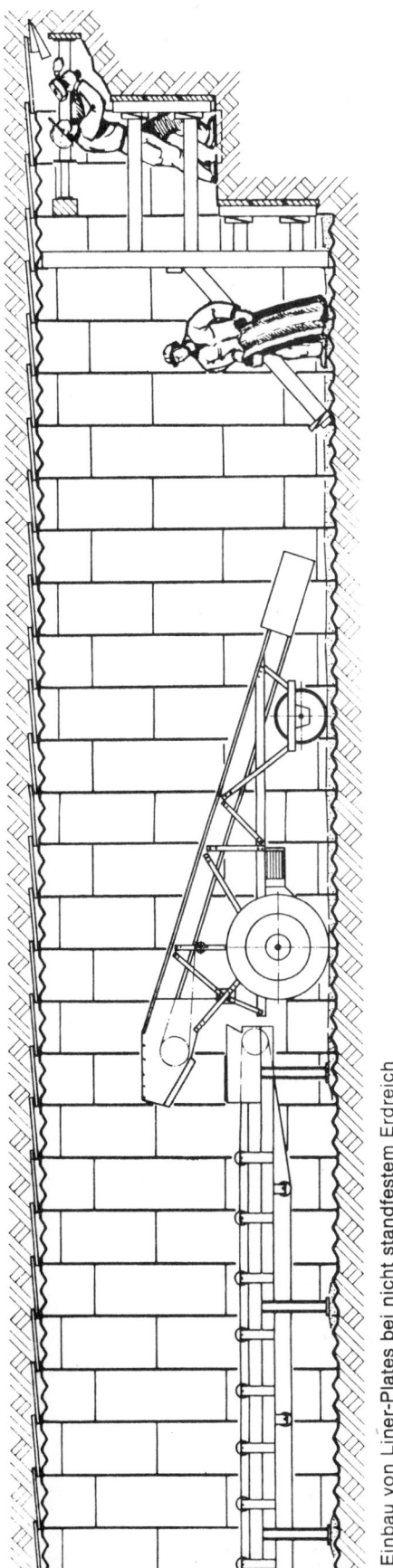

c) Einbau von Liner-Plates bei nicht standfestem Erdreich

d) Einbau von Liner-Plates bei nicht standfestem Erdreich

Bild 5/30: Ausbaumethoden mit Liner-Plates bei verschiedenen Gebirgsverhältnissen (nach [5/23])

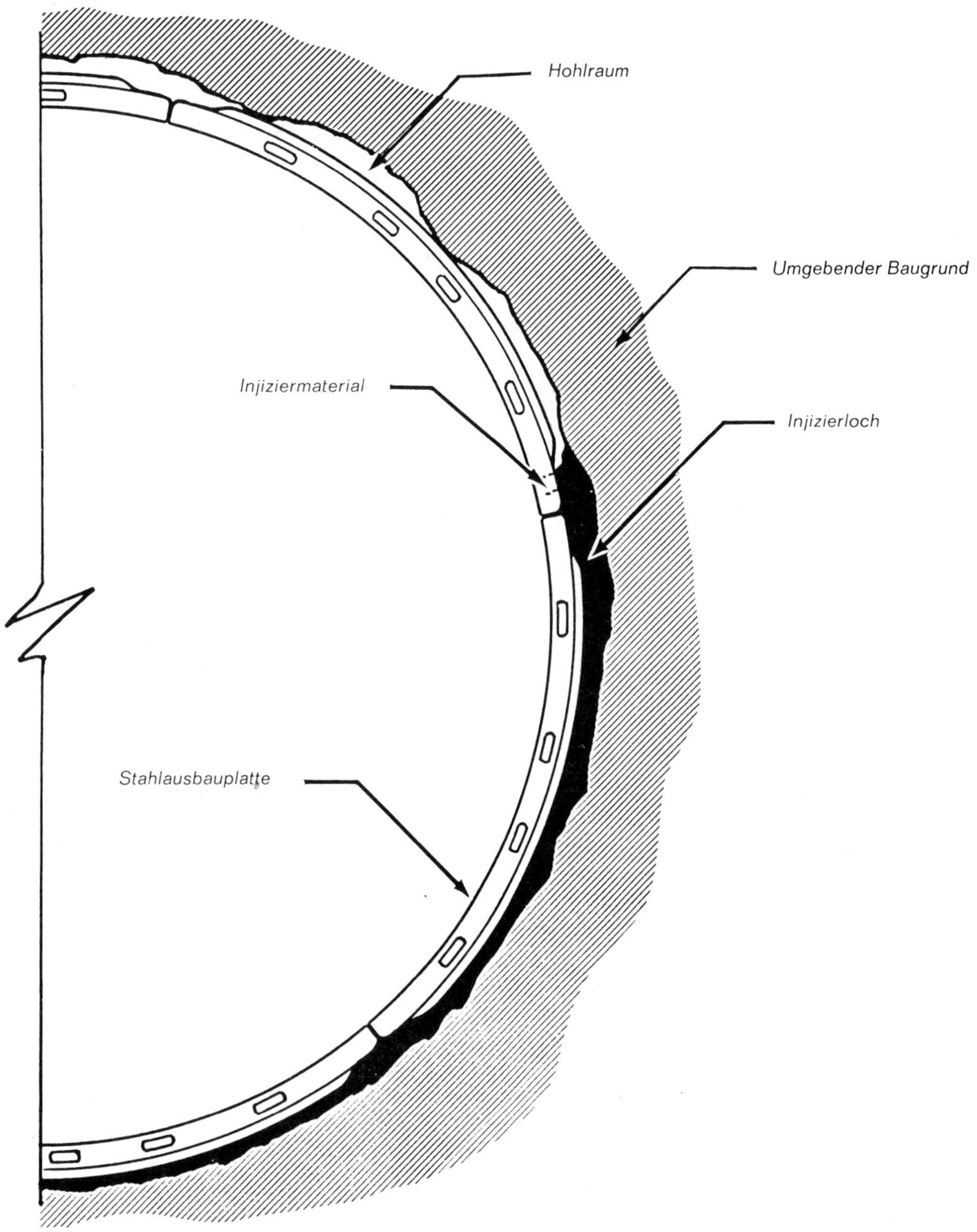

Hohlraum

Umgebender Baugrund

Injiziermaterial

Injizierloch

Stahlausbauplatte

Bild 5/31: Hinterfüllen der Liner-Plates [5/22]

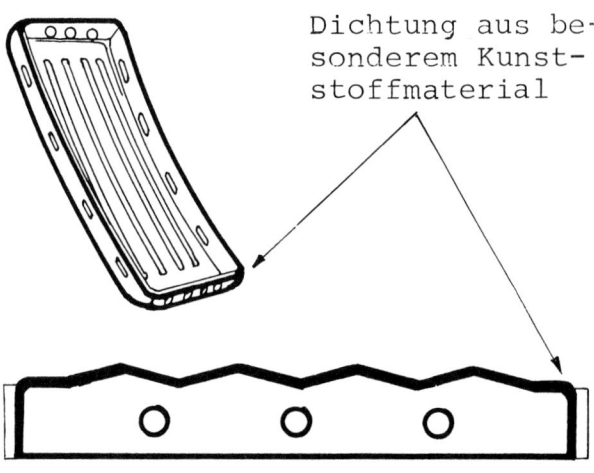

Dichtung aus besonderem Kunststoffmaterial

Bild 5/32: Dichtband für Stahlausbauplatte [5/12]

(I 4) *Einsatz von Liner-Plates beim bergmännischen Vortrieb*

Abhängig von den unterschiedlichen Gebirgsverhältnissen haben sich verschiedene Einbaumethoden für die Liner-Plates entwickelt (Bild 5/30) [5/23]:

(a) Bei zeitweise standfestem Erdreich oder Fels für Tunnelabmessungen bis etwa 3 m Durchmesser

Als Kopfschutz werden zunächst im Firstbereich ein oder zwei Platten an den bereits zuvor eingebauten geschlossenen Ring angeflanscht. Nach Ausbruch des restlichen Erdkörpers wird der Liner-Plate-Ring von oben nach unten geschlossen.

(b) Bei zeitweise standfestem Erdreich oder Fels für Tunnelabmessungen über 3 m Durchmesser

Der Vortrieb wird zweckmäßig in ein oder zwei Arbeitsstufen durchgeführt. Der Arbeitsablauf erfolgt grundsätzlich wie unter (a) beschrieben. Diese Methode bietet hohen Schutz gegen Grundbruch und ermöglicht es mehreren Arbeitskräften, ohne Behinderung gleichzeitig zu arbeiten.

(c) Bei nicht standfestem Erdreich für alle Tunnelabmessungen

Vor Ausbruch des Erdreichs im First werden Stahlspieße oder Pfändbleche als Hilfsausbau leicht nach oben geneigt in das Erdreich eingetrieben. In ihrem Schutz werden die Firstplatten (Kopfschutz) und die seitlich anschließenden Stahlplatten montiert. Die Ortsbrust ist durch horizontalen Holzverbau zu sichern. Sonst wie unter (a) und (b) beschrieben.

(d) Bei nicht standfestem Erdreich für alle Tunnelabmessungen

Spezielle Vortriebsmesser werden mit hydraulischen Pressen in das ungestörte Erdreich vorgetrieben und gesichert. Im Schutze dieses Halbschildes können die Stahlplatten montiert werden. Die Ortsbrust wird durch horizontalen Holzverbau gesichert. Sonst wie unter (a) und (b) beschrieben.

Der Raum zwischen der Liner-Plate-Auskleidung und dem Baugrund muß sorgfältig mit Feinkies, Mörtel oder geeignetem anderen Material hinterfüllt werden. Dadurch wird erreicht, daß sich die Lasten gleichmäßig über die Auskleidung verteilen und Setzungen an der Oberfläche klein bleiben.

Der Mörtel bzw. das Hinterfüllmaterial wird gewöhnlich unter geringem Druck durch die Injizierlöcher der Platten eingebracht, die an den Stellen angeordnet werden, an denen mit den Injektionen die größtmögliche Wirkung erzielt werden kann. Am besten erfolgt der Injiziervorgang von unten nach oben, wobei man, soweit wie möglich, auf beiden Seiten des Tunnels gleichzeitig arbeitet (Bild 5/31). Der Zeitpunkt der Injektionen hängt von der Bodenbeschaffenheit, dem Durchmesser und der Länge des Tunnels ab. Wenn der Baugrund standfest ist und es sich um einen verhältnismäßig kurzen Tunnel handelt, kann man oftmals die gesamte Auskleidung einbauen, bevor injiziert wird. In nichtstandfestem Boden muß jedoch das Injizieren sofort nach Einbau der Platten erfolgen.

(I 5) *Fugenabdichtung bei Liner-Plates*

Beim Vortrieb in wasserführenden Schichten sowie beim Druckluftvortrieb kommt es entscheidend für den sicheren und zügigen Ablauf der Tunnelarbeiten auf eine zuverlässige Dichtung der Fugen zwischen den einzelnen Liner-Plates an. Hier haben sich zur Verhinderung von Wassereinbrüchen und der Verminderung von Druckluftverlusten rundumlaufende Neoprene-Bänder in der Praxis bewährt. Die Stahlausbauplatten sollten schon im Werk mit den umlaufenden Dichtungsstreifen versehen werden (Bild 5/32). Um bei der Montage vor Ort ein Verschieben der Dichtungsbänder auszuschließen, sollten diese mit einem stoffverträglichen Kleber auf die Flanschen aufgeklebt werden. Außerdem empfiehlt es sich, die Bänder hinsichtlich ihrer Abwicklungslänge etwas kürzer zu halten als der Außenumfang der Platten. Auf diese Weise läßt sich eine gewisse Vorspannung in den Dichtungsbändern erzielen, die ebenfalls ein Verschieben während des Montagevorgangs verhindern.

(I 6) *Konstruktive Ausbildung einfacher geschweißter Stahltübbinge*

Die einfachste Form geschweißter Stahltübbinge besteht in der Weiterentwicklung von Liner-Plates (vgl. Hinweis (I 2)). Als Beispiel hierfür zeigt Bild 5/22 die Auskleidung eines Abwassersammlers in Chicago. Hier wurden Liner-Plates mit einem kräftigen Trägerwalzprofil sowie mit Aussteifungsrippen versehen. Die kraftschlüssige Verbindung erfolgte durch Heftschweißung. Bei dem in Chicago anstehenden relativ standfesten Tonboden konnten die Tübbinge direkt gegen den Boden gepreßt und so die Vortriebskräfte über radial vorgespannte Spreizbalken unmittelbar in den Boden übertragen werden.

Eine große Zahl von verschiedenen einfachen Stahltübbingkonstruktionen ist aus Japan für Ver- und Entsorgungstunnel (∅ 1 bis 3 m) bekannt (Bild 5/23). Die Tübbinge bestehen aus gebogenen Flanschwinkeln, auf die als Außenhaut ein glattes Blech geschweißt ist. Zur Aussteifung des Außenblechs und zur Aufnahme der Vortriebskräfte sind gewellte Bleche (Bild 5/23a und b) oder Blechstege und Winkelprofile (Bild 5/23c und d) eingeschweißt.

Für Straßen- und U-Bahntunnel werden wegen der größeren Durchmesser (> 6,0 m) schwerere Tübbinge benötigt. Konstruktiv sind sie aber ähnlich gestaltet (Bild 5/24). Sie werden i. a. aus einem Außenblech und entsprechenden Walzprofilen zusammengeschweißt.

6. Statische Berechnung und Bemessung*

Für die in diesem Abschnitt zusammengestellten Empfehlungen wird vorausgesetzt, daß die hier behandelten Konstruktionen aus Stahl vorwiegend für unterirdische Bauwerke im Lockergestein eingesetzt werden. Für Stahlkonstruktionen im Felsgebirge gelten andere Berechnungsansätze, vgl. u. a. die Empfehlungen für den Felsbau unter Tage (Fassung 1979) [6/1]. Berechnungsgrundlagen, die für Lockergestein gelten und weitgehend baustoffunabhängig sind, finden sich in den Empfehlungen zur Berechnung von Tunneln im Lockergestein (1980) [6/2]; vgl. auch die dort angegebenen weiteren Empfehlungen der Deutschen Gesellschaft für Erd- und Grundbau. Außerdem wird auf die entsprechenden Abschnitte in den Taschenbüchern für den Tunnelbau (ab 1977), insbesondere auf die von H. Kessler verfaßten Abschnitte [6/3] und auf [6/4] verwiesen (vgl. hierzu auch Kapitel 2.1).

Die statische Berechnung von Konstruktionen, die im Verbund mit dem Baugrund stehen und die aus der Wechselwirkung zwischen Baugrund und Konstruktion ihre Beanspruchung erhalten, kann von Natur aus nicht den gleichen Genauigkeitsgrad erreichen wie die Berechnung von z. B. Brücken- oder Hochbauten, vgl. aus der Fülle der hierzu vorhandenen Literatur [6/5], [6/6] u. a.

Die In-situ-Messungen sind ein wesentlicher Bestandteil eines Standsicherheitsnachweises. Da in der Regel jedoch schon wegen Ausschreibung und Vergabe rechnerische Nachweise im Entwurfstadium erforderlich sind, kann der Ingenieur nicht auf Berechnungen an theoretischen Modellen verzichten. Außerdem decken Messungen nicht die Reserven bis zu Bemessungsgrenzzuständen (z. B. Bruchzuständen) auf.

6.1 Einwirkungen

6.1.1 Regelfälle von Einwirkungen (Belastungen und Verformungszwänge)

Im Regelfall wird ein Tunnelbauwerk durch die folgenden Einwirkungen beansprucht:

1. Erddruck,
2. Wasserdruck,
3. Lasten aus Bebauung,
4. Verkehrslasten,
5. Einbauten und Eigengewicht des Tragwerks,
6. Temperaturbeanspruchung,
7. Beanspruchung aus Bauzuständen.

Die tatsächlich auftretende Beanspruchung der Auskleidung eines Tunnelbauwerks kann wegen der unvermeidbaren Unsicherheiten beim Ansatz des Baugrundverhaltens nur grob erfaßt werden. Im allgemeinen genügen daher einfache Ansätze zur Erfassung der Einwirkungen. Anstelle einer scheinbar genaueren Berechnung werden alternative Untersuchungen mit möglichen oberen und unteren Grenzwerten der Einwirkungen empfohlen. Dabei muß der kritischste Fall jedoch nicht der Bemessung zugrunde gelegt werden, weil er in der Regel ein Zuviel an Sicherheit einschließt.

1. Erddruck

Zwischen Bauwerk und Baugrund wirken in Abhängigkeit vom Bauverfahren und den Steifigkeitsverhältnissen von Ausbau und Baugrund Spannungen, die sich aus Gleichgewichts- und Verformungsbedingungen eines Gesamttragwerks aus Ausbau und Baugrund ergeben. Erst

wenn der Ingenieur zur Rechenvereinfachung seine Untersuchungen allein auf den als Stabtragwerk aufgefaßten Ausbau beschränkt, ist er gezwungen, Annahmen über den Erddruck zu treffen, der als Belastung des Ausbaus angesehen werden kann.

Für offene Bauweisen können Erddruckansätze den Empfehlungen des Arbeitskreises Baugruben [6/7] entnommen werden.

Bei der Berechnung des Baugrubenverbaus nach dem Traglastverfahren ist gemäß [6/7], EB 27.3 (Abschnitt 3.4) die Verteilung des Erddrucks entsprechend den Wandbewegungen anzusetzen. Für einfach gestützte bzw. verankerte Wände liefert das Verfahren von Brinch-Hansen [6/8] geeignete Erddruckansätze, vgl. Bild 6/1.

Für zwei- und mehrfach gestützte Baugrubenwände wird der Aufwand, die Lastfigur aus dem wahrscheinlichen kinematischen Bruchmechanismus der Wand zu ermitteln, unverhältnismäßig groß. Die meisten Autoren schlagen daher für mehrfach gestützte Baugrubenwände Lastfiguren mit geradliniger Begrenzung vor. Klenner [6/9], Briske [6/10], [6/11] und Kahl und Neumeuer [6/12] vereinfachen den Erddruck zu einer konstanten Streckenlast, Bild 6/2a. Terzaghi und Peck [6/13] empfehlen eine Trapezfigur, Bild 6/2b, Brinch-Hansen und Lundgren [6/14] schlagen eine Trapezfigur mit zum Fußpunkt hin größer werdendem Erddruck vor, Bild 6/2c.

Weißenbach [6/14], Abschnitt 3.4, gibt eine ausführliche Zusammenstellung der möglichen Lastfiguren an. Zusätzlich finden sich hier auch Hinweise zur Wahl einer geeigneten Lastfigur in Abhängigkeit von den Baugrundeigenschaften und der Anzahl und den Verteilungen der Abstützungen.

Für die Bemessung der Baugrubenwand liegt man mit dem Ansatz von Lastfiguren mit geradlinigen Begrenzungen (Bild 6/2a bis c) ohne einspringende Ecken auf der sicheren Seite. Dabei wird nur das Tragverhalten der Wand, aber nicht das Grenztragverhalten des Baugrunds ausgenutzt.

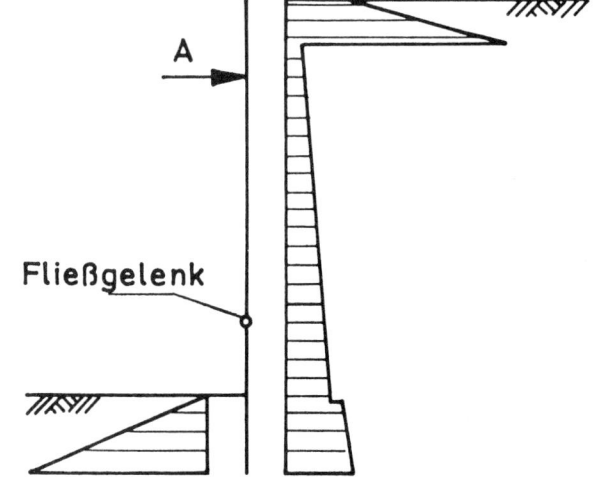

Bild 6./1: Erddruckverteilung bei Berücksichtigung der Wandverformungen nach Brinch-Hansen [6/8]

* Verfasser:
Professor Dr.-Ing. H. Duddeck und Dr.-Ing. A. Städing. Institut für Statik TU Braunschweig

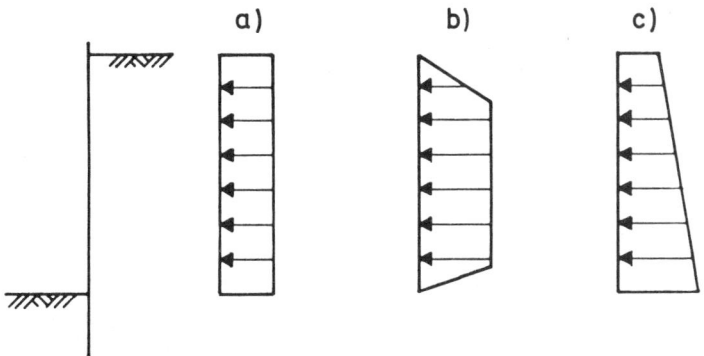

Bild 6/2: Übliche Lastfiguren
    a) nach Klenner [6/9]
    b) Terzaghi/Peck [6/13]
    c) Brinch-Hansen/Lundgren [6/8]

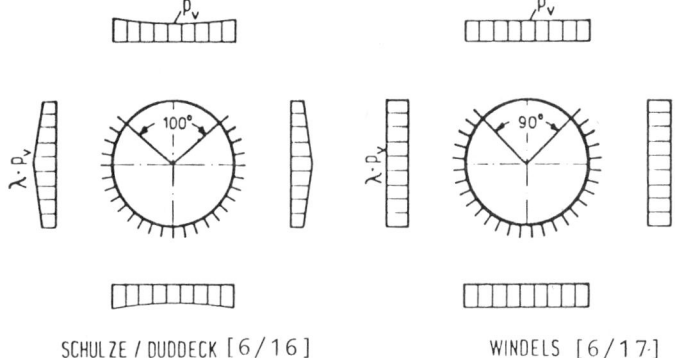

SCHULZE / DUDDECK [6/16]   WINDELS [6/17.]

Bild 6/3: Ansätze für Lasten und Bettungsbereich

Bei geschlossenen Bauweisen ist der Erddruck in Abstimmung mit den Baugrundsachverständigen festzulegen. Falls der Spannungszustand nicht genauer bekannt ist, darf der vor dem Bau des Hohlraums vorhandene Primärspannungszustand näherungsweise mit den folgenden Werten angesetzt werden:

$$\sigma_v = \gamma \cdot h \qquad (6.1)$$
$$\sigma_h = k\,\sigma_v \qquad (6.2)$$

h = Überdeckungshöhe,
σ_v = vertikale –, σ_h = horizontale Baugrundspannung,
γ = Wichte des Baugrunds,
k = Seitendruckbeiwert.

Dieser Spannungszustand ist als äußere Last (Erddruck) auf das noch unverformte Verbundsystem Verbau-Baugrund aufzubringen. Bei großer Überdeckung – im Einzelfall je nach Beschaffenheit des Baugrunds festzulegen – darf die Vertikalspannung und damit auch die Horizontalspannung abgemindert werden [6/1]. Beim Schildvortrieb darf der Seitendruck zu K = 0,5 angesetzt werden [6/1], wenn der Spalt zwischen Ausbau und Baugrund ausreichend verpreßt wird.

Der Ansatz des auf den Ausbau vor seiner Verformung wirkenden Primärspannungszustandes ist mit unvermeidlichen Unsicherheiten

behaftet. Spannungsmessungen im Baugrund in der Erkundungsphase sind sehr aufwendig. Der Rückschluß aus gemessenen Werten auf die tatsächlich wirksamen Primärspannungen ist schwierig. In der Regel reicht es daher aus, den auf den Ausbau anzusetzenden Erddruck in der Entwurfsphase anhand der Überlagerungshöhe, der Steifigkeit und Bruchfestigkeit (Scherfestigkeit) des Baugrunds unter Einschluß von Erfahrungen festzulegen. Ansätze für die rechnerische Abschätzung des Erddrucks (Gebirgsdrucks) aufgrund von gewölbestatischen und bodenmechanischen Überlegungen liegen von Szechy, Protodjakonow, Terzaghi, Bierbäumer und Stini vor. Eine zusammenfassende Darstellung der Theorien ist bei Szechy [6/15] zu finden. In Bild 6/3 sind übliche Ansätze für den Erddruck dargestellt, vgl. auch (6/1).

2. Wasserdruck

Der Wasserdruck beträgt

$$\sigma_v = \sigma_h = z_w\,\gamma_w \qquad (6.3)$$

Z_w = Höhe des Grundwasserspiegels über dem betrachteten Punkt,
γ_w = 10 kN/m³ = Wichte des Wassers.

Für Boden unterhalb des Grundwasserspiegels ist die Wichte unter Auftrieb (γ') anzusetzen. Für die Bemessung sind die Lastfälle bei höchstem und tiefstem Wasserstand zu untersuchen.

3. Lasten aus Bebauung

Bauwerkslasten dürfen als gleichmäßig verteilte Lasten in Höhe der Lasteinleitung (Unterkante Fundament) angesetzt werden. Für Baugrubenwände gelten die Empfehlungen des Arbeitskreises „Baugruben" [6/7]. Für Tunnelbauwerke darf mit einer Lastausbreitung unter Fundamenten mit einem Winkel von 60° gegen die Horizontale gerechnet werden, vgl. [6/1].

Der Bereich, in dem die Bebauung die Baugrubenumschließung belastet, kann näherungsweise entsprechend Bild 6/4 angenommen werden. Er reicht vom Schnittpunkt der Baugrubenwand (Rückseite) mit der unter φ geneigten Geraden, die durch die Vorderkante des Fundaments verläuft, bis zum Schnittpunkt der Wandrückseite mit einer unter η_a geneigten Geraden durch die Hinterkante des Fundaments. Bei kleinem Abstand zwischen Bebauung und Baugrubenwand, d. h. wenn das Fundament innerhalb des bis zum Fußpunkt der Wand reichenden Gleitkeils (η_a) liegt, darf die Verringerung des Erddrucks durch die geringere Erdauflast im Bereich der Bebauung berücksichtigt werden (vgl. [6/7], EB 29). Die zusätzliche Erddruckfigur aus der Bauwerkslast darf geringfügig so verschoben und umgelagert werden, daß daraus resultierende Sprünge oder – umgelagert – Knicke im Verlauf des gesamten Erddrucks mit Auflagerpunkten (Stützungs- oder Ankerpunkt) zusammenfallen. In Abhängigkeit von der Art des Verbaus (z. B. vorgespannte oder nicht vorgespannte Streben) und von der Setzungsempfindlichkeit des benachbarten Bauwerks ist der Erddruckbeiwert für aktiven Erddruck zu erhöhen, vgl. EB 22.

Die Beanspruchung des Tunnelbauwerks durch Bebauung darf entsprechend Bild 6/5 angenähert werden. Mit zunehmender Tiefe des Tunnels unter dem Fundament verringern sich die zusätzlichen vertikalen und horizontalen Erddrücke aus den Fundamentlasten.

4. Verkehrslasten

Für Baugrubenumschließungen liegen mit [6/7] detaillierte Empfehlungen zur Erfassung von Verkehrslasten neben Baugruben vor.

Verkehrslasten oberhalb von Tunnelbauwerken dürfen wie „Lasten aus Bebauung" als gleichmäßig verteilte Flächenlasten in Höhe der Lasteinleitung behandelt werden. Dabei darf eine Lastausbreitung unter einem Winkel von 60° gegen die Horizontale angesetzt werden. Schwingbeiwerte brauchen bei Überdeckungen von ü $\geq$ 3,5 m nicht angesetzt zu werden. Bei geringerer Überdeckung kann eine Erhöhung der Verkehrslast durch einen Schwingbeiwert erforderlich sein, vgl. „Empfehlungen zur Berechnung und Konstruktion von Tunnelbauten", Abschnitt 3.1.2.1 [6/18].

Verkehrslasten im Tunnel sind nur in besonderen Fällen zu berücksichtigen, z. B. Bremskräfte für die Beanspruchung in Längsrichtung.

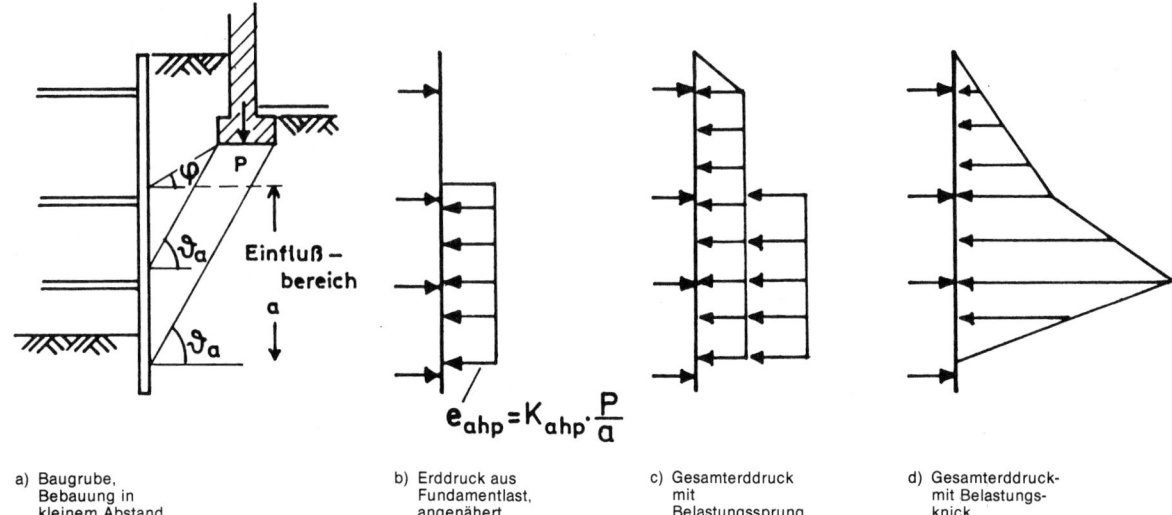

a) Baugrube, Bebauung in kleinem Abstand

b) Erddruck aus Fundamentlast, angenähert

c) Gesamterddruck mit Belastungssprung

d) Gesamterddruck mit Belastungsknick

Bild 6/4: Ansatz von Erddruck aus Bebauung nach [6/7]

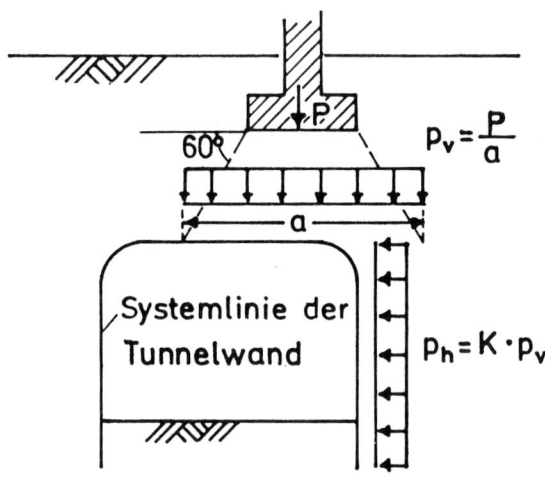

Bild 6/5: Tunnelbelastung aus Bebauung [6/18]

5. Einbauten und Eigengewicht des Tragwerks

Einbauten im Tunnel haben in der Regel keinen wesentlichen Einfluß auf die Bemessung der Auskleidung. Die Einleitung wesentlicher Kräfte in die Tunnelschale ist nachzuweisen. Das Eigengewicht der Auskleidung ist im Vergleich zu den unter 1. bis 4. genannten Einwirkungen gering. Es darf daher vernachlässigt oder vereinfacht den Gebirgsdrükken zugeschlagen werden.

6. Temperaturbeanspruchung

Bei Baugruben brauchen Temperaturbeanspruchungen in der Regel nicht berücksichtigt zu werden. Lediglich in sehr langen Stahlaussteifungen kann eine Erwärmung der Steifen nennenswerte Normalkraftzuwächse erzeugen. Die Größe der Dehnungsbehinderung hängt im wesentlichen von der Lagerungsdichte bzw. Konsistenz des Baugrunds ab.

Bei Stahlauskleidungen unterirdischer Tragwerke brauchen Temperatureinwirkungen in der Regel nicht angesetzt zu werden, da der Werkstoff ein ausreichend großes Plastizierungsvermögen besitzt. Die Temperaturdifferenz zwischen Außenfläche (am Baugrund) und Innenfläche ist i. a. ohnehin klein.

Bei Tübbingauskleidungen oder vergleichbaren Tunnelwänden ist der Lastfall Temperatur für die Wasserdichtigkeit von Bedeutung. Da die Temperatur der Auskleidung im Bauzustand im allgemeinen höher ist als im Gebrauchszustand, müssen die Dichtungsfugen für die zu erwartende Abkühlung bemessen werden. Die Größe der Temperaturänderung ist in jedem Einzelfall festzulegen. Eine evtl. aus dem Bauverfahren resultierende Druckvorspannung des Tunnels darf beim Nachweis mit einem vorsichtig abgeschätzten Anteil berücksichtigt werden.

Wie Messungen an Baugruben zeigen [6/19], sind die Baugrubenwände im allgemeinen so nachgiebig, daß sie für etwa 80 bis 90% der auftretenden Temperaturdehnungen der Aussteifungen nachgeben, ohne große Beanspruchungen zu erzeugen. Besondere Untersuchungen sind daher nur bei sehr langen Aussteifungen erforderlich, die bei niedrigen Temperaturen eingebaut wurden und später stark aufgeheizt (Sonneneinstrahlung) werden. Diese Beanspruchung läßt sich durch geeignete konstruktive Maßnahmen (Verkürzung der Steife) auf der Baustelle vermeiden. In seltenen Fällen – bei bindigem Boden und länger andauerndem Frost – können die Steifenkräfte infolge von Eislinsenbildung hinter der Baugrubenwand anwachsen. Auch hier sind konstruktive Maßnahmen auf der Baustelle am geeignetsten, um Überbeanspruchungen zu vermeiden.

Bei Tübbingauskleidungen oder vergleichbaren Tunnelkonstruktionen kann die Temperaturverringerung vom Einbauzustand zum Gebrauchszustand die Vorspannung der Fugendichtungen deutlich abmindern. Bei der Bemessung der Fugenkonstruktion sind Temperaturänderungen daher zu berücksichtigen. Bei schildvorgetriebenen Tunneln entsteht aus dem Vortriebsschub eine günstig wirkende Längsvorspannung des Tunnels. Die in der Tunnelkonstruktion verbleibende, vorsichtig abgeschätzte Restspannung darf bei der Fugenbemessung berücksichtigt werden. Beim Hamburger Elbtunnel, Schildstrecke, wurden z. B. als verbleibende Vorspannung 10% der Schildvortriebskräfte angesetzt, in Messungen etwa 25% nachgewiesen.

Als außergewöhnliche Temperaturbeanspruchung ist der Lastfall „Brand" zu untersuchen. Beachte hierzu die Ausführungen in Kapitel 3.3.2.

7. Beanspruchung aus Bauzuständen

Treten in einzelnen Bauzuständen ungünstigere Beanspruchungen als im Endzustand auf, so werden die Bauzustände maßgebend.

Bei offenen Bauweisen ist besonders auf das Verdichten von Hinterfüllungen hinzuweisen. Beim Einsatz von schwerem Gerät kann der horizontale Verdichtungsdruck bis zu 40 kN/m² betragen. Er ist unabhängig von der Tiefe anzusetzen [6/18].

Beim Schildvortrieb sind die Beanspruchungen der Tunnelauskleidung aus dem Pressendruck beim Vorschub des Schildes zu untersuchen. Das Verpressen des Ringspaltes zwischen Baugrund und Auskleidung kann ebenfalls maßgebend werden.

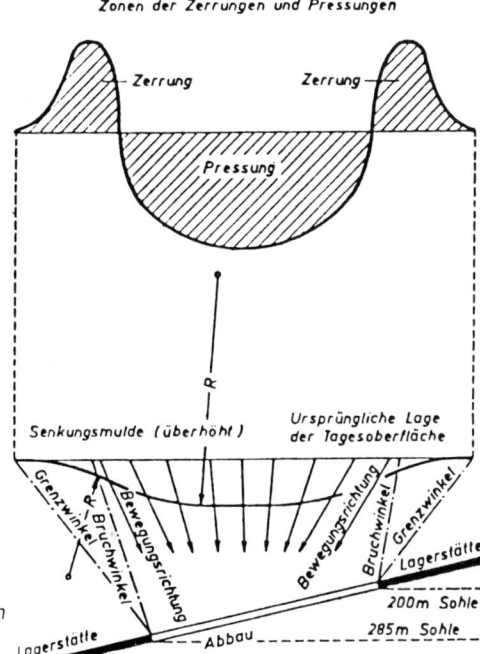

Bild 6/6: Bewegungen des Gebirges beim Abbau, nach [6/20].

Die Spannungen aus der Montage der Ringe können bei Paßschwierigkeiten lokal die Größenordnung der Spannungen aus Erddruck erreichen. Sie lassen sich jedoch nicht rechnerisch erfassen oder abschätzen. In der Regel sind sie durch die auf der sicheren Seite liegenden Bemessungsansätze für die anderen Lastfälle abgedeckt, vgl. [6/2].

Ein im Bauzustand geplanter Luftüberdruck ist zu berücksichtigen, wenn er ungünstig wirkt. Eine entlastende Wirkung des Luftüberdrucks darf nicht angesetzt werden.

6.1.2 Sonderfall: Einwirkungen in Bergsenkungsgebieten

In Gebieten mit untertägigem Bergbau sind Tunnel wie auch andere Bauwerke besonderen Einwirkungen ausgesetzt. Beim heute üblichen großflächigen Abbau von Lagerstätten (z. B. Steinkohlenbergbau) entstehen dabei mit dem Abbau veränderliche und weiterwandernde Senkungsmulden, die schematisch vereinfacht etwa wie in Bild 6/6 zu Setzungen, Zerrungen und Stauchungen führen können. Auf das Tunnelbauwerk wirken somit in unterschiedlichen Zeitphasen horizontale Längenänderungen des umgebenden Baugrunds ein. Außerdem treten Absenkungen, Schiefstellungen und Verkrümmungen (Torsion und Biegung der Tunnelröhre) ein. Diese Einwirkungen können sich wiederholen, wenn mehrere Lagerstätten unter dem Bauwerk nacheinander abgebaut werden. Ihre Größen hängen im wesentlichen von der Tiefe des Abbaus, der Größe des Hohlraumes (mit oder ohne Versatz) und der Bildsamkeit der überlagernden Schichten ab. Für den tiefen Abbau im Ruhrgebiet werden in [6/21] die in Bild 6/7 zusammengestellten Verformungsarten angegeben.

In Sonderfällen können auch auftreten:
– Spalten mit konzentrierten Spaltweiten,
– Treppen mit vertikalem Absatz und
– Kombinationen von Spalten und Treppen.

Bei stilliegenden Grubenfeldern und im Ausgehenden der Flöze kann es zu Erdfällen kommen.

Die im Einzelfall anzusetzenden Verformungsarten und deren Größe sind unter Berücksichtigung der örtlichen Bedingungen in Abstimmung mit den zuständigen Bergbau-Sachverständigen festzulegen.

Die bergbaulichen Einwirkungen prägen dem Bauwerk Verformungen auf. Die dabei erzeugten Beanspruchungen im Tunnelbauwerk werden entscheidend von der Steifigkeit des Bauwerks und von der Steifigkeit des umgebenden Gebirges (gegebenenfalls mit zusätzlich eingebrachten Polsterschichten) bestimmt, vgl. [6/22]. Hat das Bauwerk eine große Nachgiebigkeit und eine große elastische Rückfederung, so bleiben die aus bergbaulichen Einwirkungen verursachten plastischen Verformungen gering und die Beanspruchung begrenzt.

Für Tunnelbauwerke, die nach einem solchen Nachgiebigkeitsprinzip entworfen werden, ist eine Konstruktion aus Stahl wegen der großen elastischen Verformbarkeit und wegen der großen Plastizierbarkeit vorzüglich geeignet. Solche Konstruktionsprinzipien und die zugehörigen Berechnungsansätze sind in [6/21] ausführlich beschrieben. Einzelheiten für Tunnel in Bergsenkungsgebieten können den Ausschreibungsunterlagen der Stadt Gelsenkirchen als exemplarische Entwurfsgrundlagen entnommen werden.

6.1.3 Sonderlastfall: Einwirkungen aus Erdbeben

Zur Zeit sind gemessene Beanspruchungen von unterirdischen Bauwerken infolge Erdbeben in sehr geringer Anzahl vorhanden. Nach dem Stand des heutigen Wissens kann davon ausgegangen werden, daß Tunnelbauwerke wesentlich geringeren Beanspruchungen ausgesetzt sind als oberirdische Bauwerke. Dies gilt um so mehr, je besser der Verbund zwischen Tunnelauskleidung und umliegendem Gebirge ist und wenn der Tunnel eine geschlossene Röhre ist, vgl. z. B. [6/26], [6/27].

Mindestens für das Gebiet der Bundesrepublik brauchen Tunnelkonstruktionen nach dem derzeitigen Stand der Technik nicht auf Erdbeben bemessen zu werden. Dies gilt nicht in gleichem Maße für Einbauten, die bei erdbebeneingeprägten Beschleunigungen gefährdet sein können.

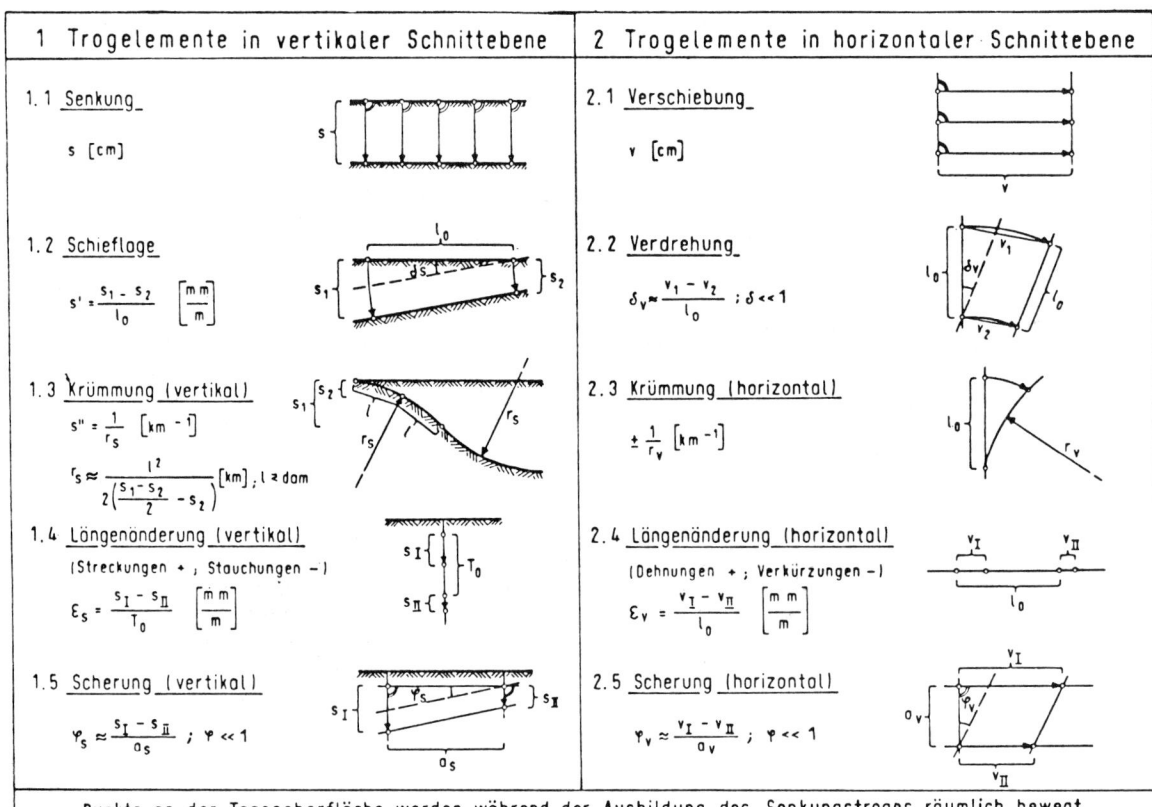

1 Trogelemente in vertikaler Schnittebene	2 Trogelemente in horizontaler Schnittebene

1.1 Senkung

s [cm]

1.2 Schieflage

$s' = \dfrac{s_1 - s_2}{l_0} \left[\dfrac{mm}{m}\right]$

1.3 Krümmung (vertikal)

$s'' = \dfrac{1}{r_s} \ [km^{-1}]$

$r_s \approx \dfrac{l^2}{2\left(\dfrac{s_1-s_2}{2}-s_2\right)} \ [km]$; $l \gtrsim$ dam

1.4 Längenänderung (vertikal)

(Streckungen + ; Stauchungen −)

$\varepsilon_s = \dfrac{s_I - s_{II}}{T_0} \left[\dfrac{mm}{m}\right]$

1.5 Scherung (vertikal)

$\varphi_s \approx \dfrac{s_I - s_{II}}{a_s}$; $\varphi \ll 1$

2.1 Verschiebung

v [cm]

2.2 Verdrehung

$\delta_v \approx \dfrac{v_1 - v_2}{l_0}$; $\delta \ll 1$

2.3 Krümmung (horizontal)

$\pm \dfrac{1}{r_v} \ [km^{-1}]$

2.4 Längenänderung (horizontal)

(Dehnungen + ; Verkürzungen −)

$\varepsilon_v = \dfrac{v_I - v_{II}}{l_0} \left[\dfrac{mm}{m}\right]$

2.5 Scherung (horizontal)

$\varphi_v \approx \dfrac{v_I - v_{II}}{a_v}$; $\varphi \ll 1$

Punkte an der Tagesoberfläche werden während der Ausbildung des Senkungstroges räumlich bewegt. Diese Bewegung kann in orientierten Schnittebenen durch die Trogelemente beschrieben werden. Alle Bewegungen sind auf den Senkungsschwerpunkt gerichtet.

Bild 6/7: Bewegungen der Erdoberfläche bei regelmäßigem Senkungstrog nach [6/21]

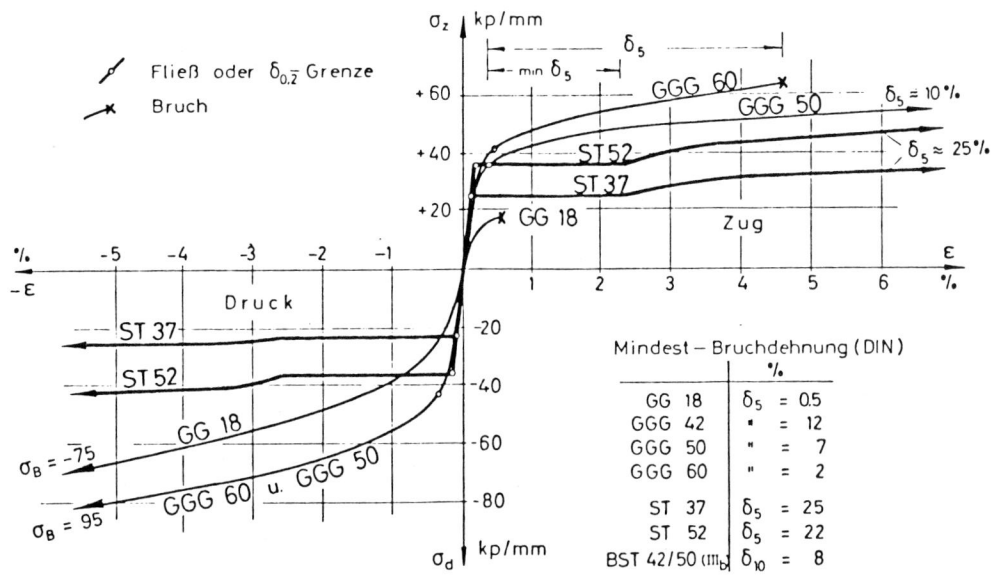

Mindest – Bruchdehnung (DIN)

		%
GG 18	δ_5 =	0.5
GGG 42	" =	12
GGG 50	" =	7
GGG 60	" =	2
ST 37	δ_5 =	25
ST 52	δ_5 =	22
BST 42/50 (m)	δ_{10} =	8

Bild 6/8: Arbeitslinien und Bruchdehnungen für Stahl und Gußeisen aus [6/23]

6.2 Bauwerkssicherheiten

6.2.1 Material und zulässige Spannungen

Naturharte Stähle zeigen im Zugversuch eine Arbeitslinie, die sich in drei Abschnitte unterteilen läßt: einen elastischen Bereich I, eine ausgeprägte Fließzone II und einen Verfestigungsbereich III (vgl. Bild 6/8).

Bei Gußeisen ist der Übergang vom elastischen zum plastischen Bereich fließend. Wie aus dem Diagramm hervorgeht, besitzen die hochwertigen Gußeisen mit Kugelgraphit (GGG-38 bis GGG-70 nach DIN 1693) in bezug auf die erreichbaren Bruchdehnungen ebenfalls stahlähnliche Eigenschaften.

Die nach DIN 1050 zulässigen Spannungen für Stahl enthalten für den Lastfall H eine Sicherheit von 1,71 (Kipp- und Knicknachweis erforderlich) bzw. 1,50 gegenüber der Fließgrenze. Für den Lastfall HZ dürfen die Werte im allgemeinen um 15% erhöht werden. Für Sonderlastfälle (z. B. Bergsenkung) sind Spannungserhöhungen gegenüber dem Lastfall H um 30% üblich (z. B. EAU [6/25]).

Für Gußeisen mit Kugelgraphit (GGG) ist z. Z. für Biegezug und Biegedruck im Lastfall H ein Sicherheitsbeiwert von 1,75 gegenüber der theoretischen Streckgrenze ($\varepsilon_s = 0,2\%$) festgelegt [6/24]. Bei großen Unterschieden der Zug- und Druckfestigkeiten ist jedoch eine entsprechende Differenzierung der zulässigen Werte werkstoffgerechter. Daher werden in den Empfehlungen [6/2], Abschnitt 5.1, unterschiedliche Werte für Druck und Zug vorgeschlagen.

		St 37	St 45	St 52	GGG 50	GGG 60
Bruch-festigkeit	Zug Druck	370	450	520	500 900	600 1000
Fließ- bzw. Streck-grenze		240	270	360	320	380
Zulässige Spannung, Lastfall H	Zug, Biegezug, Druck	160	180	240	200	240
	Druck, Biegedruck, Kipp-Knick-nachweis erforderl.	140	160	210	230	280

Tabelle 6/1: Werkstoffkennwerte für Baustähle*) und Gußeisen mit Kugelgraphit, [6/24], [6/2]

Anmerkung:
*) Für höherfeste Stähle ergeben sich die zulässigen Spannungen bezüglich Lastfall H
 – für Zug, Biegezug und Druck: aus dem 1/1,5fachen Wert
 – für Druck, Biegedruck, Kipp-Knicknachweis: aus dem 1/1,7fachen Wert
 der Fließ- bzw. Streckgrenze.

Bei einer Berechnung nach der Elastizitätstheorie sind die obengenannten zulässigen Spannungen einzuhalten. Der tatsächliche Sicherheitsabstand zwischen Gebrauchszustand und Grenztragfähigkeitszustand einer Stahl- oder auch Gußeisen-GGG-Konstruktion ist bei statisch unbestimmten Konstruktionen aufgrund des großen Plastizierungsvermögens der Werkstoffe (vgl. Bild 6/8) wesentlich größer. Beim Traglastverfahren werden diese Sicherheitsreserven zugunsten einer wirtschaftlicheren Konstruktion genutzt. Inwieweit das Traglastverfahren auch auf das duktile Gußeisen GGG angewandt werden darf, hängt auch davon ab, wie weit bei der speziellen Konstruktion plastische Dehnungen

ausgenutzt werden müssen, um Sicherheit auf die Grenztragfähigkeit des Systems (also nicht auf die lokale Erschöpfung des Werkstoffs) zu beziehen.

6.2.2 Sicherheitskonzept

Sicherheitsaussagen können sich auf die folgenden Fälle beziehen:
a) Minderung der Gebrauchsfähigkeit, z. B. der Wasserdichtigkeit,
b) zu große Verformungen, u. a. auch aus Langzeiteinflüssen,
c) lokales Versagen des Ausbaus,
d) Gesamtversagen (Einbruch) mit Vorankündigung infolge Festigkeitsüberschreitungen,
e) Versagen ohne Vorankündigung (Sprödbruch, Instabilitätsfall).

Die Sicherheitsbeurteilung sollte die in den Fällen a) bis e) enthaltenen unterschiedlichen Gefährdungen durch Wahl entsprechender, von a) bis e) wachsender Sicherheitszuschläge berücksichtigen. Wird nur ein einziger Sicherheitsbeiwert γ angesetzt, so sollte gelten

$$\gamma_a < \gamma_b < \gamma_c < \gamma_d < \gamma_e \qquad (6.4)$$

Bei Baukonstruktionen, die ihre Beanspruchungen aus der wechselseitigen Beeinflussung von Baugrund und Konstruktion erhalten, ist es wenig realistisch, Sicherheitszuschläge nur bei den Erddrücken anzusetzen. Steifigkeitsminderungen aus Werkstoff- und Konstruktionsfehlern sind von mindestens gleicher Bedeutung. Die Zusammenhänge zwischen den Steifigkeiten (von Baugrund und Baukonstruktion), den Einwirkungen (Lasten, Erddruck usw.) und den daraus folgenden Bemessungskriterien sind stark nichtlinear.

Wegen dieser besonderen Schwierigkeiten des Sicherheitsproblems bei Tunnelbauten ist es z. Z. nicht möglich, zutreffende Sicherheitszahlen etwa in Form von Teilsicherheitskoeffizienten anzugeben, die aus wahrscheinlichkeitstheoretischen Betrachtungen abzuleiten wären. Werden Teilsicherheitskoeffizienten gewählt, ist zu beachten, daß in eine solche differenziertere Sicherheitsanalyse mindestens die wesentlichen Einflüsse, von den Annahmen für den Erddruck, den Baugrundeigenschaften bis zu den Ansätzen für die Werkstoffgüten, berücksichtigt werden sollten. Diese Beurteilung ist von den beteiligten Fachleuten möglichst gemeinsam zu erarbeiten.

Gebrauchszustände

Für die Untersuchung von Gebrauchszuständen sind die Einwirkungen, Stoffwerte usw. mit mittleren Werten ohne Sicherheitszuschläge anzusetzen. Sofern nicht Ansätze nach Grenzzuständen gewählt werden oder erforderlich sind, kann das in den Bemessungsregeln der jeweiligen Baunormen (z. B. DIN 1050, DIN 1045, DIN 1693) für das Auskleidungsmaterial festgelegte Sicherheitskonzept übernommen werden. Damit werden – ausgehend vom Gebrauchszustand – Sicherheitsabstände durch zulässige Werte von Beanspruchungen (Schnittgrößen oder Spannungen) oder Verformungen ausgedrückt. Ein auf zulässige Spannungen bezogenes Sicherheitskonzept ist prinzipiell jedoch von beschränkter Aussagekraft, weil z. B. zwischen den Baugrund-Kennwerten und den Spannungen in der Regel nichtlineare Beziehungen bestehen.

Grenzzustände

Für die Untersuchung von Grenzzuständen sind wegen der nichtlinearen Abhängigkeiten Nachweise erforderlich, bei denen die in die Rechnung eingehenden Ansätze für Einwirkungen, Baugrund-Kennwerte, Baustoffestigkeiten usw. von Anfang an mit Sicherheitsabständen versehen werden. Sind Streubreiten der Parameter bekannt, so ist jeweils innerhalb des Streubereichs ein Wert anzusetzen, der in bezug auf das Sicherheitskriterium auf der sicheren Seite liegt. Mit vorangehenden Parameteranalysen kann ermittelt werden, wie stark die Versagenskriterien auf Änderung der einzelnen Berechnungsparameter reagieren. Die Wahl des Berechnungsverfahrens und des statischen Systems gehören auch zu diesen Berechnungsvarianten. Für die praktische Berechnung sollten Kombinationen von Parameterwerten gewählt werden, die in der Summe ihrer Einflüsse den angestrebten Sicherheitsabstand ungefähr abdecken. Eine Berechnung mit ungünstigsten Werten für alle Parameter enthält in der Regel ein Zuviel an Sicherheit.

Mit diesen Berechnungsansätzen ist nachzuweisen, daß die Werte der Versagenskriterien den Grenzfall höchstens erreichen, jedoch nicht überschreiten.

Das Traglastverfahren bezieht die Sicherheitsaussage auf das Versagen des Tragsystems, vgl. [6/28], [6/29], und nicht auf Grenzwerte für Spannungen, Dehnungen, Verformungen oder Querschnittsbeanspruchungen. Die Stabilitätsnachweise müssen wegen der nichtlinearen Einflüsse aus veränderter Geometrie und aus plastischem Werkstoffverhalten die Sicherheit auf Traglastzustände beziehen, vgl. [6/30]. Das Traglastverfahren nach Theorie 1. Ordnung mit idealisierten plastischen Gelenken ist z. Z. nur für Stabtragwerke im Stahlhochbau und mit entsprechenden Ansätzen für Erddruckverteilungen bei stählernen Baugrubenwänden zugelassen, DASt-Richtlinie 008 und Empfehlungen [6/7]. Beispiele für die Berechnung von Tunnelbaukonstruktionen mit elastisch-plastischem Werkstoffverhalten und mit Berücksichtigung verformungsabhängiger Einflüsse finden sich u. a. bei Ahrens [6/31], [6/32] und Kessler [6/33].

Ein Ansatz mit verteilten Sicherheitsbeiwerten müßte bei Wahl eines elastisch gebetteten Stabsystems als statisches Modell die folgenden wesentlichen Einflüsse mit Teilfaktoren belegen, vgl. [6/34], [6/35, Seite 353]:

1. Vertikale Auflast P_v,

2. Seitendruckverhältnis P_h/P_v,

3. Ansatz von tangentialen Erddruckkomponenten oder Vernachlässigung dieser Einwirkungen,

4. Ansatz des Steifenmoduls bzw. des Bettungsmoduls,

5. Biegesteifigkeit (EI) und Dehnsteifigkeit (EF) des Ausbaus,

6. Festigkeit des Ausbaumaterials,

7. Ansatz von ungewollten Vorverformungen.

Die Teilsicherheitsbeiwerte sind in Abhängigkeit vom Einfluß der einzelnen Parameter auf die maßgebenden Versagenskriterien festzulegen. Wenn die Änderung eines Parameters große Auswirkungen auf das Ergebnis (erforderlicher Querschnitt) hat, sollte auch der zugehörige Sicherheitsbeiwert größer sein. Damit werden etwa unterschiedliche Einflußklassen berücksichtigt. Wenn die Streubreite, der Variationskoeffizient, groß ist, sollte ebenfalls ein größerer Sicherheitsbeiwert gewählt werden, vgl. [6/36].

Für schildvorgetriebene Tunnel hat Kessler [6/33] eine Parameteranalyse mit Variation je einer der oben aufgeführten Einflußgrößen durchgeführt. Dabei wird als Versagenskriterium die Entwicklung eines plastischen Dreigelenkbogens im Firstbereich gewählt. Mit der daraus hergeleiteten Wichtung der Einzeleinflüsse kann ein vorgegebener Gesamtsicherheitsbeiwert in partielle Koeffizienten aufgeschlüsselt werden.

Gesamtsicherheitsbeiwert $\gamma_{ges} = 1{,}0 + \Delta\gamma_{ges}$

Teilsicherheitsbeiwert $\quad \gamma_i = 10 + \Delta\gamma_{ges}\dfrac{G_i}{\Sigma G_i}$ (6.5)

Die Wichtungen G_i nach Kessler [6/33] (für schildvorgetriebene Tunnel) sind in Tabelle 6/2 zusammengestellt.

i	Einflußgröße	Wichtung G_i	γ_i
1.	Firstauflast	1,1	1,15
2.	Festigkeit	1,4	1,20
3.	Vorverformung	0,1	1,01
4.	Tangentialerddruck	0,5	1,07
5.	Seitendruckzahl	1,1	1,15
6.	Bettungsmodul	0,6	1,08
7.	Ausbausteifigkeit	0,6	1,08
		$\Sigma G_i = 5{,}4$	

Tabelle 6/2: Wichtung der Berechnungsansätze für schildvorgetriebene Tunnel mit Stahltübbingen nach Kessler [6/33]

In Tabelle 6/2 sind die Teilsicherheitskoeffizienten γ_i für einen nur als Beispiel anzusehenden Ansatz mit $\Delta\gamma_{ges} = 0{,}75$ angegeben. Das Produkt $\gamma_1 \cdot \gamma_2 \cdot \ldots \cdot \gamma_7$ entspricht wegen der Nichtlinearität keineswegs dem Gesamtsicherheitsbeiwert

$\gamma_{ges} = 1{,}75$.

Der Standsicherheitsnachweis wird danach geführt mit

γ_1 -facher Firstauflast,
$1/\gamma_2$ -facher Werkstoffestigkeit,
γ_3 -facher Vorverformungen,
$1/\gamma_5$ -fachem Erddruckbeiwert,
$1/\gamma_6$ -fachem Bettungsmodul,
γ_7 -facher Ausbausteifigkeit.

Beim Ansatz von tangentialen Erddruckkomponenten sind besondere Überlegungen erforderlich, vgl. [6/33].

Die in Tabelle 6/2 aufgeführten Ansatzparameter und Wichtungen sind nur ein Vorschlag für schildvorgetriebene Tunnel bei Berechnung mit einem elastisch gebetteten Ring. In [6/33] werden dazu Vergleichsrechnungen mit verteilten Beiwerten und einfachem Laststeigerungsfaktor durchgeführt. Es zeigt sich, daß bei gleich groß angesetzten Gesamtsicherheitsbeiwerten γ_{ges} die Berechnung mit einem allein auf die Auflasten bezogenen Steigerungsfaktor Tübbingquerschnitte liefert, die wesentlich dicker sind als bei Ansatz von Teilsicherheitskoeffizienten. Das heißt, daß Teilsicherheitsbeiwerte, die der realen Versagenswahrscheinlichkeiten besser entsprechen, zu wirtschaftlicheren Tunnelkonstruktionen führen.

Im allgemeinen Fall haben die beteiligten Fachleute die Aufgabe, Parameter, Wichtung und Gesamtsicherheitsbeiwerte festzulegen. Die Auswahl der mit Sicherheiten zu belegenden Einflußgrößen ist vom Bauwerk, vom Bauverfahren und vom Berechnungsmodell abhängig.

6.2.3 Verformungen des Tragwerks

Die Verformungen des unterirdischen Tragwerks und des Baugrunds sollten sowohl im Bauzustand als auch im Endzustand in ausgewählten Querschnitten gemessen werden (z. B. Durchmesseränderung, Firsteinsenkung und Oberflächensenkungen). Der Vergleich der Meßwerte mit den errechneten Größen für den Gebrauchszustand und evtl. für den Versagenszustand liefert zusätzliche Aussagen über die (tatsächliche) Sicherheit der Konstruktion. Je größer die Verformungsreserven sind, um so größer ist in der Regel auch der Abstand von Bemessungsgrenzfällen. Die Verformungen eines Tunnels sind ein wichtiges zusätzliches Beurteilungskriterium für die Standsicherheit und die Gebrauchsfähigkeit der Konstruktion. Dies gilt besonders für die in der Regel dünnen Stahlkonstruktionen.

Allgemeingültige zulässige Verformungen können nicht angegeben werden, da sie u. a. von der Nutzungsart des Bauwerks und der vorhandenen Bebauung abhängen. Bei Wasserandrang können die zulässigen Verformungen auch durch die Forderung nach Dichtigkeit der Konstruktion bestimmt werden (Fugenverdrehungen). Um bei verformungsweicheren Konstruktionen das vorgegebene Lichtraumprofil einzuhalten, ist eine Überhöhung der Konstruktion erforderlich. Die Überhöhung sollte möglichst die für den Gebrauchszustand erwarteten Verformungen ausgleichen.

6.3 Berechungsverfahren

6.3.1 Idealisierung des Tragwerks zu einem Berechnungsmodell

Der erste Schritt zur Berechnung einer Konstruktion ist die Idealisierung des Tragwerks. Dabei sind nicht nur das Tragwerk im Endzustand, sondern auch maßgebende Bauzustände, das Bauverfahren und andere Randbedingungen zu berücksichtigen. Die nachfolgend dargestellten Berechnungsmodelle können daher nicht für jeden Einzelfall zutreffen. Sie sind grundlegende, übliche Idealisierungen, die an das jeweilige Tunnelbauverfahren angepaßt werden müssen.

A. Offene Bauweise

In offener Bauweise hergestellte Tunnel werden in der Regel sowohl im Bauzustand (z. B. teilverfüllte Baugrube) als auch im Endzustand als ebene Rahmensysteme betrachtet. In Abhängigkeit von den Grundwasser- und Baugrundverhältnissen werden sie mit offener Sohle oder als geschlossene Rahmen ausgeführt, vgl. Bild 6/9.

Beide Systeme können als skelettartige Konstruktionen mit Querrahmen (Haupttragelemente) und Längsträgern oder als wandartige Rahmen konstruiert werden, [6/37]. Die beiden Konstruktionsarten sind in Bild 6/10 dargestellt.

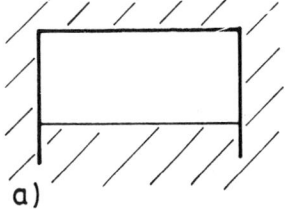 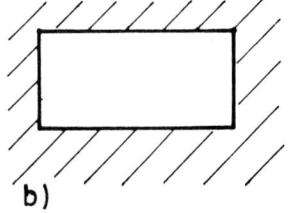

Bild 6/9: Tunnelrahmen a) offen, b) geschlossen

Bild 6/10: a) aufgelöste Skelettkonstruktion
b) Flächentragwerk nach [6/37]

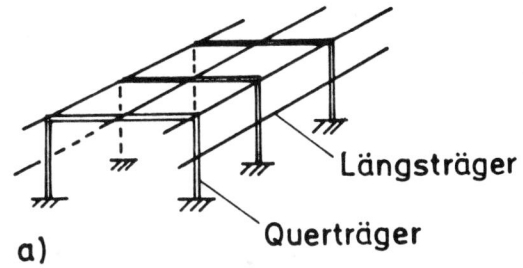 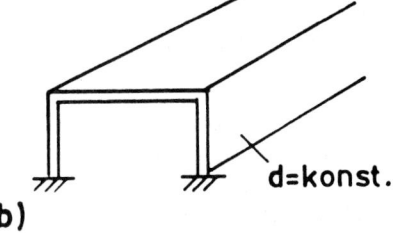

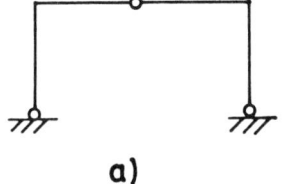 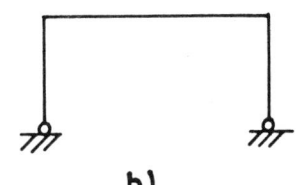 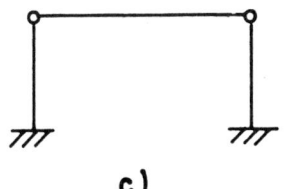

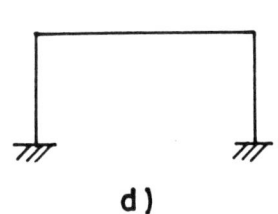 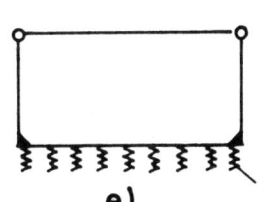 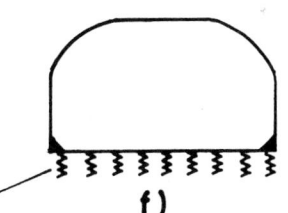

Bild 6/11: Beispiele für Tunnelrahmenformen

Tunnelbauten in offener Baugrube werden auch oft in gemischter Bauweise, z. B. mit Stahlwänden und Betondecke, hergestellt. Auf das statische Tragsystem hat dies keinen Einfluß. Die unterschiedlichen Elastizitätsmoduli und die konstruktive Lösung bei den Anschlüssen Stahl an Beton (biegesteif oder gelenkig) müssen bei der Berechnung berücksichtigt werden.

Bild 6/11 zeigt einige Beispiele von möglichen Rahmen-Tragsystemen. Die Erddrücke und sonstigen Einwirkungen sind dem Abschnitt 6.1 zu entnehmen. Bei den skelettartigen Konstruktionen sind die Einwirkungen zunächst auf die als Durchlaufträger zu betrachtenden Längsträger anzusetzen. Die aus dieser Berechnung resultierenden Auflagerkräfte sind die Lasten für die Querträgerrahmen.

Wenn bei geschlossenen Rahmen, Bild 6/11 e) und f), größere Vertikallasten in den Baugrund eingeleitet werden, sollten die Sohlpressungen möglichst zutreffend ermittelt werden, um eine Über- oder Unterdimensionierung der Sohlplatte zu vermeiden. Zur Bestimmung der Sohldruckverteilung stehen derzeit verschiedene Berechnungsverfahren zur Verfügung, vgl. z. B. [6/38], [6/39]. Die Sohlspannung ergibt sich hierbei aus den Reaktionskräften der Bettungsfedern. Bei Auftrieb aus Wasser oder bei Ansatz von Sohldrücken aus einer Kontinuumsbetrachtung ist besonders zu beachten, wie Gleichgewicht in vertikaler Richtung erreicht wird.

Bei den offenen Rahmen sind neben gelenkig gelagerten und eingespannten Stielen auch elastisch eingespannte Tunnelwände denkbar.

B. Geschlossene Bauweise (vgl. auch [6/2])

Die Endzustände der in geschlossener Bauweise hergestellten Tunnel dürfen in der Regel als ebenes Problem berechnet werden. Für einen Tunnelabschnitt mit gleichbleibenden Ansätzen der Einwirkungen und Bodenkennwerte wird damit stellvertretend eine Scheibe von z. B. 1 m Dicke untersucht. Wenn das Bauverfahren es erfordert, ist auch das räumliche Tragverhalten im Bereich der Ortsbrust zu erfassen.

Für den Entwurf von Tunnelbauten im Lockergestein stehen z. Z. im wesentlichen zwei Berechnungsmodelle zur Auswahl: das Kontinuumsmodell und der gebettete Stabzug.

Kontinuumsmodell

Beim Kontinuumsmodell werden ein Ausschnitt aus dem Baugrund und die Tunnelauskleidung in der Regel numerisch untersucht und daher meist finite Elemente angesetzt.

Die für eine gute Näherung erforderliche Größe des Berechnungsausschnitts hängt u. a. von den Abmessungen des Hohlraums, der Steifigkeit des Verbaus und der Art des Ausbruchs ab. Besonders großen Einfluß auf die Ausbreitung der Baugrundbewegungen und Spannungsumlagerungen haben die Gebirgseigenschaften. In festem Gebirge klingen die Störungen schneller ab als in weichem Boden. Praktische Rechnungen – z. B. Lux [6/40] – zeigen, daß die Breite und die Höhe des Berechnungsausschnitts möglichst nicht kleiner als der sechsfache Tunneldurchmesser sein sollten, vgl. Bild 6/12. Bei Symmetrie von Geometrie und Einwirkungen genügt es, nur eine Hälfte des Systems zu diskretisieren.

Für die Auskleidung sind Balkenelemente mit möglichst vollständiger Ansatzfunktion erforderlich, um die Biegemomente ausreichend genau zu erfassen. Für den Baugrund sind Scheibenelemente mit einfachen Ansatzfunktionen ausreichend. In Bereichen, in denen größere Spannungsgradienten erwartet werden, ist eine feinmaschigere Netzeinteilung zu wählen. In der Regel darf zwischen Baugrund und Auskleidung voller Verbund angenommen werden, [6/2], [6/40].

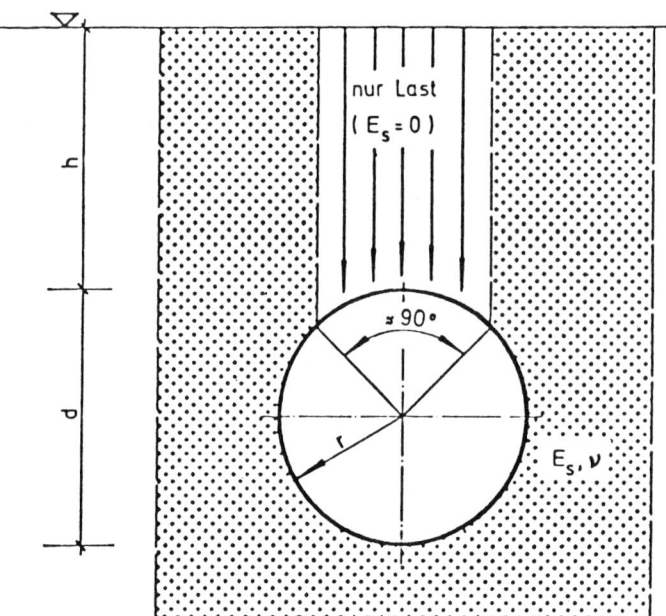

Bild 6/13: Teilkontinuum, im Firstbereich ohne Stützwirkung für den Ausbau durch den Baugrund, nach [6/2]

Die Beanspruchung der Tunnelauskleidung und des umgebenden Gebirges wird in der Berechnung mit einem Kontinuumsmodell aus der Entspannung des Gebirges vom Primärspannungszustand zum Sekundärspannungszustand ermittelt. Dazu muß der Primärspannungszustand zu Beginn der Berechnung möglichst zutreffend vorgegeben werden, vgl. Abschnitt 6.1.1. Die auf den Tunnelring einwirkenden Kräfte errechnen sich aus den Anfangsspannungen in der Ausbruchsfläche.

Bei geringer Überdeckung – je nach Gebirgseigenschaften in Lockergestein bis etwa h = 2d – wird für einen Endzustand (Jahre nach dem Bau) ein Ansatz gewählt, bei dem der Baugrund über dem Tunnel den Verformungen der Firste als schlaffe Last folgt, ohne sich an der Lastabtragung zu beteiligen. Diesem Lastansatz liegt die Vorstellung zugrunde, daß Einflüsse aus Wasser, Kriechen, Erschütterungen usw. das im Bauzustand in der Regel vorhandene Baugrundtraggewölbe wieder rückgängig machen. Für diesen Ansatz muß eine mittragende Wirkung der Baugrundelemente im Firstbereich ausgeschlossen werden, vgl. Bild 6/13.

Für Berechnungen mit linearem Gebirgsverhalten läßt sich der Elastizitätsmodul E für das Kontinuum aus dem Steifemodul E_s und der Querdehnzahl ν des Gebirges errechnen. Maßgebender Steifemodul ist derjenige Wert im Last-Verformungsdiagramm, der zum Bereich der Spannungswechsel von Primär- zum Sekundärzustand gehört. Weiterhin kann berücksichtigt werden, daß eine Ent- und Wiederbelastung des Baugrunds erfolgt. Der hierzu gehörige Steifemodul ist i. a. größer als der Wert für Erstbelastung

$$E = \frac{(1 - 2\nu) \cdot (1 + \nu)}{(1 - \nu)} \cdot E_s \qquad (6.6)$$

ν = Querdehnzahl, $0 < \nu < 0{,}5$

Die Kontinuumsberechnung liefert die Spannungen und Verformungen der Auskleidung und des Baugrunds. Im einfachsten Fall sind Sicherheitsaussagen schon möglich, indem die errechneten Spannungen mit den aufnehmbaren Beanspruchungsgrößen verglichen werden. Nichtlineare, die Bruch- bzw. Fließbedingungen berücksichtigende Rechenprogramme liefern Ergebnisse, die auch Grenztragzuständen näherkommen.

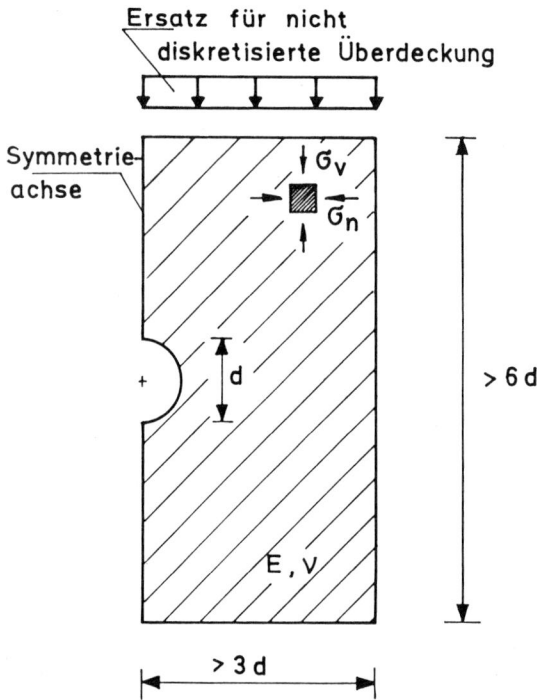

Bild 6/12: Kontinuumsmodell für große Überdeckung, eine Symmetriehälfte

Modell gebetteter Stabzug

Dieses Berechnungsmodell idealisiert die Tunnelauskleidung durch Balkenelemente und die stützende Wirkung des Baugrunds durch Bettung, die sowohl in radialer als auch zusätzlich in tangentialer Richtung angesetzt werden kann, vgl. Bild 6/14. Die Balkenelemente können dabei als gekrümmte und kontinuierlich gebettete Stabelemente [6/31] angesetzt werden. Der Ansatz eines Stabpolygonzuges, der in den Eckpunkten durch Einzelfedern gehalten wird, liefert bei genügend feiner Unterteilung ebenfalls ausreichend genaue Ergebnisse. Bei der Wahl eines Stabpolygons ist es zweckmäßig, den Erddruck in äquivalente, in den Eckpunkten angreifende Einzelkräfte umzurechnen.

Die Belastung des Tunnelrings ergibt sich aus der Umrechnung der Primärspannungen des Baugrunds in vertikale und horizontale Kräfte (vgl. Abschnitt 6.1). Um im Berechnungsmodell die Auftriebswirkung des größeren Erddrucks auf die untere Tunnelhälfte zu vermeiden, wird der Auftriebsanteil dieser Lasten in der Regel nicht angesetzt. Beim kreisförmigen Tunnelquerschnitt ergibt sich daraus ein Lastbild, das symmetrisch zur horizontalen Tunnelachse ist, vgl. Bild 6/14.

Bei oberflächennahen Tunneln in Lockergestein (etwa h < 2d) bleibt der Firstbereich des Tunnelrings ungebettet, da hier einwärts gerichtete Verformungen der Auskleidung auftreten (vgl. Bild 6/14). Auf diese Weise wird die First-Auflast nicht abgemindert. Damit sollen die Langzeiteinflüsse oder der Verlust der Gewölbewirkung durch Verkehrserschütterungen und Wasser berücksichtigt werden (6/2).

Wenn eine ausreichende Überdeckung vorhanden ist oder wenn die Beschaffenheit des Gebirges eine dauernd mittragende Gewölbewirkung im Baugrund erwarten läßt, darf die Bettung auch im Firstbereich angesetzt werden. Dies führt zu einer Abminderung der Firstauflast.

Für oberflächennahe Tunnel (Bild 6/14) darf für den radialen Bettungsmodul näherungsweise der nachfolgende pauschale Rechenwert mit dem Steifemodul E_s des Baugrunds (nach DIN 1080, Teil 8) und dem Tunnelradius r angesetzt werden:

$$k_r = E_s/r. \tag{6.7}$$

Die tangentiale Bettung darf nur angesetzt werden, wenn auch mit sämtlichen tangentialen Erddrücken gerechnet wird. Dabei muß der Wandreibungswinkel für die Übertragung der Tangentialkräfte aus Bettung und Erddruck ausreichend sein.

Wenn bei größerer Überdeckung an Stelle eines elastischen Kontinuums ein Ringmodell mit allseitiger Bettung gewählt wird, so dürfen nach [6/2] näherungsweise die Tangentialbettung und die tangentialen Erddrücke ebenfalls zu Null angenommen werden. Die radialen Erddruckkomponenten und der radiale Bettungsmodul dürfen für diesen Fall wie folgt angesetzt werden, vgl. Bild 6/14:

$$p_r = 0,5 \cdot (p_v + p_h) + \frac{5}{6} \cdot (p_v - p_h) \cdot \cos 2\varphi$$

$$\tag{6.8}$$

$$k_r = 0,5 \cdot E_s/r$$

Die Herleitung hierzu ist [6/41] zu entnehmen.

6.3.2 Bemessung nach der Elastizitätstheorie

Wenn auf die Tragreserven verzichtet wird, die aus der Plastifizierbarkeit des Werkstoffes folgen, kann die Konstruktion nach der Elastizitätstheorie bemessen werden. Mit dem hierbei üblichen Bezug des Sicherheitskriteriums auf zulässige Spannungen gewinnt man damit den Vorteil der Linearität von Einwirkungen und Beanspruchungen (Superpositionsgesetz).

Da stählerne Tunnelauskleidungen in den meisten Fällen relativ schlank sind, müssen bei großen Längskräften die Verformungen in den Gleichgewichtsbedingungen berücksichtigt werden. Dabei sind ungewollte Vorverformungen in möglichst realer Größe anzusetzen. In den Empfehlungen [6/2] wird z. B. eine rechnerische Abweichung von der Sollform von mindestens $w_o = r/200$ (r = Radius des Tunnelrings) empfohlen. Bei einer Berechnung als Spannungsproblem nach Theorie II. Ordnung wird damit in der Regel auch der Stabilitätsnachweis erbracht. Lediglich in Sonderfällen, wenn die Beulform nicht mit der Biegeform infolge des

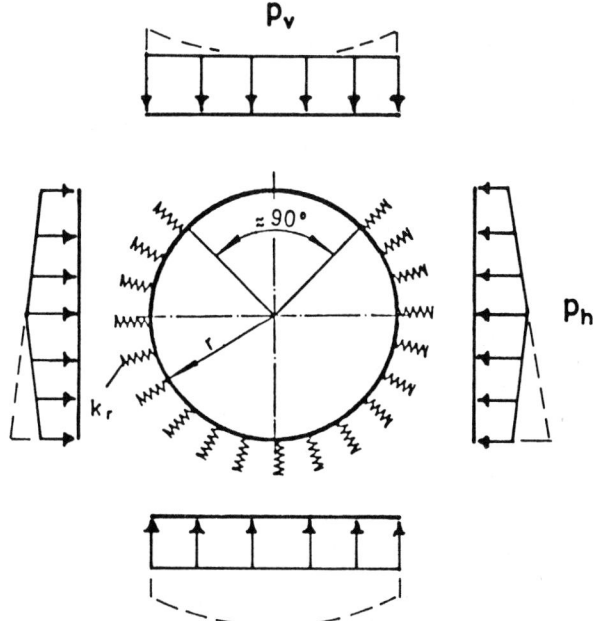

Bild 6/14: Stabzug mit radialer Bettung k_r und Erddruckansatz

angesetzten Erddrucks übereinstimmt (z. B. bei nahezu zentralsymmetrischer Belastung eines Kreistunnels), kann ein zusätzlicher Stabilitätsnachweis als Verzweigungsproblem erforderlich sein.

Für die Berechnung nach Theorie II. Ordnung werden die folgenden Gesamtsicherheitsbeiwerte empfohlen, (vgl. Abschnitt 6.2.2, Gl. 6.5):

$$\gamma_{ges} = 1,5 \text{ für LF H,}$$
$$\gamma_{ges} = 1,33 \text{ für LF HZ.} \tag{6.9}$$

Hierbei wird vorausgesetzt, daß Festigkeitsversagen maßgebend ist. Für örtliche Stabilitätsfälle (Beulen, Knicken) ist DIN 4114 (oder die Neufassung Entwurf DIN 18800) zu beachten.

Die Gesamtsicherheitsfaktoren sollten entsprechend der Empfehlung im Abschnitt „6.2.2 Sicherheitskonzept" auf mehrere Einflußgrößen verteilt werden, mindestens aber auf die Festigkeit des Ausbaumaterials und auf die Einwirkungen. Die auf diese Weise am elastischen System errechneten Spannungen dürfen die evtl. reduzierte Streckgrenze des Werkstoffs (vgl. Abschnitt 6.2.1) an keiner Stelle des Tragwerkes überschreiten.

Für die besonderen Beanspruchungen aus bergbaulichen Einwirkungen (vgl. Abschnitt 6.1.2) kann das insbesondere bei Stahltragwerken große Plastiziervermögen ausgenutzt werden. Für diese Fälle ist eine Bemessung nach der Elastizitätstheorie nicht wirtschaftlich.

A. Offene Bauweise

Bei Rahmentragwerken sind im allgemeinen drei Bemessungsfälle zu untersuchen (vgl. Bild 6/15)

– minimaler Seitendruck und maximale Auflast für maximale Riegelbiegung,

– maximaler Seitendruck und minimale Auflast für maximale Wandbeanspruchung,

– allseits maximaler Druck für größte Eckmomente und für Stabilitätsfälle der Konstruktion.

Es empfiehlt sich, die Berechnung an einem Stabwerksystem durchzuführen, das auch Besonderheiten wie z. B. elastische Einspannung der Stiele im Baugrund oder Bettung von Tunnelwand und Tunnelsohle berücksichtigt. Im übrigen wird auf die Empfehlungen [6/18] hingewiesen.

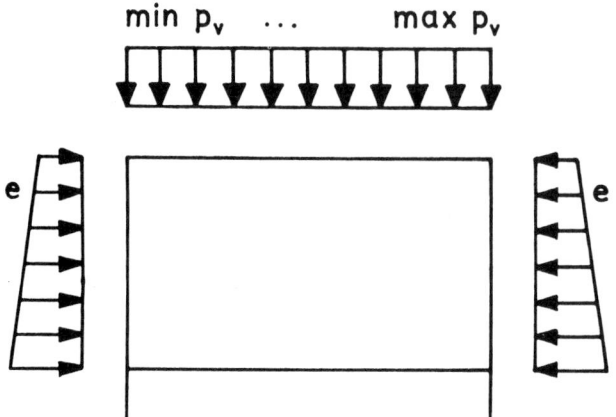

Bild 6/15: Ansatz für Tunnel in offener Bauweise

B. Geschlossene Bauweise

Für die Tunnelberechnung mit einem Kontinuumsmodell, das auch den Baugrund erfaßt, eignet sich z. B. in der Regel die Finite-Element-Methode am besten. Hierbei lassen sich auch nichtlineare Stoffgesetze für den Baugrund und die Auskleidung berücksichtigen. Das Ergebnis – Spannungen und Verformungen der Tunnelauskleidung und des Baugrunds – ist unmittelbar für den Spannungsnachweis verwendbar, wenn nach der Elastizitätstheorie bemessen wird. Windels [6/42] berechnet die Zustandsgrößen für Kreisringe im elastischen Kontinuum für unterschiedliche Randbedingungen analytisch. In den daraus resultierenden Diagrammen kann näherungsweise zusätzlich die Theorie II. Ordnung mit Vorverformung erfaßt werden. Bei Berechnungen nach Theorie I. Ordnung kann ein zusätzlicher Stabilitätsnachweis für den Tunnelring erforderlich sein.

Für das Modell des gebetteten Stabzugs gibt es mehrere Berechnungsverfahren, die die Verformungen des Systems in den Gleichgewichtsbedingungen berücksichtigen. Zur Ermittlung der maßgebenden Schnittgrößen kreisförmiger Tunnelauskleidungen mit ungebettetem Firstbereich stehen Diagramme nach Theorie I. Ordnung von Schulze/Duddeck [6/43], sowie nach Theorie II. Ordnung von Windels [6/17], Durth [6/44] und Tabellen von Kessler [6/45] zur Verfügung. Diese Berechnungsverfahren sind für einfache Handberechnungen aufbereitet.

Mit Rechenprogrammen für ebene oder sogar räumliche Rahmensysteme können Tunnelbauwerke mit beliebigem Querschnitt und beliebigen Randbedingungen untersucht werden. Mit der Vorgabe entsprechender Rand- und Zwischenbedingungen ist es z. B. möglich, Gelenke, Drehfedergelenke, Einzellasten, tangentiale und zusätzliche radiale Federstäbe zu berücksichtigen, vgl. u. a. [6/31].

6.3.3 Bemessung nach dem Traglastverfahren

Für stählerne Tragwerke ist die Bemessung nach dem Traglastverfahren wirtschaftlicher und zugleich wirklichkeitsnäher als nach der Elastizitätstheorie, da das tatsächliche Verhalten der Konstruktion zutreffender erfaßt wird. Die Sicherheit kann auf das Systemversagen mit plastischen Grenzzuständen bezogen werden. Die bei der Elastizitätstheorie ungenutzten Tragreserven statisch unbestimmter Tragsysteme können ausgenutzt werden.

Bei großen Längskräften sind im Gegensatz zum einfachen Traglastverfahren die Verformungen in den Gleichgewichtsbedingungen zu berücksichtigen und die plastischen Momente in Abhängigkeit von den Längskräften abzumindern (Interaktion). Ungewollte Abweichungen von der Sollform (Montageungenauigkeiten) des Tragwerks sind ebenfalls anzusetzen, vgl. 6.3.2. Die Stabilitätsuntersuchung des Gesamttragwerks ist durch eine Berechnung nach Theorie II. Ordnung abgedeckt.

Für die Lastfälle Hauptlasten (H) und Haupt- und Zusatzlasten (HZ) werden die folgenden Sicherheitsbeiwerte empfohlen:

$$\text{LF. H} \qquad \gamma_{ges} = 1{,}7,$$
$$\text{LF. HZ} \qquad \gamma_{ges} = 1{,}5. \qquad (6.10)$$

Sie sind als Gesamtsicherheitszahlen zu verstehen und sollten auf die wesentlichen Ansätze der Berechnung verteilt werden, vgl. Abschnitt 6.2.2. Mit diesen Berechnungsansätzen ist nachzuweisen, daß das Tragwerk nicht versagt.

Bei der Berücksichtigung der Interaktion (anteilige Plastifizierung aus Biegemomenten und Längskräften) ist zu beachten, daß die in der Richtlinie [6/29] dargestellte M-N-Interaktionskurve nur für doppeltsymmetrische Querschnitte gilt, z. B. I-Profile oder übliche Spundwände. Für einfachsymmetrische Querschnitte sind eigene, querschnittsabhängige Interaktionskurven zu ermitteln. In Bild 6/16 ist als Beispiel die Fließkurve zu beliebigen M-N-Verhältnissen für das Tübbingprofil TS 133 dargestellt. Die unterschiedlichen Flächen des Ober- und Untergurtes ergeben einen schiefsymmetrischen Kurvenverlauf. Das M-N-Diagramm der Richtlinie [6/29] ist zum Vergleich eingetragen.

Die Querkraft braucht bei der Abminderung des plastischen Moments nur berücksichtigt zu werden, wenn sie größer als ein Drittel der plastischen Querkraft ist, vgl. [6/29].

A. Offene Bauweise (Traglastverfahren)

Die Anwendung des Traglastverfahrens auf Tunnelrahmen entspricht grundsätzlich der im Hochbau üblichen Traglastberechnung. Bei Berücksichtigung der Theorie II. Ordnung und der Interaktion wird die Bestimmungsgleichung für die aufnehmbare Belastung nichtlinear. Hinweise zum Berechnungsverfahren hierzu sind bei Ahrens [6/32] zu finden. Ausführliche Beschreibungen finden sich u. a. in [6/28] und [6/46].

Mit einem einfachen Stabwerksprogramm, das linear elastisch rechnen kann, kann in schrittweiser Berechnung bei sukzessiver Änderung des statischen Systems ebenfalls eine Traglastberechnung durchgeführt werden.

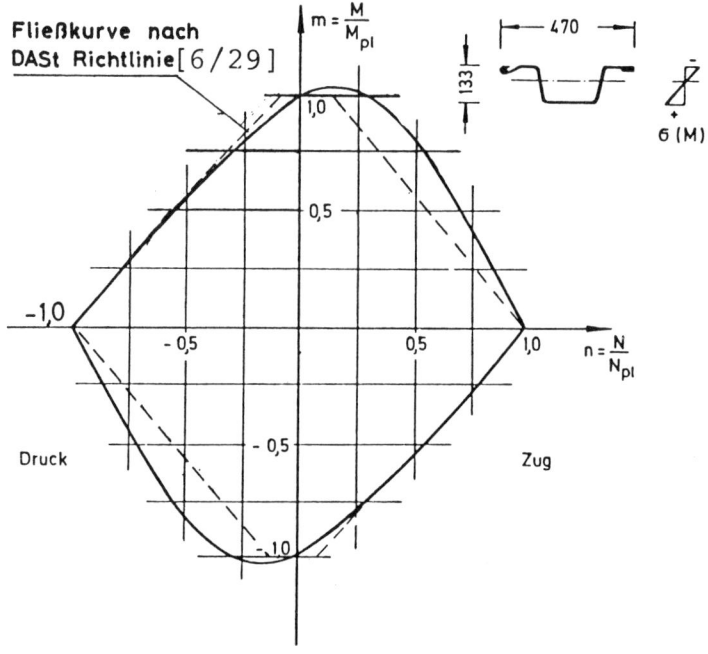

Bild 6/16: M-N-Interaktion für Stahlprofil TS 133 (St 37) nach [6/33]

B. Geschlossene Bauweise (Traglastverfahren)

Große Längskräfte und Momente, die über größere Bereiche wenig veränderlich sind, führen zu ausgedehnten plastischen Zonen. Sie sind bei steigender Belastung entlang des Tunnelrings ortsveränderlich. Versuche [6/47] und Vergleichsrechnungen [6/31] haben jedoch gezeigt, daß für übliche Auskleidungsprofile (in statischer Hinsicht z. B. dem in [6/47] untersuchten Profil TS 130 ähnlich) die plastische Grenzlast näherungsweise mit den gleichen Voraussetzungen wie in den Richtlinien für den Stahlhochbau [6/21] errechnet werden darf, d. h. es darf dennoch mit ortsfesten plastischen Gelenken anstelle ausgedehnter plastischer Zonen gerechnet werden. Damit sind die entscheidenden Voraussetzungen für die Anwendung des einfachen Traglastverfahrens für stählerne Tunnelringe erfüllt.

Eine Traglastberechnung ist prinzipiell auch nach dem Kontinuumsmodell unter Berücksichtigung physikalischer und geometrischer Nichtlinearität möglich. Wegen der Größe des zu erfassenden Systems und der erforderlichen Iterationen werden hierzu jedoch aufwendigere Rechenprogramme erforderlich.

Für das einfachere technische Modell des gebetteten Stabzugs sind erprobte elektronische Rechenprogramme, die mit elastisch-plastischem Materialverhalten und nach Theorie II. Ordnung rechnen, vorhanden. Für kreisförmige Tunnel stehen Bemessungstabellen zur Verfügung [6/33] und [6/45], in die die genannten Nichtlinearitäten eingearbeitet sind. Die Querschnittswerte für die Tunnelauskleidung sind hierbei in einer Vorbemessung festzulegen. Im Anhang K wird die Bemessung von Stahltübbingen nach dem Traglastverfahren mit Hilfe der Tabellen aus [6/33] und [6/44] anhand eines Beispiels erläutert.

6.3.4 Zur Berechnung der Verformungen

Bei der elektronischen Berechnung von Tragwerken werden die Verformungen in der Regel zusammen mit den Schnittgrößen ausgegeben. Für die genaue Ermittlung der Verformungen im Gebrauchszustand ist – sofern die Bemessung nach Traglastzuständen erfolgte – eine zusätzliche elastische Rechnung mit 1,0fachen Steifigkeiten und Lasten erforderlich.

Für kreisförmige Tunnel können die Firsteinsenkung und z. T. auch die Verschiebungen anderer Punkte der Auskleidung mit den in Abschnitt 6.3.2 genannten Diagrammen oder Tabellen ermittelt werden.

Sofern lediglich die Verformungen des Tragwerks im Grenzzustand vorliegen, ist es in vielen Fällen ausreichend, die Verformungen für den Gebrauchszustand hieraus abzuschätzen. Dazu sind die für den Grenzzustand errechneten Werte durch den Sicherheitsfaktor zu dividieren. Die so ermittelten Verformungen sind eine obere Schranke der gesuchten Werte, da die Last-Verformungskurve bei Ansatz von elastisch-plastischem Materialverhalten nichtlinear ist. Die Berücksichtigung der Verformungen in den Gleichgewichtsbedingungen bewirkt ebenfalls einen nichtlinearen Kurvenverlauf, vgl. Bild 6.17

Bei verteilten Sicherheitswerten ist für die proportionale Reduktion auf einen Gebrauchszustand ein stellvertretender einheitlicher Ersatzsicherheitsfaktor einzusetzen.

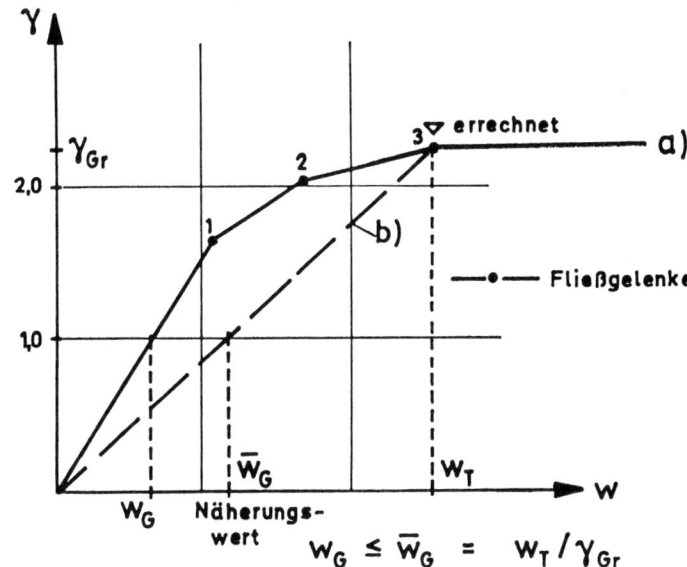

Bild 6/17: Last-Verformungsdiagramm a) Traglastrechnung, b) Linearisierung

6.4 Zu modellstatischen Versuchen für Tunnelbauwerke

Die Untersuchung unterirdischer Tragwerke durch Modellversuche ist prinzipiell möglich, z. B. [6/48], [6/49], [6/50]. Verglichen mit den z. Z. zur Verfügung stehenden numerischen Hilfsmitteln ist der Aufwand hierfür jedoch relativ hoch. Nur in Sonderfällen, die durch Berechnungsmodelle schwer zu erfassen sind, können Modellversuche zweckmäßig sein.

Die Ergebnisse von Modellversuchen enthalten z. T. erhebliche Unsicherheiten. Die größte Unsicherheit liegt im allgemeinen in der Übertragung der tatsächlichen Baugrundeigenschaften und Erddrücke auf das Modell, da sich der Baugrund bereits im Gebrauchszustand nichtlinear verhält. Weitere Fehlerquellen liegen z. B. in der Vereinfachung der Randbedingungen und in der Umwandlung von z. B. Bodeneigengewicht in Ersatzlasten bzw. in aufgezwungene Drücke. Versuchsergebnisse sollten daher stets sehr kritisch, möglichst durch Vergleichsrechnungen, geprüft werden.

7. Normen, Vorschriften, Richtlinien, Merkblätter und Empfehlungen

Das nachstehende Verzeichnis von Normen, Vorschriften, Richtlinien, Merkblättern und Empfehlungen gibt einige wichtige Hinweise für die planenden und ausführenden Stellen. Es erhebt keinerlei Anspruch auf Vollständigkeit. Grundsätzlich ist jeweils die neueste Fassung einer Norm, Vorschrift usw. zugrunde zu legen, auch wenn das nachstehende Verzeichnis hiervon abweichende Ausgabedaten enthalten sollte.

7.1 Planungsgrundlagen und Lastannahmen

[7/1] DIN 1055
Lastannahmen für Bauten

[7/2] DIN 1072
Straßen- und Wegebrücken, Lastannahmen

[7/3] DIN 4150
Erschütterungen im Bauwesen

[7/4] DS 300
Eisenbahn – Bau- und Betriebsordnung (EBO); Deutsche Bundesbahn

[7/5] DS 800/1
Vorschrift für das Entwerfen von Bahnanlagen; Allgemeine Entwurfsgrundlagen (VEB 1); Deutsche Bundesbahn

[7/6] DS 800/2
–; Neubaustrecken (VEB 2); Deutsche Bundesbahn

[7/7] DS 800/3
–; S-Bahnen (VEB 3); Deutsche Bundesbahn

[7/8] Richtlinien für Tunnelbauten nach der Verordnung über den Bau und Betrieb der Straßenbahnen (BO Strab) vom 2. 6. 1971, Hrsg. Bundesminister für Verkehr; Verkehrsblatt 1971, S. 501–511

7.2 Allgemeiner Tunnel- und Grundbau

[7/9] DIN 1054
Zulässige Belastung des Baugrundes

[7/10] DIN 4017
Baugrund; Grundbruchberechnungen

[7/11] DIN 4018
Richtlinien für die Berechnung von Flächengründungen

[7/12] DIN 4019
Baugrund, Setzungsberechnungen

[7/13] DIN 4020
Baugrunduntersuchungen

[7/14] DIN 4022
Baugrund und Grundwasser

[7/15] DIN 4084
Baugrund; Standsicherheitsberechnung

[7/16] DIN 4093
Grundbau: Einpressung in den Untergrund der Bauwerke

[7/17] DIN 4107
Setzungsbeobachtungen an entstehenden und fertigen Bauwerken

[7/18] DIN 4123
Ausschachtungen, Gründungen und Unterfangungen neben oder unter bestehenden Bauwerken

[7/19] DIN 4124
Baugruben und Gräben, Böschungen, Arbeitsraumbreiten und Verbau

[7/20] DIN 4125
Erd- und Felsanker
Teil 1
Verpreßanker für vorübergehende Zwecke im Lockergestein, Bemessung, Ausführung und Prüfung
Teil 2
Verpreßanker für dauernde Verankerungen (Daueranker) im Lockergestein, Bemessung, Ausführung und Prüfung

[7/21] DIN 21521
Anker für den Gruben- und Tunnelausbau

[7/22] DIN 21522
Ankerplatten für den Gruben- und Tunnelausbau

[7/23] DIN 21531
Bogenausbau

[7/24] DS 801
Vorschrift für Baugrubenwände und Bauwerke unterirdisch geführter Bahnen in offener Bauweise (VUO); Deutsche Bundesbahn

[7/25] DS 802
Vorschrift für Bauwerke unterirdisch geführter Bahnen in geschlossener Bauweise (VUG); Deutsche Bundesbahn

[7/26] DS 804
Vorschrift für Eisenbahnbrücken und sonstige Ingenieurbauwerke (VEJ); Deutsche Bundesbahn

[7/27] DS 808
Vorschrift für die Anwendung von Datenverarbeitung in der Bautechnik; Deutsche Bundesbahn

[7/28] DS 808/2/II
Standardleistungsbuch der DB (StLB/DB) – Verzeichnis der Leistungsbereiche; Deutsche Bundesbahn

[7/29] DS 808/2/IV
Rahmen-Leistungsverzeichnisse – R-LV-Verzeichnis; Deutsche Bundesbahn

[7/30] DS 820
Oberbauvorschrift für Regelspurbahnen (Obv); Deutsche Bundesbahn

[7/31] DS 820/I
Anhang zur Oberbauvorschrift (Az Obv); Deutsche Bundesbahn

[7/32] DS 836
Vorschrift für Erdbauwerke (VE); Deutsche Bundesbahn

[7/33] DS 853
Vorschrift für Eisenbahntunnel (VTU); Deutsche Bundesbahn

[7/34] Vorläufige Richtlinien für biegeweiche, stählerne im Boden eingebettete Rohre; Deutsche Bundesbahn

[7/35] Richtlinien für die Nachprüfung von Verpreßankern im Lockergestein; Deutsche Bundesbahn

[7/36] GW 304
Merkblatt „Rohrvortrieb"; Deutscher Verein von Gas- und Wasserfachmännern e. V., Eschborn; 1975

[7/37] Richtlinien für die Ausführung von Bauten im Einflußbereich des untertägigen Bergbaus, Fassung April 1953
veröffentlicht: Grundbautaschenbuch, Band II, 3. Auflage; Verlag Wilhelm Ernst + Sohn, Berlin; 1975

[7/38] Empfehlungen des Arbeitskreises „Baugruben" (EB) der Deutschen Gesellschaft für Erd- und Grundbau (DGEG); Die Bautechnik 53 (1976) H. 9

[7/39] Empfehlungen zur Berechnung und Konstruktion von Tunnelbauten (Ausführung in offener Bauweise) (EOT) der DGEG; Die Bautechnik 55 (1978) H. 9

[7/40] Empfehlungen des Arbeitsausschusses „Ufereinfassungen" (EAU) der Hafenbautechnischen Gesellschaft und der DGEG

[7/41] Empfehlungen zur Baugrunderkundung und Grundwasserhaltung bei Tunnelbauten in Lockergestein; Die Bautechnik 47 (1970), S. 217–219

[7/42] Empfehlungen für die Wasserhaltung durch Druckluft bei Tunnelbauten in Lockergestein, Entwurf Mai 1972; Die Bautechnik 49 (1972) H. 9

[7/43] Empfehlungen zur Berechnung von Tunneln im Lockergestein (1980); Die Bautechnik 1980, H. 10, S. 349–356

[7/44] Empfehlungen für Messungen im Zusammenhang mit schildvorgetriebenen Tunneln (EMT); Die Bautechnik 49 (1972) H. 9, S. 296–301

[7/45] Empfehlungen zur Berechnung von schildvorgetriebenen Tunneln (EST), (1973); Die Bautechnik 50 (1973) H. 8, S. 253–257

[7/46] Empfehlungen für den Felsbau untertage (Fassung 1979) der Deutschen Gesellschaft für Erd- und Grundbau. Taschenbuch für den Tunnelbau 1980; S. 157–239; Verlag Glückauf, Essen

[7/47] Empfehlungen zur Konstruktion und Korrosionsschutz unterirdischer Stahltragwerke-Spundwände, Tübbings, Bleche (STUVA) (EKuS); Die Bautechnik 52 (1975), S. 232–245

[7/48] Empfehlungen zur Fugengestaltung im unterirdischen Bauen der „Studiengesellschaft für unterirdische Verkehrsanlagen" (STUVA); Die Bautechnik 10 (1973), S. 325–332

7.3 Stahlbau

[7/49] DIN 1000
Stahlbauten, Ausführung

[7/50] DIN 1050
Stahl im Hochbau, Berechnung

[7/51] DIN 1073
Stählerne Straßenbrücken, Berechnungsgrundlagen

[7/52] DIN 1079
Stählerne Straßenbrücken, Grundsätze für die bauliche Durchbildung

[7/53] DIN 1080
Begriffe, Formelzeichen und Einheiten im Bauingenieurwesen;
Teil 1: Grundlagen
Teil 4: Stahlbau, Stahlverbundbau und Stahlträger im Beton

[7/54] DIN 4100
Vorschriften für geschweißte Stahlhochbauten

[7/55] DIN 4101
Geschweißte stählerne Straßenbrücken

[7/56] DIN 4114
Stahlbau: Stabilitätsfälle

[7/57] DIN 8563
Sicherung der Güte von Schweißarbeiten, T1 bis T4

[7/58] DIN 17100
Allgemeine Baustähle, Gütevorschriften

[7/59] DIN 50049
Bescheinigung über Werkstoffprüfungen

[7/60] DS 827
Technische Vorschriften für Stahlbauwerke (TVSt); Deutsche Bundesbahn

[7/61] TL 91802
Technische Lieferbedingungen: Formstahl, Stabstahl, Breitflanschstahl, Grob- und Mittelbleche, Flußstahl unlegiert, geschmiedet oder gewalzt; Deutsche Bundesbahn

[7/62] Technische Lieferbedingungen für Stahlspundbohlen; vom 16. 5. 1967; veröffentlicht im Amtsblatt des BMV, 1967, Heft 7, S. 202–204

[7/63] DASt-Ri-010
Richtlinien zur Anwendung hochfester Schrauben im Hochbau; Stahlbau-Verlags-GmbH., Köln

7.4 Beton- und Stahlbetonbau

[7/64] DIN 1045
Bestimmungen für Ausführung von Bauwerken aus Stahlbeton

[7/65] DIN 1075
Massive Brücken, Berechnungsgrundlagen

[7/66] DIN 4030
Beurteilung betonangreifender Wässer, Böden und Gase

[7/67] DIN 4035
Stahlbetonrohre; Stahlbetondruckrohre und zugehörige Formstücke aus Stahlbeton; Maße, technische Lieferbedingungen

[7/68] DIN 4224
Bemessung im Stahlbetonbau

[7/69] DIN 4225
Fertigbauteile aus Stahlbeton, Richtlinien für die Herstellung und Anwendung

[7/70] DIN 4227
Spannbeton, Richtlinien für Bemessung und Ausführung

[7/71] DIN 4930
Rohre für den Gefrierschachtbau; Maße und technische Lieferbedingungen

[7/72] DIN 18551
Spritzbeton, Herstellung und Prüfung

[7/73] DS 824
Zusätzliche Technische Vorschriften für Beton (ZTV-Beton); Deutsche Bundesbahn

7.5 Bautenschutz

[7/74] DIN 4031
Wasserdruckhaltende bituminöse Abdichtungen für Bauwerke

[7/75] DIN 4095
Dränung des Untergrundes zum Schutz von baulichen Anlagen, Richtlinien für Planung und Ausführung

[7/76] DIN 4102
Brandverhalten von Baustoffen und Bauteilen

[7/77] DIN 4117
Abdichtung von Bauwerken gegen Bodenfeuchtigkeit

[7/78] DIN 4122
Abdichtung von Bauwerken gegen nichtdrückendes Oberflächen- oder Sickerwasser

[7/79] DIN 4150
Erschütterungen im Bauwesen
Teil 1: Grundsätze; Vorermittlung und Messung von Schwingungsgrößen
Teil 2: Einwirkungen auf Menschen in Gebäuden
Teil 3: Einwirkungen auf bauliche Anlagen

[7/80] DIN 8565
Rostschutz von Stahlbauwerken durch Metallspritzen, Richtlinien

[7/81] DIN 18190
Dichtungsbahnen für Bauwerksabdichtungen

[7/82] DIN 18195
Bauwerksabdichtungen (z. Z. in Bearbeitung als Ersatz für DIN 4031, 4117, 4122)
Teil 1: Allgemeines
Teil 2: Stoffe
Teil 3: Verarbeitung der Stoffe
Teil 4: Abdichtungen gegen Bodenfeuchtigkeit, Ausführung und Bemessung
Teil 5: Abdichtungen gegen nichtdrückendes Wasser, Ausführung und Bemessung
Teil 6: Abdichtungen gegen von außen drückendes Wasser, Ausführung und Bemessung
Teil 7: Abdichtungen gegen von innen drückendes Wasser, Ausführung und Bemessung
Teil 8: Fugen
Teil 9: Durchdringungen, Übergänge, Abschlüsse
Teil 10: Schutzschichten und Schutzmaßnahmen

[7/83] DIN 18364 VOB, Teil C
Oberflächenschutzarbeiten an Stahl und Oberflächenschutzarbeiten (Anstriche) an Aluminiumlegierungen

[7/84] DIN 50900
Korrosion der Metalle, Begriffe
Teil 1: Allgemeine Begriffe
Teil 2: Elektrochemische Begriffe

[7/85] DIN 50901
Korrosion der Metalle, Korrosionsgrößen bei ebenmäßigem Angriff, Begriffe, Formelzeichen, Einheiten

[7/86] DIN 50902
Behandlung von Metalloberflächen für den Korrosionsschutz, Begriffe

[7/87] DIN 50905
Chemische Korrosionsprüfungen
Teil 1: Allgemeine Richtlinien
Teil 2: Korrosionsgrößen bei gleichmäßiger Flächenkorrosion
Teil 3: Korrosionsgrößen bei ungleichmäßiger Korrosion ohne zusätzliche mechanische Beanspruchung

[7/88] DIN 50910
Prüfung metallischer Werkstoffe, Einflußgrößen und Meßverfahren bei der Korrosion im Erdboden in Gegenwart von elektrischen Erdströmen

[7/89] DIN 50930
Korrosion der Metalle, Beurteilung des korrosionschemischen Verhaltens kalter Wässer gegenüber unverzinkten und verzinkten Eisenwerkstoffen, Richtlinien

[7/90] DIN 50940
Korrosionsschutz, Prüfung von chemischen Entrostungsmitteln und Sparbeizzusätzen (Inhibitoren) für Stahl und Eisen, Laboratoriumsversuche

[7/91] DIN 50942
Phosphatieren von Stahlteilen, Richtlinien

[7/92] DIN 50960
Korrosionsschutz, Galvanische Überzüge, Kurzzeichen, Schichtdicken, Allgemeine Richtlinien

[7/93] DIN 50961
Korrosionsschutz, Galvanische Überzüge auf Stahl

[7/94] DIN 50975
Korrosionsschutz, Zinküberzüge durch Feuerverzinken, Richtlinien

[7/95] DIN 50980
Prüfung metallischer Überzüge, Auswertung von Korrosionsprüfungen

[7/96] DIN 53210
Bezeichnung des Rostgrades von Anstrichen

[7/97] DIN 55928
Korrosionsschutz von Stahlbauten durch Beschichtungen und Überzüge
Teil 1: Allgemeines
Teil 2: Korrosionsschutzgerechte Gestaltung von Stahlbauten
Teil 3: Planung der Korrosionsschutzarbeiten
Teil 4: Vorbereitung und Prüfung der Oberflächen
Teil 5: Beschichtungsstoffe und Schutzsysteme
Teil 6: Ausführung und Überwachung der Korrosionsschutzarbeiten
Teil 7: Technische Regeln für Kontrollflächen
Teil 8: Korrosionsschutz von tragenden dünnwandigen Bauteilen (Stahlleichtbau)
Teil 9: Bindemittel und Pigmente für Beschichtungsstoffe

[7/98] DIN 55945
Anstrichstoffe und ähnliche Beschichtungsstoffe, Begriffe
Teil 1: Anstrichstoffe, Begriffe

[7/99] DIN 55946
Bituminöse Stoffe, Begriffe

[7/100] DIN 55947
Anstrichstoffe und Kunststoffe, Gemeinsame Begriffe

[7/101] DS 801/I
Richtzeichnungen für die Abdichtung unterirdischer Verkehrsbauwerke (Anhang I zur VUO-DS 801); Deutsche Bundesbahn

[7/102] Korrosionsschutz von Stahlbauten durch Beschichtungen und Überzüge; Richtlinien zur Anwendung der DIN 55928 (RIA) Der Bundesminister für Verkehr; Verkehrsblatt-Verlag, Bestell-Nr. 3088, November 1980

[7/103] DS 835
Anweisung für Abdichtung von Ingenieurbauwerken (AIB); Deutsche Bundesbahn

[7/104] DS 838
Brandschutzvorschrift; Deutsche Bundesbahn

[7/105] DV 899/35
Merkblatt für die Prüfung des Brandverhaltens fester Baustoffe; Deutsche Bundesbahn

[7/106] DV 899/35/I
Merkbuch A für Bauwerke (Anhang I zum Merkblatt DV 899/35); Deutsche Bundesbahn

[7/107] Maßnahmen bei Erdungen, Bahnrückstromführung, Beeinflussung und Korrosion in S-Bahn-Tunneln (Ma-Rü-Er-T); Deutsche Bundesbahn

[7/108] TL 918300
Technische Lieferbedingungen für Anstrichstoffe; Deutsche Bundesbahn

[7/109] VÖV 04.740.5
Empfehlungen für Maßnahmen zur Verringerung der Korrosionsgefahr durch Streuströme und für die Durchführung von Schutzmaßnahmen zur Verhütung von zu hohen Berührungsspannungen bei Tunnelanlagen für Gleichstrombahnen; Hrsg.: Verband öffentlicher Verkehrsbetriebe, Köln

[7/110] GW 9
Korrosion-Rohrleitungen; Merkblatt für die Beurteilung der Korrosionsgefährdung von Eisen und Stahl im Erdboden; Deutscher Verein von Gas- und Wasserfachmännern e. V., Frankfurt; 1971

TGL-Vorschriften (Technische Güte- und Lieferbedingungen; staatl. Normen der DDR)

[7/111] TGL 11465
Stahl in Wässern und Erdstoffen, Prüfung und Beurteilung der Wässer und der Erdstoffe, Korrosionsschutzmaßnahmen

[7/112] TGL 27-94000 Blatt 2
Oberflächenschutz für metallische Flächen; Anstriche, Ausführung und Prüfung von Anstrichen und Anstrichstoffen

[7/113] TGL 33-12722 Blatt 2
Oberflächenbehandlung, Korrosionsschutzanstriche

[7/114] TGL 45-03906
Oberflächenschutz; Anstriche auf Metall

[7/115] TGL 100-0001
Schutzanstriche für Stahlbauwerke und Anlagenteile

[7/116] TGL 9200 Blatt 3
Umgebungseinflüsse; Klassifizierung von Erzeugnissen, Einsatzklassen

[7/117] TGL 18700
Blatt 1: Korrosionsschutz; Begriffe; Allgemeine Begriffe und Einteilung
Blatt 2: –; –, Vorbehandlung von Metallen für das Herstellen von Schutzschichten
Blatt 3: –; –, Metallische und nichtmetallische anorganische Schutzschichten auf Metallen

[7/118] TGL 18703
Blatt 1: Korrosionsschutz; korrosionsschutzgerechte Gestaltung, allgemeine konstruktive Forderungen
Blatt 2: –; –, Kontaktkorrosion bei Paarungen metallischer Werkstoffe

[7/119] TGL 18704
Korrosion und Korrosionsschutz, Klassifizierung der Atmosphäre

[7/120] TGL 18714
Korrosionsschutz; Eigenschaften von Metallspritzschichten, Zinkspritzschichten, Aluminiumspritzschichten

[7/121] TGL 18730 Blatt 2
Korrosionsschutz; Oberflächenvorbehandlung, mechanisches und thermisches Entzundern und Entrosten von Stahl

[7/122] TGL 18738 Blatt 2
Korrosionsschutz; Herstellung von Anstrichen, Anstrichsysteme

[7/123] TGL 25087
Anstrichstoffe; Anstriche, Begriffe

[7/124] TGL 25618
Anstriche; Anstrichkarte

[7/125] TGL 25698 Blatt 1
Reinigen von Werkstoffoberflächen, Begriffe

Stahl-Eisen-Betriebsblätter des Vereins Deutscher Eisenhüttenleute: „Schutzanstrich von Stahlkonstruktionen"

[7/126] SEB 104 210-68
Vorbereitung des Untergrundes

[7/127] SEB 104 222-68
Anstrichgerechte Gestaltung und Bestellung von Stahlkonstruktionen

[7/128] SEB 104 223-68
Planung und Ausschreibung von Anstrichen

[7/129] SEB 104 227-68
Anstrichbeobachtung, Anstrichinstandhaltung, Anstrichkartei

[7/130] SEB 104 230-68
Grundsätze für einen wirtschaftlichen Schutzanstrich

Sonstige Merk- und Arbeitsblätter

[7/131] SEB 104 231-61 Blatt 1
–; Zusatzbedingungen zu den allgemeinen Bedingungen für Bauleistungen des Bestellers

[7/132] Zinkstaub-Anstrichmittel und Anstriche auf Zinkstaub-Grundanstrichen; Merkblatt Nr. 4 des Bundesausschusses Farbe + Sachwertschutz

[7/133] Anstriche auf Zink und verzinktem Stahl; Merkblatt Nr. 5 des Bundesausschusses Farbe + Sachwertschutz

[7/134] K 20
Schutz von Stahlkonstruktionen;
Blatt 1: Oberflächenbehandlung, Anstriche, Metallüberzüge
Blatt 2: Prüfung von Anstrichstoffen und Anstrichsystemen
Blatt 2; Beiblatt: Anstrichstoff-Prüfbericht;

AGI-Arbeitsblätter; Herausgeber: Arbeitsgemeinschaft Industriebau, Braunschweig

7.6 Arbeits- und Umweltschutz

[7/135] DIN 18005
Schallschutz im Städtebau; Hinweise für die Planung; Berechnungs- und Bewertungsgrundlagen

[7/136] DS 810/1
Richtlinien für bauliche Schallschutzanlagen an Eisenbahnstrecken (Schallschutzwände RSE1); Deutsche Bundesbahn

[7/137] DS 810/2
Richtlinien für bauliche Schallschutzanlagen an Eisenbahnstrecken (Sonstige Schallschutzanlagen RSE2); Deutsche Bundesbahn

[7/138] DS 838
Brandschutzvorschrift; Deutsche Bundesbahn
Unfallverhütungsvorschriften der Tiefbau-Berufsgenossenschaften; München

[7/139] VBG 1
Allgemeine Vorschriften; April 1977

[7/140] VBG 15
Schweißen, Schneiden und verwandte Arbeitsverfahren; April 1978

[7/141] VBG 37
Bauarbeiten; April 1977

[7/142] VBG 40
Bagger, Lader, Planiergeräte, Schürfgeräte und Spezialmaschinen des Erdbaues (Erdbaumaschinen); April 1976

[7/143] VBG 41
Rammen; April 1980

[7/144] VBG 45
Arbeiten mit Schußapparaten; April 1979

[7/145] VBG 46
Sprengarbeiten; April 1971

[7/146] VBG 93
Laserstrahlen; April 1973

[7/147] VBG 119
Schutz gegen gesundheitsgefährlichen mineralischen Staub; April 1973

[7/148] VBG 121
Lärm; Dez. 1974

[7/149] Merkblatt für Druckluftarbeiten und Dienstanweisungen für Schleusenwärter; Tiefbau-Berufsgenossenschaft, München; 1973

[7/150] Merkblatt – Brandschutz bei Bauarbeiten; Tiefbau-Berufsgenossenschaft, München; 1979

[7/151] Sicherheitsregeln für Bauarbeiten untertage; Tiefbau-Berufsgenossenschaft, München; 1977

[7/152] Sicherheitsregeln für Betonspritzmaschinen (Spritzbetonarbeiten); Tiefbau-Berufsgenossenschaft, München; 1979

[7/153] Verordnung über das Arbeiten in Druckluft (Druckluftverordnung); Bundesgesetzblatt 1972, Teil I, Nr. 110 v. 14. 10. 1972; s. auch Grundbautaschenbuch, Band II, 3. Auflage; Verlag Wilhelm Ernst & Sohn; 1975

[7/154] VDI 2057
Oktober 1963, Beurteilung der Einwirkung mechanischer Schwingungen auf den Menschen

[7/155] VDI 2058
Blatt 1, Juni 1973, Beurteilung von Arbeitslärm in der Nachbarschaft

[7/156] VDI 2562
Oktober 1973; Schallmessungen an Schienenbahnen

[7/157] VDI 2573
Februar 1974, Schutz gegen Verkehrslärm, Hinweise für Planer und Architekten

[7/158] VDI 2716
Entwurf, August 1973, Geräuschsituation bei Stadtbahnen

[7/159] VDE 0115
Bestimmungen für elektrische Bahnen; VDE-Verlag, Berlin; 1975

8. Literatur

8.1 Literatur zu Kapitel 1: Einführung

[1/1] Maidl, B./Wolter, J.D./Droste, H.:
Stahl als bleibendes Sicherungselement beim Bau von Tunneln in offener Bauweise, Lehrstuhl für Bauverfahrenstechnik und Baubetrieb, Institut für konstruktiven Ingenieurbau, Ruhr-Universität, Bochum, 1977

[1/2] Kessler, H./Duddeck, H.:
Traglastversuche für dünnwandige Tunnelausbauprofile aus Stahl, Institut für Statik der TU Braunschweig, Bericht Nr. 74-9, 1974

[1/3] Kessler, H.:
Tabellen zur Berechnung schildvorgetriebener Tunnel, Institut für Statik der TU Braunschweig, Bericht Nr. 75-13, 1975

[1/4] Kessler, H.:
Die Bemessung und Traglastberechnung stählerner Tunnelauskleidungen, Institut für Statik der TU Braunschweig, Bericht Nr. 76–15, 1976

[1/5] Girnau, G./Blennemann, F./Klawa, N./Zimmermann, K.:
Konstruktion, Korrosion und Korrosionsschutz unterirdischer Stahltragwerke, Buchreihe Forschung + Praxis, U-Verkehr und unterirdisches Bauen, Bd. 14, Alba-Buchverlag GmbH., Düsseldorf, 1973

8.2 Literatur zu Kapitel 2: Werkstoffe und deren allgemeine Eigenschaften

[2/1] Duddeck, H.:
Tunnelauskleidungen aus Stahl, Taschenbuch für den Tunnelbau 1978, (2. Jahrgang), S. 159–195

[2/2] Klöppel, K./Glock, G.:
Theoretische und experimentelle Untersuchungen zu den Traglastproblemen biegeweicher, in die Erde eingebetteter Rohre, Veröffentlichungen des Instituts für Statik und Stahlbau, TH Darmstadt 1970

[2/3] Feder, G.:
Versuchsergebnisse zum bruchfreien Verformungsvermögen metallischer Tunnelröhren. In: Bau und Betrieb von Verkehrstunneln, Forschung + Praxis, Bd. 15, Alba-Buchverlag, Düsseldorf, 1974

[2/4] Richtlinien zur Anwendung des Traglastverfahrens im Stahlbau, DASt-Richtlinie 008, März 1973, Köln

[2/5] Seminar-Traglastverfahren, Bericht Nr. 73-6 aus dem Institut für Statik der TU Braunschweig, 1973

[2/6] Empfehlungen zur Berechnung von schildvorgetriebenen Tunneln (1973), Bautechnik 50 (1973), S 253/57 und Taschenbuch für Tunnelbau 1977, S 147/164

[2/7] Girnau, G./u. a.:
Konstruktion, Korrosion und Korrosionsschutz unterirdischer Stahltragwerke, Spundwände, Tübbings, Bleche; Buchreihe „Forschung + Praxis", Bd. 14; Alba-Buchverlag, Düsseldorf; 1973

[2/8] Girnau, G./Blennemann, F./Klawa, N.:
Empfehlungen zu Konstruktion und Korrosionsschutz unterirdischer Stahltragwerke – Spundwände, Tübbings, Bleche, Bautechnik 52 (1975), S. 232/45

[2/9] Scheer, L.:
Was ist Stahl? Springer-Verlag, Berlin, Göttingen, Heidelberg, 1958

[2/10] Schwenk, W.:
Allgemeine und örtliche Korrosion von Stählen in Wässern, Stahl und Eisen 92 (1972) 21, S. 1021–1026

[2/11] Klas, H./Steinrath, H.:
Die Korrosion des Eisens und ihre Verhütung, Verlag Stahleisen mbH., Düsseldorf, 1956

[2/12] Kirsch, W.:
Korrosion im Boden, Franckh'sche Verlagshandlung, Stuttgart, 1968

[2/13] Tödt, F.:
Korrosion und Korrosionsschutz, 2. Aufl., Walter de Gruyter & Co., Berlin, 1961

[2/14] Romanoff, M.:
Underground Corrosion, National Bureau of Standards Circular 579, April 1957, US Department of Commerce

[2/15] Merkblatt für die Beurteilung der Korrosionsgefährdung von Eisen und Stahl im Erdboden. Deutscher Verein von Gas- und Wasserfachmännern e. V. (DVGW), Fachausschuß Korrosion Rohrleitung, Arbeitsblatt GW9, August 1971, Frankfurt/M, ZfGW-Verlag GmbH

8.3 Literatur zu Kapitel 3: Stahl als bleibendes statisches Sicherungselement beim Bau von Tunneln

[3/1] Weißenbach, A.:
Baugruben; Teil I: Konstruktion und Bauausführung (1975); Teil II: Berechnungsgrundlagen (1975); Teil III: Berechnungsverfahren (1977); Verlag von Wilhelm Ernst & Sohn, Berlin

[3/2] Haack, A.:
Sicherung großer Baugruben durch I- und U-Stahlprofile; Stahlmerkblatt 161; Herausgeber: Beratungsstelle für Stahlverwendung, Düsseldorf, 1979

[3/3] Wolter, J.-D./Maidl, B.:
Möglichkeiten für Stahltunnelkonstruktionen als bleibende Sicherung bei offenen Tunnelbauweisen; Forschung + Praxis, Bd. 21, Herausgeber STUVA, Köln; Alba Buchverlag, Düsseldorf, 1978, S. 71–79

[3/4] Lange, S.:
Planung und Bau eines biegeweichen Multiplate-Durchlassers; Schriftenreihe der Arbeitsgruppe Untergrund/Unterbau, Heft 3; Kirschbaum Verlag, Bonn-Bad Godesberg, 1980

[3/5] Schmidbauer, J.:
Trockenhaltung tiefer Bauwerke unter dem Grundwasserspiegel durch Dauerabsenkung; Eigenverlag Prof. Dr.-Ing. Schmidbauer Nachf.; Aktuelle Fragen der Baugrunduntersuchung und des Grundbaues, Essen, 1975

[3/6] VÖV-Empfehlung 04.740.5, Ausg. Februar 1970:
Empfehlungen für Maßnahmen zur Verringerung der Korrosionsgefahr durch Streuströme und für die Durchführung von Schutzmaßnahmen zur Verhütung von zu hohen Berührungsspannungen bei Tunnelanlagen für Gleichstrombahnen; Verband öffentlicher Verkehrsbetriebe, Köln, 1970

[3/7] Girnau, G./Blennemann, F./Klawa, N./Zimmermann, K.:
Konstruktion, Korrosion und Korrosionsschutz unterirdischer Stahltragwerke; Forschung + Praxis, Bd. 14; Herausgeber STUVA, Köln; Alba Buchverlag, Düsseldorf, 1973

[3/8] Gantke, F.:
Stahlspundwände bei den Bauwerken des rollenden Verkehrs; Herausgeber Hoesch AG. Hüttenwerke, Verkauf Spundwand, 4600 Dortmund

[3/9] Gantke, F.:
Probleme und praktische Erfahrungen mit Spundwandtunneln; Forschung + Praxis, Bd. 15; Herausgeber STUVA, Köln; Alba Buchverlag, Düsseldorf, 1974

[3/10] Versuchsbericht des staatlichen Materialprüfungsamtes Nordrhein-Westfalen, Nr. 210146073 vom 21. 2. 1973

[3/11] Maidl, B./Wolter, J.-D./Droste, H.:
Stahl als bleibendes Sicherungselement beim Bau von Tunneln in offener Bauweise; Studiengesellschaft für Anwendungstechnik von Eisen und Stahl, Düsseldorf, 1977

[3/12] Maidl, B./Wolter, J.-D.:
Stahl als Konstruktionselement für die offene Bauweise; Taschenbuch für den Tunnelbau 1979, Verlag Glückauf GmbH., Essen, S. 132–159

[3/13] Mandel, G./Wagner, H.:
Verkehrs-Tunnelbau Band I, Verlag von Wilhelm Ernst & Sohn, Berlin/München, 1968

[3/14] Apel, F.:
Tunnel mit Schildvortrieb, Werner-Verlag, Düsseldorf 1968

[3/15] Haack, A.:
Neue Entwicklungen auf dem Gebiet des Schildvortriebs; Straßen + Tiefbau 34 (1980) 5; S. 11–26

[3/16] Scherle, M.:
Rohrvortrieb Bände 1 u. 2, Bauverlag GmbH Wiesbaden und Berlin, 1977

[3/17] Müller, L.:
Der Felsbau, 3. Band: Tunnelbau, Enke Verlag, Stuttgart, 1978

[3/18] Craig, R. N./Muir Wood A. M.:
A review of tunnel lining practice in the United Kingdom; TRRL Supplementary Report 335, 1978

[3/19] Unterlagen der Nippon Steel Corporation (Katalog Nr. KC 11853.11) und des Kozay Club, Tokyo, Japan

[3/20] Girnau, G.:
Überlegungen zur Frage der Anwendung von Stahltübbings im Tunnelbau; STUVA-Nachrichten 21 (1968), S. 1–8

[3/21] Sabi el-Eish, A.:
Untersuchung zur Frage der Anwendung von Dichtungsprofilen und Fugenmassen bei der Fugenabdichtung von Tunnelbauwerken aus Stahlbetonfertigteilen. STUVA-Forschungsberichte 7/78, Studiengesellschaft für unterirdische Verkehrsanlagen, Köln, 1977

[3/22] Girnau, G./Blennemann, F./Klawa, N./Zimmermann, K.:
Konstruktion, Korrosion und Korrosionsschutz unterirdischer Stahltragwerke; Buchreihe „Forschung + Praxis U-Verkehr und unterirdisches Bauen", Band 14, Alba-Buchverlag GmbH, Düsseldorf, 1973

[3/23] Bechtel Corporation:
„Report on Corrosion Control for Subsurface Structures"; Prepared for Parsons – Brinckerhoff – Tudor – Bechtel, General Engineering Consultants for the San Francisco Bay, Area Rapid Transit District; May 1965

[3/24] Blümel, J.:
Druckstollenpanzerungen großen Durchmessers; Baumaschine und Bautechnik 13 (1966) 5, 8 Seiten

[3/25] Pevny, Z./Thomas, W.:
Der Druckschacht des Pumpspeicherwerks Waldeck II; Techn. Mitteilungen Krupp, Werksberichte 34 (1976) 2/3, S. 107–116

[3/26] Aich, H./Püttmann, H.:
Stadtbahnbau in Gelsenkirchen im Einwirkungsbereich des aktiven Bergbaus; Straße + Tunnel 34 (1980) 9, S. 6–24

[3/27] Oelkers, H. D./Koch, H. W.:
Ergebnisse von Schallmessungen bei verschiedenen Oberbauarten des Nahverkehrs; VDI-Bericht Nr. 170; 1971

[3/28] Uderstädt, D.:
Tiefabgestimmte Gleislagerung bei baulicher Verbindung zwischen U-Bahn-Tunnel und Wohn-(Geschäfts-)Häusern; VDI-Bericht Nr. 217; 1974

[3/29] Beck, H./Gravert, F. W./Schneider, K. H.:
Maßnahmen gegen Erschütterungen und Körperschall beim Bauwerk S-Bahn Los S4 in Frankfurt/Main, 1971

[3/30] Schmaus, W./Brandt, B.:
Schutz gegen die Übertragungen von Erschütterungen und Körperschall aus dem S-Bahn-Betrieb; Straße, Brücke, Tunnel (1973) 11

[3/31] Eisenmann, J.:
Beurteilung des Oberbaus bei U-Bahnen vom Standpunkt des Ingenieurs; VDI-Bericht Nr. 217; 1974

[3/32] Hauck, G./Willenbrink, L./Stüber, C.:
Körperschall- und Luftschallmessungen an unterirdischen Schienenbahnen; ETR21 (1972) H. 7/8 und 22 (1973) H. 7/8

[3/33] John, H. P.:
Schalldämmung im Stadtbahntunnel Ludwigshafen; Sonderdruck der Gumba GmbH., Vaterstetten, aus „Unsere Bauwelt" von Bilfinger + Berger

[3/34] Eisenmann, J.:
Oberbau bei Stadtbahnen und U-Bahnen unter besonderer Berücksichtigung der Körperschallemission; Internationales Verkehrswesen 33 (1981) H. 1

[3/35] Krischke, A.:
Körperschalldämmende Gleiströge aus Fertigteilen und Ortbeton; Buchreihe Forschung + Praxis, U-Verkehr und unterirdisches Bauen, Bd. 23: Tunnel – Planung, Bau, Betrieb und Umweltschutz; Herausgeber STUVA, Köln; Alba-Buchverlag, Düsseldorf, 1980

[3/36] Grote, J.:
Körperschalldämmung bei U-Bahnen; Buchreihe Forschung + Praxis, U-Verkehr und unterirdisches Bauen, Bd. 23: Tunnel – Planung, Bau, Betrieb und Umweltschutz; Herausgeber STUVA, Köln; Alba Buchverlag, Düsseldorf, 1980

[3/37] Untersuchung verschiedener Oberbauformen in einem U-Bahntunnel im Hinblick auf Schall- und Erschütterungsemissionen; Forschungsauftrag des BMFT an die STUVA, Köln, Abschluß Ende 1981

[3/38] Untersuchung schotterloser Oberbauformen im geraden und gebogenen U-Bahntunnel im Hinblick auf die Schall- und Erschütterungsemissionen; Forschungsauftrag des BMFT an den TÜV Rheinland e. V., Köln, Abschluß Ende 1981

[3/39] Untersuchung zur Ausbreitung und Minderung von Erschütterungen an Trassen des schienengebundenen Stadtverkehrs im Geländeniveau; Forschungsauftrag des BMFT an die STUVA, Köln, und die Bundesanstalt für Materialprüfung (BAM), Berlin, Abschluß Ende 1982

[3/40] Krüger, F.:
Schwingungsmessungen in der Umgebung innerstädtischer Bahn- und Straßentunnel; Projektleitung: Blennemann, F.; Forschungsauftrag des Bundesministers für Verkehr an die STUVA, 1981

[3/41] Gädtke, H./Temme, H. G.:
Kommentar zur Bauordnung für das Land Nordrhein-Westfalen; Landesbauordnung (Bau ONW); 6. Auflage; Werner Verlag, Düsseldorf, 1979

[3/42] Scheer, L.:
Was ist Stahl; 11. Auflage; Springer Verlag, Berlin, Göttingen, Heidelberg; 1958

[3/43] Haack, A.:
Abdichtung im Untertagebau; Taschenbuch für den Tunnelbau; Verlag Glückauf GmbH., Essen; Jahrgang 1981, S. 275–323; Jahrgang 1982, S. 147–170

[3/44] Transafe – Brandmeldesystem für Straßentunnels; Prospekt; Herausgeber Fa. Contrafeu, Schweiz; 1979

[3/45] Hamburgs neuer Weg unter der Elbe – Der Tunnelbau; Dokumentation des Bundesautobahnbaus „Westliche Umgehung Hamburg"; herausgegeben von der Freien und Hansestadt Hamburg (Staatl. Pressestelle) u. a.

[3/46] Hoesch-Bauweise, Schneidenlagerung auf Stahlspundbohlen; Herausgeber: Estel Hüttenwerke Dortmund AG.

[3/47] Hänig, S.:
Stahlauskleidungen in schildvorgetriebenem Tunnelbau; Vortrag zum Kongreß der Europäischen Stahlberatungsstellen in Salzburg, 1971; Archiv der Beratungsstelle für Stahlverwendung, Düsseldorf

8.4 Literatur zu Kapitel 4: Stahl als bleibende Abdichtungsmaßnahme

[4/1] Simons, H.:
Zur Gestaltung abgesenkter Unterwassertunnel. Baumaschine und Bautechnik 13 (1966), H. 10 und 11, S. 453–466 und 527–533

[4/2] Kretschmer, M./Fliegner, E.:
Untertunnelungen in Seehäfen und von Seeschiffahrtsstraßen unter besonderer Berücksichtigung internationaler Bauausführungen. Jahrbuch der Hafenbautechnischen Gesellschaft, Bd. 35, 1975/76, Springer-Verlag 1977

[4/3] Zahlreiche Verfasser:
Immersed Tunnels; Special magazine by the Tunnelling Section of the Royal Institution of Engineers in the Netherlands. Editorial adress: Herengradt 507 – P.O. Box 10, Amsterdam (in englischer Sprache)

[4/4] Pollak, A.-J.:
Baltimore's Fort Mc Henry Tunnel. Tunnelling Technology newsletter; March 1981, No. 33, U.S. National Committee on Tunnelling Technology, Washington

[4/5] Fliegner, E.:
Untertagebauten in Hongkong; Straße Brücke Tunnel 25 (1973) H. 8, S. 197–204

[4/6] Vogel, G.:
Abdichtungsmaßnahmen beim Straßentunnel Rendsburg. Die Bautechnik 38 (1961) H. 2, S. 37–47

[4/7] Girnau, G./Klawa, N.:
Fugen und Fugenbänder. Forschung + Praxis, Bd. 13, Herausgeber Studiengesellschaft für unterirdische Verkehrsanlagen, Köln, Alba-Buchverlag, Düsseldorf, 1972

[4/8] Girnau, G.:
Überlegungen zur Anwendung von Stahltübbings im Tunnelbau, STUVA-Nachrichten (1968), H. 21, S. 1–8

[4/9] Angebotsunterlagen von Bietergemeinschaften für den BAB-Elbtunnel in Hamburg

[4/10] Brief des Ingenieurbüros Mott, Hay & Anderson, London, vom 22. April 1969 an die STUVA nebst Anlagen

[4/11] Girnau, G./Haack, A.:
Tunnelabdichtungen. Forschung + Praxis, Bd. 6, Herausgeber Studiengesellschaft für unterirdische Verkehrsanlagen, Köln; Alba-Buchverlag, Düsseldorf, 1969

[4/12] Klawa, N.:
Gebäudeunterfahrungen und -unterfangungen Methoden – Kosten – Beispiele. Forschung + Praxis, Bd. 25, Herausgeber Studiengesellschaft für unterirdische Verkehrsanlagen, Köln; Alba-Buchverlag, Düsseldorf, 1981

[4/13] Palazzolo, A.:
Durchpressen eines S-Bahn-Tunnels beim Bau der City-S-Bahn Hamburg. Straße Brücke Tunnel 26 (1974) H. 2, S. 29–34

[4/14] Kuhnimhof, O./Behrendt, A./Rabe, K.-H.:
Durchpressen von fertigen Tunnelrahmen beim Bau der Hamburger City-S-Bahn. Eisenbahntechnische Rundschau 22 (1973) H. 12, S. 469–476

8.5 Literatur zu Kapitel 5: Stahl als vorläufiges Sicherungselement

[5/1] Haack, A.:
Baugrubensicherung, Merkblatt Stahl Nr. 161, Beratungsstelle für Stahlverwendung, Düsseldorf, 1979

[5/2] Weißenbach, A.:
Baugruben, Teil I, Konstruktion und Bauausführung. Verlag von Wilhelm Ernst und Sohn, Berlin/München/Düsseldorf, 1975

[5/3] Grundbau Taschenbuch, Bd. 1, 2. Auflage, Verlag Wilhelm Ernst und Sohn, Berlin/München, 1966

[5/4] Empfehlungen des Arbeitsausschusses Ufereinfassungen. 5. Auflage, Verlag von Wilhelm Ernst und Sohn, Berlin/München/Düsseldorf, 1976

[5/5] z. B. Spundwand-Handbücher Hoesch, Kloeckner Spundwand-Handbuch, Stahlspundwände und Stahlrammpfähle Bauart Krupp; Larssen Handbuch; Peiner-Kastenspundwand Handbuch

[5/6] Behrendt, J.:
Verbauarten für tiefe Baugruben, HDT-Vortragsveröffentlichungen, Essen, H. 241, 1970

[5/7] Karle, D.:
Geräuscharme und erschütterungsfreie Spundwandrammung. Baumaschine und Bautechnik 17 (1970) H. 6, S. 229–235

[5/8] Siemens-Bauunion Mitteilungen über ausgeführte Bauten, H. 41, September 1964

[5/9] Pause, H.:
Entwicklungstendenzen im Tiefbau, aufgezeigt am Beispiel unterirdischer Bauwerke in offener Baugrube. Vorträge der Baugrundtagung 1976, Nürnberg, Deutsche Gesellschaft für Erd- und Grundbau, S. 267–308

[5/10] Metro Rotterdam, Herausgeber Gemeentewerken Rotterdam, 9. Februar 1968

[5/11] Seewig, K.:
Die Bauarbeiten für die City-S-Bahn im Bereich der Alstergewässer in Hamburg, Eisenbahntechnische Rundschau 20 (1971) H. 12, S. 493–512

[5/12] Bohr-Pressen; neues Arbeitsverfahren für das Einbringen von Spundbohlen. Das Baugewerbe (1975) H. 22, 3 Seiten

[5/13] Wagner, H.:
Verkehrs-Tunnelbau; Band I: Planung, Entwurf und Bauausführung; Wilhelm Ernst und Sohn Verlag, Berlin/München

[5/14] Rheintal Autobahn A14 Pfändertunnel. Herausgeber für die Bundesstraßenverwaltung Abt. VIIb Straßenbau des Amtes der Vorarlberger Landesregierung

[5/15] von der Au, V. H.:
Entwicklung und Vergleich der verschiedenen Ausbauregeln in Abhängigkeit von der Größe des Ausbruchquerschnittes unter besonderer Berücksichtigung der erforderlichen Einbauzeiten und der hierdurch beeinflußten Vortriebsleistungen. Tunnels and Tunnelling, March/April 1975, Vol. 7, No. 2

[5/16] Klawa, N.:
Gebäudeunterfahrungen und -unterfangungen; Methoden – Kosten – Beispiele; Forschung + Praxis, Bd. 25; Herausgeber STUVA, Köln; Alba-Buchverlag, Düsseldorf, 1981

[5/17] Jacob, E.:
Herstellung von Tunneln unter Rohrschirmen. Forschung + Praxis, Bd. 8, Herausgeber STUVA, Köln; Alba-Buchverlag, Düsseldorf, S. 49–67

[5/18] Brief der Firma Nippon Steel Corporation, Tokio vom 20. Oktober 1972 an die STUVA nebst Anlagen

[5/19] Krabbe, W.:
Entwicklungsstand der Tunnelauskleidungen beim Schildvortrieb. Forschung + Praxis, Bd. 15, Herausgeber Studiengesellschaft für unterirdische Verkehrsanlagen, STUVA, Köln, Alba-Buchverlag, Düsseldorf, 1973, S. 104–109

[5/20] Briefe der City of Chicago vom 12. Juli 1972 und 21. August 1972 an die STUVA nebst Anlagen

[5/21] Gais, W.-H.:
Belastungsannahmen, tatsächliche Lasten und gemessene Setzungen beim Vortrieb im Bauabschnitt Handelshof/Burggymnasium der U-Stadtbahn Essen. Forschung + Praxis, Bd. 15, Herausgeber STUVA, Köln; Alba-Buchverlag, Düsseldorf, 1974, S. 153–159

[5/22] Stahlausbauplatten von Commercial. Herausgeber Commercial Hydraulics S.A., Youngstown, Ohio, USA (Vertretung in Deutschland durch Armco Thyssen, Dinslaken)

[5/23] Armco Liner-Plate für den Tunnel- und Stollenbau. Herausgeber: Armco-Thyssen – Breitband-Verarbeitung GmbH., Dinslaken

[5/24] Technische Blätter Wayss & Freytag, Frankfurt, Schildvortrieb im Leitungsbau, H. 1, 1971

[5/25] Hochtief Nachrichten; 47. Jahrgang, Januar/Februar 1974, H. 5: Tunnel- und Stollenbau

8.6 Literatur zu Kapitel 6: Statische Berechnung und Bemessung

[6/1] Empfehlungen für den Felsbau unter Tage (Fassung 1979) der Deutschen Gesellschaft für Erd- und Grundbau. Taschenbuch für den Tunnelbau 1980. S. 157–239. Verlag Glückauf, Essen

[6/2] Empfehlungen zur Berechnung von Tunneln im Lockergestein (1980). Die BAUTECHNIK 1980, H. 10, S. 349–356

[6/3] Kessler, H.:
Berechnung schildvorgetriebener Tunnel, S. 240–256 und Tabellen zur Schnittgrößenermittlung, S. 399–440 in Taschenbuch für den Tunnelbau 1979. Verlag Glückauf, Essen

[6/4] Duddeck, H.:
Tunnelauskleidungen aus Stahl, Taschenbuch für den Tunnelbau 1978, S. 159–195, Verlag Glückauf, Essen

[6/5] Leopold Müller-Salzburg:
Der Felsbau. Band 3: Tunnelbau. Ferdinand Enke Verlag, Stuttgart 1978

[6/6] Duddeck, H.:
Zu den Berechnungsmodellen für die Neue Österreichische Tunnelbauweise (NÖT). Rock Mechanics, Suppl. 8. S. 3–27 (1979). Springer-Verlag, Wien

[6/7] „Empfehlungen des Arbeitskreises ‚Baugruben' EAB", Deutsche Gesellschaft für Erd- und Grundbau e. V., Verlag Wilhelm Ernst u. Sohn, 1980

[6/8] Brinch-Hansen, H.:
Spundwandberechnung nach dem Traglastverfahren. Mitteilungen aus dem Institut für Verkehrswasserbau, Grundbau und Bodenmechanik der TH Aachen, Heft 25, 1962

[6/9] Klenner, C.:
Versuche über die Verteilung des Erddruckes über die Wände ausgesteifter Baugruben. Die Bautechnik 19 (1941), H. 29, S. 361

[6/10] Briske, R.:
Anwendung von Erddruckumlagerungen bei Spundwandbauwerken. Die Bautechnik 34 (1957), H. 7, S. 264 und H. 10, S. 376

[6/11] Briske, R.:
Anwendung von Druckumlagerungen bei Baugrubenumschließungen. Die Bautechnik 35 (1958), H. 6, S. 242 und H. 7, S. 249

[6/12] Kahl, H./Neumeuer, H.:
Rechnerische Untersuchung von Baugrubenaussteifungen. Berliner Bauwirtschaft 1953, H. 2, S. 29

[6/13] v. Terzaghi, K./Peck, R. B.:
Die Bodenmechanik in der Baupraxis. Springer, Berlin, Göttingen, Heidelberg 1961

[6/14] Weißenbach, A.:
Berechnung von mehrfach gestützten Baugrubenspundwänden nach dem Traglastverfahren. Straße Brücke Tunnel 21 (1969), H. 1 S. 17, H. 2 S. 38, H. 3 S. 67, H. 5 S. 130

[6/15] Szechy, K.:
Tunnelbau. Springer Verlag 1969, S. 175 ff

[6/16] Schulze, H./Duddeck, H.:
Spannungen in schildvorgetriebenen Tunneln. Beton- und Stahlbetonbau 1964, S. 169

[6/17] Windels, R.:
Spannungstheorie zweiter Ordnung für den teilweise gebetteten Kreisring. Die Bautechnik 1966, S. 265

[6/18] Kany, M.:
Empfehlungen zur Berechnung und Konstruktion von Tunnelbauten (Ausführung in offener Bauweise), Ausgabe September 1978, Die Bautechnik, Heft 9/1978, S. 300–304

[6/19] Weißenbach, A.:
Baugruben, Teil II, Berechnungsgrundlagen. Verlag Wilhelm Ernst u. Sohn, 1975

[6/20] Richtlinien für die Ausführung von Bauten im Einflußbereich des untertägigen Bergbaues. Technische Baubestimmungen, 5. Auflage, Teil K, VII, 1965

[6/21] „Technische Möglichkeiten für den Bau betriebsfähiger unterirdischer Verkehrsanlagen unter besonderer Berücksichtigung des NRW-Industriegebietes" Konstruktiver Ingenieurbau, Berichte Heft 15, „Verkehrstunnel in Bergsenkungsgebieten." Vulkan-Verlag, Essen 1973

[6/22] Grundbau Taschenbuch, Bd. I, 2. Auflage, Verlag von Wilhelm Ernst u. Sohn, 1966

[6/23] Duddeck, H.:
Der Tunnelausbau aus Stahl und seine Traglastberechnung. Forschung + Praxis, Band 19, STUVA, Alba-Buchverlag, Düsseldorf 1976

[6/24] Wild, M.:
Die Bedeutung der Werkstoffeigenschaften des Gußeisens für den Tunnelbau. Straße Brücke Tunnel, Heft 6, 1973, S. 141–150

[6/25] Empfehlungen des Arbeitsausschusses „Ufereinfassungen" EAU 1975. 5. Auflage, Verlag von Wilhelm Ernst und Sohn, 1976

[6/26] Owen, G. N./Scholl, R. E./Blume, J. A.:
Earthquake design of underground openings. Proceedings Intern. Symposium „The Safety of Underground Works", Brüssel 19.–23. Mai 1980

[6/27] Erdik, M./Gürpinar, A.:
Seismic risk assessment of the Ankara subway system. Proceedings Intern. Symposium „The Safety of Underground Works", Brüssel, 19.–23. Mai 1980

[6/28] Seminar Traglastverfahren. Bericht Nr. 72-6 aus dem Institut für Statik der TU Braunschweig, 1972

[6/29] Deutscher Ausschuß für Stahlbau: Richtlinien zur Anwendung des Traglastverfahrens im Stahlbau (DASt-Richtlinie 008), 1973

[6/30] DIN 4114, Teil 1, Stabilitätsfälle im Stahlbau, Entwurf Oktober 1978

[6/31] Ahrens, H.:
Geometrisch und physikalisch nichtlineare Stabelemente zur Berechnung von Tunnelauskleidungen. Bericht Nr. 76-14 aus dem Institut für Statik der TU Braunschweig, 1976

[6/32] Ahrens, H.:
Erweiterung des einfachen Traglastverfahrens – Interaktion und Theorie II. Ordnung. Berichte aus Forschung und Entwicklung 6/1979, S. 19–24, Deutscher Ausschuß für Stahlbau

[6/33] Kessler, H.:
Die Bemessung und Traglastberechnung stählerner Tunnelauskleidungen. Bericht Nr. 76-15 aus dem Institut für Statik der TU Braunschweig, 1976

[6/34] Duddeck, H.:
Zu den Berechnungsmethoden und zur Sicherheit von Tunnelbauten. Der Bauingenieur, Heft 2, 1972

[6/35] Sicherheit von Betonbauten – Beiträge zur Arbeitstagung Berlin 7./8. Mai 1973. Deutscher Beton-Verein e. V., Wiesbaden, 1973, Seite 353

[6/36] Grundlagen zur Festlegung von Sicherheitsanforderungen für bauliche Anlagen. Entwurf Juli 1980, NAbau-Normenausschuß Bauwesen

[6/37] Stahl als Konstruktionselement für die offene Bauweise. Taschenbuch für den Tunnelbau, 1979, S. 132, Verlag Glückauf, Essen

[6/38] Grasshoff, H.:
Die Berechnung elastischer Flächengründungen. Grundbau-Taschenbuch, Bd. I, 2. Auflage, 1966, S. 549–576

[6/39] Kany, M.:
Berechnung von Flächengründungen. 2. Auflage, Bd. 1 und 2, Verlag Wilhelm Ernst u. Sohn, 1974

[6/40] Lux, K.-H.:
Möglichkeiten und Grenzen der Berechnung schildvorgetriebener Tunnel. Forschungsergebnisse aus dem Tunnel- und Kavernenbau, TU Hannover, 1978, Heft 3

[6/41] Ahrens/Lindner/Lux:
Zur Dimensionierung von Tunneln in Lockergestein auf der Grundlage der neuen Empfehlungen. (Arbeitstitel, zur Veröffentlichung vorgesehen in der Bautechnik)

[6/42] Windels, R.:
Kreisring im elastischen Kontinuum. Der Bauingenieur, Heft 12, 1967

[6/43] Schulze, H./Duddeck, H.:
Statische Berechnung schildvorgetriebener Tunnel. In Festschrift: „Beton- und Monierbau AG 1889–1964", Düsseldorf 1964

[6/44] Durth, R.:
Berechnung von schildvorgetriebenen Tunneln mit Berücksichtigung der geometrischen Nichtlinearität in den Gleichgewichtsbedingungen. Dissertation TU Braunschweig, Institut für Statik, 1969

[6/45] Kessler, H.:
Tabellen zur Berechnung schildvorgetriebener Tunnel. Theorie II. Ordnung mit Längskraftverformung. Bericht Nr. 75–13 aus dem Institut für Statik der TU Braunschweig, 1975

[6/46] Henning, A.:
Traglastberechnung ebener Rahmen – Theorie II. Ordnung und Interaktion –. Bericht Nr. 75-12 aus dem Institut für Statik der TU Braunschweig, 1975

[6/47] Kessler, H./Duddeck, H.:
Traglastversuche für dünnwandige Tunnelausbauprofile aus Stahl. Bericht Nr. 74-9 aus dem Institut für Statik der TU Braunschweig, 1974

[6/48] Gebel, H.-P.:
Tunnelkreuzungen – Modellversuche und Berechnung. Dissertation TU Braunschweig, 1972

[6/49] Duddeck, H./Gebel, H.-P.:
Beanspruchung von Tunnelkreuzungen. Bericht Nr. 72-2 aus dem Institut für Statik der TU Braunschweig, 1972

[6/50] Schneefuß, J./Twelmeier, H.:
Versuche an Mörtelmodellen für Tunnel und Tunnelkreuzungen. Bericht Nr. 76-18 aus dem Institut für Statik der TU Braunschweig, 1976

Anhang A

Ausführungs- und Planungsbeispiele für den Einsatz von Stahl als bleibende statische Auskleidung beim Tunnelbau in offener, vorübergehend gesicherter Baugrube

STADTBAHNTUNNEL GELSENKIRCHEN MITTE BAULOSE: 5051.0,1,2 UND 5043.2 BAUJAHR 1973/76	OFFENE BAUWEISE

BAUHERR	Stadtbahnbauamt Gelsenkirchen
AUSFÜHRENDE FIRMEN	Polensky & Zöllner, Dortmund, E. Heitkamp, Herne 2, Ph. Holzmann, Düsseldorf Lieferung der Deckenteile und Verschweißen der Stahlkonstruktion: Thyssen Gießerei AG., Gußstahlwerk Gelsenkirchen
BAUWERK UND BAUGRUND	**Bauwerk:** 3 Tunnelbaulose in offener Bauweise in Gelsenkirchen Mitte mit einer Gesamtlänge von 540 m, bestehend aus ein-, zwei- und dreigleisigen Querschnitten (Bild A1/1). Die Tunnel liegen im bergbaulichen Einwirkungsgebiet. Tunnellänge: eingleisig ca. 2 x 100 m, zweigleisig ca. 260 m, dreigleisig ca. 200m. Überdeckung: 1 bis 3,5 m Lichte Tunnelbreite: 5,00 bis 16,00 m Lichte Tunnelhöhe: 6,00 bis 7,00 m **Baugrund:** Von 0,5 bis 3,0 m unter Gebäude steht ausnahmslos Kulturschutt an, darunter folgen bis maximal 20 m Tiefe quartäre Überlagerungsböden aus Löß, Lößlehm und Sandlöß. Unter der Überlagerung schließen sich Mergelsteine an, die in sehr großer Tiefe von Steinkohlengebirge des Oberkarbon unterlagert werden (bodenmechanische Kennwerte Bild A1/2). Bezüglich der bergbaulichen Einwirkungen kann allgemein von den in Bild A1/3 dargestellten Werten für den Normalfall ausgegangen werden. Insbesondere wurde die horizontale Längenänderung mit ± 10 mm/m vom Landesoberbergamt als durchaus realistischer Wert bestätigt. **Grundwasser:** Nur Sicker- und Kluftwasser im Bereich der Tunnel vorhanden.
TUNNELKONSTRUK-TION, BAUWEISE UND AUSFÜHRUNG	**Tunnelkonstruktion:** Tunnelkonstruktion mit Wänden aus Spundbohlen, Tunneldecke aus Profilen in Wellenform mit einer Korbbogengeometrie aus Stahlguß, Tunnelsohle offen. Die Montage erfolgte in einer mit rückwärtig verankerten Trägerbohlwänden bzw. mit befestigten Böschungen gesicherten Baugrube (Bild A1/4). Die gewellte, unten offene Stahlkonstruktion wurde wegen der zu erwartenden bergbaulichen Einflüsse gewählt. **Ausführung:** - Tunnelwände: Spundwandprofil Hoesch 134 aus Stahl St 52.3. Die Spundbohlen wurden als Doppelbohlen angeliefert und in der Werkstatt zu Drillings-Wandelementen zusammengeschweißt (Breite = 3,15 m). Dabei haben die Schweißnähte lediglich die Aufgabe, den Tunnel gegen eindringendes Bodenwasser zu sichern. Am Fuß der Wandelemente wurden zwischen die Spundwandtäler kreisförmig gebogene Flachbleche eingeschweißt, die einerseits Verformungen in Tunnellängsrichtung nicht behindern und andererseits über Membranwirkung die Einleitung der hohen Stielkräfte in den Boden sicherstellen. Die Wandelemente wurden in vorher ausgehobene und ausgesteifte Schlitze in der Baugrube eingesetzt und mit Hilfe des Montagegerüstes ausgerichtet. In die Schlitze wurde ein Zement-/Sand-/Bentonitgemisch gefüllt. Nach einer Abbindezeit des Gemisches von 24 Stunden konnte die Montage der Deckenteile beginnen. - Tunneldecke: Stahlgußprofil mit stetiger Wellenform aus GS 16 Mn 4 (mechanische Eigenschaften: Streckgrenze = 323 N/mm², Zugfestigkeit = 490 N/mm², Bruchdehnung = 20 %, Kerbschlagzähigkeit bei 0 °C = 40 mN/cm², kalt schweißbar). In Tunnelquerrichtung hat die Decke eine Korbbogengeometrie (Bild A1/5). Durch verschiedene Bauhöhen des Korbbogens wurde die Biegesteifigkeit dem jeweiligen Lichtraumprofil des Tunnels angepaßt. Der Übergang vom Wellenprofil der Decke in das Spundwandprofil der Wände wurde durch eine stetige Profilverziehung im Stahlgußkrümmer erreicht (Bild A1/6). Hierdurch wurde für den Fall bergbaulicher Einwirkung eine fast zwängungsfreie Verformung in Tunnellängsrichtung erreicht und eine Entschärfung der auftretenden Spannungskonzentrationen im Eckbereich.

| | Die einzelnen Deckengußteile wurden in der Werkstatt zu Drillingsdeckenelementen zusammengeschweißt. Auf der Baustelle wurden diese Elemente auf die Wandelemente gesetzt, ausgerichtet und untereinander sowie mit den Wandelementen im Schutzgasverfahren verschweißt.

In jeder Woche wurden 3 bis 4 Montageeinheiten von je 3,15 m Länge versetzt.

- Verfüllen der Baugrube: Vor der Verfüllung wurden die Stahlteile von außen mit einem Kalkanstrich versehen. Das Verfüllen der Arbeitsräume geschah mit einem Kunstboden bestehend aus einem schluffhaltigen Sand, mit Kalk durchsetzt. Er dient als Korrosionsschutz und soll den harten örtlich begrenzten Angriff des Gebirges bei bergbaulicher Einwirkung in kontinuierliche Verformungen umwandeln.

- Tunnelsohle: Im Sohlenbereich wurden eine Kiesfilterschicht als Flächendränage und eine Asphaltbetonschicht eingebaut. Darauf liegt der Schotter mit den Gleisen. Die Seitenbereiche in den Spundwandtälern wurden mit einem Dränageasphalt zur Abstützung des Schotterbetts und zur Tunnelentwässerung aufgefüllt. |
|---|---|
| KORROSIONS-SCHUTZMASSNAHMEN | Außen - gebirgsseitig
- Kalkanstrich, um ein basisches Anrosten zu erzwingen

- Kalkhaltiger Kunstboden im Wandbereich 60 bis 80 cm, im Deckenbereich mindestens 10 cm dick) mit dem Ziel, auf der Stahlaußenhaut einen basischen Korrosionsschutzfilm aufzubauen und zusätzlich als Puffer gegen mögliche aktive Säuren.

Innen: keine besonderen Maßnahmen

Gegen Streuströme der im Tunnel fahrenden gleichstrombetriebenen U-Bahn wurde der Tunnel als "quasi-Faraday'scher Käfig" mit leitenden Seitenwänden und Decke (Stahl) und praktisch stromdichter Sohle (Asphaltbeton) ausgebildet. |
| BAUKOSTEN | für den zweigleisigen Tunnel mit 8 bis 13 m Breite i. M. 37.000,-- DM/m |
| QUELLEN | [1] Westhaus, K.H.: Stadtbahnbau im Bergsenkungsgebiet von Gelsenkirchen - Planungsbedingungen, Vorschläge und Vergabe -; Forschung + Praxis, Bd. 21; Herausgeber: STUVA, Köln; Alba-Buchverlag, Düsseldorf, 1978; S. 80 - 85

[2] Bösch: Stadtbahnbau im Bergsenkungsgebiet in Gelsenkirchen - Berechnung und Bauausführung -; Forschung + Praxis, Bd. 21; Herausgeber: STUVA, Köln; Alba-Buchverlag, Düsseldorf, 1978; S. 86 - 94

[3] Stadtbahn Gelsenkirchen Stadtbahnabschnitt Grasreinerstraße bis Neustadtplatz; Prospekt;Herausgeber: Stadt Gelsenkirchen, Stadtbahnbauamt

[4] Bergsenkungseinflüsse am Beispiel Gelsenkirchen; Hochtief Nachrichten 50 (1977) 2

Übersichtsplan

Querschnitt A·A   Querschnitt B·B   Querschnitt C·C

8,50   5,00   14,00

Bild A1/1: Lageplan mit den charakteristischen Tunnelquerschnitten |

Bodenmechanische Kennwerte

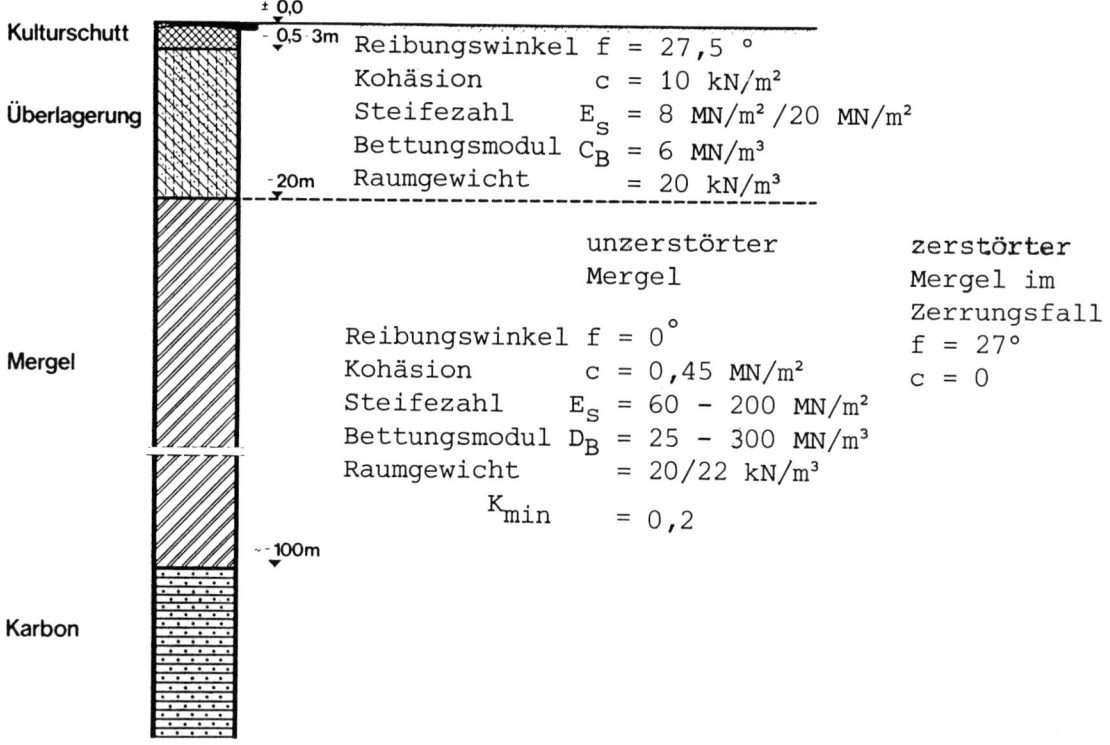

Bild A1/2: Bodenmechanische Kennwerte

Im regelmäßigem Senkungstrog

1. Horizontale Längenänderung:	2. Scherung:
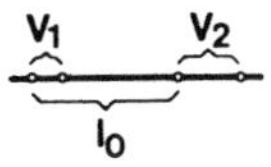 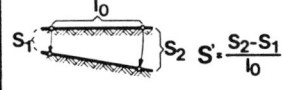 $\varepsilon_v = \dfrac{v_2 - v_1}{l_0} \leq \pm 10\,mm/m$	Scherwege am Übergang zum Festgestein $\Delta V \leq 20\,mm$
3. Schieflage:	4. Krümmungen:
 $S' = \dfrac{S_2 - S_1}{l_0} \leq \pm 30\,mm/m$	$r_s \geq 10\,km$

In Abrißzonen

Bild A1/3: Bergbauliche Einwirkungswerte

5. Spalten:	6. Treppen:
Spaltweite ≤ 20 cm; Spaltabstand ≥ 5 m	Spaltweite ≤ 10 cm; Spaltabstand ≥ 50 cm vertikaler Versatz/Spalte ≤ 15 cm

Korbbogenkonstruktion mit Stahlgußdecke

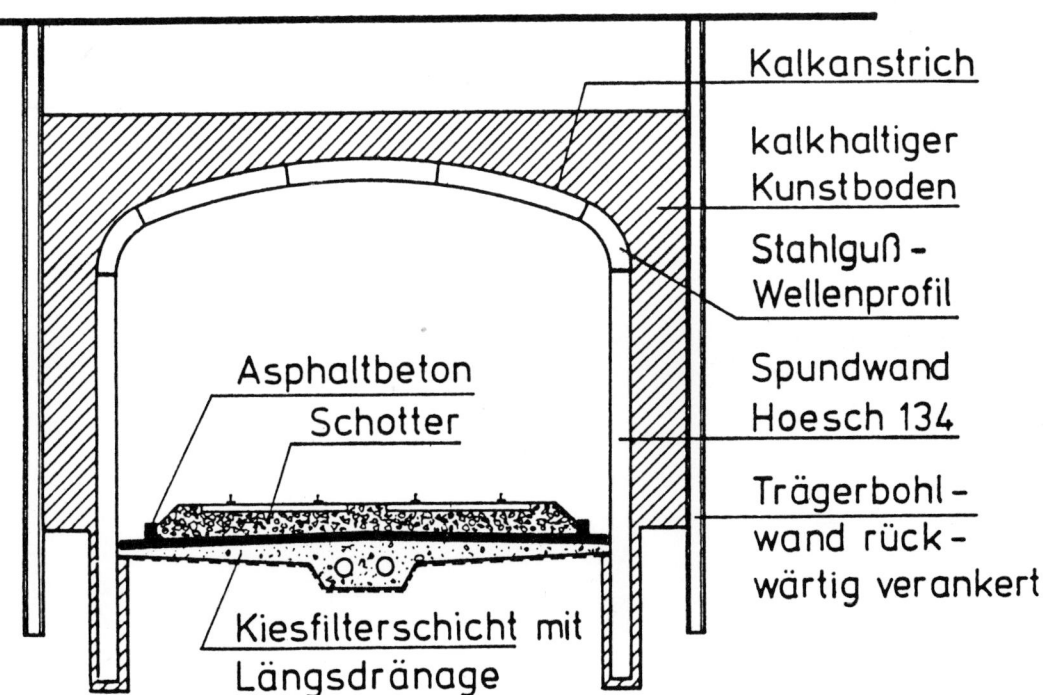

Kalkanstrich

kalkhaltiger Kunstboden

Stahlguß-Wellenprofil

Spundwand Hoesch 134

Trägerbohl-wand rück-wärtig verankert

Asphaltbeton
Schotter

Kiesfilterschicht mit Längsdränage

Bild A1/4: Tunnelkonstruktion

Gegenüberstellung 13m ÷ 5m Rahmen

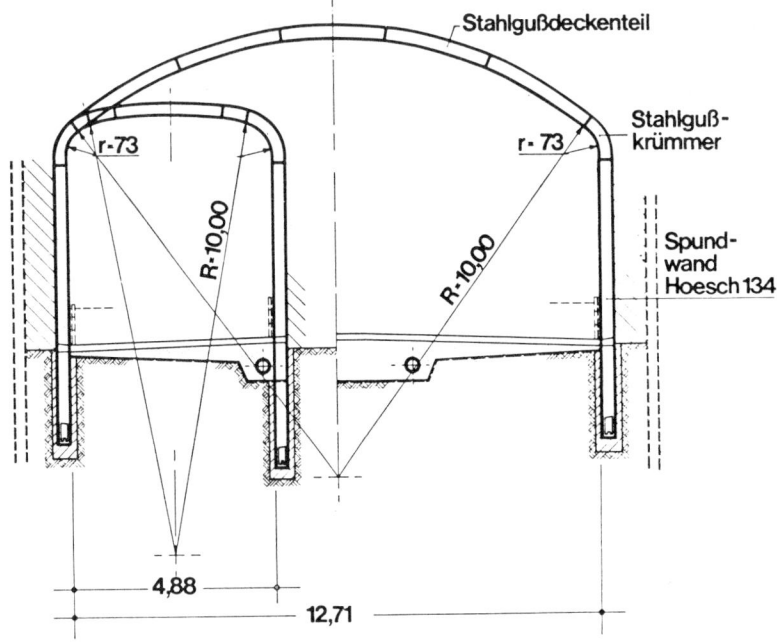

Stahlgußdeckenteil

Stahlgußkrümmer

r - 73

r - 73

R - 10,00

R - 10,00

Spundwand
Hoesch 134

4,88

12,71

Bild A1/5: Korbbogengeometrie

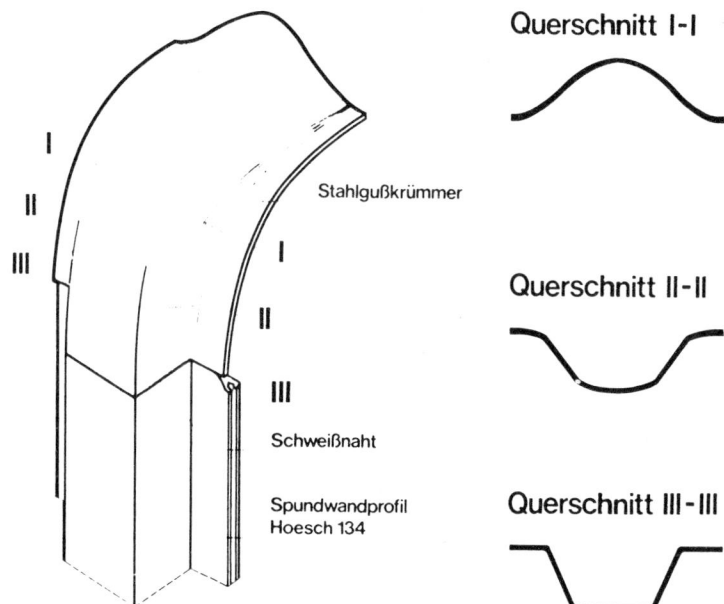

Querschnitt I-I

Querschnitt II-II

Querschnitt III-III

I
II
III

I

II

III

Stahlgußkrümmer

Schweißnaht

Spundwandprofil
Hoesch 134

Bild A1/6: Form des Stahlgußkrümmers

BETRIEBSSTRASSENTUNNEL DES BRAUNKOHLEN-TAGEBAUS HAMBACH   OFFENE BAUWEISE
(WESTLICH KÖLN)
BAUJAHR 1977/1978

BAUHERR	Rheinische Braunkohlenwerke AG., Köln
AUSFÜHRENDE FIRMEN	Armco-Thyssen GmbH., Piepke
BAUWERK UND BAUGRUND	**Bauwerk:** Für die Entwicklung des Tagebaus Hambach wurde eine vorübergehende Betriebs-straße gebaut, die am nördlichen Ende eine Rampe mit Förderbändern untertunnelt (Bild A2/1). Die Straße hat 2 Fahrspuren, 2 Sicherheitsstreifen und 2 Gehwege. Der erforderliche Regellichtraum beträgt 4,70 x 8,00 m. Tunnellänge: 188,96 m Überdeckung: 2 m bis 9 m Lichte Tunnelbreite: max. 12,09 m Lichte Tunnelhöhe: max. 8,20 m Lasten: Als Lasten für die Statik wirken die Verkehrslasten (SLW60 und Teleskop-Mobilkran TMK95) und die volle Auflast aus der Erdüberschüttung auf die Tunnel-konstruktion. Baugrund: Die Schichtenfolge besteht ab Geländeoberfläche bis ca. 1 m tief aus sandigem, teilweise schwach kiesigem Schluff, darunter bis ca. 5,50 m Tiefe aus schluffi-gem, kiesigem bis stark kiesigem Sand (Tunnelrohr wurde etwa auf Geländehöhe errichtet und anschließend eingeschüttet). Grundwasser: Nur Sickerwasser im Bereich des Tunnels vorhanden.
TUNNELKONSTRUK-TION, BAUWEISE UND AUSFÜHRUNG	**Tunnelkonstruktion:** Maulprofil SM396π der Firma Armco-Thyssen mit einer Dicke der gewellten Platten aus ST37 von 7 mm. Das statische System stellt einen elastisch eingespannten und teilweise elastisch gebetteten Bogen dar. Bauweise: Die Eigenart dieser Bauweise verlangt eine gleichmäßige symmetrische Bettung der Konstruktion auch im Bauzustand durch Kies/Sand-Schichten von jeweils ≤ 40 cm Dicke. Die Dicke ist abhängig vom Untergrund, von der Spannweite der Konstruktion und von der Verdichtungsart (Generelle Hinweise und Einbauvor-schriften enthält Bild A2/2). Ausführung: Gewählt wurde eine Schichtdicke von ≤ 30 cm. Für die Einbettung der Konstruktion mußte die Kies/Sand-Sohle 1,0 der einfachen Proctordichte, die darunterliegende Schicht 0,95 der einfachen Proctordichte und die Hinterfüllung und Überschüttung ebenfalls 0,95 der einfachen Proctordichte haben. Um ein sattes Anliegen der Bo-denschale an die Bettung zu erreichen, wurde auf die Kies/Sand-Sohle ein schluff-freier Sand von 5 cm Dicke aufgetragen. Gegen das Eindringen von Wasser in den Tunnelraum wurde der Tunnelscheitel mit entsprechendem Überstand nach rechts und links durch eine Mischung Sand/Kies und Lößlehm im Mischungsverhältnis 1 : 1 abgedeckt. Die Reihenfolge der Maßnahmen für die Errichtung, Hinterfüllung und Überschüttung des Multiplate-Durchlasses zeigt Bild A2/3. In Bild A2/4 sind die errechneten und tatsächlich aufgetretenen Scheitelverschiebungen aufgetragen.
KORROSIONS-SCHUTZMASSNAHMEN	Feuerverzinkung
ERFAHRUNGEN MIT DEN KORROSIONS-SCHUTZMASSNAHMEN	Im vorliegenden Fall ist nur eine Standzeit von ca. 10 Jahren vorgesehen. Nach amerikanischen Untersuchungen haben derartige Tunnel aus feuerverzinkten Armco-Thyssen-Blechen eine Lebensdauer von über 80 Jahren.
QUELLEN	[1] Lange, S.: Planung und Bau eines biegeweichen Multiplate-Durchlasses. Schrif-tenreihe der Arbeitsgruppe Untergrund/Unterbau, Heft 3, Kirschbaum Verlag, Bonn -Bad Godesberg, 1980

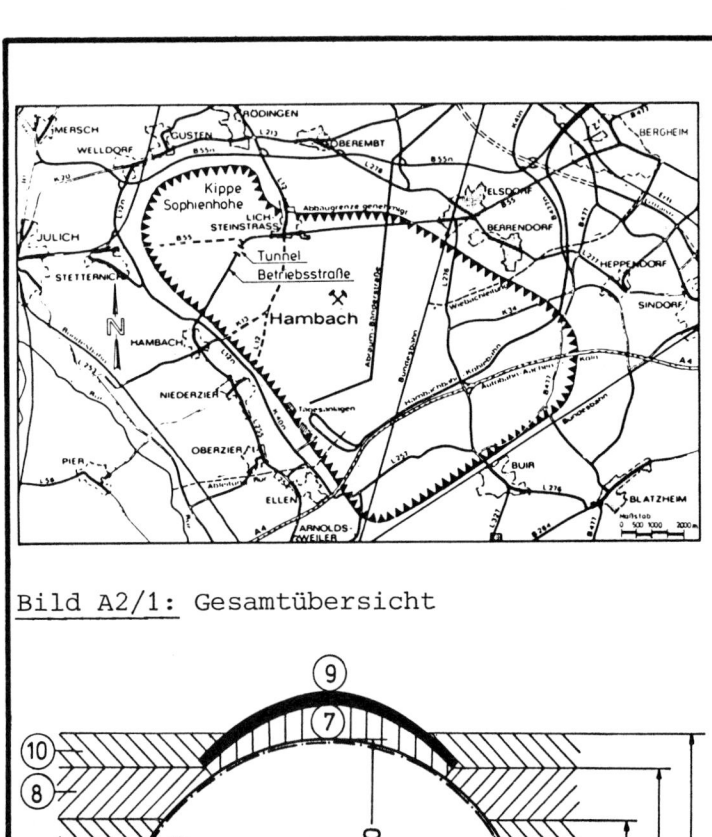

Bild A2/1: Gesamtübersicht

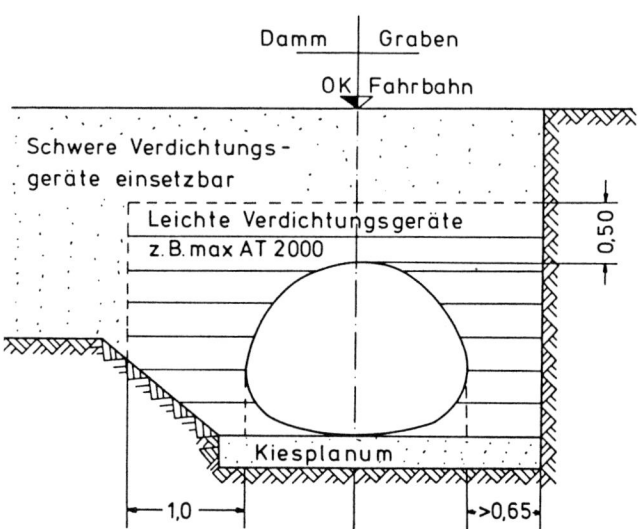

Bild A2/2: Einbauvorschriften für den unmittelbaren Querschnittsbe-
reich

1. Vorprofilieren des Untergrundes
2. Montage der Bodenschale
3. Auffüllung der Bodenschale
4. Hinterfüllen und Verdichten bis H = 2,50 m, Zwickel mit Hand-
   stampfgerät gut verdichten
5. Montage des oberen Durchlaßbereiches
6. Überschütten bis H = 6 m,
   rechts und links gleichzeitig
7. 1. Auflast mit R = 4,6 Mp/m,
   V = 2,3 m³/m
8. Überschütten von 6 m auf 7,50 m
9. Auflasterhöhung mit Δ R = 2,0 Mp/m auf
   R = 6,6 Mp/m, mit
   Δ V = 1,0 m³/m auf
   3,3 m³/m
10. Überschütten von H = 7,50 m auf
    H = 8,50 m
    (Ausbau der Stützkonstruktion)

Bild A2/3: Vorgegebene Reihenfolge der Maßnahmen für die Errichtung, Hinterfüllung und Überschüttung
des Multiplate-Durchlasses

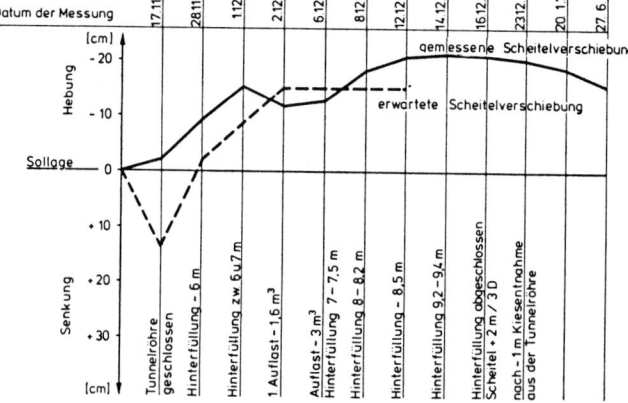

ARMCO - Thyssen GmbH Multi-Plate-Spezialprofil 396 π
Scheitelverschiebung

Bild A2/4: Errechnete und tatsächlich
aufgetretene vertikale Schei-
telverschiebungen

Anhang B

U-BAHNTUNNEL IN TOKIO BAUJAHR UM 1927	OFFENE BAUWEISE

BAUWERK UND BAUGRUND	**Bauwerk:** Eingleisiger Tunnel einer Abstellanlage in der Nähe der Station Ueno im Zuge der Ginza-Linie (Bild B1/1). Tunnellänge: ca. 190 m; davon 120 m Tunnel und 70 m Rampe Überdeckung: 1,2 bis 1,3 m auf ca. 120 m Länge; auf den restlichen 70 m steigt der Tunnel mit ca. 5,5 % bis zur Erdoberfläche an (Bild B1/2). Lichte Tunnelbreite: in Kurven 4,27 m, in geraden Abschnitten 3,66 m Lichte Tunnelhöhe: 4,50 m (Schienenoberkante bis Unterkante Tunneldecke) **Baugrund:** im Bereich des Bauwerks "tonähnlicher Schluff" (Bild B1/3) **Grundwasser:** Grundwasserstand unterhalb der Tunneldecke **Innenluft:** wechselnde Feuchtigkeitsverhältnisse aufgrund des im Rampenbereich eintretenden Tagwassers
TUNNELKONSTRUK-TION, BAUWEISE UND AUSFÜHRUNG	**Tunnelkonstruktion:** Rechtecktunnel mit Wänden aus Spundbohlen, Tunneldecke und -sohle aus Stahlbeton mit Hautabdichtung (Bild B1/4) **Ausführung:** - Tunnelwände: Spundbohlen Profil Larssen, Typ II, Länge 6 m, gerammt; technische Daten s. Tabelle B1/1. - Tunneldecke: Stahlbeton, d = 0,37 m, mit Vouten. Die Decke ist mit einer bituminösen Abdichtung ohne Anschluß an die Tunnelwände versehen. - Tunnelsohle: Stahlbeton, d = 0,36 m. Die Sohle hat eine bituminöse Abdichtung, die wasserdicht an die Spundwände angeschlossen sein muß, da der Tunnel unten im Grundwasser steht.
KORROSIONS-SCHUTZMASSNAHMEN	Die Untersuchungen vor dem Bau des Tunnels ergaben, daß ein besonderer Korrosionsschutz der Stahlspundwand nicht erforderlich war. Daher wurden keine diesbezüglichen Maßnahmen getroffen. Um Streustromkorrosion an den Spundwänden der mit 600 V Gleichstrom betriebenen U-Bahn zu verhindern, wurden zur Erreichung einer guten metallischen Durchverbindung des Bauwerks durchlaufende Winkel jeweils oben und unten an den Spundwänden angeschweißt.
ERFAHRUNGEN MIT DEN KORROSIONS-SCHUTZMASSNAHMEN	Da sich im Laufe der Jahre an der Tunnelinnenseite Abrostungserscheinungen an den Spundwänden zeigten, wurde im Oktober 1957 eine Untersuchung vorgenommen, in der die Abrostungswerte bestimmt sowie Überlegungen zu evtl. erforderlichen Korrosionsschutzmaßnahmen durchgeführt wurden. Die Untersuchungen ergaben folgendes: - Abrostungswerte von 0,25 bis 0,50 mm; nur in Sohlennähe bis 2,24 mm. Diese Abnahme der Gesamtdicke war jedoch im wesentlichen auf Abrostungsvorgänge auf der Innenseite der Spundwand zurückzuführen (wechselnde Feuchtigkeitsverhältnisse). Insgesamt wird im vorliegenden Bericht ohne nähere Angabe von Einzelwerten festgestellt, daß die Abrostung auf der erdzugewandten Seite der Spundwand mit zunehmender Tiefenlage abnimmt. - Eine Nachrechnung der Tunnelstatik unter Berücksichtigung aller Lastfälle einschließlich einer eventuell auftretenden zusätzlichen Belastung durch neue Gebäude in der Nähe des Tunnels ergab, daß auch bei einer Abrostung von 40 % der Wanddicke die statische Tragfähigkeit der Spundwände ausreichend ist. Es war daher aus statischen Gründen keine Verstärkung der Tunnelwände erforderlich. Als Korrosions- und Sanierungsmaßnahmen wurden folgende Schritte gewählt: - Betonieren einer Schutzauskleidung auf einer Länge von ca. 74 m im Rampenbereich des Tunnels; konstruktive Details dieser Baumaßnahme zeigt Bild B1/5. - Je ein dreimaliger Anstrich des übrigen Spundwandtunnels in den Jahren 1951 und 1958 (genauere Angaben, z. B. über Art und Aufbau der Anstriche sind in den vorliegenden Unterlagen nicht vorhanden). Danach waren keine weiteren Unterhaltungsmaßnahmen mehr erforderlich.

QUELLEN

[1] Brief des Transportation Bureau of Tokyo Metropolitan Government vom 29. März 1971 an die STUVA mit Zeichnungen und unveröffentlichten Berichten

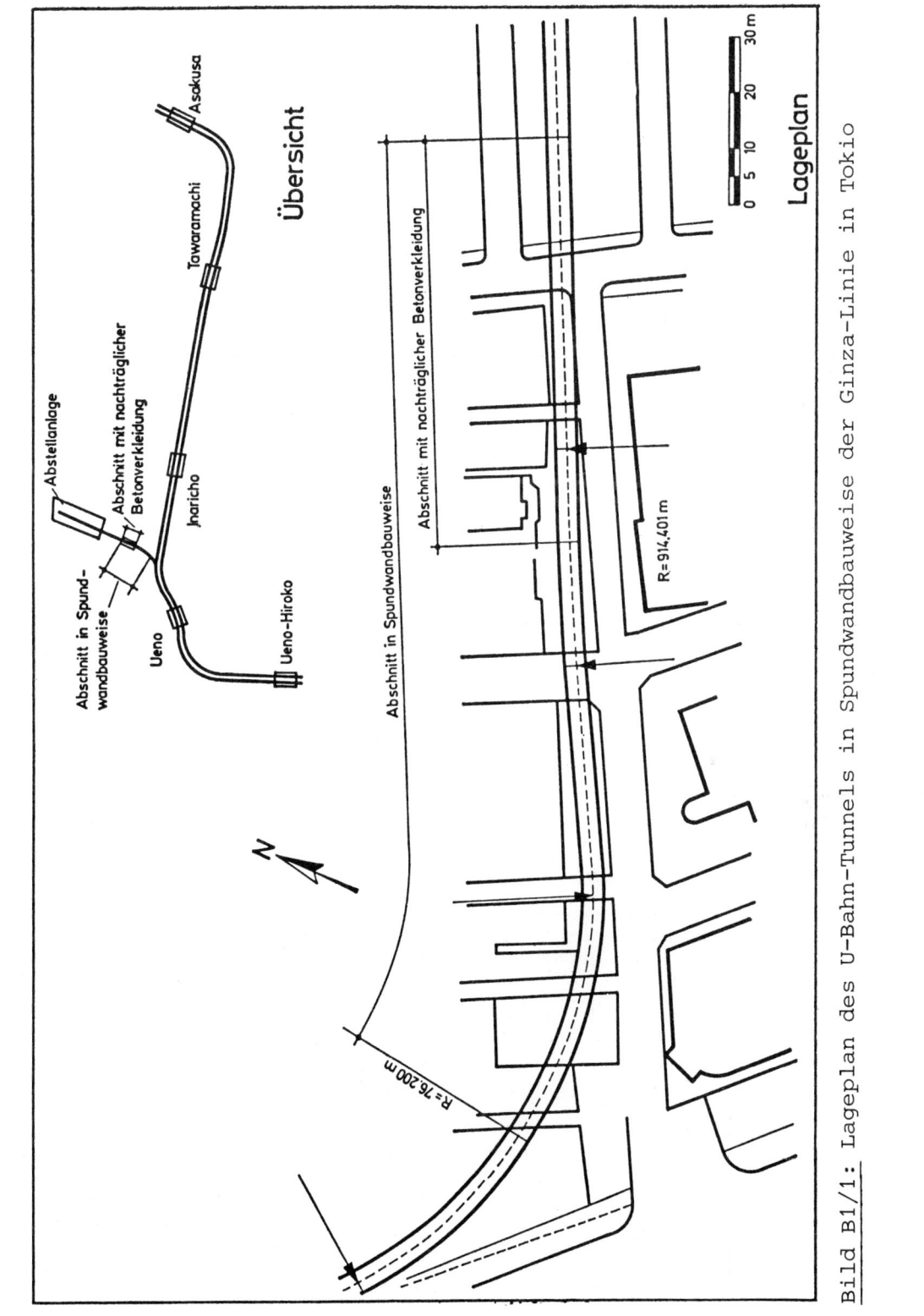

Bild B1/1: Lageplan des U-Bahn-Tunnels in Spundwandbauweise der Ginza-Linie in Tokio

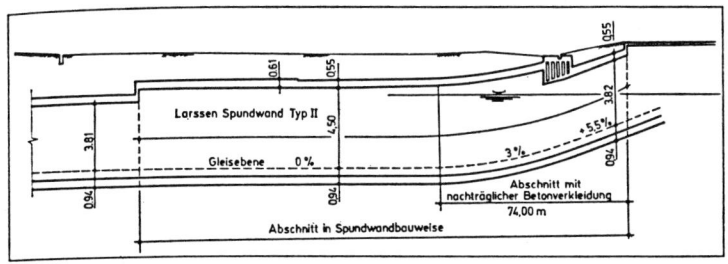

Bild B1/2: Längsschnitt des U-Bahn-Tunnels in Spundwandbauweise in Tokio

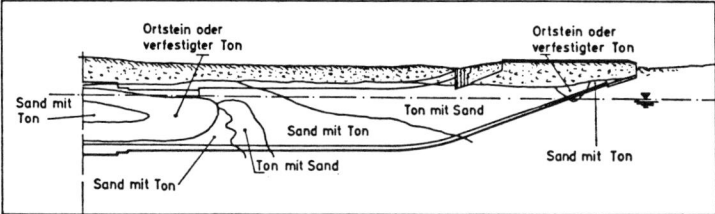

Bild B1/3: Bodenverhältnisse im Bereich des Streckenabschnittes in Spundwandbauweise der Ginza-U-Bahnlinie in Tokio

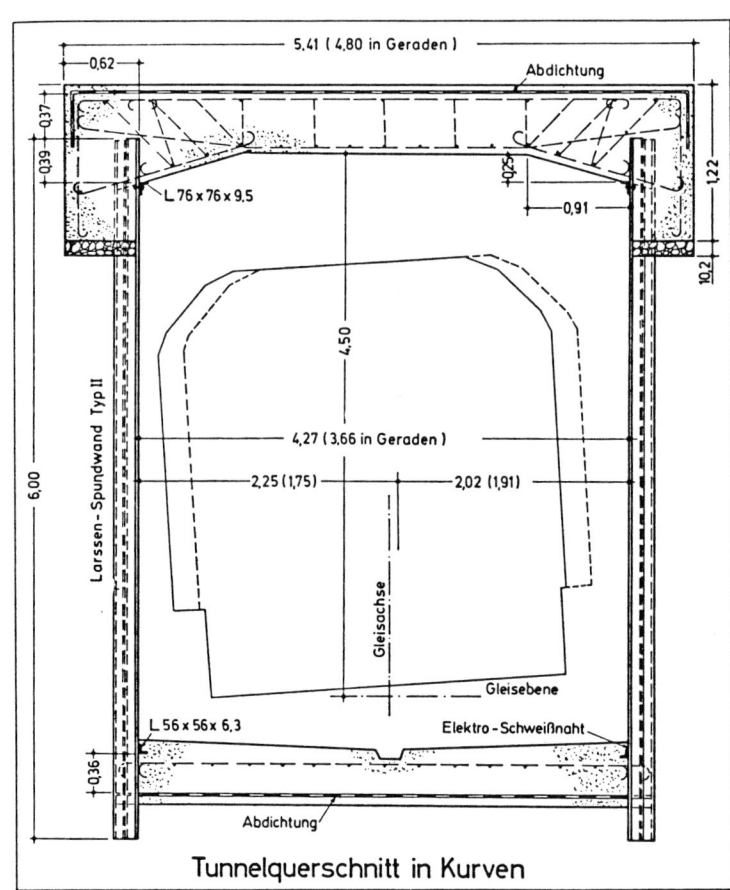

Tunnelquerschnitt in Kurven

Bild B1/4: Querschnitt des U-Bahn-Tunnels in Stahlspundwandbauweise in Tokio

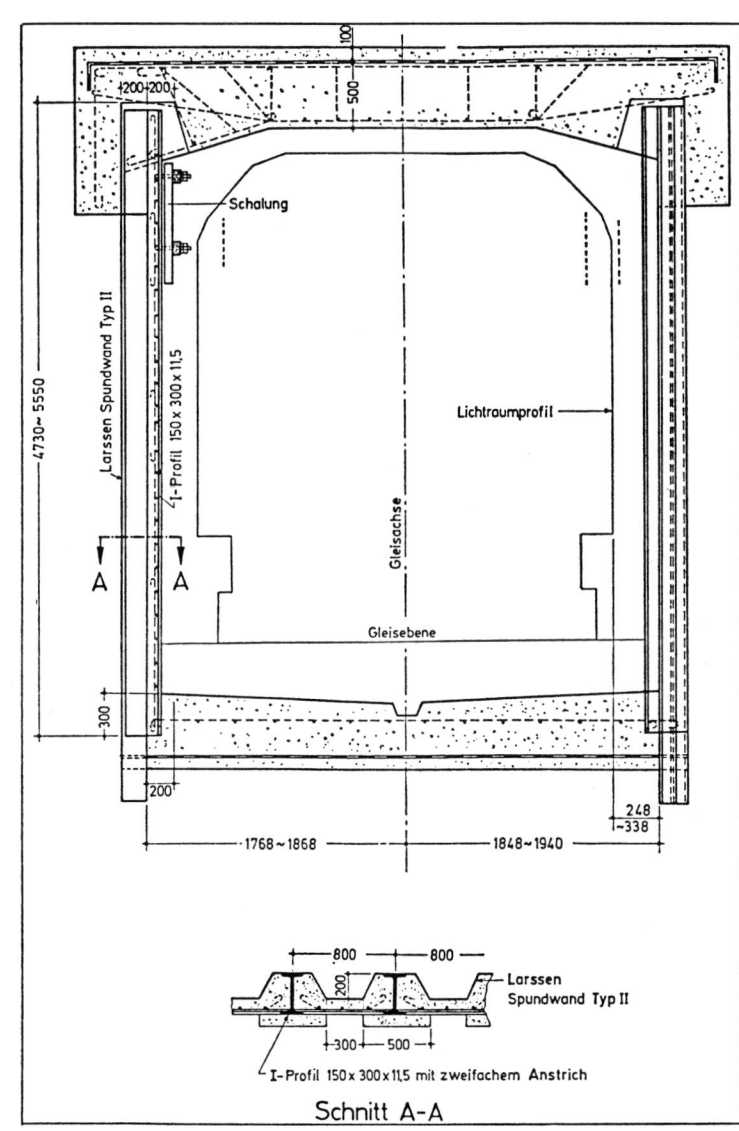

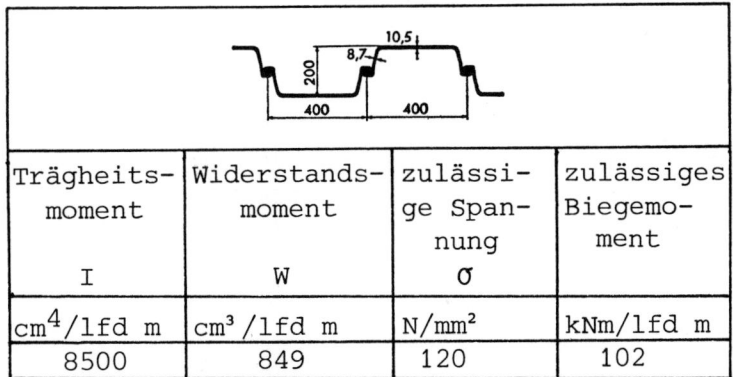

Schnitt A-A

Bild B1/5: Querschnitt des U-Bahn-Tunnels in Spundwandbauweise in Tokio mit nachträglicher Betonauskleidung

Trägheits-moment	Widerstands-moment	zulässige Spannung	zulässiges Biegemoment
I	W	σ	
cm^4/lfd m	cm³/lfd m	N/mm²	kNm/lfd m
8500	849	120	102

Tabelle B1/1: Technische Daten des beim U-Bahn-Tunnel in Tokio verwendeten Spundwandprofils Larssen II

RHEINALLEETUNNEL, DÜSSELDORF BAUJAHR 1968/69	OFFENE BAUWEISE

BAUHERR	Stadt Düsseldorf, Brücken- und Tunnelbauamt
AUSFÜHRENDE FIRMEN	Philipp Holzmann AG., Peter Büscher & Sohn, Grün & Bilfinger AG., Hochtief AG., Strabag
BAUWERK UND BAUGRUND	**Bauwerk:** Vierspuriger Schnellstraßentunnel parallel zum Rhein unter dem Hochwasserschutzdeich zur linksrheinischen Anbindung der Rheinkniebrücke bei Düsseldorf (Bild B2/1) Tunnellänge: einschließlich der Rasterstrecken und Rampen Gesamtlänge von 1366,5 m; die Länge der geschlossenen Tunnelstrecke - für die allein die Spundwandbauweise zur Anwendung kam - beträgt 650 m. Überdeckung: i. M. 3,5 m Lichte Tunnelbreite: 20,70 m Lichte Tunnelhöhe: 4,85 m **Baugrund:** In den oberen Schichten Lehm und lehmiger Kies, darunter Mittel- und Grobkiese, die mit dünnen Feinsandschichten durchzogen sind. Besonders die tiefliegenden Kiesschichten sind sehr dicht gelagert. Untersuchungen zur Bodenaggressivität wurden nicht durchgeführt, da jahrzehntelange Erfahrungen mit dem Spundwandbau - auch in unmittelbarer Nähe des Bauwerkes - keine besonderen Gefährdungen von Stahlbauwerken im Boden hatten erkennen lassen. **Grundwasser:** Das Grundwasser ist unmittelbar vom Rheinwasserstand abhängig, wobei Schwankungen bis zu 10 m auftreten können. Die Aggressivität des Grundwassers wurde nicht untersucht. Gründe s. oben. Der höchste Grundwasserspiegel liegt oberhalb der Tunneldecke.
TUNNELKONSTRUKTION, BAUWEISE UND AUSFÜHRUNG	**Tunnelkonstruktion:** Rechtecktunnel mit Tunnelwänden aus Spundbohlen, Tunneldecke und Sohle aus Stahlbeton mit Haut- und Fugenbanddichtung, Mittelstützenreihe aus Stahlbetonfertigteilen, gegründet auf Großbohrpfählen mit 1,8 m Ø. Der Bauablauf ist in Bild B2/2 dargestellt. Der Tunnel wurde in sogenannter Deckelbauweise hergestellt. Nach sechs Monaten waren Wände, Mittelstützenreihe und Decke eingebaut, die Erdarbeiten für die Tunnelüberdeckung und die Wiederherstellung des Deiches endgültig abgeschlossen (Bild B2/2, Bauphase 4/5). Der weitere Bodenaushub unter der fertigen Tunneldecke zwischen den Spundwänden wurde von beiden Portalen aus vorgenommen. Der Einbau der Tunnelsohle erfolgte bei kurzzeitiger Grundwasserabsenkung. **Ausführung:** - Tunnelwände: Spundbohlen Profil Larssen III neu. Einen Überblick über die technischen Daten dieser Profilform gibt Tabelle B2/1. Bei diesem Profil traten im Bauzustand bei Ansatz des Erdruhedruckes maximale Spannungen von 225 N/mm² auf (im Bauzustand sind Spannungen von $1,15 \cdot \sigma_{zul} = 1,15 \cdot 210 = 241,5$ N/mm² zulässig). Im Endzustand betragen die Spannungen bei Erdruhedruck maximal 184 N/mm², so daß gegenüber der zulässigen Spannung von $\sigma = 210$ N/mm² ca. 12 % Reserve bestehen. Die zulässige Spannung wird erst erreicht, wenn eine gleichmäßige Verringerung der Wanddicke durch Abrostung von 1,5 mm im Bereich der Maximalbelastung (höchstes Biegemoment) auftritt. Die Spundbohlen wurden als Doppel- oder Dreifachbohlen zur Baustelle geliefert und gerammt. Diese Mehrfachbohlen waren bereits in der Werkstatt in den Schlössern durchgehend wasserdicht verschweißt. Die übrigen Schlösser wurden auf der Baustelle durch Flachstahlleisten überbrückt, die direkt an die Spundwandbohlen durch Kehlnähte angeschweißt wurden. Sämtliche Schweißnähte wurden geprüft, um die Wasserdichtigkeit zu gewährleisten. - Tunneldecke: Stahlbeton, d = 0,60 m bis 1,10 m mit Vouten über der Mittelstützenreihe, Blocklänge 10 m. Um ein zwängungsfreies Zusammenwirken der Deckenblöcke und der fugenlosen Spundwand sowie gegenseitige Verschiebungen zu ermög-

lichen, wurde an der Oberkante der Spundwand ein Betonbalken angeordnet, auf den die Decke aufgelagert ist. Die Trennung zwischen Betonholm und Tunneldecke erfolgte durch eine mit Kupferfolien verstärkte Bitumenschicht. Die Wasserdichtigkeit des Anschlusses zwischen Decke und Spundwand wurde durch eine Klemmverbindung zwischen der Hautabdichtung der Tunneldecke und einem an die Spundwand wasserdicht angeschweißten Blech erreicht (Bild B2/3a).

- Tunnelsohle: Stahlbeton, d $\geq$ 0,6 m mit Vouten im Bereich des Anschlusses der Stützenreihe; Blocklänge 10 m. Für die Ausbildung des Anschlusses der Tunnelsohle galten die gleichen Forderungen wie bei der Tunneldecke: Bewegungsmöglichkeit und Wasserdichtigkeit. Zusätzlich mußten hohe, nach oben gerichtete Vertikalkräfte aus dem Auftrieb bei hohem Grundwasserstand abgefangen werden. Dies erfolgte über eine Betonkonsole, die über an die Spundwand angeschweißte Bewehrungseisen fest mit dieser verbunden ist. Die relative Verschiebungsmöglichkeit zwischen Tunnelsohle und Spundwand wird ähnlich wie bei dem Deckenanschluß durch eine Gleitschicht - hier aus Kunststoffolie -, die Wasserdichtigkeit durch einen Klemmanschluß zwischen der bituminösen Sohlenabdichtung und einem wasserdicht an die Spundwand angeschweißten Blech gewährleistet (Bild B2/3b).

KORROSIONS-SCHUTZMASSNAHMEN	Die Spundwände wurden für den Endzustand überbemessen. Der Dickenzuschlag für die Abrostung beträgt 1,5 mm. Die Innenseite der Spundwände wurde nach sorgfältiger Sandstrahlung mit einem Anstrich auf Teer-Pech-Basis versehen. Um ein einheitliches Bild des Tunnels und der in Stahlbeton hergestellten Rampen zu gewährleisten, wurden die Spundwände mit Stahlbetonfertigteilen verkleidet. Diese sind so befestigt, daß sie einerseits eine ständige Luftzirkulation an der Spundwandoberfläche ermöglichen, so daß eine Schwitzwasserbildung vermieden wird, und andererseits zur Kontrolle und evtl. Ausbesserung des Anstriches oder der Schweißnähte einzeln abnehmbar sind.
ERFAHRUNGEN MIT DEN KORROSIONS-SCHUTZMASSNAHMEN	Der Rheinalleetunnel wurde am 16. Oktober 1969 für den Verkehr freigegeben. Bis zum heutigen Zeitpunkt (Anfang 1981) sind nach Auskunft des Bauherrn auch nach mehrmaligen Hochwässern des Rheins keine Undichtigkeiten und sichtbare Korrosionserscheinungen am Bauwerk aufgetreten.

QUELLEN	[1] Beyer, E./Jürgens, W.: Rheinalleetunnel Düsseldorf; beton-Herstellung, Verwendung 18 (1968) H. 9, S. 335 - 346
	[2] Busch: Rheinalleetunnel Düsseldorf; Die Bauwirtschaft 22 (1968), H. 37, S. 950/951
	[3] Beyer, E./Pause, H./Witteler, H.-G.: Bau des Rheinalleetunnels; Sonderdruck aus Tamms/Beyer: Kniebrücke Düsseldorf - Ein neuer Weg über den Rhein; Beton-Verlag GmbH., Düsseldorf

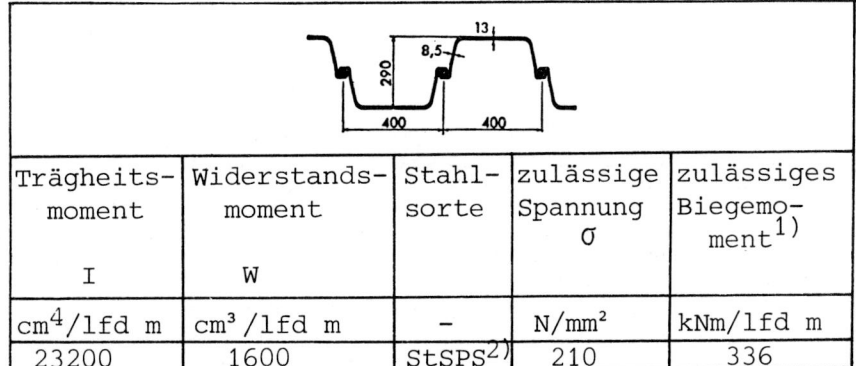

Trägheits-moment I	Widerstands-moment W	Stahl-sorte	zulässige Spannung σ	zulässiges Biegemoment[1]
cm^4/lfd m	cm^3/lfd m	-	N/mm^2	kNm/lfd m
23200	1600	StSPS[2]	210	336

Anmerkungen:
[1] Zulässiges Biegemoment für Lastfall 1: Bodenkennziffern gemäß Baugrunduntersuchung; häufig auftretender Wasserüberdruck; normale Nutzlasten
[2] St Sp S $\triangleq$ Spundwandsonderstahl St 52 mit folgenden Bestandteilen: C: 0,15 bis 0,20%; Si: 0,30 bis 0,50%; Mn: 1,15 bis 1,45%; P: max. 0,04%· S: max. 0,04%; Al: 0,025 bis 0,07%

Tabelle B2/1: Technische Daten des beim Rheinalleetunnel verwendeten Spundwandprofils Larssen III neu

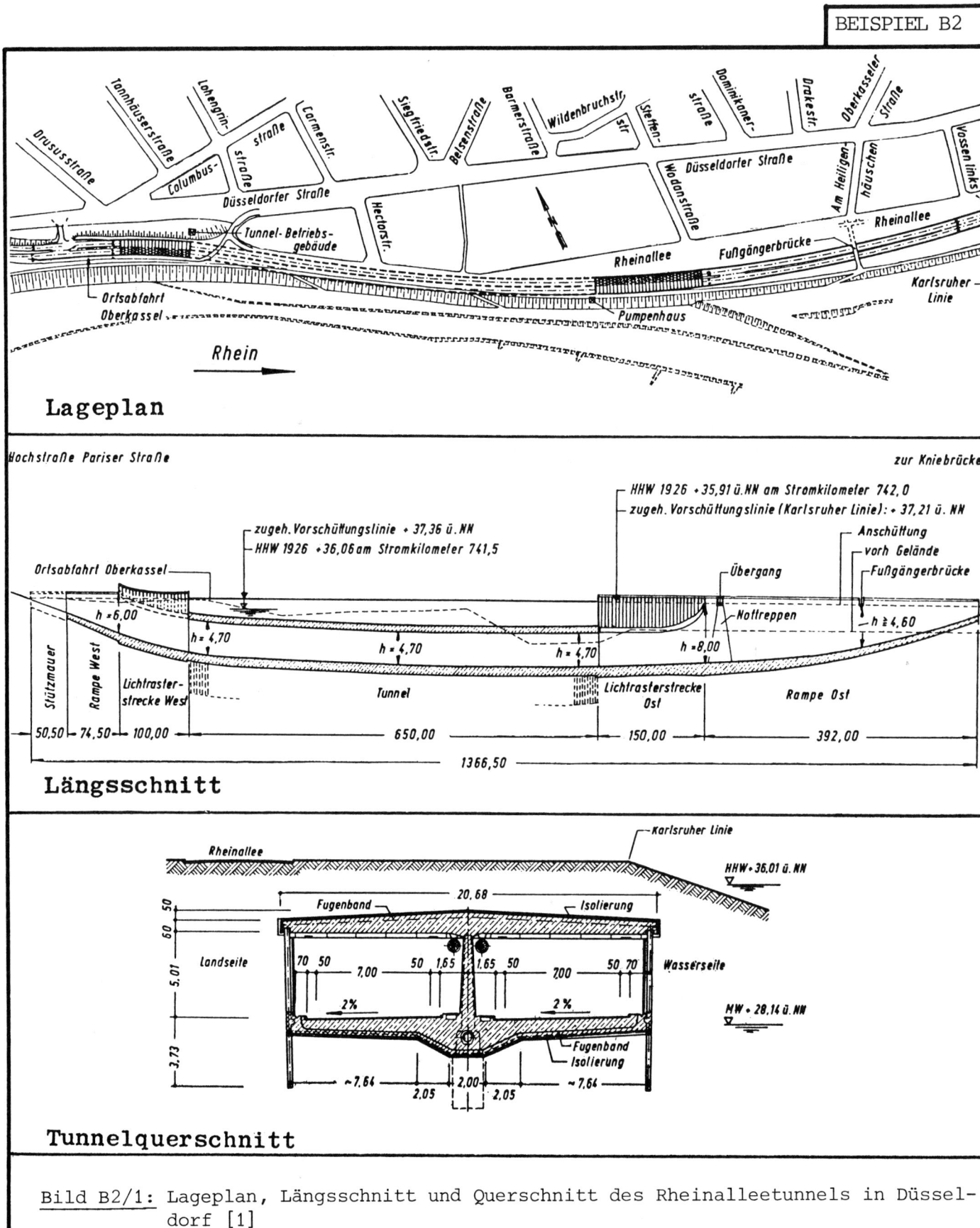

Lageplan

Längsschnitt

Tunnelquerschnitt

Bild B2/1: Lageplan, Längsschnitt und Querschnitt des Rheinalleetunnels in Düsseldorf [1]

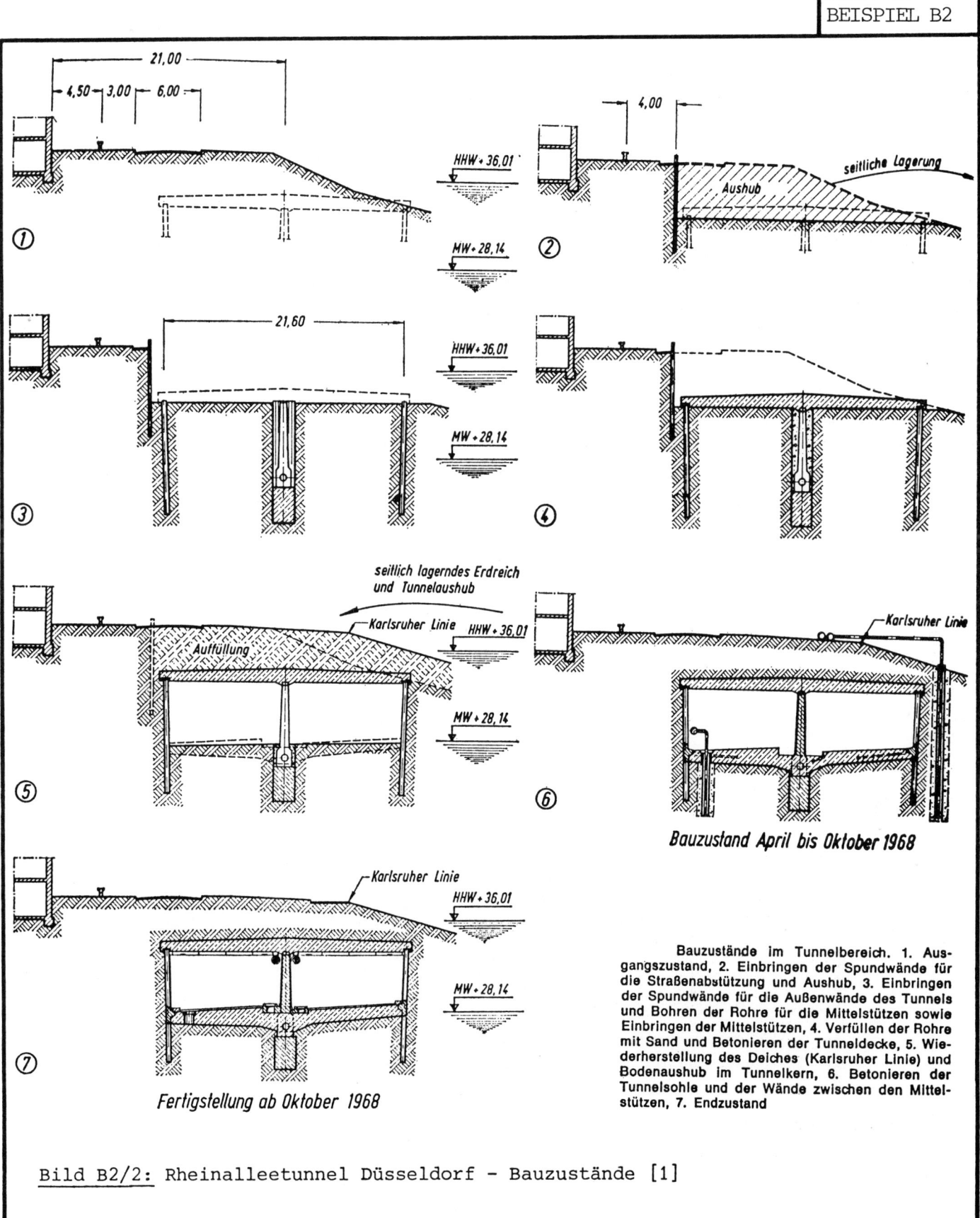

Bauzustände im Tunnelbereich. 1. Ausgangszustand, 2. Einbringen der Spundwände für die Straßenabstützung und Aushub, 3. Einbringen der Spundwände für die Außenwände des Tunnels und Bohren der Rohre für die Mittelstützen sowie Einbringen der Mittelstützen, 4. Verfüllen der Rohre mit Sand und Betonieren der Tunneldecke, 5. Wiederherstellung des Deiches (Karlsruher Linie) und Bodenaushub im Tunnelkern, 6. Betonieren der Tunnelsohle und der Wände zwischen den Mittelstützen, 7. Endzustand

Bild B2/2: Rheinalleetunnel Düsseldorf - Bauzustände [1]

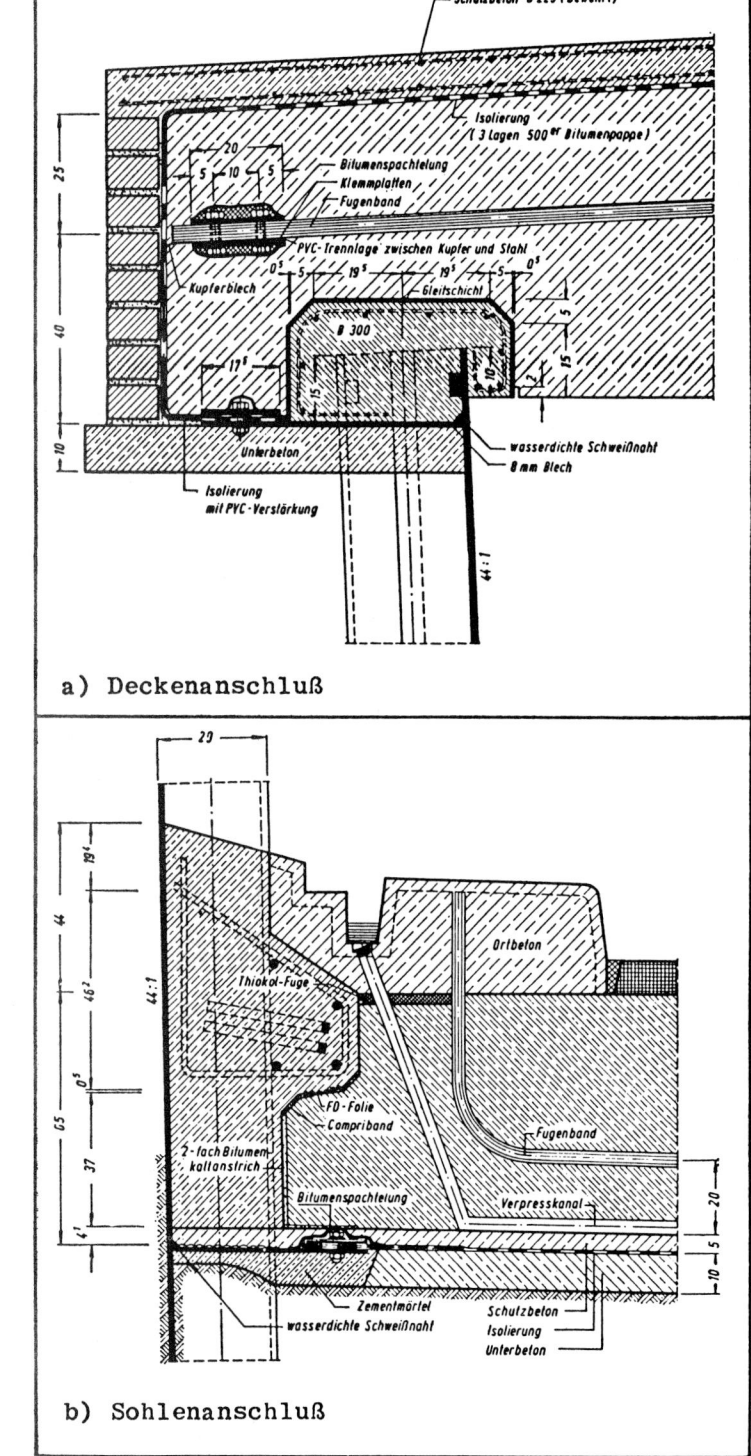

a) Deckenanschluß

b) Sohlenanschluß

Bild B2/3: Details des Decken- und Sohlenanschlusses an die Spundwände beim Rheinalleetunnel in Düsseldorf [1]

STRASSENBAHNTUNNEL IN MÜLHEIM
BAUJAHR 1970/1971

BAUHERR	Stadt Mülheim, Tiefbauamt
AUSFÜHRENDE FIRMEN	Philipp Holzmann AG., Dyckerhoff & Widmann AG.

BAUWERK UND BAUGRUND

Bauwerk:
Zweigleisiger Tunnel, mit dem ein großräumiger Straßenanschluß der Nordbrücke über die Ruhr unterfahren wird.

Tunnellänge: 225 m; davon beträgt die geschlossene Tunnelstrecke 75 m (Bild B3/1a)

Überdeckung: < 2 m

Lichte Tunnelbreite: 7,66 m in der geschlossenen Strecke, 8,36 m in den Rampenstrecken (Bilder B3/1b u. 1c)

Lichte Tunnelhöhe: 4,34 m bis 4,53 m (Schienenoberkante bis Unterkante Tunneldecke)

Baugrund:
bis 1,60 - 3,30 m unter GOF Aufschüttung aus Asche, Bauschutt, Schluff und Kies

bis 3,90 - 4,50 m unter GOF schwach toniger Schluff, Grobkieseinlagerungen

bis 9,80 - 10,60 m unter GOF Mittel- und Grobkies, z. T. schwach sandig, stellenweise Schottereinlagerungen

bis 13,40 m unter GOF Sand, schluffig, schwach tonig mit Kieslagen (sog. Grünsand)

bis 17,60 m unter GOF (Endteufe) Kalkstein und Schieferton

Grundwasser:
Grundwasserstand unterhalb der Tunneldecke bis 4,20 m unter GOF; die chemische Zusammensetzung ist aus Tabelle B3/1 ersichtlich.

TUNNELKONSTRUKTION, BAUWEISE UND AUSFÜHRUNG

Tunnelkonstruktion:
Rechtecktunnel mit Tunnelwänden aus Spundbohlen, Tunneldecke und Sohle aus Stahlbeton mit Hautabdichtung. Als Auftriebssicherung wurden die Spundwände in Teilbereichen der Rampenabschnitte durch Schrägpfähle aus Spundwandeinzelbohlen verankert.

Ausführung:
- Tunnelwände: Spundbohlen Profil Larssen 22, Länge bis ca. 9 m, gerammt, technische Details s. Tabelle B3/2. Die Spundbohlen wurden als Doppelbohlen zur Baustelle geliefert. Die Naht dieser Doppelbohlen war bereits in der Werkstatt wasserdicht verschweißt. Die auf der Baustelle eingefädelten Schlösser wurden nach dem Bodenaushub ebenfalls verschweißt. Dabei wurden die Schlösser mit Stahlflachleisten überdeckt, die an die beiden benachbarten Bohlen angeschweißt wurden.

- Tunneldecke: Stahlbeton, d = 60 cm, mit Abdichtung. Zur Auflagerung der Decke wurde auf den oberen Rand der Spundwand ein Holm aufbetoniert. Auf diesen ist eine Gleitschicht aus nackter Pappe und Kupferriffelband geklebt, so daß sich unterschiedliche Dehnungen in der aus ca. 12 m langen Abschnitten bestehenden Tunneldecke und der durchgehend verschweißten Spundwand nicht gegenseitig übertragen. Die Abdichtung der Tunneldecke (10 mm Asphalt-Mastix auf Glasvlies) ist nicht an die Spundwand angeschlossen (Bild B3/2a), da der normale Grundwasserstand diese Höhenkote nicht erreicht.

- Tunnelsohle: Stahlbeton, d = 50 cm, mit Abdichtung. Die Sohlenabdichtung ist mit einer Los-/Festflanschkonstruktion angeklemmt, wobei der Festflansch aus einem wasserdicht an die Spundwand angeschweißten Blech besteht. Die Tunnelsohle ist durch Fugen in Abschnitte von ca. 6 m geteilt. Verschiebungen zwischen Tunnelsohle und Spundwand z. B. aufgrund unterschiedlicher Dehnungen sind jedoch nicht möglich, da der Anschluß starr ausgebildet wurde. Die bituminöse Abdichtung wurde im Fugenbereich mit Kupferriffelband verstärkt (Bild B3/2b). Die Spundwandbohle im Bereich der Sohlfugen erhielt bis zur Oberkante des Sohlbetons einen Bitumenanstrich, um Korrosionsangriffe durch eindringendes Tagwasser zu verhindern.

KORROSIONS-SCHUTZMASSNAHMEN	Auf der Innenseite der Spundwand wurde nach sorgfältiger Sandstrahlung bis zum metallisch blanken Aussehen ein vierlagiger Anstrich aufgebracht. Die beiden unteren Grundierungsanstriche sind bleifreie Anstriche auf Zinkchromatbasis mit Schichtdicken von je 25 bis 30 µm. Die beiden Deckanstriche sind auf Polyurethanbasis aufgebaut, wobei die untere Deckschicht ca. 40 µm, die obere ca. 25 µm Dicke aufweist. Da für den Anstrich eine gute elektrische Leitfähigkeit gefordert wurde, erhielten alle Schichten einen hohen Anteil an Kupferpigmenten. Die Leitfähigkeit des kupferhaltigen Anstriches wurde an Probeblechen von ca. 1 dm² Größe geprüft. Es ergaben sich dabei Widerstandswerte von ca. 1 mΩ.
	Der Tunnel, die Gleise sowie die Oberleitung der Straßenbahn sind mit besonderen Sicherheitsmaßnahmen auf der Grundlage der VÖV-Empfehlungen* gegen hohe Berührungsspannungen sowie gegen evtl. auftretende Streuströme versehen (die Straßenbahn wird mit 600-V-Gleichstrom betrieben). Dazu wurden im einzelnen folgende Maßnahmen getroffen: Die Spundbohlen der Tunnelseitenwände wurden durchgehend miteinander verschweißt, ebenso wurde die Bewehrung der einzelnen Decken- und Sohlabschnitte durchgehend verbunden. Weiterhin wurde die Bewehrung an mehreren Stellen über gut leitende, lösbare Verbindungen an die Spundwand angeschlossen. Durch diese Maßnahmen ist sichergestellt, daß das gesamte Tunnelbauwerk nur ein Potential (Tunnelerde: Metallteile des Tunnelkörpers) hat.
	Die Bahnerde ist durch die Schienen der Straßenbahn gegeben, durch die der Gleichstrom der Bahn zum Unterwerk zurückgeleitet wird.
	Eine Wechselstromerde ist im Tunnel erforderlich, da die Pumpen zum Trockenverhalten des Bauwerkes mit Drehstrom aus dem öffentlichen Versorgungsnetz betrieben werden.
	Eine Relaiskombination gemäß Bild B3/3 überwacht die Spannungen zwischen den drei genannten Erden. Das Relais D 10 spricht bei Ansprechwertüberschreitungen zwischen Tunnel- und Bahnerde, Relais D 11 zwischen Wechselstrom- und Bahnerde an. Beide Relais sind in ihren Ansprechwerten von 30 bis 150 Volt einstellbar. Im vorliegenden Fall wurde eine Einstellung bei 60 V vorgenommen. Wird dieser Wert in einer der Relaiskombinationen überschritten, wird die Stromversorgung der Straßenbahn in einer nahe gelegenen Gleichrichterstation unterbrochen. Es ist sichergestellt, daß sie vor Unterschreiten des Ansprechwertes nicht wieder eingeschaltet werden kann. Das Ausschalten der Stromversorgung wird über Postleitungen zur Zentralüberwachung der Straßenbahnstromversorgung gemeldet. In der Gleichrichterstation wird gleichzeitig angezeigt, ob die Überschreitung des Ansprechwertes zwischen Bahn- und Tunnelerde oder zwischen Bahn- und Wechselstromerde liegt.
ERFAHRUNGEN MIT DEN KORROSIONS-SCHUTZMASSNAHMEN	Der Straßenbahntunnel wurde am 6. Oktober 1971 in Betrieb genommen. Bis Ende 1980 sind nach Auskunft des Bauherrn keine Undichtigkeiten oder nennenswerten Korrosionserscheinungen am Bauwerk aufgetreten.
QUELLEN	[1] Kolb, H.: Bau eines Straßenbahntunnels in Spundwandbauweise unter der Nordbrückenrampe in Mülheim a. d. Ruhr; Straße Brücke Tunnel 23 (1971), H. 10, S. 262-265
	[2] Brief des Amtes für Brücken- und Ingenieurbau der Stadt Mülheim a. d. Ruhr vom 18. Juli 1972 an die STUVA mit zugehörigen Unterlagen
	[3] Briefe der Betriebe der Stadt Mülheim a. d. Ruhr vom 6. Oktober 1972 und 15. November 1972 an die STUVA mit zugehörigen Unterlagen
	* VÖV-Empfehlung 04.740.5 Ausg. Februar 1970 "Empfehlungen für Maßnahmen zur Verringerung der Korrosionsgefahr durch Streuströme und für die Durchführung von Schutzmaßnahmen zur Verhütung von zu hohen Berührungsspannungen bei Tunnelanlagen für Gleichstrombahnen". Verband öffentlicher Verkehrsbetriebe, Köln 1970.

Zei -le	Wasseranalyse	
1	Aussehen	klar
2	Geruch	ohne Befund
3	pH-Wert	6,8
4	Abdampfwert mg/l	488
5	Organische Substanzen mg/l	12,3
6	Gesamthärte °dH	23,5
7	Perm. Härte °dH	1o,3
8	Karbonathärte °dH	13,2
9	Alkalität mval/l	4,7
1o	Eisen mg/l	nicht nachweisbar
11	Mangan mg/l	nicht nachweisbar
12	Calcium mg/l	112,o
13	Magnesium mg/l	32,3
14	Chlorid mg/l	94,5
15	Nitrat mg/l	3,6
16	Nitrit mg/l	nicht nachweisbar
17	Ammonium mg/l	nicht nachweisbar
18	Sulfite mg/l	nicht nachweisbar
19	Sulfide mg/l	nicht nachweisbar
2o	Sulfate mg/l	212,3
21	gebundene CO_2 mg/l	1o3,4
22	freie Min.-Säure	nicht nachweisbar
23	freie zug. CO_2	28,o
24	aggressive CO_2	nicht nachweisbar
25	Bikarbonat	286,7
26	Karbonat	282,o

Tabelle B3/1:
Analyse des Grundwassers im
Bereich des Straßentunnels
in Mülheim/Ruhr [2]

Trägheits- moment I	Widerstands- moment W	Stahlsorte zul. Spannung δ	zul. Biege- moment[1]
cm^4/lfd m	cm^3/lfd m	–	kNm/lfd m
21250	1250	St Sp 37 δ= 140 N/m^2	175

Anmerkung:
[1] Zulässiges Biegemoment für Lastfall 1: Bodenkennziffern gemäß Baugrunduntersuchung; häufig auftretender Wasserüberdruck; normale Nutzlasten

Tabelle B3/2: Technische Daten des beim Straßenbahntunnel
in Mülheim verwendeten Spundwandprofils
Larssen 22

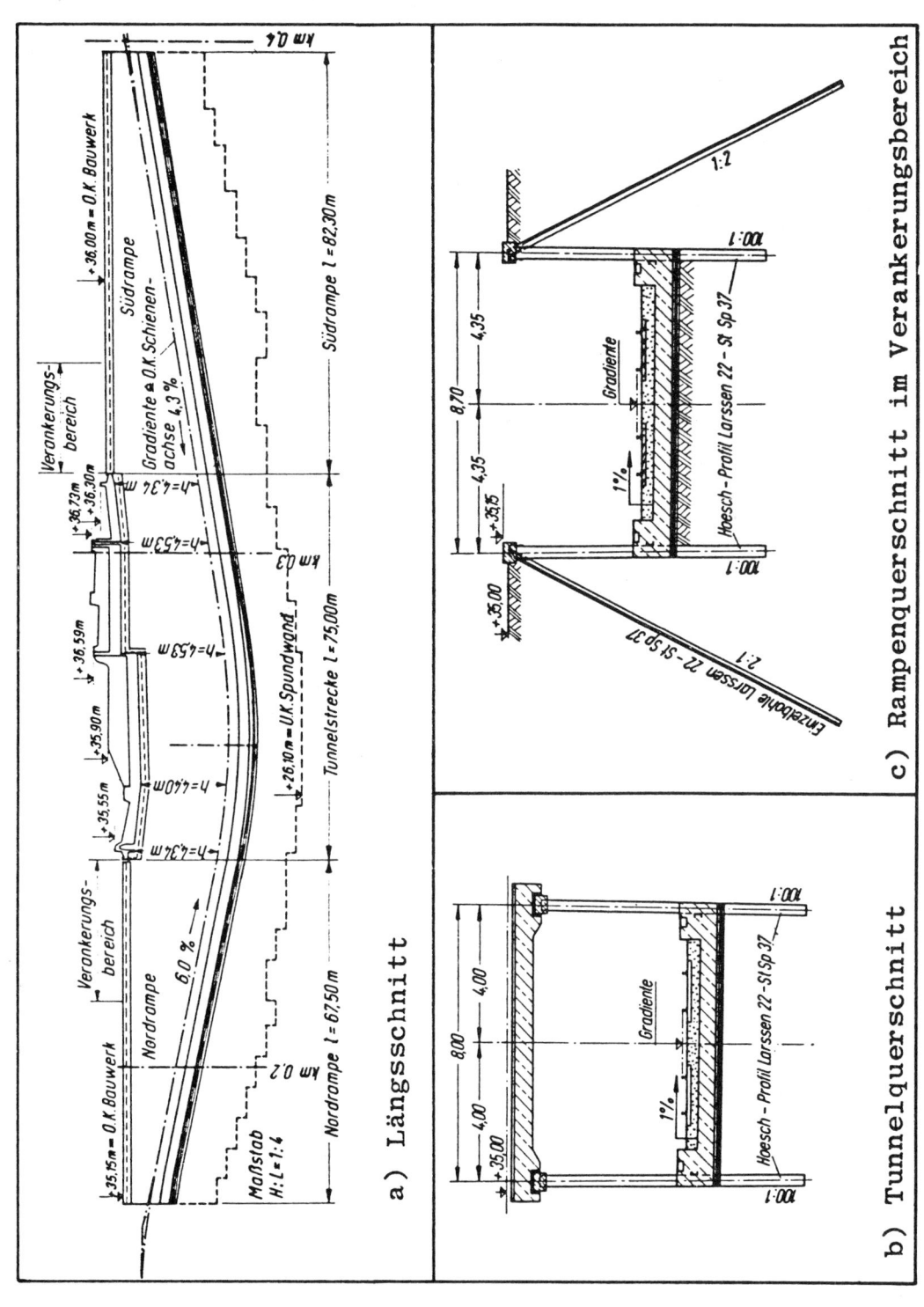

a) Längsschnitt

b) Tunnelquerschnitt

c) Rampenquerschnitt im Verankerungsbereich

Bild B3/1: Längsschnitt und Querschnitte des Straßenbahntunnels an der Nordbrücke in Mülheim/Ruhr [1]

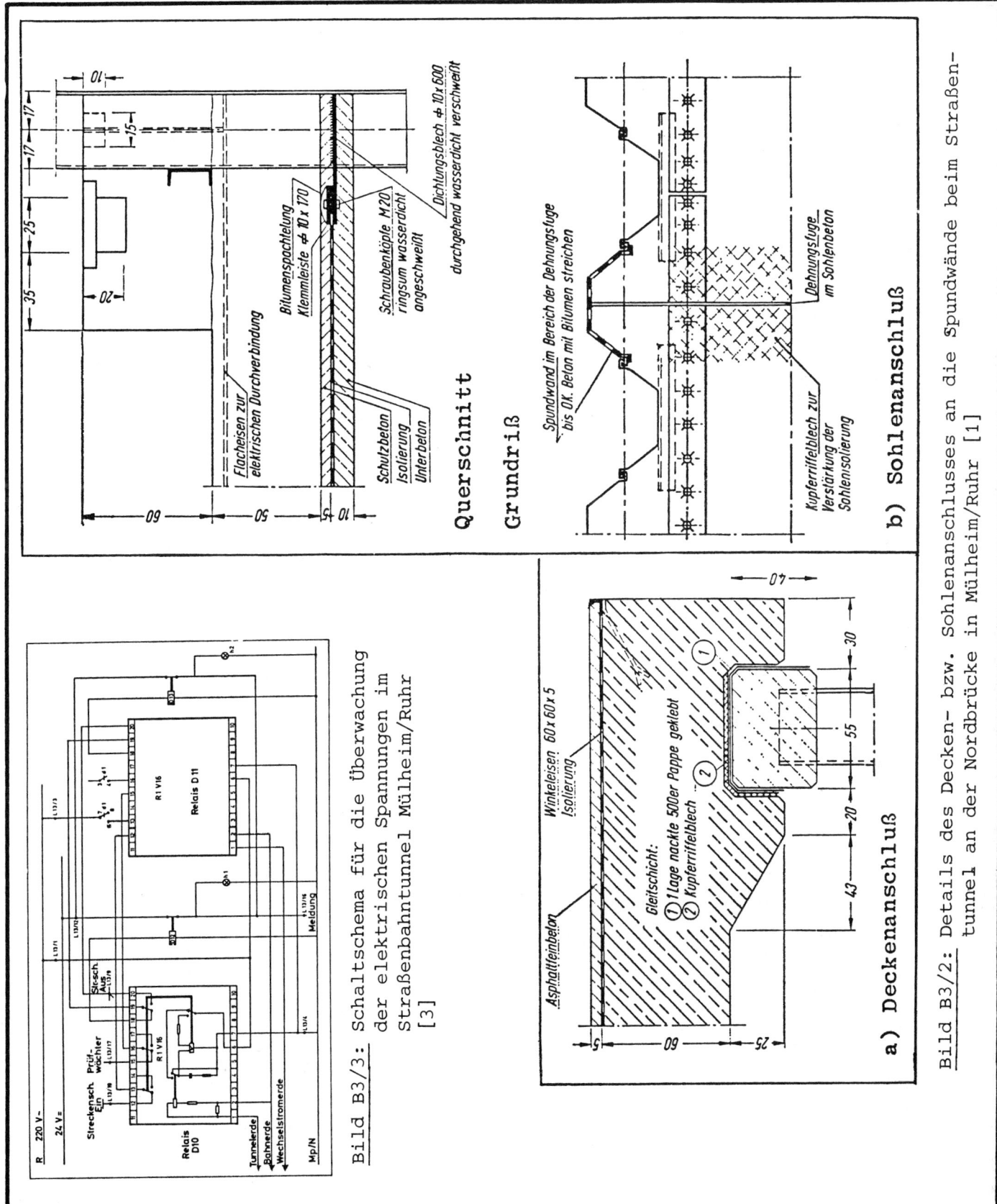

Querschnitt

Grundriß

Flacheisen zur elektrischen Durchverbindung

Bitumenspachtelung
Klemmleiste ⌀ 10 x 170

Schraubenköpfe M20
ringsum wasserdicht
angeschweißt

Dichtungsblech ⌀ 10 x 600
durchgehend wasserdicht verschweißt

Schutzbeton
Isolierung
Unterbeton

Spundwand im Bereich der Dehnungsfuge
bis OK. Beton mit Bitumen streichen

Dehnungsfuge
im Sohlenbeton

Kupferriffelblech zur
Verstärkung der
Sohlenisolierung

b) Sohlenanschluß

a) Deckenanschluß

Asphalteinbeton

Winkeleisen 60 x 60 x 5
Isolierung

Gleitschicht:
① 1lage nackte 500er Pappe geklebt
② Kupferriffelblech

Bild B3/3: Schaltschema für die Überwachung
der elektrischen Spannungen im
Straßenbahntunnel Mülheim/Ruhr
[3]

R 220 V~
24 V≈

Streckensch.
Ein

Prüf-
wächter

Streckensch.
Aus

R1 V16

Relais D11

R1 V16

Relais
D10

Tunnelerde
Bahnerde
Wechselstromerde
Mp/N

Meldung

Bild B3/2: Details des Decken- bzw. Sohlenanschlusses an die Spundwände beim Straßentunnel an der Nordbrücke in Mülheim/Ruhr [1]

		BEISPIEL B4
STRASSENTUNNEL UNTER DER PROJENSDORFER STRASSE IN KIEL BAUJAHR 1969/71		OFFENE BAUWEISE

BAUHERR	Autobahnamt Schleswig-Holstein
AUSFÜHRENDE FIRMEN	Philipp Holzmann, Hochtief AG., Siemensbauunion, Strabag
BAUWERK UND BAUGRUND	**Bauwerk:** Im Zuge des Ausbaues der Straßenanschlüsse für die Holtenauer Hochbrücke über dem Nord-Ostsee-Kanal in Kiel war es erforderlich, einen Abschnitt der vierspurigen Stadtautobahn in einem Tunnel unter einer Straßenkreuzung (Projensdorfer Straße/Steenbeker Weg) hinwegzuführen. Der Tunnel wurde in Spundwandbauweise erstellt, da dabei Zeitvorteile zu erwarten sowie eine erheblich frühere Wiederherstellung und Nutzung der Geländeoberfläche möglich waren. Das Bauwerk verläuft im Grundriß und Längsschnitt gradlinig mit einem leichten Gefälle von ca. 0,7 % (Bild B4/1). Tunnellänge: ca. 250 m Lichte Tunnelbreite: 2 x ca. 12,50 m Lichte Tunnelhöhe: ca. 4,80 m **Baugrund:** Der Untergrund besteht im Bereich des Bauwerkes im wesentlichen aus Fein- und Mittelsand, der von Mergelschichten unterschiedlicher Mächtigkeit durchzogen wird. Die Baugrundverhältnisse und die Erfahrungen mit dem Spundwandbau ließen keinen außergewöhnlichen Korrosionsangriff der Spundwände erwarten. **Grundwasser:** Der Grundwasserspiegel liegt erst in größeren Tiefen unter der Tunnelsohle.
TUNNELKONSTRUK-TION, BAUWEISE UND AUSFÜHRUNG	**Tunnelkonstruktion:** Rechtecktunnelquerschnitt mit durchgehender Mittelwand. Die Außenwände wurden aus Spundwandprofilen, die Mittelwand aus vorgefertigten Stahlbetonstützen auf Ortbetongründungen hergestellt. Die Tunneldecke besteht aus Stahlbeton und wurde auf dem Erdplanum betoniert. Eine besondere Sohle war nicht erforderlich. **Ausführung:** - Tunnelaußenwände: Die Tunnelwände sind aus Spundwandprofilen erstellt. In Anpassung an die statischen Verhältnisse kamen dabei die Profile Hoesch 134, 155, 175 und 215 zur Anwendung. Einen Überblick über die Abmessungen und einige technische Daten dieser Profilformen gibt Tabelle B4/1. Die Profile wurden als Doppelbohlen von ca. 11 m Länge zur Baustelle geliefert und gerammt. Die Schlösser der Doppelbohlen waren bereits werkseitig mit dauerelastischem Kitt abgedichtet, die verbleibenden Schlösser wurden auf der Baustelle nach dem Bodenaushub ebenfalls verkittet. Die Spundwände erhielten nach dem Bodenaushub eine Ortbetonauskleidung von 0,25 m Dicke. Sowohl diese Verkleidung als auch die nachträglich eingebaute durchgehende Mittelwand des Tunnels sind allein aus sicherheitstechnischen - insbesondere feuerschutztechnischen - Gründen vorgesehen worden. - Tunneldecke: Stahlbetondecke von ca. 0,80 m Dicke, in Tunnellängsrichtung in Abschnitte von 22,5 m Länge geteilt. Die Fugen zwischen den Abschnitten sind als Bewegungsfugen ausgebildet, so daß Längsdehnungen in der Decke zwängungsfrei aufgenommen werden können (Bild B4/2). Der Anschluß der Tunneldecke an die Spundwand erfolgt in Form einer gelenkigen Auflagerung, wodurch eine Übertragung von Biegemomenten zwischen Decke und Wand vermieden wird (Bild B4/4). Auf die Spundwandköpfe wurde ein I-Profil aufgeschweißt, auf dem die Decke mit einem durch einbetonierte Rundstahlanker angeschlossenen U-Profil gelagert ist. Zwischen den Walzprofilen ist eine Gleitschicht angeordnet. Sie verhindert, daß unterschiedliche Längsdehnungen in der Decke und den Wänden gegenseitig übertragen werden. Die Decke ist mit einer Abdichtung aus drei Lagen Glasfaserdichtungsbahnen versehen. Sowohl die Deckenabdichtung als auch die Abdichtung der Spundwandschlösser dienen jedoch nur dem Schutz gegen Sickerwasser. - Tunnelsohle: Die Tunnelsohle wurde als normaler Oberbau für Autobahnen mit bituminöser Decke ausgebildet. Ein besonderer Anschluß der Tunnelsohle an die Spundwand erfolgte nicht. Unter der Fahrbahndecke wurden Längsdränungen verlegt, die evtl. anfallendes Wasser ableiten.

KORROSIONS-SCHUTZMASSNAHMEN	Es wurden weder auf der Außenseite noch auf der Innenseite der Spundwände besondere Schutzmaßnahmen getroffen. Die Innenseite der Spundwände wurde vor dem Aufbringen der Ortbetonverkleidung lediglich gesandstrahlt; ein Anstrich wurde nicht für erforderlich gehalten, da der Beton einen ausreichenden Korrosionsschutz darstellt.
QUELLEN	[1] Brief des Autobahnamtes Schleswig-Holstein vom 5. Oktober 1972 an die STUVA mit zugehörigen Unterlagen [2] Abegg, A.: Tunnel im Zuge der Stadtautobahn Kiel; Straße Brücke Tunnel 24 (1972), H. 11, S. 281 - 285

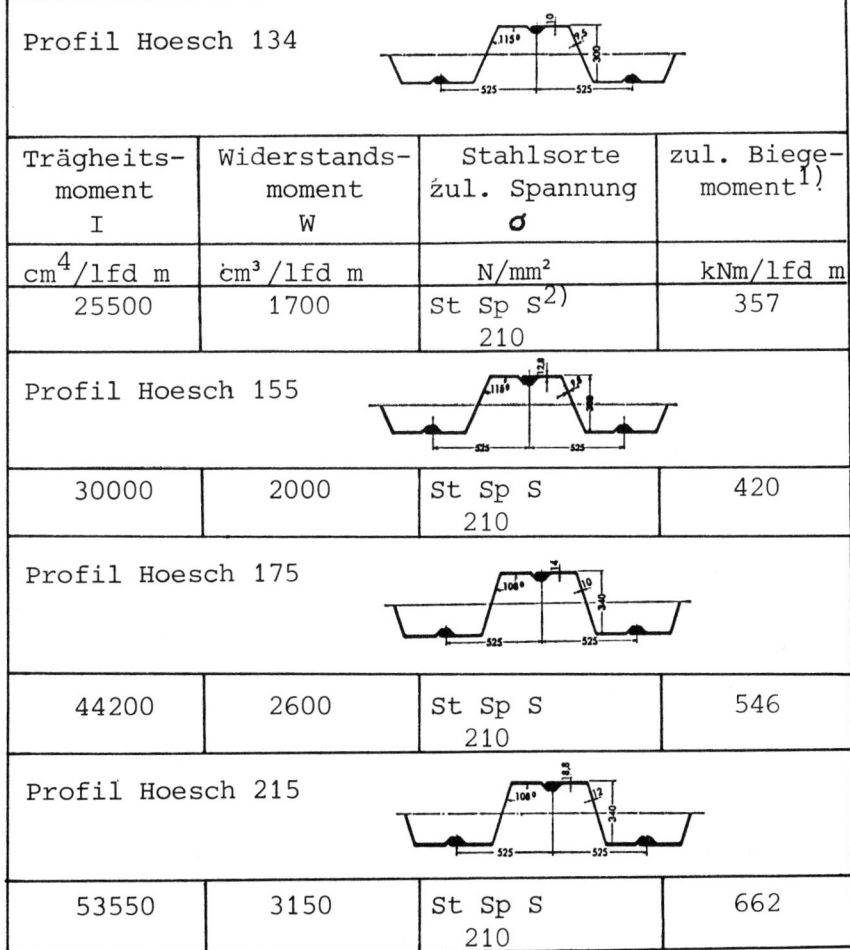

Profil Hoesch 134			
Trägheits-moment I	Widerstands-moment W	Stahlsorte źul. Spannung σ	zul. Biege-moment[1]
cm^4/lfd m	cm³/lfd m	N/mm²	kNm/lfd m
25500	1700	St Sp S[2] 210	357
Profil Hoesch 155			
30000	2000	St Sp S 210	420
Profil Hoesch 175			
44200	2600	St Sp S 210	546
Profil Hoesch 215			
53550	3150	St Sp S 210	662

Anmerkungen:
[1] Zulässiges Biegemoment für Lastfall 1: Bodenkennziffern nach Baugrunduntersuchung; häufig auftretender Wasserüberdruck; normale Nutzlasten
[2] St Sp S : Spundwandsonderstahl St 52

Tabelle B4/1: Technische Daten der beim Stadtautobahntunnel in Kiel verwandten Spundwandprofile

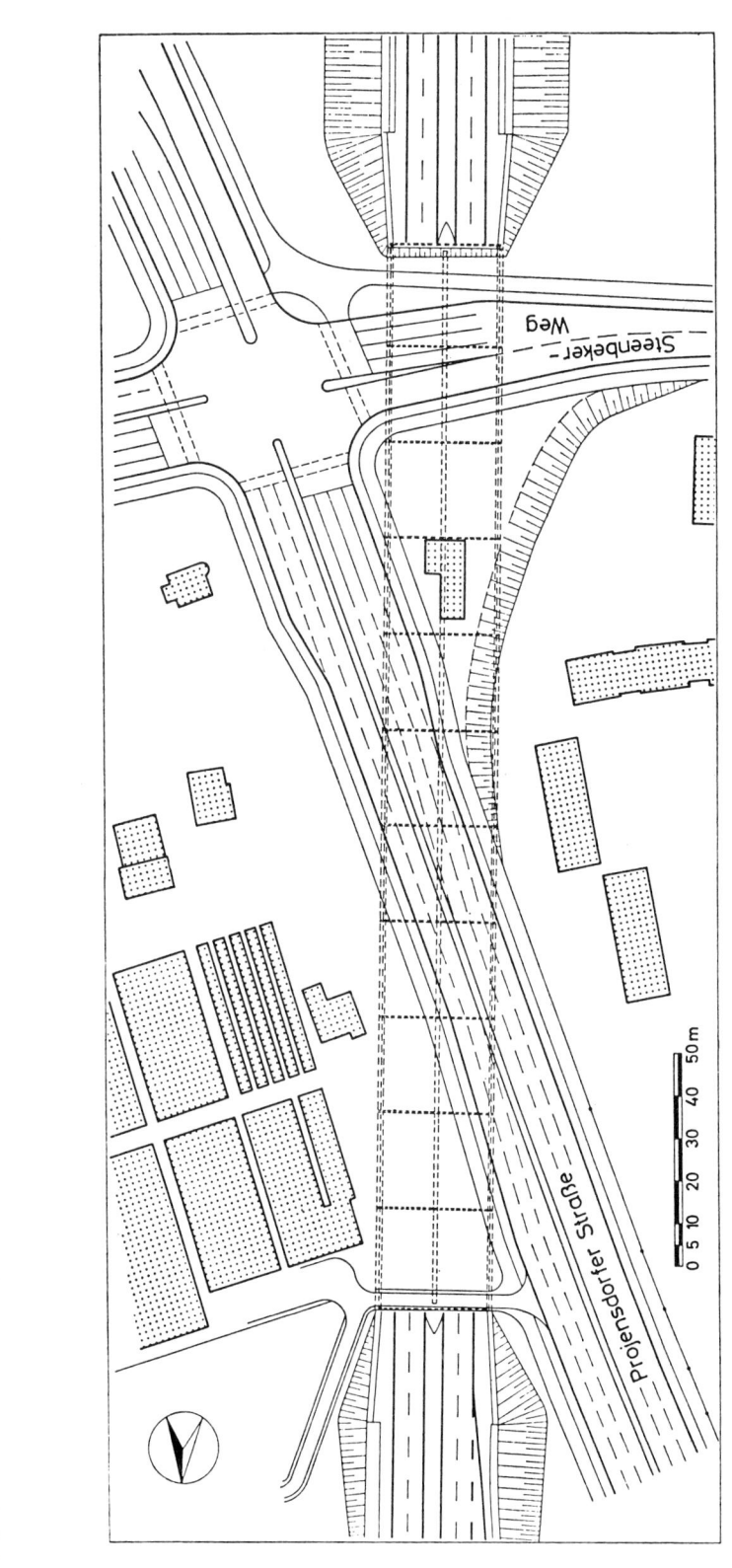

Bild B4/1: Lageplan des Straßentunnels in Spundwandbauweise in Kiel [1]

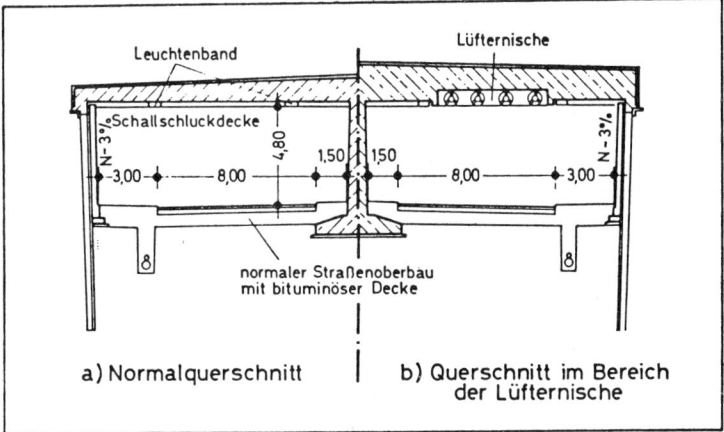

Bild B4/2: Querschnitt des Autobahntunnels in Kiel [1]

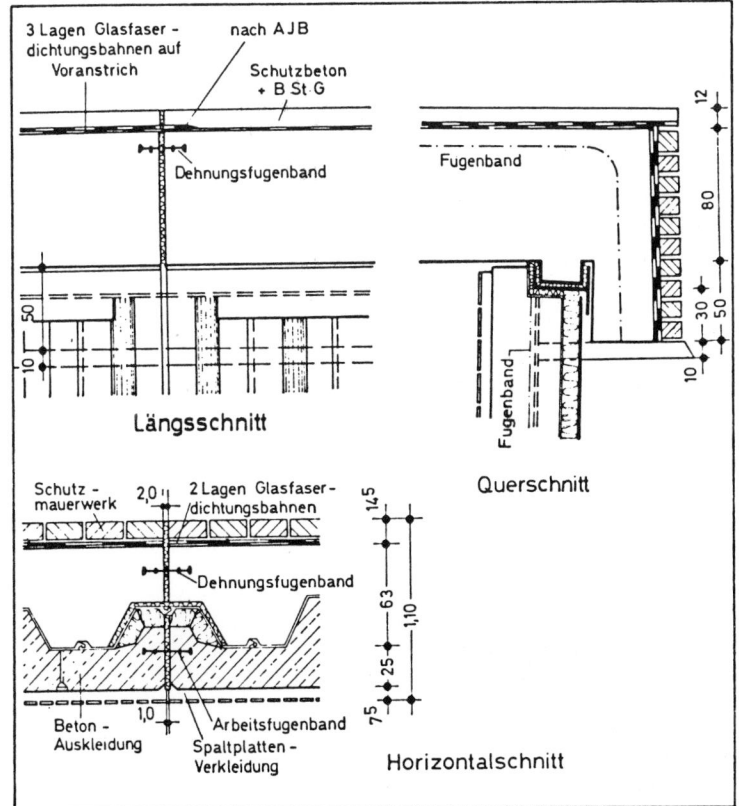

Bild B4/3: Details der Ausbildung der Dehnungsfugen
in der Tunneldecke und des Anschlusses an
die Spundwand in diesem Bereich [1]

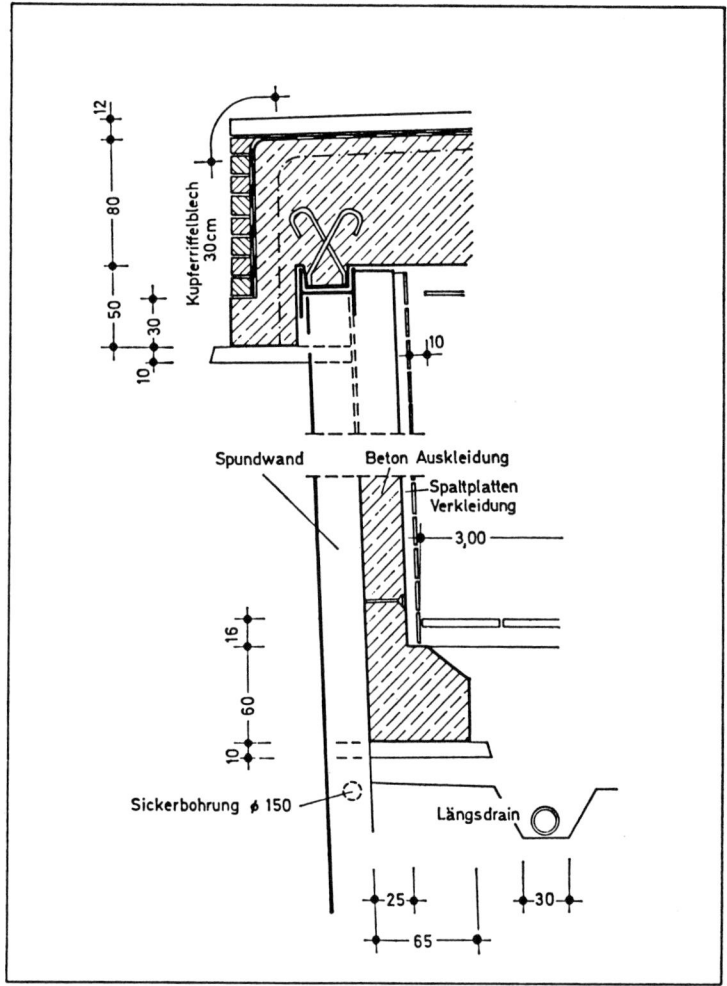

Bild B4/4: Details des Decken- und Sohlenanschlusses an die Spundwände beim Straßentunnel in Kiel [1]

STRASSENTUNNEL MÜRWICKER STRASSE IN FLENSBURG BAUJAHR 1969/70	OFFENE BAUWEISE

BAUHERR	Amt für Tiefbau und Entwässerung der Stadt Flensburg
BAUWERK UND BAUGRUND	**Bauwerk:** Zweispuriger Straßentunnel mit Richtungsverkehr zur Einfädelung der Ziegeleistraße unter dem Straßenknoten hindurch in die Mürwicker Straße (Bild B5/1). Im Längsschnitt weist der Tunnel aufgrund der Geländeverhältnisse eine durchgehende Neigung i. M. von 3,5 % auf. Tunnellänge: Das Bauwerk setzt sich zusammen aus einer ca. 100 m langen Einfahrtsrampe, einem ca. 70 m langen Tunnelabschnitt sowie einer Ausfahrtsrampe von ca. 90 m Länge. Der Tunnel liegt im Grundriß in einer Kurve. Lichte Tunnelbreite: 8,50 bis 10,00 m (Bild B5/2) Lichte Tunnelhöhe: 4,50 m (Bild B5/2) **Baugrund:** bis max. 0,4 m unter GOF Mutterboden bis ca. 0,7 bis 2,6 m unter GOF Auffüllung aus Sand mit bindigen Bestandteilen und organischen Einlagerungen, Gleisschotter, z. T. bindige Böden wie Geschiebelehm und Beckenton bis ca. 7,5 bis 11,2 m unter GOF bindige Bodenschichten aus Geschiebelehm, Geschiebemergel und Beckentonmergel; z. T. von Sandschichten mit 0,2 bis 4,3 m Dicke durchzogen bis 15 m unter GOF (max. Endstufe der Bohrungen) Sande unterschiedlicher Kornzusammensetzung Insgesamt zeigt diese Übersicht, daß der Boden sehr inhomogen ist und keine klare Abgrenzung einzelner Bodenschichten ermöglicht. Die dadurch entstehenden Probleme für die Gründung eines Stahlbetonbauwerkes waren mit von Bedeutung für die Wahl der Spundwandlösung. Das Bodengutachten enthält keine Aussagen über die Aggressivität des Bodens. **Grundwasser:** Das Grundwasser liegt ca. 24 bis 27 m unter GOF und hat damit keinen Einfluß auf das Tunnelbauwerk. Oberhalb des Grundwassers wurde in verschiedenen Bodenschichten Stauwasser angetroffen. Aussagen zur Aggressivität des Grundwassers liegen nicht vor.
TUNNELKONSTRUK-TION, BAUWEISE UND AUSFÜHRUNG	**Tunnelkonstruktion:** Rechtecktunnel mit Tunnelwänden aus Spundbohlen, teilweise verschweißt; Tunneldecke als Massivplatte aus Spannbeton mit Hautabdichtung; keine besondere konstruktive Tunnelsohle, sondern nur bituminöser Aufbau der Straße mit Frostschutzschicht. **Ausführung:** - Tunnelwände: Spundbohlen Profil Hoesch 134, Länge = 12 m; technische Daten s. Tabelle B5/1. Die maximale Spannung beträgt im Endzustand in den Bohlen 146 N/mm² (σ_{zul} = 210 N/mm²). Die Spundbohlen wurden bereits im Werk in den Schlössern zu Doppelbohlen verschweißt. Dabei wurde eine Naht auf der Außenseite der Spundbohlen durchgehend als Dichtungsnaht ausgeführt. Die Länge dieser Naht entsprach der Höhe des abzudichtenden Bereiches am Einsatzort der jeweiligen Bohlen. Die Innenseite der Schlösser wurde zusätzlich durch Schweißnähte von 0,30 m Länge am Kopf und Fuß der Bohlen sowie in der Höhe des Endes der Dichtungsnaht verbunden. Die übrigen Schlösser wurden nach der Rammung und nach Aushub des Bodens auf der Baustelle mit Kehlnähten ebenfalls verschweißt, um eine Abdichtung gegen das Stauwasser zu erzielen. - Tunneldecke: 70 cm dicke Spannbetonplatte mit ca. 8,50 bis 10,00 m Spannweite. Der Anschluß der Tunneldecke an die Spundwände ist in Bild B5/3 dargestellt. Zur Auflagerung der Tunneldecke wurden auf die Köpfe der Spundwandbohlen zwei Winkeleisen L 150 · 16 aufgeschweißt, auf die zwei Lagen Dachpappe als Gleitschicht geklebt wurden, so daß sich unterschiedliche Längsdehnungen in der aus insgesamt vier Einzelabschnitten bestehenden Tunneldecke und der Spundwand nicht gegenseitig übertragen. Die Abdichtung der Tunneldecke ist nicht an die Spundwand angeschlossen, da sich die Dichtungsebene oberhalb des Grundwassers befindet.

	- Tunnelsohle: Eine spezielle Ausbildung der Tunnelsohle war nicht erforderlich, da der Grundwasserstand weit unterhalb der Tunnelsohle liegt. Es wurde daher der bituminöse Straßenaufbau einschließlich Frostschutzschicht und bituminöser Befestigung der Randstreifen im Tunnelabschnitt beibehalten.
KORROSIONS-SCHUTZMASSNAHMEN	Für einen evtl. Dickenverlust durch Abrostung sind ausreichende Tragreserven vorhanden. Die zul. Stahlspannung wurde im Endzustand nur zu 70 % ausgenutzt. Auf der Innenseite wurden die Spundwände metallisch blank entrostet und anschließend gestrichen. Die Grundierung des Anstriches besteht aus zwei Schichten Zinkstaubanstrich in einer Gesamtstärke von 0,15 mm. Der Deckanstrich aus Epoxydharzfarbe wurde in drei Lagen mit einer Gesamtdicke von 0,27 mm aufgetragen.
ERFAHRUNGEN MIT DEN KORROSIONS-SCHUTZMASSNAHMEN	Das Bauwerk wurde im September 1970 fertiggestellt und dem Verkehr übergeben. Bisher sind keine Mängel bekannt geworden, die eine andere Bauweise vorteilhafter erscheinen ließen.
QUELLEN	[1] Briefe des Amtes für Tiefbau und Entwässerung der Stadt Flensburg vom 31. Juli 1972 und 18. September 1972 an die STUVA mit zugehörigen Unterlagen

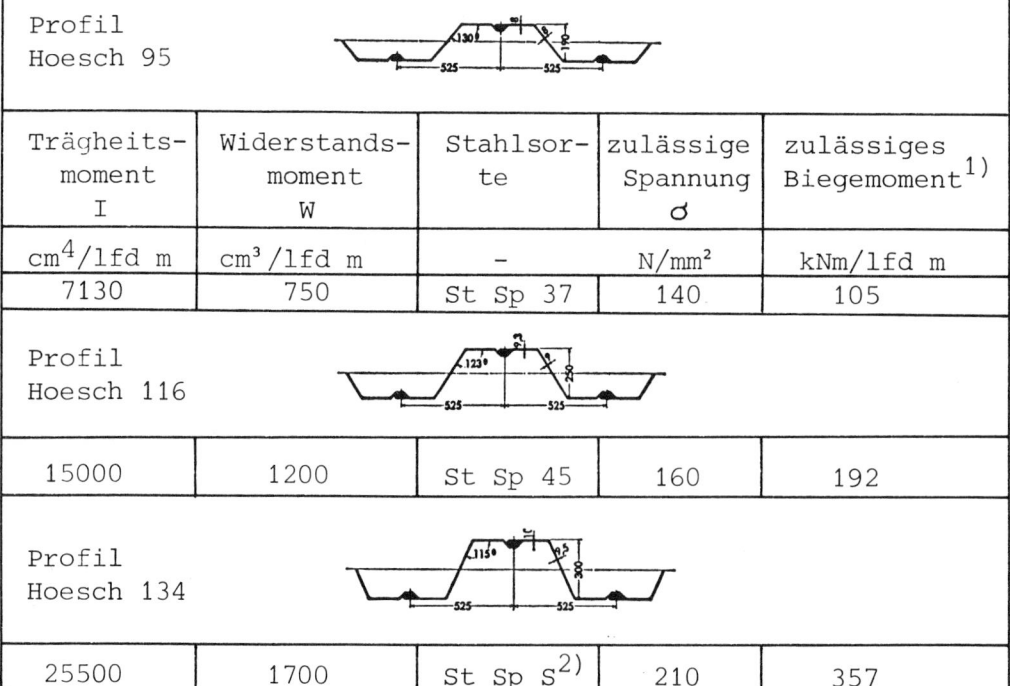

Profil Hoesch 95				
Trägheits-moment I	Widerstands-moment W	Stahlsor-te	zulässige Spannung σ	zulässiges Biegemoment[1]
cm^4/lfd m	cm³/lfd m	–	N/mm²	kNm/lfd m
7130	750	St Sp 37	140	105
Profil Hoesch 116				
15000	1200	St Sp 45	160	192
Profil Hoesch 134				
25500	1700	St Sp S[2]	210	357

Anmerkungen:
[1] Zulässiges Biegemoment für Lastfall 1: Bodenkennziffern gemäß Baugrunduntersuchung; häufig auftretender Wasserüberdruck; normale Nutzlasten
[2] St Sp S $\triangleq$ Spundwandsonderstahl St 52

Tabelle B5/1: Technische Daten der beim Straßentunnel Mürwicker Straße in Flensburg verwendeten Spundwandprofile

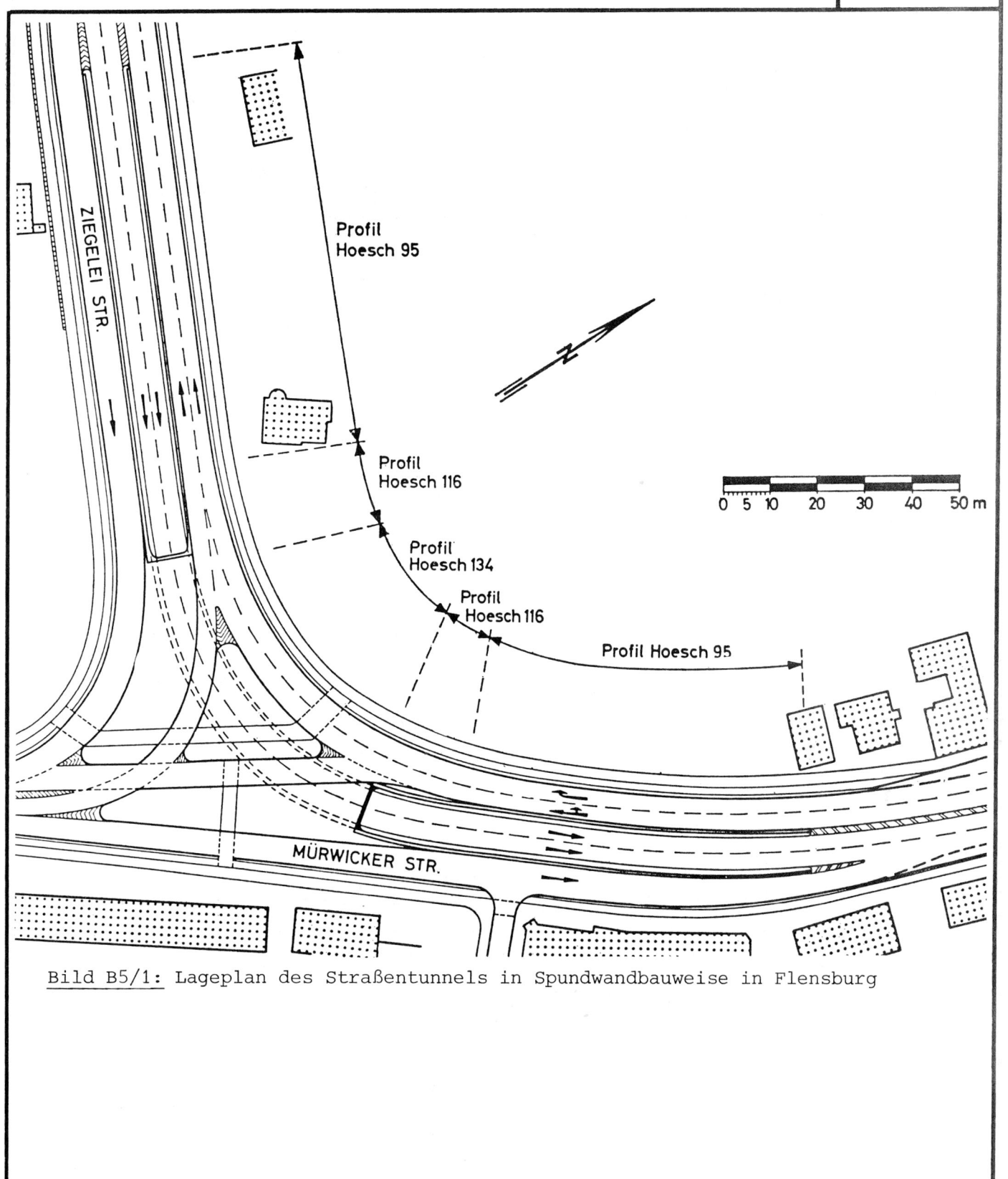

Bild B5/1: Lageplan des Straßentunnels in Spundwandbauweise in Flensburg

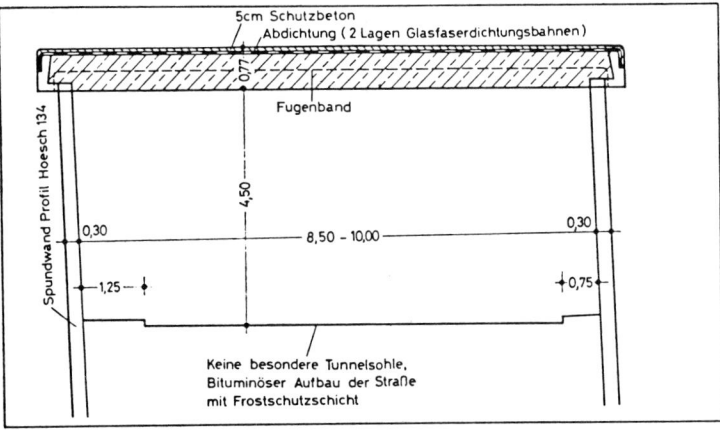

Bild B5/2: Querschnitt des Straßentunnels Mürwicker Straße in Flensburg

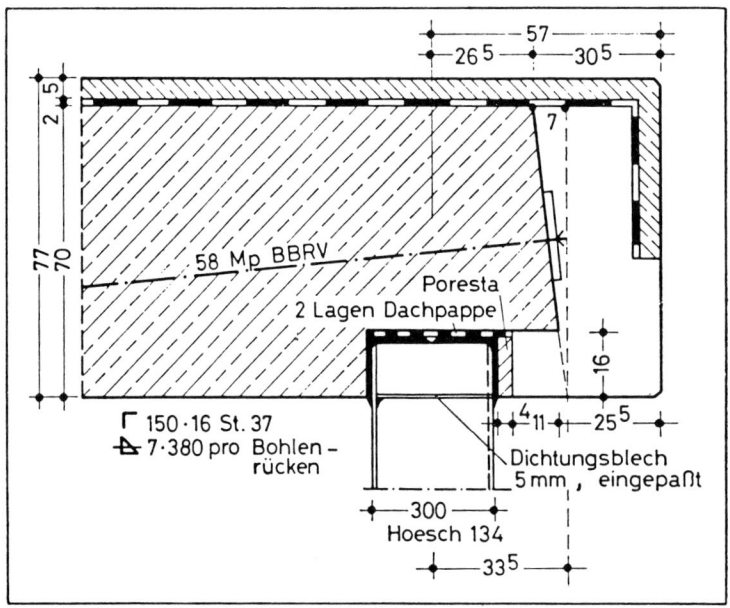

Bild B5/3: Anschluß der Tunneldecke an die
Spundwand beim Straßentunnel Mürwicker Straße in Flensburg

FUSSGÄNGERTUNNEL AN DER KANALBRÜCKE IN HAMM BAUJAHR 1965/66	OFFENE BAUWEISE

BAUHERR	Tiefbauamt der Stadt Hamm
AUSFÜHRENDE FIRMEN	Hellnich, Hamm
BAUWERK UND BAUGRUND	**Bauwerk:** Zur Entlastung des stark belebten Straßenknotens Münsterstraße(B 63/B 61) – Nordstraße (B 63)/Hafenstr. (B 61) in Hamm wurden unter der Münsterstraße und der Berliner Allee zwei Fuß- und Radwegunterführungen in Spundwandbauweise hergestellt (Bild B6/1). Tunnellänge: ca. 20 bzw. 25 m Lichte Tunnelbreite: 5,50 m (2,50 m Radweg, 3,00 m Fußweg) Lichte Tunnelhöhe: 2,50 m **Baugrund:** bis ca. 7,90 m unter GOF im wesentlichen Fein- bis Mittelsand mit dazwischenliegenden Schichten unterschiedlicher Mächtigkeit und Höhenlage aus Schluff; darunter steht Tonmergel an. Zur Frage der Korrosion der Stahlspundwände wurden keine Untersuchungen durchgeführt. Aufgrund der positiven Erfahrungen mit Spundwänden am Datteln-Hamm-Kanal, der den Bauwerken unmittelbar benachbart liegt, wurde auf einen besonderen Korrosionsschutz auf der Außenseite der Spundwände verzichtet. **Grundwasser:** Der Grundwasserspiegel liegt ca. 0,40 m unter der tiefsten Stelle der Tunnelsohle
TUNNELKONSTRUK-TION, BAUWEISE UND AUSFÜHRUNG	**Tunnelkonstruktion:** Rechtecktunnel mit Wänden aus Spundbohlen, Tunneldecke und Sohle aus Stahlbeton. Als Alternativen für die Bauweise der Tunnel standen Stahlbetonbauweisen (Fertigteile bzw. Ortbeton), Ausführung als Maulprofil-Röhre aus Armco-Thyssen-Blechen sowie die Spundwandlösung zur Diskussion. Bautechnische und wirtschaftliche Vorteile sowie die Anforderungen der örtlichen Verhältnisse (nach Möglichkeit sollte die Verlegung von Versorgungsleitungen sowie der Bau eines Dükers vermieden werden) ließen die Spundwandbauweise als geeignetstes Verfahren erscheinen. **Ausführung:** - Tunnelwände: Spundbohlen Profil Larssen 31, Stahl St 37; technische Daten der Profilform s. Tabelle B6/1. Die Länge der Spundwandprofile beträgt für die Tunnelbereiche ca. 5,70 bis 5,90 m. Beim Tunnel unter der Berliner Allee war es erforderlich, jede dritte Doppelbohle zur Erreichung tragfähiger Bodenschichten ca. 3,0 m tiefer zu rammen. Die Spannungen in den Spundwandprofilen betragen im Endzustand ca. 85 N/mm², so daß gegenüber der zulässigen Spannung von 140 N/mm² eine Reserve von ca. 40 % besteht. Die Spundbohlen wurden als Doppelbohlen gerammt. Eine nachträgliche Dichtung der Schlösser z. B. durch Verschweißen erfolgte nicht, da der Grundwasserstand unter der Tunnelsohle liegt. Zum Schutz gegen Sickerwasser wurde die Spundwand mit bindigem Feinsand hinterfüllt. Die bei Wasserandrang entstehende Schlämme sollte die Schlösser ggf. abdichten. Bisher konnte kein Wasseraustritt auf der Innenseite der Spundwände festgestellt werden. Die Bohlen für die Stützwände wurden entsprechend dem Geländeverlauf gestaffelt mit Längen zwischen 5,50 m und 2,80 m gerammt. Sie wurden z. T. mit Rundstählen an Spundwandtafeln nach rückwärts verankert. - Tunneldecke: ca. 0,45 m dicke Stahlbetonplatte mit einer Abdichtung aus 0,2 cm Glasvlies in 7 cm dickem Asphaltmastix. Die Anschlüsse der Stahlbetondecke an die Spundwände wurden gemäß Bild B6/3 hergestellt. Die Köpfe der Spundwände erhielten eine Abdeckung aus Winkeleisen mit einer aufgeschweißten Stahlplatte, die an die Bohlen angeschraubt wurden. Eine Seite der Tunneldecke wurde fest auf die Spundwand aufgelagert (Bild B6/3a), die gegenüberliegende Seite wurde beweglich ausgebildet (Bild B6/3b), um die Auswirkung von Längenänderungen in der Tunneldecke auf die Spundwände zu vermeiden. Die Abdichtung der Tunneldecke wurde nicht an die Spundwände angeschlossen.

	- Tunnelsohle: Die Tunnelsohle besteht aus einer 20 cm dicken bewehrten Beton-platte, die auf einer Kiesschicht von 40 cm Dicke aufliegt. Zwischen der Tunnel-sohle und der Spundwand wurde eine Lage 300er Bitumenpappe sowie ein ca. 1 cm starker Schaumstoffstreifen eingebaut. Durch Dränungen in der Kiesschicht wird der Grundwasserspiegel unter die Tunnelsohle abgesenkt, so daß kein wasserdich-ter Anschluß der Sohle an die Wände erforderlich ist.
KORROSIONS-SCHUTZMASSNAHMEN	Auf der Außenseite der Spundwände wurden keine besonderen Maßnahmen getroffen. Die sichtbaren Flächen der Spundwände erhielten einen jeweils zweifachen Grund- und Deckanstrich. Die Wahl der Farben und die Ausführung der Arbeiten erfolgte gemäß den "Technischen Vorschriften für den Rostschutz von Stahlbauwerken der Deutschen Bundesbahn". Die Stahlflächen wurden dabei metallisch blank entrostet. Der Grundanstrich besteht aus zwei Schichten Bleimennige in verschiedenen Farben mit Schwerspatpigmenten in einer Gesamtschichtdicke von 60 bis 100 µm. Der erste Deckanstrich besteht aus einem grauen Anstrichstoff mit Pigmenten aus Zinkoxid und Eisenglimmer von ca. 30 bis 40 µm Dicke, der zweite Anstrich aus einer grünen Farbe mit Pigmenten aus Eisenglimmer, Aluminiumpulver und Chromoxid grün. Alle Anstrichstoffe enthalten Lösungsmittel aus Leinölfirnis.
ERFAHRUNGEN MIT DEN KORROSIONS-SCHUTZMASSNAHMEN	Bisher(1980) traten nach Auskunft des Bauherrn keine Mängel auf, die gegen die Anwendung der gewählten Bauweise sprechen würden.
QUELLEN	[1] Briefe des Tiefbauamtes der Stadt Hamm vom 28. August 1972 und 3. Oktober 1972 an die STUVA mit zugehörigen Unterlagen

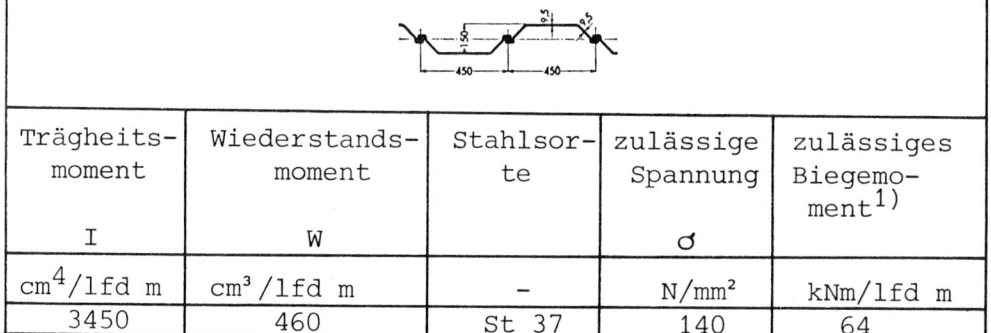

Trägheits-moment	Wiederstands-moment	Stahlsor-te	zulässige Spannung	zulässiges Biegemo-ment[1]
I	W		σ	
cm^4/lfd m	cm³/lfd m	–	N/mm²	kNm/lfd m
3450	460	St 37	140	64

Anmerkung:
[1] Zulässiges Biegemoment für Lastfall 1: Bodenkennziffern gemäß Baugrund-untersuchung; häufig auftretender Wasserüberdruck; normale Nutzlasten

<u>Tabelle B6/1:</u> Technische Daten des bei den Fußgängertunneln am Straßenknoten südlich der Kanalbrücke in Hamm verwendeten Spundwandprofils Larssen 31

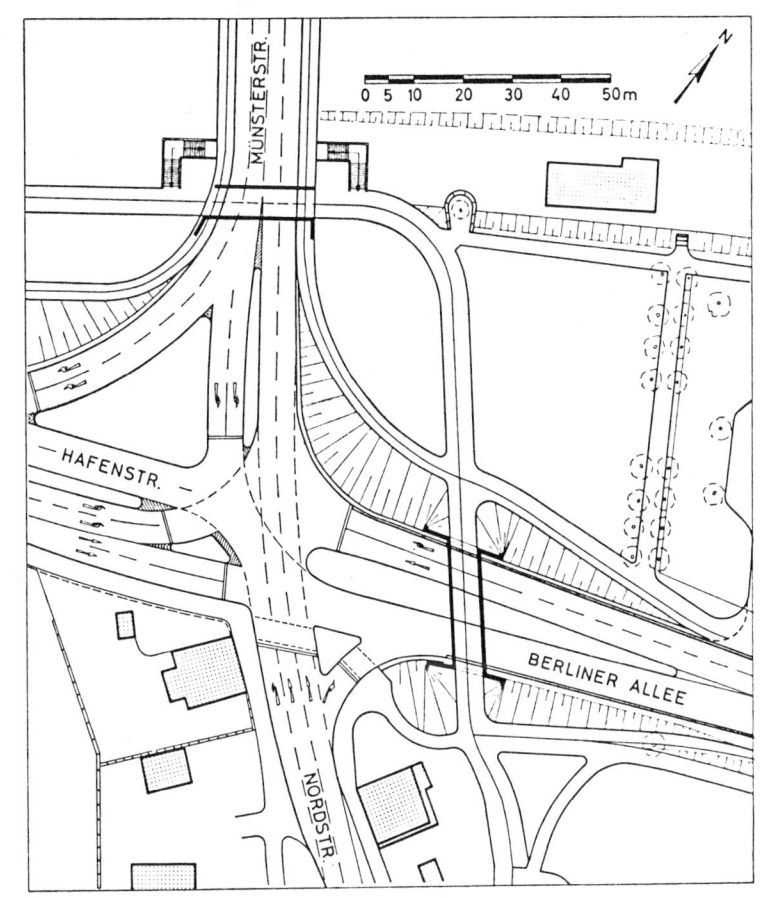

Bild B6/1: Lageplan der Fußgängertunnel in Spundwandbau-
weise in Hamm

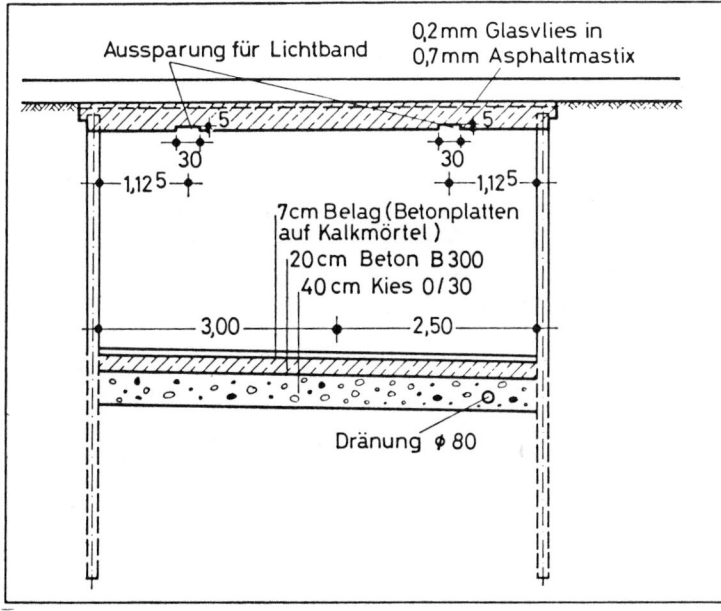

Bild B6/2: Querschnitt der Fußgängertunnel in Stahl-
spundwandbauweise am
Straßenknoten südlich
der Kanalbrücke in Hamm

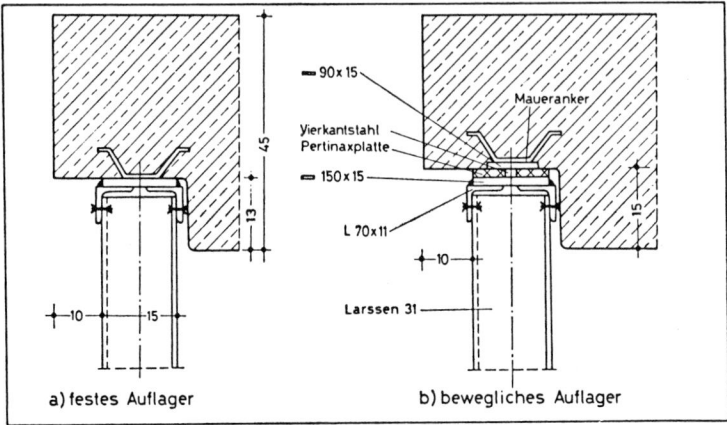

Bild B6/3: Ausbildung der Anschlüsse Tunnel-
decke/Spundwand bei den Fußgängertunneln an der Kanalbrücke in
Hamm

FAHRUNTERFÜHRUNG ADENAUER-PLATZ IN BONN BAUJAHR 1964	OFFENE BAUWEISE

BAUHERR	Tiefbauamt der Stadt Bonn
AUSFÜHRENDE FIRMEN	Philipp Holzmann AG. u. a.
BAUWERK UND BAUGRUND	**Bauwerk:** Unterführung des nord-südlichen Fahrverkehrs der Adenauer-Allee unter der Bundesstraße B9 sowie einer Straßenbahn mit Gleichstrombetrieb im Zuge der Reuterstraße/Friedrich-Ebert-Allee (Bild B7/1) Tunnellänge: insgesamt ca. 260 m Tiefstraße, davon 70 m als Tunnel (Unterführung) Überdeckung: < 1 m Lichte Tunnelbreite: 9,00 m Lichte Tunnelhöhe: 4,60 bis 5,00 m. Die schwankende Tunnelhöhe ergibt sich dadurch, daß die Tunnelsohle in Längsrichtung in einer Wanne liegt, die ihren Tiefstpunkt etwa in Tunnelmitte hat. **Baugrund:** Vorwiegend Kies und Lehm wechselnder Schichtung und Mächtigkeit **Grundwasser:** Der Grundwasserspiegel befindet sich weit unterhalb der Tunnelsohle.
TUNNELKONSTRUKTION, BAUWEISE UND AUSFÜHRUNG	**Tunnelkonstruktion:** Rechtecktunnel mit Wänden aus Spundbohlen, Tunneldecke aus Stahlbeton, Tunnelsohle als Betonfahrbahn ausgebildet (Bild B7/2). Für die Wahl der Bauweise waren im wesentlichen die örtlichen Platzverhältnisse, die geringe Bauzeit bei Anwendung der Spundwandbauweise sowie die Forderung nach möglichst weitgehender Aufrechterhaltung des Verkehrs maßgebend. **Ausführung:** - Tunnelwände: Spundbohlen Profil Larssen 32 aus Resistastahl(Sonderstahl mit höherer Korrosionsbeständigkeit); technische Daten s. Tabelle B7/1. Die Bohlen wurden als Doppelbohlen mit Längen von maximal ca. 8,50 m gerammt. - Tunneldecke: 0,70 m dicke Stahlbetonplatte mit Abdichtung und Schutzbeton. Die Decke wurde gelenkig auf die Spundwand aufgelagert (Bild B7/3). Dazu wurde auf die Spundwandköpfe ein Betonholm aufbetoniert, in den als untere Gelenkplatte die Fußplatte einer längsdurchtrennten Schiene S 49 eingelassen war. Der obere Gelenkzapfen wird durch den in die Decke einbetonierten Kopf der Schiene S 49 gebildet. Die Fuge ist gegen das Eindringen von Sickerwasser durch ein Fugenband geschützt. - Tunnelsohle: durchlaufende Betonfahrbahn; ein besonderer Anschluß der Sohle an die Spundwand erfolgte nicht.
KORROSIONS-SCHUTZMASSNAHMEN	Um eine durchgehende elektrisch leitende Verbindung der Spundbohlen zu gewährleisten, wurden die Schlösser jeweils am Kopf und Fuß der Bohlen auf einer Länge von ca. 0,30 m verschweißt. Diese Maßnahme erschien notwendig, um Korrosionserscheinungen durch Streuströme von der über den Tunnel hinwegführenden Straßenbahn zu vermeiden. Außerdem erhielt die Tunnelwand auf der Innenseite einen viermaligen Anstrich, bestehend aus 2 Grundanstrichen und 2 Deckanstrichen. Im Jahre 1972 wurden im Zuge der U-Bahnbaumaßnahme "Bundeskanzler-Platz" die Spundwand und der Innenanstrich teilweise erneuert. Der neue Innenanstrich wies folgenden Aufbau auf: 2 Grundanstriche auf Basis von Bleimennige und 2 Deckanstriche auf Ölgrundlage. Nachteilige Korrosionserscheinungen wurden nicht bekannt.
ERFAHRUNGEN MIT DEN KORROSIONS-SCHUTZMASSNAHMEN	Da der Tunnel von einer Gleichstrombahn überquert wird, deren Schienen zur Rückleitung des Stromes benutzt werden, bestanden zunächst Befürchtungen hinsichtlich eines Angriffes der Spundwände durch Streustromkorrosion. Zur Überprüfung der in dieser Hinsicht am Tunnel Adenauer-Allee vorliegenden Verhältnisse wurde 1968 von der Ruhrgas AG. eine besondere Untersuchung durchgeführt. Diese bestand im wesentlichen aus Messungen des Längswiderstandes der Spundwände, des Potentials zwischen Spundwand und Boden, der Spannung zwischen Spundwand und Straßenbahnschienen sowie der Streuströme in den Spundwänden. Im folgenden werden einige Detailergebnisse dieser Untersuchung aufgezeigt: - Der Längswiderstand der Spundwände wurde als Widerstand von jeweils mindestens 20 Spundbohlen an insgesamt 11 Meßpunkten bestimmt (Bild B7/4). Es zeigte sich,

daß die Widerstandswerte sehr unterschiedlich sind. Dies wird darauf zurückgeführt, daß die Spundwände nicht über die ganze Höhe in den Schlössern verschweißt sind, so daß unterschiedliche Übergangswiderstände entstehen, je nachdem wie gut der Kontakt zwischen zwei Bohlen ist.

- Die Spundwand/Boden-Potentiale wurden gegen eine gesättigte Kupfer/Kupfersulfat-Elektrode (Cu/CuSO$_4$) gemessen. Wurde die Elektrode im Bereich des Tunnels auf das Erdreich aufgesetzt, ergab sich ein zeitlich und örtlich konstanter Wert des Potentials von -0,55 V. Um den Einfluß des Straßenbahnbetriebes auf das Bodenpotential festzustellen, wurden weitere Messungen durchgeführt, bei denen die Elektrode am südlichen Ende des Bauwerkes zwischen Spundwand und Straßenbahngleis ca. 0,40 m unter der Erdoberfläche aufgesetzt war. Dabei ergab sich ein Mittelwert des Potentials von -0,43 V mit Extremwerten von -0,35 und -0,58 V.

- Die Spannung zwischen Spundwand und Straßenbahnschiene betrug i. M. 0,5 V (Spundwand positiv) mit Extremwerten von 2,5 V (Spundwand negativ) bzw. 5 V (Spundwand positiv).

- Die Messung der in den Spundwänden fließenden Ströme ergab die in Bild B7/4 eingetragenen Werte. Danach ergibt sich als maximale Differenz zwischen zwei Meßpunkten ein Wert von 170 mA zwischen den Punkten 9 und 10, der als Streustrom ins Erdreich austritt. Wird auf Grund der örtlichen Verhältnisse (Lage der Schienen in Relation zur Spundwand) in diesem Bereich eine Austrittsfläche von 95 m² angenommen, die gleichmäßig beaufschlagt wird, ist mit einer jährlichen Abtragungsrate von $1,6 \cdot 10^{-3}$ mm zu rechnen. Dieser Wert kann in Anbetracht der Materialdicke der Spundwand und der Nutzungsdauer des Bauwerkes als unerheblich angesehen werden. Selbst wenn der Strom nur auf 10 % der angenommenen Fläche austreten sollte, ergeben sich noch verhältnismäßig geringe Abrostungsraten.

Im Rahmen des Stadtbahnbaues in Bonn wurde im Jahre 1971 für einen Stadtbahntunnel, der unmittelbar neben dem Straßentunnel verläuft, eine Baugrube ausgehoben, bei der eine Spundwand des Tunnels auf voller Höhe der erdzugewandten Seite freigelegt wurde. Der Augenschein ergab, daß die Wand angerostet war. Besondere Messungen und Aufzeichnungen wurden leider nicht durchgeführt.

QUELLEN

[1] Brief des Tiefbauamtes der Stadt Bonn vom 5. Oktober 1972 an die STUVA mit zugehörigen Unterlagen

[2] Bericht über Streustromuntersuchungen an einer Tiefstraße aus Spundwänden in Bonn; Ruhrgas AG., Abt. Korrosionsschutz, Essen, 1968

Trägheits-moment I	Widerstands-moment W	Stahlsorte zul. Spannung σ	zul. Biege-moment[1)
cm^4/lfd m	cm³/lfd m	N/mm²	kNm/lfd m
10600	850	210	179

Anmerkungen:
[1)] Zulässiges Biegemoment für Lastfall 1: Bodenkennziffern gemäß Baugrunduntersuchung; häufig auftretender Wasserüberdruck; normale Nutzlasten
[2)] Resistastahl: Sonderstahl mit höherer Korrosionsbeständigkeit

Tabelle B7/1: Technische Daten des bei der Straßenunterführung am Adenauer-Platz in Bonn verwandten Spundwandprofils Larssen 32

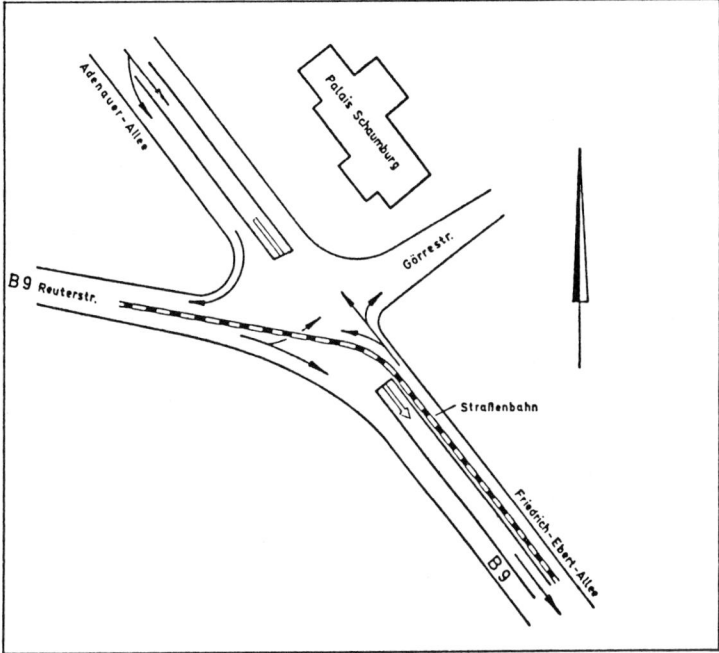

Bild B7/1: Lageplan der Straßenunterführung mit Stahlspundwänden am Adenauer-Platz in Bonn [1]

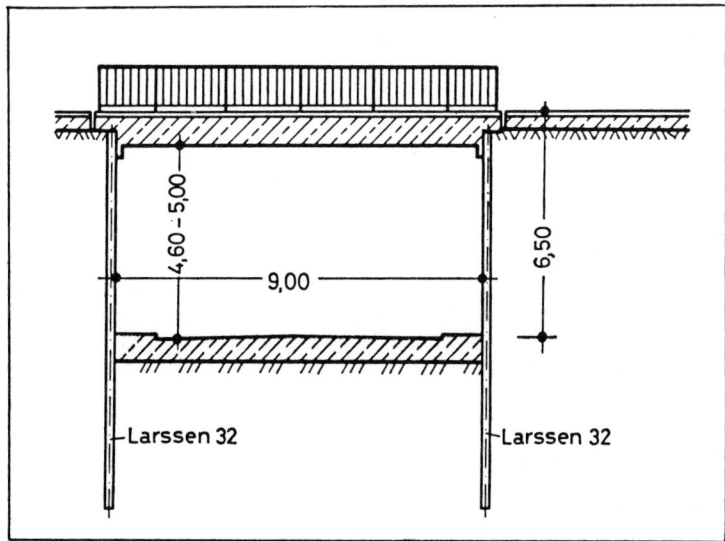

Bild B7/2: Querschnitt der Straßenunterführung am Adenauer-Platz in Bonn [1]

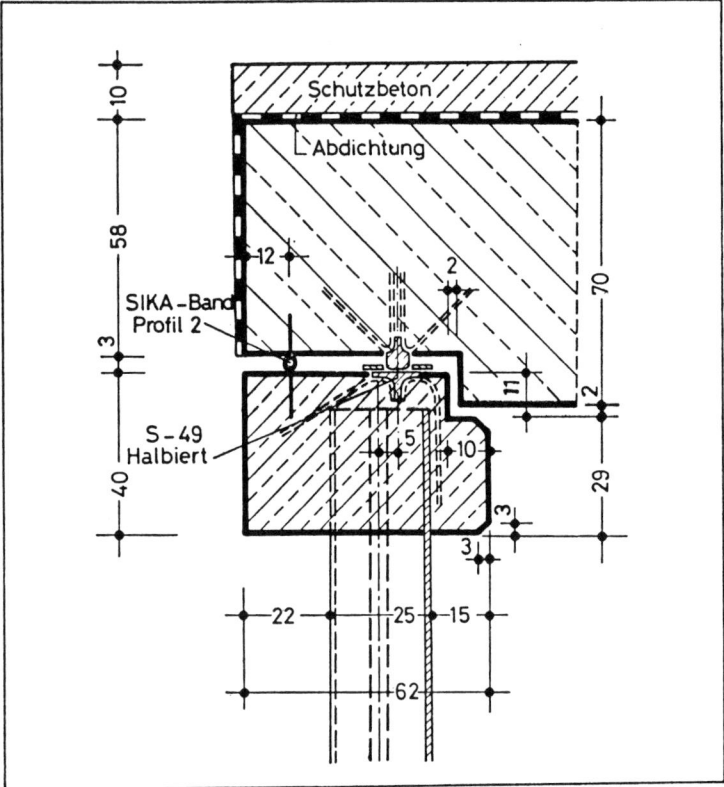

Bild B7/3: Anschluß Tunneldecke/Spundwand bei
der Straßenunterführung am Adenauer-
Platz [1]

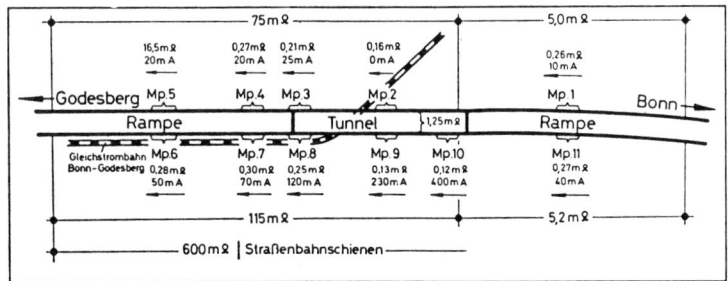

Bild B7/4: Streustromuntersuchungen bei der Straßenunterführung am Adenauer-Platz in Bonn -
Lage der Meßpunkte, Werte des Längswider-
standes und des Stromflusses [2]

EISENBAHNTUNNEL "ROTER HAHN", LÜBECK
BAUJAHR 1972/74

BAUHERR	Senat der Hansestadt Lübeck
AUSFÜHRENDE FIRMEN	Georg Kulessa, Lübeck

BAUWERK UND BAUGRUND

Bauwerk:
Eingleisiger Eisenbahntunnel für die Gleisanbindung des Skandinavienkais unter der B75 und der Bundesbahnstrecke Lübeck-Travemünde hindurch (Bild B8/1).

Tunnellänge: 128,5 m
Überdeckung: i. M. 4,0 m
Lichte Tunnelbreite: 7,0 m
Lichte Tunnelhöhe: 6,7 m

Baugrund:
Im Bereich des Tunnels wechseln Fein- bis Mittelsand- und Schluffschichten ab; unterhalb der Tunnelsohle steht dichter Geschiebemergel an. Aufgrund der Bohrergebnisse war mit Raumhindernissen zu rechnen. Der Grundwasserspiegel liegt ca. 4,2 m über der Tunnelsohle.

TUNNELKONSTRUKTION, BAUWEISE UND AUSFÜHRUNG

Tunnelkonstruktion:
Rechtecktunnel mit Wänden aus Spundbohlen, die bis in die wasserdichte Geschiebemergelschicht gerammt sind, Tunneldecke aus Stahlbeton (Bild B8/2). Der Tunnel war als Betonkonstruktion in offener Bauweise mit Baugrubenwänden in Berliner Verbau und Grundwasserabsenkung ausgeschrieben. Durch den ausgeführten Sondervorschlag konnte sowohl der Verbau als auch die Grundwasserabsenkung eingespart werden.

Ausführung:
Der Tunnel wurde in Deckelbauweise erstellt. Dabei wurde zunächst eine gebösche Baugrube bis Oberkante Tunnel ausgehoben. Von dieser Ebene erfolgte die Rammung der Spundwände bis in die dichte Geschiebemergelschicht. Um eine Einengung des Lichtraumprofils durch evtl. Rammabweichungen zu vermeiden, wurde das Lichtraumprofil gegenüber dem Ausschreibungsentwurf um 0,5 m verbreitert.

Anschließend wurde die Tunneldecke betoniert, abgedichtet und die Baugrube wieder verfüllt. Die Ausschachtung des Tunnels erfolgte unter der fertigen Decke.

Die Spundwandschlösser wurden nachträglich von der Innenseite her dichtgeschweißt. Der größte Teil der Schloßfugen ließ sich durch eine Schweißnaht dichten. An einigen Stellen mußte wegen des durchtretenden Wassers zunächst eine Flachstahlleiste angebracht werden. Damit waren in diesem Bereich je Schloßfuge zwei Schweißnähte erforderlich.

Auf der unterfahrenen Eisenbahnstrecke mußte der Verkehr während der Bauzeit voll aufrecht erhalten werden. Hierzu wurde eine Hilfsbrücke mit Widerlagern seitlich der Tunneltrasse und mit einem Mittelpfeiler direkt im Bereich des Tunnels errichtet.

KORROSIONS-SCHUTZMASSNAHMEN

Beschichtung der Sichtflächen
1. Spundwand metallisch blank gesandstrahlt
2. 1 Grundanstrich mit Passivol-Universalgrund
3. 2 Dickschichtanstriche mit ICOSIT 4440 Airlessqualität (Fa. Lechler Chemie)

QUELLEN

[1] Eisenbahnbrücke mit Widerlagern aus Stahlspundbohlen. Hoesch Hüttenwerke AG., Dortmund

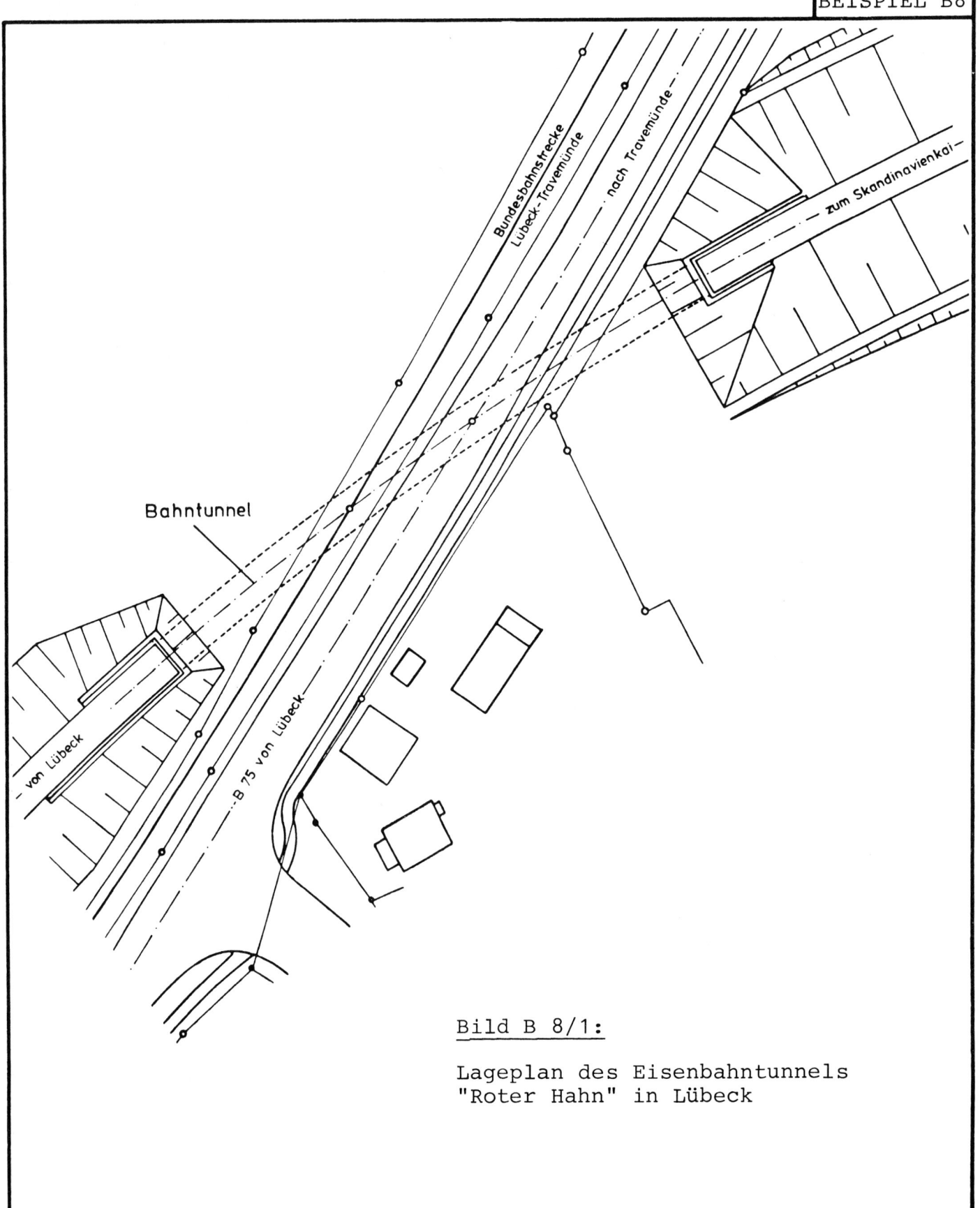

Bahntunnel

Bundesbahnstrecke Lübeck-Travemünde

nach Travemünde

zum Skandinavienkai

von Lübeck

B 75 von Lübeck

Bild B 8/1:

Lageplan des Eisenbahntunnels
"Roter Hahn" in Lübeck

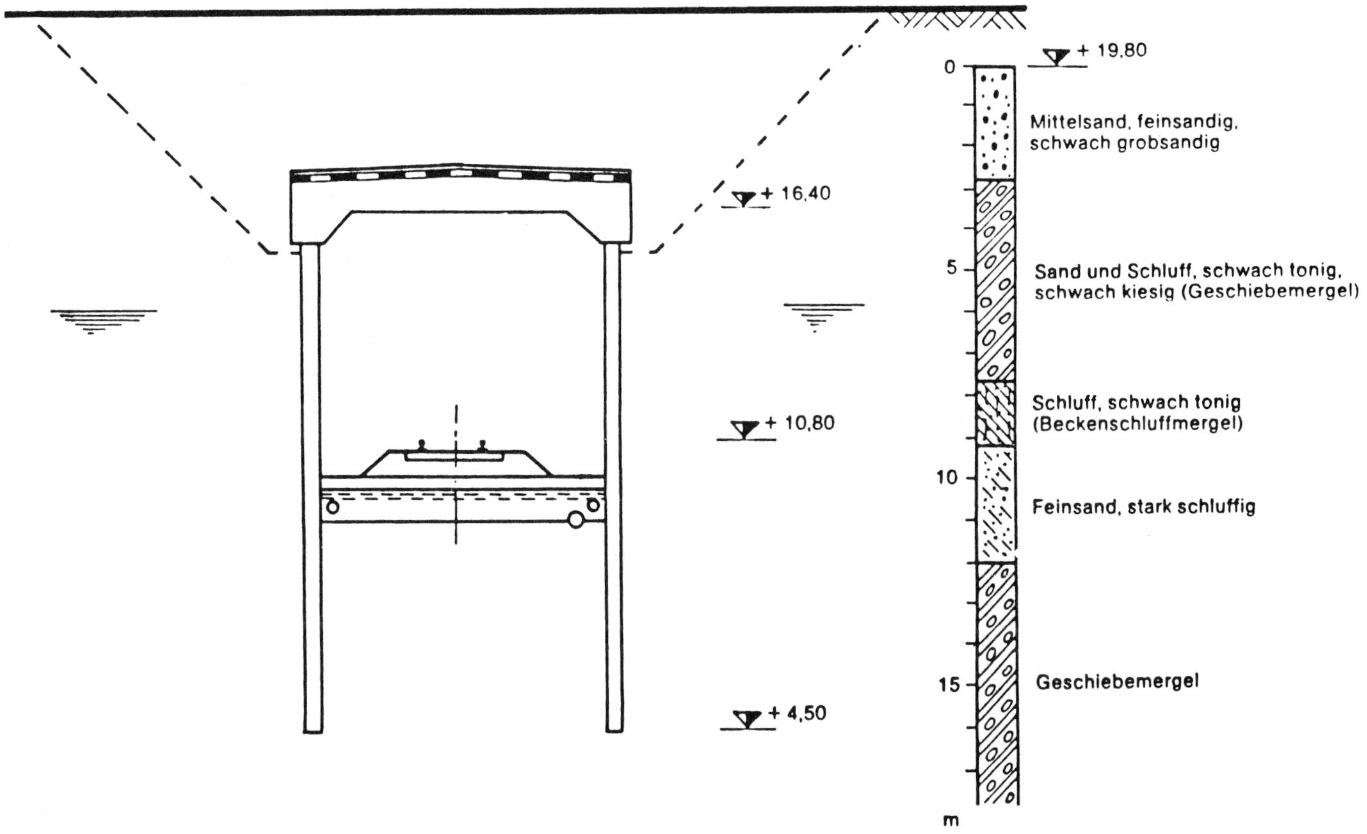

▼ + 19,80

0 — Mittelsand, feinsandig, schwach grobsandig

▼ + 16,40

5 — Sand und Schluff, schwach tonig, schwach kiesig (Geschiebemergel)

▼ + 10,80

Schluff, schwach tonig (Beckenschluffmergel)

10 — Feinsand, stark schluffig

▼ + 4,50

15 — Geschiebemergel

m

Bild B 8/2:

Tunnelquerschnitt mit Bodenaufschluß des Eisenbahntunnels "Roter Hahn" in Lübeck

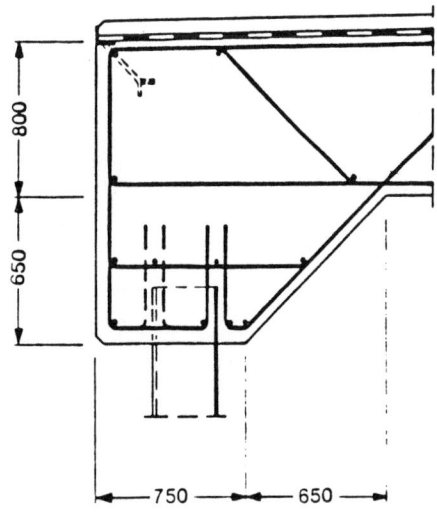

800

650

750   650

Bild B 8/3:

Detail der Deckenauflagerung auf die Spundwand (Schneiden- lagerung) des Eisenbahntunnels "Roter Hahn" in Lübeck

S-BAHN-TUNNEL UNTER DEM GLEISDREIECK
BOCHUM-DORTMUND/BOCHUM-WITTEN IN LANGENDREER
BAUJAHR 1974/75

OFFENE BAUWEISE

BAUHERR	Bundesbahndirektion Essen
AUSFÜHRENDE FIRMEN	Gockel & Niebur Bau KG., Bochum

BAUWERK UND BAUGRUND	**Bauwerk:** 2-gleisiger S-Bahn-Tunnel auf der S-Bahnstrecke Bochum-Dortmund unter dem Gleisdreieck Bochum-Dortmund/Bochum Witten (Bild B9/1). Tunnellänge: insgesamt 164 m Überdeckung: ca. 1 m Lichte Tunnelbreite: 10 m Lichte Tunnelhöhe: 5,97 m **Baugrund:** Die Dammschüttung besteht im wesentlichen aus bindigem Boden mit eingelagerten Schichten aus Bauschutt, Schlacke, Sand, Kiessand und in unregelmäßiger Folge und Mächtigkeit Kohleschlamm. Unter der ursprünglichen Geländeoberfläche bzw. unter der Anschüttung steht zunächst Mittel- bis Grobschluff (Lößlehm) und Grobschluff (Löß) an. Es folgen stellenweise Unterlagerungen von Schlamm und Geschiebelehm, darunter dicht gelagerter Fein- bis Mittelsand. Grundwasser wurde nicht festgestellt (Bild B9/2).

TUNNELKONSTRUKTION, BAUWEISE UND AUSFÜHRUNG	**Tunnelkonstruktion:** Rechtecktunnel mit Wänden aus tiefeingerammten Spundbohlen (Hoesch Profil 175 und 215), Tunneldecke aus Stahlbeton, keine besondere Sohlausbildung (Bild B9/2). Wegen der tief reichenden Aufschüttung und aus betriebstechnischen Gründen sollte der Tunnel ursprünglich mit Bohrpfahlgründung ausgeführt werden. Als Sondervorschlag gelangte jedoch ein Spundwandtunnel zur Ausführung, der rund eine halbe Million DM billiger als der Behördenentwurf war (4 Mio : 3 1/2 Mio). **Ausführung:** Im Bereich des vorhandenen Gleiskörpers wurde zunächst eine Baugrube bis 1 m unter Tunneloberkante ausgehoben. Da der Verkehr nicht umgeleitet werden konnte, mußten innerhalb kurzer Betriebspausen Hilfsbrücken für die einzelnen Gleise errichtet werden. Als Widerlager für die Hilfsbrücken dienten je drei Träger IPB 300 von 10 m Länge. Die Auflagerbank bildete ebenfalls ein IPB-Profile. Der Erddruck der Baugrubenwand wurde im Bereich der Hilfsbrücken durch eine Verbohlung und im übrigen Bereich durch freistehende Spundwände aufgenommen. Nach dem Rammen und Verholmen der Spundwand wurde die Tunneldecke in acht Teilstücke gegossen (Bild B9/1). Aufgrund der örtlichen Gegebenheiten konnten die einzelnen Teile in Tunnelmitte gegossen und anschließend in Betriebspausen in die endgültige Position gezogen werden. Für den Verschiebungsvorgang standen die nächtlichen Betriebspausen zur Verfügung. Eine im Widerlagerholm eingebundene Schiene dient einerseits zur Aufnahme der Vertikal- und Horizontalkräfte, andererseits als Gleitfläche beim Verziehen der Deckenelemente. Die Bügel des Widerlagerholms haben einen Durchmesser von 18 mm. Zur Sicherstellung eines einwandfreien Verbundes zwischen Stahlbetonholm und Spundwand sind je Doppelbohle 2 Bügel durch die Spundwandflansche geführt. Die Spundwandschlösser sind nach einer mechanischen Reinigung von Hand dichtgeschweißt worden. An einem Teilstück des Tunnels wurde auch ein automatisches Schweißverfahren erprobt.

KORROSIONS-SCHUTZMASSNAHMEN	Das Bauwerk ist ein Versuchsbauwerk der Deutschen Bundesbahn, wobei in diesem Rahmen WT-Stähle St Sp 37, 37-3, St Sp S, gestrichen und ungestrichen, und Normalstähle St 37 und St Sp S nach RoSt 2.212, gestrahlt, ohne Anstrich oder mit verschiedenen Anstrichsystemen auf Chlorkautschuk-, Teerpech-, Epoxidharz- und Phthalatharz-Basis in mehreren Farbtönen, eingebaut wurden (Bild B9/1). Nachdem inzwischen etwa 4 Jahre vergangen sind, lassen sich noch keine Aussagen über die Eignung von WT-Stählen oder ungestrichenen Normalstählen für ähnliche Konstruktionen machen.

QUELLEN	[1] Eisenbahnbrücken mit Widerlagern aus Stahlspundwänden. Hoesch Hüttenwerke AG., Dortmund [2] Kuchenbecker, D.: Kreuzungsbauwerke in "Deckelbauweise" im Bereich der S-Bahn Ruhr. Eisenbahntechnische Rundschau 30 (1981) 3, S. 247 - 253

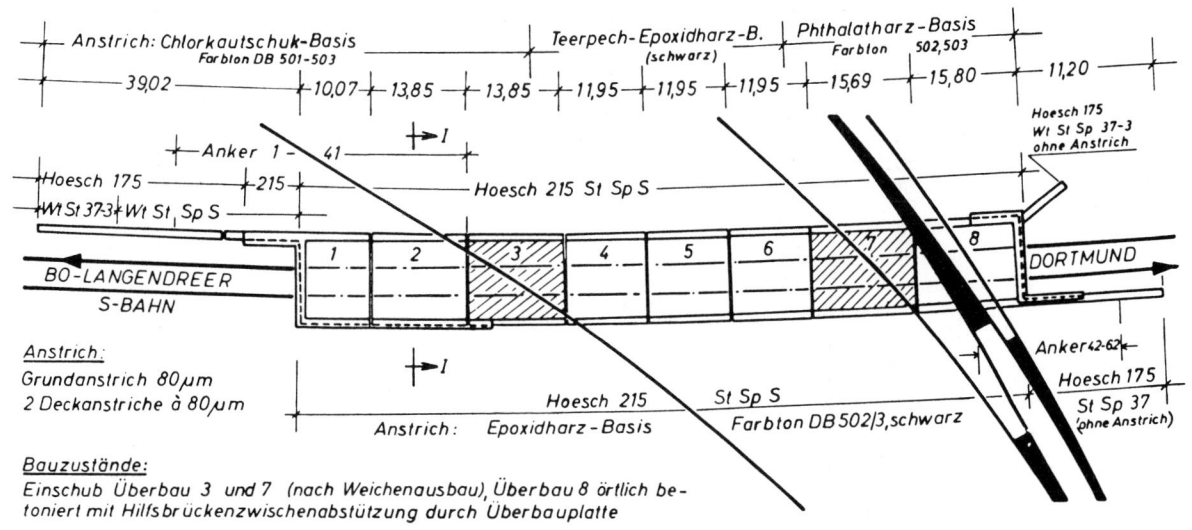

Bild B9/1: Lageplan des S-Bahntunnels in Bochum-Langendreer mit Angaben über die Spundwandprofile, den Korrosionsschutz sowie die Bauzustände

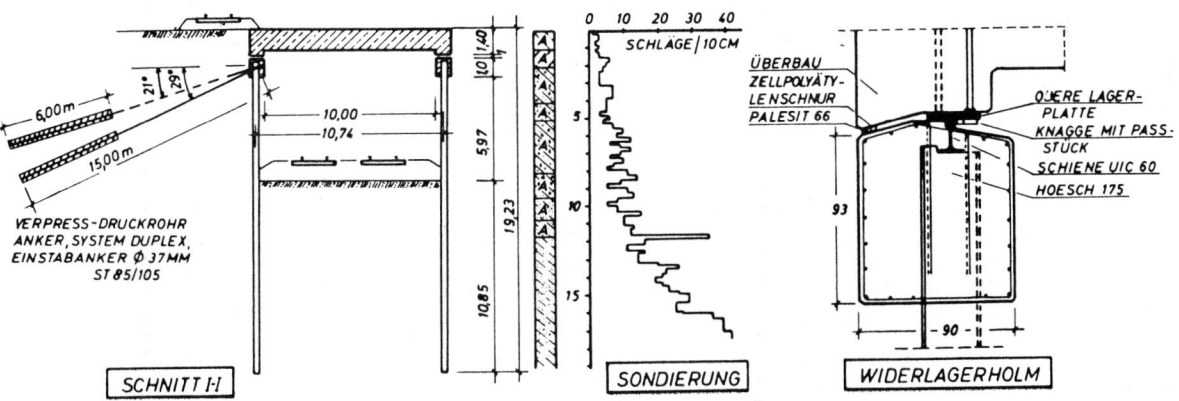

Bild B9/2: Tunnelquerschnitt, Bodenaufschluß und Detail des Deckenwiderlagerholms vom S-Bahntunnel in Bochum-Langendreer

STRASSENTUNNEL HÜGELSTRASSE IN FRANKFURT/MAIN
BAUJAHR 1977

BAUHERR	Stadt Frankfurt/Main, Straßen- und Brückenbauamt
AUSFÜHRENDE FIRMEN	Philipp Holzmann AG., Strabag Bau-AG., Wayss & Freytag AG., Ed. Züblin AG.; Rammfirma: Baugesellschaft Klammt KG., Hagen
BAUWERK UND BAUGRUND	**Bauwerk:** Unterführung des aus der Platenstraße in die Hügelstraße abbiegenden Verkehrs unter der Hügelstraße (Bild B10/1) hindurch. Rampenlänge: 292 m Tunnellänge: 76 m Überdeckung: $\geq$ 0,4 m bis 2,0 m Lichte Tunnelbreite: 7,4 m Lichte Tunnelhöhe: 4,6 m **Baugrund:** Bis zur Tunnelsohle stehen rollige Böden an, darunter folgt Ton. **Grundwasser:** Grundwasser 3,7 m über Tunnelsohle (OF Fahrbahn)
TUNNELKONSTRUK-TION, BAUWEISE UND AUSFÜHRUNG	**Tunnelkonstruktion:** Rechtecktunnel mit Wänden aus Spundbohlen, die bis in die wasserdichte Tonschicht gerammt sind, Tunneldecke aus Stahlbeton; im Bereich der Tunnelsohle einzelne Stahlbetonriegel im Abstand von 3,7 bis 4,0 (Bild B10/2). **Bauweise und Ausführung:** Der Tunnel ist in Deckelbauweise erstellt. Dabei wurden zunächst die seitlichen Spundwände gerammt und die Betondecke auf dem Erdplan betoniert. Damit ergibt sich eine sehr kurze Behinderung durch die Baustelle an der Oberfläche, weil im Bedarfsfall der Bereich über dem Tunnel nach Fertigstellung der Decke wieder genutzt werden kann. Der Erdaushub und die Fertigstellung des Tunnels erfolgten "untertage" (Bild B10/3). Die Auflagerung der Decke auf die Spundwand wurde als Schneidenlager ausgebildet (Bild B10/4). Da im Bereich der Tunnelsohle wasserdichter Ton ansteht, sind lediglich die Seitenwände bis UF Straße verschweißt worden, eine dichte Sohle konnte entfallen. Die Dichtung der Tunnelaus- und einfahrt erfolgt über eine Querwand.
KORROSIONS-SCHUTZMASSNAHMEN	Beschichtung der Sichtflächen im Rampen- und Tunnelbereich ab 0,5 m unter OF Gehsteig. Beschichtungssystem Fa. Th. Goldschmidt AG. (Schichtdicke insges. 270 µm): **Grundbeschichtung** Tego Bleimennige KE 1 D, 2 komp. Epoxidharz **1. Deckbeschichtung** Fertegol KE 3 D Eisenglimmer, 2 komp. Expoxidharz **2. Deckbeschichtung** Fertegol KE 4 D Eisenglimmer grün, 2 komp. Epoxidharz
QUELLEN	[1] Spundwand-Handbuch: "Bauwerke"; Hoesch Hüttenwerke AG., Dortmund

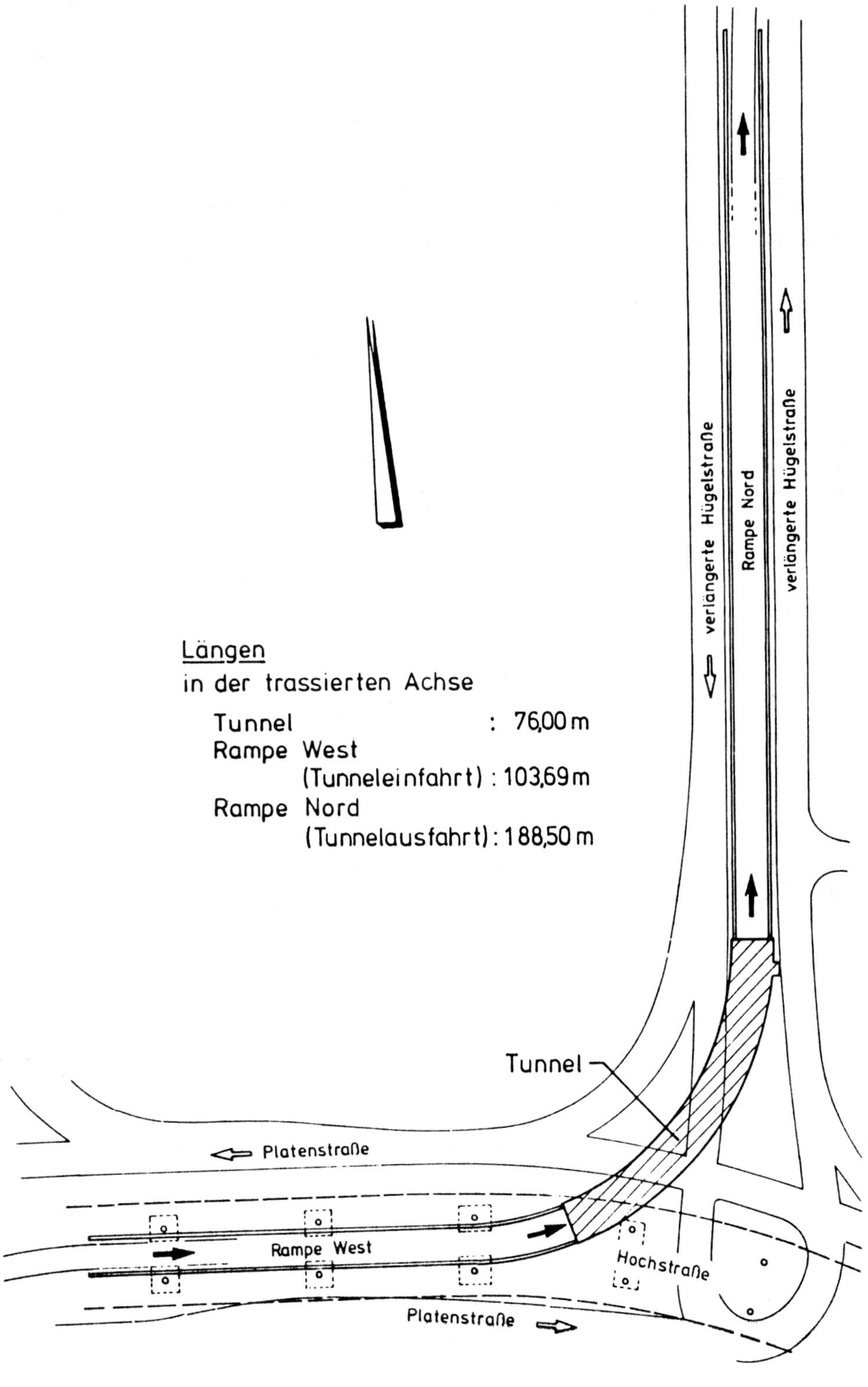
Längen
in der trassierten Achse
Tunnel : 76,00 m
Rampe West
(Tunneleinfahrt) : 103,69 m
Rampe Nord
(Tunnelausfahrt) : 188,50 m
verlängerte Hügelstraße
Rampe Nord
verlängerte Hügelstraße
Tunnel
Platenstraße
Rampe West
Hochstraße
Platenstraße

Bild B10/1: Lageplan des Straßentunnels Hügelstraße in Frankfurt

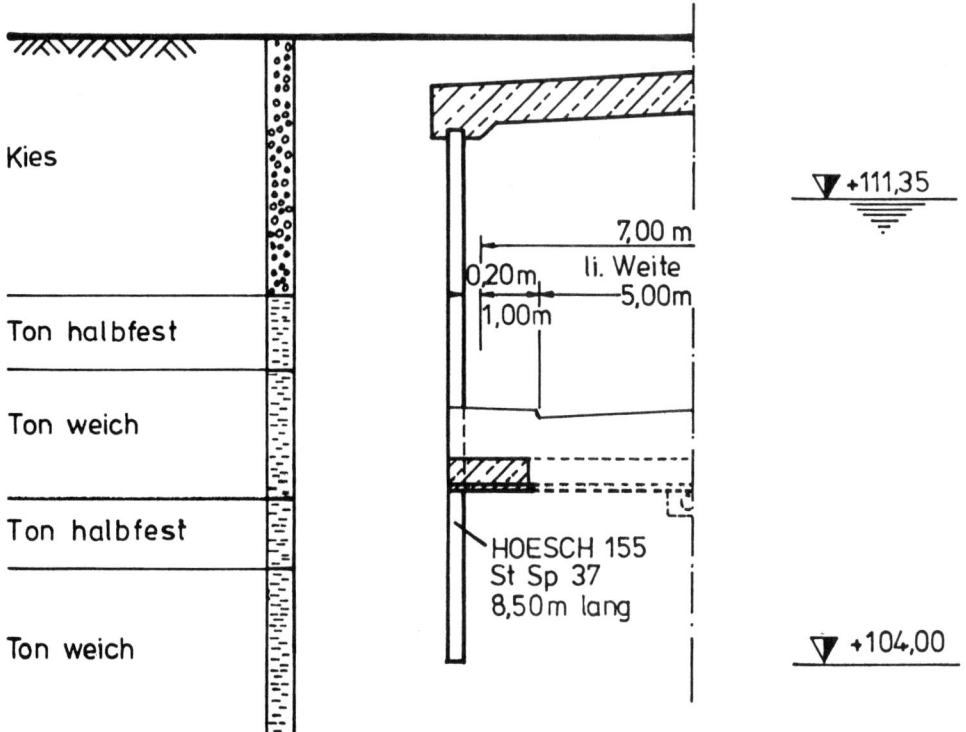

Kies

Ton halbfest

Ton weich

Ton halbfest

Ton weich

7,00 m
li. Weite
0,20m
5,00m
1,00m

▽ +111,35

HOESCH 155
St Sp 37
8,50m lang

▽ +104,00

Bild B10/2: Querschnitt des Straßentunnels Hügelstraße in Frankfurt

Erdaushub   Herstellung   Aushub bis OK   Einbau der Beton-
                   der Tunnel-   Planum, Einbau   druckriegel u. -steifen
                   decke   der Entwässerung

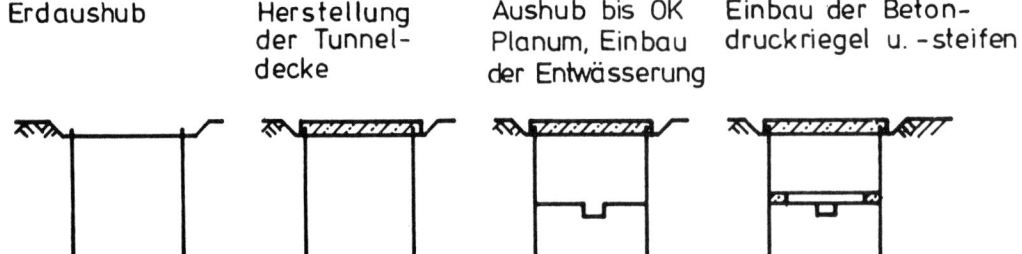

Bild B10/3: Bauphasen des Straßentunnels Hügelstraße in Frankfurt

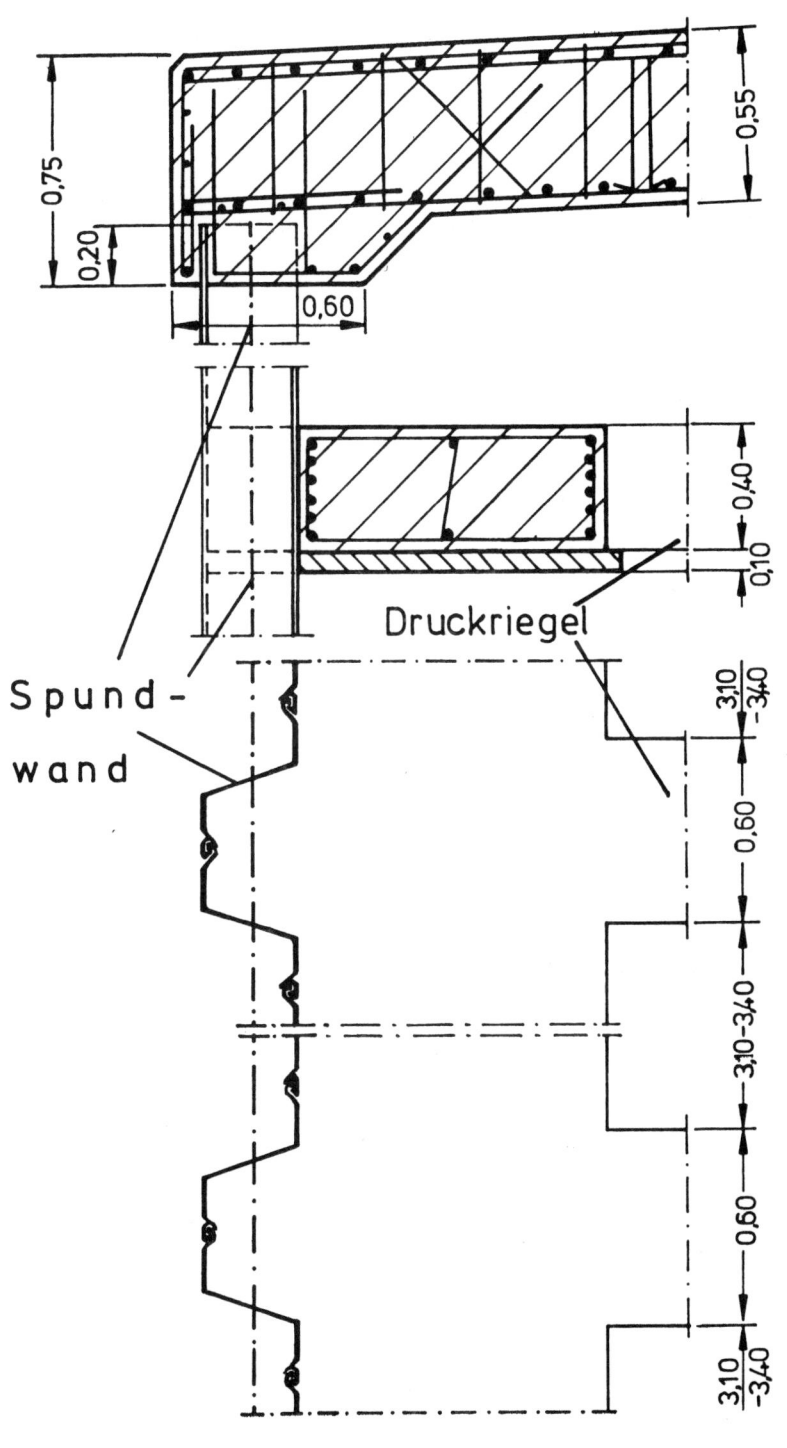

Deckenauflagerung auf
die Spundwand
(Schneidenlager)

Anschluß der Ausstei-
fungsrahmen im Sohl-
bereich an die Spundwand

Draufsicht auf den
Aussteifungsrahmen
im Sohlbereich

Druckriegel

**Spund-
wand**

<u>Bild B10/4:</u> Deckenauflagerung auf die Spundwand und Ausbildung der
Aussteifungsrahmen im Sohlbereich des Straßentunnels
Hügelstraße in Frankfurt

Anhang C

Ausführungs- und Planungsbeispiele für den Einsatz von Stahl als bleibende, statische Auskleidung bei Schildvortrieb und Rohrvorpressung

		BEISPIEL C1
STRASSENBAHNTUNNEL UNTER DER SPREE IN BERLIN ZWISCHEN STRALAU UND TREPTOW BAUJAHR 1896/99		GESCHLOSSENE BAUWEISE

BAUHERR	Stadt Berlin
BAUWERK UND BAUGRUND	**Bauwerk:** Straßenbahntunnel bis 1932, später Fußgängertunnel, Querschnitt siehe Bild C1/1 Länge: 454 m, davon 195 m unter der Spree Ausbruchdurchmesser: 4,17 m Innendurchmesser: 3,75 m **Baugrund:** Der umgebende Boden besteht hauptsächlich aus Schwimmsand **Wasserstand:** Tunnel liegt voll im Grundwasser
BAUVORGANG	Erster Unterwassertunnel in Deutschland; Schildvortrieb mit Stahltübbingausklei- dung (Bild C1/1) Ringspaltverpressung: mit Zementmörtel Grundwasserhaltung: mit Druckluft
AUSBAU	**Konstruktion:** Zur Auskleidung des Tunnels wurden 9 Tübbinge zu einem Ring miteinander verbun- den (Bild C1/1). Die einzelnen Segmente werden von Blechen (10 mm dick) gebildet, allseitig mit Flanschen versehen. Zwischen die einzelnen Tunnelringe sind eiser- ne Reifen von 15 mm Dicke gelegt, die u. a. eine weitere Versteifung bewirken. Sie springen nach außen um 50 mm vor und im Innern gegen die Flanschenden um 15 mm zurück. Das Vorspringen nach außen wurde vorgesehen, um zwischen den Wan- dungen des Tunnels und dem Schildmantel einen Raum zu erhalten, in den nach dem Einbau des Ringes eine Zementverkleidung eingebracht werden kann. Während des Schildvorschubes erfolgte dann noch zusätzlich eine Verpressung des Ringspaltes. Zu diesem Zweck wurden besondere Injektionsöffnungen vorgesehen. Die Zementum- mantelung hat auf der Tunnelaußenseite eine Gesamtdicke von 80 mm. Durch das Zu- rückspringen der Reifen auf der Tunnelinnenseite wird zwischen den Flanschen eine Nut gebildet, in die Dichtungsmaterial für die Fugen eingebracht werden kann. Auf der Innenseite sind die Tübbinge mit einem 120 mm dicken Zementmörtel- überzug versehen, der nachträglich eingebaut wurde. Material: Flußeisen Abmessungen: Außendurchmesser 4,01 m; Innendurchmesser 3,87 m; Ringbreite 0,50 - 0,65 m; Ringhöhe ~0,07 m; Versteifungsring: Außendurchmesser 4,11 m Fugendichtung: Bleiverstemmung
KORROSIONS- SCHUTZMASSNAHMEN	Zementmörtelmantel außen in einer Gesamtdicke von 80 mm, innen von 120 mm
QUELLEN	[1] Schnebel: Der Spreetunnel zwischen Stralau und Treptow; Glasers Annalen für Gewerbe und Bauwesen; Nr. 462 vom 15. September 1896, S. 110 - 112 [2] Anon.: Der Spreetunnel zwischen Stralau und Treptow bei Berlin; Glückauf, Nr. 1 vom Januar 1900, S. 17 - 20 [3] Mandel, G./Wagner, H.: Verkehrstunnelbau, Bd. I + Bd. II; Verlag von Wilh. Ernst & Sohn, Berlin, München, Düsseldorf, 1968

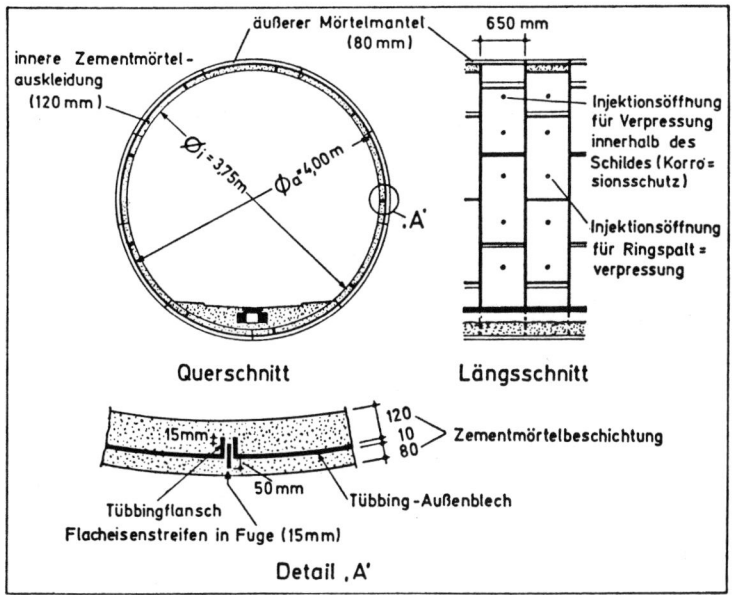

Bild C1/1: Eiserner Ausbau des Straßenbahntunnels unter der Spree in Berlin zwischen Stralau und Treptow [1]

ALTER ELBTUNNEL IN HAMBURG ZWISCHEN STEINWERDER UND ST. PAULI BAUJAHR 1907/09	GESCHLOSSENE BAUWEISE

BAUHERR	Stadt Hamburg
BAUWERK UND BAUGRUND	**Bauwerk:** Der Tunnel besteht aus je einem Schachtbauwerk an den beiden Landseiten und zwei im Achsabstand von 8 m parallel verlaufenden einspurigen Straßentunnelröhren. Ursprünglich diente der Tunnel dem Fuhrwerks- und Fußgängerverkehr, heute dem Pkw- und Fußgängerverkehr. Die Höhenunterschiede werden auf beiden Uferseiten durch Aufzüge in den Schächten (Hubhöhe 23,5 m) überwunden. Länge: 448,50 m je Röhre Ausbruchdurchmesser: 6,06 m Lichter Querschnitt: s. Bild C2/1 **Baugrund:** Die Tunnelröhren liegen auf ca. 300 m Länge in wasserdurchlässigen feinen und groben Sanden, die mit vielen Einschlüssen versehen sind. Die restliche Tunnelstrecke bis zum Schacht in St. Pauli wurde in einem tertiären Ton gebaut mit überlagernden sandigen Mergelschichten.
BAUVORGANG	Schildvortrieb zwischen den abgeteuften Schächten Ringspaltverpressung: Zementmörtel mit Zusatz von Fettkalk Wasserhaltung: mit Druckluft
AUSBAU	Der Tunnelausbau besteht aus zusammengenieteten Profilstahltübbingringen. Ein Ring setzt sich aus 6 Segmenten zusammen (Bild C2/2). Die einzelnen Segmente bestehen aus gebogenen stählernen Walzträgern der in Bild C2/3 dargestellten Querschnittsform, die an ihren Enden durch einen Stoßschuh abgeschlossen sind. Nach Fertigstellung der Tunnel wurde auf der Innenseite ein Betonausbau eingebracht (Bilder C2/1 und C2/3). Dieser hat keine tragende Funktion für auf den Baukörper einwirkende Lasten; er dient vielmehr der Herstellung des endgültigen inneren Tunnelprofils sowie der Anbringung der keramischen Platten für die Innenverkleidung. Material: Walzstahl Abmessungen: Außendurchmesser 5,92 m; Innendurchmesser 5,65; Ringbreite 0,25 m; Ringhöhe 0,135 m; Tübbinglänge 3,14 m Verbindung der Tübbings: Nieten und Bolzen Ø 22 mm Fugendichtung: Bleiverstemmung
KORROSIONS-SCHUTZMASSNAHMEN	Außen: Betonausfüllung der Nut, 1. und 2. Injektion Innen: Betonauskleidung
QUELLEN	[1] Mandel, G./Wagner, H.: Verkehrstunnelbau, Bd. I und Bd. II; Verlag von Wilhelm Ernst & Sohn, Berlin, München, Düsseldorf, 1968 [2] Stockhausen, O.: Der Elbtunnel in Hamburg und sein Bau; Zeitschrift des Vereins Deutscher Ingenieure 56 (1912), H. 33 ff.

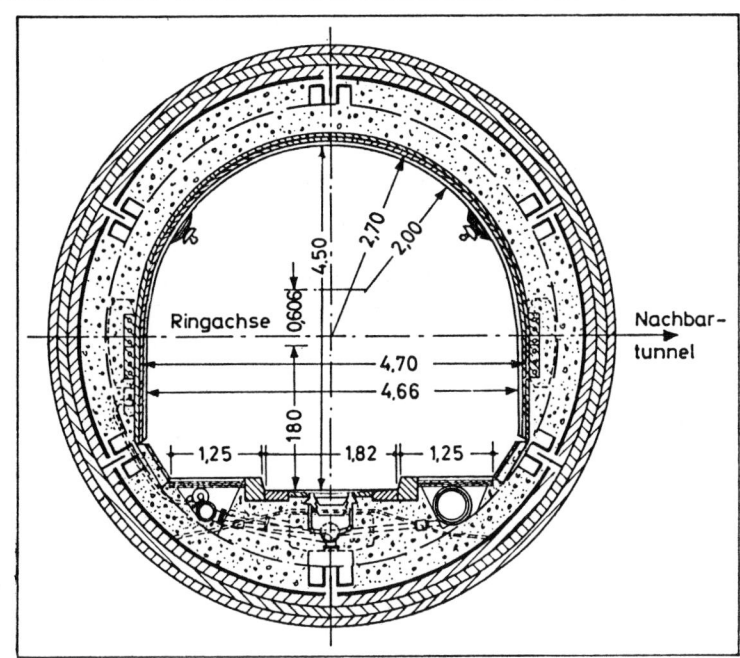

Bild C2/1: Innerer Ausbau des alten Elbtunnels in Hamburg

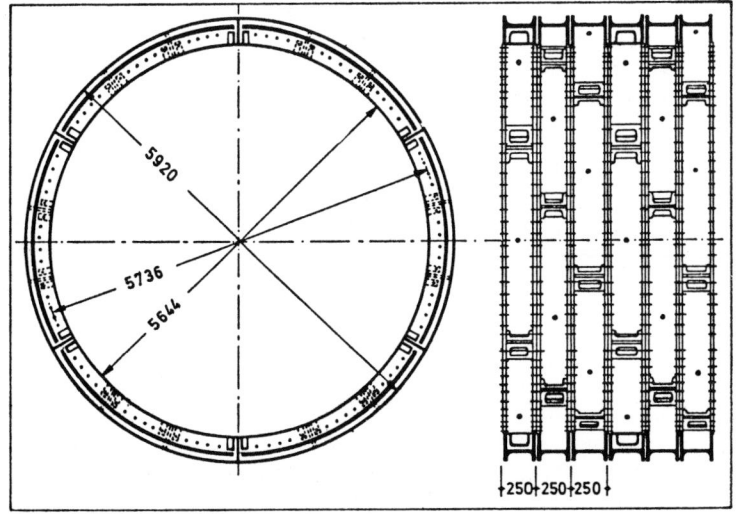

Bild C2/2: Stahltübbingauskleidung des alten Elbtunnels in Hamburg

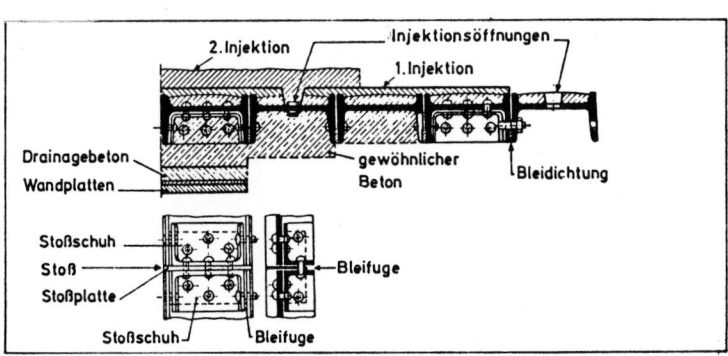

Bild C2/3: Details der Tübbings, der Stoßfugengestaltung, der Injektionen und des inneren Betonausbaues beim alten Elbtunnel

BAB-ELBTUNNEL, BAULOS II, IN HAMBURG (PLANUNG,NICHT AUSGEFÜHRT)	GESCHLOSSENE BAUWEISE

BAUHERR	Freie und Hansestadt Hamburg
PLANENDE FIRMEN	verschiedene Bietergemeinschaften (s. unten)
BAUWERK UND BAUGRUND	**Bauwerk:** Autobahntunnel mit 3 Röhren unter dem Elbhang (nördliches Elbufer; Bilder C3/1 und C3/2) Länge: je Röhre ca. 1100 m Ausbruchdurchmesser: rund 11 m Innendurchmesser: 10,25 bis 10,34 m Überdeckung: 10 bis 40 m **Baugrund:** teilweise wasserführende Glimmertone, Sande und Geschiebemergel Steifezahlen des Bodens: $E_1 = 20$ N/mm² $\qquad\qquad\qquad\qquad\quad E_2 = 30$ N/mm² $\qquad\qquad\qquad\qquad\quad E_3 = 50$ N/mm² **Grundwasser:** ca. 20 m unter Gelände; P_H-Wert 6,7 und 7,7 sowie Anteile von SO_4 und SO_2 vorhanden; in Verbindung mit SO_4 sind diese Wasser betonaggressiv
BAUVORGANG	Schildvortrieb (teil- bzw. vollmechanisch) mit endgültigem,tragendem Tunnelausbau aus Stahltübbings; Grundwasserhaltung: Druckluft verbunden mit Teilabsenkung
AUSBAU	(1) Entwurf der Bietergemeinschaft Julius Berger AG., Paul-Hammers AG., Rudolf Seeland KG., AB Skänska Cementgjuteriet in Zusammenarbeit mit Rheinstahl und Eggers Kehrhahn GmbH. (Bild C3/3) **Konstruktion:** Stahltübbingring aus 4 Segmenten und 1 Schlußstück; Ringbreite 1,0 m, Ringhöhe 0,31 m; lichter Tunneldurchmesser 10,34 m; Material: Walzstahl St 53.3 nach DIN 17100, zusammengeschweißt. Größte Abmessungen pro Segment ca. 7,5 x 1,0 m; Gewicht 2,5 t. Die Segmente bestehen aus einem Blechmantel mit d = 16 mm, der durch Längsrippen aus Winkelprofilen, Kopfplatten und 3 gebogenen radial angeordneten Ringstreifen (⌐) ausgesteift ist. An der maximal beanspruchten Stelle sind die Ringstreifen durch aufgeschweißte Flachstähle verstärkt. In der Ringfuge werden die Tübbinge mit HV-Schrauben M24 der Güte 4D (80 Stck pro Ring) verbunden, im Segmentstoß mit HV-Schrauben M24 der Güte 10K (30 Stck pro Ring). Die Abdichtung der Schrauben erfolgt durch Duboringe mit Tellerscheiben. Durch die Verschraubung in den Segmentstößen werden ca. 50 % des Ulmenmomentes aufgenommen, so daß durch die Lage der Stöße in der Nähe der Momenten-Nullpunkte die Biegesteifigkeit des Ringes praktisch voll erhalten ist. Sämtliche Tübbingfugen werden durch Verschweißen abgedichtet.
KORROSIONS-SCHUTZMASSNAHMEN	**Korrosionsschutz außen:** Tübbinge werden wolkig gesandstrahlt (metallisch rein) und außen zweifach beschichtet im Spritzverfahren mit Tenaxon T502 (2-Komponententeerepoxidharz); Gesamtschichtdicke 2 x 80 µm = ca. 160 µm **Kosten* (Preisstand Frühjahr 1967):** - Tübbingringe: 12.695,--DM/Tübbingring - Verbindungsmittel: 269,--DM/Tübbingring - Korrosionsschutz außen: 344,--DM/Tübbingring - Dichtungsschweißen auf der Baustelle (Schweißnahtstärke ca. 6 mm) . ohne Überdruck: 978,--DM/Tübbingring . mit 1,5 bar Überdruck: 1.374,--DM/Tübbingring *Preise einschließlich der statischen und konstruktiven Bearbeitung, bei Lieferung frei Baustelle ohne Abladen, ohne Transporte zur Einbaustelle und ohne Montage

AUSBAU	(2) Entwurf der Bietergemeinschaft Philipp Holzmann AG., Siemens Bauunion GmbH., Grün & Bilfinger AG. in Zusammenarbeit mit Gutehoffnungshütte AG. (Bild C3/4)

Konstruktion:
Stahltübbingring mit Betonfüllung aus 4 Segmenten gleicher Länge, Ringbreite 1,5 m; Ringhöhe 0,26 m; lichter Tunneldurchmesser 10,32 m; Materialgüte St 52 und Beton B 30. Größte Abmessungen pro Segment ca. 7,7 x 1,5 m, Gewicht ca. 9 t.

Die Segmente bestehen aus einem 10 mm dicken Blechmantel, der durch gebogene Ringstreifen aus Walzprofilen ausgesteift ist:
- Flansche L250 x 90 x 10 (12,14 je nach Bodensteifigkeit)
- Mittelsteg 1/2 IPB500

In Längsrichtung übernehmen der Beton und die Gelenkkonstruktionen die Aussteifung. Der Beton hat keine Verbundwirkung mit der Stahlaußenhaut. Durch einen einfachen Anstrich der Tübbinginnenseite auf Teerepoxidbasis wird der Verbund zwischen Stahl und Beton gezielt verhindert. Der Beton wird außerdem durch Anordnung von bituminierten Korkplatten im Abstand von ca. 65 cm in kurze Abschnitte aufgeteilt, um seine Mitwirkung bei Aufnahme der Ringspannungen auszuschließen.

Die Stoßfugen der Tübbinge sind als Gelenke ausgebildet. Die Gelenke liegen in den Momentennullpunkten, so daß bei den auftretenden Lasten praktisch ein biegesteifer Ring vorliegt. Die Fugen zwischen den Tunnelringen erhalten eine Sperrholzeinlage zur gleichmäßigen Übertragung der Vortriebskräfte und zur vorläufigen Dichtung.

Ring- und Gelenkfugen werden endgültig durch das Aufschweißen eines Sickenbleches verbunden und abgedichtet. Die Sickenbleche können sich durch elastische und plastische Verformung rechtwinklig zu ihren Wellen leicht eventuellen Formänderungen der Tunnelröhre anpassen. Weiterhin sind sie in der Lage, Querkräfte aus Verkehrsbelastung im Tunnel von Ring zu Ring weiterzuleiten. Die Schweißnähte werden durch Vakuum auf Wasserdichtigkeit geprüft.

KORROSIONS-SCHUTZMASSNAHMEN	**Korrosionsschutz:** Sämtliche Stahlteile werden durch Feuerverzinkung und Beton bzw. Hinterpreßmörtel gegen Korrosion geschützt. An der Innenseite des Tunnels wird über den gesamten Umfang eine 4 cm starke Spritzbetonschicht mit Baustahlgewebeeinlage aufgebracht.

AUSBAU	(3) Entwurf der Bietergemeinschaft Philipp Holzmann AG., Siemens Bauunion GmbH., Grün & Bilfinger AG. in Zusammenarbeit mit Howaldtswerke Hamburg AG., Carl Spaeter GmbH. (Bild C3/5)

Konstruktion:
Stahltübbingring aus 4 Segmenten und 1 Schlußstück; Ringbreite 1,5 m; Ringhöhe 0,270 m; lichter Tunneldurchmesser 10,32 m.

Material: Walzstahl, Güte abgestuft nach Bodensteifigkeiten, aus Blechen und Profilen zusammengeschweißt. Größte Abmessungen pro Segment ca. 7,5 x 1,5 m, Gewicht ca. 3,5 t.

Den Tunnelringen liegt ein Entwurf der Ilseder Hütte zugrunde, in dem besonderer Wert auf die Verwendung von deren Sonderwalzprofilen gelegt wird. Die parallelen Tunnelringe von 1,5 m Breite werden aus 2 Sonderwalzprofilen PTU 750 x 16/ 120 x 28 und 1/2 IPB500 zusammengeschweißt. Die konischen Ringe für die Kurven werden aus Walzblechen und 1/2 IPB500 mit einer Breite von 1,0 m hergestellt. Die Tübbinge erhalten an den Stößen aufgeschweißte Kopfplatten d = 20 mm und sind bezogen auf die Tunnellängsrichtung im Abstand 1,60 m durch Rippen d = 12 mm quer ausgesteift. Durch Abstufung der Stahlgüten und durch zusätzliche Lamellen auf den Flanschen an der Tübbinginnenseite erfolgt die Anpassung der Tunnelringe an die verschiedenen Bodensteifigkeiten.

Die Verbindung der Tübbinge erfolgt in den Segmentstößen mit 30 HV-Schrauben pro Ring und in den Ringfugen mit 100 HV-Schrauben M24. Da die Stöße in der Nähe der Momenten-Nullpunkte liegen, bleibt die Biegesteifigkeit des Ringes voll erhalten.

Die Fugendichtung erfolgt durch eine Bleiverstemmung.

KORROSIONS-SCHUTZMASSNAHMEN	**Korrosionsschutz:** Die Tübbinge werden metallisch rein entrostet nach RoSt 2.212. Außen sind drei Beschichtungen aus Zweikomponentenanstrichen auf der Basis von Teerepoxidharz (Cefalit ET) vorgesehen; Gesamtstärke 450 μm, durch Spritzen aufgetragen. Innen soll ein lösungsmittelhaltiger Bitumenanstrich (Corrisol) durch Spritzen aufgetragen werden.

AUSBAU	(4) Entwurf der Bietergemeinschaft Lenz-Bau AG., Interbeton N.V. Den Haag, Heilmann & Littmann Bau AG., Friedr. Krupp Universalbau, Hermann Müller Bauuntern., Aug. Prien Bauunternehmung, Ed. Züblin AG. (Bild C3/6) Konstruktion: Stahltübbingring aus 4 Segmenten und 1 Schlußstück; Ringbreite 0,9 m; Ringhöhe 0,25 m; lichter Tunneldurchmesser 10,26 m; Material: Walzstahl St 52.3 nach DIN 17100, zusammengeschweißt; größte Abmessungen ca. 7,5 x 0,9 m; Gewicht ca. 2,5 t. Die Segmente bestehen aus einem Blechmantel d = 12 mm, an den als Ringflansch zwei Bleche d = 20 mm angeschweißt sind. Die Mittelrippe wird aus 2 ⸢-Profilen gebildet; Abmessungen: ⸢180, ⸢220 oder ⸢240 je nach Bodensteifigkeit. In der Tunnellängsrichtung ist der Tübbing durch Bleche mit d = 20 mm im Abstand von ca. 0,75 m ausgesteift. Die Verbindung der Tübbinge erfolgt in den Segmentstößen pro Ring mit 20 HV-Schrauben M24 der Güte 10K bzw. 8G und in den Ringfugen mit 82 HV-Schrauben M24 der Güte 5D. Die Dichtung ist bei den Schrauben so angeordnet, daß eine metallische Verbindung zwischen Schraube und Bauteil gewährleistet ist. Dadurch kann die einmal aufgebrachte Verspannung nicht verloren gehen. Beim Zusammenbau werden die Ringe um jeweils zwei Ringschraubenabstände versetzt angeordnet. Um die Beanspruchung der Ringe zu vermindern, sind je Ring zwei Zugbänder angeordnet. Die Dichtung der Fugen erfolgt durch Verstemmen der 8 mm breiten Nuten mit Blei.
AUSBAU	(5) Entwurf der Bietergemeinschaft Christiani & Nielsen AG., Dyckerhoff & Widmann KG., Hochtief AG., Wayss & Freytag KG. in Zusammenarbeit mit Blohm und Voß (Bild C3/7) Konstruktion: Stahltübbingring aus 6 Segmenten. Durch die besondere Ausbildung zweier Segmente mit schrägen Stoßfugen ist ein Schlußstück nicht erforderlich. Ringbreite 0,90 m; Ringhöhe 0,25 m; lichter Tunneldurchmesser 10,25 m. Material: Walzstahl St 52.3 nach DIN 17100, zusammengeschweißt. Größte Abmessungen pro Segment 5,38 m x 0,9 m; Gewicht ca. 2 t. Die Segmente bestehen aus einem Blechmantel mit d = 14 mm, der durch 9 Längsrippen aus Winkelprofilen, 2 Kopfplatten und 2 gebogenen Ringflanschen (⌐) ausgesteift ist. Für die verschiedenen Belastungsbereiche wird der Ringflanschfuß unterschiedlich dick ausgebildet. In der Ringfuge werden die Tübbinge mit HV-Schrauben M24 der Güte G (120 Stck pro Ring) verbunden, im Segmentstoß mit HV-Schrauben M36 der Güte 10K (36 Stck pro Ring). Die Dichtung ist bei den Schrauben so angeordnet, daß eine metallische Verbindung zwischen Schraube und Bauteil gewährleistet wird. Dadurch kann die einmal aufgebrachte Vorspannung nicht verloren gehen. Die Vordichtung der Fugen erfolgt mit plastischer Fugenmasse. Später werden die Fugen von innen her verschweißt.
QUELLEN	[1] Westliche Umgehung Hamburg; Dokumentation des Bundesautobahnbaues; herausgegeben von der Freien und Hansestadt Hamburg (staatl. Pressestelle) u. a. [2] Lohrmann, W.: Die Entwicklung des Entwurfs für den neuen Elbtunnel in Hamburg; Die Bautechnik 53 (1976) 3, S. 73 - 93 [3] Stephan, R.: Der neue Elbtunnel in Hamburg - Planung, Konstruktion und Bau; Forschung + Praxis, U-Verkehr und unterirdisches Bauen; Bd. 7; Alba-Buchverlag GmbH., Düsseldorf, 1969 [4] Verschiedene Unterlagen der Bietergemeinschaften

Bild C3/1: Lageplan des BAB-Elbtunnels in Hamburg [1]

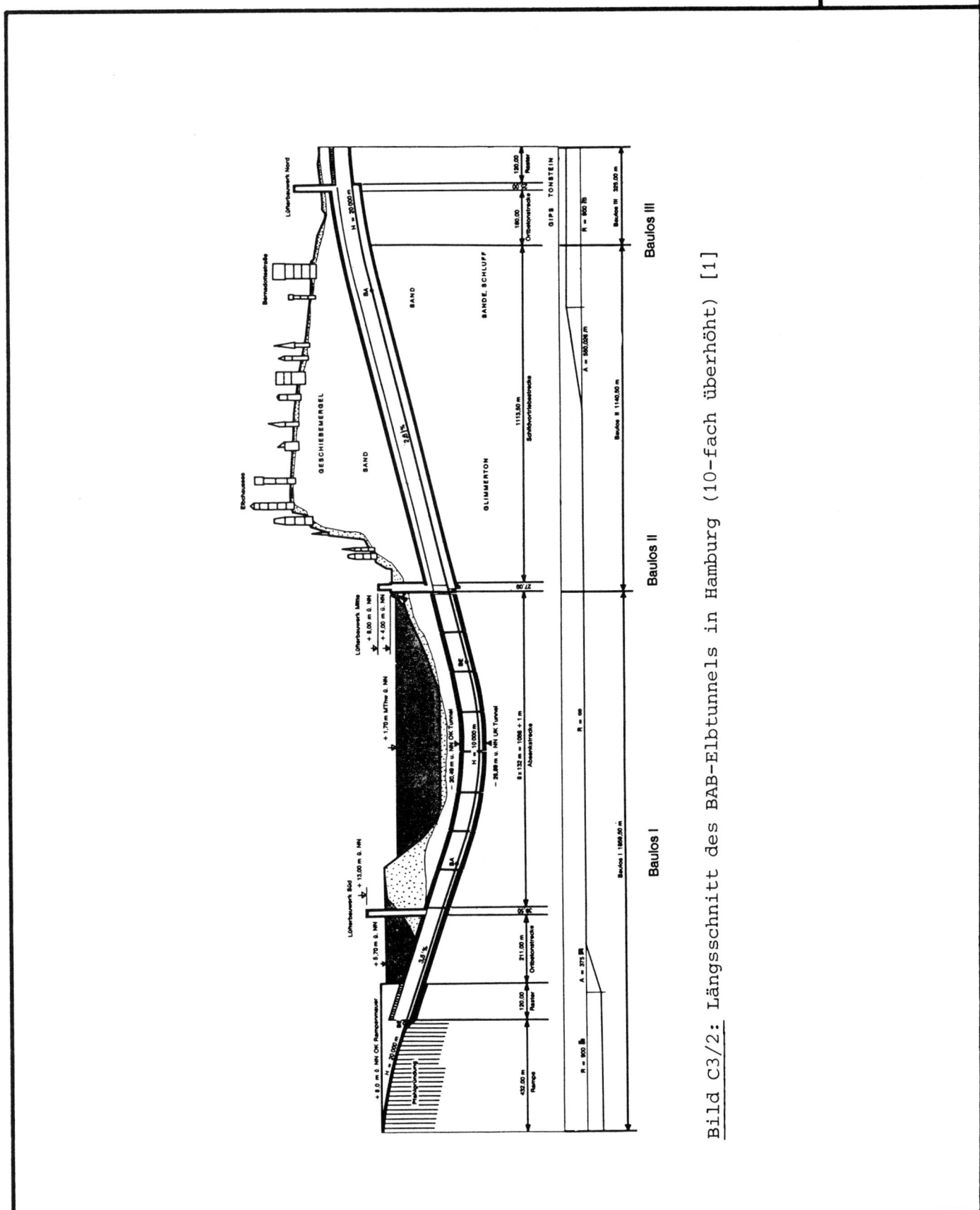

Bild C3/2: Längsschnitt des BAB-Elbtunnels in Hamburg (10-fach überhöht) [1]

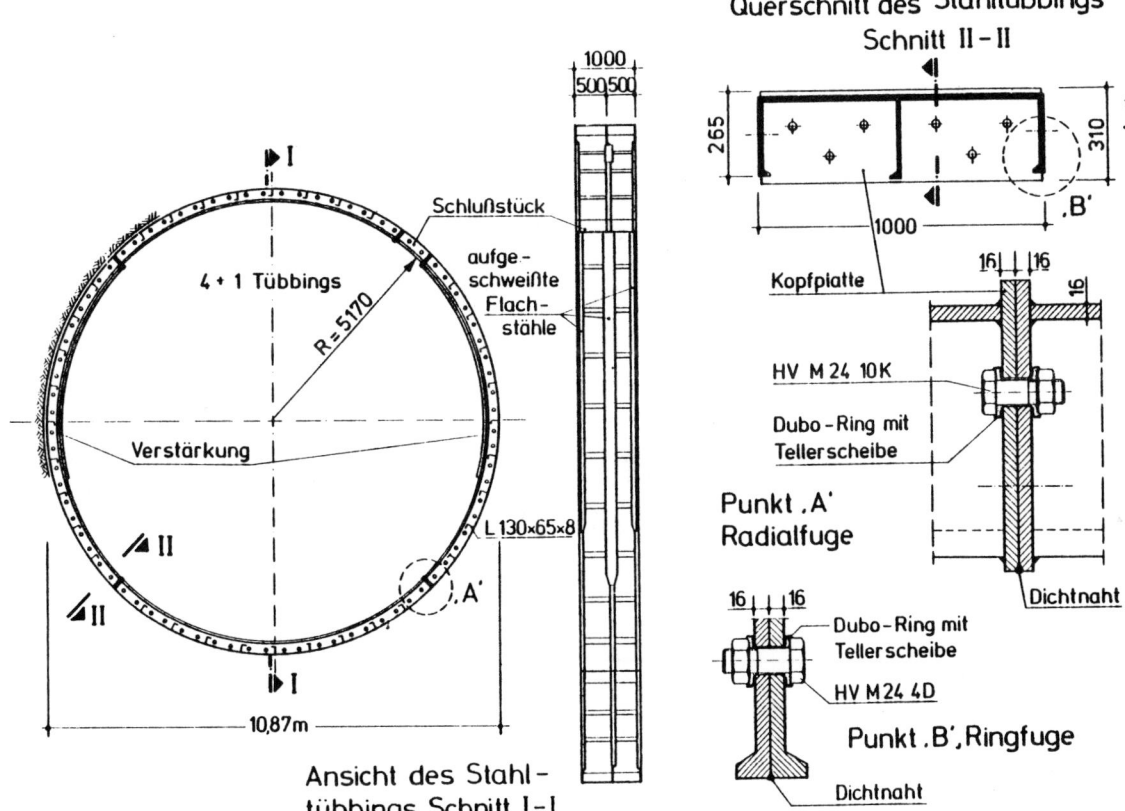

Querschnitt des Stahltübbings
Schnitt II–II

Ansicht des Stahl-
tübbings Schnitt I–I

Bild C3/3: Entwurf der Bietergemeinschaft (1) [4]

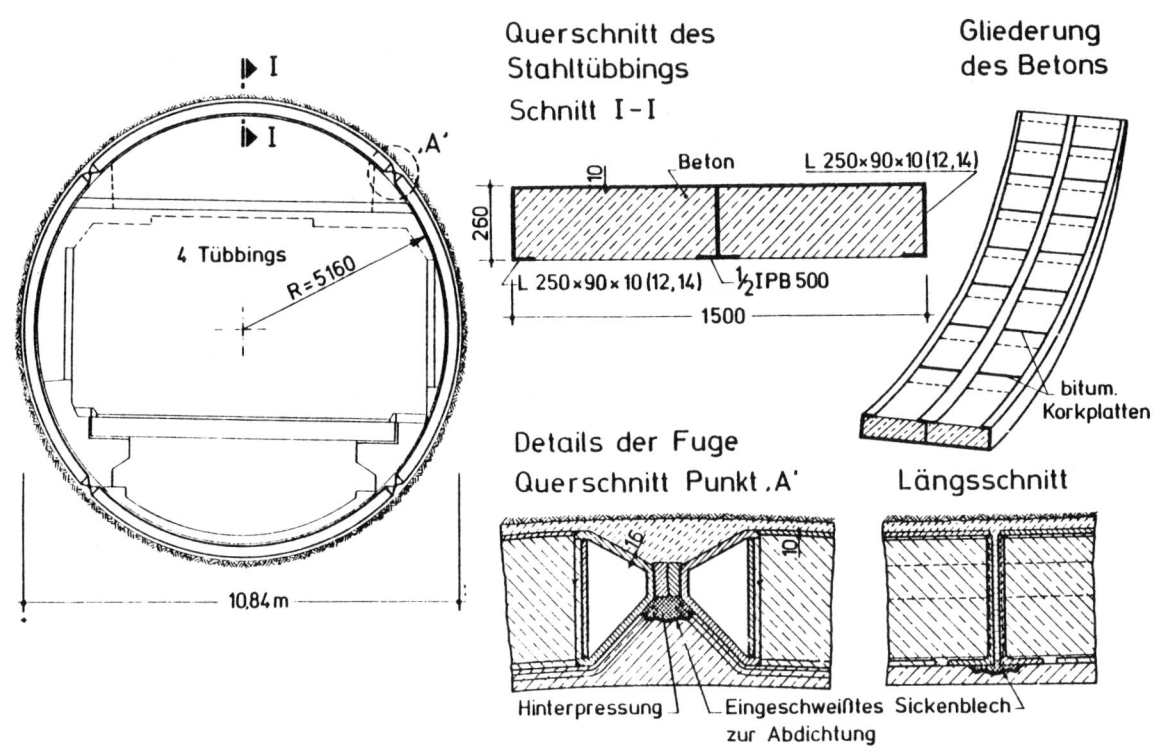

Bild C3/4: Entwurf der Bietergemeinschaft (2) [4]

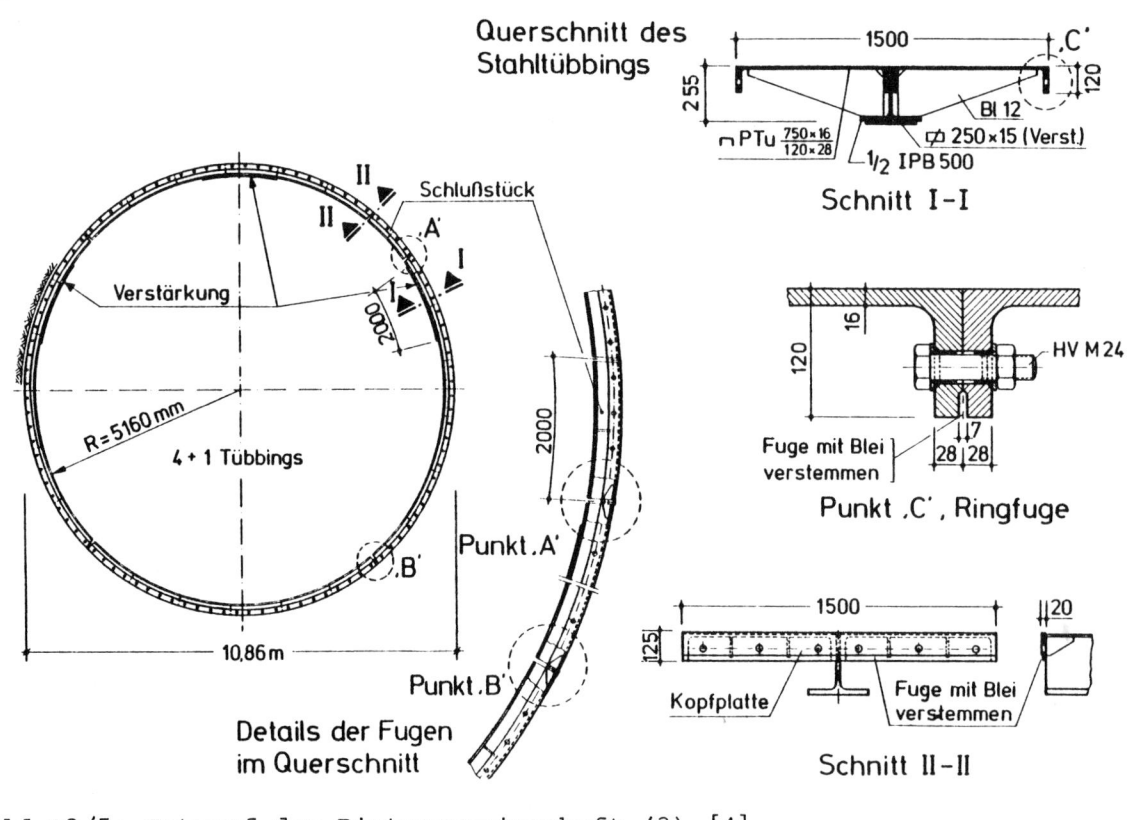

Bild C3/5: Entwurf der Bietergemeinschaft (3) [4]

Längsschnitt des Stahltübbings

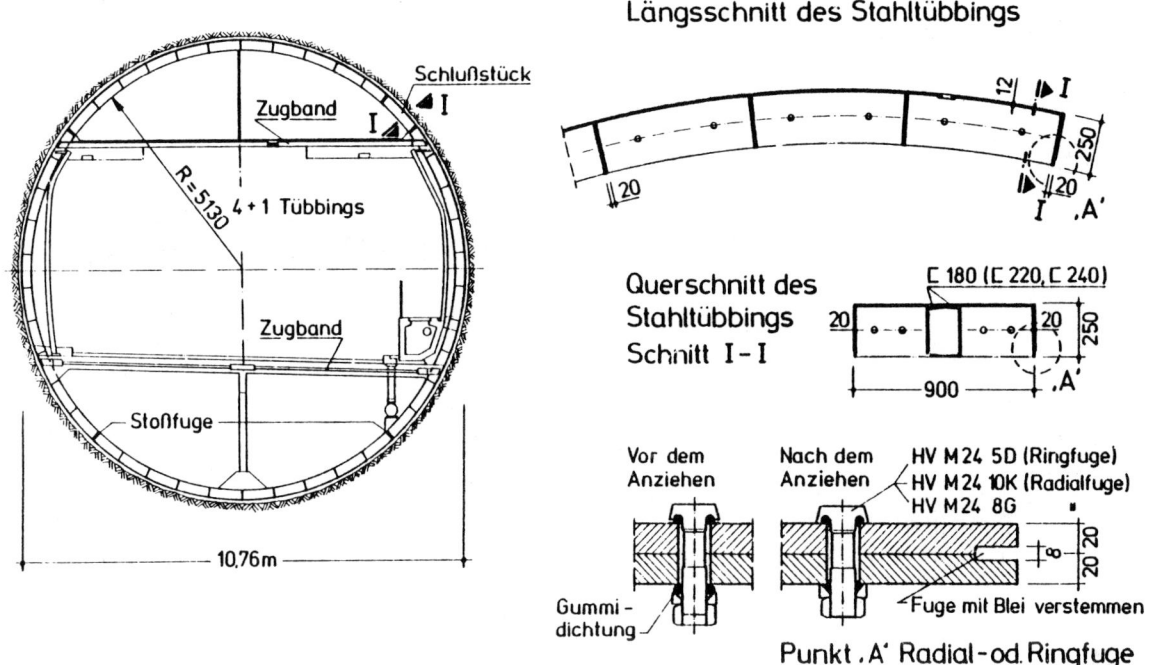

Querschnitt des
Stahltübbings
Schnitt I-I

Vor dem
Anziehen   Nach dem
Anziehen   HV M24 5D (Ringfuge)
HV M24 10K (Radialfuge)
HV M24 8G

Gummi-
dichtung   Fuge mit Blei verstemmen

Punkt „A" Radial-od. Ringfuge

Bild C3/6: Entwurf der Bietergemeinschaft (1)

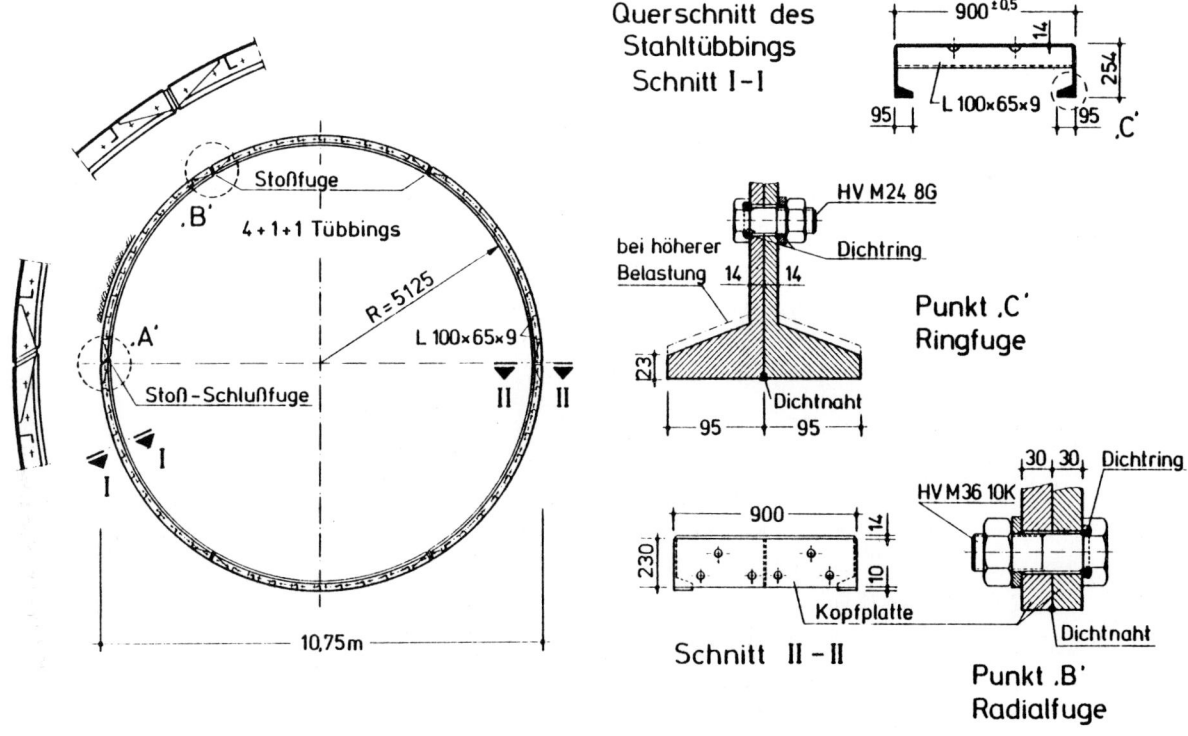

Querschnitt des
Stahltübbings
Schnitt I-I

HV M24 8G
bei höherer
Belastung   Dichtring

Punkt „C"
Ringfuge

Dichtnaht

Schnitt II-II

Kopfplatte

HV M36 10K   Dichtring

Dichtnaht

Punkt „B"
Radialfuge

Bild C3/7: Entwurf der Bietergemeinschaft (2) [4]

		BEISPIEL C4
U-BAHN-HALTESTELLENTUNNEL KARLSPLATZ UND SÜDTIROLER PLATZ IN WIEN **BAUJAHR 1971/1974**		**GESCHLOSSENE BAUWEISE**

BAUHERR	Stadt Wien
BAUWERK UND BAUGRUND	**Bauwerk:** 4 Haltestellenröhren der U-Bahnlinie 1 Ausbruchdurchmesser: ca. 7,99 m Innendurchmesser: 7,450 m Überdeckung: ca. 14 bzw. 19 m **Baugrund:** sehr heterogen; von oben nach unten: Aufschüttung Sand-Kies-Schicht, leicht tonige Schluffschicht, Fein- und Mittelsandschichten und schluffiger Ton. Die Haltestellenröhren liegen in den drei letztgenannten Schichten. **Grundwasser:** etwa 6 m über der Tunnelfirste. Die spezifische Zusammensetzung des Grundwassers (Tabelle C4/1) führt zur Bildung einer Kalkrostschicht auf der Stahloberfläche. **Tunnelinnenluft:** wenig aggressiv
BAUVORGANG	Auffahrung: Schildvortrieb Endgültiger Ausbau mit Stahltübbingen Ringspaltverpressung Grundwasserhaltung mit Druckluft
AUSBAU	**Konstruktion:** Stahltübbingring aus 7 "A"- und 2 "B"-Elementen sowie 1 "C"-Element als Schluß-stück (Bild C4/1). Die Tübbinge haben eine sog. "Kammform" und sind aus Einzel-blechen zusammengeschweißt. Die konstruktive Gestaltung ist so gewählt, daß die Schwerelinie möglichst nahe in Tübbingmitte liegt, was durch eine T-förmige Mittelrippe mit kräftigem Gurt erreicht wurde. Die beiden Rippen in Richtung der Tunnellängsachse haben besonders dicke Flanschbleche aus Aldur, die zur Auf-nahme der Schildvortriebskräfte dienen. Sie sind mit den Ringflanschen nicht verschweißt, sondern nur auf Kontakt gearbeitet, wodurch die Dehnfähigkeit der Tübbinge in der fertigen Tunnelröhre bei Temperaturunterschieden ermöglicht wer-den soll. Die Tübbinge werden untereinander in Ring- und Längsrichtung verschraubt. Material: St 37, St 52T und Sonderstähle St 47D und Aldur 58; Einsatz der verschie-denen Stähle, so daß eine wirtschaftliche Konstruktion erreicht wird (Bild C4/1). Abmessungen: Außendurchmesser 7,85 m; Ringbreite 1,125 m; Ringhöhe 0,20 m **Herstellung:** Die aus Einzelblechen zusammengeschweißten Tübbingrohlinge werden in Serienferti-gung hergestellt. In der Vorrichtung für den Zusammenbau werden die Einzelbleche so aneinander befestigt, daß sie nach dem Schweißvorgang und der Auswirkung des Schweißverzuges (der stets besonders zu beachten ist!) den Sollabmessungen mög-lichst nahe kommen. Anschließend erfolgt die restliche Bearbeitung der Tübbing-flansche auf einer Automatenstraße. Die geforderte Bearbeitungsgenauigkeit be-trägt $\pm$ 0,2 mm.
KORROSIONS-SCHUTZMASSNAHMEN	Als maßgebend für die Korrosionsschutzwirkung auf der Wasserseite wird die Bil-dung einer Kalkrostschicht auf der Tunneloberfläche, die auf der spezifischen Zusammensetzung des Wiener Grundwassers basiert,angenommen. Darüberhinaus wurden gegen Boden- und Luftkorrosion folgende Maßnahmen ergriffen: - Die wasserbenetzten Teile der Stahltübbinge erhielten einen Dickenzuschlag von 3 mm für die Abrostung. Dieser Zuschlag durfte bei der Tübbingbemessung nicht in Rechnung gestellt werden. Die Mindestwanddicke beträgt 15 mm. - Alle unbearbeiteten innen- und außenliegenden Tübbingflächen wurden außerdem von anhaftendem Walzzunder durch Sandstrahlen gereinigt. Anschließend erhielten sie einen zweimaligen Anstrich mit einer gefüllten Steinkohlenteerpechlösung. Als Schutz gegen Streustromkorrosion dienen folgende Maßnahmen: - Die Schwellen, auf denen die Schienen befestigt sind, wurden als besondere "Iso-

	lierschwellen" gestaltet und als Verbundkonstruktion aus Kunststoff, Stahl und Gummi hergestellt. Zur Anwendung kam dabei Polyurethan, das bei einer bestimmten Dichte eine bestimmte Festigkeit (10 N/mm²) und eine Zähigkeit aufweist, die den auftretenden Belastungen entspricht. Gegenüber herkömmlichen Materialien weist die Kunststoffschwelle nach Herstellerangaben ein geringeres Gewicht, eine leichtere Verlegbarkeit, eine verringerte Lärmentwicklung und eine längere Lebensdauer - allerdings bei einem höheren Preis - auf.
	- Die Flanschflächen der Tübbinge wurden mechanisch so bearbeitet, daß im Bereich der Flanschverbindungen im Tunnel ein möglichst guter elektrischer Kontakt erzielt wurde.

QUELLEN

[1] Ellinger, M.: Versuche und praktische Erfahrungen mit Schlitzwänden, Baugrundinjektionen und Stahltübbings beim U-Bahn-Bau in Wien; Forschung + Praxis, U-Verkehr und unterirdisches Bauen; Bd. 12, S. 7 - 21, Alba-Buchverlag Düsseldorf, 1972

[2] Feder, G.: Tübbings für die Wiener U-Bahn; VOEST-Information; Herausg.: Vereinigte Österreichische Eisen- und Stahlwerke AG., Linz

[3] Briefe der VOEST AG., Linz (Österreich) an die STUVA vom 18. Mai 1972 und 12. Juni 1972 nebst Anlagen

[4] Hinkel: Versuche über das Korrosionsverhalten von Stahl- und Gußeisentübbingen beim U-Bahn-Bau in Wien (unveröffentlichter Bericht)

[5] Hofer, J./Sailler, J.: Versuche für einen schotterlosen Oberbau mit elastisch gelagerten Querschwellen; Verkehr und Technik 25 (1972), H. 9, S. 381 - 386

[6] Freißler, G.: VOEST entwickelt Kunststoffschwellen (unveröffentlichter Bericht)

[7] Girnau, G./Blennemann, F./Klawa, N./Zimmermann, K.: Konstruktion, Korrosion und Korrosionsschutz unterirdischer Stahltragwerke; Forschung + Praxis, U-Verkehr und unterirdisches Bauen; Bd. 14, Alba-Buchverlag, Düsseldorf, 1973

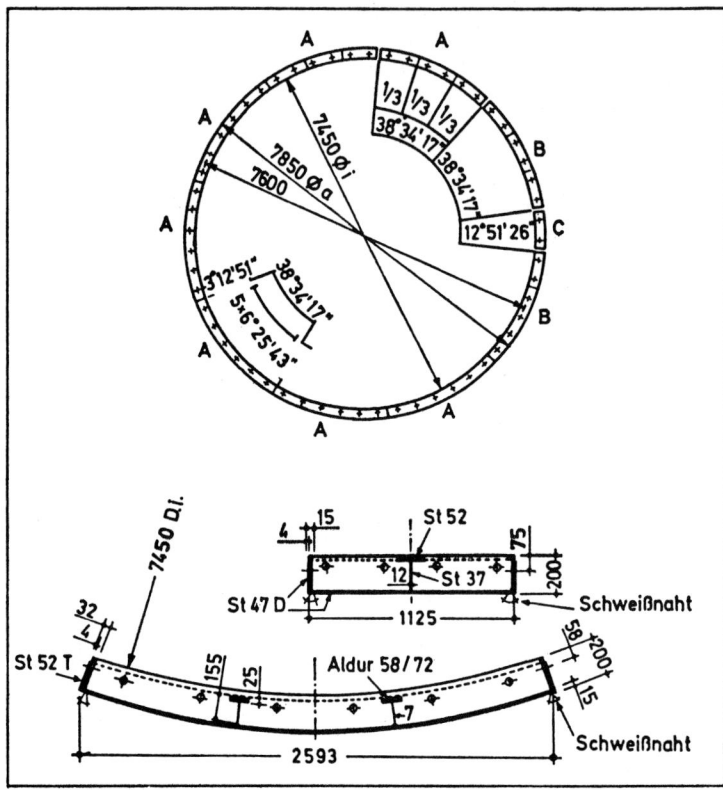

Bild C4/1: Tübbingring und Einzeltübbing für
die Haltestellentunnel der Wiener
U-Bahn [1] , [5]

Gesamthärte	20 - 11 ° dH
Carbonathärte	15 - 7 ° dH
CaO	140 - 40 mg/l
SO_4	120 mg/l
Cl	90 mg/l
O_2-Gehalt	9 mg/l
pH-Wert	7,30 - 8,40
Temperatur	16 - 8 °C

Tabelle C4/1: Durchschnittliche Zusammensetzung
des Grundwassers

182

U-BAHN-HALTESTELLENTUNNEL KING'S CROSS DER VICTORIA-LINIE IN LONDON, ENGLAND BAUJAHR 1965/66	GESCHLOSSENE BAUWEISE

BAUHERR	London Transport Executive (LTE)
BAUWERK UND BAUGRUND	**Bauwerk:** Zwei Haltestellentunnel mit dazwischenliegendem Schalterhallentunnel (Bild C5/1) Ausbruchdurchmesser: 8,38 m Schalterhallentunnel (Bild C5/2) 6,96 m Haltestellentunnel (Bild C5/3) Innendurchmesser: 7,74 bis 8,04 m Schalterhallentunnel 6,52 bis 6,73 m Haltestellentunnel Überdeckung: min. 1,50 m zu den teilweise gemauerten Gewölbefundamenten der im schiefen Winkel darüberliegenden Tunnelbauwerke der Metropolitan und Circle U-Bahnlinie bzw. des eingleisigen Hotel Curve- und zweigleisigen Midland Curve-Tunnels der British Railway. Beide Tunnel der britischen Staatsbahnen waren ohne konstruktive Sohle ausgebildet. **Baugrund:** Londoner Ton (sehr standfest)
BAUVORGANG	Auffahrung der Röhren im Schildvortrieb mit Brustverbau. Zur Vermeidung von Setzungen wurden Stahltübbinge eingebaut, die unmittelbar hinter dem Schild gegen das Gebirge mit hydraulischen Pressen expandiert wurden. Der Schild war jeweils mit einem hydraulischen Brustverbau ausgestattet mit einer gesamten Stützkraft von 8 MN in der Haltestellenröhre (vergl. Beispiel C6: Haltestelle Oxford Circus der U-Bahn, Victoria Linie) bzw. 6 MN in der Schalterhallenröhre.
AUSBAU	**Konstruktion:** Tunnelring aus 12 Segmenten mit 2 Pressennischen; in der oberen Ringhälfte verstärkt und als halbkreisförmiger Zwei-Gelenk-Bogen gestaltet, um die konzentrierten Lasten aus den Fundamenten der überlagernden Tunnel aufnehmen zu können (Bilder C5/2 und C5/3). Die Biegemomente erreichen hier Werte bis 135 kNm. Im Bereich der Gelenke (Ansatzpunkte der Pressen) wird durch Anordnung von Aussteifungsrippen und hochzugfesten Schrauben die volle Querschnittskontinuität gewahrt. In der Kurve am Westende der Haltestelle wurden Ausgleichsringe mit 25 mm Konizität, bezogen auf den vollen Durchmesser, eingebaut und zwar zwischen jedem vierten Tübbingring der Haltestellenröhre für die Nordrichtung und zwischen jedem Tübbingring der Schalterhalle. Abmessungen: Außendurchmesser: 8,38 m (Schalterhalle), 6,96 m (Haltestellenröhre) Ringbreite: 0,458 m (Schalterhalle), 0,458 m (Haltestellenröhre), Ringhöhe: 172 - 318 mm (Schalterhalle), 115 - 220 mm (Haltestellenröhre) Verbindung der Tübbings: Bolzen Ø 28,6 mm in den Ring- und unteren Längsfugen, HV-Schrauben Ø 44,5 mm in den oberen Längsfugen
KORROSIONS-SCHUTZMASSNAHMEN	Schrotstrahlen aller Oberflächen des Tübbings (mit Ausnahme der maschinell bearbeiteten Flächen) bis zum metallisch blanken Aussehen Überziehen der "Dichtungsflächen" der Flansche (die durch hochzugfeste Schrauben miteinander verbunden werden) mit einem "Zink-Spray". Die Dicke dieser Beschichtung betrug 50 bis 60 μm und wurde durch magnetische Dickenmessung überprüft. Diese Flächen wurden anschließend keiner weiteren Behandlung unterzogen. Grundierung aller Oberflächen (mit Ausnahme der oben genannten) innerhalb von vier Stunden nach dem Schrotstrahlen. Als Grundierungsmittel wurde ein Zink-Epoxy-Harz verwandt, das einen Anteil von 67 bis 93 % an metallischem Zink in der trockenen Beschichtung enthalten mußte. Die Aufbringung erfolgte im Spritzverfahren in einer Dicke zwischen 15 und 20 μm. Als Schutzbeschichtungen wurden aufgebracht: - auf die maschinell bearbeiteten Flächen eine Speziallösung ("Shall Ensis Solution", Güte 260) - auf Flächen, die nicht zu den maschinell bearbeiteten und den "Dichtungsflächen" gehören, ein Aufstrich mit roter Bleifarbe 40 μm dick - auf außenliegenden Flächen (Erdseite) ein zweifacher Bitumenanstrich 300 μm dick, der zur Verbesserung der Einbaubedingungen in zwei unterschiedlichen Farbschattierungen aufgestrichen wurde.

ERFAHRUNGEN MIT DEN KORROSIONS-SCHUTZMASSNAHMEN	Die Tübbingsegmente stehen mit ihrer Außenhaut in direktem Kontakt mit dem Londoner Ton. Schäden wurden an den Tübbingen - soweit bekannt - bisher nicht festgestellt.
QUELLEN	[1] Morgan, H. D./Bubbers, B.L.: The Victoria Line; 5. Station Construction; The Institution of Civil Engineers Proceedings, Paper 7270S, Supplementary, Volume 1969, S. 337 - 475 [2] Muir Wood, A.M.: Soft Ground Tunnelling; The Technology and Potential of Tunnelling, Volume I, Papers presented at the South African Tunnelling Conference 1970, S. 167 - 174 [3] Brief des Ingenieurbüros Sir William Halcrow & Partner an die STUVA vom 26. Juni 1972 [4] Craig, R. N./Muir Wood, A.M.: A review of tunnel lining practice in the United Kingdom; TRRL Supplementary Report 335; Transport and Road Research Laboratory, Crowthorne, Berkshire, 1978

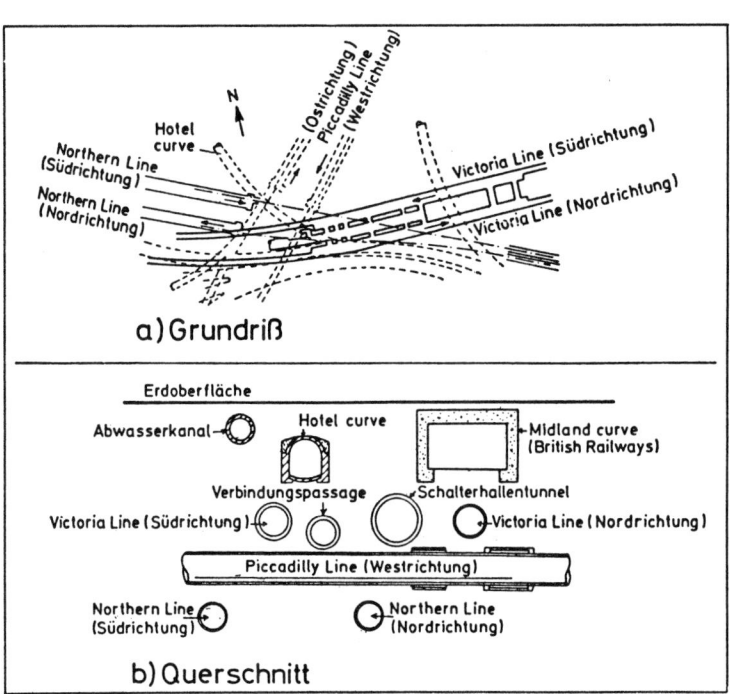

Bild C5/1: Situationsplan der U-Bahnhaltestelle Kings Cross in London [1]

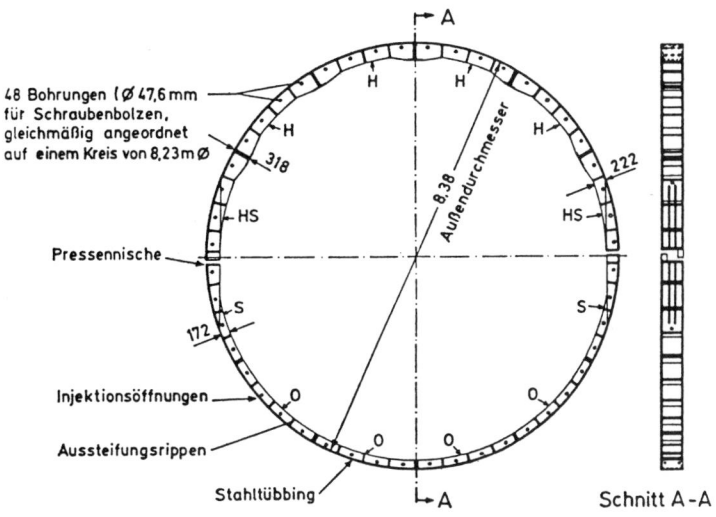

48 Bohrungen (∅ 47,6 mm
für Schraubenbolzen,
gleichmäßig angeordnet
auf einem Kreis von 8,23 m ∅

H   H   H   H
318   222

HS   HS

Pressennische

S   S

Injektionsöffnungen   O   O
Aussteifungsrippen   O   O
172
Stahltübbing

Außendurchmesser 8.38

Schnitt A-A

Anmerkungen : H, HS, S = Spezialtübbings für den Unterfahrungsbereich
O = Normaltübbing

Bild C5/2:   Stahltübbingauskleidung an der
             Haltestelle Kings Cross der Vic-
             toria Linie in London, Schalter-
             halle [2]

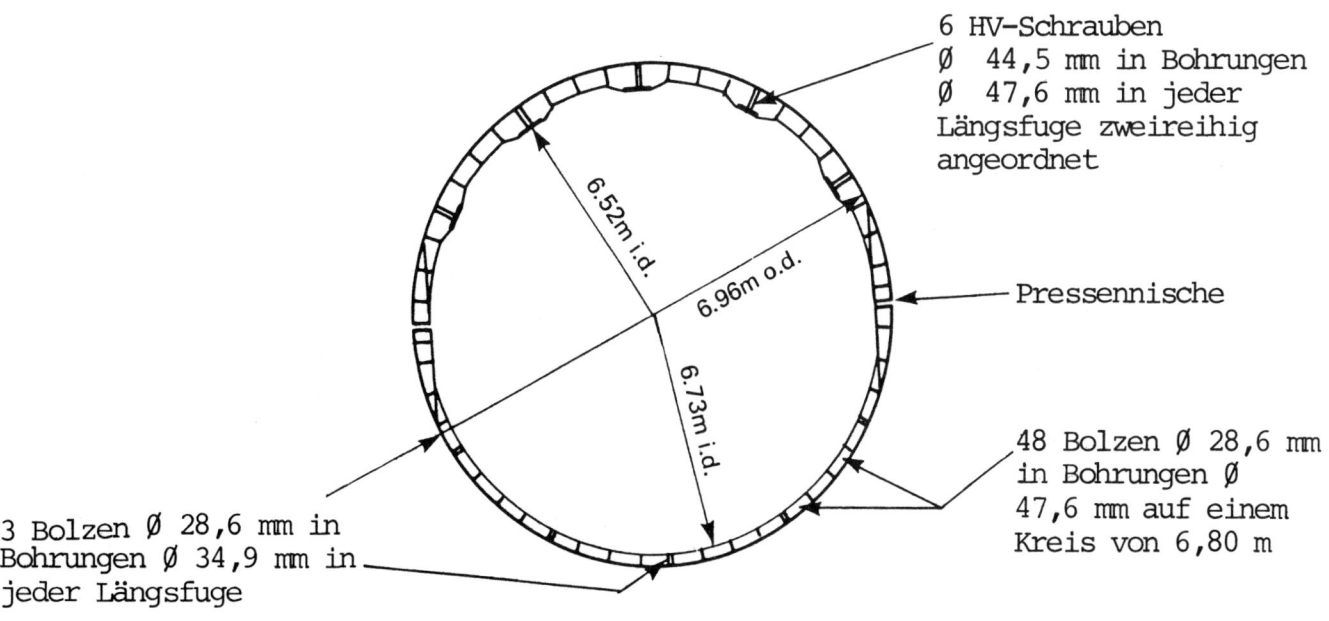

6 HV-Schrauben
∅ 44,5 mm in Bohrungen
∅ 47,6 mm in jeder
Längsfuge zweireihig
angeordnet

6.52m i.d.
6.96m o.d.
6.73m i.d.

Pressennische

48 Bolzen ∅ 28,6 mm
in Bohrungen ∅
47,6 mm auf einem
Kreis von 6,80 m

3 Bolzen ∅ 28,6 mm in
Bohrungen ∅ 34,9 mm in
jeder Längsfuge

Bild C5/3:   Stahltübbingauskleidung der Hal-
             testellentunnel Kings Cross der Vic-
             toria-Linie [4]

U-BAHN-HALTESTELLENTUNNEL (SÜDRICHTUNG) OXFORD CIRCUS DER VICTORIA LINIE IN LONDON, ENGLAND BAUJAHR 1965/66	GESCHLOSSENE BAUWEISE

BAUHERR	London Transport Executive (LTE)
BAUWERK UND BAUGRUND	**Bauwerk:** Haltestellenröhre Außendurchmesser: 6,97 m Innendurchmesser: 6,67 m Überdeckung: ∼ 1,0 m **Baugrund:** Londoner Ton (sehr standfest)
BAUVORGANG	An der Haltestelle Oxford Circus liegt der Tunnelscheitel des im Schildvortrieb aufgefahrenen Bahnsteiggeschosses der in Südrichtung befahrenen Röhre nur in sehr geringer Tiefe unter den Fundamenten des dritten Untergeschosses eines Kaufhauses (Peter Robinson). Setzungen der Fundamente (Abmessungen ca. 3,70 x 3,70 m²; Lasten bis zu 5 MN) mußten vermieden werden. Um dies zu erreichen, wurden folgende Maßnahmen getroffen: - Unterfangung der Fundamente durch eine vorgespannte Stahlbetonplatte vor Beginn des Vortriebes, um Setzungen während der Unterfahrung durch den Schild zu vermeiden (Bild C6/1). Die Platte wurde sattelförmig gestaltet und die unteren 23 cm in Magerbeton hergestellt, da dieser Bereich später vom Schild angeschnitten wurde. Nach Beendigung des Vortriebes hat die Platte die Aufgabe, eine bessere Lastverteilung von den Fundamenten auf die Tunnelauskleidung zu bewirken. - Ausstattung des Schildes mit einem Brustverbau, der in der Lage ist, über 12 Pressen einen Druck von 8 MN auf die Ortsbrust auszuüben und dadurch Setzungen infolge Baugrundentlastungen zu vermeiden. Die Verbaupressen waren hydraulisch mit den 24 Vorschubpressen gekoppelt, um die Stützkraft an der Ortsbrust ständig gleich halten zu können. Der Schild war nicht konisch ausgebildet, enthielt aber Löcher im Mantel, um eventuell Schmierinjektionen vorzunehmen. - Wahl einer Tunnelauskleidung, die unmittelbar hinter dem Schild gegen den Baugrund mit Hilfe von hydraulischen Pressen, die an zwei Stellen des Tübbingringes angeordnet sind, expandiert werden kann (Anmerkung: Dies ist im sehr standfesten Londoner Ton möglich). Die durch die Pressen erzeugte Spannung in der Tunnelauskleidung wird so weitgehend wie möglich dem ursprünglichen Spannungszustand des Bodens (vor dem Vortrieb) angepaßt. Um dies in optimaler Form zu erreichen, ist ein "flexibler" Tunnelausbau erforderlich. Gewählt wurden daher Stahltübbings gemäß Bild C6/2. Im Firstbereich erfolgte zusätzlich eine Injektion, um restliche Hohlräume auszufüllen. - Am Ende der Schildfahrt wurde eine auf 7,93 m Durchmesser aufgeweitete Kammer für die Demontage des Schildes hergestellt und nach gleichem Prinzip ausgekleidet.
AUSBAU	**Konstruktion:** Tunnelring aus 8 Segmenten mit 2 Pressennischen (Bild C6/2). Die Tübbings sind aus Einzelblechen zusammengeschweißt. Untereinander werden sie in Ring- und Längsrichtung verschraubt. Abmessungen: Außendurchmesser: 6,97 m; Ringbreite: 0,458 m; Ringhöhe: 0,152 m **Herstellung:** Aus Einzelblechen geschweißt Verbindung der Tübbinge: Bolzen ∅ 28,6 mm
KORROSIONS-SCHUTZMASSNAHMEN	Schrotstrahlen des gesamten Tübbings Eintauchen der Elemente für eine Zeitdauer von 20 bis 25 min in die folgendermaßen zusammengesetzte Flüssigkeit, die auf einer Temperatur zwischen 130 ° und 150 °C gehalten wurde: - 65 % weicher Steinkohlenteer - 30 % hartes Pech - 5 % Leichtöl

ERFAHRUNGEN MIT DEN KORROSIONSSCHUTZMASSNAHMEN	Die Tübbingsegmente stehen an ihrer Außenhaut in direktem Kontakt mit dem Londoner Ton. Schäden wurden an den Tübbingen - soweit bekannt - bisher nicht festgestellt.
QUELLEN	[1] Morgan, H. D./Bubbers, B.L.: The Victoria Line; 5. Station Construction; The Institution of Civil Engineers Proceedings, Paper 7270 S, Supplementary, Volume 1969, S. 337 - 475 [2] Brief des Ingenieurbüros Sir William Halcrow & Partners an die STUVA vom 26. Juni 1972 [3] Craig, R. N./Muir Wood, A.M.: A review of tunnel lining practice in the United Kingdom; TRRL Supplementary Report 335; Transport and Road Research Laboratory, Crowthorne, Berkshire, 1978

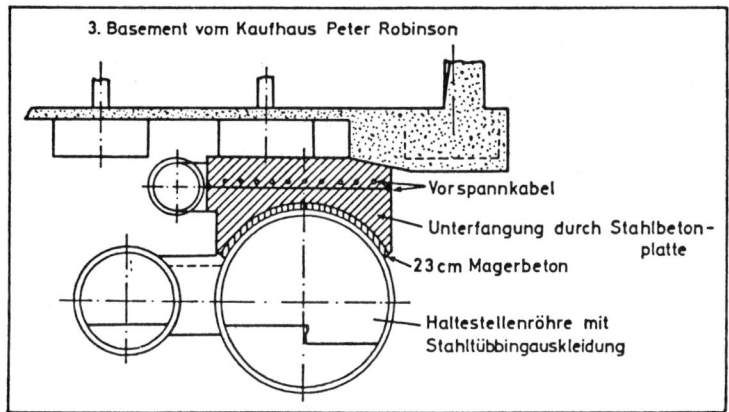

Bild C6/1: Querschnitt durch den Unterfahrungsbereich des südlichen Haltestellentunnels Oxford Circus der Victoria Linie, London [1]

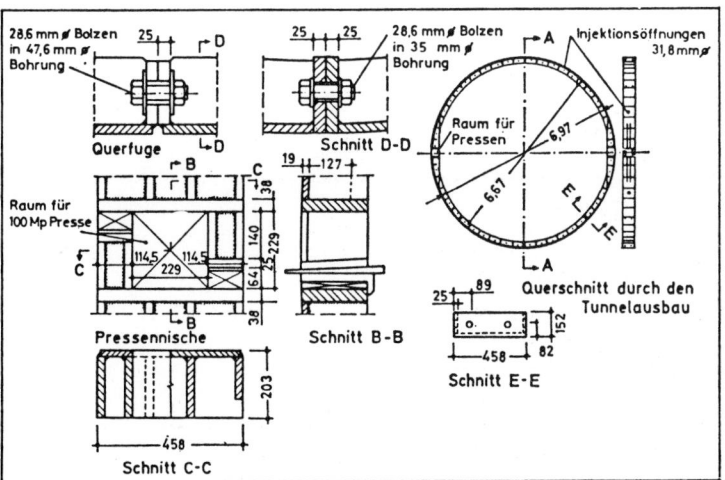

Bild C6/2: Details der Stahltübbings beim südlichen Haltestellentunnel Oxford Circus der Victoria Linie in London [1]

EINLASSTOLLEN WASSERKRAFTWERK DUNGENESS AUSBAUSTUFEN A UND B BAUJAHR 1963-64 (A); 1967-68 (B)	GESCHLOSSENE BAUWEISE

BAUHERR	Wasserkraftwerk Dungeness, England

BAUWERK UND BAUGRUND	Ausbaustufe A: Einlaßstollen
	        Länge: 800 und 200 m
	        Außendurchmesser: 4,56 m
	        Innendurchmesser: 4,27 m
	        Überdeckung: 20 bis 25 m
	
	Ausbaustufe B: Einlaß- und Auslaßstollen
	        Länge: 810 und 220 m
	        Außendurchmesser: 4,5 m
	        Innendurchmesser: 4,26 m
	        Überdeckung: 20 bis 25 m

BAUVORGANG	Schildvortrieb mit Brustverbau
AUSBAU	Konstruktion: Ausbaustufen A und B: Tunnelring aus 8 Segmenten und 1 Schlußstück. Die Tübbinge sind aus Einzelblechen zusammengeschweißt. Abmessungen: Außendurchmesser: 4,56 m (A) bzw. 4,50 m (B); Ringbreite: 507 mm (A) bzw. 610 mm (B); Ringhöhe: 152,4 mm (A) bzw. 120,7 mm (B); Flanschdicke: 38,1 mm (A) bzw. 28,6 mm (B); Tübbingblechdicke: 19,1 mm (A und B) Verbindung der Tübbinge: Verschraubung; in Ringfuge 55 Bolzen Ø 25,4 mm (A) bzw. 40 Bolzen Ø 28,6 mm (B); jeder Tübbing in Längsfuge 3 Bolzen
QUELLEN	[1] Craig, R. N./Muir Wood, A.M.: A review of tunnel lining practice in the United Kingdom; TRRL Supplementary Report 335; Transport and Road Research Laboratory, Crowthorne, Berkshire, 1978

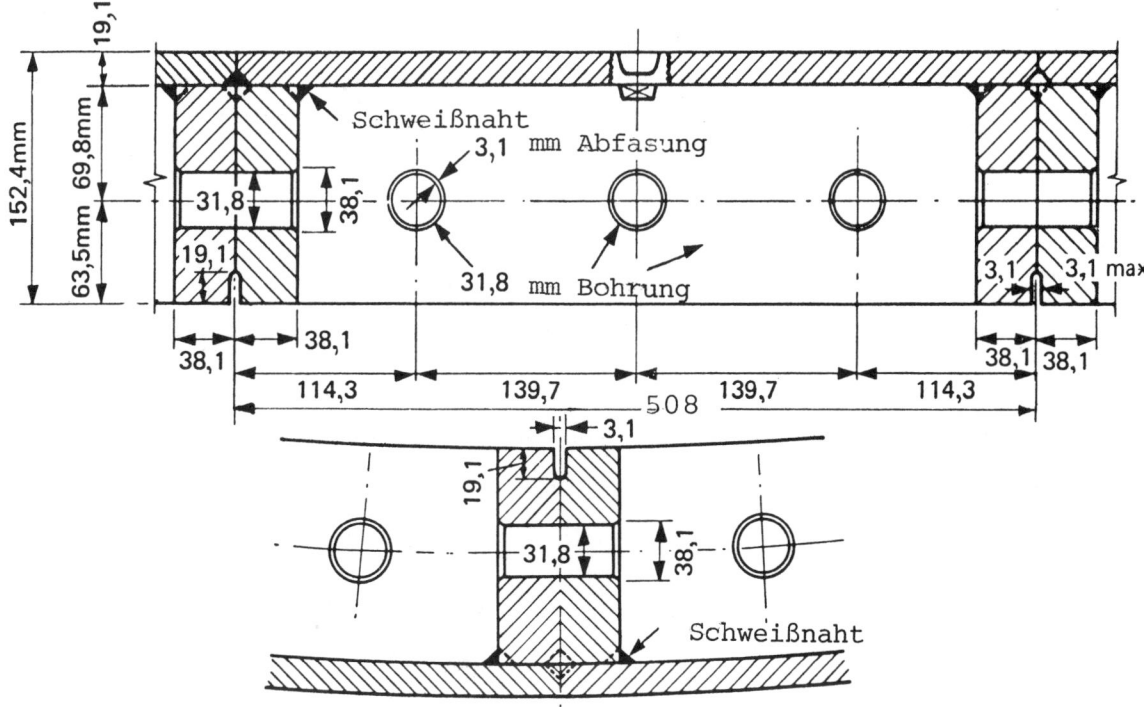

a) Einlaßtunnel der Ausbaustufe A

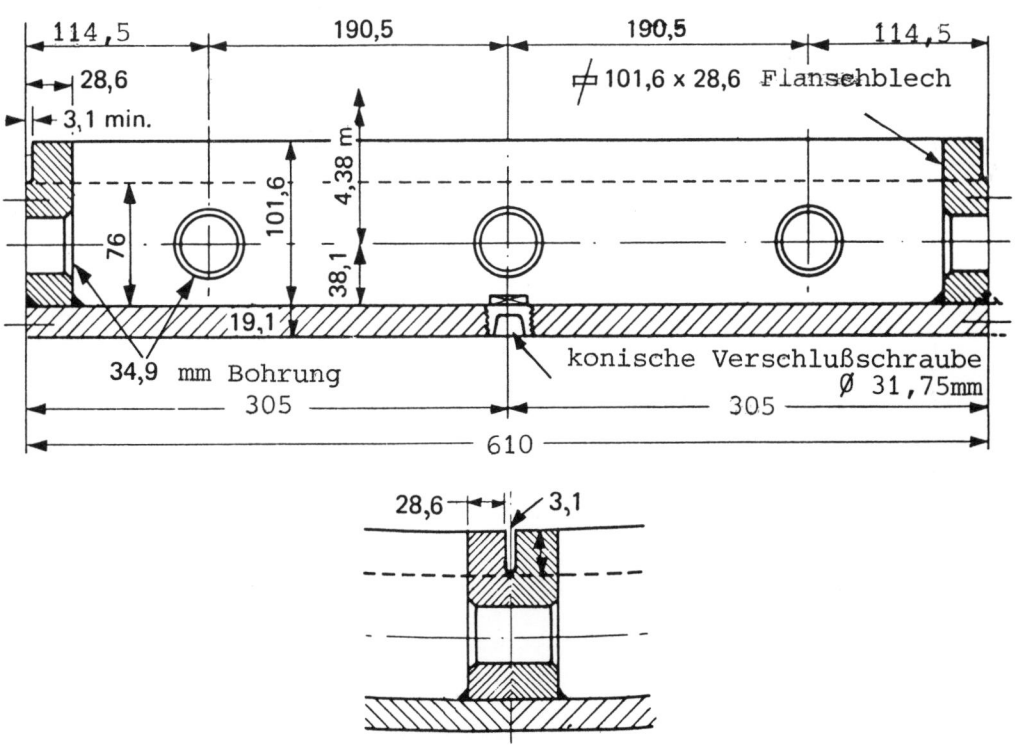

b) Ein- und Auslaßtunnel der Ausbaustufe B

Bild 1: Verschraubbare Stahltübbinge beim Wasserkraftwerk Dungeness in England [1]

SCHNELLBAHN-TUNNEL IN SAN FRANCISCO, USA BAUJAHR 1968/72	GESCHLOSSENE BAUWEISE

BAUHERR	San Francisco Bay Area Rapid Transit Authority (BART)
BAUWERK UND BAUGRUND	**Bauwerk:** Schnellbahn-Tunnelsystem Länge: ca. 25000 m Ausbruchdurchmesser: ca. 5,47 - 5,62 m Innendurchmesser: 5,025 - 5,175 m Überdeckung: 4 bis 13 m **Baugrund:** körniger Sand mit etwas Kohäsion bis weicher plastischer Ton Aggressivität gegenüber Stahl s. Tabellen C8/1 und C8/2 **Grundwasser:** über Tunnelscheitel **Tunnelinnenluft:** sehr wenig aggressiv. Es liegt durch die Fahrzeuge und die Ventilatoren (ca. alle 300 m) im Tunnel die typische feuchte, salzhaltige Luft der Bay-Region vor.
BAUVORGANG	Auffahrung mit vollmechanischer Schildvortriebsmaschine. Endgültiger Tunnelausbau mit Stahltübbingen; Ringspaltverpressung: Kiesgerüst mit nachfolgender Zementinjektion Grundwasserhaltung: teilweise Druckluft, teilweise chemische oder elektrische Bodenabdichtung
AUSBAU	**Konstruktion:** Stahltübbingring aus 6 Segmenten und einem Schlußstück. Querschnitt und Abmessungen siehe Bild C8/1. Die Tübbinge sind aus Einzelblechen zusammengeschweißt. Die Blechdicke ist den verschiedenen Belastungen angepaßt. Untereinander sind die Tübbinge in Ring- und Längsrichtung verschraubt. Material: Walzstahl verschiedener Güte Abmessungen: Außendurchmesser in der Geraden und in Kurven mit mehr als 450 m Radius: 5,33 m, bei Kurven mit kleinerem Radius: 5,48 m; Ringbreite 0,76 m; Ringhöhe ca. 0,15 m **Herstellung:** Die Herstellung der Stahltübbinge erfolgte in einer Art Fließbandarbeit. Zunächst wurden die Seitenflansche durch Automatenschweißung an der Platte für die Außenschale angebracht. Danach erfolgte die Kaltverformung zu einem Kreissegment in einer 2000-Mp-Presse. Die übrigen Schweißarbeiten wurden von Hand ausgeführt. Die Flächen der vier Außenflansche eines Tübbingsegmentes wurden maschinell bearbeitet, um die vorgegebenen Herstellungstoleranzen einzuhalten. Kosten: i. M. 924 $ pro Tübbingring (Preisstand 1967/68 in den USA) Verbindung der Tübbinge: hochzugfeste Schrauben mit 19 bis 25 mm Durchmesser; je nach Bodenart Fugendichtung: innere Nut mit Blei verstemmt
KORROSIONS-SCHUTZMASSNAHMEN	Alle Flächen der Stahltübbinge wurden durch Sandstrahlung gereinigt. Die Beschichtungen mußten unmittelbar nach der Sandstrahlung bei optimaler Temperatur und Feuchtigkeit aufgebracht werden. Auf allen Innenflächen des Tunnels (Luftseite) wurde eine anorganische Zinksilikatschicht von mindestens 0,08 mm Dicke im Spritzverfahren aufgebracht. Das Material mußte dabei folgende Anforderungen erfüllen: - in trockenem Zustand durfte es nicht entflammbar sein; - die trockene Schicht mußte mindestens 75 Gewichts-% und 58 Vol.-% Zink enthalten; - der Binder mußte aus mindestens 95 % anorganischem Material (Basis: Silikatlösung) zusammengesetzt sein; - der Feststoffanteil durfte nicht weniger als 52 % betragen; - bei einer Beschichtungsdicke von 0,025 mm mußte auf 75 m² Fläche mindestens 3,8 l Material verbraucht werden;

- die Beschichtung sollte bei Temperaturen oberhalb 25 °C in maximal einer Stunde trocken sein.

Während der Beschichtung der Innenflächen wurden die Außenflächen abgedeckt, um dort Ablagerungen von Zinksilikat zu vermeiden.

Auf die Außenflächen der Tübbinge (Erdseite) wurde zunächst eine Grundierung und später eine Deckschicht auf Steinkohlenteerbasis aufgebracht. Die Dicke beträgt 2,4 mm. Sie wurde zeitlich nach der Zinksilikatschicht eingebaut.

Die Außenflächen der Flanschen erhielten keine Beschichtungen.

Direkte Maßnahmen für den kathodischen Korrosionsschutz wurden vorerst nicht getroffen. Um jedoch von vornherein eine elektrische Kontinuität in der Tunnelröhre zu erreichen, wurden einzelne Tübbingringe miteinander leitend verbunden (Bild C8/2). Dies wurde jedoch offensichtlich nur im Sohlbereich des Tunnels für notwendig gehalten, wo durch zwischen die Flanschen gelaufenen Beton (oder Zementmilch) die elektrische Durchverbindung u. U. gestört sein könnte. Dort muß somit sichergestellt werden, daß alle Segmente, die sich unterhalb der Betonoberfläche befinden, mit den oberhalb liegenden elektrisch verbunden sind. Für den Fall, daß später Stahlkorrosion eintreten sollte, ist vorgesehen, einen Verschluß der Injektionsöffnungen in der Tunnelauskleidung zu entfernen, durch die hierdurch entstehende Öffnung in das den Tunnel umgebende Erdreich eine Bohrung vorzunehmen und in das Bohrloch eine Opferanode einzubringen.

Zur Vermeidung von Streuströmen wurden die Stromschiene (dritte Schiene; 1000 Volt Gleichstrom) und die Fahrschienen vom Oberbau bzw. dem Tunnel elektrisch isoliert verlegt.

KOSTEN DER KORROSIONSSCHUTZMASSNAHMEN

Einzelheiten enthalten die Tabellen C8/3 und C8/4.

QUELLEN

[1] Wolcott, W.W./Birkmyer, J.: Tunnel Liners for BART Subways; Civil Engineering - ASCE, Juni 1968, S. 55 - 59

[2] Bechtel Corporation: Report on Corrosion Control for Subsurface Structures; Prepared for Parsons - Brinckerhoff - Tudor - Bechtel, General Engineering Consultants for the San Francisco Bay, Area Rapid Transit District; May 1965

[3] Brief der Bay Area Rapid Transit District, San Francisco an die STUVA vom 19. Juni 1972 nebst Anlagen

Probe Nr.	Örtlichkeit	p_H-Wert	spezifischer elektrischer Widerstand (Kiloohm-cm)	Bodenaggressivitätsgrad [1)
o	1	2	3	4
2	Oakland	7,5	2,22	mittelmäßig aggressiv
3		8,2	1,46	aggressiv
4		8,4	o,71	aggressiv
5		4,o	o,13	sehr aggressiv
6		3,9	o,18	sehr aggressiv
19		7,2	4,31	wenig aggressiv
2o		7,4	1,2o	aggressiv
8	San Francisco	7,6	5,o8	wenig aggressiv
9		6,9	6,oo	wenig aggressiv
12		7,4	3,65	mittelmäßig aggressiv
23		7,3	2,32	mittelmäßig aggressiv
24		7,2	2,89	mittelmäßig aggressiv
26		6,6	1,53	mittelmäßig aggressiv
27		11,3	1,7o	mittelmäßig aggressiv

Anmerkung:
[1]) Die Festlegung des Aggressivitätsgrades basiert ausschließlich auf dem spezifischen elektrischen Widerstand

Tabelle C8/1:
Ergebnisse der Ermittlung des spezifischen elektrischen Widerstandes von Böden beim Schnellbahnbau in San Francisco zur Festlegung des Aggressivitätsgrades gegenüber Stahl [2]

Probe Nr.	Örtlichkeit	Feuchtigkeitsgehalt %	p_H-Wert	Gehalt an				Sulfat reduzierend	Bakterien				Boden-aggressivitätsgrad 3)
				CO₃ %	HCO₃ %	Cl %	SO₄ %		anaerob		aerob		
									Bakterien Kol/ML 1)	Pilze Kol/ML	Bakterien Kol/ML	Pilze Kol/ML	
0	1	2	3	4	5	6	7	8	9	1o	11	12	13
13	Oakland	43,0	4,5	0	0	14,0	0,18	keine	keine	keine	keine	6oo	aggressiv
14		21,9	7,8	0	3,6	0,04	0						
15		11,5	5,3	0	Spuren	0,07	0,59	keine	keine	keine	keine	2o	
16		25,6	5,9	0	Spuren	5,6	0,33	keine	keine	keine	6	14	
17		29,6	6,2	0		3,6	0,18	keine	1o2	7	2o6	35	
18		8,1	8,1	0	48,8	0,04	0						
1o		2o,9	8,6	Spuren	0,015	0,0025	0,015						
11	San Francisco	13,5	8,6	0	0,012	0,0025	0	keine	keine	keine	13oo	keine	mittel-mäßig aggressiv
22		11,0	8,5	0	0,006	0,0045	0						
25		16,2	8,4	0	0,006	0,0025	0						
28		16,1	8,2	0	0,012	0,0025	0	keine	keine	keine	85oo	keine	

Anmerkungen:
1) Kol/ML = Kolonien pro Milliliter
2) freigelassene Felder bedeuten: keine Messungen durchgeführt
3) Es handelt sich um eine durchschnittliche Klassifikation, die auf Einzelheiten der Bodenbestandteile keine Rücksicht nimmt

Tabelle C8/2: Ergebnisse von Bodenuntersuchungen im Hinblick auf die Aggressivität gegenüber Stahl beim Schnellbahnbau in San Francisco (zusammengestellt nach [2])

Positionen	Dimensionen	unbeschichtete Stahltunnelauskleidungen	beschichtete Stahltunnelauskleidungen
allgemeine Planungsdaten			
Gesamtoberfläche	m²	~1.230.000	~1.230.000
Stromdichte	µA/m²	~ 21.500	~ 3.300
Gesamtstrom	A	26.400	~ 4.090
Zahl der Gleichrichterstationen		10	10
Ampere pro Gleichrichterstation		2.640	409
erstes kathodisches Schutzsystem (erste 50 Jahre)			
installierte Kosten	$	1.640.000,-	340.000,-
jährliche Energiekosten	$	141.520,-	24.000,-
jährliche Unterhaltungskosten	$	85.200,-	6.000,-
jährliche Betriebskosten	$	226.720,-	30.000,-
Faktor für den Gegenwartswert (50 Jahre, 6 %)		15,762	15,762
gegenwärtiger Wert der Betriebskosten	$	3.570.000,-	473.000,-
Erneuerung des kathodischen Schutzsystems (zweite 50 Jahre)			
Faktor für den Gegenwartswert (50 Jahre, 6 %)		0,0543	(1)
gegenwärtiger Wert der installierten Kosten	$	89.000,-	89.000,-
jährliche Betriebskosten	$	226.720,-	226.720,-
Faktor für den Gegenwartswert (50 Jahre, 6 %)		15,762	15,762
Faktor für den Gegenwartswert (50 Jahre, 6 %)		0,0543	0,0543
gegenwärtiger Wert der Betriebskosten	$	194.000,-	194.000,-
Summe			
Installations- und Betriebskosten für den kathodischen Korrosionsschutz	$	5.493.000,-	1.096.000,-
Beschichtungen			
Beschichtungskosten	$ / m²	-	5,36
Gesamtbeschichtungskosten	$	-	6.600.000,-
Gesamtkosten			
kathodischer Korrosionsschutz + Beschichtung	$	5.493.000,-	7.696.000,-
	$ / km	85.000,-	120.000,-

Anmerkungen:
[1] Es wird vollständiger Zerfall der Beschichtung angenommen; daher beziehen sich die Annahmen für die Erneuerung des kathodischen Schutzsystems auf unbeschichtete Auskleidungen
[2] Der Durchmesser von 6,10 m lag der Berechnung zugrunde; später wurde ein Durchmesser von 5,48 m ausgeführt (s. Bild II/65)

Tabelle C8/3: Zusammenstellung der ungefähren Kosten für kathodischen Korrosionsschutz (sofort in Funktion gesetzt) und Beschichtung einer 64,4 km langen U-Bahnstrecke mit 6,10 m Tunneldurchmesser[2] in San Francisco (Preisstand 1965) [2]

Positionen	Dimensionen	Kosten	
erstes kathodisches Schutzsystem 4.090 A; installiert nach 20 Jahren			
Materialien und Arbeit	$	340.000,–	
Faktor für den Gegenwartswert (20 Jahre, 6 %)		0,3118	
Gegenwartswert der installierten Kosten	$		106.000,–
jährliche Energiekosten	$	24.000,–	
jährliche Unterhaltungskosten	$	6.000,–	
jährliche Betriebskosten	$	30.000,–	
Faktor für den Gegenwartswert (40 Jahre, 6 %)		15,046	
Faktor für den Gegenwartswert (20 Jahre, 6 %)		0,3118	
gegenwärtiger Wert der Betriebskosten	$		140.000,–
Erneuerung des kathodischen Schutzsystems, 26.400 A; installiert nach 60 Jahren[1]			
Materialien und Arbeit	$	1.640.000,–	
Faktor für den Gegenwartswert (60 Jahre, 6 %)		0,0303	
Gegenwartswert der installierten Kosten	$		50.000,–
jährliche Energiekosten	$	141.500,–	
jährliche Unterhaltungskosten	$	85.200,–	
jährliche Betriebskosten	$	226.700,–	
Faktor für den Gegenwartswert (40 Jahre, 6 %)		15,046	
Faktor für den Gegenwartswert (60 Jahre, 6 %)		0,0303	
gegenwärtiger Wert der Betriebskosten	$		103.000,–
Summe			
Installations- und Betriebskosten für den kathodischen Korrosionsschutz	$		399.000,–
Beschichtungskosten	$		6.600.000,–
Gesamtkosten			
kathodischer Korrosionsschutz + Beschichtung	$		6.999.000,–

Anmerkungen:
[1] und [2] siehe Tabelle II/49

Tabelle C8/4: Zusammenstellung der ungefähren Kosten für kathodischen Korrosionsschutz (nach 20 Jahren in Funktion gesetzt) und Beschichtung einer 64,4 km langen U-Bahnstrecke mit 6,10 m Tunneldurchmesser[2] in San Francisco (Preisstand 1965) [2]

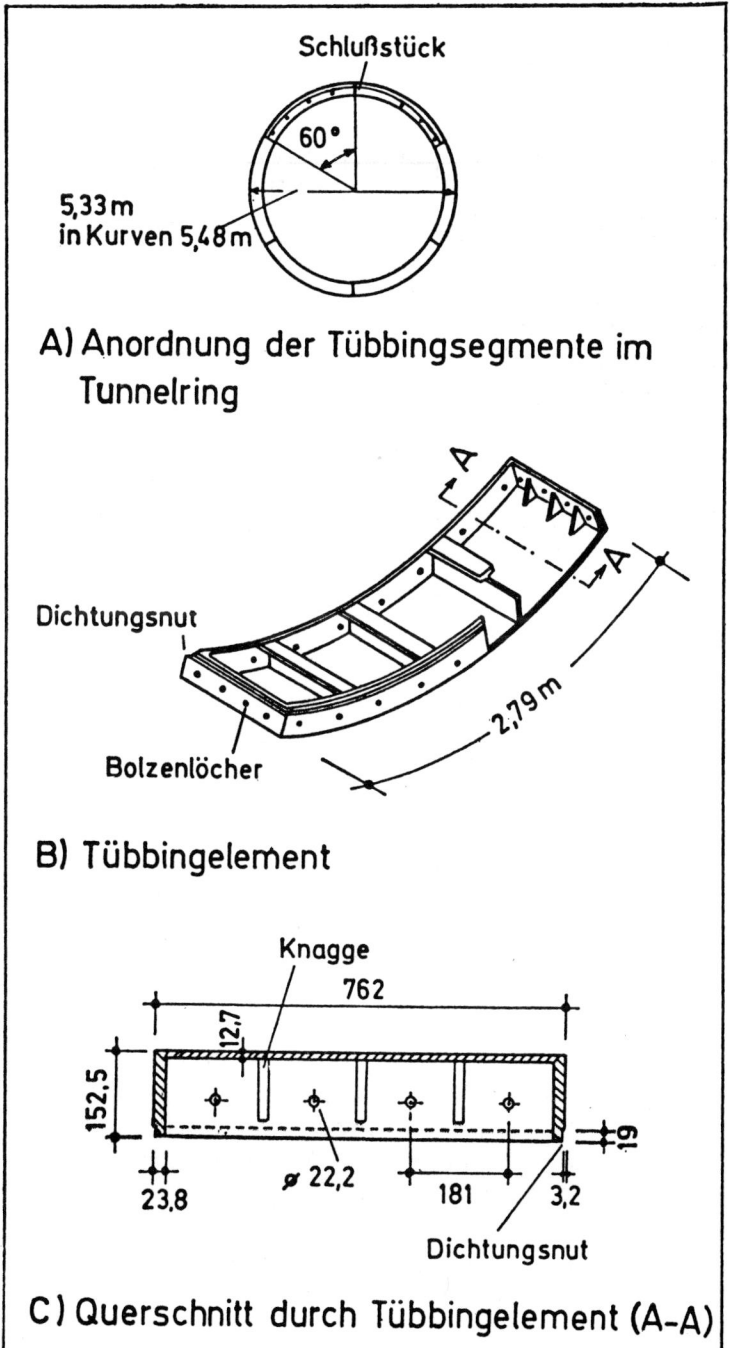

Schlußstück

60°

5,33m
in Kurven 5,48m

A) Anordnung der Tübbingsegmente im Tunnelring

Dichtungsnut

Bolzenlöcher

2,79m

B) Tübbingelement

Knagge

762

12,7

152,5

23,8

ø 22,2

181

3,2

19

Dichtungsnut

C) Querschnitt durch Tübbingelement (A-A)

Bild C8/1: Konstruktive Details des Stahltübbing-
ausbaues bei Schnellbahntunneln in
San Francisco (Klammerwerte in Abhängigkeit von der Belastung variabel)
[1]

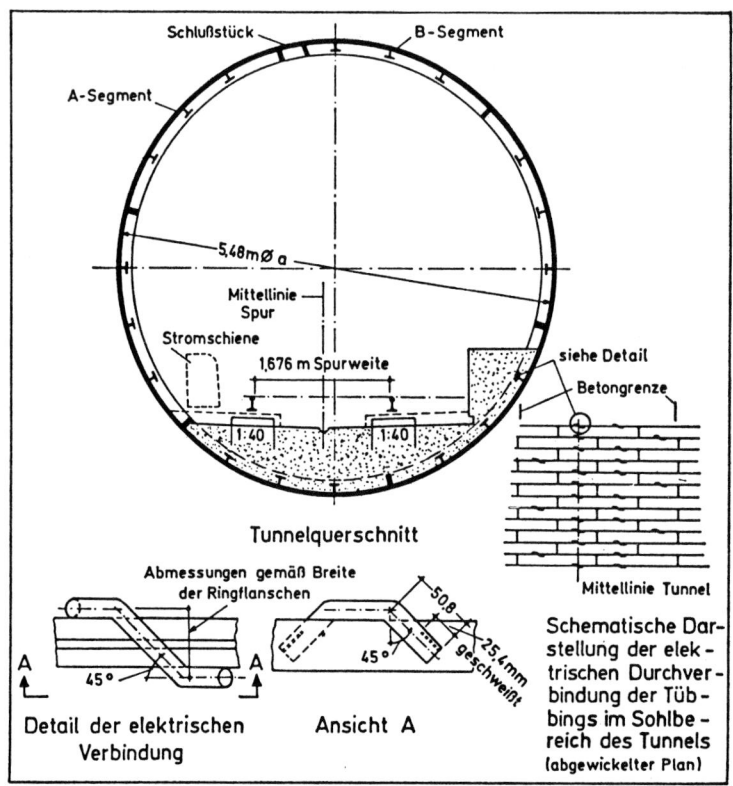

Tunnelquerschnitt

Detail der elektrischen Verbindung

Ansicht A

Schematische Darstellung der elektrischen Durchverbindung der Tübbings im Sohlbereich des Tunnels (abgewickelter Plan)

Bild C8/2: Elektrische Durchverbindung der Stahltübbings beim Schnellbahnbau in San Francisco [3]

BALTIMORE REGION RAPID TRANSIT SYSTEM, BALTIMORE, USA BAUZEIT: SEIT MITTE DER 70ER JAHRE	GESCHLOSSENE BAUWEISE

BAUHERR	State of Maryland Dept. of Transportation, Mass Transit Administration
PLANUNG	Daniel, Mann, Johnson & Mendenhall, Baltimore
BAUWERK UND BAUGRUND	**Bauwerk:** U-Bahntunnelsystem Länge (I. Bauabschnitt) 4,5 km Tunnel und 9 Stationen; Strecke: 2 eingleisige Tunnelröhren Innendurchmesser: ca. 5,46 m Außendurchmesser: ca. 5,77 m **Baugrund:** Lockerboden mit Grundwasser bis über Tunnelfirst anstehend.
BAUVORGANG	Schildvortrieb mit endgültigem, tragenden Stahltübbingausbau. Grundwasserhaltung: mit Druckluft.
AUSBAU	**Form:** Stahltübbingring aus 4 A-Elementen, 1 B- und 1 C-Element, letzteres als Schluß-stück. Die Tübbinge selbst haben eine sogenannte "Kammform" und sind aus ge-bogenen, 60 cm breiten I-Walzprofilen und Einzelblechen zusammengeschweißt (Bild C9/1). **Abmessungen:** Außendurchmesser ~5,77 m, Ringbreite ~1,20 m, Ringhöhe ~10 cm. **Material:** Stahl nach ASTM-A 36. **Fugendichtung:** Rundumlaufende Dichtungsbänder an den Tübbingen außerhalb der Verschraubung. **Verbindungen:** Verschraubung mit 7/8" Bolzen, 12 Stück je Tübbing.
KORROSIONS-SCHUTZMASS-NAHME	Außen: Teerepoxidharzbeschichtung, in zwei Arbeitsgängen aufgetragen, Gesamt-schichtdicke 500 µm. Innen und außen an den Flanschen: Anorganischer Zink-Silikatanstrich, in einem Arbeitsgang aufgetragen, 75 µm dick.
QUELLEN	[1] Unterlagen der Firma Commercial Shearing INC, Ohio, USA

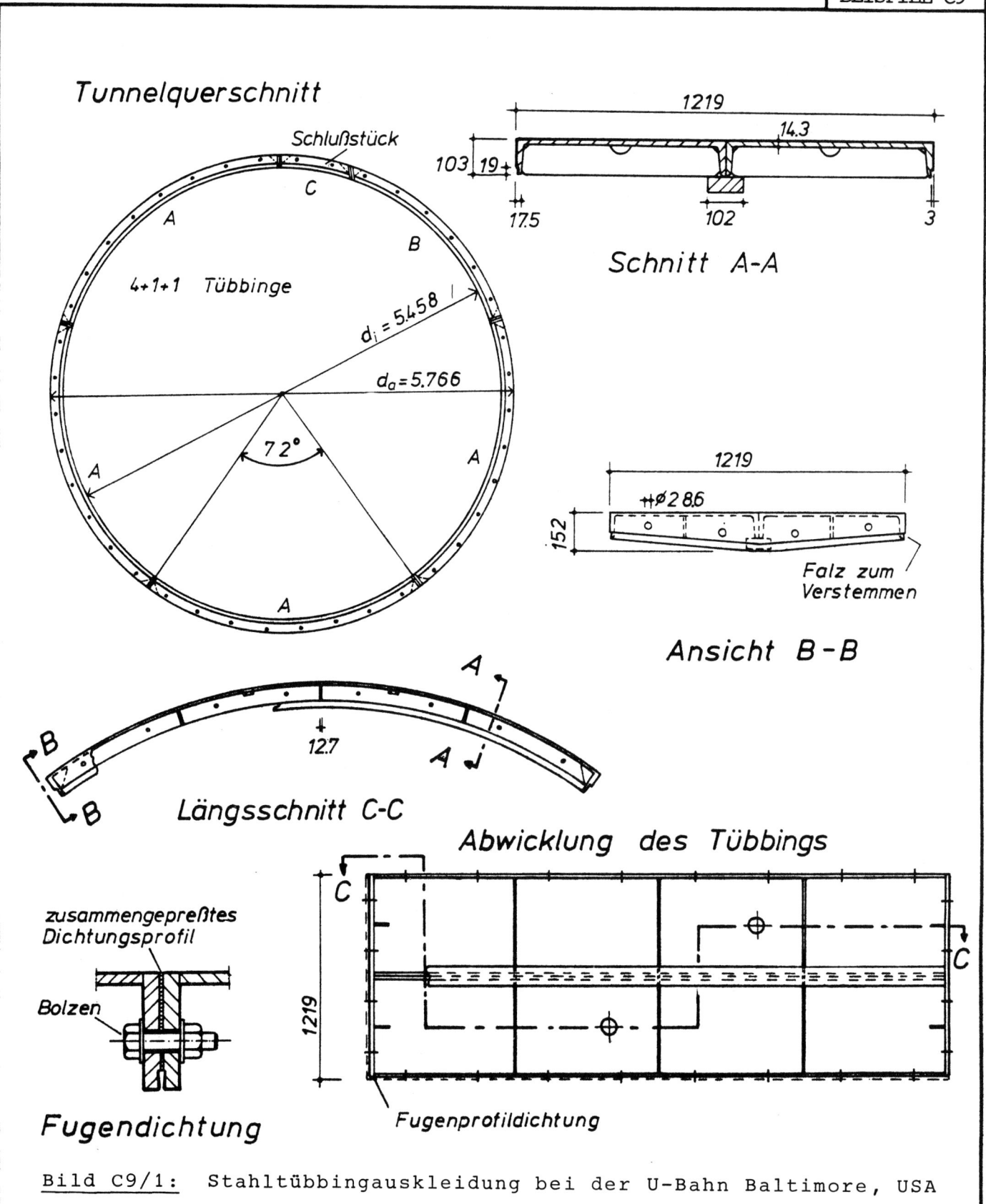

Tunnelquerschnitt

Schlußstück

C

A

B

4+1+1   Tübbinge

$d_i = 5.458$

$d_a = 5.766$

72°

A

A

A

A

Schnitt A-A

1219

14.3

103 19

17.5

102

3

Ansicht B-B

1219

152

+⌀28.6

Falz zum Verstemmen

Längsschnitt C-C

B

B

A

A

12.7

Abwicklung des Tübbings

C

C

1219

Fugenprofildichtung

Fugendichtung

zusammengepreßtes Dichtungsprofil

Bolzen

Bild C9/1:   Stahltübbingauskleidung bei der U-Bahn Baltimore, USA

CALLAHAN-STRASSENTUNNEL IN BOSTON, USA BAUJAHR 1959/62	GESCHLOSSENE BAUWEISE

BAUWERK UND BAUGRUND	**Bauwerk:** Straßentunnel unter dem Bostoner Hafen parallel zum Sumner-Tunnel, einem schild-vorgetriebenen Tunnel mit Stahltübbingauskleidung und einer tragenden Stahlbetoninnenschale (Baujahr 1930) Länge: ca. 1245 m Ausbruchdurchmesser: ~ 9,49 m Innendurchmesser: 8,90 m **Baugrund:** Der Tunnel liegt auf der Ost-Bostoner-Seite auf den ersten 450 m in einem sehr steifen Ton, der von Findlingen durchsetzt ist. Danach besteht die Umgebung aus blauem Ton, später auf der Bostonseite aus Schlick und Kies.
BAUVORGANG	Auffahrung: Schildvortrieb mit Stahltübbingauskleidung; Ringspaltverpressung; Wasserhaltung: mit Druckluft
AUSBAU	**Konstruktion:** Stahltübbingring aus zehn A-, einem B- und einem K-Segment (Schlußstück). Die Tübbingelemente bestehen aus zusammengeschweißten Blechen, wobei die Flansche an Winkelprofilen gebildet werden. Die Längsaussteifungen dienen der Übertragung der Pressenkräfte (Bild C10/1). Untereinander sind die Tübbinge in der Ring- und Längsfuge mit Schrauben verbunden. Die Tunnelröhre ist mit einer Stahlbetoninnenschale ausgekleidet, die sowohl als Korrosionsschutz für die Tübbinge, als auch der Anbringung der Kacheln für die innere Verkleidung dient (keine tragende und dichtende Funktion). Material: Der Stahl mußte den Anforderungen des Brückenbaus entsprechen (ASTM-Norm: A7) Abmessungen: Außendurchmesser 9,35 m; Innendurchmesser 8,90 m; Ringbreite 0,813 m; Ringhöhe 0,224 m; Tübbinglänge 2,67 m Verbindung der Tübbinge: Bolzen Ø 25,4 Fugendichtung: Die Dichtung zwischen den Tübbingen wurde durch eine graphitfreie Asbestpackung (9,5 x 9,5 mm) erreicht, die in eine abgegratete Nut eingelegt wurde. Die Nut war jeweils in einen Radial- und einen Ringflansch eingefräst. Die Anordnung der Nut im Tübbing erfolgte so, daß eindringendes Wasser nicht bis zu den Bolzenlöchern vordringen kann. Die Dichtungswirkung erfolgte durch Verquetschen der Asbestpackung beim Vortrieb.
KORROSIONS-SCHUTZMASSNAHMEN	Unmittelbar nach der Herstellung und Abnahme wurden alle Tübbingsegmente sorgfältig gereinigt. Die nach dem Einbau mit dem Erdreich in Berührung stehenden Tübbingflächen erhielten zunächst eine Grundierung und anschließend einen Steinkohlenteeranstrich (Bitumastic). Die übrigen Flächen der Segmente wurden mit reinem Leinöl gestrichen. Auf der Tübbinginnenseite dient die Betonauskleidung als Korrosionsschutz. Gegen Streustromeinflüsse aus einer benachbarten (ca. 500 m entfernten) U-Bahn und gegen Bodenkorrosion wurde ein kathodisches Korrosionsschutzsystem nach dem Fremdstromverfahren installiert. Hierfür wurden auf der Ost-Bostonseite oberhalb des Sumner- und des Callahan-Tunnels je ein Vertikalschacht (genaue Lage siehe Bild C10/2) von der Erdoberfläche bis auf die Tunnelfirste niedergebracht. Sie bestehen aus aufeinandergesetzten Stahlbetonrohren von 1,22 m Innendurchmesser (Bild C10/3). Auf den Schachtsohlen wurde im Schnittpunkt von je drei Tübbingsegmenten eine Stahlplatte von 61 x 61 x 1,3 cm Größe auf die Tunnelaußenhaut geschweißt. An diesen Platten wurden zwei isolierte Kabel befestigt und im Schacht zur Erdoberfläche hochgeführt (Bild C10/4). Der 3-Phasen-Wechselstrom des Bostoner Netzes (230 V, 60 Hz) wird über einen ölgekühlten Gleichrichter (Gleichstrom-Ausgangsleistung 18 V, 200 A) in Gleichstrom umgewandelt. Der positive Anschlußpunkt des Gleichrichters ist mit sechs Anoden (1 % Silber, 99 % Blei) von 38 mm Durchmesser und 3,05 m Länge verbunden, während der negative Pol über die Kabel in den Vertikalschächten an die Tunnelschale angeschlossen ist (Bild C10/5). Die Anoden sind südlich des Callahan-Tunnels von einer Konstruktion unterhalb der Pier aus in das Seewasser eingehangen (s. Lageplan Bild C10/6). Bei Einschaltung des elektrischen Systems fließt somit der Strom vom Gleichrichter zu den Anoden, von dort durch das Seewasser und den Boden zur Tunnelschale und über die Kabelverbindung in den Vertikalschächten zurück zum Gleichrichter. Bild C10/7 zeigt die Verteilung des kathodischen Schutzstromes

	über die Tunnellänge. Aus einem Vergleich mit dem Streustromfluß in Bild C/10/8 geht hervor, daß sich der kathodische Schutzstrom in einem für den Korrosionsschutz günstigen Sinne mit den Streuströmen überlagert, da er den Streustromaustritten stets entgegengesetzt gerichtet ist (Bild C10/5). Diese Ergebnisse führten zur Anwendung des Fremdstromverfahrens in dem dargelegten Sinne. Aufgrund der Versuche wurde ein kontinuierlicher Schutzstrom in der Größenordnung von maximal 175 bis 200 A benötigt, wovon etwa 85 % auf den Callahan- und 15 % auf den Sumner-Tunnel geleitet werden mußten [7]. Vor Inbetriebnahme der Anlage wurden besondere Messungen durchgeführt um zu klären, ob der Fremdstrom andere metallische unterirdische Leitungen in der Nachbarschaft der Tunnel nachteilig beeinflußt. Dies war bei der gewählten Anordnung nicht der Fall.
KOSTEN DER KORROSIONS-SCHUTZMASSNAHMEN	Die Kosten für die Einrichtung und Unterhaltung des kathodischen Schutzsystems werden vom Betreiber der Tunnel wie folgt angegeben [9]: - Schachtbauwerk über jedem Tunnel 31740 $ - Installation des kathodischen Schutzsystems 6849 $ - Inspektion und Einstellung in zweijährigem Abstand durch Wartungsdienst 500 $ - Stromkosten pro Monat 112 $ Außerdem wird der Gleichrichter im Abstand von zwei Wochen durch das Wartungspersonal für die Tunnel überprüft und abgelesen.
ERFAHRUNGEN MIT DEN KORROSIONS-SCHUTZMASSNAHMEN	Am 8. Juli 1964 wurde das Korrosionsschutzsystem in Betrieb gesetzt, und zwar zunächst mit 13,1 V und 142 A, wobei 120 A auf den Callahan- und 22 A auf den Sumner-Tunnel geleitet wurden. Im Januar 1966 wurde das kathodische Schutzsystem der beiden Tunnel auf seine Wirksamkeit überprüft. Sudrabin berichtet darüber in [5]. Folgende Ergebnisse sind bemerkenswert: - Am 14. Januar 1966, 10.00 Uhr, arbeitete der Gleichrichter bei 14,8 V und 158 A (18 A Sumner- und 140 A Callahan-Tunnel). Der Bandwiderstand in der Rückführungsleitung des Sumner-Tunnels wurde daraufhin so verstellt, daß die Stromverteilung auf 30 A für den Sumner-Tunnel und 128 A für den Callahan-Tunnel verändert wurde (s. auch Bild C10/9 - Tab. C10/2). Damit sollten nachteilige Streustromauswirkungen verhindert werden. - Am 4. und 5. Januar 1966 wurden die Tunnel-Potentiale gegen eine $CuSO_4$-Bezugszelle an den Test-Verbindungs-Stellen gemessen. Die Ergebnisse sind in Bild C10/9 und der zugehörigen Tabelle C10/1 niedergelegt. Dabei bedeuten elektronegative Spannungen gegen eine $CuSO_4$-Bezugszelle von mehr als -0,85 V einen vollständigen Korrosionsschutz. Aus den angegebenen Daten geht somit folgendes hervor: . Die Meßergebnisse zeigen, daß der Korrosionsschutz beim Callahan-Tunnel weitgehend erreicht ist. . Seit den Messungen am 12. August 1964 hat sich beim Callahan-Tunnel ein "Polarisations-Effekt" eingestellt, denn die Spannungswerte am 5. Januar 1966 liegen um mehr als 140 Millivolt höher. . Im Bereich der Verbindungsstelle zum Gleichrichter (Punkt A) zeigt der Sumner-Tunnel ausreichende Korrosionsschutzspannungen. Auch hier liegt ein "Polarisations-Effekt" vor. . Am östlichen Lüftergebäude des Sumner-Tunnels (Punkt B) deutet das etwas stärker negative Potential bei ausgeschaltetem Gleichrichter auf eine leicht nachteilige Beeinflussung durch den Schutzstrom hin (Gegenmaßnahme s. oben). - Eine Überprüfung der Anoden nach 2 1/2jähriger Betriebszeit hat ergeben, daß mit einer etwa 10jährigen Lebensdauer dieser Anlagenteile gerechnet werden kann.
QUELLEN	[1] Apel, F.: Tunnel mit Schildvortrieb; Werner Verlag, 1968, S. 247 - 250 [2] Richardson, C.A.: Constructing a soft-ground tunnel under Boston Harbor; Civil Engineering, January 1961, S. 42 - 45 [3] Sudrabin, L.P.: External Tunnel Shell Corrosion and Control, Sumner & Lt. William F. Callahan jr. - Tunnel - Boston, Massachusetts; Contract No. 366-0004 der Massachusetts Turnpike Authority, June 1962 (unveröffentlicht) [4] Anon.: Specifications for cathodic protection of Sumner and Lt. William F. Callahan jr.-Tunnels, East Boston, Massachusetts; September 1963 (unveröffentlicht) [5] Sudrabin, L.P.: Schreiben vom 13. Januar 1966 an die Massachusetts Turnpike Authority zum Thema "Callahan-Sumner-Tunnels External Shell Corrosion Control"; P. E. No. 1601

[6] Sudrabin, L.P.: Corrosion prevention of the Boston Callahan Tunnel; Materials Protection, November 1967, S. 16 - 18

[7] Sudrabin, L.P.: Operating instructions - External Shell Corrosion Control System Lt. William F. Callahan jr.-Tunnel & Sumner Tunnel; Contract No. 366-0004 der Massachusetts Turnpike Authority; September 1964 (unveröffent- licht)

[8] Brief des Ingenieurbüros Singstad, Kehart, November & Hurka, New York vom 20. Juni 1972 nebst Anlagen an die STUVA

[9] Brief der Massachusetts Turnpike Authority vom 12. Februar 1973 an die STUVA

Meß-datum	Gleich-richter-schaltung	Potentiale an den verschiedenen Punkten (Volt)					
		Callahan-Tunnel			Sumner-Tunnel		
		A	B	C	A	B	C
12.8.1964	ein (158 A)	-1,11o	-o,72o	-o,82o	-o,93o	-o,6oo	-o,666
	aus	-o,82o	-o,66o	-o,78o	-o,683	-o,58o	-o,652
5.1.1966	ein (128 A)	-1,32o	-o,87o	-o,96o	-1,31o	-o,74o	-o,6o5
	aus	-1,o6o	-o,795	-o,92o	-o,998	-o,75o	-

Tabelle C10/1: Potentiale der Tunnelschale gegen eine $CuSO_4$-Bezugsquelle

Meß-datum	Meß-zeit	Spannung (Volt)	Stromstärke (Ampère)		
			insgesamt	Callahan-Tunnel	Sumner-Tunnel
4.1.1966	10.oo	14,8	158	14o	18
4.1.1966	10.3o	14,8	158	128	3o

Tabelle C10/2: Verteilung des kathodischen Schutzstromes

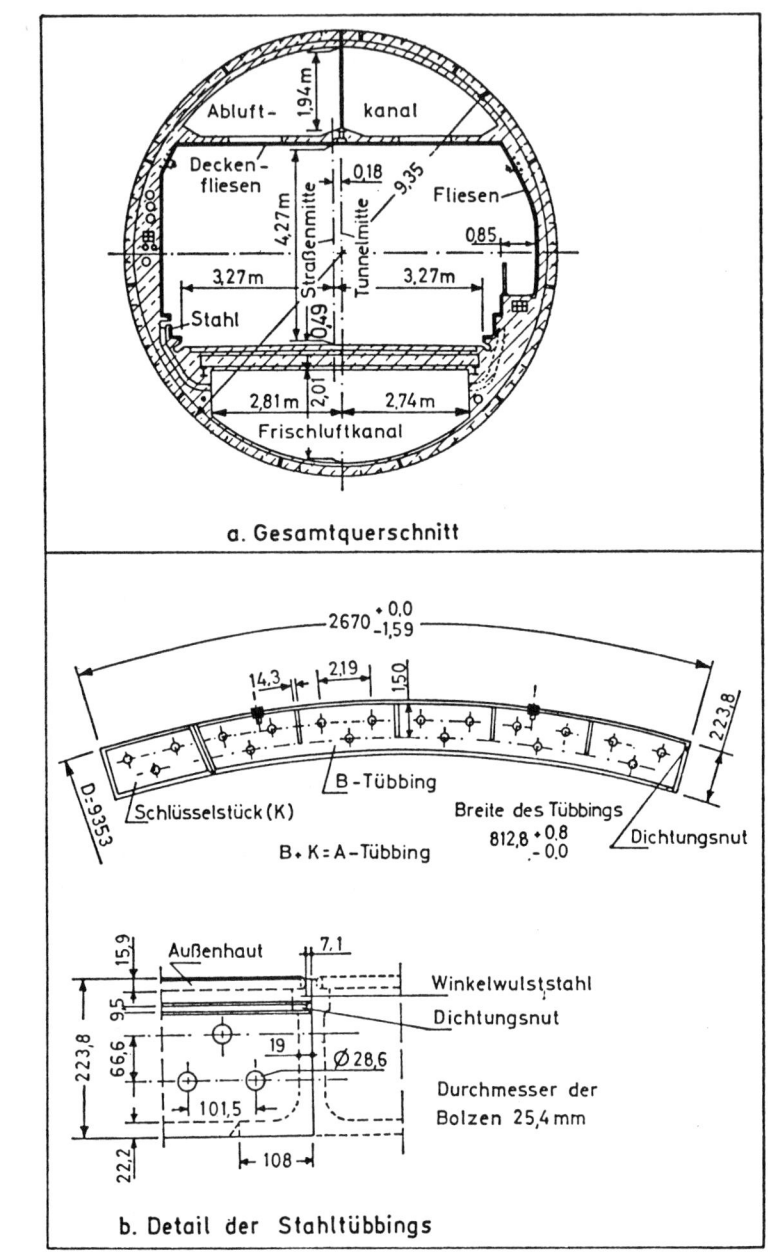

a. Gesamtquerschnitt

b. Detail der Stahltübbings

Bild C10/1: Gesamtquerschnitt und konstruktive Details des Callahan-Tunnels in Boston [1]

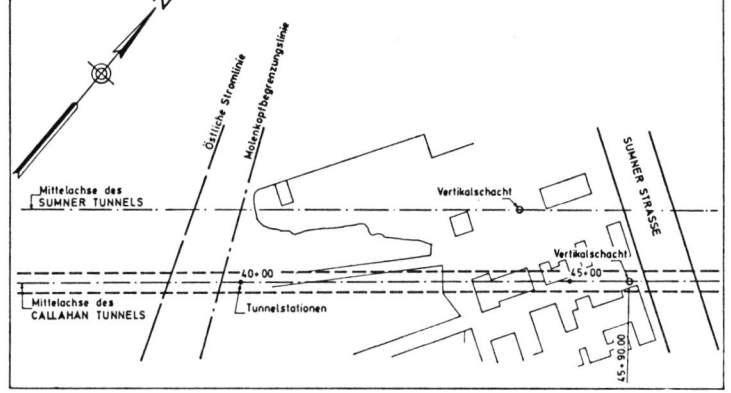

Bild C10/2: Grundrißsituation auf dem Ostufer mit Lage der Vertikalschächte für den kathodischen Korrosionsschutz [3] [8]

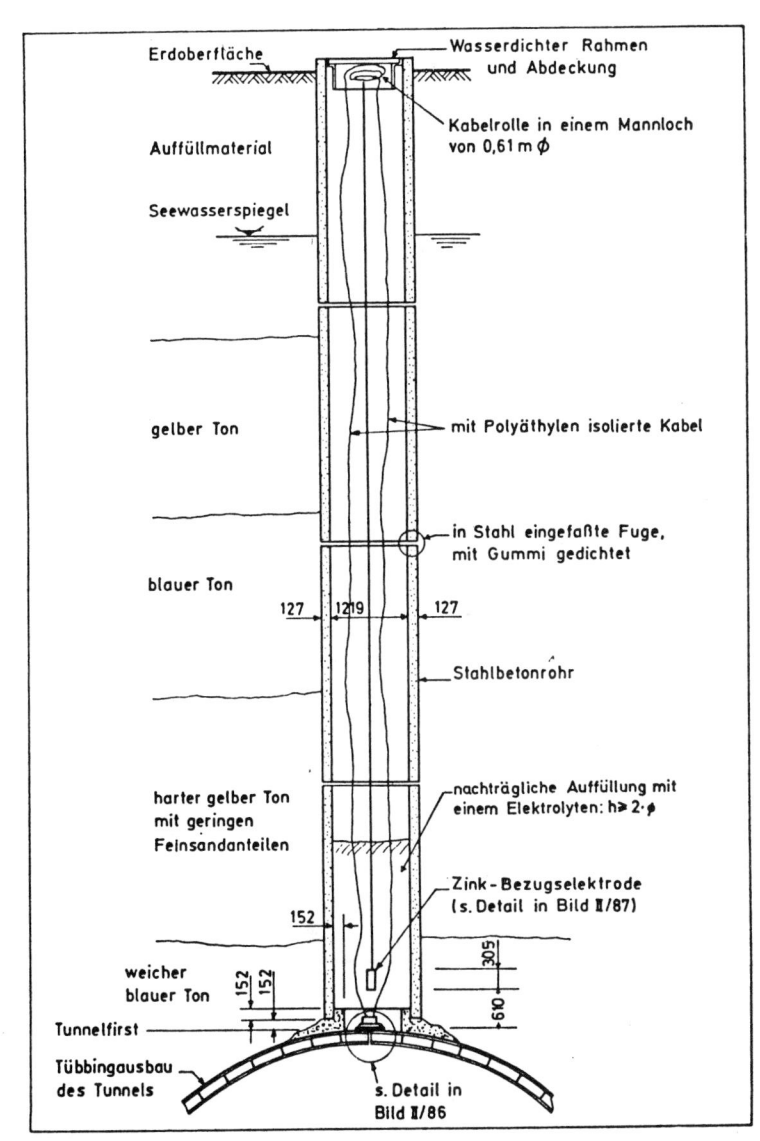

Erdoberfläche
Wasserdichter Rahmen und Abdeckung
Auffüllmaterial
Kabelrolle in einem Mannloch von 0,61 m ⌀
Seewasserspiegel
gelber Ton
mit Polyäthylen isolierte Kabel
in Stahl eingefaßte Fuge, mit Gummi gedichtet
blauer Ton
127 | 127,9 | 127
Stahlbetonrohr
harter gelber Ton mit geringen Feinsandanteilen
nachträgliche Auffüllung mit einem Elektrolyten: h ≥ 2·⌀
152
Zink-Bezugselektrode (s. Detail in Bild II/87)
305
weicher blauer Ton
152 | 152
610
Tunnelfirst
Tübbingausbau des Tunnels
s. Detail in Bild II/86

Bild C10/3: Vertikalschacht zur Durchführung von Messungen und zur Anbringung des kathodischen Korrosionsschutzes am Callahan-Tunnel [8]

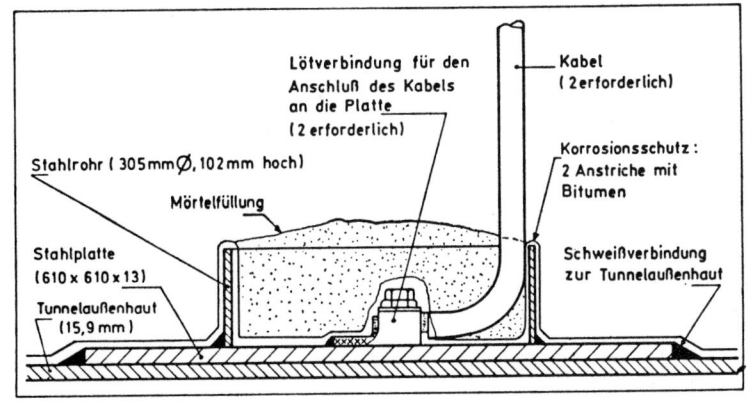

Lötverbindung für den Anschluß des Kabels an die Platte (2 erforderlich)
Kabel (2 erforderlich)
Stahlrohr (305 mm ⌀, 102 mm hoch)
Korrosionsschutz: 2 Anstriche mit Bitumen
Mörtelfüllung
Stahlplatte (610 x 610 x 13)
Schweißverbindung zur Tunnelaußenhaut
Tunnelaußenhaut (15,9 mm)

Bild C10/4: Detail des Kabelanschlusses im Vertikalschacht an das Außenblech der Stahltübbings des Tunnels [8]

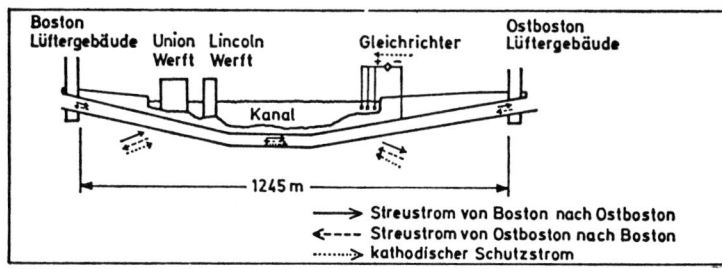

Bild C10/5: Überlagerung des kathodischen Schutz-
stromes über die
Streuströme [6]

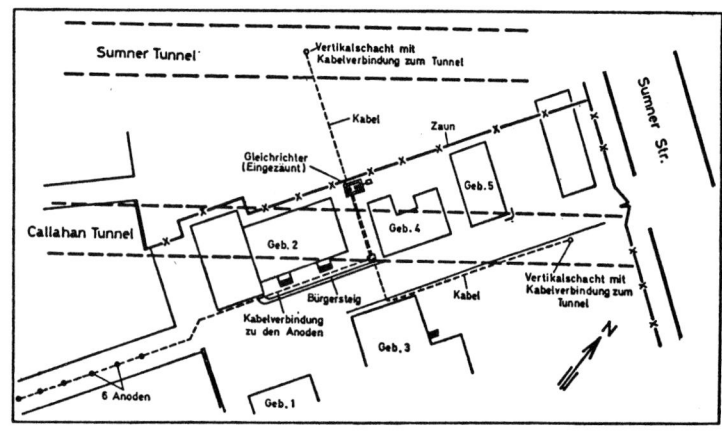

Bild C10/6: Lageplan mit Anordnung des Gleichrich-
ters, der Anoden und
der Verbindungen zu
den Tunneln [7]

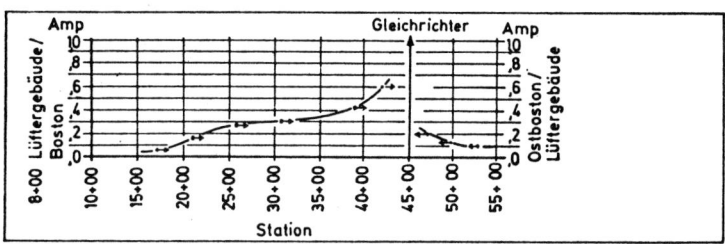

Bild C10/7: Verlauf des kathodischen Korrosionsschutz-
stroms am Callahan-
Tunnel [6]

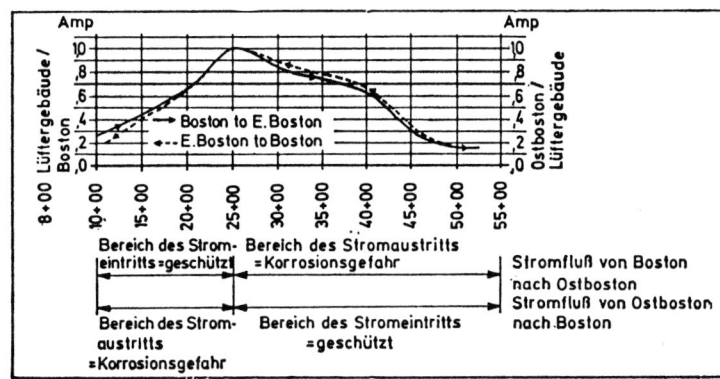

Bild C10/8: Streustromverlauf in
der stählernen Tun-
nelauskleidung des
Callahan-Tunnels [6]

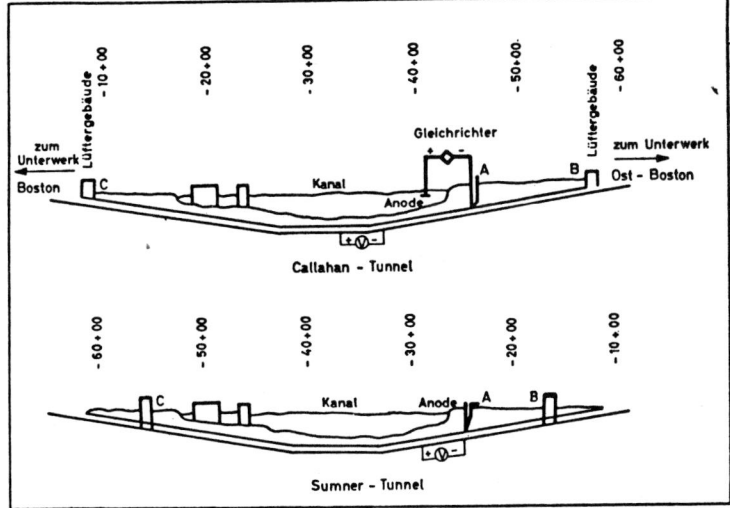

Bild C10/9: Ergebnisse der Potential- und Strom-
verteilungsmessungen am Callahan-
und Sumner-Tunnel im Januar 1966 [5]

U-BAHNTUNNEL IN TORONTO, KANADA; NÖRDLICHE VERLÄNGERUNG DER YONGE STREET U-BAHNLINIE (PLANUNG, NICHT AUSGEFÜHRT)	GESCHLOSSENE BAUWEISE

BAUHERR	Toronto Transit Commission .
BAUWERK UND BAUGRUND	**Bauwerk:** U-Bahn-Streckentunnel mit zwei eingleisigen Schildröhren Außendurchmesser: ca. 5,3 m Innendurchmesser: 4,876 m
BAUVORGANG	Schildvortrieb mit endgültigem Tunnelausbau aus Stahltübbingen; Ringspaltverpressung
AUSBAU	**Konstruktion:** Stahltübbingring aus sieben 0-Segmenten, einem T-Segment und einem Schlußstück (Bild C 11/1). Die Tübbinge sind aus Blechen zusammengeschweißt. Sie besitzen im Ansatzpunkt der Vortriebspressen kräftige Längsaussteifungen. An den Berührungsflächen sind die Flansche maschinell bearbeitet, um eine satte gegenseitige Anlage und damit eine wirksame elektrische Durchverbindung zu erreichen. In Längs- und Ringrichtung sind die Tübbinge miteinander verschraubt. Material: muß die Bestimmungen der Normen CSA (Canadian Standards Association) G40.12 bzw. ASTM (American Society for Testing Materials) A36 erfüllen. Abmessungen: Außendurchmesser 5,180 m; Ringbreite 0,608 m; Ringhöhe 0,152 m **Kosten** pro Ring 860 $ (Preisstand 1968); (Die zur Ausführung gelangten Gußeisenringe kosteten nur 728 $ pro Ring.)
KORROSIONS-SCHUTZMASSNAHMEN	Als Korrosionsschutzmaßnahmen wurden aufgrund besonderer Untersuchungen ein Dickenzuschlag zum Stahl und Korrosionsschutzschichten empfohlen (hierzu fehlen Zahlen- und Materialangaben). In ihrer Ausschreibung hat die Toronto Transit Commission als Bauherr die Anforderungen an den Korrosionsschutz wie folgt präzisiert: - Alle Oberflächen, die für eine Korrosionsschutzbeschichtung vorgesehen sind, müssen durch Sandstrahlung (mit Flint-Kristall-Quarzsand) oder Schrotstrahlung (mit Stahlschrot) gereinigt werden. Alle Reste von Öl, Fett, Staub und anderen Fremdbestandteilen sind vor der Beschichtung zu entfernen. - Mit Ausnahme der maschinell bearbeiteten Oberflächen (Flanschaußenflächen) erhält die gesamte Stahloberfläche eines Segmentes eine Grundierung aus anorganischem Zinksilikat von mindestens 60 μm Dicke. Die Grundierung ist binnen acht Stunden nach der Sand- bzw. Schrotstrahlung aufzubringen bzw. vor jeglicher Bildung von Flugrost. Evtl. Ablagerungen der Grundierung auf den maschinell bearbeiteten Flächen sind sofort zu entfernen. Im übrigen müssen die Außenflächen der Flansche unmittelbar nach der Bearbeitung durch eine Fettschicht geschützt werden. Diese wird erst kurz vor dem Transport zur Einbaustelle entfernt. - Die Außenflächen (dem Erdreich zugewandte Seiten) der Tübbinge sind nach der vollständigen Austrocknung der Grundierung mit einer 200 μm dicken Schicht aus Steinkohlenteer-Expoxid zu beschichten. - Beschädigungen der Beschichtungen während der Lagerung oder des Transportes sind in Übereinstimmung mit den Herstellerangaben zu reparieren.
QUELLEN	[1] Atkins, Hatch & Associates: Yonge Street Subway Extension: Corrosion Control with Respect to Tunnel Linings (unveröffentlichter Bericht) [2] Toronto Transit Commission: Yonge Subway Northern Extension, Works Contract and Specifications, Supply of Metallic Tunnel Linings; Contract Y9 (unveröffentlichte Ausschreibungsunterlagen)

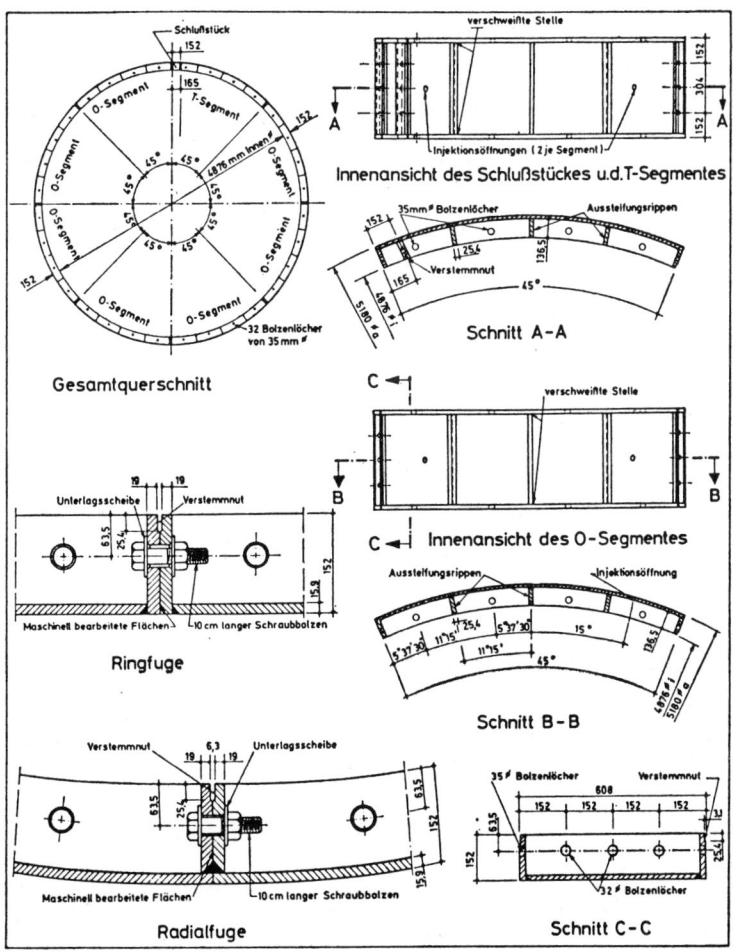

Bild C11/1.: Konstruktive Details der für den U-Bahn-
bau in Toronto vorgesehenen Stahl-
tübbings [2]

METRO AMSTERDAM, IJ-UNTERFAHRUNG, HOLLAND (PLANUNG, NICHT AUSGEFÜHRT)	GESCHLOSSENE BAUWEISE

BAUHERR	Metro Amsterdam, Holland
BAUWERK UND BAUGRUND	**Bauwerk:** U-Bahntunnel zur Unterquerung des Ij-Flusses Länge: 2 x 1060 m Außendurchmesser: 5,54 m Innendurchmesser: 5,25 m Überdeckung: bis 15 m **Baugrund:** weicher Ton **Grundwasser:** über First anstehend
BAUVORGANG	Schildvortrieb von 2 parallelen Streckentunneln; es war mit stärkeren Be- und Entlastungen während der Bauzeit zu rechnen.
AUSBAU	**Konstruktion:** Tunnelring aus 9 Segmenten und 1 Schlußstück (Bild C12/1); statische Auslegung erfolgte derart, daß in dem weichen Boden Zerrungen bis 0,3 % des Durchmessers bei Spannungen bis 150 MN/m^2 aufgenommen werden konnten. Die Tübbinge sind aus Einzelblechen zusammengeschweißt. Die Verbindung der Tübbinge erfolgt durch Verschraubung: in Ringfuge 28 Bolzen Ø 24 mm; jeder Tübbing in Längsfuge 3 Bolzen Abmessungen: Außendurchmesser: 5,54 m; Ringbreite: 500 mm; Ringhöhe: 145 mm; Flanschdicke: 20 mm; Tübbingblechdicke: 15 mm
QUELLEN	[1] Craig, R. N./Muir Wood, A.M.: A review of tunnel lining practice in the United Kingdom; TRRL Supplementary Report 335; Transport and Road Research Laboratory, Crowthorne, Berkshire, 1978

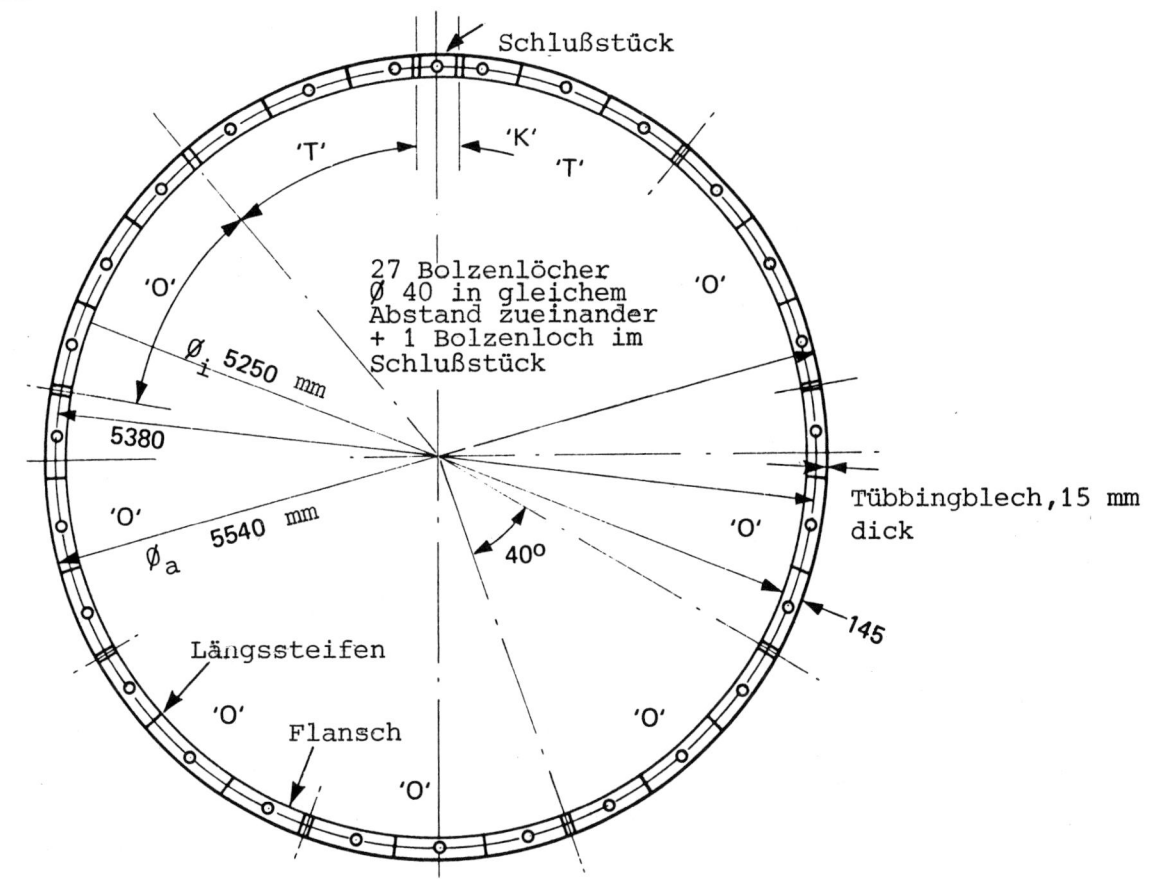

Bild C12/1: Querschnitt

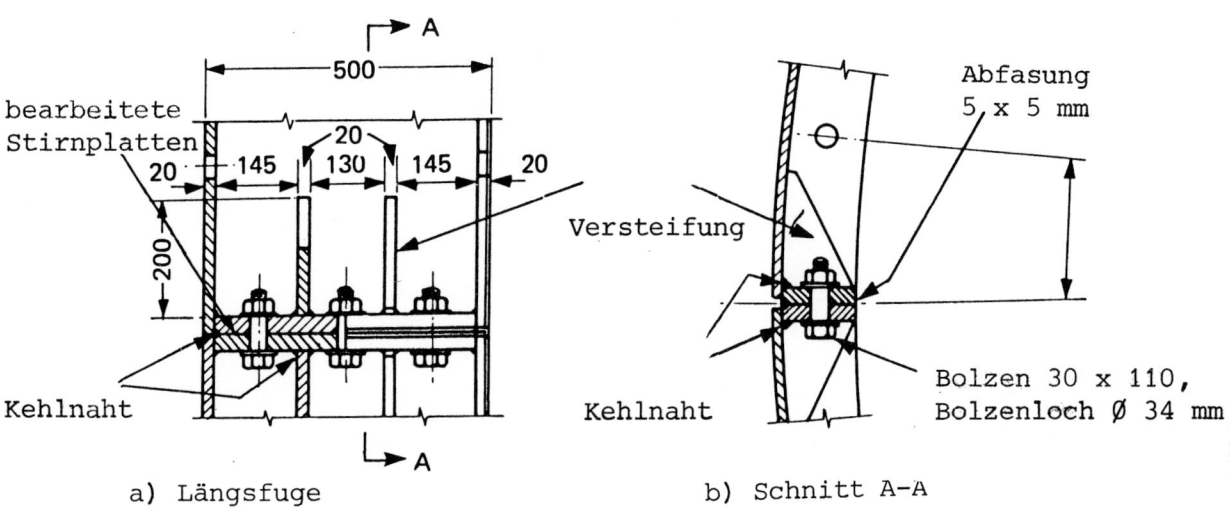

a) Längsfuge   b) Schnitt A-A

Bild C12/2: Metro Amsterdam, Entwurf einer Stahltübbingauskleidung
für die Unterfahrung des Ij-Flusses

U-BAHN LOS H 98 IN BERLIN (PLANUNG,NICHT AUSGEFÜHRT) 1969	GESCHLOSSENE BAUWEISE

BAUHERR	Senat von Berlin
BIETER	Philipp Holzmann AG., Hoesch AG.
BAUWERK UND BAUGRUND	**Bauwerk:** Zwei eingleisige Tunnelröhren unter dichter Bebauung (Bild C13/1) Streckenlänge: 400 m Innendurchmesser: 5,25 m Überdeckungen zu den Hausfundamenten: 4,50 bis 6,50 m **Baugrund:** Unter Schutt und einer festen Geschiebemergelschicht sehr unterschiedlicher Dicke (9,4 bis 15,0 m) stehen Fein- bis Grobsande an (Bild C13/2). **Grundwasser:** Der höchste Grundwasserstand liegt ca. 5 m unter GOF.
BAUVORGANG UND AUSBAU	Der Entwurf sah den Vortrieb der beiden Einzelröhren zeitlich nacheinander in Schildbauweise bei abgesenktem Grundwasser vor. Als Ausbau wurde die in Bild C13/3 dargestellte Stahltübbingauskleidung vorgeschlagen. Der Ring setzt sich aus 4 Tübbingen mit 4,22 m Länge und 0,53 m Breite zusammen. Auf einen Schluß-stein konnte aufgrund besonderer Formgebung bei den Tübbingen verzichtet werden. Der Tübbing besteht aus einem reinen Walzprofil. Schweißarbeiten sind nur an den Tübbingenden sowie an den Längs- und Ringfugen erforderlich. Die Ableitung der Vortriebskräfte geschieht nicht - wie sonst üblich - über ein-geschweißte Rippen,sondern über versetzbare Kontaktstücke, die nur im Vortriebs-bereich auf 20 bis 30 m Länge die Profile aussteifen. Diese Länge reicht aus, die Kräfte in den Erdboden abzuleiten.
QUELLEN	[1] Krabbe, W.: Entwicklungsstand der Tunnelauskleidungen beim Schildvortrieb; Forschung + Praxis, Bd. 15; Herausgeber: STUVA, Köln; Alba-Buchverlag, Düsseldorf; S. 104-109

Bild C13/1: Lageplan; U-Bahn Los H 98, Berlin

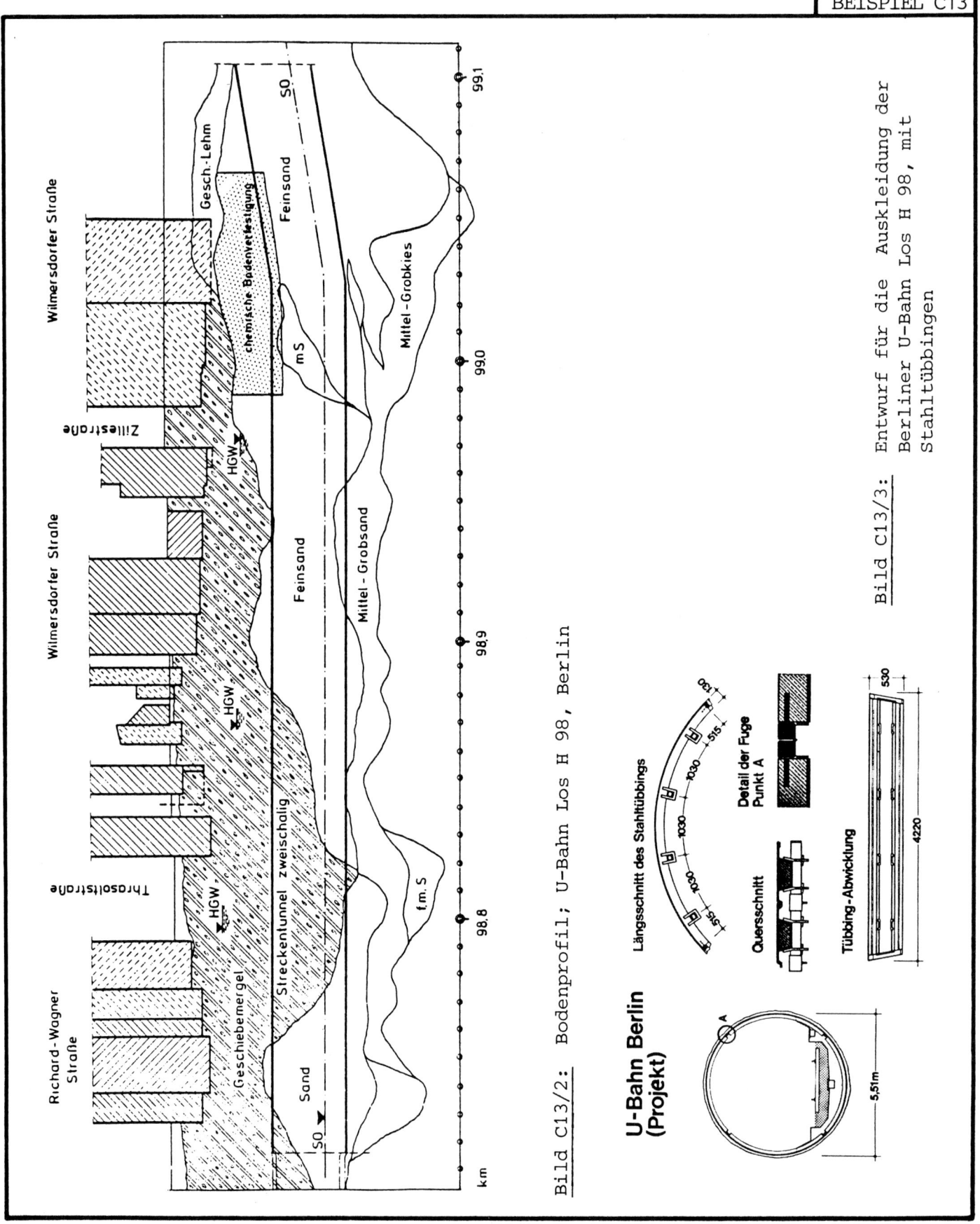

Bild C13/2: Bodenprofil; U-Bahn Los H 98, Berlin

Bild C13/3: Entwurf für die Auskleidung der Berliner U-Bahn Los H 98, mit Stahltübbingen

Anhang D

SCHRÄGSCHACHT DES PUMPSPEICHERWERKES WALDECK II 1970/74	GESCHLOSSENE BAUWEISE

BAUHERR	Preußische Elektrizitäts-AG., Hannover
AUSFÜHRENDE FIRMEN	Beton- und Monierbau in Arbeitsgemeinschaft, Friedrich Krupp GmbH, Industrie- und Stahlbau
BAUWERK UND BAUGRUND	**Bauwerk:** Die Verbindung zwischen Oberbecken und Kavernen - Kraftwerk wird beim Pumpspeicherwerk Waldeck II durch einen 481 m langen Schrägschacht mit 38°42' Neigung gebildet. Der lichte Schachtdurchmesser beträgt 5,75 m (Bild D1/1). **Baugrund:** Wechsellagerung von sandgebänderten Schiefertonen und fein- bis grobkörnigen Grauwacken bzw. Sandsteinen.
BAUAUSFÜHRUNG	Der Querschnitt des Schrägschachtes wurde bergmännisch im Sprengvortrieb aufgefahren. Zunächst wurde ein 19 m² großer Sohlstollen von unten nach oben ausgebrochen und dieser dann auf den endgültigen Querschnitt von 39 m² von oben nach unten erweitert (Bild D1/2). Die Gebirgssicherung erfolgt mit Stahlringen, Spritzbeton und Baustahlgewebebewehrung. Für den Einbau der Stahlauskleidung wurde eine Sohle betoniert, auf die Schienen für den Rohrtransportwagen montiert wurden. Die innere Stahlauskleidung des Schachtes wurde in einer provisorischen Montagehalle vorgefertigt. Zu Halbschalen gebogene Bleche aus Feinkornstählen StE 26 bis StE 47 von 18 bis 23 mm Dicke wurden durch zwei Längsnähte zu Rohrschüssen mit einem Innendurchmesser von 5,75 m und einer Länge von 3 m verschweißt. Drei Rohrschüsse ergaben durch Rundnähte miteinander verbunden eine Montageeinheit von 9 m Länge. Nach umfangreicher Prüfung aller Schweißnähte wurden die 40 t schweren Rohre auf einen Wagen in den Schacht von oben eingefahren und mit dem bereits eingebauten Rohrstrang verschweißt. Schweißung und Prüfung der Montagenähte vor "Ort" konnten nur von der Rohrinnenseite her erfolgen, da der Stollenquerschnitt aus Gründen der Kostenersparnis auf ein Minimum beschränkt war (Bild D1/3). Vor diesem Hintergrund wurde die in Bild D1/4 dargestellte Steilflankennaht mit hinterlegtem Flacheisen ausgeführt. Sie ließ sich von innen her einwandfrei schweißen und mit Ultraschall prüfen. Das hinterlegte Flacheisen diente gleichzeitig zur Zentrierung des nachfolgenden Rohrschusses. Zur Sicherstellung der gleichförmigen Bettung der Rohre erfolgte die Abstützung der Einbaueinheiten mittels Fertigbetonstützen, die im Stollen verbleiben (Bild D1/5). Nachdem jeweils 2 Stück der 9 m langen Rohrschüsse eingebaut und verschweißt waren, wurde der Zwischenraum zwischen Rohr und Felsausbruch ausbetoniert. Zur Aufnahme der durch den flüssigen Beton entstehenden Auftriebskräfte diente ein Aussteifwagen, der im Rohrinnern aufgehängt und verkeilt war. Nach jedem Betonierabschnitt wurde der Wagen um einen Takt hochgezogen (Bild D1/5 und 6). Im Endzustand ist die Stahlschale voll einbetoniert. In den oberen ca. 160 m des Schachtes wird die Stahlschale allein zur Übernahme der Innendruckbelastung herangezogen. Der Sicherheitsbeiwert gegen Fließen beträgt hier $\nu = 1,8$, die Sicherheit gegen Bruch $\nu = 2,5$. Auf den nach unten anschließenden ca. 320 m des Schachtes wird ein Mittragen des Gebirges angenommen. Ein Beulen der Rohrschale durch äußeren Wasserdruck bei entleerter Leitung wird durch Entwässerungsöffnungen vermieden.
QUELLEN	[1] Pevny, Z./Thomas, W.: Der Druckschacht des Pumpspeicherwerkes Waldeck II; Technische Mitteilungen Krupp; Werksberichte 34 (1976) H. 2/3, S. 107-116 [2] Solbeck, K./Bremmer, W.: Druckrohrleitung und Oberwasserverteilleitung im Pumpspeicherwerk Waldeck II - Werkstoffe, Herstellung, Prüfung; 3R-International 19 (1980) 9, S. 477-483 [3] Pulg, W.: Schrägschacht-Neigung 38,4°, Länge 510 m, Ausbrucharbeiten beim Pumpspeicherwerk Waldeck II; Baupraxis 26 (1974) 2, S. 24-26 und 52

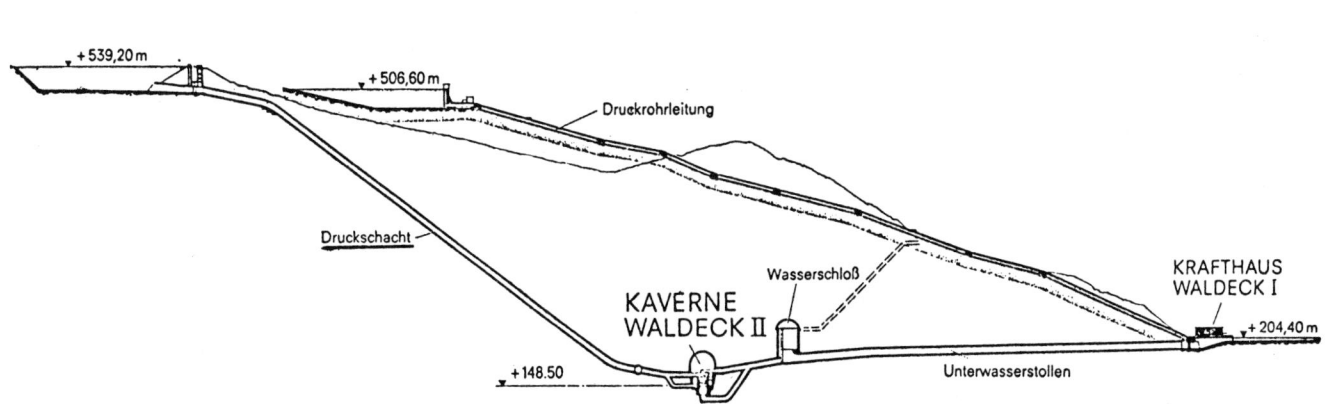

Bild D1/1: Kraftwerke Waldeck I und Waldeck II, Längsschnitte

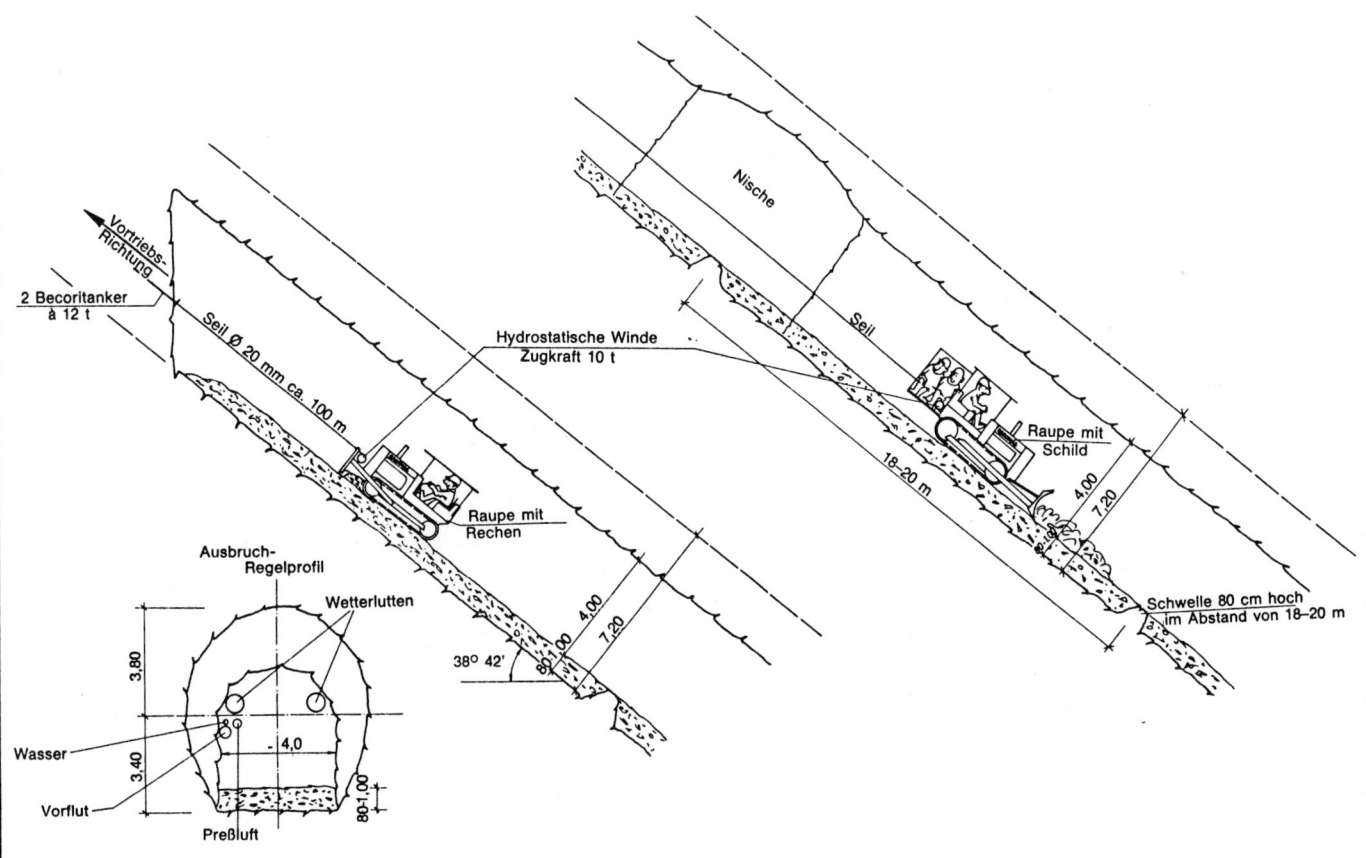

Bild D1/2: Auffahren des Schrägschachtes

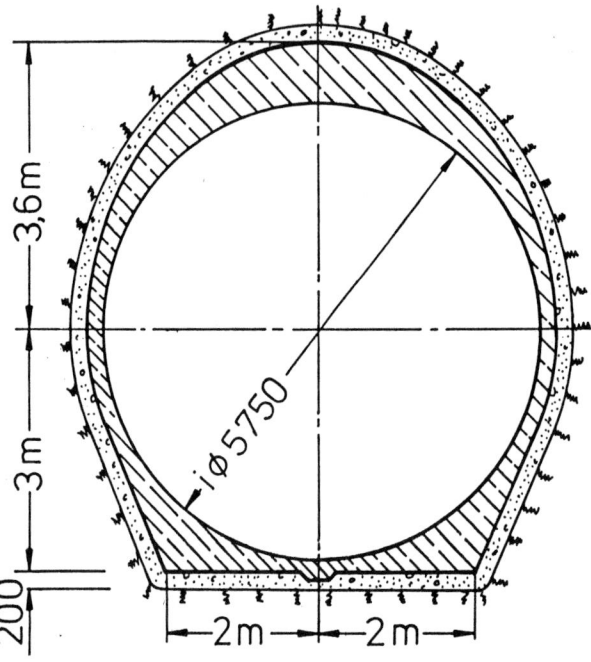

Bild D1/3: Stollenquerschnitt mit Stahlrohrpanzerung

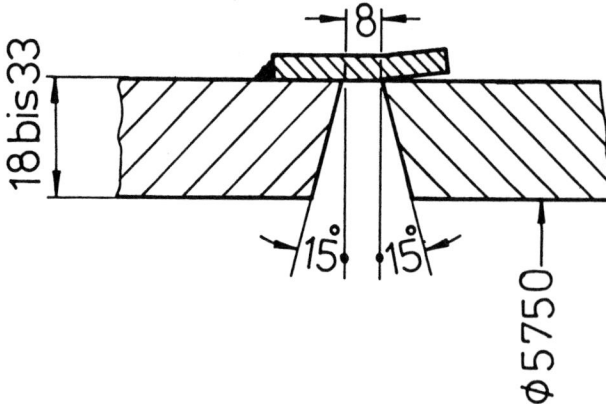

Bild D1/4: Schweißnahtform für Schweißung von der Rohrrinnenseite her

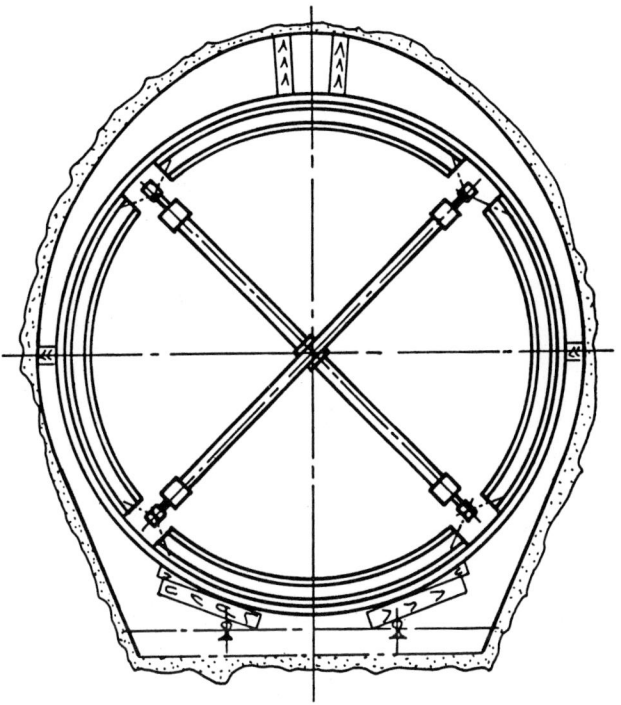

Bild D1/5: Stollenquerschnitt mit Rohr, Betonunterstützungen und Aussteif-
wagen

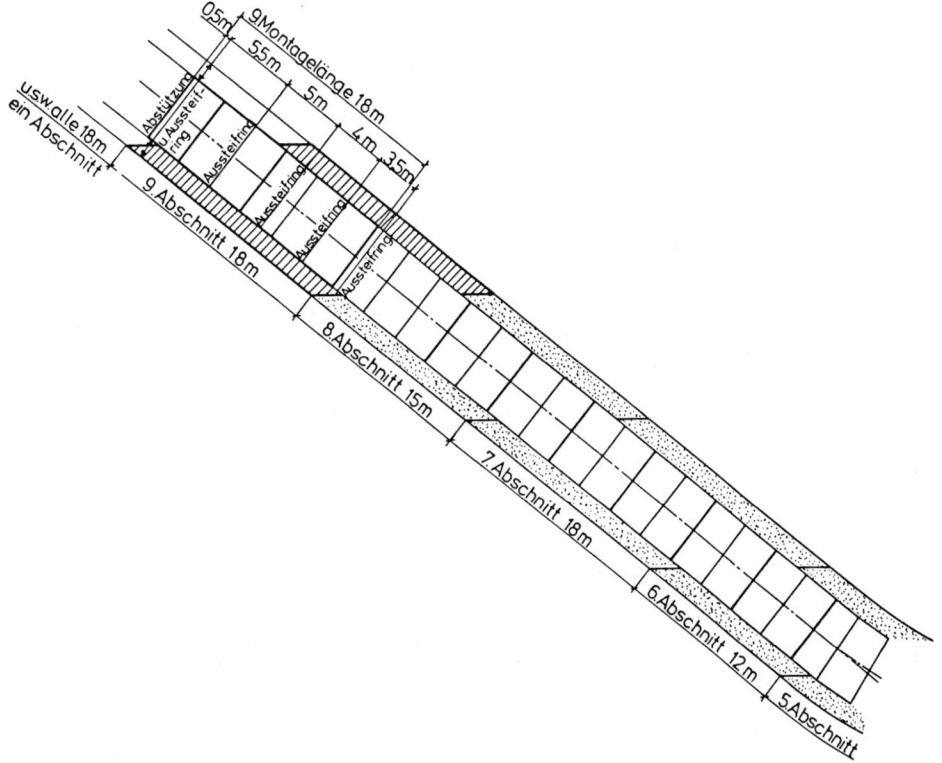

Bild D1/6: Darstellung der Betonierabschnitte im Schacht

STADTBAHN GELSENKIRCHEN BAULOS 5062.1 SCHALKE NORD BAUJAHR 1979/82	GESCHLOSSENE BAUWEISE

BAUHERR	Stadt Gelsenkirchen
AUSFÜHRENDE FIRMEN	Philipp Holzmann AG., E. Heitkamp GmbH, Hochtief AG., Alfred Kunz & Co., Polensky & Zöllner in Zusammenarbeit mit Thyssen Giesserei AG.
BAUWERK UND BAUGRUND	**Bauwerk:** Zwei eingleisige Tunnelröhren unter dichter Bebauung (Bild D2/1) Streckenlänge: 600 m Innendurchmesser: 6,29 m Überdeckung zu den Hausfundamenten: 3,2 bis 8,8 m **Baugrund (Bild D2/1):** Die obersten 3 bis 10 m bestehen aus Überlagerungsböden (Decksande, Löß, Lößlehm und verwitterter Mergel), darunter lagert der Mergelstein (leichter Fels mit einer Zylinderdruckfestigkeit von 0,5 bis 7 N/mm²). **Bergbauliche Einwirkungen:** Das Baulos liegt im Einwirkungsbereich des aktiven Bergbaus. Die wahrscheinlichen horizontalen Baugrundbewegungen liegen zwischen $\pm$ 3°/₀₀ in Tunnelquerrichtung und $\pm$ 4°/₀₀ in Tunnellängsrichtung. Sie können beim Zusammentreffen ungünstiger Umstände auf $\pm$ 10°/₀₀ anwachsen. Daraus ergaben sich folgende Randbedingungen für die Tunnelkonstruktion: (1) Die maximalen Längenänderungen des Gebirges von 10 mm/m müssen ohne Schäden vom Tunnelbauwerk aufgenommen werden können. (2) Die dem Tunnelbauwerk aufgezwungenen Verformungen dürfen insbesondere im Bereich der Bebauung keine zusätzlichen vertikalen Verformungen hervorrufen, die zu Schäden an den Häusern führen können.
BAUVORGANG	Die Tunnelröhren wurden in Spritzbetonbauweise aufgefahren (Bild D2/2). Die bewehrte Spritzbetonschale von mindestens 10 cm Dicke stützt sich auf ringförmige Ausbruchbögen (GT 100) ab. Der Bogenabstand variiert je nach Überbauung zwischen 0,80 und 1,20 m. Die Schale enthält in Ringrichtung in Abständen von 4,80 m sowie längsdurchlaufend in der Firste Sollbruchfugen. Die Laschen der Ausbaubögen in First und Sohle wurden zu diesem Zweck vor Einbringen der Stahlauskleidung gelöst. Durch die Anordnung einer ausreichenden Anzahl von Sollbruchfugen wird gewährleistet, daß sich die Spritzbetonschale unter bergbaulichen Einwirkungen so verhält, daß durch sie die Funktionsfähigkeit des Stahltunnels nicht beeinträchtigt wird. Unmittelbar nach Fertigstellung der Spritzbetontunnel begann die Montage der Stahlauskleidung (Bild D2/3; Einzelheiten s. unter Ausbau). In Abständen von maximal 24,00 m wurde der verbleibende Spalt zwischen Stahlauskleidung und Spritzbeton mit Kunstboden verfüllt (Zusammensetzung s. unter Korrosionsschutzmaßnahmen). Wegen der Weichheit der Tunnelschale war darauf zu achten, daß sich während dieser Arbeiten kein unzulässig hoher Druck und damit die Gefahr eines Ausbeulens einstellen kann. Die maximale Druckfestigkeit des Kunstbodens soll 0,3 N/mm² nicht überschreiten. Damit wird die Scherfestigkeit gering gehalten, so daß sich die Tunnelschale unter der Federkraft nahezu frei bewegen kann.
AUSBAU	Der endgültige Ausbau besteht aus einer kreisrunden Stahlröhre (Bild D2/4), die in Längsrichtung wellenförmig geformt ist, um die bergbaulichen Einwirkungen nach dem Ziehharmonikaprinzip aufnehmen zu können. Bezogen auf die Ringrichtung sind im Tunnelquerschnitt zum Ausgleich der bergbaulichen Verformungen Tellerfedersäulen in der glockenartig ausgebildeten Firste als aktive Ausgleichselemente eingebaut. Die doppelt gekrümmte Tunnelschale besteht aus fünf warmgepreßten Stahlsegmenten (St. 52.3) und - wegen der besonderen Formgebung - einem Stahlgußteil (Material GS 16 Mn 4). Das Stahlgußteil ist in der Mitte beweglich ausgebildet und wird aus Dichtigkeitsgründen mit einem Schlaufenblech (Material Hoesch Union 160 SW) überbrückt. Dieses ist in der Lage, 80 Lastwechsel schadensfrei zu

	überstehen. Die Segmente wurden zu 4,80 m langen Schüssen zusammengeschweißt, mit einem Radlader in den fertigen Spritzbetontunnel geschoben, ausgerichtet und an das bereits bestehende Tunnelstück angeschweißt. Die Längsnähte erfüllen statische Funktionen, die Ringnähte dichten ab. Aus transporttechnischen Gründen wurden alle Tunnelringe auf der Baustelle zusammengesetzt. Der bereits fertiggestellte Bahnhof Leipziger Straße diente dabei als Montagehalle. An die Maßhaltigkeit der Tunnelschüsse und die Güte der Schweißnähte wurden höchste Anforderungen gestellt. Alle Schweißnähte wurden ultraschallgeprüft und abgenommen. In der Woche wurden 24 m Stahlrohre montiert und eingebaut. Vor Einschub der Stahlringe in den Tunnel wurden die Tellerfedersäulen eingebaut und vorgespannt. Die Federsäulen haben entsprechend der Wellung einen Abstand von 1,20 m. Die Federkräfte variieren je nach Bodenüberlagerung zwischen 0,7 MN und 1,55 MN. Als Auflager wurden konkav ausgebildete Konsolen gewählt. Um ein Verziehen der Stahlkonstruktion während des Transportes im Tunnel zu vermeiden, wurden Aussteifungsträger neben den Federn eingeschweißt, die vor dem Aktivieren derselben wieder herausgebrannt wurden.
KORROSIONS-SCHUTZMASS-NAHMEN	Außen (gebirgsseitig): Kunstboden, bestehend aus Sand, Zement und Bentonit Innen (luftseitig): keine besonderen Maßnahmen
QUELLEN	[1] Aich, H./Püttmann, H.: Stadtbahnbau in Gelsenkirchen im Einwirkungsbereich des aktiven Bergbaus; Straße + Tunnel 34 (1980) 9, S. 6-24 [2] Unterlagen des Stadtbahnbauamtes Gelsenkirchen

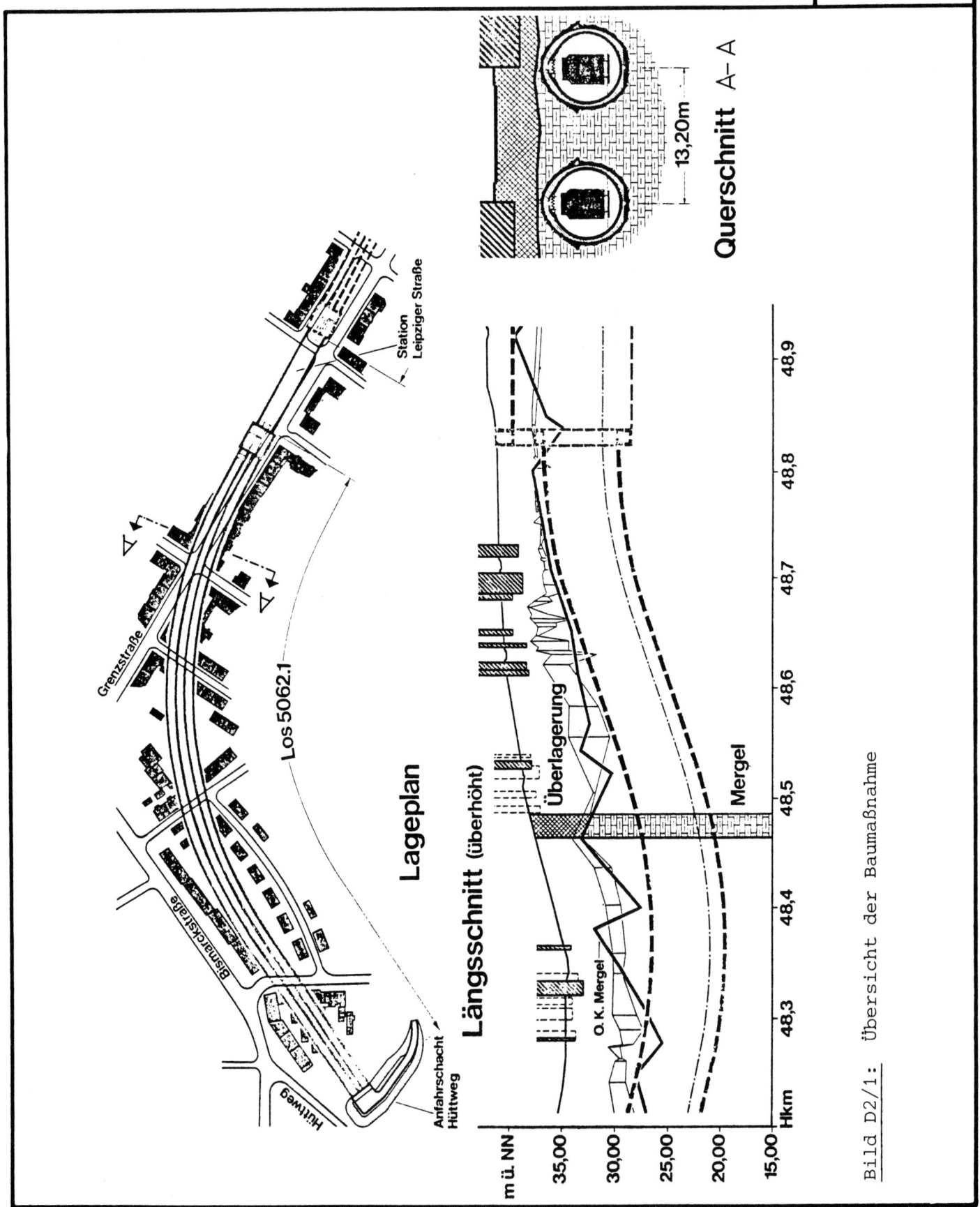

Querschnitt A–A

13,20m

Lageplan

Längsschnitt (überhöht)

Überlagerung

Mergel

O. K. Mergel

Los 5062.1

Anfahrschacht Hüttweg

Station Leipziger Straße

Grenzstraße

Bismarckstraße

Hüttweg

m ü. NN

35,00
30,00
25,00
20,00
15,00

Hkm 48,3 48,4 48,5 48,6 48,7 48,8 48,9

Bild D2/1: Übersicht der Baumaßnahme

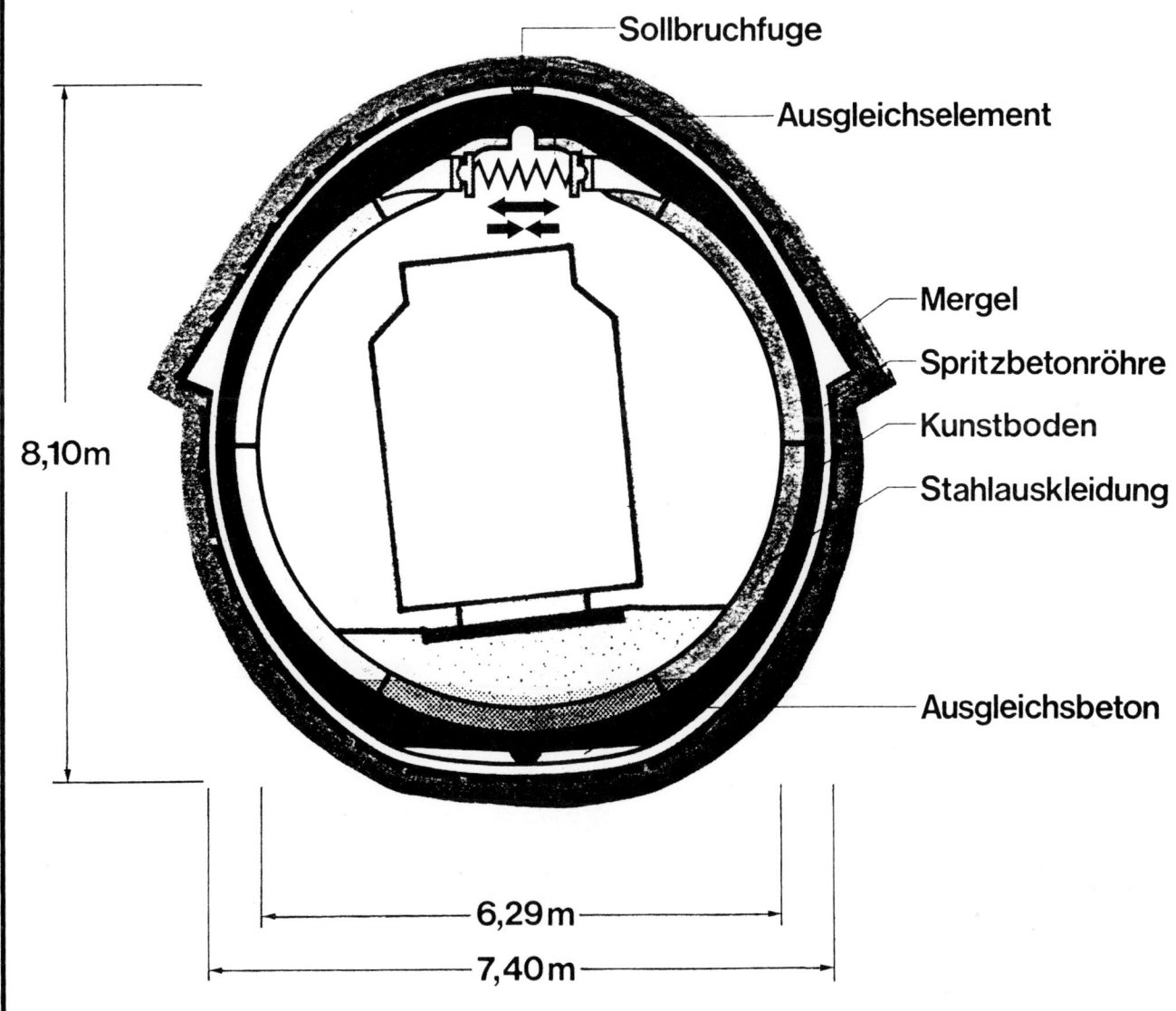

Sollbruchfuge

Ausgleichselement

Mergel

Spritzbetonröhre

Kunstboden

Stahlauskleidung

Ausgleichsbeton

8,10m

6,29m

7,40m

Bild D2/2: Regelquerschnitt

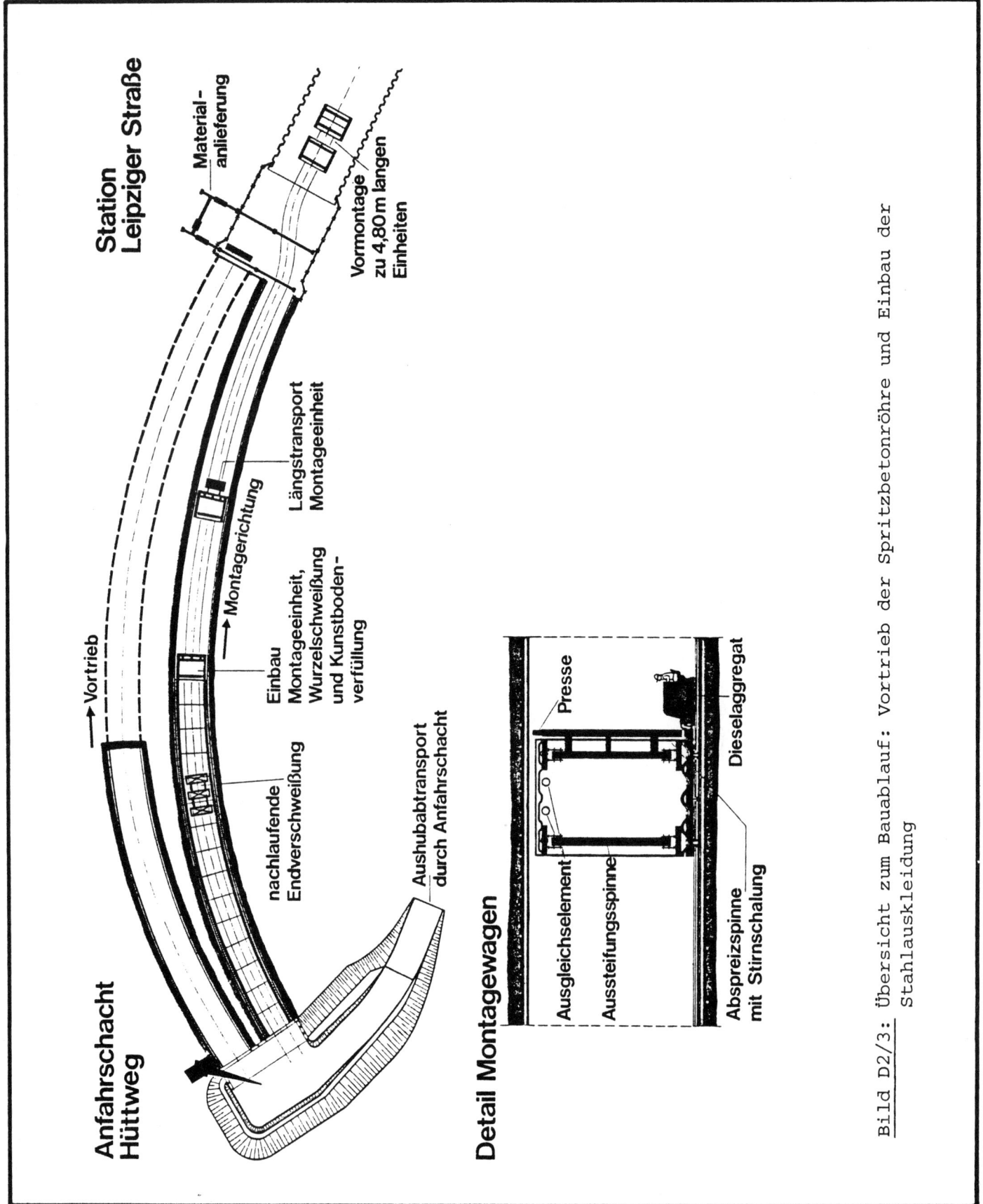

**Station
Leipziger Straße**

Material-
anlieferung

Vormontage
zu 4,80 m langen
Einheiten

Längstransport
Montageeinheit

Montagerichtung

Einbau
Montageeinheit,
Wurzelschweißung
und Kunstboden-
verfüllung

nachlaufende
Endverschweißung

Aushubabtransport
durch Anfahrschacht

Vortrieb

**Anfahrschacht
Hüttweg**

Detail Montagewagen

Presse

Ausgleichselement

Aussteifungsspinne

Dieselaggregat

Abspreizspinne
mit Stirnschalung

Bild D2/3: Übersicht zum Bauablauf: Vortrieb der Spritzbetonröhre und Einbau der
Stahlauskleidung

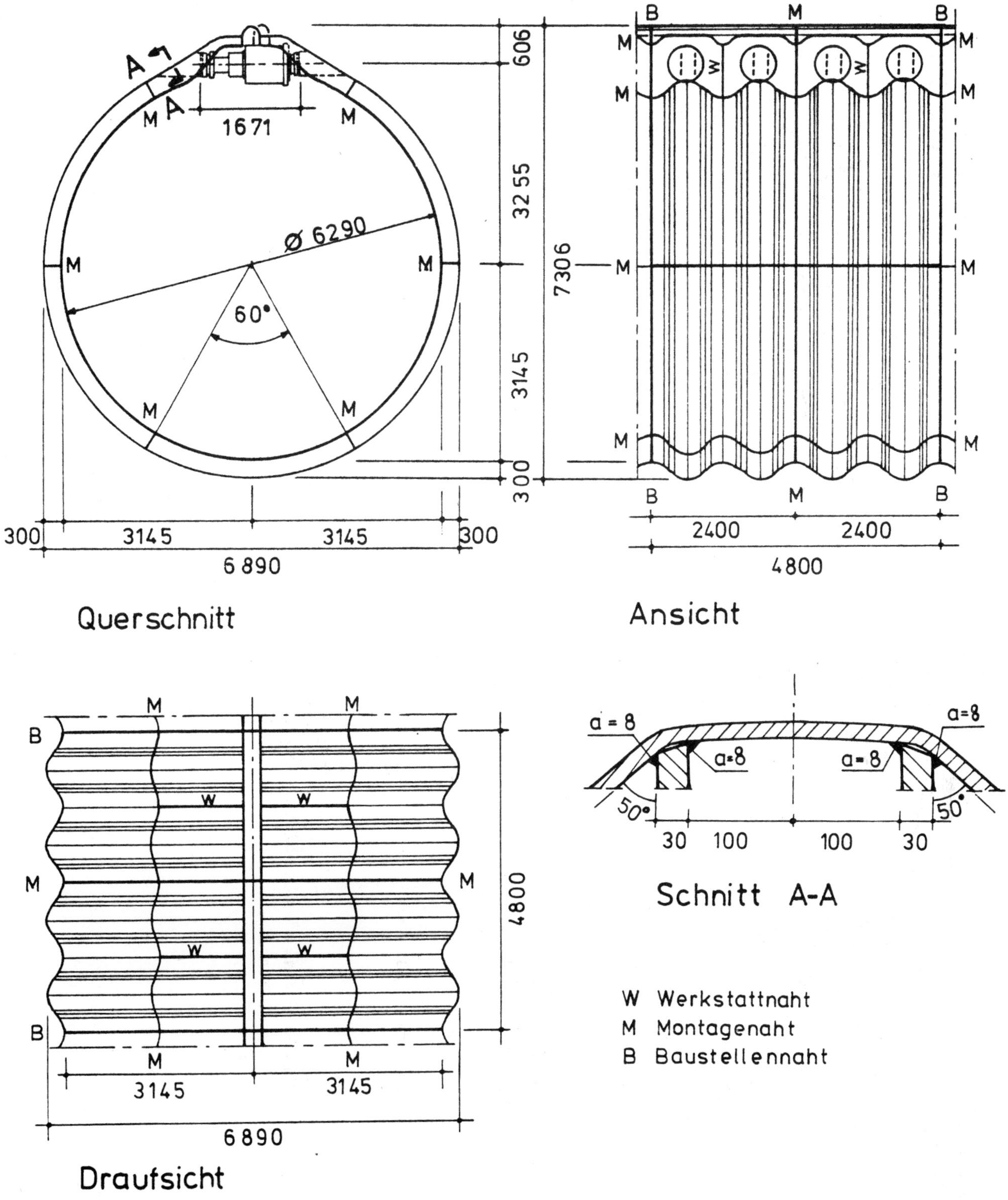

Querschnitt

Ansicht

Draufsicht

Schnitt A-A

W Werkstattnaht
M Montagenaht
B Baustellennaht

Bild D2/4: Stahlauskleidung

Anhang E

Ausführungs- und Planungsbeispiele für den Einsatz von Stahl als bleibende Abdichtungsmaßnahme bei abgesenkten Unterwassertunneln

	FT. MC HENRY HIGHWAY-TUNNEL IN BALTIMORE, USA (ABGESENKTE TUNNELSTRECKE) BAUJAHR 1980/85	STAHLABDICHTUNG
BAUHERR	Baltimore City	
AUSFÜHRENDE FIRMEN	Peter Kiewit Sons' Co., Omaha, Nebraska in Arbeitsgemeinschaft Stahlbauarbeiten: Wiley Manufacturing, Port Deposit, Maryland	
BAUWERK UND BAUGRUND	**Bauwerk** Zwei Straßentunnel mit je 2 Röhren unter dem Maryland-Hafen und dem Patapsco-Fluß mit ~ 7,70 m breiten zweispurigen Fahrbahnen je Röhre und einer Gesamtlänge zwischen den Portalen von ~ 2180 m (Bild E1/1). Länge der abgesenkten Tunnelstrecke: ~ 1640 m Querschnitt eines Tunnels: 25,00 m/12,70 m (Breite/Höhe) (Bild E1/2) Röhreninnendurchmesser: ~ 10,52 m Achsabstand der Röhren: ~ 12,30 m Überdeckung: Deckenoberfläche max. ~ 18 m unter Wasser	
AUSFÜHRUNG UND KONSTRUKTION	Die ~ 1640 m lange Unterwasserstrecke zwischen den beiden Lüfterbauwerken wurde im Einschwimm- und Absenkverfahren erstellt. Sie besteht aus 2 Tunnelkonstruktionen mit nur 3 m Abstand. Jeder Tunnel ist aus 16 Einschwimmstücken von 105 m Länge zusammengesetzt. Die Einschwimmstücke bestehen aus je zwei Stahlröhren, die aus 8 mm dicken Blechen zusammengeschweißt sind (Bild E1/3). Diese Blechröhren dienen später als Abdichtung des Tunnels. Zur Versteifung der Blechröhren sind außen in Längsrichtung jeweils mit einem Winkelabstand von 10° rundherum Rippen und in Querrichtung alle 4,5 m T-Profilquerschotten aufgeschweißt. An die Flansche der Querschotten, die eine achteckig geformte Ansichtsfläche aufweisen, werden 6 mm dicke Stahlbleche als äußere Schale angeschweißt. Zwischen den Querschotten wird der Abstand der beiden Stahlschalen durch radial angeordnete Bolzen gesichert. Die zweischaligen Stahltunnelelemente sind im Endzustand 105 m lang, 25 m breit und 12,7 m hoch. An den Enden werden sie mit einem vorläufigen Stahlschott verschlossen (Bild E1/4). Über die Endverschlüsse überstehend erhalten sie beidseitig geschweißte Kranzringe. Zusammen mit 2 Gummidichtungen ermöglichen diese Ringe nach dem Absenken das Abdichten der Fugen zwischen den Tunnelelementen (Bild E1/5). Vor dem Stapellauf der Tunnelelemente wird der untere Teil der Stahlkonstruktion ausbetoniert. Dieser sogenannte Kielbeton sichert die Schwimmstabilität. Nach dem Wassern werden die Tunnelelemente an ein Ausrüstungspier geschleppt und erhalten dort die endgültige innere Betonauskleidung sowie den äußeren Ballastbeton (Bild E1/6). Nach vollständiger Fertigstellung werden die Tunnelelemente an ihren Bestimmungsort geschleppt, in einen ausgebaggerten Graben in der Hafensohle abgesenkt und wasserdicht miteinander durch ein aufgeschweißtes Stahlblech verbunden. Abschließend wird der Graben wieder verfüllt.	
QUELLEN	[1] Pollak, A.-J.: Baltimore's Fort Mc Henry Tunnel. Tunneling Technology newsletter; March 1981, No. 33, U.S. National Committee on Tunneling Technology, Washington	

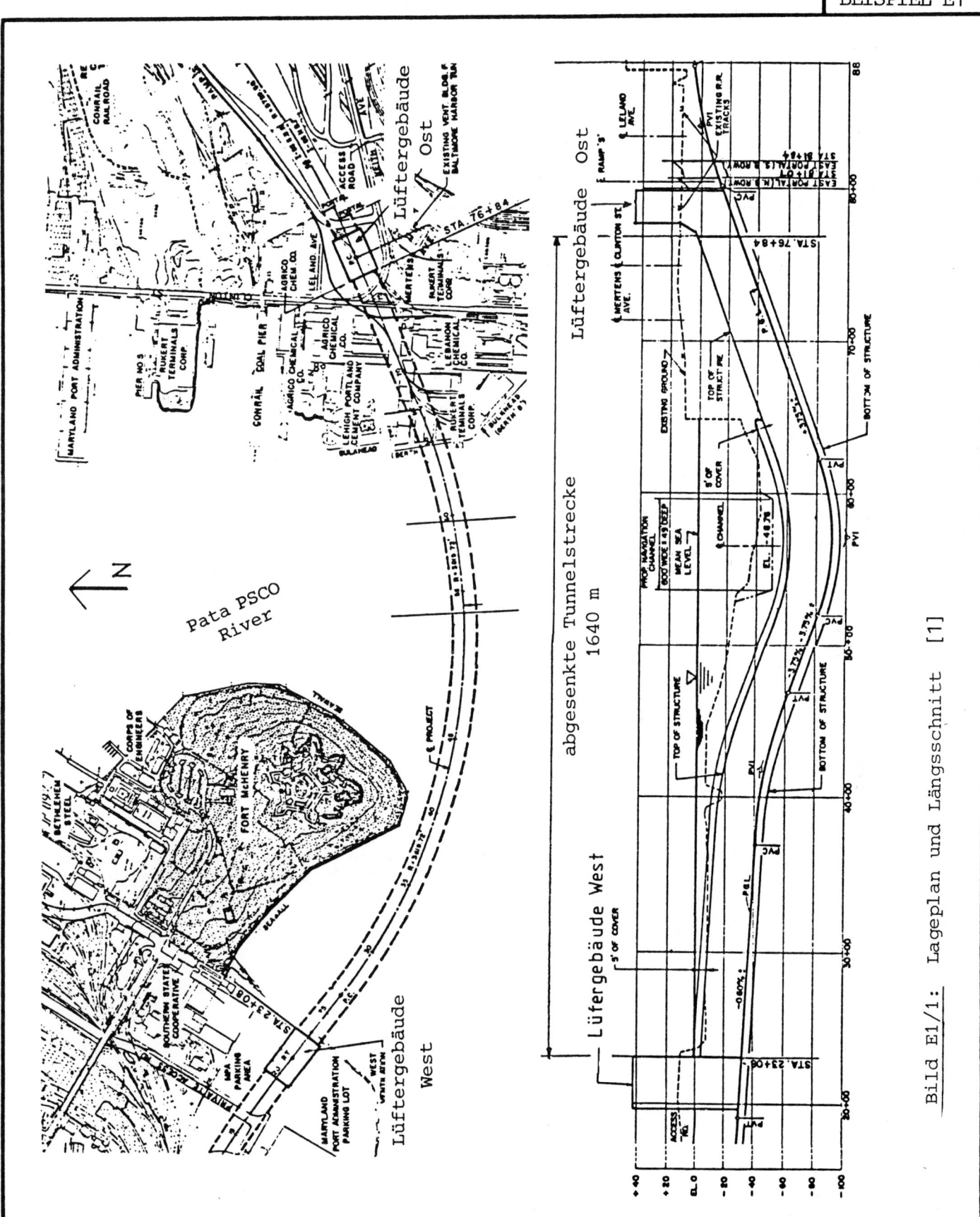

Bild E1/1: Lageplan und Längsschnitt [1]

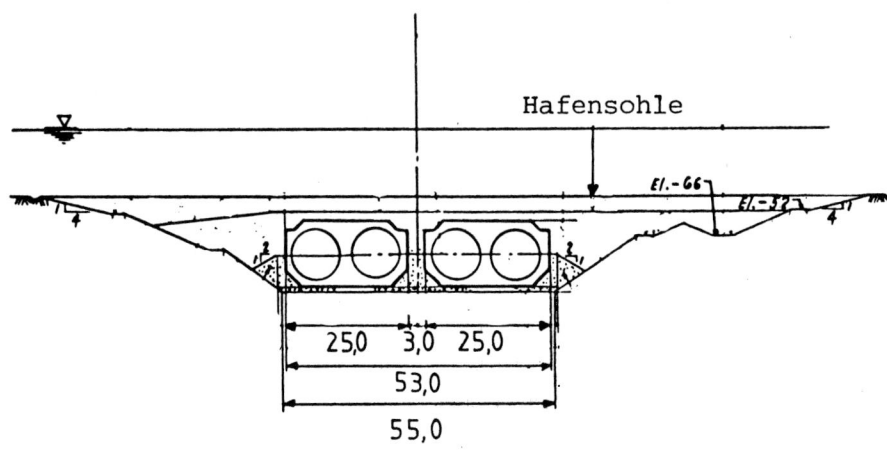

Bild E1/2: Querschnitt durch die abgesenkte Tunnelstrecke im Hafen

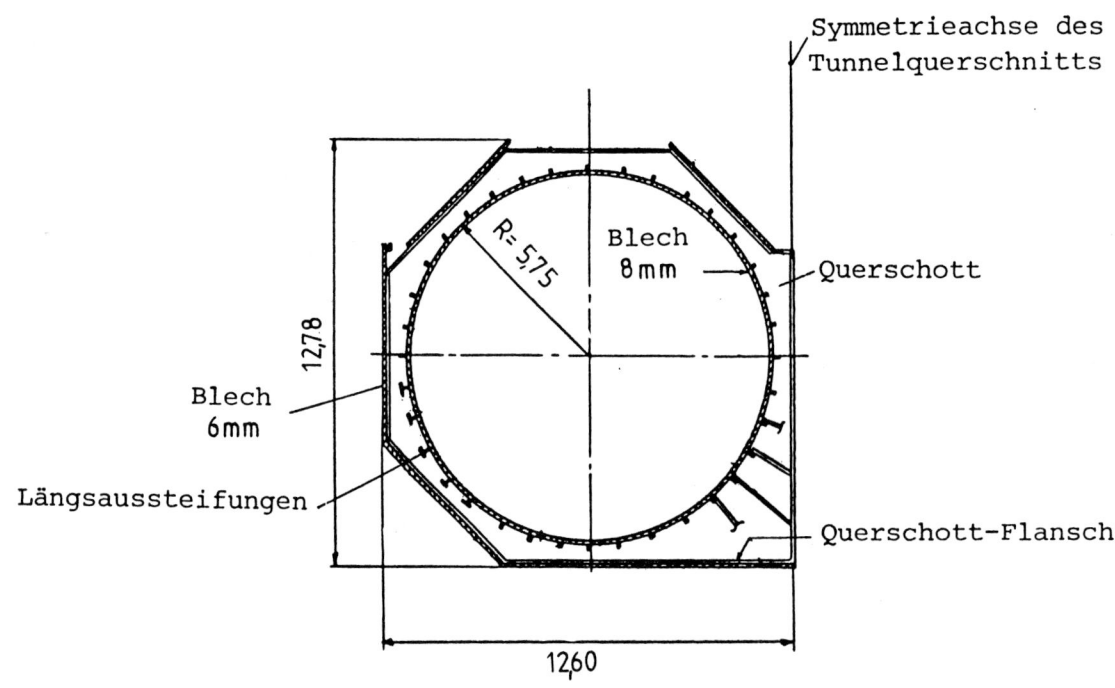

Bild E1/3: Stahlkonstruktion des halben Tunnelquerschnittes

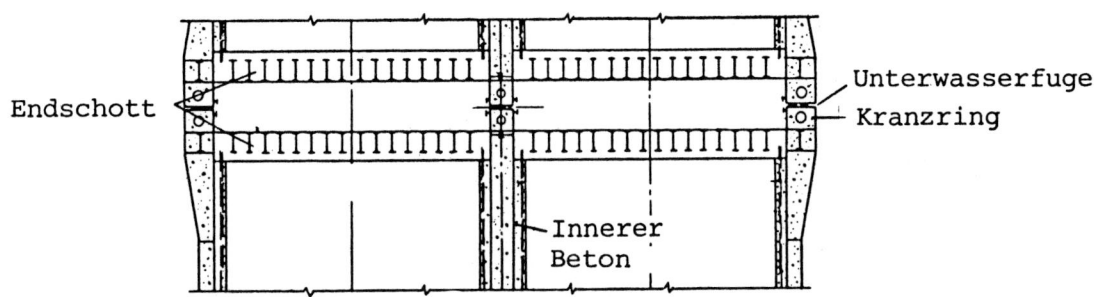

<u>Bild E1/4:</u> Fuge zwischen den Tunnelelementen mit der Schottwand

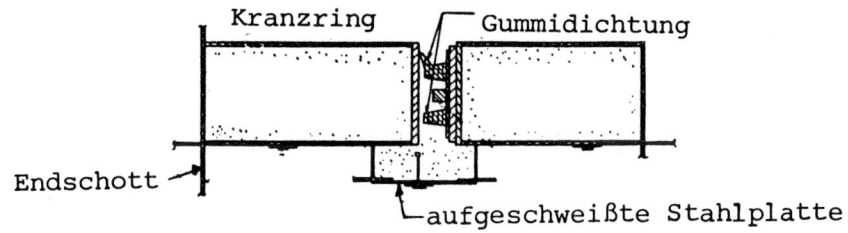

<u>Bild E1/5:</u> Detail der Kranzringe mit Fugenverschluß

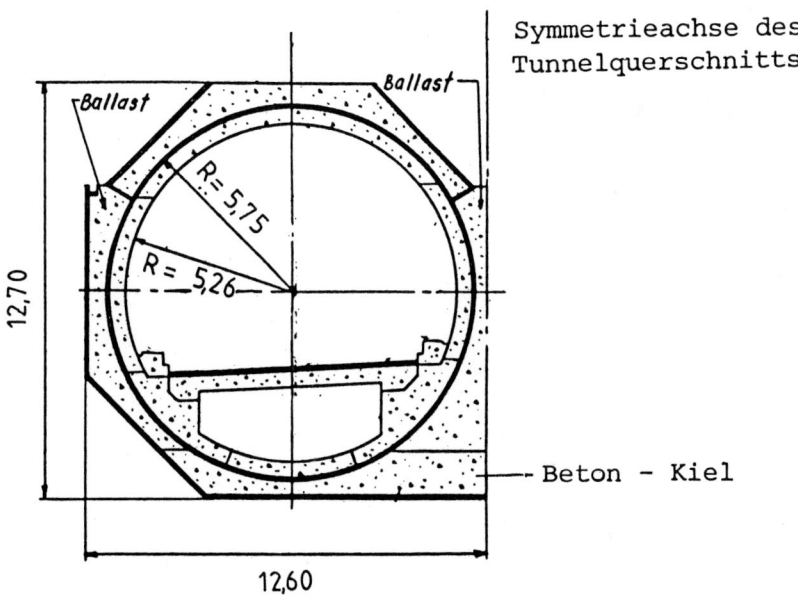

<u>Bild E1/6:</u> Fertig ausbetonierter halber Tunnelquerschnitt

	CROSS HARBOUR TUNNEL IN HONGKONG BAUJAHR 1969/71	ABGESENKTER UNTERWASSERTUNNEL
BAUHERR	Cross Harbour Tunnel Co. Ltd. .	
AUSFÜHRENDE FIRMEN	Costain International Ltd., Raymond International Inc., Paul Construction Co. Ltd.	
BAUWERK	**Bauwerk:** Zweiröhriger Straßentunnel unter dem Victoria-Hafen mit zwei 6,70 m breiten Fahrbahnen und einer Gesamtlänge von 1855 m zwischen den Portalen (Bild E2/1) Länge der abgesenkten Tunnelstrecke: 1602 m Röhrendurchmesser: 10,36 m Achsabstand der Röhren: 11,81 m	
AUSFÜHRUNG UND KONSTRUKTION	Die 1602 m lange Unterwasserstrecke zwischen beiden Lüfterbauwerken wurde im Einschwimm- und Absenkverfahren aus 15 Elementen erstellt. In einem Trockendock wurden aus 10 mm dicken Stahlblechen zunächst Zylinder von 10,36 m Durchmesser und 3,55 m Länge zusammengefügt und mit Ringen aus T-Trägern 180 x 200 mm ausgesteift. Fünf bzw. vier dieser Zylinder wurden zu 17,75 m bzw. 14,20 m langen Röhrenabschnitten aneinandergeschweißt. Aus diesen Röhrenabschnitten wiederum wurden die insgesamt 15 Schwimmkörper gebildet, indem jeweils paarweise fünf bis sechs solcher Abschnitte zu einer Doppelröhre von 99 bis 113 m Länge und 22,25 m Breite vereinigt und durch sechs bis acht Stahlscheiben gegeneinander ausgesteift wurden. Im Trockendock erhielten die Doppelröhren auf der Außenseite schließlich noch einen 6,5 cm dicken bewehrten Spritzbetonmantel, einen durchlaufenden Kiel in Form eines Doppeltroges aus Pumpbeton und die Endverschlüsse. Mit einem Gewicht von 6000 t wurde jeder Schwimmkörper über die Helling gewassert und zur Ausrüstungsmole verholt. Dort erhielt er seine endgültige innere Betonauskleidung, einen Vermessungsturm und Ballastbeton zwischen den Röhren. Das Gesamtgewicht der Schwimmkörpers erhöhte sich dabei auf 300 t. Sobald der Schwimmkörper bis zu einem Freibord von 23 cm abgesunken war, begann das Einschwimmen und Absenken vor Ort in einen zuvor ausgebaggerten Graben in der Hafensohle. Nach wasserdichter Verbindung der Elemente wurde der Graben verfüllt und zuletzt mit einer 2 m dicken Steinpackung abgedeckt. Bild E2/2 zeigt die einzelnen Arbeitsgänge bei der Herstellung des Unterwassertunnels.	
KORROSIONS-SCHUTZMASS-NAHMEN	Der 10 mm dicke Stahlmantel der Röhren hat sowohl tragende als auch dichtende Funktionen. Als Korrosionsschutz erhielt er außen eine 6,5 cm dicke bewehrte Spritzbetonschicht. Innen ist er durch den Auskleidungsbeton geschützt.	
QUELLEN	[1] Fliegner, E.: Untertagebauten in Hongkong; Straße Brücke Tunnel 25 (1973) H. 8, S. 197-204	

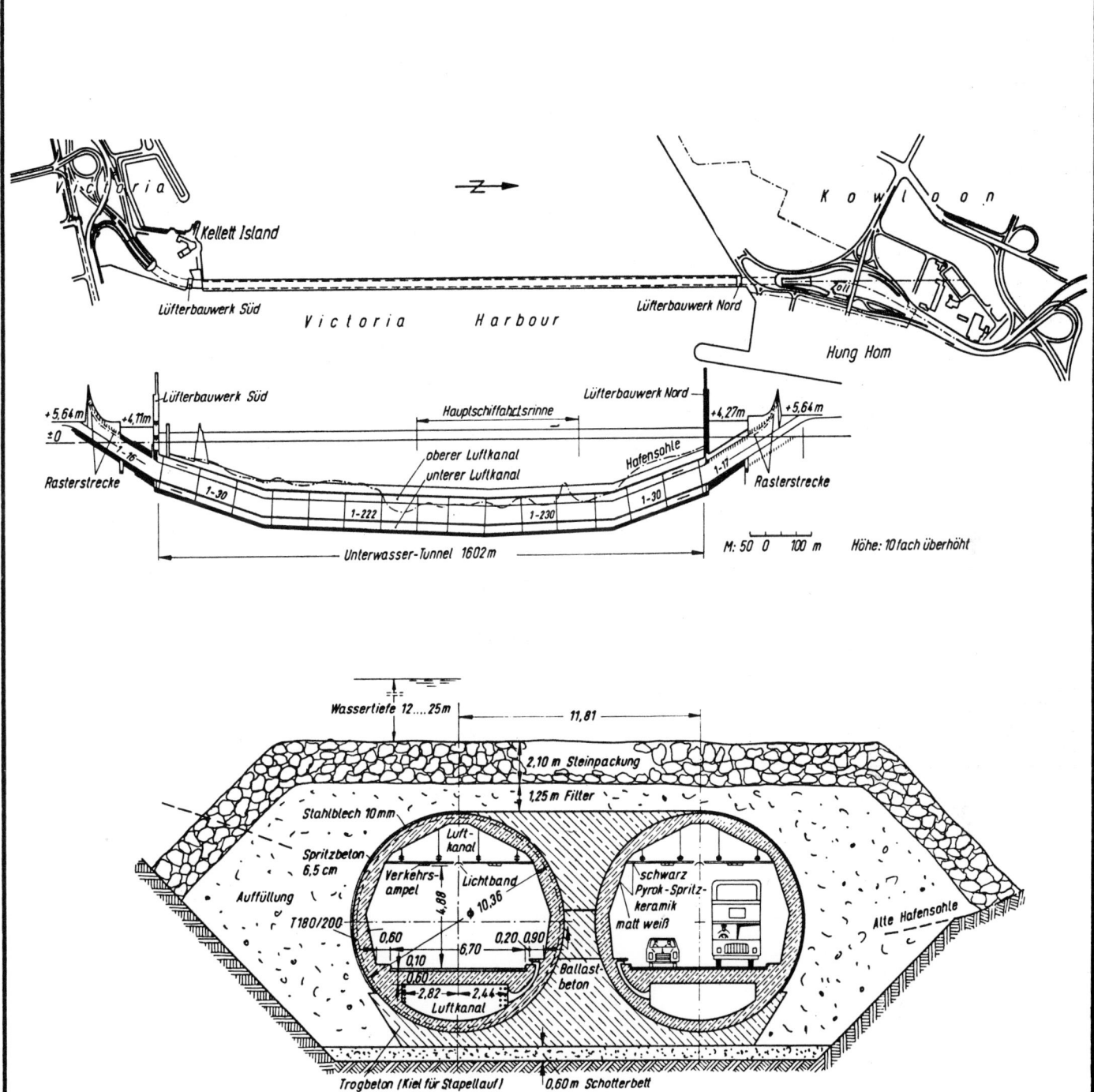

Bild E2/1: Cross Harbour Tunnel: Lageplan, Längsschnitt und Querschnitt

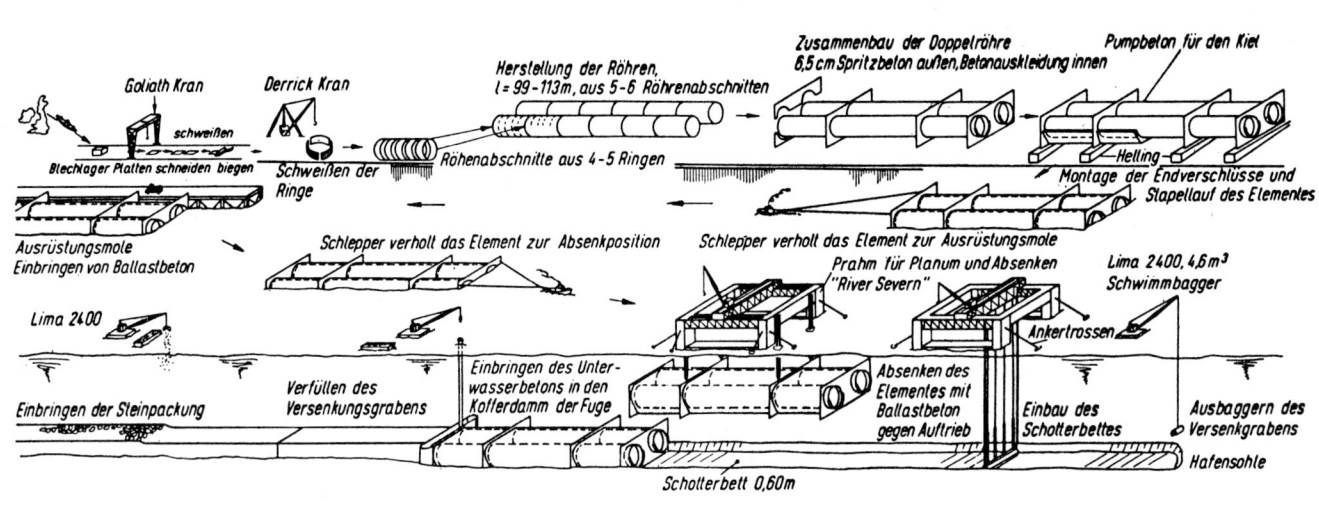

Bild E2/2:   Arbeitsvorgänge bei der Herstellung des Unterwassertunnels

STRASSENTUNNEL RENDSBURG BAUJAHR 1957/62	ABGESENKTER UNTERWASSERTUNNEL

BAUHERR	Bundesrepublik Deutschland (Bundesverkehrsministerium)
AUSFÜHRENDE FIRMEN	Philipp Holzmann AG., Dyckerhoff & Widmann KG, Grün & Bilfinger AG., Hochtief AG. Siemens Bauunion GmbH, Wayss & Freytag KG; Stahlbauarbeiten: MAN - Maschinenfabrik Augsburg-Nürnberg
BAUWERK UND BAUGRUND	**Bauwerk:** Straßentunnel mit zwei zweispurigen Richtungsfahrbahnen unter dem Nord-Ostsee-Kanal bei Rendsburg Gesamtlänge des Tunnels: 1277,93 m Tunnelquerschnitte: s. Bild E3/1 Überdeckung: max. 22 m unter Wasser **Baugrund:** Im oberen Bereich Sande mit Kiesen, darunter Geschiebemergel in unterschiedlicher Beschaffenheit und Lagerungsdichte. Die Mergelgrenze liegt etwa in einer Tiefe von 12,50 m, d.h. etwa 1 m unter der Kanalsohle. Der Mergel enthält Einsprenglinge aus Geschiebesand. Unterhalb des Mergels befindet sich eine Schluff- und Feinsandschicht.
AUSFÜHRUNG UND KONSTRUKTION	**Allgemein** Der Tunnel besteht aus einer Stahlbetonrahmenkonstruktion. Im offenen und geschlossenen Rampenbereich (Ausschnitte B und C in Bild E3/1) wurde der Tunnel in einer offenen Baugrube errichtet. Diese Tunnelteile sind bituminös abgedichtet. Das 140 m lange Mittelstück (Querschnitt D) wurde in einem Baudock hergestellt, eingeschwommen und abgesenkt. Wegen der erheblichen zu erwartenden mechanischen Belastungen beim Einschwimmen und Absenken wurde eine Stahlabdichtungshaut für das Mittelstück vorgesehen. **Blechabdichtung des Mittelstückes** Die Stahlabdichtung besteht aus einer allseitigen Ummantelung des Mittelstücks mit Stahlblech (St 37,21, SM-Güte) in 6 mm Dicke. Bei der Herstellung im Baudock wurden die Sohlen- und abgestützten Seitenwandbleche beim Betonieren des Tunnelkörpers zugleich als Schalung benutzt. Das Deckenblech konnte erst nach dem Betonieren der Decke aufgelegt werden. Die Sohlen- und Seitenbleche wurden aus Tafeln von 2,0 m Breite und rd. 6,40 bis 6,82 m Länge zusammengesetzt. Die einzelnen Bleche erhielten an den Längsseiten zu ihrer Aussteifung bereits in der Werkstatt Aufkantungen von 45° mit einer Höhe von 45 mm (Bild E3/2). An den Stoßstellen dieser Aufkantungen wurden die Tafeln durch V-Nähte mit 90° Öffnungswinkel zusammengeschweißt. Die Aufkantungen lagen stets quer zur Tunnelachse, standen in den Wänden also senkrecht. Die auf diese Weise entstehende "Kassettierung" der Blechhaut hatte gleichzeitig eine besondere Bedeutung für die Verhinderung der Unterläufigkeit der Bleche. Entsprechend der Aufteilung des Mittelstücks in sieben Einzelblöcke wurden in der Blechhaut alle 20 m in Querrichtung sogenannte Dehnschlaufen angeordnet. Deren Ausbildung ist aus Bild E3/3 ersichtlich. Um einen gut haftenden Anschluß des Blechs am Beton zu erreichen, wurden die Stahlbleche unmittelbar vor dem Einbau immer gesandstrahlt. Außen wurden sie ebenfalls gesandstrahlt und erhielten dann vor dem endgültigen Zusammenbau einen Voranstrich als Rostschutz. Die eigentliche Verbindung zwischen Blech und Beton wurde durch Flacheisenanker (rd. 3 Stück/m²) in der Sohle hergestellt, während auf der Innenseite der Wandbleche die Befestigungsmuttern der Schalungsanker angeschweißt wurden, in die später die Anker der Schalung eingeschraubt wurden. Diese Rundstahlanker erhielten angeschweißte Blechstücke - sogenannte "Kragen" - die ein Herausziehen der Anker nach dem Lösen der Innenschalung und damit ein Ablösen des Blechs verhindern sollten. Ohne diese Kragen genügte die Haftfestigkeit des Rundeisens nicht, um den recht hohen Kräften entgegenzuwirken, mit denen sich das Blech durch die Wärmespannungen vom Beton abheben wollte. Trotz aller dieser Maßnahmen konnte nicht verhindert werden, daß sich das Blech unter der Wärmewirkung des Betonierens, aber auch unter der Sonnenbestrahlung ausdehnte und teilweise vom Beton abhob. Durch die Unterteilung der Blechhaut in relativ kleine Flächen und zwar durch die Dehnschlaufen an den Fugen einerseits und die erwähnten Aufkantungen andererseits war auch bei Ablösungen des Bleches keine kritische Unterläufigkeit zu befürchten, so daß besondere Maßnahmen nicht erforderlich wurden.

Für den Zusammenbau der großen Bodentafeln mußten vor Baubeginn besondere Kriechgräben in der Baudocksohle ausgehoben und ausgesteift werden, von denen aus die Überkopfnähte der Sohlenbleche geschweißt werden konnten.

Besondere Schwierigkeiten machte die Blechabdichtung der Decke. Gewählt wurde eine rasterförmige Unterteilung der Decke durch T-Eisen (Bild E3/4), die in den Beton eingesetzt wurden und ein Aufschweißen der Bleche in Flächen von 2 m x 6 m ermöglichen. Diese Stege im Beton waren erforderlich, um beim Schweißen der Deckenbleche Schäden am Beton zu vermeiden. Sie bewirkten, daß unter den aufgeschweißten Deckenblechen zunächst noch ein Luftraum von rd. 2 cm Höhe blieb. Dieser wurde nach dem Aufschweißen mit geeignetem Mörtel ausgepreßt, um ein allseitig glattes Anliegen und Haften zu erzielen. Es wurde ein Unterpreßmörtel mit einem WZ-Faktor von 0,37 aus Portlandzement PZ 375 mit 3 % Intraplast Z (bezogen auf das Zementgewicht) gewählt.

Insgesamt mußten Schweißnähte in einer Länge von rd. 13000 m hergestellt werden. Die Montageschweißungen wurden mit kalkbasischen Elektroden (Typ GHH-Ultra) ausgeführt, die eine zähe Verbindung gewährleisten. Die Wurzelnähte wurden vor dem Verschweißen der Gegennähte sorgfältig ausgeschliffen, so daß bei den Stumpfnahtverbindungen nicht mit groben Wurzelfehlern zu rechnen war. Gegen Regen waren die Schweißer bei den Außenarbeiten durch Zeltdächer geschützt. Vor dem Schweißen wurden die Elektroden im Trockenofen auf über 300° erwärmt und dann während der Arbeiten in elektrisch beheizten Köchern aufbewahrt.
Die Schweißnähte wurden mittels Vakuum-Verfahren bzw. Ammoniak-Verfahren geprüft. Stichprobenartig wurden auch Schweißnähte geröntgt.

KORROSIONS-SCHUTZMASS-NAHMEN	Die Außenflächen der Blechabdichtung wurden nach dem Sandstrahlen mit einem Teerpechgrundanstrich (Inertol I) ohne Füller und einem doppelten Deckanstrich aus gleichem Material behandelt. Da das Mittelstück allseitig mit Sand hinterfüllt wurde und das Grundwasser keine aggressiven Bestandteile enthielt, wurden diese Maßnahmen als ausreichend angesehen.
QUELLEN	[1] Vogel, G.: Ergebnis der Ausschreibung des Rendsburger Tunnels; Bautechnik 37 (1960) 7; S. 259-264 und 37 (1960) 8; S. 303-307 [2] Vogel, G.: Abdichtungsmaßnahmen beim Straßentunnel Rendsburg. Die Bautechnik, 38 (1961) H. 2, S. 37-47 [3] Vogel, G./Hager, M.: Bauwerksmessungen am Straßentunnel in Rendsburg; Die Bautechnik 43 (1966) H. 4, S. 120-129

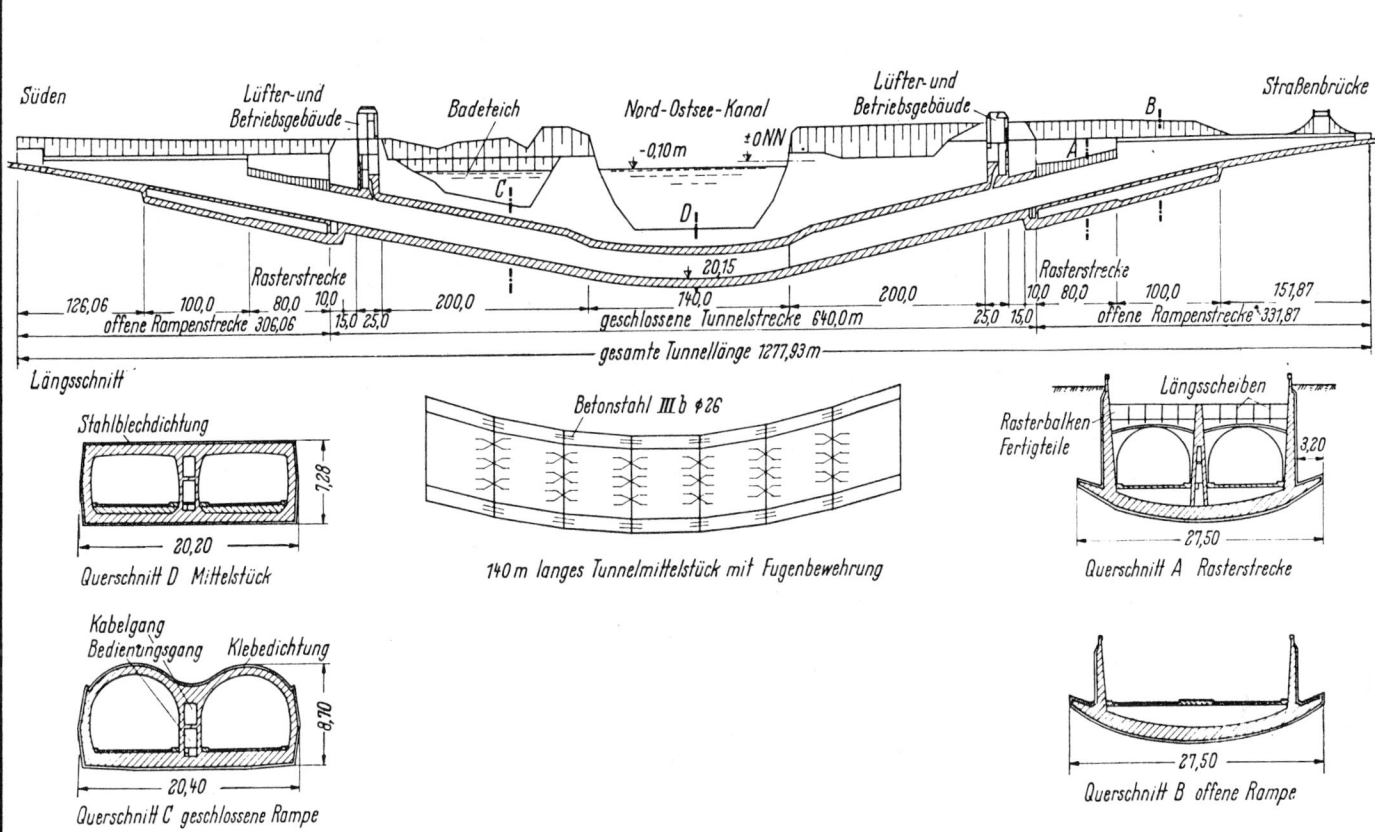

Bild E3/1: Längsschnitt und Querschnitte des Tunnels

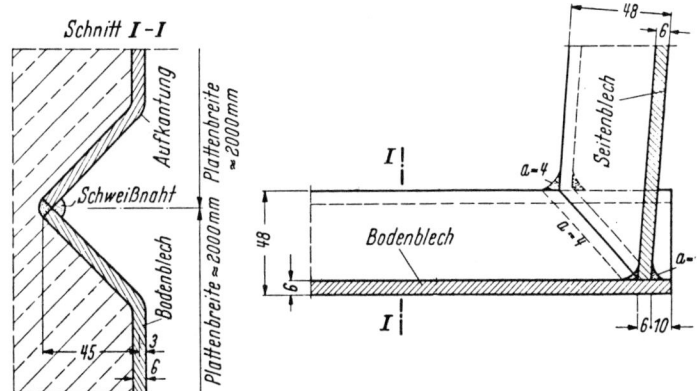

Bild E3/2: Aufkantung der Bleche in der Sohle und
an den Wänden

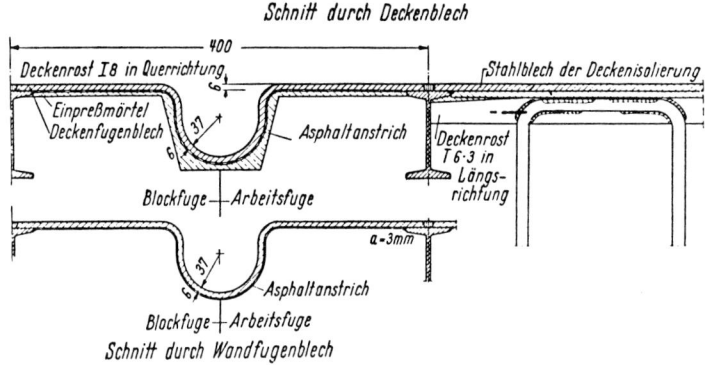

Bild E3/3: Dehnungsschlaufe in den Wand- und Deckenblechen

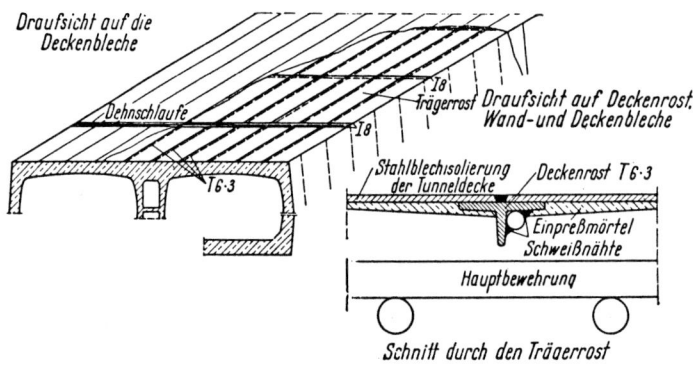

Bild E3/4: Rastereinteilung der Decke zur Befestigung der Stahlblechabdichtung

BAB-ELBTUNNEL, BAULOS I, IN HAMBURG **BAUJAHR 1968/75**	**ABGESENKTER** **UNTERWASSERTUNNEL**

BAUHERR	Freie und Hansestadt Hamburg
AUSFÜHRENDE FIRMEN	Christiani & Nielsen AG., Hochtief AG., Dyckerhoff & Widmann KG., Wayss & Freytag KG.
BAUWERK UND BAUGRUND	**Bauwerk** Sechsspuriger Autobahntunnelabschnitt mit einem rechteckigen Kastenquerschnitt im Bereich der Stromstrecke (Bild E4/1). Länge der abgesenkten Tunnelstrecke: 1057 m Tunnelquerschnitt: 41,70/8,40 m mit drei zweispurigen Verkehrsröhren und zwei Luftkanälen Überdeckung: Deckenoberfläche ca. 20 m unter dem normalen Wasserspiegel **Baugrund** Sande, Ton und Geschiebemergel in stark wechselnder Lagerung
AUSFÜHRUNG UND KONSTRUKTION	Die 1057 m lange Stromstrecke zwischen den Lüfterbauwerken wurde im Einschwimm- und Absenkverfahren aus 8 Elementen von je 132 m Länge, 41,7 m Breite und 8,40 m Höhe erstellt. Im Baudock wurden auf einem Kiesbett zunächst die 6 mm dicken Stahlbleche für die Sohlenabdichtung der Tunnelelemente ausgelegt und verschweißt. Seitlich wurden die Abdichtungsbleche bis etwa zur Sohlvoutenhöhe hochgezogen. Es folgte die Bewehrung der Sohle eines Betonierabschnittes und der Sohlbeton. Die weiteren Sohl-, Wand- und Deckenabschnitte wurden im Taktverfahren hergestellt. Für die Wände diente die zuvor bis zur Deckenoberkante hochgezogene Blechabdichtung gleichzeitig als Außenschalung. Jedes Schwimmstück ist durch 4 Gelenkfugen in 5 Blöcke von ca. 26 m Länge unterteilt. Bei den Gelenkfugen handelt es sich um Querkraftgelenke, die so bewehrt wurden, daß die Biegebeanspruchung in Längsrichtung des Schwimmkörpers beim Einschwimmen und beim Absenken aufgenommen werden konnte. Nach dem Absetzen des Schwimmkörpers im Flußbett wurde die Bewehrung durchgeschnitten, damit Verdrehungen benachbarter Bauteile in den Momentennullpunkten (Querkraftgelenke) möglich waren. Bei der Stahlblechabdichtung wurde dies durch Schlaufen in der Stahlhaut im Sohl- und Wandbereich berücksichtigt (Bild E4/2). Im Bereich der Arbeitsfugen ist die Stahlabdichtung ohne Unterbrechung über die Fuge hinweggeführt (Bild E4/3). Die Stoßfugen zwischen den einzelnen Einschwimmelementen wurden mit Hilfe spezieller Elastomerprofile (sog. Gina-Profile) vorgedichtet. Die Hauptdichtung übernahm ein textilbewehrtes schlaufenförmiges Elastomerband, das vom Tunnelinnern her über Los- und Festflanschkonstruktion an die stählerne (im Deckenbereich bituminöse) Flächenabdichtung angeschlossen wurde (Bild E4/4).
QUELLEN	[1] Westliche Umgebung Hamburg; Dokumentation des Bundesautobahnbaues; herausgegeben von der Freien und Hansestadt Hamburg (staatl. Pressestelle) u.a. [2] Girnau, G./Klawa, N.: Fugen und Fugenbänder; Buchreihe Forschung + Praxis, Bd. 13; Herausgeber: STUVA, Köln; Alba-Buchverlag, Düsseldorf, 1972

Bild E4/1: Längsschnitt, Lageplan und Querschnitt der Stromstrecke

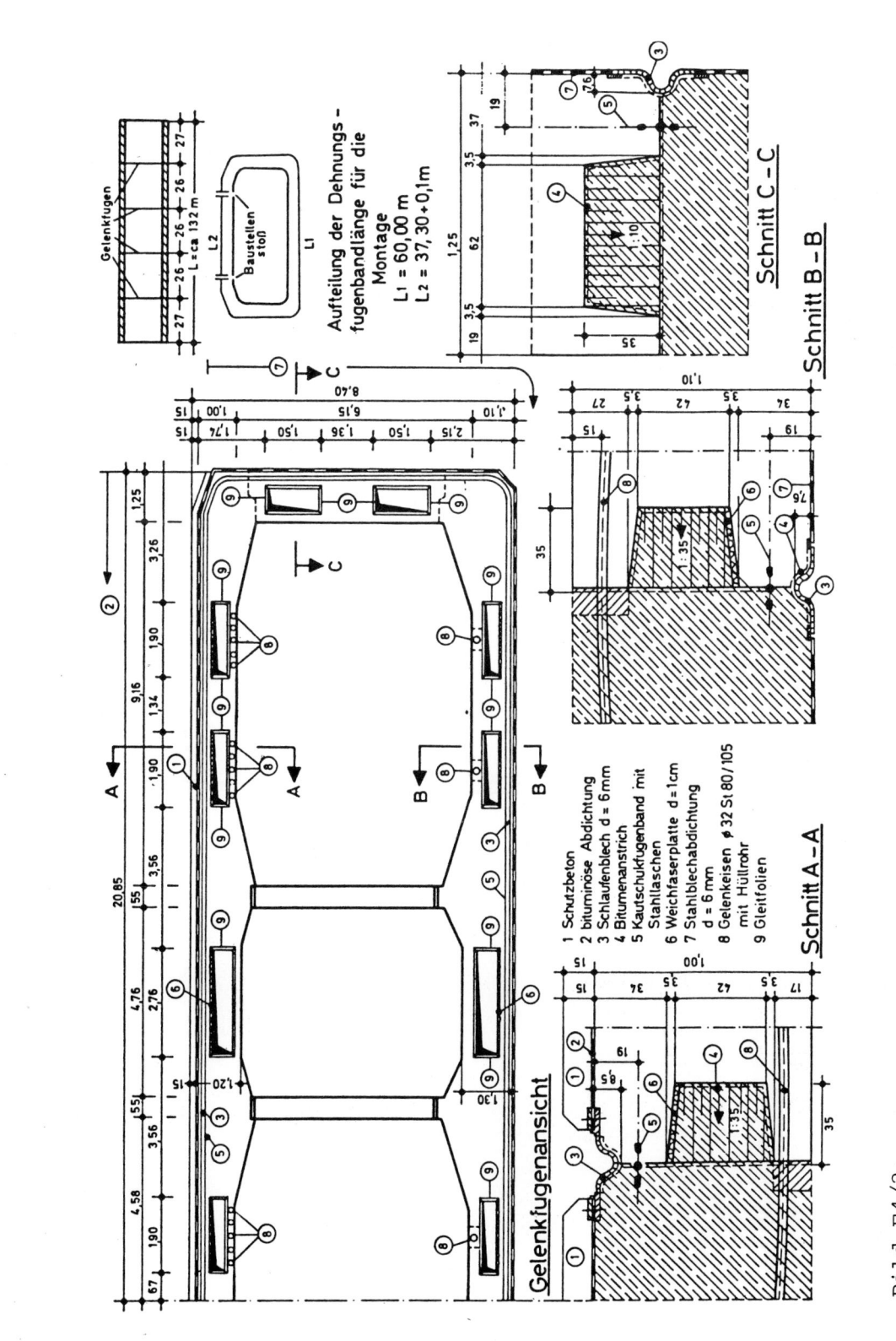

Bild E4/2: Gelenkfugenausbildung

1 Schutzbeton
2 bituminöse Abdichtung
3 Schlaufenblech d = 6mm
4 Bitumenanstrich
5 Kautschukfugenband mit
  Stahllaschen
6 Weichfaserplatte d =1cm
7 Stahlblechabdichtung
  d = 6 mm
8 Gelenkeisen ⌀ 32 St 80/105
  mit Hüllrohr
9 Gleitfolien

Schnitt A – A
Schnitt B – B
Schnitt C – C
Gelenkfugenansicht

Aufteilung der Dehnungs -
fugenbandlänge für die
Montage
L₁ = 60,00 m
L₂ = 37,30+0,1m

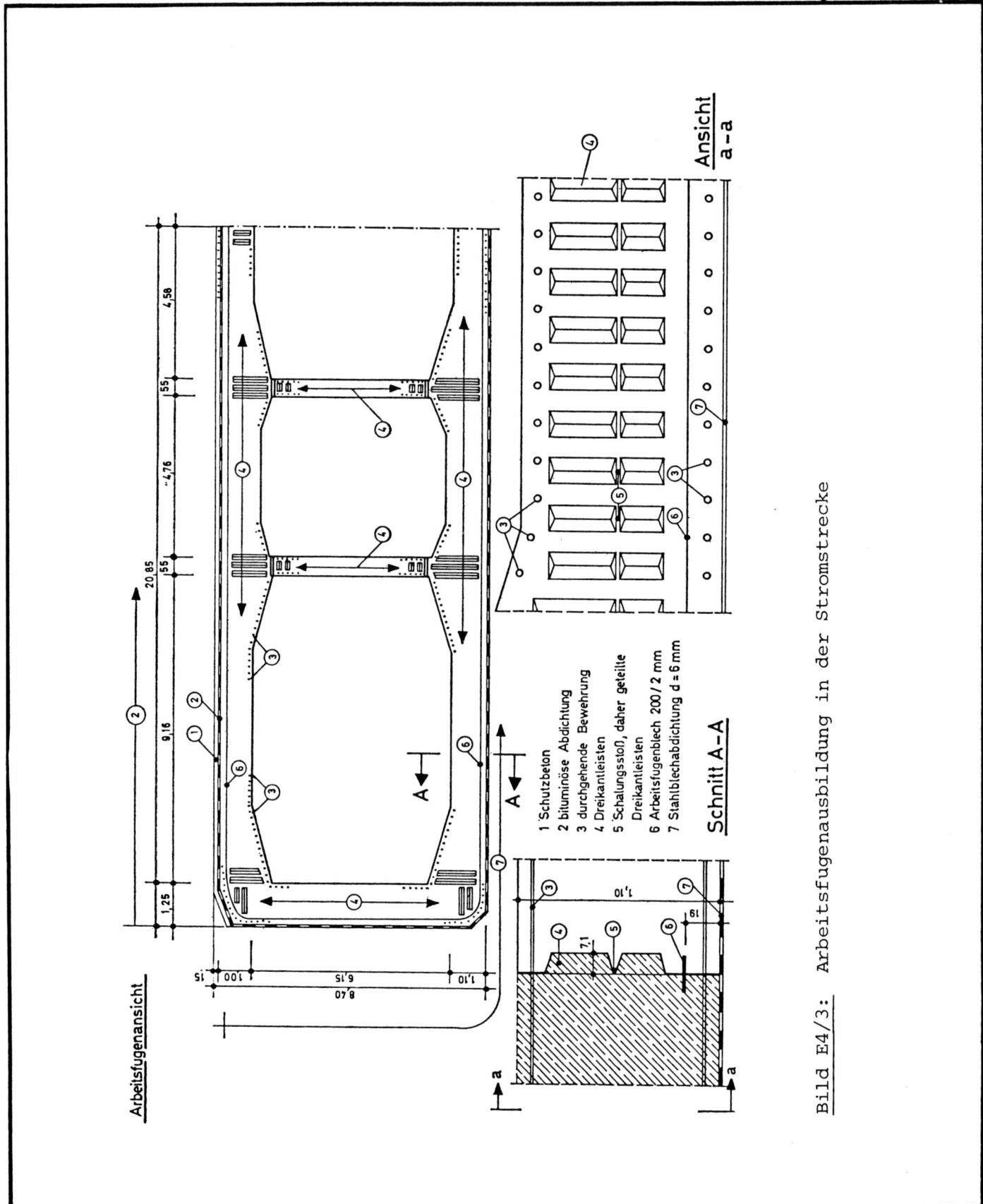

Arbeitsfugenansicht

Ansicht a-a

Schnitt A-A

1 Schutzbeton
2 bituminöse Abdichtung
3 durchgehende Bewehrung
4 Dreikantleisten
5 Schalungsstoß, daher geteilte
  Dreikantleisten
6 Arbeitsfugenblech 200/2 mm
7 Stahlblechabdichtung d = 6 mm

Bild E4/3: Arbeitsfugenausbildung in der Stromstrecke

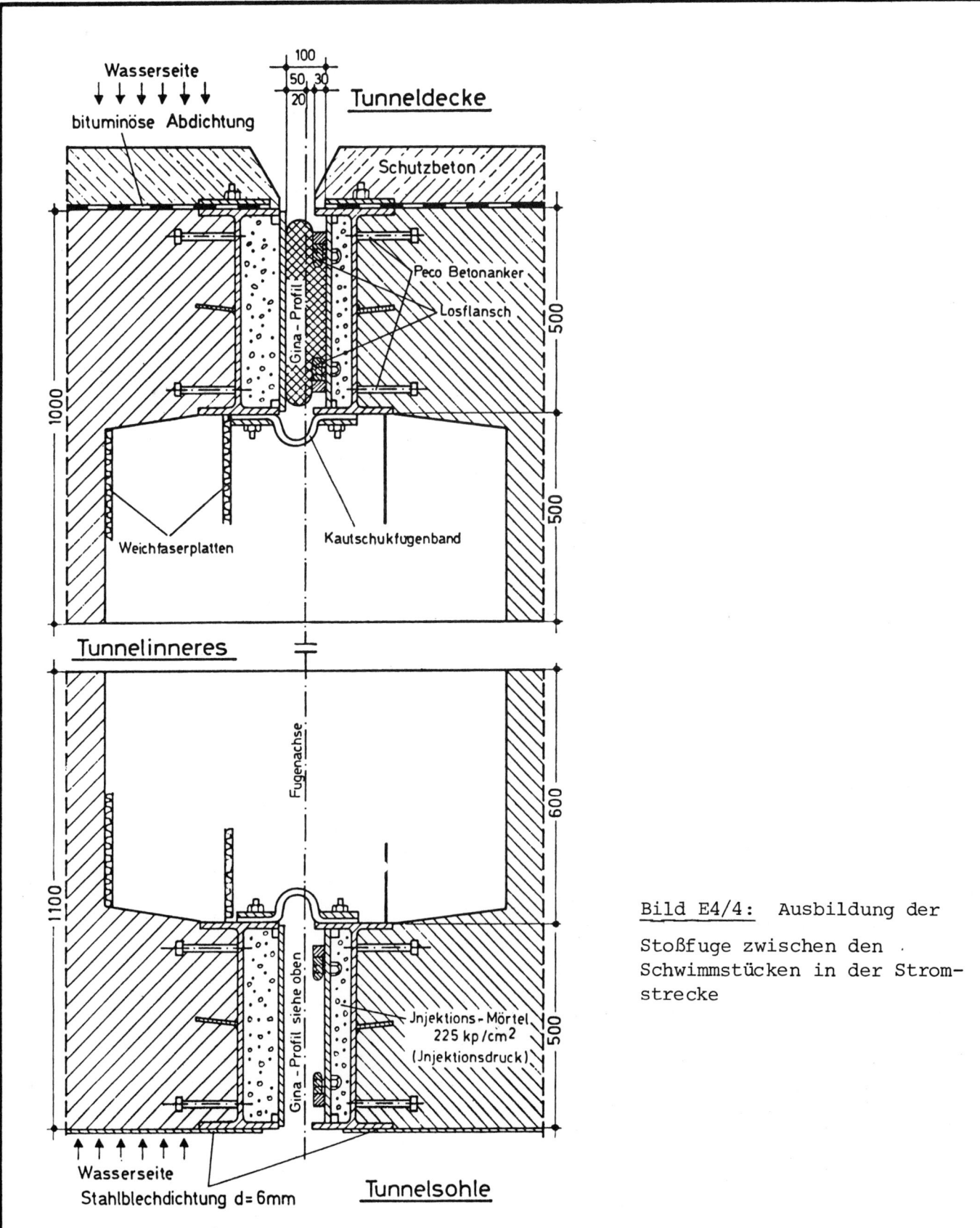

Bild E4/4: Ausbildung der Stoßfuge zwischen den Schwimmstücken in der Stromstrecke

Anhang F

BAB-ELBTUNNEL, BAULOS II, IN HAMBURG (PLANUNG 1967, NICHT AUSGEFÜHRT)	GESCHLOSSENE BAUWEISE

BAUHERR	Freie und Hansestadt Hamburg
BIETER	Firmengruppen: Christiani & Nielsen, Dyckerhoff & Widmann, Hochtief, Wayss & Freytag
BAUWERK UND BAUGRUND	**Bauwerk** Autobahntunnel mit 3 Röhren unter dem Elbhang (nördliches Elbufer) (Bild F1/1) Länge: je Röhre ca. 1100 m Ausbruchdurchmesser: ca. 11 m Innendurchmesser: 10,25 bis 10,34 m Überdeckung: 10 bis 40 m **Baugrund** Im Vortriebsbereich steht Sand und Geschiebemergel an, teilweise wasserführend, teilweise ohne GW (Bild F1/1) Steifezahl des Bodens: $E = 20$ bis 50 N/mm² **Grundwasser** Der Grundwasserspiegel liegt an der Hangkante ca. 20 m unter Gelände. Das Wasser hat einen pH-Wert von 6,7 bis 7,7. Es sind Anteile von SO_4 und SO_2 vorhanden. In Verbindung mit SO_4 ist das Grundwasser betonaggressiv.
BAUVORGANG	Schildvortrieb (teil- bzw. vollmechanisch) mit endgültigem tragenden Tunnelausbau aus Stahlbetontübbingen mit einer Stahlabdichtungshaut (innen bzw. außen) Grundwasserhaltung: teilweise mit Druckluft (sog. Druckminderungsverfahren)
TUNNELKON-STRUKTION UND ABDICHTUNG	Entwürfe der Bietergemeinschaft Christiani & Nielsen, Dyckerhoff & Widmann KG., Hochtief AG., Wayss & Freytag KG. **Vorschlag (1) (Bild F1/2)** Gliederkette mit 2 versteifenden Zugbändern 2Ø26St80/105 aus eingängigen Stahlbeton-Wendeltübbingen aus Beton B45 mit größerer Wanddicke in den Ulmen. Durch die durchlaufenden Fugen in First und Sohle entstehen 2 Dreigelenkbögen. In Tunnellängsrichtung werden die Tübbinge jeweils durch zwei Anker Ø 24 mm verbunden. Auf der Innenseite erhalten die Tübbinge eine Abdichtung aus 4 mm dickem Stahlblech. Die Fugen dieser Stahldichtungshaut werden durch Verschweißen der Stöße gedichtet. Als Korrosionsschutz wird die Stahldichtungshaut innen mit einem 50 mm dicken Spritzputz versehen. **Vorschlag (2) (Bild F1/3)** Gepanzerter Stahlbetonverbund-Tübbingring aus 4 Segmenten und einem Schlußstein Außenliegende 5 mm dicke Stahlhaut. Die Stahlhaut ist an den Stößen nach innen gezogen. Sie wird dort verbolzt und verschweißt. Als vorläufige Dichtung der Fugen dient eine Abdichtungsmasse und ein Preßband. Die Verbundwirkung zwischen Abdichtungshaut und Tübbing wird durch 3/4" Kopfbolzendübel erreicht. Der Korrosionsschutz ist nicht bekannt.
QUELLEN	[1] Unterlagen der Bietergemeinschaft [2] Lohrmann, W.: "Die Entwicklung des Entwurfs für den neuen Elbtunnel in Hamburg"; Die Bautechnik 53 (1976) H. 3, S. 73 - 79

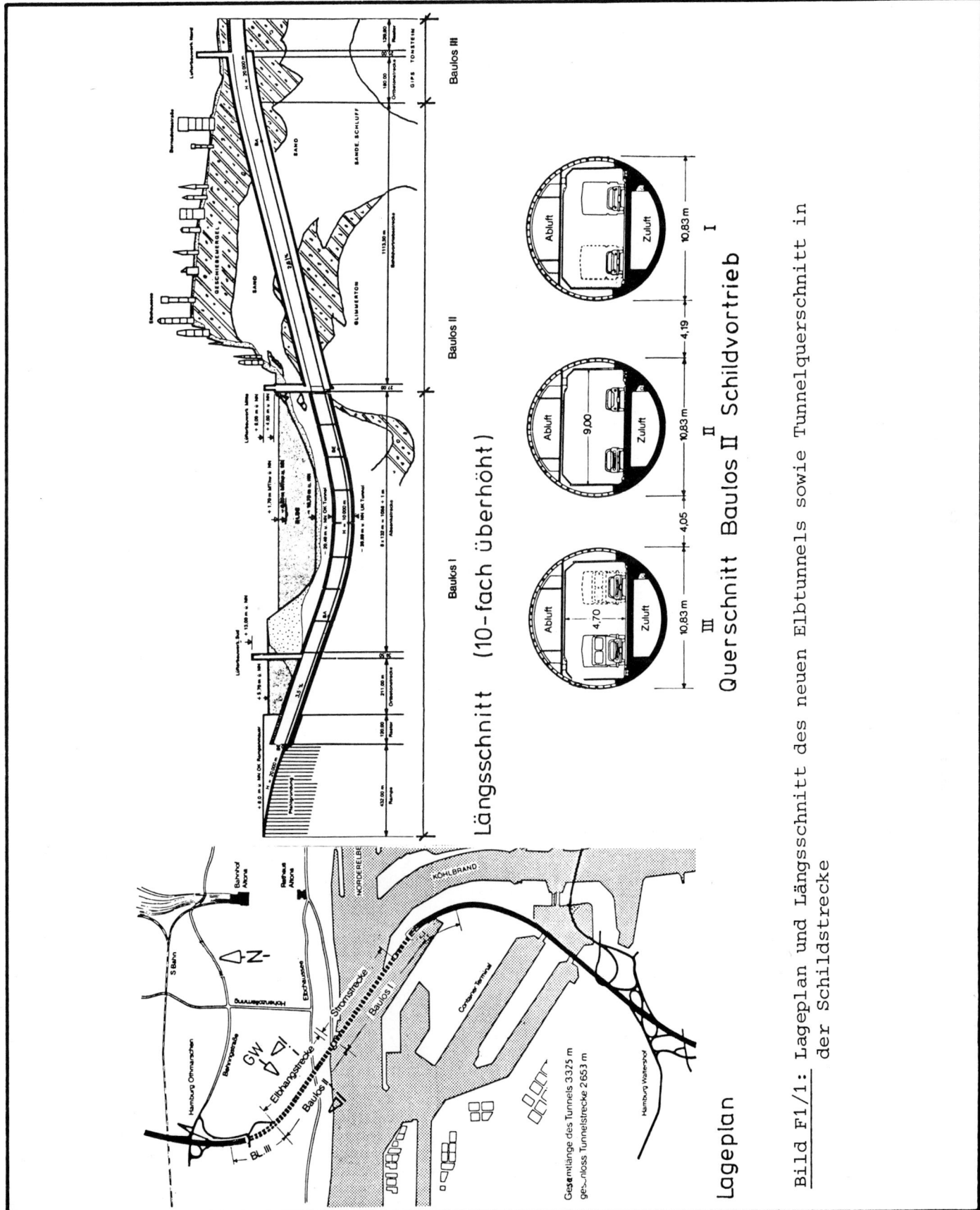

Längsschnitt (10-fach überhöht)

Querschnitt Baulos II Schildvortrieb

Lageplan

Bild F1/1: Lageplan und Längsschnitt des neuen Elbtunnels sowie Tunnelquerschnitt in der Schildstrecke

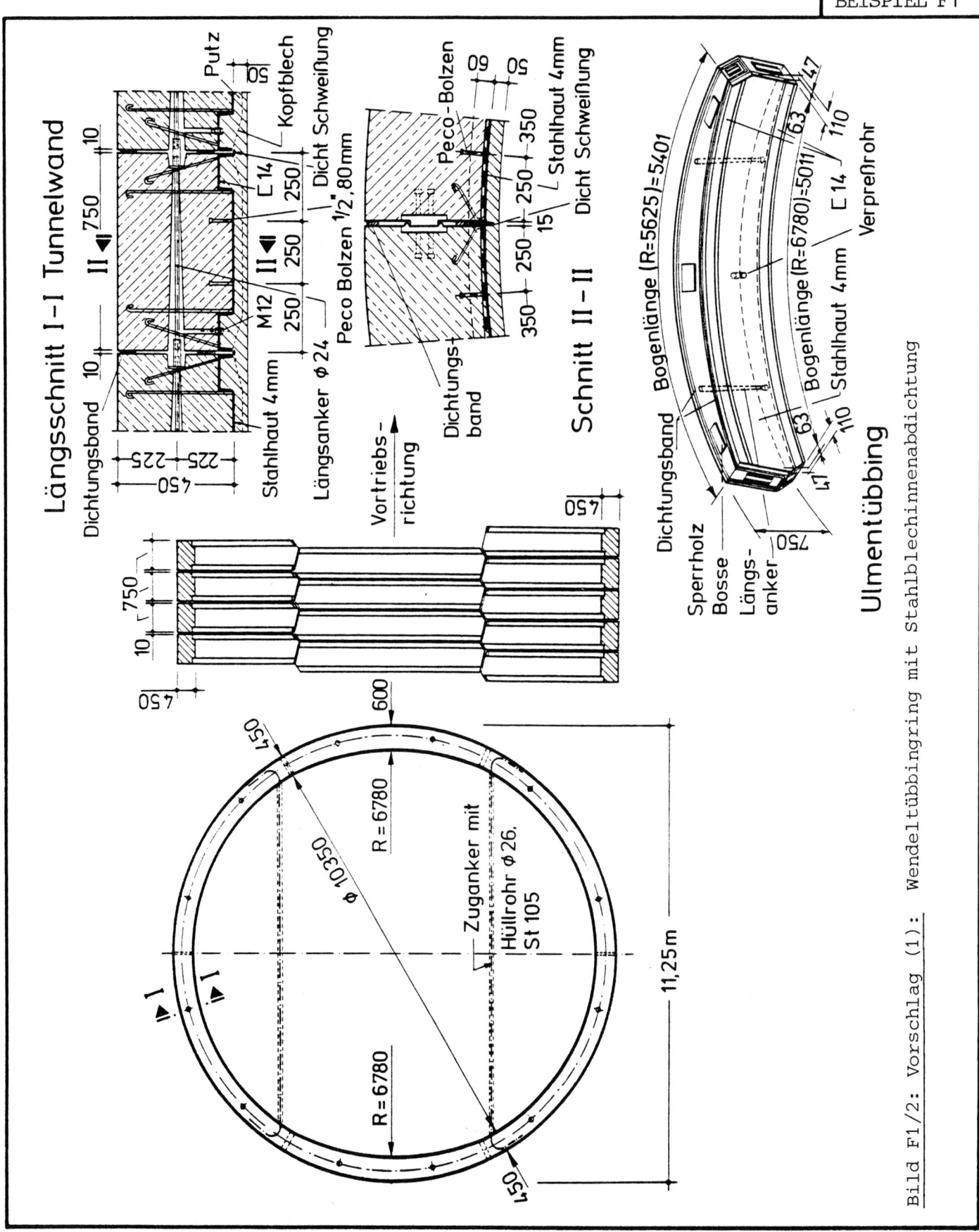

Längsschnitt I–I Tunnelwand

Putz
Kopfblech
Dicht Schweißung
[14
Peco Bolzen 1/2" 2,80mm
Dichtungsband
Stahlhaut 4mm
Längsanker Ø 24
M12

Schnitt II–II

Peco-Bolzen
Stahlhaut 4mm
Dicht Schweißung
Dichtungsband

Vortriebs-richtung

Ulmentübbing

Bogenlänge (R=5625)=5401
Bogenlänge (R=6780)=5011
Verpreßrohr
[14
Stahlhaut 4mm
Dichtungsband
Sperrholz
Bosse
Längs-anker

R = 6780
R = 6780
Ø 10350
Zuganker mit
Hüllrohr Ø 26,
St 105
11,25 m

Bild F1/2: Vorschlag (1): Wendeltübbingring mit Stahlblechinnenabdichtung

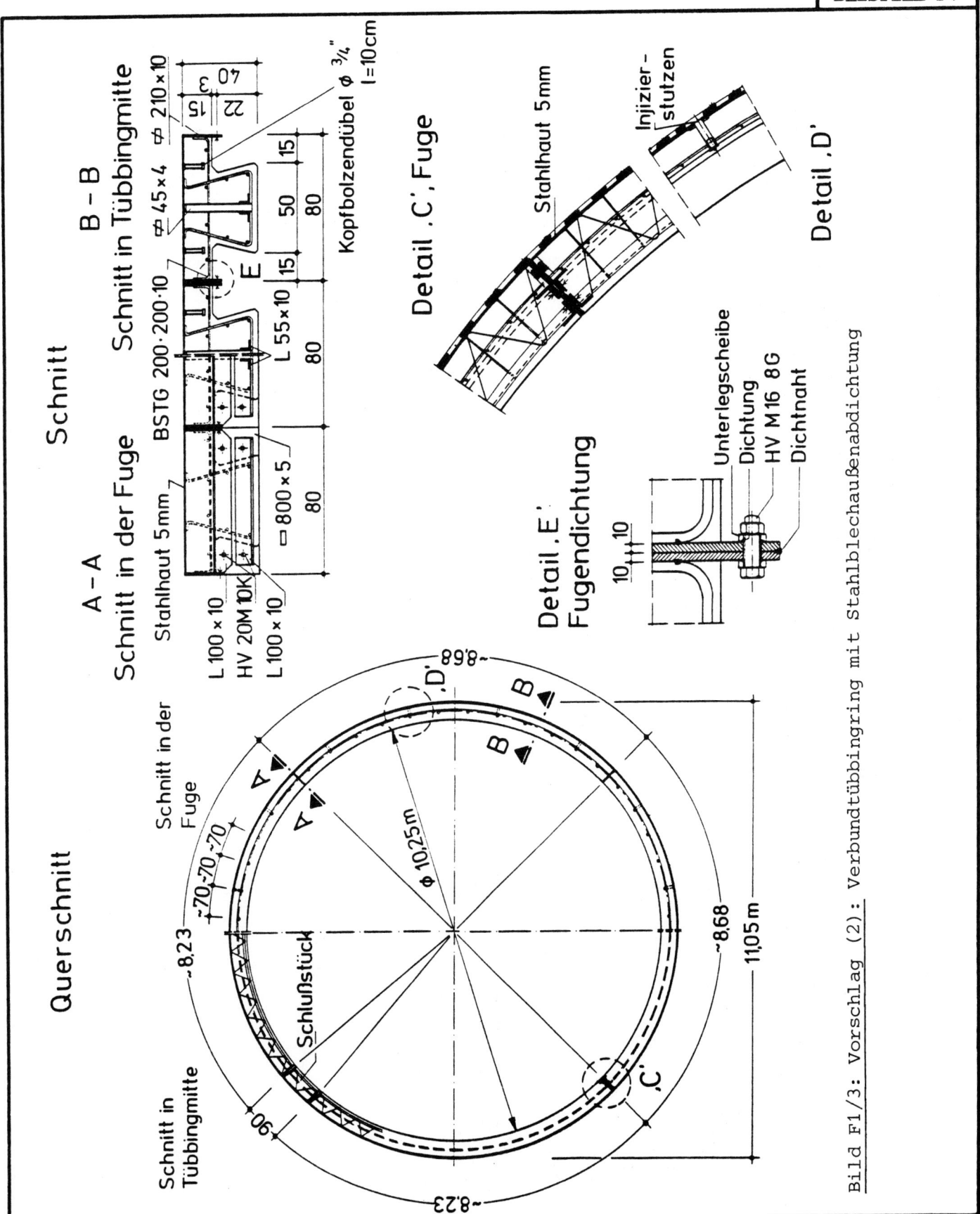

Schnitt

A – A
Schnitt in der Fuge

B – B
Schnitt in Tübbingmitte

Stahlhaut 5mm

BSTG 200·200·10

⌀ 45×4   ⌀ 210×10

Kopfbolzendübel ⌀ ³/₄" l=10cm

L 100 × 10
HV 20M 10K
L 100 × 10

L 55×10

□ 800 × 5

15   50   80
15   80
15
80
80
40 3
22
15

E

Detail .C. ,Fuge

Stahlhaut 5mm

Injizier-stutzen

Detail .D.

Detail .E.
Fugendichtung

Unterlegscheibe
Dichtung
HV M16 8G
Dichtnaht

10 10

Querschnitt

Schnitt in der Fuge

Schnitt in Tübbingmitte

~8.23

~70 ~70 ~70

~90

~8.23

Schlußstück

⌀ 10,25m

~8.68

~8.68

11,05 m

B B

A A

.D.

.C.

Bild F1/3: Vorschlag (2): Verbundtübbingring mit Stahlblechaußenabdichtung

ZWEITER MERSEY-TUNNEL IN LIVERPOOL, ENGLAND BAUJAHR 1967	GESCHLOSSENE BAUWEISE

BAUWERK UND BAUGRUND	**Bauwerk** In den Jahren 1926 bis 1934 wurde zwischen Liverpool und Birkenhead der erste vierspurige Straßentunnel unter dem Mersey-Fluß gebaut. Wegen der starken Zunahme des Verkehrs mußte 1965 ein neues Straßentunnelprojekt in Angriff genommen werden. Dieser neue Tunnel liegt etwa 1,6 km von dem ersten entfernt flußabwärts und verbindet Liverpool mit Wallasey. Es handelt sich um eine zweispurige Tunnelröhre von 9,63 m Innendurchmesser, ausgestattet mit einer 7,32 m breiten Fahrbahn, Halbquerlüftung und beidseitig angeordneten Inspektionsgängen (Bild F2/1). **Baugrund** Unter dem Flußbett im wesentlichen weicher, abrasiver aber dennoch weitgehend standfester Buntsandstein von dunkelroter Farbe, der von dünnen Schlammeinschlüssen durchzogen und in Spalten wasserführend ist. Auf der Liverpoolseite wird der Buntsandstein von Ton überlagert. Dieser Bereich wird vom Tunnel in der Steigungsstrecke durchfahren.
TUNNELKON-STRUKTION UND ABDICHTUNG	Zur genauen Erkundung der Baugrundverhältnisse wurde zunächst in der Achse des späteren Tunnels ein Pilotstollen aufgefahren, und zwar im Buntsandsteinbereich als Gewölbeprofil (3,65 x 3,65 m) und im Ton als Kreisprofil (3,65 m Durchmesser). Für den Bau des Haupttunnels wurde im Buntsandsteinbereich eine vollmechanische Vortriebsmaschine eingesetzt (Beginn der Arbeiten 1967), deren Schneide eine zentrale Öffnung im Bereich des Pilotstollens besaß (Details [1]). Der Tunnelausbau besteht in diesem Abschnitt aus speziellen Stahlbetontübbingen. Im Bereich des Tons kam ein herkömmlicher Vortrieb und ein Ausbau mit Gußeisentübbingen zur Anwendung. Die Stahlbetontübbinge sind zur Wasserabdichtung auf der Tunnelinnenseite im Bereich oberhalb der Fahrbahnplatte mit Stahlblechen versehen. Insgesamt ist die Konstruktion der Tunnelauskleidung folgendermaßen aufgebaut (Bild F2/2): - Ein Tunnelring setzt sich aus zehn (bei Lage des Schlußstückes zentral im Tunnelfirst) bzw. elf (bei Lage des Schlußstückes seitlich versetzt im Tunnelfirst) Einzelsegmenten zusammen. - Das Sohlsegment (A) wiegt 3 bis 4 Mp, hat teilweise eine flache Oberfläche und ist nicht mit einer Stahlabdichtung ausgestattet. - Die beiden anschließenden B-Segmente haben eine spezielle Gestaltung erfahren, da auf sie die Fahrbahnplatte aufgelagert werden soll. Sie besitzen ebenfalls keine Stahlabdichtung. Durch die Fugen zwischen den unteren Segmenten eindringendes Wasser wird im Tunnelinnern abgeleitet. - Die nach oben folgenden C- und D-Segmente sowie das Schlußstück sind alle Kreissegmente von 305 mm Dicke. Auf der Tunnelinnenseite besitzen sie eine 6,3 mm dicke Stahlplatte, die unmittelbar an die Bewehrung angeschlossen ist, um eine Verankerung gegen den Wasserdruck zu gewährleisten (Bild F2/2b). - Die im Firstbereich liegenden Schlußstücke sind bei den aneinander angrenzenden Ringen stets gegeneinander versetzt angeordnet, und zwar im Wechsel: Zentrum, rechts vom Zentrum, Zentrum, links vom Zentrum. Dies wird durch die abwechselnde Anwendung von Segmenten halber (E) und ganzer Länge (C) oberhalb der B-Segmente erreicht (Bild F2/2a). Beim Einbau mußten die Tübbinge in ihrer jeweiligen Position gehalten werden, solange der Ring noch nicht geschlossen und die Verpressung des Hohlraumes zwischen Tunnelausbau und Gebirge noch nicht erfolgt war. Dies wurde durch eine Längsverspannung mit dem bereits eingebauten letzten Ring erreicht (Bild F2/2d). Während die einzelnen Stahlbleche bei der Tübbingherstellung eingebaut wurden, mußte die Wasserdichtung der Fugen zwischen den Segmenten später im Tunnel erfolgen. Diese war so auszuführen, daß kleinere Bewegungen der Tübbinge gegeneinander möglich blieben. Die Ausführung ist in den Bildern F2/2c und d dargestellt: Zunächst erfolgte eine Vordichtung durch Verstemmen der Nut zwischen den Tübbingen. Anschließend wurde der Fugenbereich durch Bleche überbrückt, die allseitig wasserdicht mit den Tübbingblechen verbunden wurden. Der entstehende Raum zwischen dem fugenüberbrückenden Blech und dem Tübbing wurde verpreßt. Die Durchführung der Schweißarbeiten machte keine Schwierigkeiten, obwohl im Tunnel eine extrem hohe Feuchtigkeit vorlag. Die Vorteile des beschriebenen Tunnelausbaus können beim Beispiel des Mersey-Tunnels besonders in folgenden Punkten gesehen werden: - Es treten Materialkostenersparnisse gegenüber anderen Ausbauarten auf. - Unmittelbar nach dem Tübbingausbau liegt ein weitgehend "fertiger" Tunnel vor, der leicht sauber gehalten werden kann.

	- Undichtigkeiten sind unmittelbar zu orten und Reparaturen lassen sich leicht durchführen. - Ein besonderer Innenausbau (z. B. bei Straßentunneln) kann entfallen. Die Nachteile des hohen Tübbinggewichtes und die Probleme bei der Montage haben sich als lösbar erwiesen.
KORROSIONS-SCHUTZ	Der Korrosionsschutz der Abdichtungsbleche besteht auf der dem Beton zugewandten Seite nur aus einem Bitumenanstrich. Die Lufseiten (Tunnelinneres) wurden dagegen besonders gestaltet, da sie gleichzeitig die "Sichtflächen" des Tunnels darstellen sollten. Die Stahlflächen wurden zunächst gesandstrahlt und anschließend mit einem dekorativen Epoxidharzanstrich beschichtet. Die Erneuerung des Anstrichs wird in Intervallen von etwa zehn Jahren erwartet. Dies ist jedoch bei einem Straßentunnel z. B. wegen der seitlichen Inspektionsgänge und der Möglichkeit zeitlich begrenzter Sperrungen nennenswert leichter als bei U-Bahntunneln möglich. Allerdings müssen bei einer derartigen gleichzeitigen Nutzung als "Sichtfläche" in einem Straßentunnel an den Anstrich Anforderungen gestellt werden, die weit über diejenigen des Korrosionsschutzes hinausgehen (s. hierzu [3]).
QUELLEN	[1] Megaw, T. M.: "The second Mersey road tunnel"; Civil Engineering and Public Works Review, 1968, October, S. 1127 - 1135 [2] Brief des Ingenieurbüros Mott, Hay & Anderson, London, vom 22. April 1969 an die STUVA nebst Anlagen [3] Girnau, G.: "Wasserdichte Innenverkleidungen bei unterirdisch hergestellten Straßentunneln"; STUVA-Nachrichten Nr. 22, 1968, S. 1-5

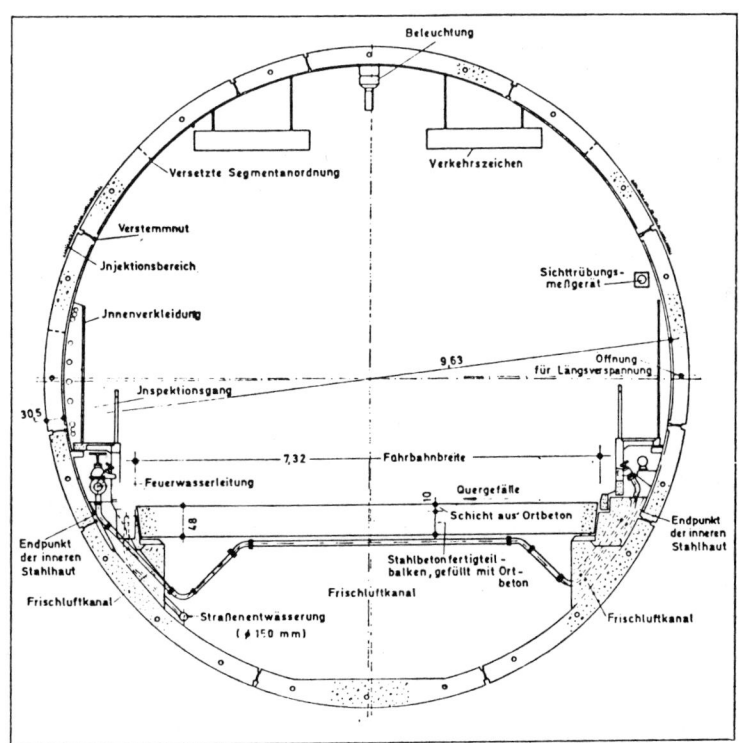

Bild F2/1: Gesamtquerschnitt

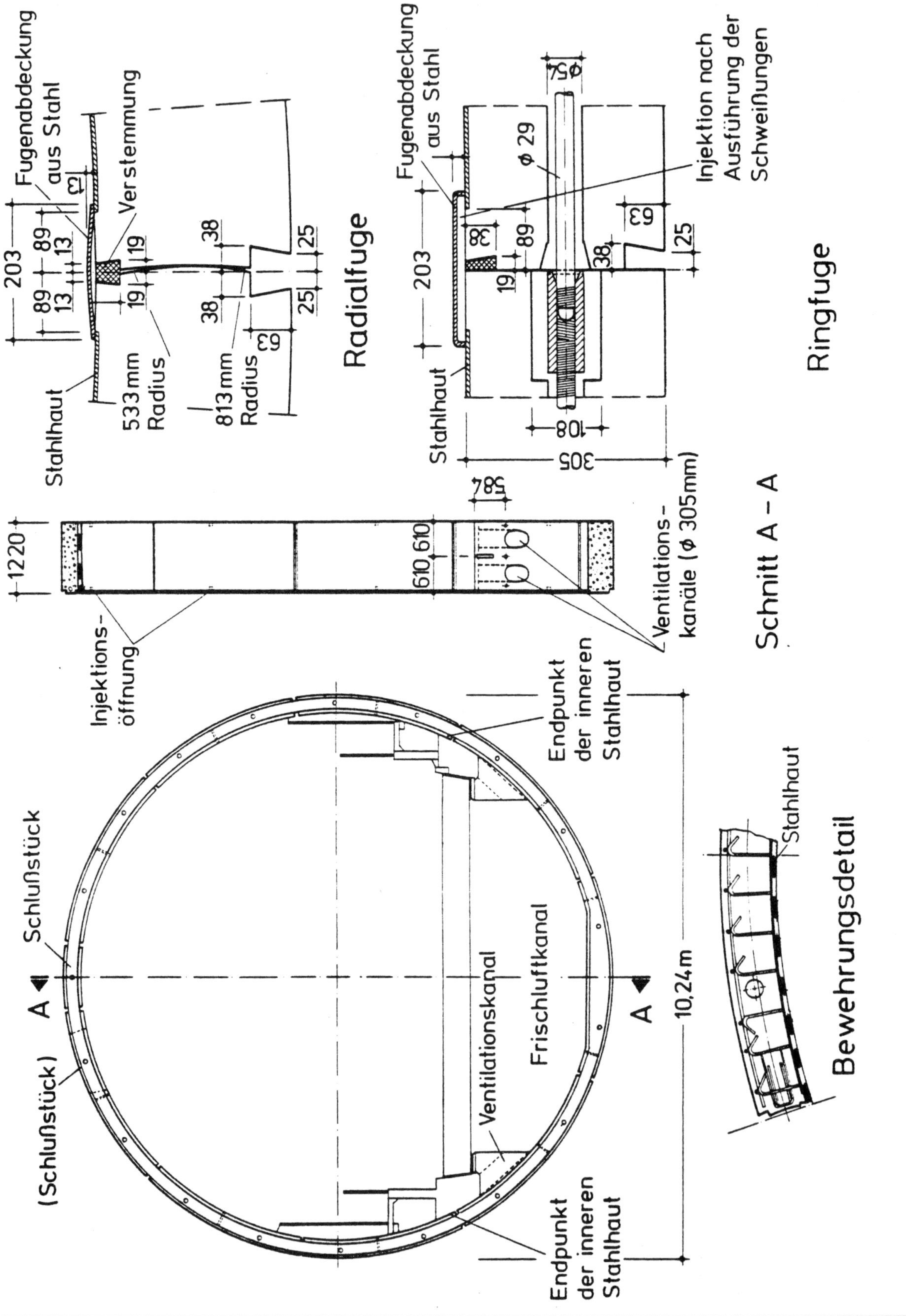

Radialfuge

Fugenabdeckung aus Stahl

Verstemmung

Stahlhaut

533 mm Radius

813 mm Radius

203 89 13 89 13

19 19

38

38

25 25

63

Ringfuge

Fugenabdeckung aus Stahl

Injektion nach Ausführung der Schweißungen

Stahlhaut

ø 29

ø 75

203 89 19 38

88

63

25

108

305

Schnitt A – A

Injektions-öffnung

Ventilations-kanäle (ø 305mm)

1220

610 610

285

Bewehrungsdetail

Stahlhaut

Schlußstück

(Schlußstück)

A

A

Ventilationskanal

Frischluftkanal

Endpunkt der inneren Stahlhaut

Endpunkt der inneren Stahlhaut

10,24 m

Stahlhaut

Bild F2/2: Details zum Tübbing-Ausbau

BERGMÄNNISCH VORGETRIEBENE TUNNEL DER U-BAHN IN
BUDAPEST, UNGARN
BAUZEIT: 60ER JAHRE

GESCHLOSSENE BAUWEISE

BAUWERK UND BAUGRUND

Bauwerk

Beim Bau der U-Bahn in Budapest kamen bei bergmännisch und mit dem Schild vorge-
triebenen Tunneln verschiedene Systeme von Stahlblechabdichtungen gegen drückendes Grundwasser (Überdruck 2 bis 2,5 bar) zum Einsatz.

Baugrund

Der die Tunnel umgebende Boden ist im allgemeinen nicht aggressiv. Allerdings wurden sulfatierende und desulfatierende Bakterienlager beobachtet, die durch Stö-
rung des Bodenzustandes und Einschleppung während des Baues entstanden. Diese
verschwanden jedoch wieder nach Fertigstellung und Abdichtung des Tunnels. Wahr-
scheinlich wurden sie durch den Mangel an Luftzufuhr vernichtet.

Grundwasser

Das Grundwasser ist unterschiedlich zusammengesetzt und stellenweise aggressiv.
Allgemein liegen ein SO_4-Gehalt von 150 - 450 mg/l und ein pH-Wert von 7 bis 7,5
vor. Auf einigen Streckenabschnitten stieg der SO_4-Gehalt allerdings bis auf
1000-2000 mg/l an.

Tunnelatmosphäre

Die innere Tunnelatmosphäre besitzt keine aggressiven Komponenten. Allerdings be-
reitete die sehr hohe Luftfeuchtigkeit von 80 bis 90 % während des Baues erhebliche Schwierigkeiten.

TUNNELKON-STRUKTION UND ABDICHTUNG

(1) Stahlblechabdichtung mit innerem Stützring aus Ortbeton (zweischalige Bauweise)

Einige Streckentunnel mit kreisrundem Querschnitt wurden wie folgt abgedichtet.
Mit Hilfe von Injektionen wurde zunächst eine Vordichtung der äußeren Stahlbeton-
schale durchgeführt. Im Schutze dieser Vordichtung wurde dann die Stahldichtung
eingebaut (s. Bild F3/1). Dazu wurden in den äußeren Stahlbetonmantel nachträglich Ankerbügel in einem Abstand von 1 m in Tunnellängsrichtung und etwa 2 m in
Ringrichtung einzementiert. Auf diese Bügel wurden Ringe aus Flachstahl von
80 x 10 mm² Querschnitt mit 4 m Abstand und parallel zur Tunnellängsachse Schienen aus gleichem Flachstahl mit 2 m Abstand angebracht. Zwischen der Ebene des so
entstandenen Netzes und der äußeren Betonauskleidung wurde ein Hohlraum von durch-
schnittlich 5 cm gelassen. Auf die Netzkonstruktion wurden der Tunnelwölbung entsprechend gewalzte Stahlbleche von 3 mm Dicke und einer Fläche von 4000 x 2000 mm²
aufgebracht, die vorher auf dem Bauplatz aus vier Einzelplatten von 2000 x
1000 mm² Fläche zusammengesetzt worden waren. Dabei dienten die Flachstahlbänder
als Schweißunterlage.

Der erwähnte 5 cm Hohlraum wurde nach Einbau der Stahlbleche mit Perlkies (Körnung
5 bis 10 mm) ausgefüllt. Mit dieser Maßnahme wurden folgende Ziele verfolgt:

- Während des Bauvorganges eindringendes Wasser sollte in der als Dränung wirkenden Kiesschicht abgeleitet und so der Aufbau eines Wasserdrucks ausgeschlossen
  werden.
- Die Stahlplatten sollten eine satte Unterlage erhalten. Dadurch wurden sie während der nachfolgenden Arbeiten (z. B. Einbringen des inneren Ortbetonrings)
  in ihrer Lage gesichert und vor Verformungen geschützt.
- Unregelmäßigkeiten an der Innenfläche der äußeren Betonauskleidung sollten aus-
  geglichen werden.

Vor dem Einbau der auf Wasserdruck bemessenen 13 bis 18 cm dicken inneren Ortbe-
tonauskleidung wurden die geschweißten Nähte der Stahlabdichtung abschnittweise
mittels Vakuumverfahren auf Wasserdichtigkeit geprüft.

Nach Prüfung und Ausbesserung der Nähte der Abdichtungshaut wurde die innere Be-
tonauskleidung hergestellt und im Anschluß daran das Perlkiesgerüst mit Zement-
mörtel ausgepreßt. Im Firstbereich mußte außerdem der durch Schwinden des inneren
Ortbetonmantels entstandene Hohlraum auf der Innenseite der Stahldichtung durch
Injektion verfüllt werden. Nach diesen Arbeiten wurden die Injektionsstutzen mit
Schraubenkappen verschlossen.

Das beidseitige hohlraumfreie Einschließen der stählernen Dichtungshaut in Zementmörtel bzw. Beton diente neben der einwandfreien Lagerung zugleich auch dem Korrosionsschutz. Der Injektionsmörtel bestand aus 150 kg Portlandzement auf 90 l Wasser. Zur Erhöhung der Korrosionsschutzwirkung wurden ihm 10 l Natriumnitrit
$NaNO_2$ (in 30 %-iger Lösung) zugemischt. Ein Zusatz von 3 kg Kalzium-Bentonit er-
leichterte durch Verringerung der Viskosität sowie der Absetzgeschwindigkeit des

Injektionsgutes die Einpreßarbeiten [1].

Die Anwendung einer Stahlabdichtung bei zweischaligem Ausbau ist eine außerordentlich kostspielige Lösung. Sie widerspricht außerdem bestimmten Werkstoffeigenschaften des Stahls, denn dieser ist im Gegensatz zu allen anderen Dichtungsmaterialien in der Lage, Kräfte aus dem Wasserdruck selbständig aufzunehmen. Der innere Ortbetonring kann also eingespart werden, wenn man die Konstruktion entsprechend gestaltet. Das ist mit erheblichen Vorteilen im Hinblick auf Arbeitszeit und Kostenaufwand verbunden. Die Weiterentwicklungen in dieser Richtung wurden ebenfalls beim Budapester U-Bahnbau durchgeführt (siehe unter (2)).

(2) Stahlblechabdichtung bei einschaligem Tunnelausbau

Zur Frage der optimalen konstruktiven Gestaltung derartiger Stahlabdichtungen wurden beim Bau der Budapester U-Bahn verschiedene Systeme erprobt. In jedem Fall wurden die Kräfte aus dem Wasserdruck von den Stahlblechen aufgenommen und über Anker in die statische Tunnelauskleidung geleitet. Grundsätzlich sind zwei Konstruktionsarten zu unterscheiden. Bei der ersten werden die Dichtungsbleche durch den Wasserdruck auf Biegung und Zug beansprucht (s. Bild F3/2), bei der zweiten dagegen nur auf Zug (s. Bild F3/3).

a) Auf Biegung und Zug beanspruchte Stahlblechabdichtungen

Eine erste Entwicklung zur einschaligen Bauweise mit Stahlblechabdichtung zeigt Bild F3/2. Die ebenen, an den Rändern aufgekanteten Bleche aus hochfestem Flußstahl mit einer Fläche von 740 x 740 mm² sind zur Verstärkung mit eingeschweißten Aussteifungsrippen von 40 x 5 mm² Querschnitt versehen. Die Blechdicke von etwa 6 mm ergab sich in statischer Hinsicht aus der Biegebeanspruchung durch Wasserdruck. Die Kräfte werden über etwa 40 cm lange Anker, die in den Ecken der "Trogplatte" sowie in den Ansatz- und Kreuzpunkten der Aussteifungsrippen angeordnet sind, in die Betonauskleidung eingeleitet. Bei deren Herstellung dienen die Blechplatten auf der Tunnelinnenseite als verlorene Schalung. Aus Gründen des Korrosionsschutzes wurden zur Beseitigung evtl. verbliebener Hohlräume zwischen Beton und Stahlblech nachträglich Injektionen durch die aufgeschweißten Verpreßstutzen vorgenommen. Auf der Tunnelinnenseite wurden die Bleche mit einem netzartig bewehrten Torkretputz versehen.

Bei der Montage wurden die einzelnen Platten mit Bolzen zusammengeschraubt. Dabei wurden etwa 10 mm breite Fugen angeordnet, die nach außen mit Abdeckstreifen aus Asbestzement abgeschlossen wurden. Die eigentliche Fugendichtung wurde dann entweder mit Quellzementmörtel vorgenommen, oder es wurden zu diesem Zweck Blechstreifen aufgeschweißt. Die letzte Lösung dürfte gegenüber der Vermörtelung mit Quellzement vorteilhaft sein, wenn kleine Bewegungen und Rißbildung in der Tunnelauskleidung nicht auszuschließen sind. Nachteilig erwies sich bei dieser Konstruktion im Hinblick auf den Einbau vor allem das hohe Gewicht (50 kp) der einzelnen Elemente. Anstelle der beschriebenen Konstruktion mit den "Trogplatten" kann z. B. für die Abdichtung von Brillenwänden auch ein System mit ebenen Platten gewählt werden, wie es sich ergibt, wenn man in Bild F3/3, Zeile 4, die gewölbten Platten durch ebene ersetzt. Allerdings werden hier die Blechtafeln anders als die Trogplatten erst nach Fertigstellung der statischen Tunnelauskleidung aufgeschweißt. Wegen der Biegebeanspruchung müssen sie 6 bis 7 mm dick sein, so daß sich auch für diese Elemente große Gewichte ergeben.

b) Ausschließlich auf Zug beanspruchte Stahlblechabdichtungen

Günstigere Verhältnisse ließen sich dadurch erreichen, daß man die Bleche der Stützlinie entsprechend wölbte, so daß sie nur noch auf Zug beansprucht wurden. Bei weitgehender Ausnutzung des Materials ergaben sich dann Blechdicken von etwa 3 bis 4 mm. Beispiele dazu zeigt Bild F3/3. Die in den Zeilen 2 und 4 dargestellten Systeme bestehen aus 4 mm dicken Stahlblechen mit einer Fläche von 1000 x 1000 mm². Bei der Lösung gemäß Zeile 2 sind die Bleche in Tunnellängsrichtung zweimal geknickt. Das 490 mm breite Mittelfeld zwischen den beiden Falten sowie die beiden je 255 mm breiten Randfelder sind mit einem Radius von 1500 mm gewölbt. Auf die Biegefalten werden zur Aussteifung Flachstähle von 80 x 4 mm² Querschnitt aufgeschweißt, die gleichzeitig als Verankerung dienen. Dazu werden sie an der Außenkante in bestimmten Abständen aufgeschnitten und wechselseitig aufgebogen. Die Blechtafeln werden bei der Herstellung des Konstruktionsbetons als Innenschalung verwendet. Zur Erleichterung der Montage werden die Laschen für die Ringstöße bereits in der Werkstatt an eine Seite der Stahltafel angeschweißt. Die Stöße in Tunnellängsrichtung erfolgen durch Überlappung der benachbarten Bleche. Für den Korrosionsschutz werden auf der Außenseite der Bleche Zementinjektionen durchgeführt. Auf der Innenseite wird ein Spritzputz aufgebracht. Versuchsweise wurden statt des Spritzputzes auch Anstriche bzw. Überzüge aus Bitumen- oder Kunststoffmassen ausgeführt. Dies blieb jedoch ohne Erfolg, da einerseits das Aufbringen der Anstriche auf die Stahlkonstruktionen bei der hohen Luftfeuchtigkeit im Tunnelinneren nicht fehlerfrei durchführbar war und andererseits sich die Entrostung der großen Blechflächen als unwirtschaftlich erwiesen hatte.

Im Gegensatz zu den bisher beschriebenen Systemen handelt es sich bei den in Bild F3/3, Zeilen 4 und 5, aufgezeigten Lösungen um Konstruktionen, die erst nach der Fertigstellung des statischen Betons eingebaut werden. In Budapest wurden in diesem Zusammenhang zwei verschiedene Möglichkeiten zur Verankerung der Bleche entwickelt und ausgeführt. Bei der einen Konstruktion (Zeile 4) besteht die Verankerung aus einer T-Schiene, an die im Abstand von 20 bis 30 cm Flacheisen von 40 x 6 mm² Querschnitt angeschweißt sind. Diese Ankerschienen werden beim Betonieren der statischen Auskleidung parallel zur Tunnellängsrichtung einbetoniert. In einem zweiten Arbeitsgang werden die Dichtungsbleche von 4 mm Dicke nachträglich mit Kehlnähten auf die beschriebenen Längsträger geschweißt.

Die andere Konstruktion (Zeile 5) erfordert für den Einbau einen wesentlich größeren Arbeitsaufwand. Die Anker werden einzeln in der Betonauskleidung angebracht. Dabei werden die Abstände dem jeweiligen Wasserdruck sowie den Abmessungen der Blechtafeln angepaßt. In die mit Hilfe einer Schablone gebohrten Ankerlöcher wird ein in Stahldrahtgewebe gehüllter erdfeuchter Quellzementkörper eingeschoben. In diesen wird unmittelbar folgend ein Ankerbolzen eingetrieben. Auf diese Weise läßt sich ein sattes Ausfüllen der Bohrlöcher erreichen. Durch Quellvorgänge bei der Erhärtung des Zementkörpers werden eine zusätzliche Verspannung erreicht bzw. nachteilige Schwinderscheinungen ausgeschaltet. Über die Ankerbolzen werden durchlaufende Flacheisen von 80 x 30 mm² Querschnitt gezogen und mit Verstärkungsplatten auf den Bolzen verschweißt. Die gewölbten nachträglich eingebauten Dichtungsbleche von 4 mm Dicke stützen sich an ihren Rändern gegen die durchlaufenden Flacheisen und werden mit diesen durch Kehlnähte wasserdicht verbunden.

Der Korrosionsschutz erfolgt auch bei den zuletzt beschriebenen Stahlabdichtungen durch Injektionen auf der Außenseite und durch Aufbringen eines Spritzputzes bzw. durch Anstriche auf der Tunnelinnenseite. Alle Schweißnähte wurden über ein Vakuumverfahren auf ihre Wasserdichtigkeit geprüft.

Nach den ungarischen Erfahrungen hat sich vor allem die Stahlblechabdichtung gemäß Bild F3/3, Zeile 2, sowohl in dichtungs- als auch in arbeitstechnischer Hinsicht gut bewährt. Gegenüber den in den Zeilen 4 bzw. 5 dargestellten Konstruktionen zeichnet sie sich dadurch aus, daß die Schalungsarbeiten für den äußeren Betonmantel sowie das Verlegen der Ankerschienen bzw. der nachträgliche Einbau von Ankern entfallen.

QUELLEN

[1] Vajda, Z.: "Wasserdichtungsprobleme beim Bau der U-Bahn in Budapest"; STUVA-Nachrichten Nr. 23, 1968, S. 2 - 9

[2] Girnau, G./Haack, A.: "Tunnelabdichtungen", Bd. 6 der Buchreihe "Forschung + Praxis", Herausgeber: STUVA, Düsseldorf; Alba-Buchverlag Düsseldorf, 1969

[3] Brief von Doz. Zoltan Vajda vom 15. 9. 1972 an die STUVA

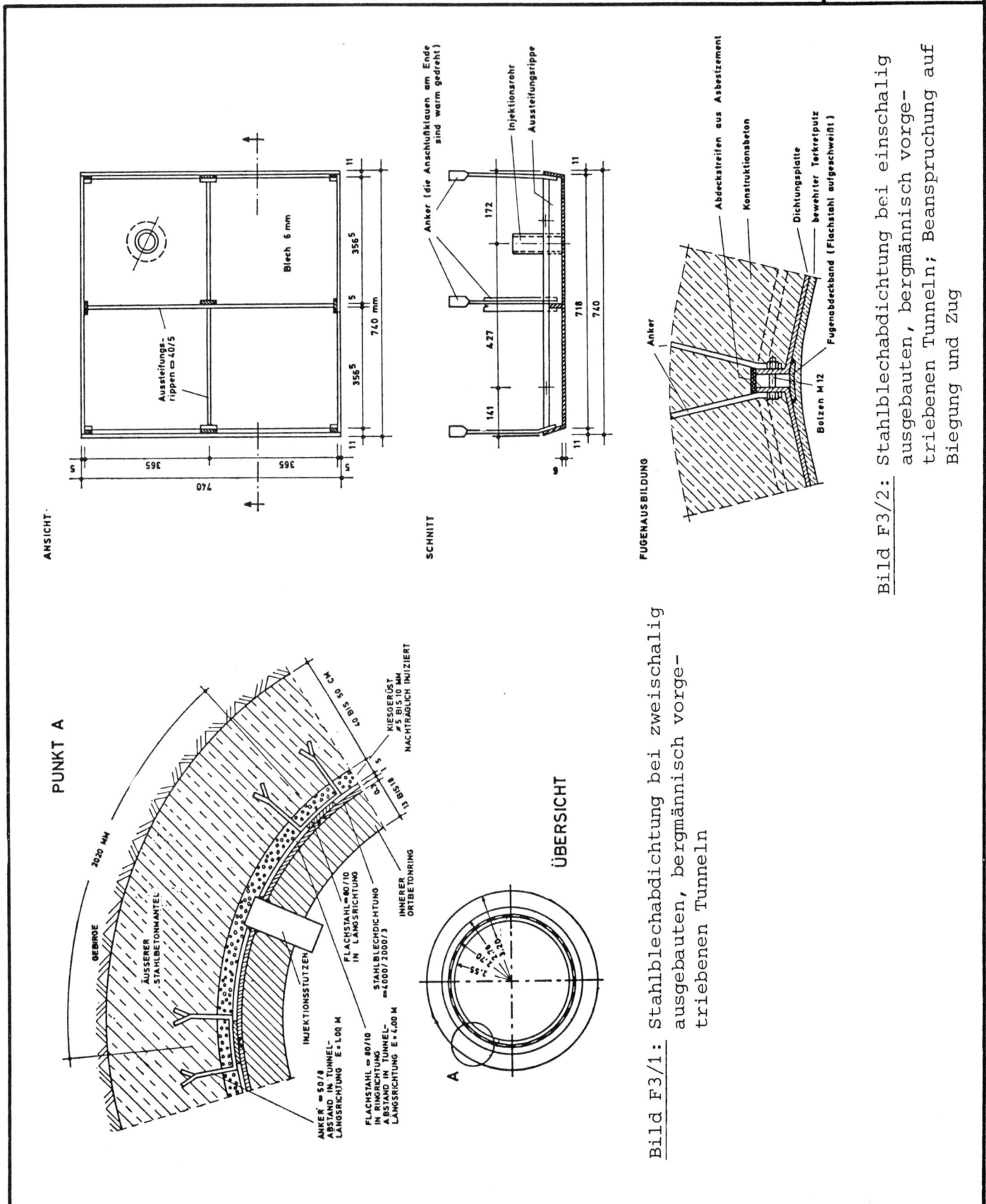

ANSICHT

Blech 6 mm

Aussteifungs-
rippen ≈ 40/5

SCHNITT

Anker (die Anschlußklauen am Ende
sind warm gedreht)

Injektionsrohr

Aussteifungsrippe

Fugenausbildung

Abdeckstreifen aus Asbestzement

Konstruktionsbeton

Dichtungsplatte

bewehrter Torkretputz

Fugenabdeckband (Flachstahl aufgeschweißt)

Anker

Bolzen M12

Bild F3/2: Stahlblechabdichtung bei einschalig
ausgebauten, bergmännisch vorge-
triebenen Tunneln; Beanspruchung auf
Biegung und Zug

PUNKT A

GEBIRGE

ÄUSSERER
STAHLBETONMANTEL

KIESGERÜST
∅ 5 BIS 10 MM
NACHTRÄGLICH INJIZIERT

FLACHSTAHL = 80/10
IN LÄNGSRICHTUNG

INNERER
ORTBETONRING

STAHLBLECHDICHTUNG
= 1000/2000/3

FLACHSTAHL = 80/10
IN RINGRICHTUNG
ABSTAND IN TUNNEL-
LÄNGSRICHTUNG E = 1,00 M

INJEKTIONSSTUTZEN

ANKER = 50/8
ABSTAND IN TUNNEL-
LÄNGSRICHTUNG E = 1,00 M

ÜBERSICHT

Bild F3/1: Stahlblechabdichtung bei zweischalig
ausgebauten, bergmännisch vorge-
triebenen Tunneln

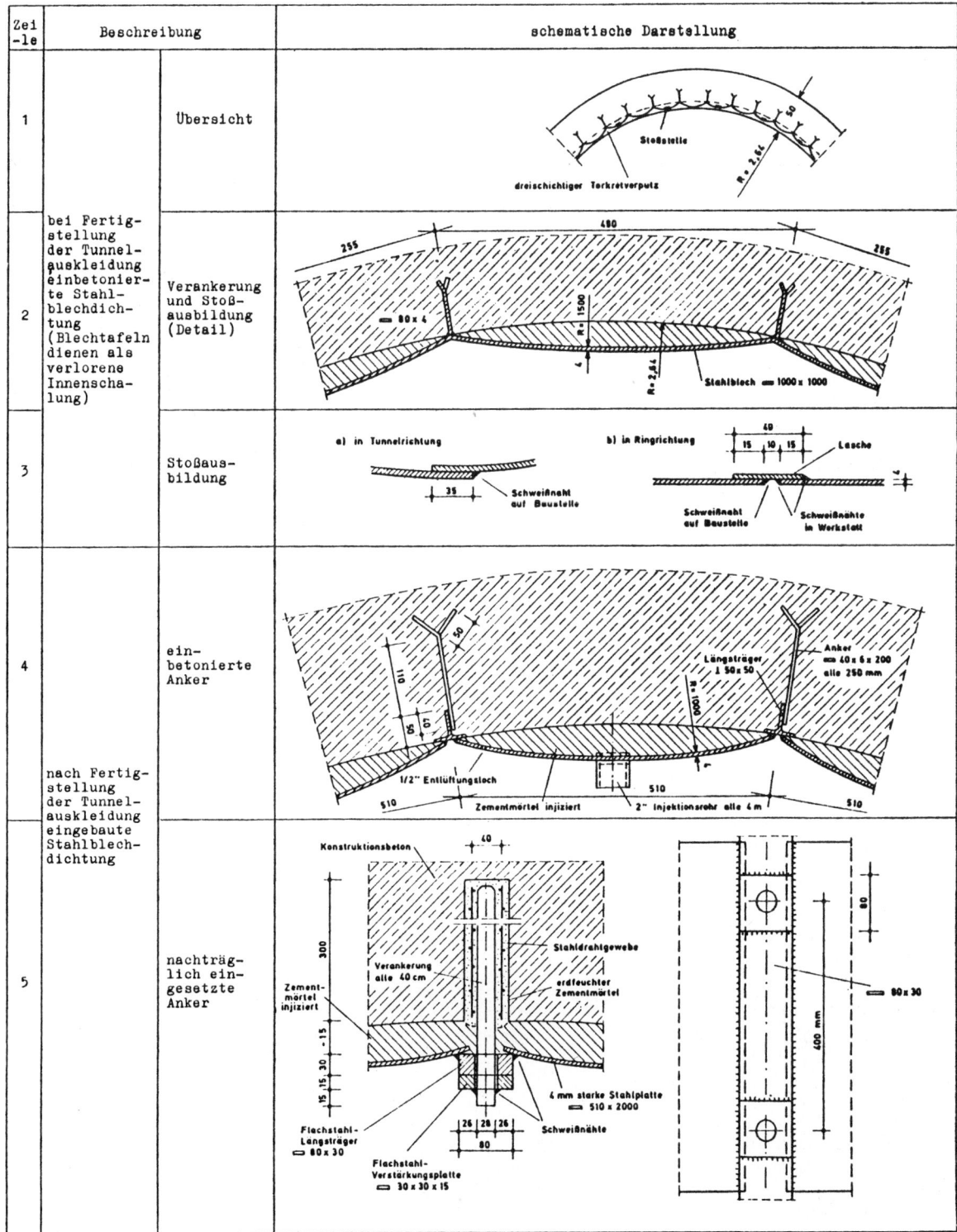

Zei -le	Beschreibung		schematische Darstellung
1		Übersicht	
2	bei Fertig-stellung der Tunnel-auskleidung einbetonier-te Stahl-blechdich-tung (Blechtafeln dienen als verlorene Innenscha-lung)	Verankerung und Stoß-ausbildung (Detail)	
3		Stoßaus-bildung	
4	nach Fertig-stellung der Tunnel-auskleidung eingebaute Stahlblech-dichtung	ein-betonierte Anker	
5		nachträg-lich ein-gesetzte Anker	

Bild F3/3: Stahlblechabdichtung bei einschalig ausgebauten bergmännisch vorge-triebenen Tunneln; Beanspruchung nur auf Zug

VORGEPRESSTER TUNNELRAHMEN BEIM BAU DER HAMBURGER CITY-S-BAHN BAUJAHR 1970/73	GESCHLOSSENE BAUWEISE

BAUHERR	Deutsche Bundesbahn, Direktion Hamburg
AUSFÜHRENDE FIRMEN	Kronibus KG., Klee KG.
BAUWERK UND BAUGRUND	**Bauwerk** Unterfahrung einer Gleisanlage mit 5 Gleisen sowie des Straßenzuges Lombardsbrücke an der Alster mit einem 170 m langen 2-gleisigen S-Bahntunnel in einem Bogen von 300 m Halbmesser mit 5,4 °/$_{\circ\circ}$ Gefälle (Bild F4/1). Tunnellänge: 170 m Überdeckung: 4 bis 9,2 m Tunnelabmessungen: im Lichten 8,83/5,13 m; Außenmaße 10,23/6,83 m **Baugrund** Bild F4/2 zeigt ein geologisches Profil im Bereich des Bauabschnittes. Zum größten Teil ist der Tunnel auf Geschiebemergel gegründet, lediglich in Losmitte mußte eine Torflinse von rund 35 m Länge überbrückt werden. **Grundwasser** Der Tunnel liegt voll im Grundwasser. Während der Bauzeit war das Grundwasser um ~12 m abgesenkt.
TUNNELKON-STRUKTION UND ABDICHTUNG	**Tunnelkonstruktion** Der Tunnel besteht aus 30 rechteckigen Stahlbetonfertigteilrahmen einer mittleren Länge von 5,70 m. Vertikale Mittelstützen mit 2,85 m Achsabstand steifen die Fertigteile aus (Bild F4/3). Im Grundriß wurden die Tunnelfertigteile trapezförmig ausgebildet, um im Polygon aneinandergereiht den Bogenverlauf der Trasse zu ergeben. Das Gewicht der einzelnen Teile beträgt etwa 400 t. Zur Abdichtung des Tunnels gegen Grundwasser erhielt jedes Fertigteil eine Außenhaut aus 6 mm dickem Stahlblech, das über die Stirnwandflächen der Betonkörper bis zur Innenleibung geführt wurde (Bild F4/4). Der Stahlblechmantel besteht aus St37-2. Der Rahmenbeton ist wasserundurchlässig nach DIN 1045. Um beim Vorschub die Preßfugen zwischen den einzelnen Fertigteilen abzudecken, steht der Stahlblechmantel über die Heckfläche eines jeden Fertigteils rundumlaufend über. Innerhalb dieser auf 12 mm Dicke verstärkten Manschette sind über den Umfang verteilt Austrittsöffnungen für eine Gleitsuspension angeordnet. Als Fugendichtung zwischen den einzelnen Fertigteilen wurden Gummi-Profile eingebaut, die nachträglich ausinjiziert wurden. **Bauweise und Ausführung** Die 30 Tunnelfertigteile wurden unter den Gleisen und der Straße nach dem Vorpreßverfahren von einem Anfahrschacht aus mit einem Vortriebsschild und Zwischenpreßstationen durchgepreßt. Wegen der ungünstigen Bodenverhältnisse wurden zur Abstützung und Führung der Tunnelfertigteile zwei Gleitebenen in der Linie der Seitenwände unter der Sohle in zuvor ebenfalls vorgepreßten Rohrstollen hergestellt (s. Bild F4/3). Die Arbeiten zur Herstellung der Tunnelfertigteile begannen jeweils mit dem Zusammenschweißen der 6 mm dicken Stahlhautabdichtungen aus Blechen und Formteilen zu oben noch offenen Kästen. Dies erfolgte auf einem wettergeschützten Platz außerhalb der Baugrube. Nach Absetzen eines solchen Blechkastens auf dem Herstellplatz für die Fertigteile wurden die vorbereiteten Bewehrungskörbe eingelegt, die Schubdübel an die Blechabdichtung angeschweißt, die Innenschalung eingefahren und festgelegt, die vorgefertigten Stützen eingehängt und das Tunnelteil in einem Zug ohne Arbeitsfugen betoniert. Das noch fehlende Deckenblech der Abdichtung wurde nach Abziehen der Deckenoberseite in den noch frischen Beton eingerüttelt und rundum verschweißt. Um Ablösungen und Wellenbildungen der Abdichtungsbleche zwischen ihren Verankerungen als Folge von Temperatur- und Schwindverformungen zu vermeiden, wurde eine sehr engmaschige Verankerung aus Pecobolzen gewählt und weiterhin durch konstruktive Maßnahmen versucht, die Temperatur- und Schwindverformungen der Fertigteile zu begrenzen.
KORROSIONS-SCHUTZMASS-NAHMEN	keine

QUELLEN

[1] Palazzolo, A.: "Durchpressen eines S-Bahn-Tunnels beim Bau der City-S-Bahn Hamburg"; Straße Brücke Tunnel 26 (1974), H. 2; S. 29 - 34

[2] Kuhnimhof, O./Behrendt, A./Rabe, K.-H.: "Durchpressen von fertigen Tunnelrahmen beim Bau der Hamburger City-S-Bahn"; Eisenbahntechnische Rundschau 22 (1973), H. 12; S. 469 - 476

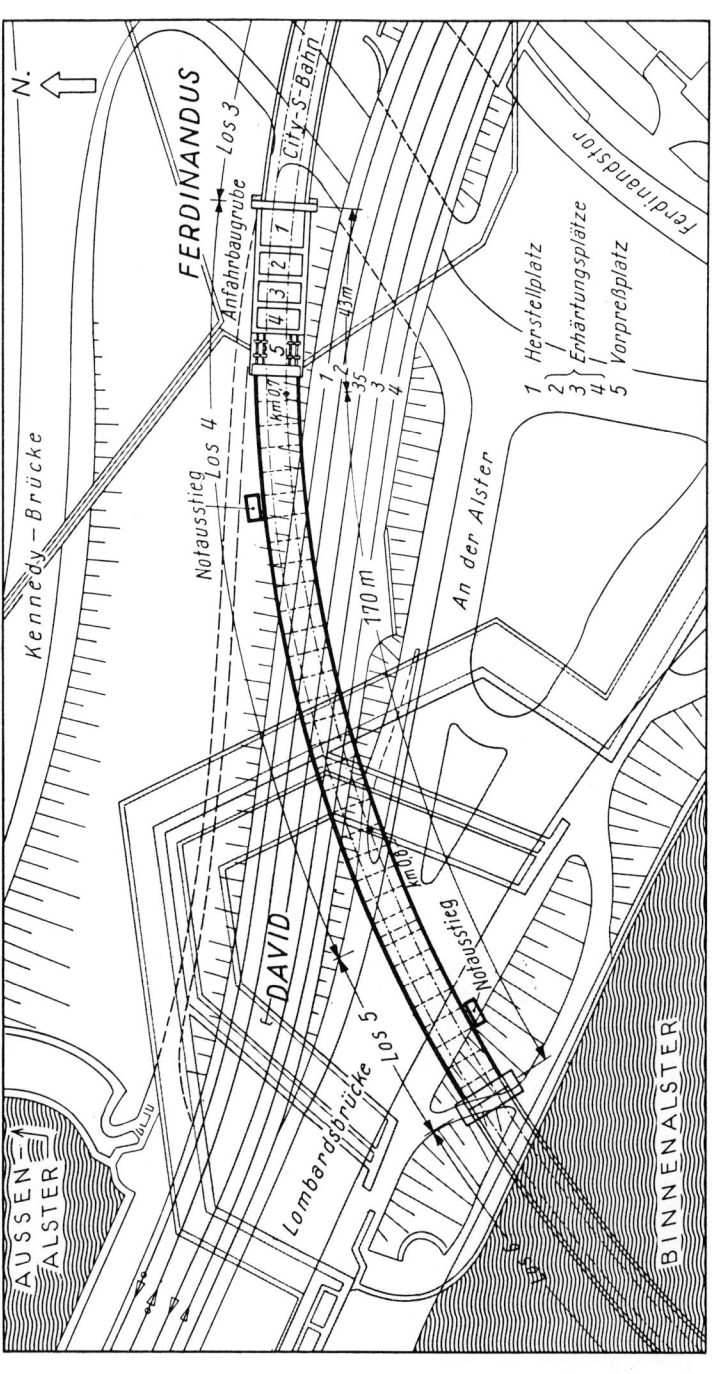

Bild F4/1: Lageplan

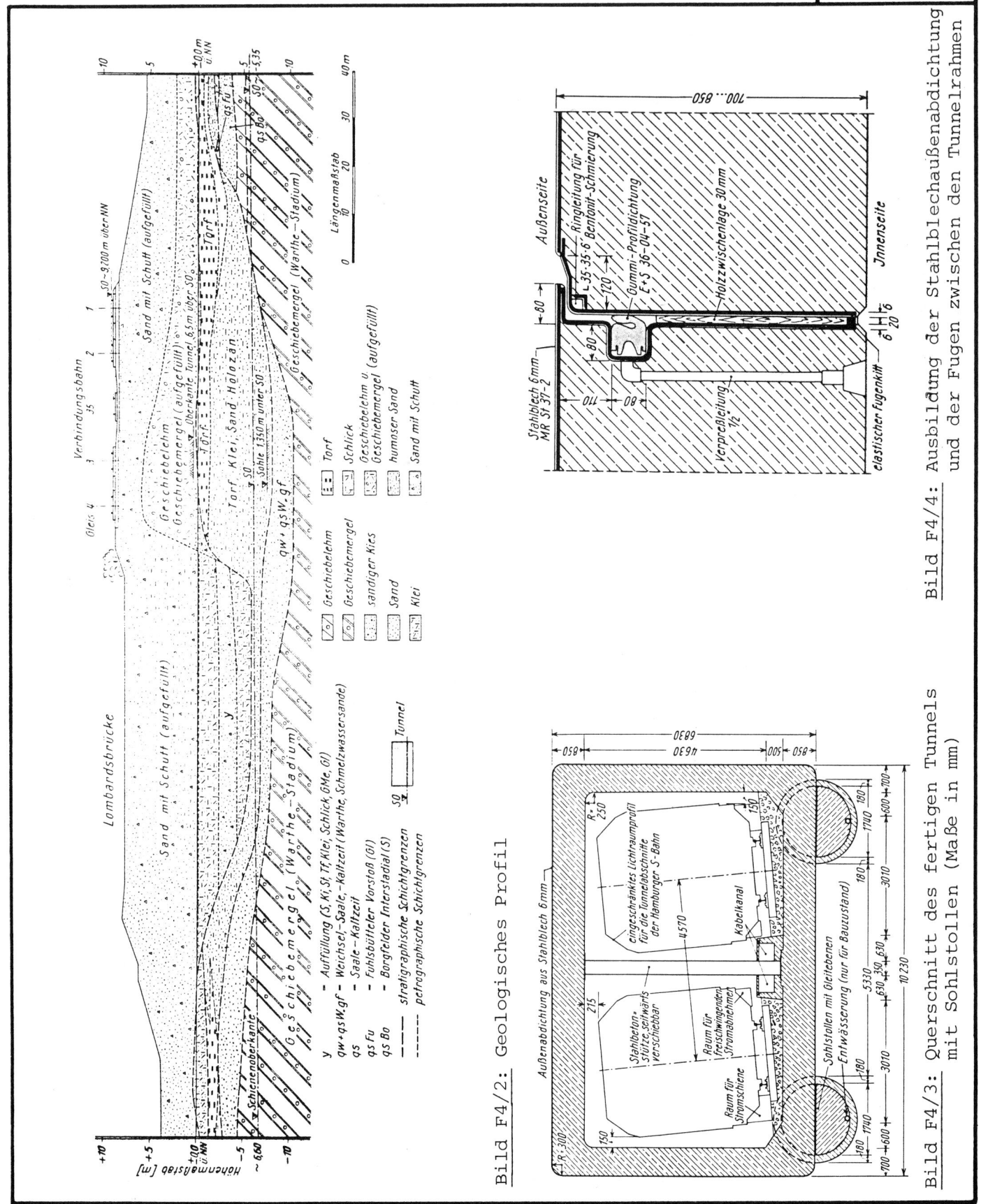

Bild F4/2: Geologisches Profil

Bild F4/3: Querschnitt des fertigen Tunnels mit Sohlstollen (Maße in mm)

Bild F4/4: Ausbildung der Stahlblechaußenabdichtung und der Fugen zwischen den Tunnelrahmen

Anhang G

CITY S-BAHN IM BEREICH DER BINNENALSTER UND DES ALSTERFLEETS IN HAMBURG BAUJAHR 1967/73	SPUNDWÄNDE

BAUHERR	Deutsche Bundesbahn
AUSFÜHRENDE FIRMEN	Baulos Binnenalster: Frd. Holz, Jul. Berger AG., Paul Hanners AG., Rudolf Seeland KG. Baulos Jungfernstieg :Beton- und Monierbau in Arbeitsgemeinschaft
BAUWERK UND BAUGRUND	**Bauwerk** Zweigleisiger S-Bahntunnel mit Haltestelle unter der Binnenalster, der Kleinen Alster und dem Alsterfleet. Lage und Abmessungen des Bauwerkes siehe Bilder G1/1 und G1/2 **Baugrund** Unter der Sohle der flachen Alstergewässer liegen Auffüllungen aus humösen Sanden, Klei, Schlick, Geschiebemergel, Befestigungsanlagen, Bauschutt usw. in Mächtigkeiten bis zu 6 m. Darunter folgen Ablagerungen des Holozäns (Klei, humöser Schluff, Torfe, humöser Sand), kiesige und steinige pleistozäne Alstersande und Geschiebemergel mit eingeschlossenen Sandlinsen (Bild G1/3). Der Tunnel liegt im allgemeinen auf festem Geschiebemergel oder Geschiebelehm.
BAUVERFAHREN	Das Tunnelbauwerk wurde als Stahlbetonrahmenkonstruktion in offener Bauweise hergestellt. Die Baugrubenumschließung bestand aus Spundwänden.
BAUGRUBENUM-SCHLIESSUNG	**(1) S-Bahn-Baulos Binnenalster** Für die Baugrubenumschließungswände wurden überwiegend Hoeschbohlen - Profil 155 - zwischen 17 m und 19,5 m Länge verwendet. Die Bohlen wurden von einem im Wasser schwimmenden Ponton oder von einem auf Schienen beweglichen Arbeitswagen aus mit Explosionsrammen bis 5 m unter die spätere Baugrubensohle getrieben. Entsprechend der größten Baugrubentiefe erhielten die Baugrubenwände zur Aussteifung drei horizontale Lagen stählerner Profil- oder Rundträgersteifen, die bis zu 2,45 MN auf Druck belastet werden konnten. Die beim Aushub sonst hinderlichen Knickverbände konnten wegen der großen Steifigkeit der Quersteifenprofile entfallen. Um die Auswirkungen von eventuellen Überflutungen durch eintretende Undichtigkeiten in den Baugrubenwänden zu begrenzen, wurde die Baugrube durch quergerammte Spundwände in 3 Kammern unterteilt. Die Wasserhaltung in der Baugrube erfolgte offen, mit Tiefbrunnen und Vakuumlanzen. Die im Boden eingeschlossenen größeren Steine aus eiszeitlichen Ablagerungen sowie unbekannte Überreste von Holzpfählen führten beim Rammen der Spundwände verschiedentlich zu unbemerkten gefährlichen Verformungen und Schloßsprengungen, die in einigen Fällen Wassereinbrüche beim Aushub der Baugrube bedingten. Kleine Lecks konnten von der Baugrube aus behelfsmäßig durch Sandsäcke geschlossen, die Spundwände danach durch Aufschweißen von Blechen endgültig gedichtet werden. Größere Undichtigkeiten ließen die Baugrube jedoch mehrmals unter Wasser geraten. Sie wurden durch Vorrammen eines Spundwandkastens, der mit Kleiboden aufgefüllt wurde, zunächst vorläufig und nach dem Leerpumpen der Baugrube endgültig in der beschriebenen Weise geschlossen. **(2) S-Bahn-Baulos Haltepunkt Jungfernstieg und Alsterfleet** Um die das Wasser begrenzenden, meistenteils auf Holzpfählen ruhenden wertvollen Bauten (Banken, Geschäftshäuser, Arkaden) in diesem Bauabschnitt nicht zu gefährden, wurde auf gute Dichtigkeit der Baugrubenwände größter Wert gelegt. Bei Verwendung stählerner Spundwände mußte ein Aus-dem-Schloß-Laufen von Spundbohlen durch vorbeugende Maßnahmen unbedingt vermieden werden. Außerdem waren nach Möglichkeit Lärm und starke Erschütterungen mit unter Umständen schwerwiegenden kostenträchtigen Folgeerscheinungen (Gebäudesetzungen oder Beeinträchtigung empfindlicher Rechenanlagen) zu verhindern.

Vor diesem Hintergrund wurde eine Baugrubenumschließung aus Stahlspundbohlen gewählt, die in einen zuvor ausgetauschten Boden mit genau festgelegter Zusammensetzung hydraulisch eingepreßt wurden.

Der Bodenaustausch wurde im Bereich der Spundwände durch sich überschneidende Großlochbohrungen (Bohrdurchmesser je nach verwendetem Gerät 91 oder 108 cm) vorgenommen. Beim Bohren bis in 16 m Tiefe unter den Alsterwasserspiegel wurden mit dem vorhandenen Boden alle Hindernisse, wie Steine, alte Pfähle, Mauerwerksreste und Spundwände, beseitigt. Das Bohrloch wurde anschließend mit Sand der Körnung 0 bis 3 mm unter Zugabe von Zement, Aktiv-Bentonit und Wasser gefüllt. Dieses Füllmaterial besaß im hohen Grade die gewünschten Eigenschaften. Es bildete um die später einzupressende Spundwand herum eine dichtende Schürze gegen das anstehende Druckwasser und gegen gefährliche Umläufigkeiten. Es war außerdem in seiner mörtelartigen Konsistenz so fest bzw. weich, daß einerseits keine nennenswerten Horizontalverschiebungen des angrenzenden Bodens eintraten und andererseits Stahlspundbohlen in die mit Ersatzboden gefüllten Bohrlöcher eingepreßt werden konnten. Der Austauschboden war nach 11 bis 12 Tagen abgebunden. Seine langanhaltende Plastizität erlaubte es, die Spundbohlen sogar noch nach mehreren Wochen einzupressen (Bilder G1/4 und 5).

Nahezu geräuschlos, störungsfrei und ohne Erschütterungen wurden die Stahlspundbohlen mit dem von der britischen Fa. Taylor Woodrow entwickelten sogenannten "Pilemaster" in den ausgetauschten Boden gepreßt (Bild G1/6). Die Arbeitsweise des Pilemasters zeigt Bild G1/7. Die mittlere Leistung des Gerätes betrug trotz vieler Behinderungen auf der Baustelle 80 bis 100 m² Spundwand je Tag.

| QUELLEN | [1] Seewig, K.: Die Bauarbeiten für die City-S-Bahn im Bereich der Alstergewässer in Hamburg; Eisenbahntechnische Rundschau 20 (1971) 12, S. 493-512 |

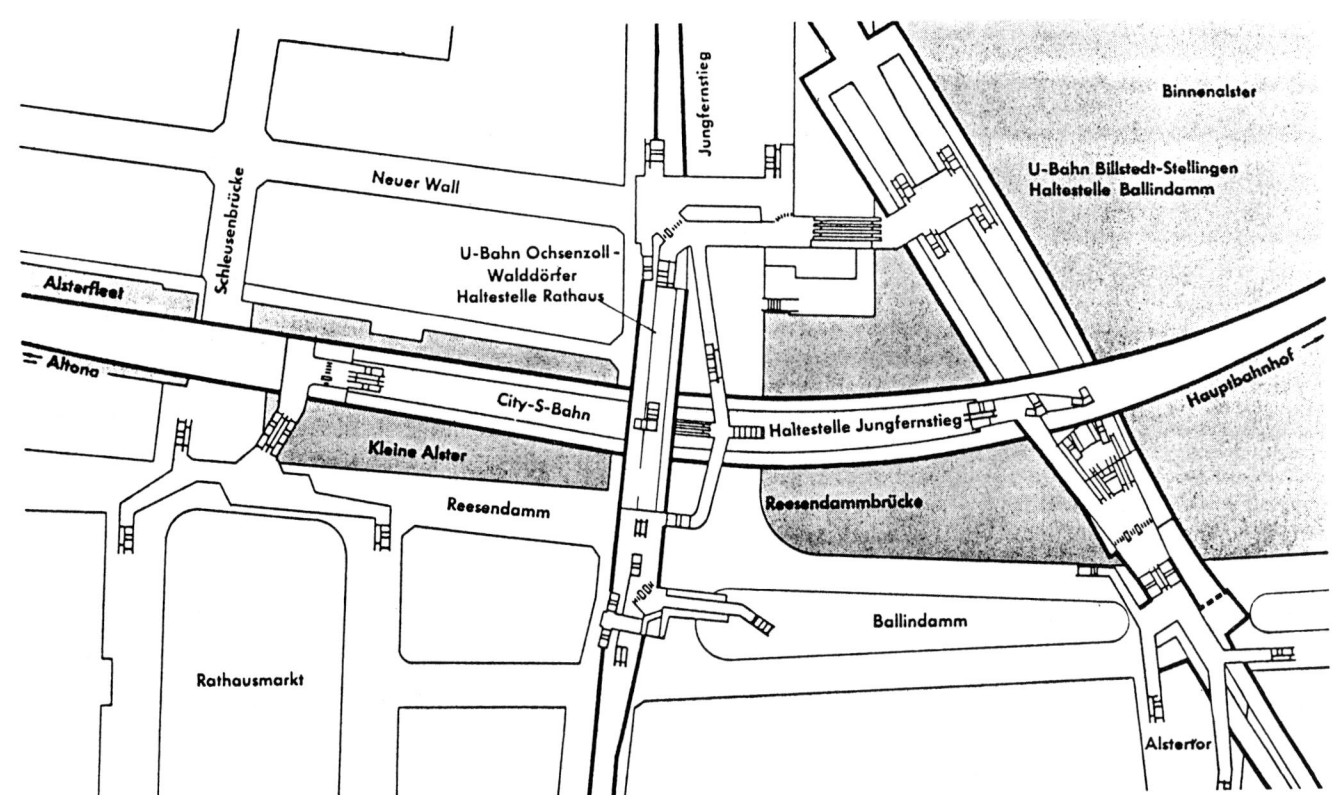

Bild G1/1: Grundriß der City-S-Bahn im Bereich der Alstergewässer

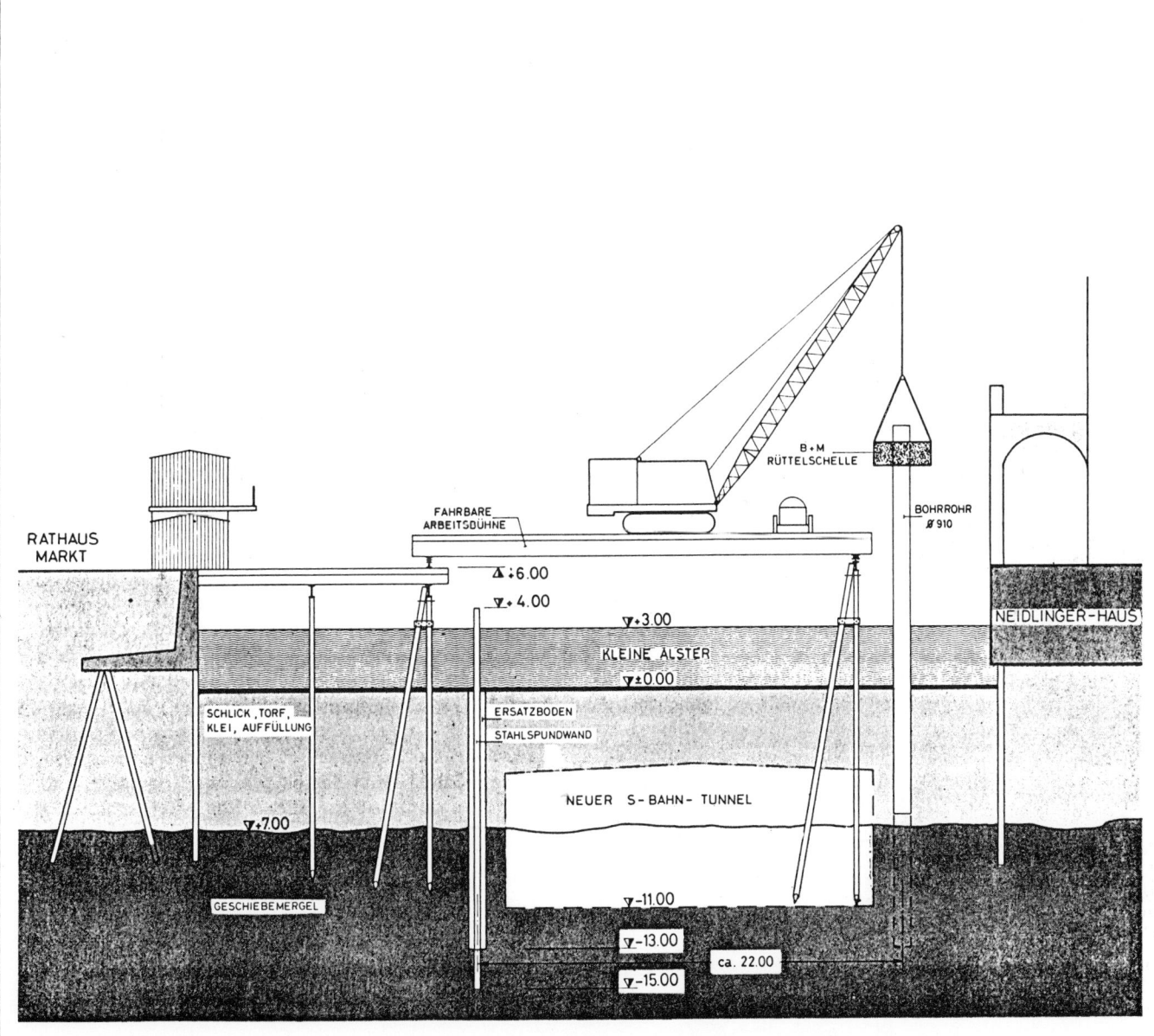

Bild G1/2: Querschnitt der Haltestelle Jungfernstieg im Bereich der kleinen Alster

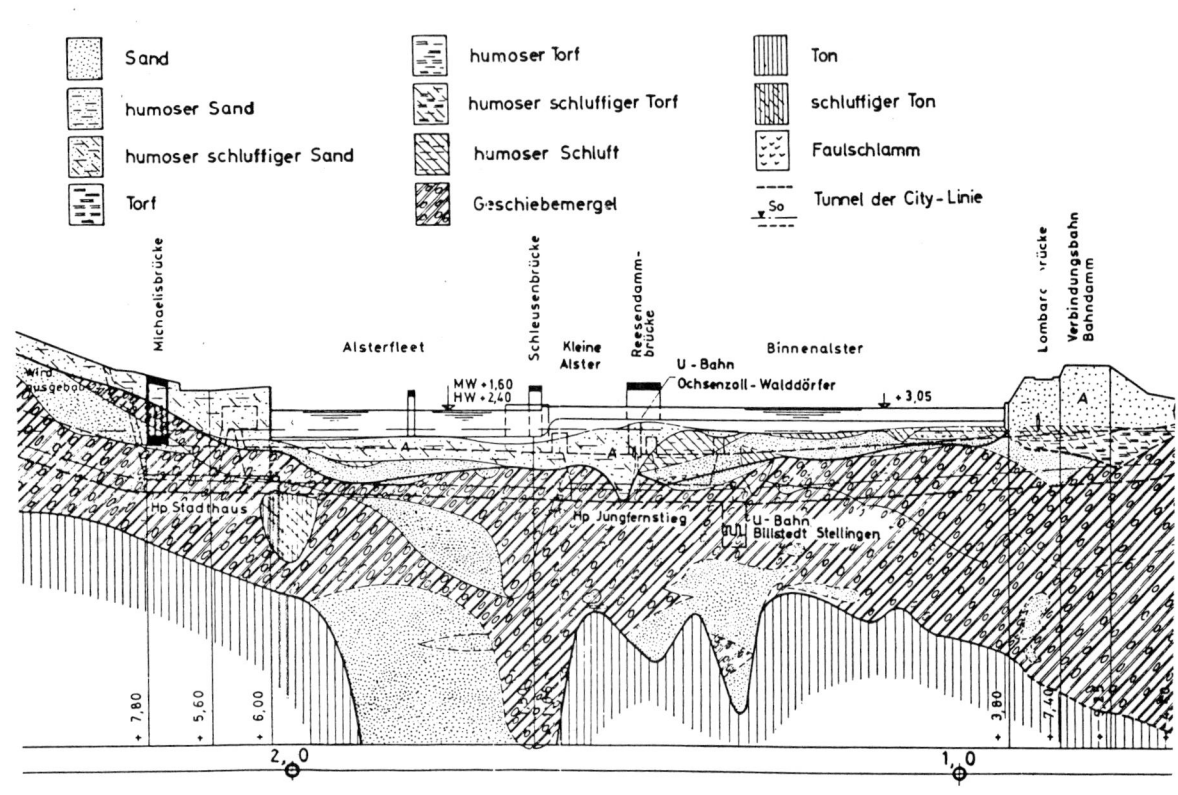

Bild G1/3: Baugrund im Bereich des Bauloses

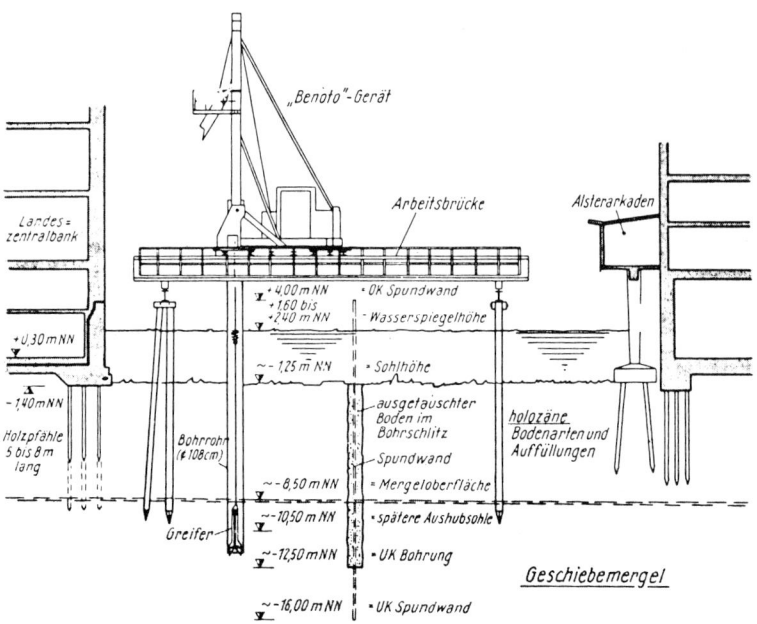

Bild G1/4: Schematische Darstellung des Bodenaustauschverfahrens im Alsterfleet neben der Landeszentralbank

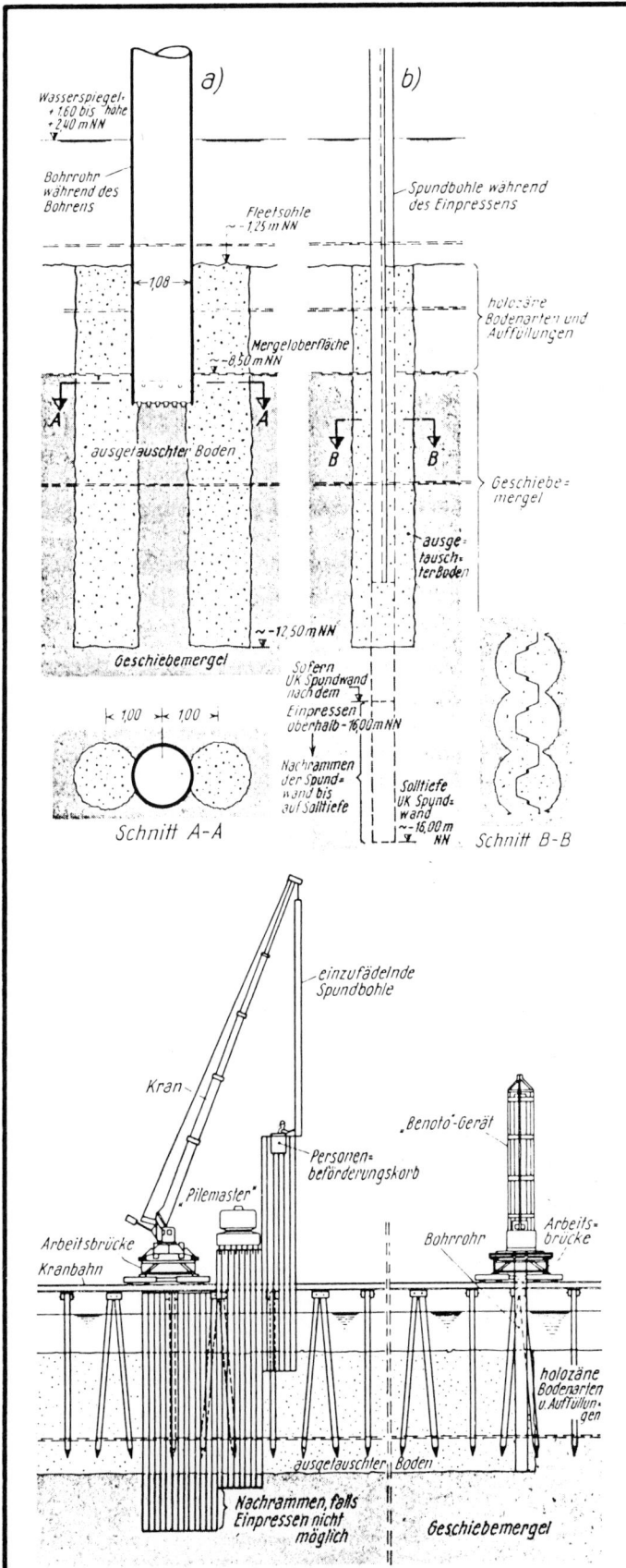

Bild G1/5: Einzelheiten des Bodenaus-

tauschvorganges und der Spundwandherstellung
(Beispiel Alsterfleet):

a) Bohrfolge und Bohrlochüberschneidungen
b) Eintreiben der stählernen Spundbohlen
   und Lage der Spundwand im ausgetauschten
   Boden

Bild G1/6: Schematische Darstellung der

Verfahrensweise bei der Herstellung der
Baugrubenwände; Einpressen der Stahlspundbohlen nach dem Bodenaustausch

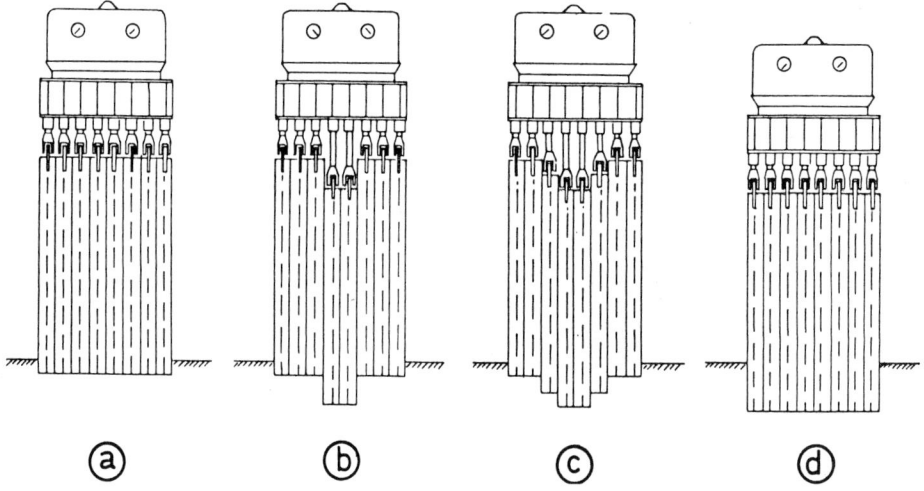

ⓐ   ⓑ   ⓒ   ⓓ

Bild G1/7:   Arbeitsweise des Setz- und Ziehgerätes:
             (a) Ausgangsphase, (b) erstes Bohlenpaar ist um ganzen Kolbenhub
             eingetrieben, (c) Eintreiben des zweiten Bohlenpaares,
             (d) alle Bohlen um Kolbenhub eingetrieben, Kolbenstangen in
             Zylinder eingefahren, zugleich Ausgangslage für nächsten
             Arbeitszyklus

METROTUNNEL ZWISCHEN BAHNHOFSPLATZ UND DER NIEUWE MAAS IN ROTTERDAM, HOLLAND BAUJAHR 1960/65	SPUNDWÄNDE

BAUHERR	Gemeentewerken Rotterdam
BAUWERK UND BAUGRUND	**Bauwerk** 2gleisiger Metrostreckentunnel; Lage und Abmessungen s. Bild G2/1 **Baugrund** Mooriger Untergrund mit hohem Grundwasserstand
BAUVERFAHREN	Die Tunnelteile wurden in 2 speziellen Baudocks hergestellt, mit wasserdichten Kopfschotten versehen und schwimmend durch die offenen mit Spundwänden ausgesteiften Baugruben zu ihrem Bestimmungsort gebracht. Dort wurden sie auf ein Betonpfahlrost abgesetzt und miteinander zu einem Tunnelstrang verbunden (Bild G2/2).
BAUGRUBENUM-SCHLIESSUNG	Die Baugrubenumschließung (Kanalwand) bestand aus 20 m langen Stahlspundbohlen, die mit einer Dieselramme in den moorigen Untergrund getrieben wurden. Am oberen Ende erhielten die Baugrubenwände Gurtungen aus Stahlträgern und wurden gegenseitig mit Stahltraversen in gleicher Höhe abgestützt. Die Längsgurtung der Baugrubenwände diente später zur Führung der Tunnelelemente beim Einschwimmen. Die Baugrube hatte eine Tiefe von 11 m und eine Breite von 13 m in der Geraden und bis zu 23 m in den Bögen.
QUELLEN	[1] Metro Rotterdam; Herausgeber: Gemeentewerken Rotterdam, 9. Februar 1968

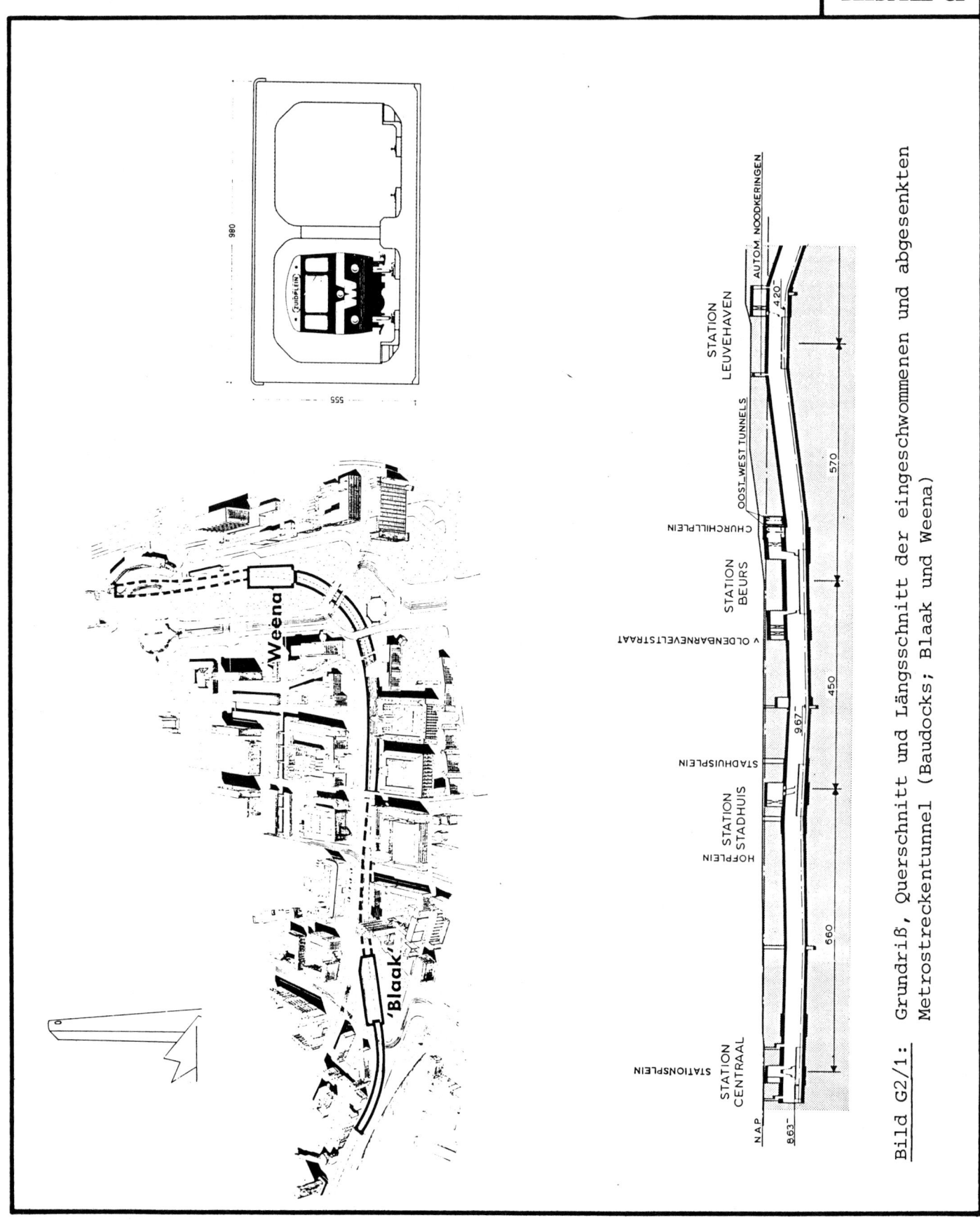

Bild G2/1: Grundriß, Querschnitt und Längsschnitt der eingeschwommenen und abgesenkten Metrostreckentunnel (Baudocks; Blaak und Weena)

26 Forschung + Praxis

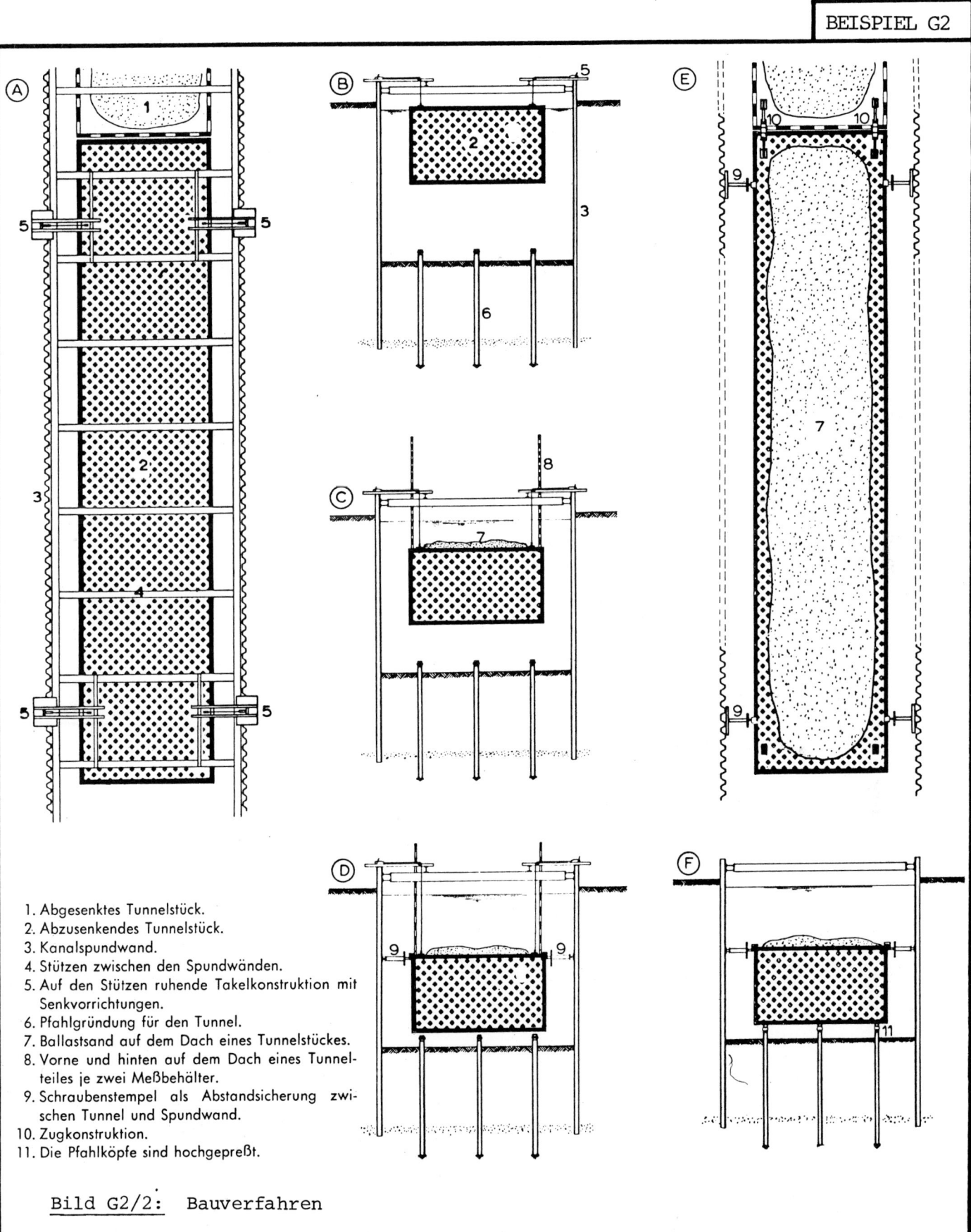

1. Abgesenktes Tunnelstück.
2. Abzusenkendes Tunnelstück.
3. Kanalspundwand.
4. Stützen zwischen den Spundwänden.
5. Auf den Stützen ruhende Takelkonstruktion mit Senkvorrichtungen.
6. Pfahlgründung für den Tunnel.
7. Ballastsand auf dem Dach eines Tunnelstückes.
8. Vorne und hinten auf dem Dach eines Tunnelteiles je zwei Meßbehälter.
9. Schraubenstempel als Abstandsicherung zwischen Tunnel und Spundwand.
10. Zugkonstruktion.
11. Die Pfahlköpfe sind hochgepreßt.

Bild G2/2: Bauverfahren

Anhang H

Ausführungs- und Planungsbeispiele für den Einsatz von Stahl als vorläufiges Sicherungselement in Form eines Rohrschirms

UNTERFAHRUNG ELISABETHSTRAAT IM BEREICH DER STATION ELISABETH UND DER LANGE ZAVELSTRAAT IN ANTWERPEN, BELGIEN BAUJAHR 1981/83	ROHRSCHIRME

BAUHERR	Maatschappij voor het Intercommunaal vervoerte Antwerpen, MIVA
AUSFÜHRENDE FIRMEN	Antwerpse Bauwwerken, Verbeeck Aannemingsmaatschappij, Francois - C. F. E. Belgien
AUFGABENSTELLUNG	**Allgemeines** Unterfahrung der Elisabeth- und der Lange Zavelstraat mit einem 2-gleisigen Streckentunnel und einer Station auf ca. 290 m Länge (Bilder H1/1 und H1/2). Die unterfahrene Fläche ist etwa 4000 m² groß. Die Überdeckung beträgt im Streckenbereich ca. 5 bis 6 m und im Stationsbereich ca. 1,40 m. **Baugrund und Grundwasserverhältnisse** - Sand - Grundwasserstand 5 m unter.Gelände; Absenkung des Grundwassers während der Baumaßnahme bis 16 m unter Gelände
AUSFÜHRUNG	**Prinzip** Stahlrohre mit einem Durchmesser von 1,4 bzw. 1,8 m werden von Schächten und Querstollen aus unter dem Straßenniveau oberhalb der späteren Tunneldecke einander berührend in den Boden eingetrieben und ausbetoniert. Im Bereich der Querstollen (Vorpreßstollen) verlaufen die Rohre quer, sonst mit Ausnahme eines kurzen Stückes parallel zur Tunnelachse (Bilder H1/1 und H1/2). Nach Abteufen der Seitenwände von den Seitenrohren aus und nach Abdichtung der Fugen zwischen den Deckenrohren dient der Rohrschirm als Schutz für den stufenweisen Aushub und die Fertigstellung des Tunnelrahmens. Tunnelwände und -sohlen werden aus wasserundurchlässigem Beton mit Fugenbanddichtung hergestellt. **Bauablauf und technische Details** a) Station Elisabeth (Bild H1/2): - Herstellen der offenen Baugrube mit L = 32,00 m; B = 12,50 m; T = 4,00 m (1) - Vortreiben des Längsstollens oberhalb der südlichen Tunnelwand mit einem Querschnitt von 3,0 x 3,0 m² (2) - Abteufen der Südwand in Schachtbauweise mit Spundbohlen und Betonieren der Wand (3a) - Vorpressen der Deckenrohre Ø 1,40 m von der offenen Baugrube und dem Längsstollen aus sowie Bewehren und Ausbetonieren des halben Rohrquerschnittes (3b) - Betonieren der Verbindung Südwand/Rohrschirmdecke (4) und unterirdischer Aushub bis 4 m unter GOF im Bereich des Längsstollens (5) - Abteufen und Betonieren der Zwischenwand in Schachtbauweise mit Spundbohlen (6) - Herstellen der vollen Deckenplatte (7) und Verfüllen der offenen Baugrube - Herstellen der Mittelstützenwand in Schachtbauweise (8) - Auffahren eines Längsstollens im Bereich der Nordwand unterhalb des halbausbetonierten Rohrschirmes mit einem Querschnitt von 2,5 x 2,5 m² (9) sowie Abteufen und Betonieren der Nordwand in Schachtbauweise in Abschnitten von 3,0 m (10) - Aushub bis zur Zwischendecke (11), Vervollständigung der Deckenplatte (12), Herstellen der Zwischendecke (13) und der Aussteifung (14) - Weiterer Aushub (15), Einbau von Aussteifungen oberhalb der Bauwerkssohle (16), Restaushub (17) und Betonieren der Stationssohle in Abschnitten (18) b) Streckentunnel Elisabeth-Lange Zavelstraat Die Rohre für die Rohrschirmdecke des Streckentunnels werden von der Station Elisabeth sowie von 2 Vorpreßstollen aus in Höhe der Dieppestraat und am Ende des Bauloses in 4 Abschnitten ($L_1 \approx$ 28,5 m, $L_3 \approx$ 48 m, $L_4 \approx$ 83 m, $L_5 \approx$ 50 m) in Tunnellängsrichtung eingepreßt (Bild H1/1). Der Rohrschirm besteht aus 2 Randrohren Ø 1,80 m, d = 18 mm,und 5 mittleren Rohren mit Ø 1,40 m. Die 2 Vorpreßstollen werden von seitlichen Schächten (Breite ca. 9 m) her im Schutze von Rohrschirmen quer zur Tunnelachse aufgefahren (Rohre: Ø 1,40 m, d =14mm). Außerdem werden im Abschnitt 2 ca. 21,5 m des Deckenrohrschirms aus besonderen Gründen von einem seitlichen Schacht aus quer zur Tunnelachse eingepreßt. Abschnitte 1 und 3 (Bild H1/3) - Vorpressen der Längsrohre Ø 1,80 m und 1,40 m (1) - Abteufen der Tunnelaußenwände von den Seitenrohren aus in Schachtbauweise mit Spundbohlen und Betonieren der Wände (2)

- Überbrücken der Rohrzwischenräume durch stählerne Platten, die wechselweise von den angrenzenden Rohren aus eingetrieben werden
- Ausbetonieren der Seitenrohre auf vollem Querschnitt sowie der mittleren Rohre in den oberen Hälften (3)
- Aushub der Strosse in Abschnitten bis 2 m unterhalb des Rohrschirmes (4)
- Abteufen der Mittelwand in 4,5 m Abschnitten in Schachtbauweise mit Spundbohlen und Betonieren der Wand (5)
- Abschneiden der unteren nicht ausbetonierten Rohrhälften, Dichten der Rohrzwischenräume mit einem aufgeschweißten Blechstreifen und Betonieren der vollen Deckenplatte (6)
- Weiterer Aushub (7), Einbau von Steifen (8), Aushub bis Unterkante der Sohlplatten und Betonieren der Sohlplatten (9)

Abschnitt 2 (Bild H1/4)
- Vorpressen der Deckenrohre quer zur Tunnelachse vom seitlichen Schacht aus (1)
- Überbrücken der Rohrzwischenräume durch stählerne Platten, die wechselweise von den angrenzenden Rohren aus eingetrieben werden und Ausbetonieren der Rohre in der oberen Hälfte
- Abteufen der Tunnelsüdwand in Schachtbauweise mit Spundbohlen und Betonieren der Wand (2)
- Aushub der Strosse etwas über die Mittelwand hinaus bis 2 m unterhalb des Rohrschirms (3)
- Abteufen der Mittelwand in Schachtbauweise mit Spundbohlen und Betonieren der Wand (4)
- Herstellen eines Längsstollens über der Tunnelnordwand (5)
- Abteufen der Tunnelnordwand in Schachtbauweise mit Spundbohlen und Betonieren der Wand (6)
- Abschneiden der unteren nicht ausbetonierten Rohrhälften, Dichten der Rohrzwischenräume mit einem aufgeschweißten Blechstreifen und Betonieren der vollen Deckenplatte (7)
- Weiterer Aushub (8), Einbau von Steifen (9), Aushub bis Unterkante Sohlplatten und Betonieren der Sohlplatten (10)

Abschnitte 4 und 5 (Bild H1/5)
Der Bauablauf entspricht im wesentlichen dem der Abschnitte 1 und 3. Änderungen sind durch die vorläufige Abstützung der Rohrschirmdecke (5) und dem abgesenkten Tunnelteil ((8) bis (17)) gegeben.

QUELLEN	[1] Ausschreibungsunterlagen Station Elisabeth

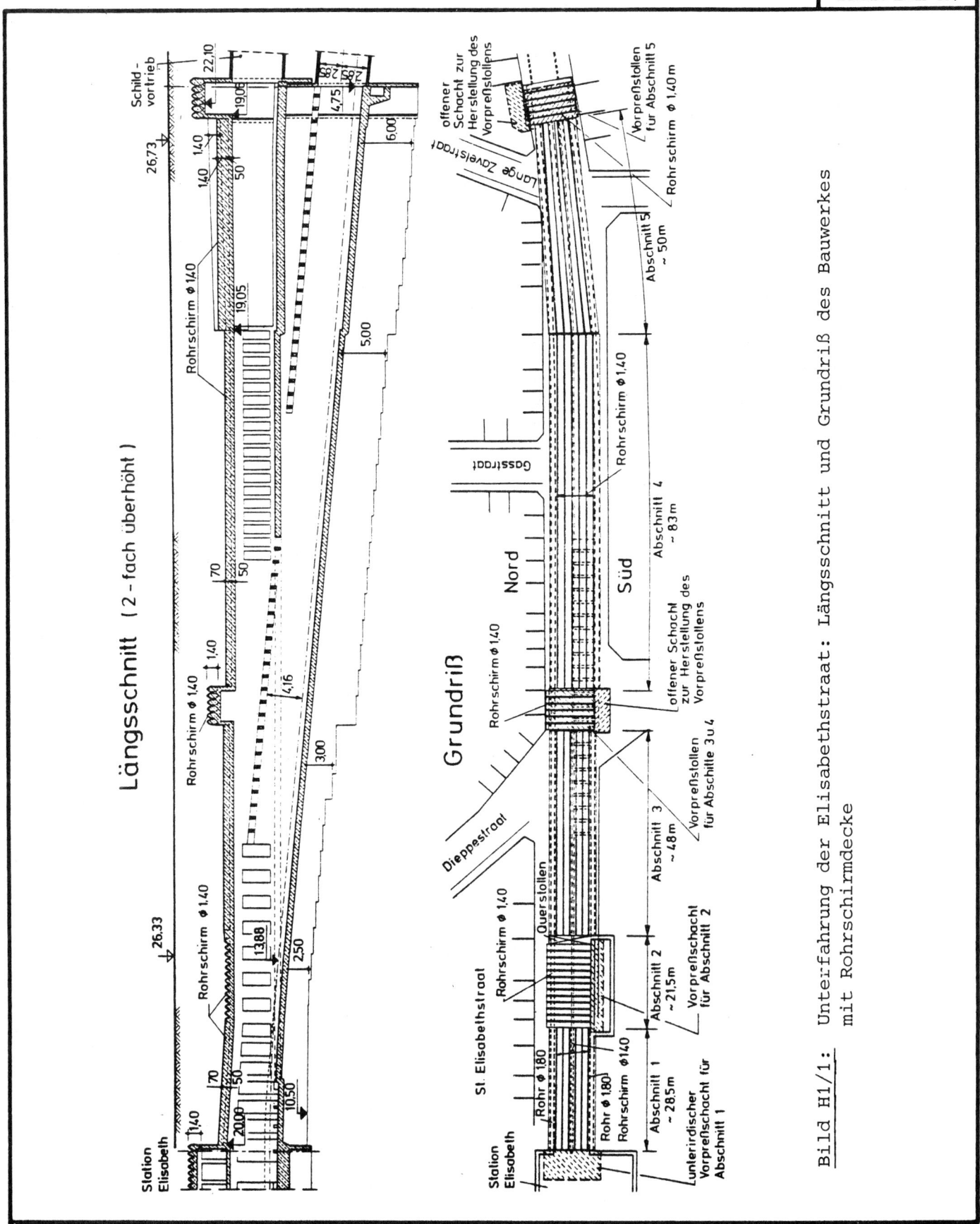

Bild H1/1: Unterfahrung der Elisabethstraat: Längsschnitt und Grundriß des Bauwerkes mit Rohrschirmdecke

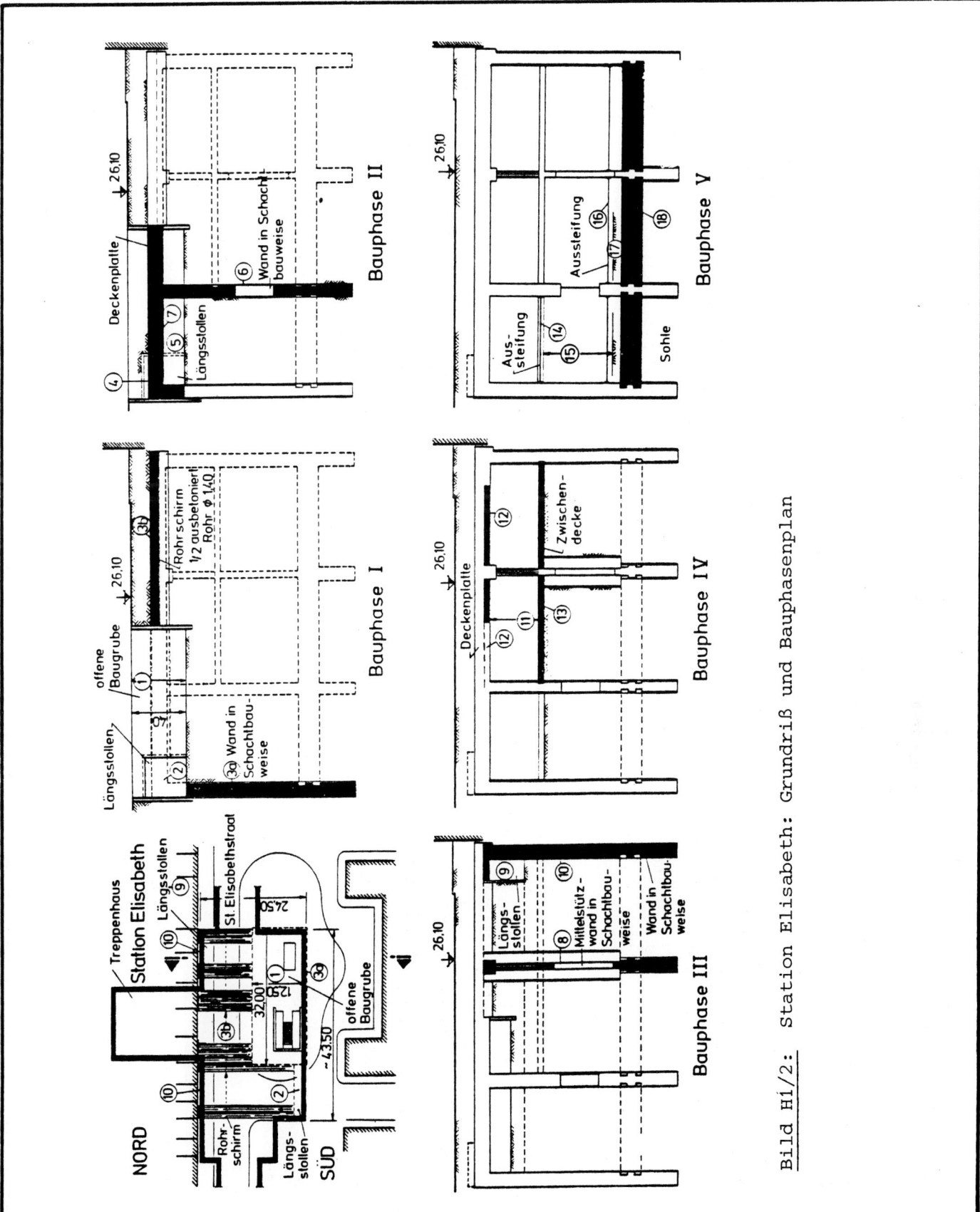

Bild H1/2: Station Elisabeth: Grundriß und Bauphasenplan

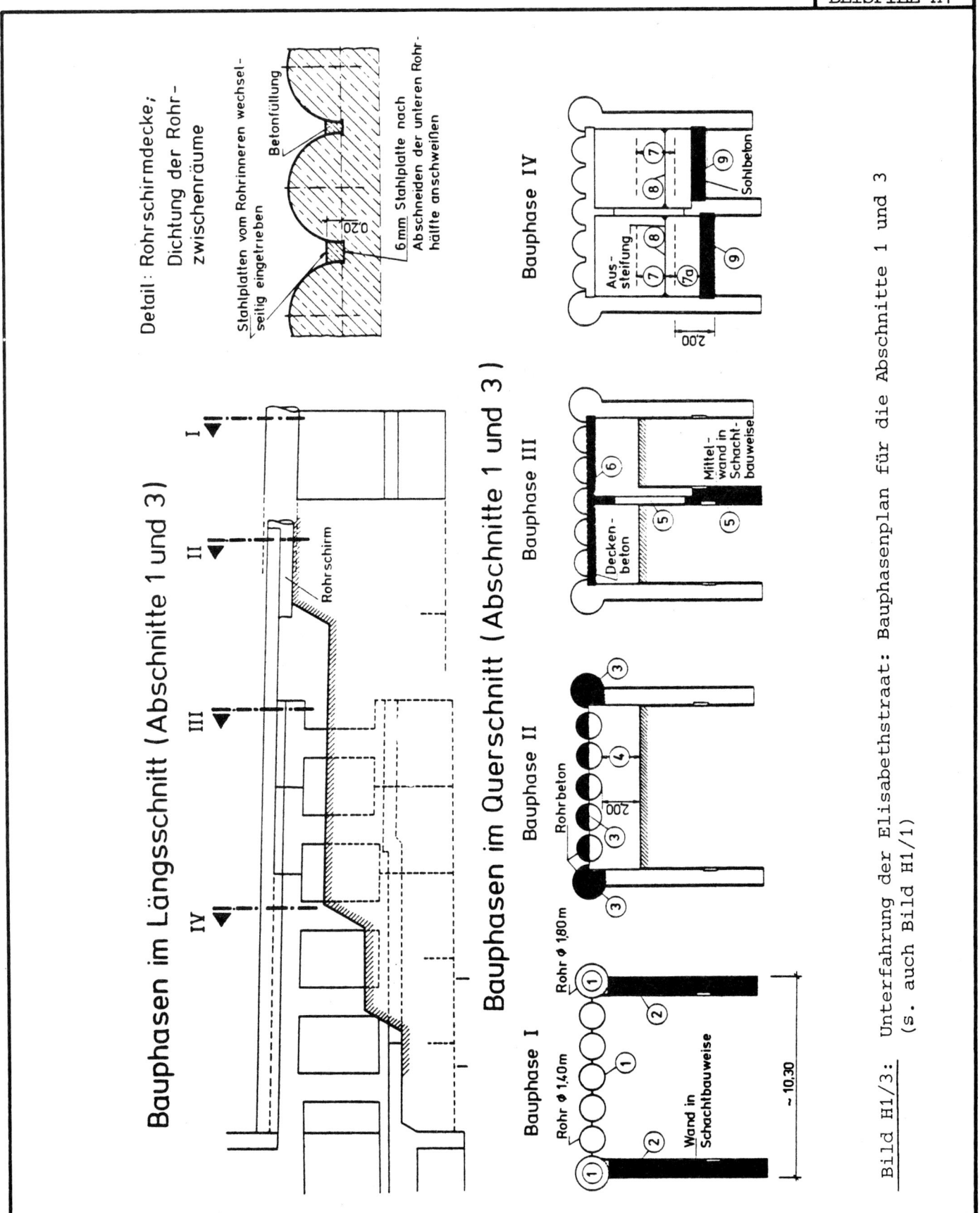

Detail: Rohrschirmdecke;
Dichtung der Rohr-
zwischenräume

Stahlplatten vom Rohrinneren wechselseitig eingetrieben

Betonfüllung

6 mm Stahlplatte nach
Abschneiden der unteren Rohr-
hälfte anschweißen

0,20

Bauphasen im Längsschnitt (Abschnitte 1 und 3)

I   II   III   IV

Rohrschirm

Bauphasen im Querschnitt (Abschnitte 1 und 3)

Bauphase I

Rohr ⌀ 1,40 m
Rohr ⌀ 1,80 m

① ①
② ②

Wand in
Schachtbauweise

~ 10,30

Bauphase II

Rohrbeton

③ ④ ③
③
2,00

Bauphase III

Decken-
beton

⑥
⑤
⑤

Mittel-
wand in
Schacht-
bauweise

Bauphase IV

Aus-
steifung

⑦ ⑧ ⑦
⑦ ⑦a
⑧
⑨ ⑨

Sohlbeton

2,00

Bild H1/3: Unterfahrung der Elisabethstraat: Bauphasenplan für die Abschnitte 1 und 3
(s. auch Bild H1/1)

Bauphasen im Querschnitt (Abschnitt 2)

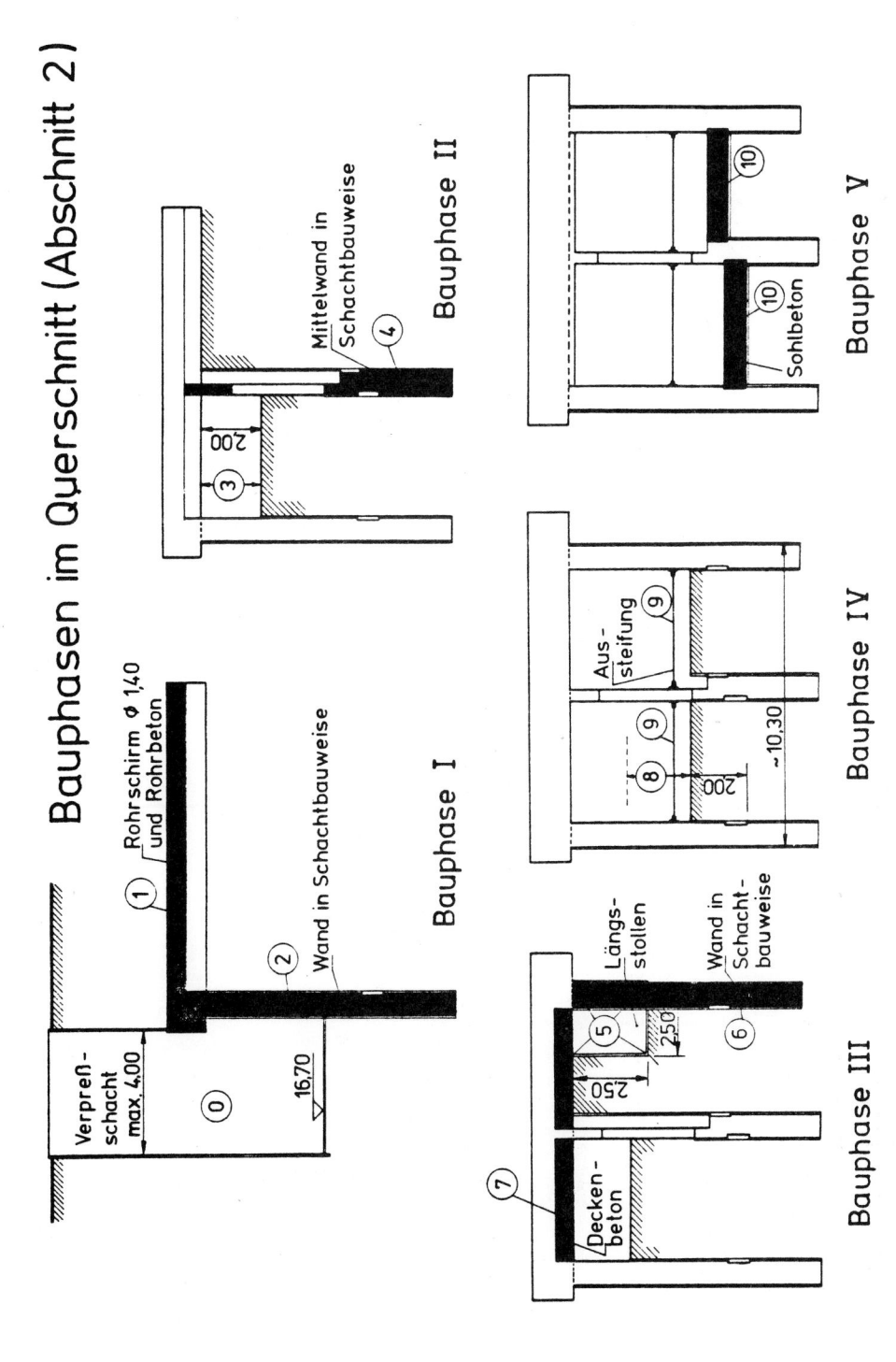

Bauphase I

Bauphase II

Bauphase III

Bauphase IV

Bauphase V

Bild H1/4: Unterfahrung der Elisabethstraat: Bauphasenplan für den Abschnitt 2
(s. auch Bild H1/1)

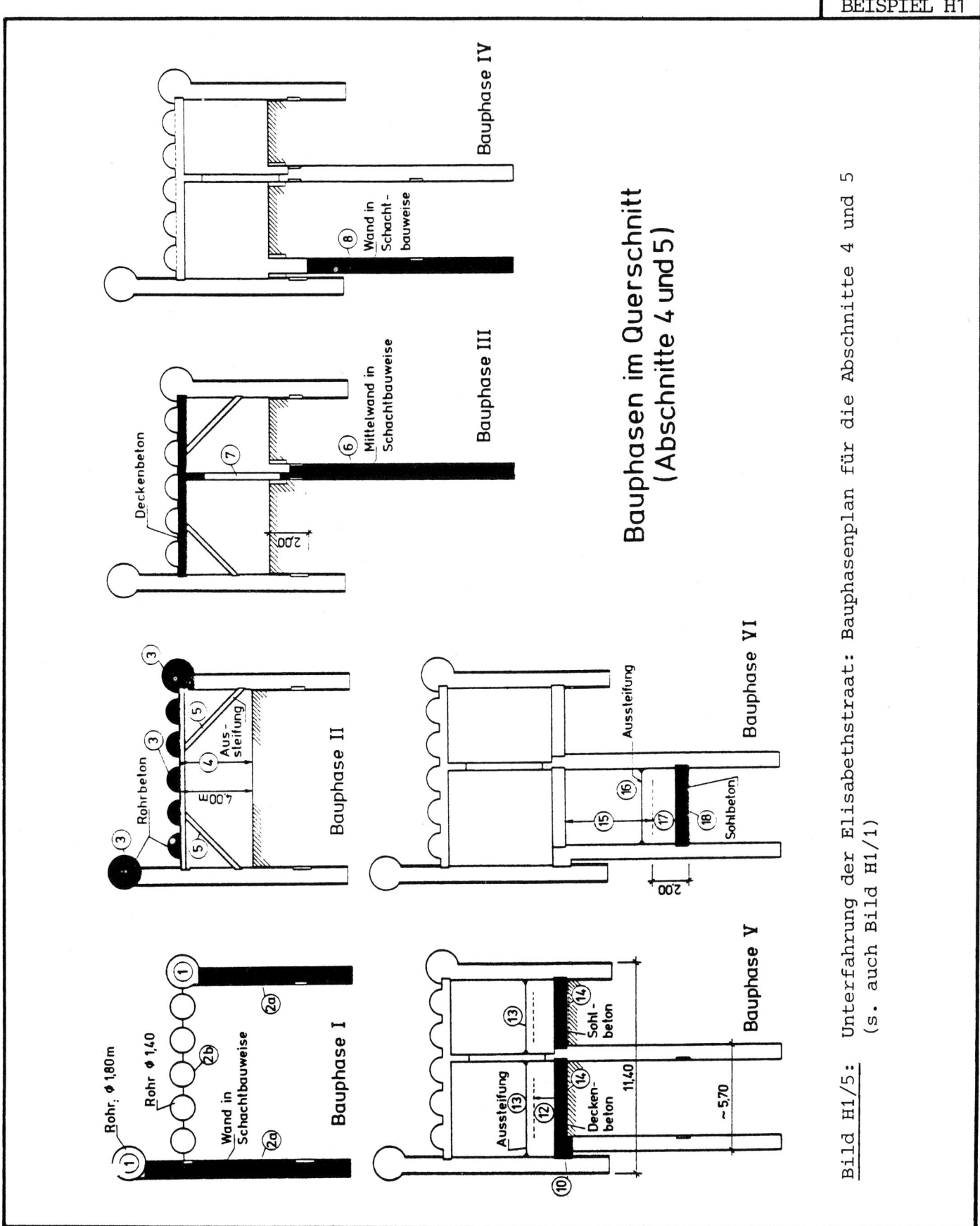

Bauphasen im Querschnitt (Abschnitte 4 und 5)

Bild H1/5: Unterfahrung der Elisabethstraat: Bauphasenplan für die Abschnitte 4 und 5 (s. auch Bild H1/1)

UNTERFAHRUNG CARNOTSTRAAT IM BEREICH DER STATION CARNOT IN ANTWERPEN, BELGIEN BAUJAHR 1978/82	ROHRSCHIRME

BAUHERR	Maatschappij voor het Intercommunaal vervoerte Antwerpen, MIVA, Belgien
AUSFÜHRENDE FIRMEN	Franki N. V., Liège, Belgien
AUFGABENSTELLUNG	**Allgemeines** Unterfahrung der Carnotstraat mit einem Stationsbauwerk auf ca. 128 m Länge (Bild H2/1). Die unterfahrene Fläche ist etwa 2000 m² groß. Die Überdeckung beträgt etwa 2 m. **Baugrund und Grundwasserverhältnisse** - Sand - Grundwasserstand 7 m unter Gelände; Absenkung des Grundwassers während der Baumaßnahme bis 19 m unter Gelände
AUSFÜHRUNG	**Prinzip** Stahlrohre mit einem Durchmesser von 1,2 bzw. 1,8 m werden überwiegend parallel zur Stationsachse unter dem Straßenniveau oberhalb der späteren Tunneldecke einander berührend in den Boden eingetrieben und teilweise ausbetoniert (Bild H2/1). Von den Seitenrohren aus werden die Tunnelwände abgeteuft. Im Schutze des Rohrschirms und der Wände wird der Boden schrittweise ausgehoben und das Bauwerk von oben nach unten erstellt (Bild H2/2). **Bauablauf und technische Details** (Bilder H2/1 und H2/2) - Herstellen des Vorpreßstollens im Schutze eines quer zur Stationsachse liegenden Stahlrohrschirms (1) - Vorpressen der Deckenrohre Ø 1,8 m und 1,20 m aus Stahl parallel zur Stationsachse links und rechts vom Vorpreßstollen aus (2) - Abteufen der Tunnelaußenwände von den seitlichen Rohren des Rohrschirms aus in mit Spundbohlen ausgesteiften Schlitzen und Herstellen der Tunnelwände aus wasserundurchlässigem Beton mit Fugenbändern (3) - Überbrücken der Rohrzwischenräume durch stählerne Platten, die wechselseitig von den angrenzenden Rohren aus eingetrieben werden - Ausbetonieren der Seitenrohre über den vollen Querschnitt sowie der mittleren Rohre in der oberen Hälfte (4) - Aushub unterhalb der Rohrschirmdecke, Abbrennen der unteren Stahlrohrhälften und Dichten der Rohrzwischenräume mit aufgeschweißten Blechstreifen (5) - Betonieren der Deckenplatte im Schutze des Rohrschirms (6) - Aushub bis zur ersten Zwischendecke und Betonieren der Decke (7) - Herstellen der Wände des abgesenkten Tunnelteils aus wasserundurchlässigem Beton mit Fugenbanddichtung (8) - Aushub bis zur zweiten Zwischendecke (-1 Ebene) und Betonieren der Decke aus wasserundurchlässigem Beton mit Fugenbanddichtung (9) - Aushub bis zur endgültigen Tiefe (2-Ebene) und Betonieren der Sohle aus wasserundurchlässigem Beton mit Fugenbanddichtung (10)
QUELLEN	[1] Ausschreibungszeichnungen der Station Carnot [2] Prospekt Nr. 7 der Premetro Antwerpen: Ondergrondse bouwwijzen. Herausgeber MIVA, Antwerpen

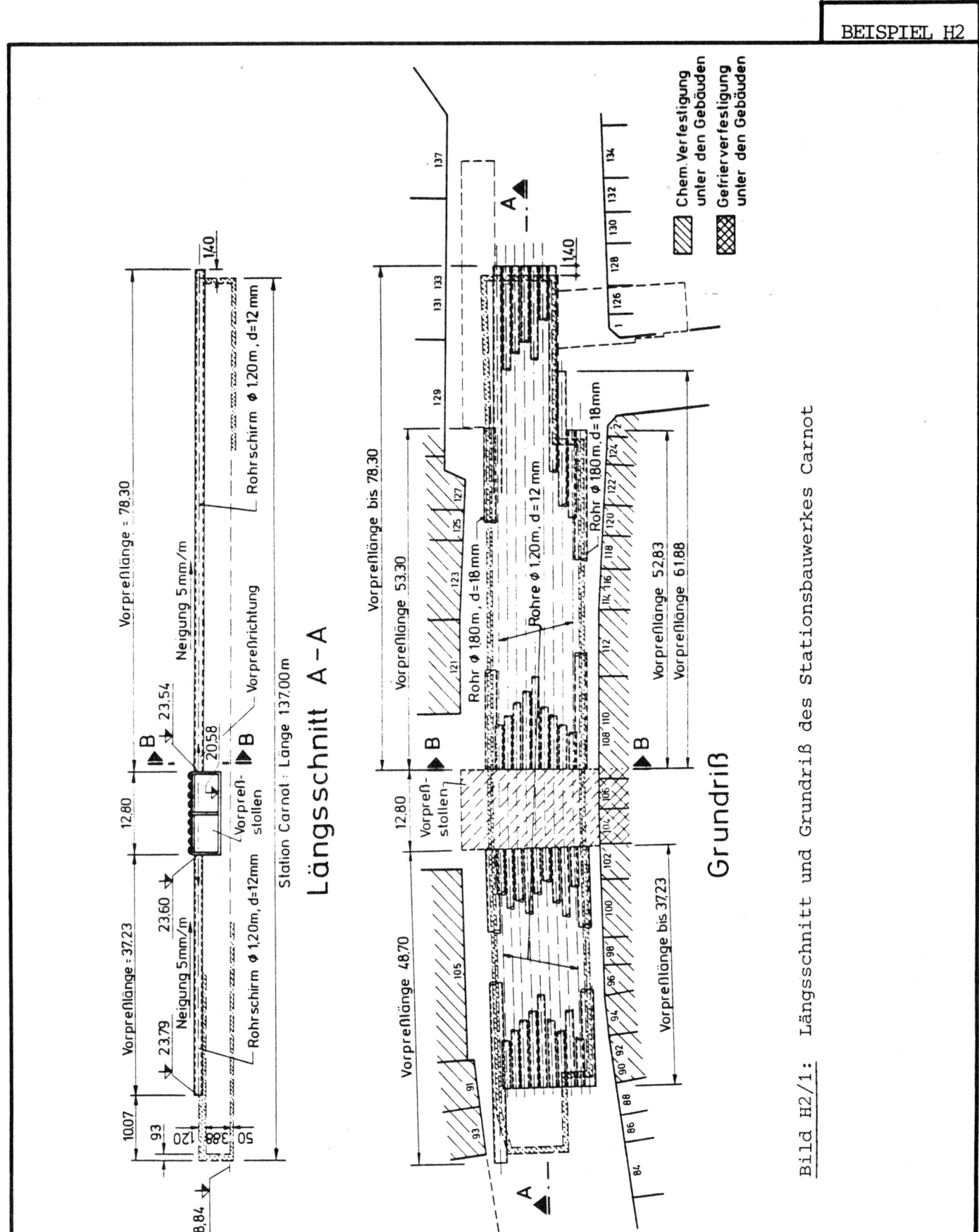

Bild H2/1: Längsschnitt und Grundriß des Stationsbauwerkes Carnot

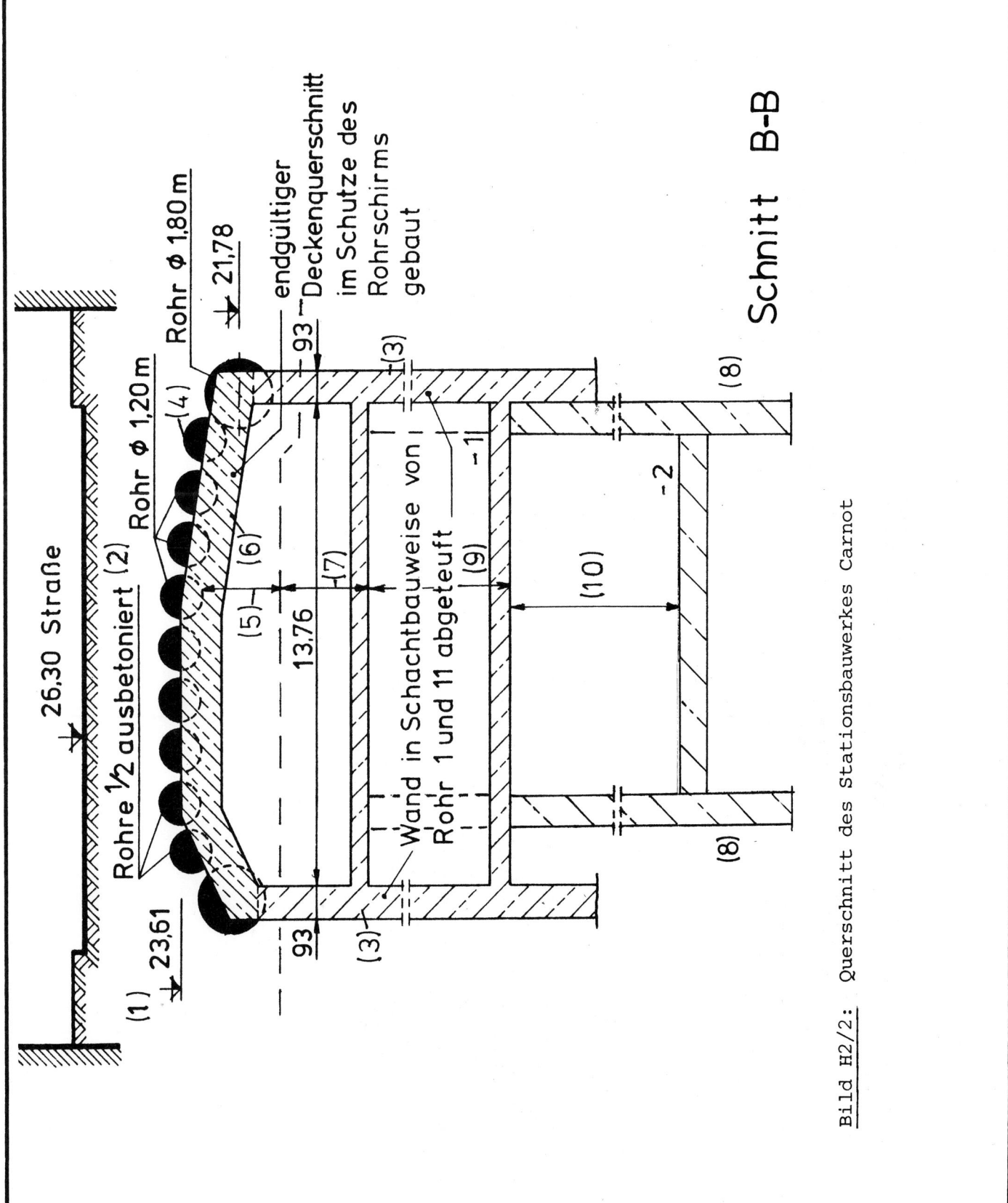

Schnitt B-B

Bild H2/2: Querschnitt des Stationsbauwerkes Carnot

UNTERFAHRUNG HAUPTBAHNHOF ESSEN "ZWEITER GILDEHOFTUNNEL" BAUJAHR 1967	ROHRSCHIRME

BAUHERR	Stadt Essen, Tiefbauamt
AUSFÜHRENDE FIRMEN	Beton- und Monierbau, Hallinger, Polenski & Zöllner AG., Rempke, Wayss & Freytag KG.
AUFGABENSTELLUNG	**Allgemeines** Unterfahrung des gesamten Gleisbündels des Hauptbahnhofs Essen mit einem dreispurigen Straßentunnel mit lichter Breite von 11,80 m und einer Höhe von ca. 4,7 m. Die Tunnellänge beträgt 140 m. Die unterfahrene Fläche ist etwa 2000 m² groß (Bild H3/1). **Baugrund** Im wesentlichen aufgeschütteter Boden: - nördlicher Bereich: Asche, Schlacke, Ziegelschutt, lockerer Boden mit vielen Hindernissen (Holzpfähle, alte Schächte und Kanäle) - südlicher Bereich: bindiger Boden
AUSFÜHRUNG	**Prinzip** (Bilder H3/1 und H3/2) Vorpressen eines Rohrschutzschirms von einem zentralen Schacht aus beidseitig in Tunnellängsrichtung im Wand- und Deckenbereich. Anschließend Herstellen von 8 Tunnelstücken in Kavernenbauweise als Zwischenauflagerpunkte für die durchlaufenden Rohre. Danach Ausheben der verbleibenden Erdkerne und Ergänzen des Tunnelausbaus. **Bauablauf und technische Details** - Aushub des zentralen Vorpreßschachtes mit Grundrißabmessungen 10 x 24 m² von Bahnsteig 3 aus bis Unterkante der Deckenrohre - Vorpressen der 9 Deckenrohre aus Stahl Ø 1,60 m, nach jeder Seite (Bild H3/3). Die Vorpressung erfolgte auf Lücke, wobei jedes zweite Rohr unmittelbar nach dem Vortrieb mit Beton verfüllt wurde. Die Wanddicke der Rohre beträgt 10 mm. Lediglich die für die Bodenabfuhr vorgesehenen Rohre hatten eine Wanddicke von 16 mm. Die Rohre wurden in Schüssen von 5,50 m Länge angeliefert und mittels V-Naht vollflächig miteinander verschweißt. 10 % aller Schweißnähte wurden einer Prüfung durch Röntgenbestrahlung unterzogen. - Aushub des Schachtes bis auf volle Tiefe - Vorpressen der jeweils 2 x 4 Wandrohre nach beiden Seiten hin von unten nach oben arbeitend. Beim Anfahren eines alten Tunnelgewölbes mußte teilweise der Abbruch mit Sprengungen ausgeführt werden. - Herstellen der Kavernen (Bilder H3/4 und H3/5). Von Rohr 3 aus wurde ein Arbeitsraum mit Böschungen nach 3 Seiten hin bis zur Rohrschirmdecke geschaffen und anschließend ein Schutterschacht bis auf Höhe des Rohres 1 abgeteuft, um das Ausbruchmaterial durch Rohr 1 abtransportieren zu können (I). Es folgten die Ausweitung des oberen Teiles (II) mit provisorischem Holzverbau, der Aushub (III) und (IV) sowie der Austausch der provisorischen Holzabsteifung gegen Stahlträger. Letzteres war erforderlich, um freien Arbeitsraum für die Betonierarbeiten zu erhalten. - Herstellen der Tunnelrahmen in den Kavernen (Bild H3/6). Zunächst wurden die Zwickel zwischen den Vorpreßrohren mit Beton ausgefüllt und die Wand- und Deckenabdichtung eingebaut. Es folgten das Bewehren und Betonieren der Sohle (I), das Bewehren und Schalen der Decke und Wände sowie das Betonieren der Wände einschließlich zweier Hilfsstützen (II). Zum Schluß wurde der Deckenbeton eingebracht und evtl. vorhandene Hohlräume darüber verpreßt (III). - Aushub der Erdkerne zwischen den Kavernen und Ergänzen des Tunnelausbaus in der Reihenfolge wie in den Kavernen.
QUELLEN	[1] Jacob, E.: Herstellung von Tunneln unter Rohrschirmen; Forschung + Praxis, Bd. 8; Herausgeber: STUVA, Köln; Alba-Buchverlag, Düsseldorf; 1970, S. 49 - 67

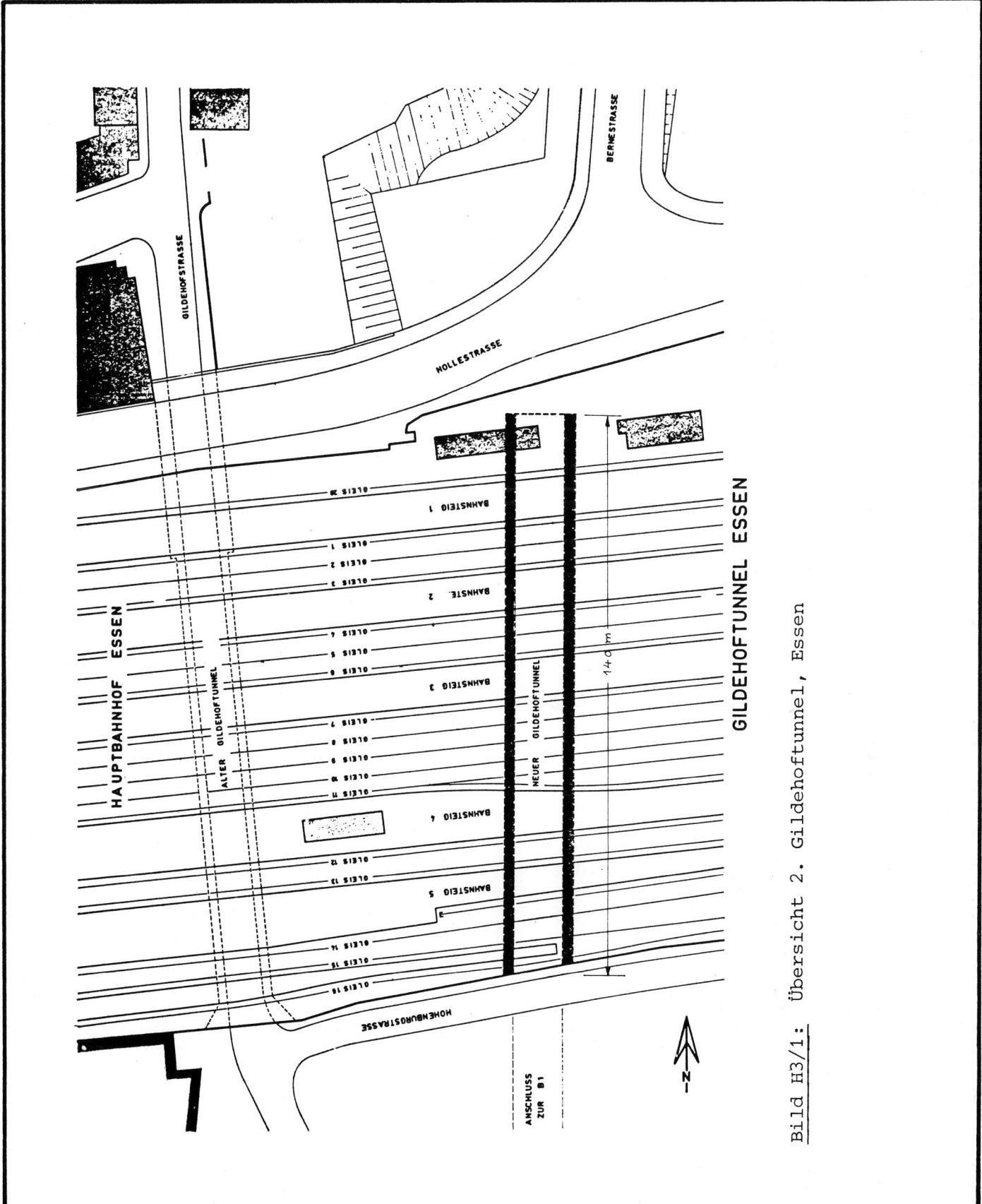

Bild H3/1: Übersicht 2. Gildehoftunnel, Essen

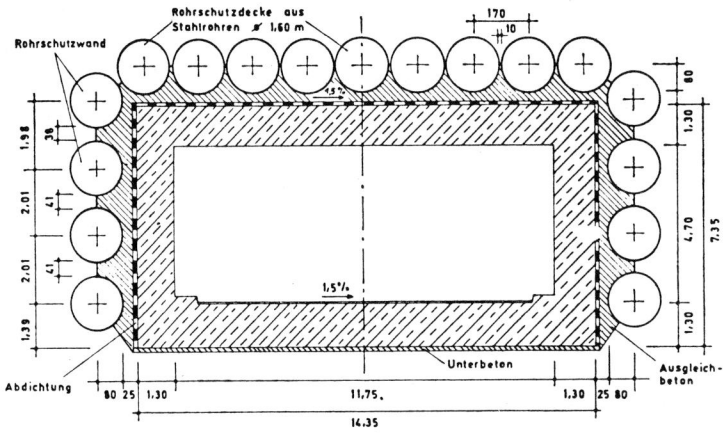

Bild H3/2: Tunnelquerschnitt und Anordnung des Rohrschirms

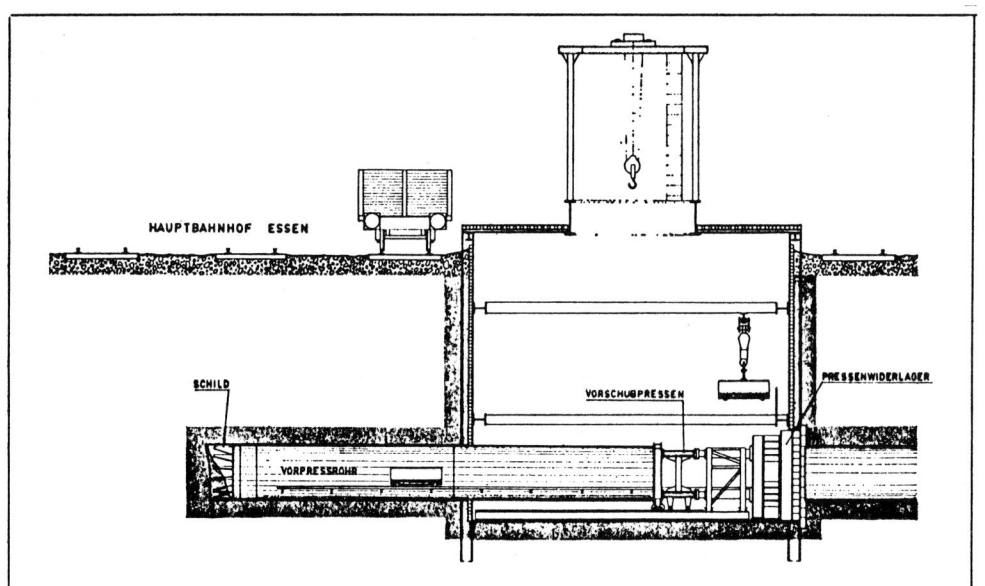

Bild H3/3: Schacht mit Vorpreß-Einrichtung

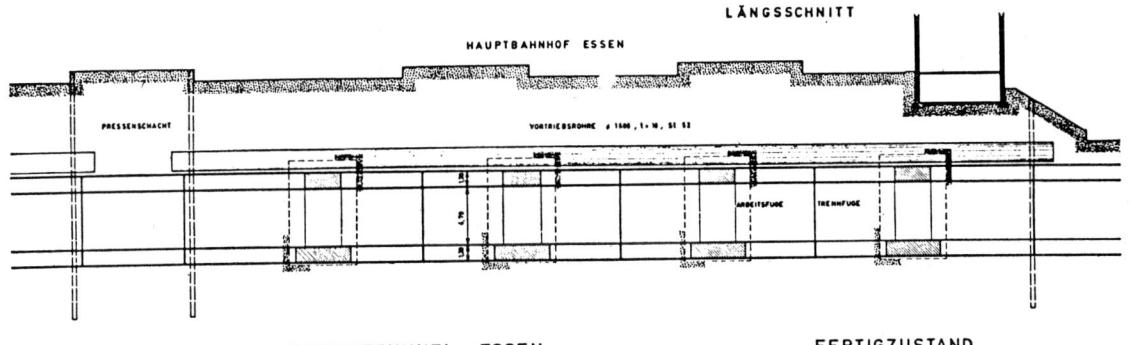

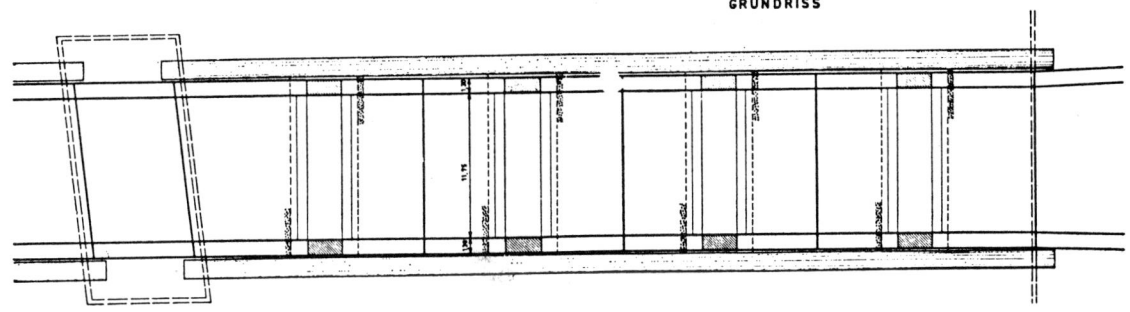

Bild H3/4: 2. Gildehoftunnel Essen; Teillängsschnitt

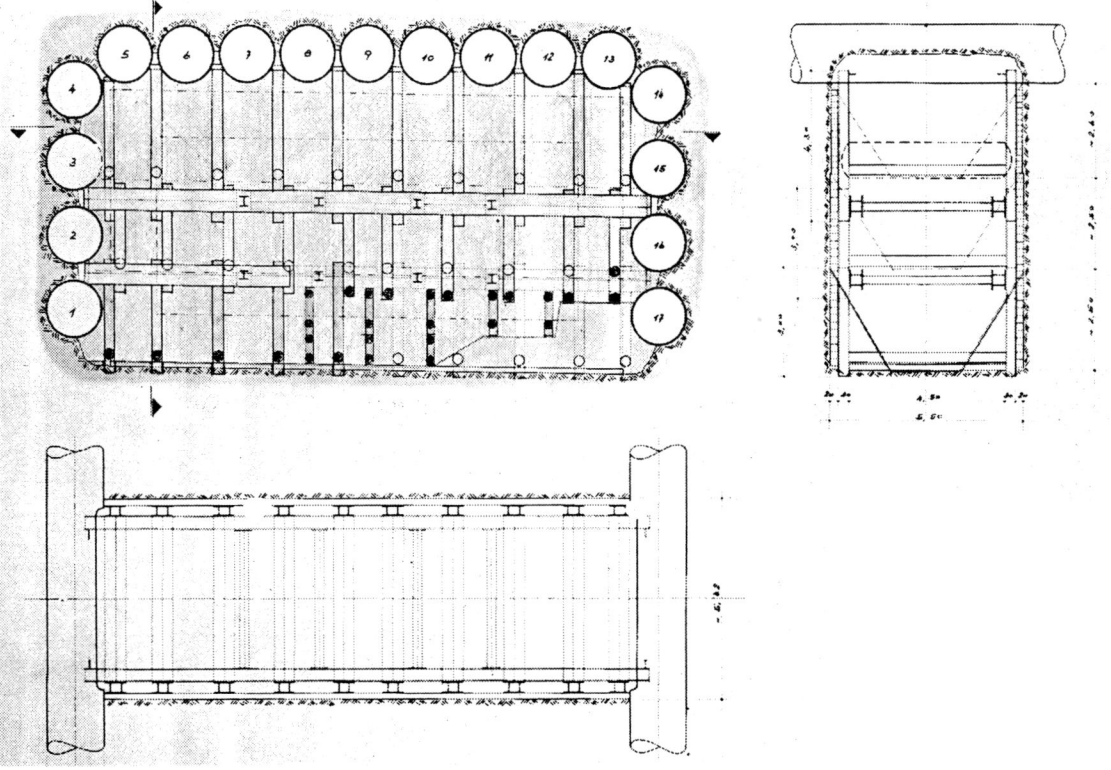

Bild H3/5: Kavernenausbruch und -verbau

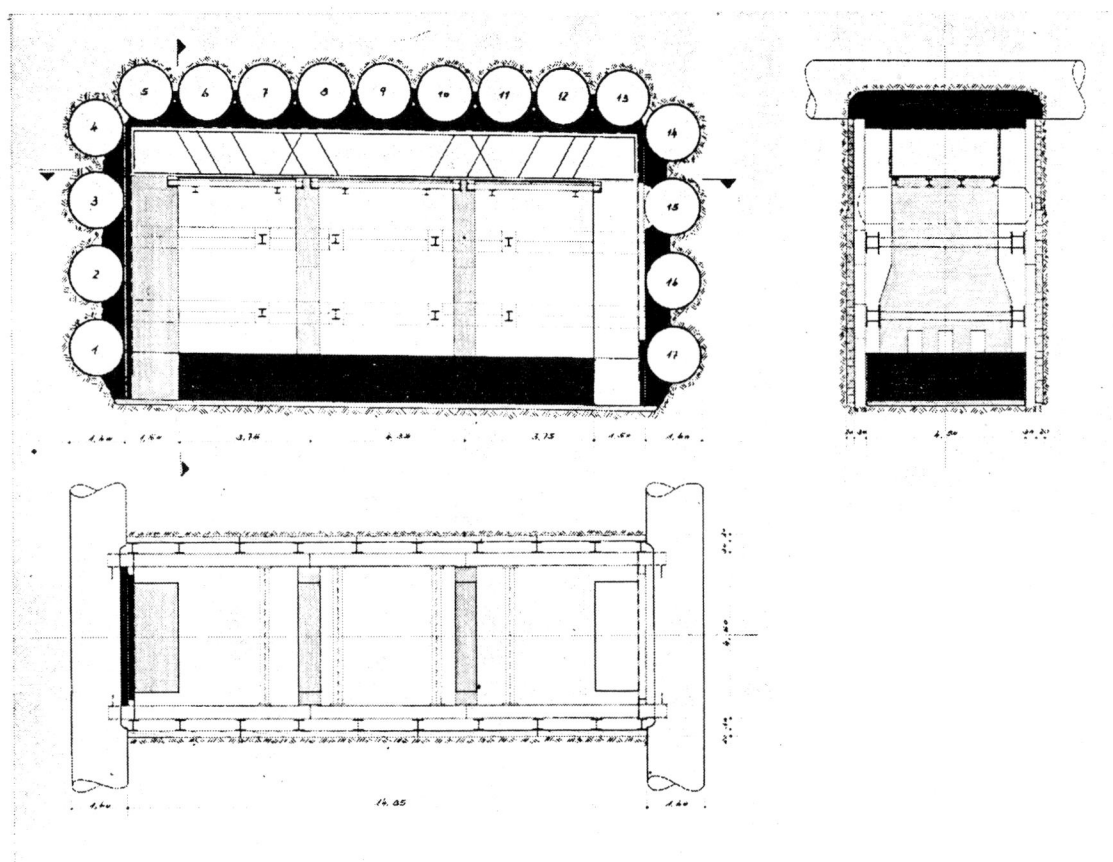

Bild H3/6:   Betonausbau

UNTERFAHRUNG "WINKLERSTRASSE 17 / KRAYENKAMP 15", CITY - S - BAHN, BAULOS OST-WEST-STRASSE, HAMBURG BAUJAHR 1969/70	ROHRSCHIRME

BAUHERR	Deutsche Bundesbahn, Bundesbahndirektion Hamburg
AUSFÜHRENDE FIRMEN	Christiani & Nielsen, Dyckerhoff & Widmann, Hochtief, Wayss & Freytag
AUFGABENSTELLUNG	**Allgemeines** Unterfahrung der Wohnhäuser Winklerstraße 17/Krayenkamp 15 mit einem zweigleisigen S-Bahn-Streckentunnel unter einem Winkel von ca. 45 ° (Bilder H4/1 und H4/2). Die unterfahrene Gebäudefläche ist etwa 145 m² groß. Der Abstand zwischen Fundamentunterkante und erforderlichem Lichtraumprofil beträgt etwa 9 m bzw. 11 m. **Baugrund und Grundwasserverhältnisse** - Unter einer Auffüllung mit 3 m Mächtigkeit steht eine etwa 80 cm dicke Sandschicht und eine etwa 1 m dicke Geschiebelehmschicht an, darunter folgt Geschiebemergel mit Schluff in Wechsellagerung. - Grundwasserstand etwa 4 m unter GOF.
AUSFÜHRUNG	**Prinzip** Vorpressen eines Rohrschirmes im Decken- und Wandbereich in Tunnellängsrichtung. Anschließend Ausheben zweier Kavernen in den Drittelspunkten der Rohre und Errichten von Tunnelteilen in den Kavernen sowie am Anfang und Ende der Rohre als Zwischen- und Endauflager. Es folgt der Abbau der zwischen den Kavernen stehengebliebenen Erdkerne und die Ergänzung des Tunnelbauwerkes. **Bauablauf und technische Details (Bilder H4/3 bis H4/5)** - Abteufen des Anfahrschachtes mit Grundrißabmessungen von 16 m in Querrichtung und 14 m in Längsrichtung bis 1/2 m unter Deckenrohrsohle (Lage der Arbeitssohle). - Erweitern und Ausbauen der offenen S-Bahnbaugrube auf der anderen Hausseite zum Ausfahrschacht. - Vorpressen der Deckenrohre 1 bis 6 (Ø 1,75 m) im Tandembetrieb. Der Zeitaufwand für das Vordrücken eines Rohrpaares auf eine Gesamtlänge von ca. 44 m durch eine Vortriebskolonne bei Arbeit im Einschichtbetrieb betrug 20 - 23 Arbeitstage. Die Rohre wurden aus Rohrschüssen mit 6 m Länge zusammengeschweißt. Bei den Deckenrohren Nr. 2, 4, 6 beträgt die Wandstärke 14 mm. Diese Rohre blieben bis zur Fertigstellung des Tunnelbauwerkes offen und wurden als Transportwege für die weiteren Arbeiten benutzt. Die Rohre Nr. 1, 3, 5 wurden unmittelbar nach Vortriebsende mit Beton verfüllt. Auf der Ausfahrseite wurden die Rohre provisorisch abgefangen. - Vorpressen der Rohre 7 und 8 im Übergang von Wand auf Decke, wobei im Schacht die alte Arbeitssohle erhalten blieb. - Ausheben des Anfahrschachtes auf seine endgültige Tiefe. - Vorpressen der Wandrohre 9 - 14 paarweise von unten nach oben. Jeweils zwei Wandrohre auf jeder Seite mußten dabei von einem Gerüst aus eingepreßt werden. - Vorpressen zweier Hilfsrohre von je ca. 8 m Länge als Zugang zu den Kavernen 1 und 2. - Gleichzeitig Bohren der erforderlichen Anker von außen zur Abfangung des Kavernenverbaues. Dabei wurde die Zone der Kaverne 1 zunächst durchbohrt. Die Anker wurden so ausgebildet, daß Gewindemuffen im Bereich des Kavernenverbaues sich befanden. - Ausbrechen und Verbauen der Kavernen 1 und 2 zur gleichen Zeit. Der Aushub erfolgte in 5 Abschnitten von oben nach unten. Die oberen Abschnitte wurden von den offenen Wandrohren bedient. Zu diesem Zweck wurden entsprechend große Fenster in diesen Rohren ausgeschnitten. Die Höhe des 1. Abschnittes betrug ca. 1,75 m. Für den vertikalen Verbau quer zur Tunnelrichtung wurden Stollenbleche eingesetzt. Die Abfuhr des Bodens der unteren Abschnitte erfolgte durch die Hilfsrohre. - Ausfüllen der Zwickel zwischen den Rohren mit Beton und Einbringen eines Unterbetons im Sohlbereich. - Einbauen der Abdichtung im Sohlbereich, Bewehren und Betonieren der Sohle. - Kleben der Wandabdichtung und Herstellen der Wände und Decke im Kavernenbereich in einem Arbeitsgang. - Einbauen der Deckenabdichtung in einem Arbeitsraum von ca. 80 cm Höhe und Verfüllen des Arbeitsraumes anschließend mit Beton. Als Zugang wurden die Deckenrohre genutzt. Evtl. verbliebene Hohlräume zwischen diesem Beton und den Deckenrohren wurden durch eine Zementinjektion satt verfüllt.

	- Ausschalen der Rahmen in den Kavernen und Einbauen von Stahlaussteifung. Um die zwischen den Kavernen und Schächten liegenden Erdkerne entfernen zu können, mußte die Tragfähigkeit der Rahmen in den Kavernen erhöht werden. - Herstellen von ca. 3 m langen Tunnelstücken in den Schächten parallel zum Ausbau der Kavernen als Endauflager für den Rohrschirm - einschließlich Stahlaussteifungen -. - Abbauen der Erdkerne. - Vervollständigen des Tunnelbauwerkes mit Abdichtungshaut und Ausbauen der Stahlaussteifungen.
QUELLEN	[1] Jacob, E.: "Herstellung von Tunneln unter Rohrschirmen"; Forschung + Praxis, Bd. 8; Herausgeber: STUVA, Köln; Alba-Buchverlag, Düsseldorf, 1970, S. 49 - 67

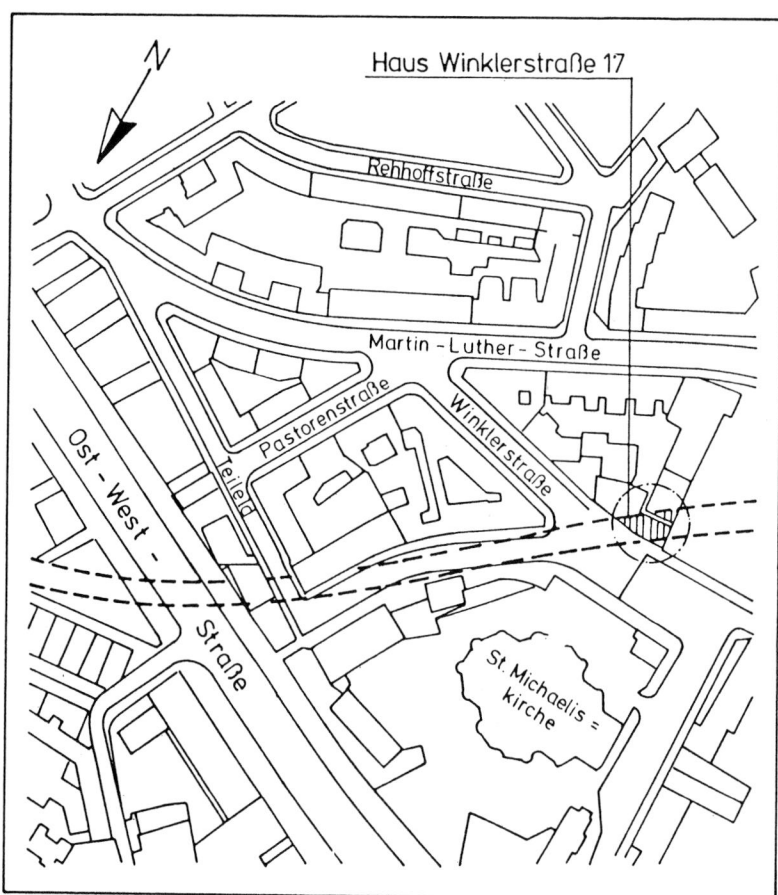

Bild H4/1: Unterfahrung "Winklerstraße 17", Hamburg;
Lageplan

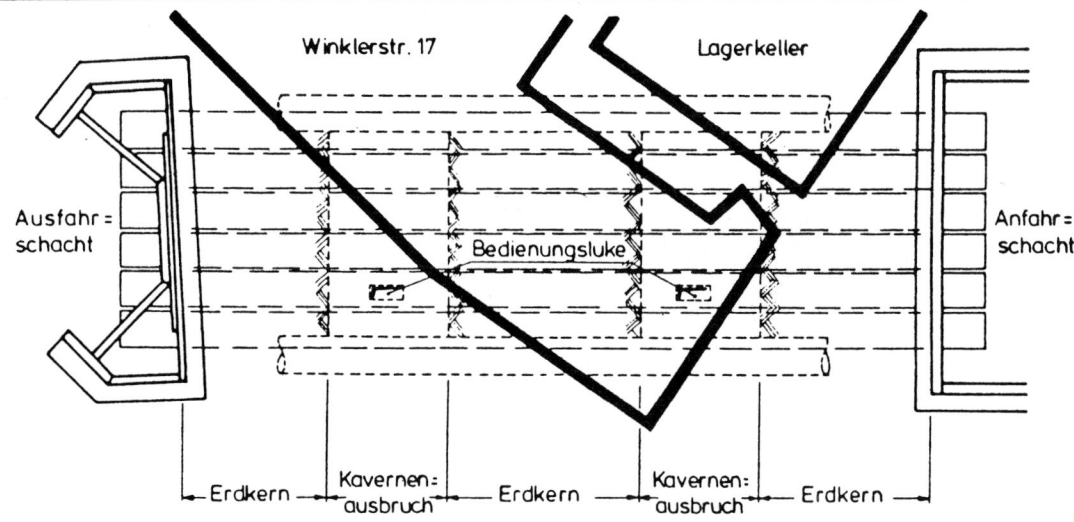

Bild H4/2: Unterfahrung "Winklerstraße 17", Hamburg; Grundriß mit Anordnung des Rohrschirms und der Kavernen

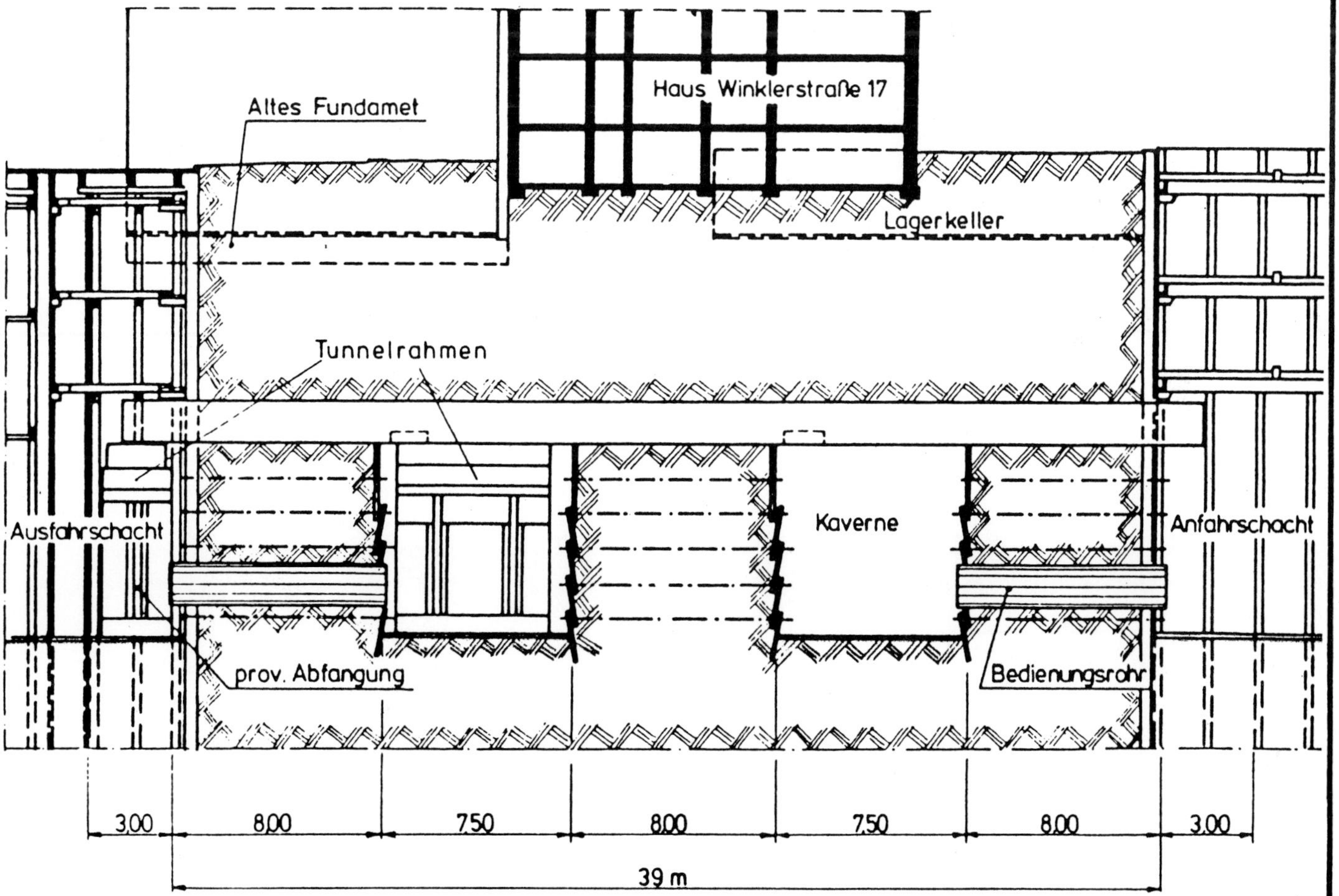

Bild H4/3: Unterfahrung "Winklerstraße 17", Hamburg; Längsschnitt durch die Rohrschirmdecke und die Kavernen

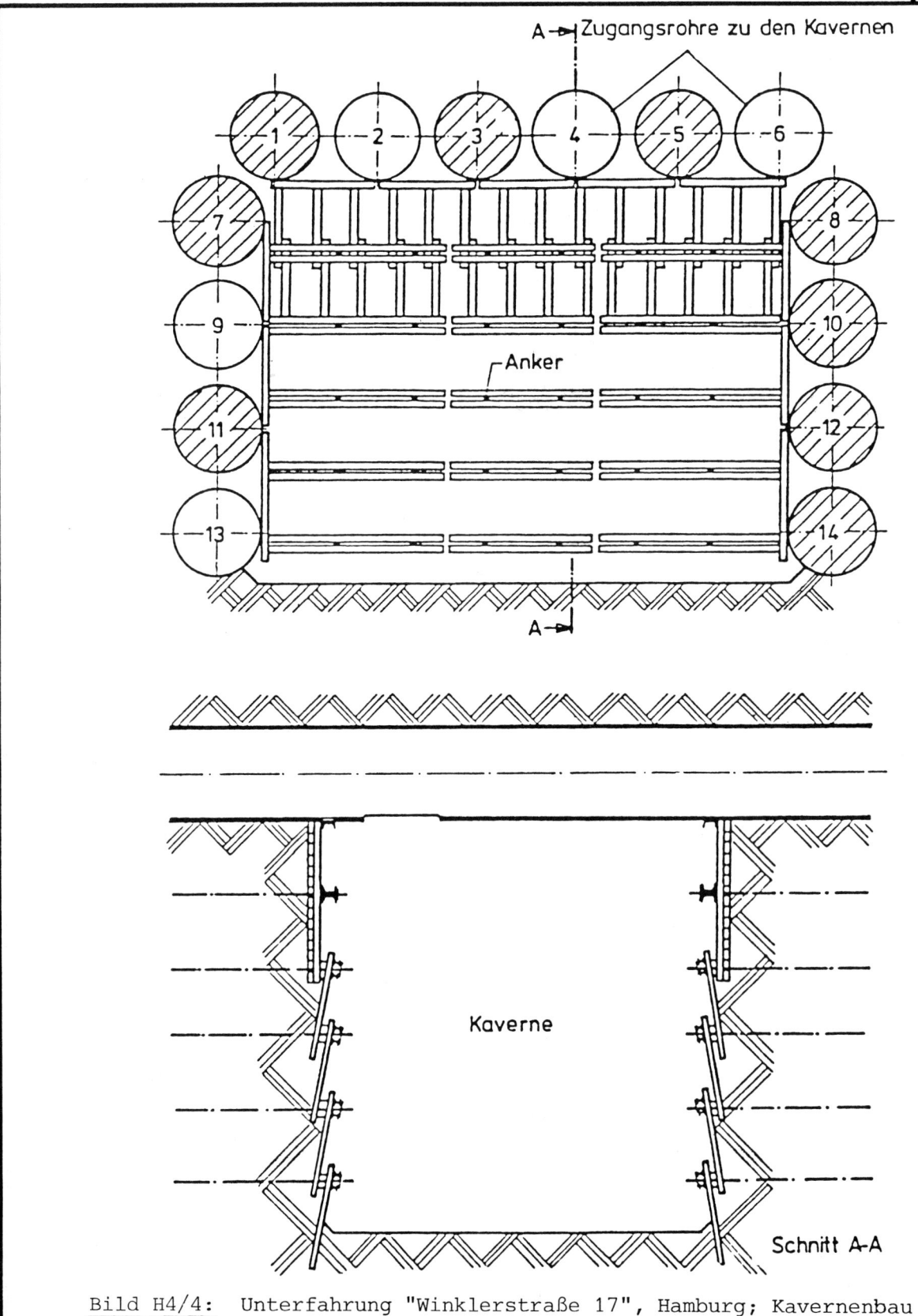

Bild H4/4: Unterfahrung "Winklerstraße 17", Hamburg; Kavernenbau in Längs- und Querschnitt

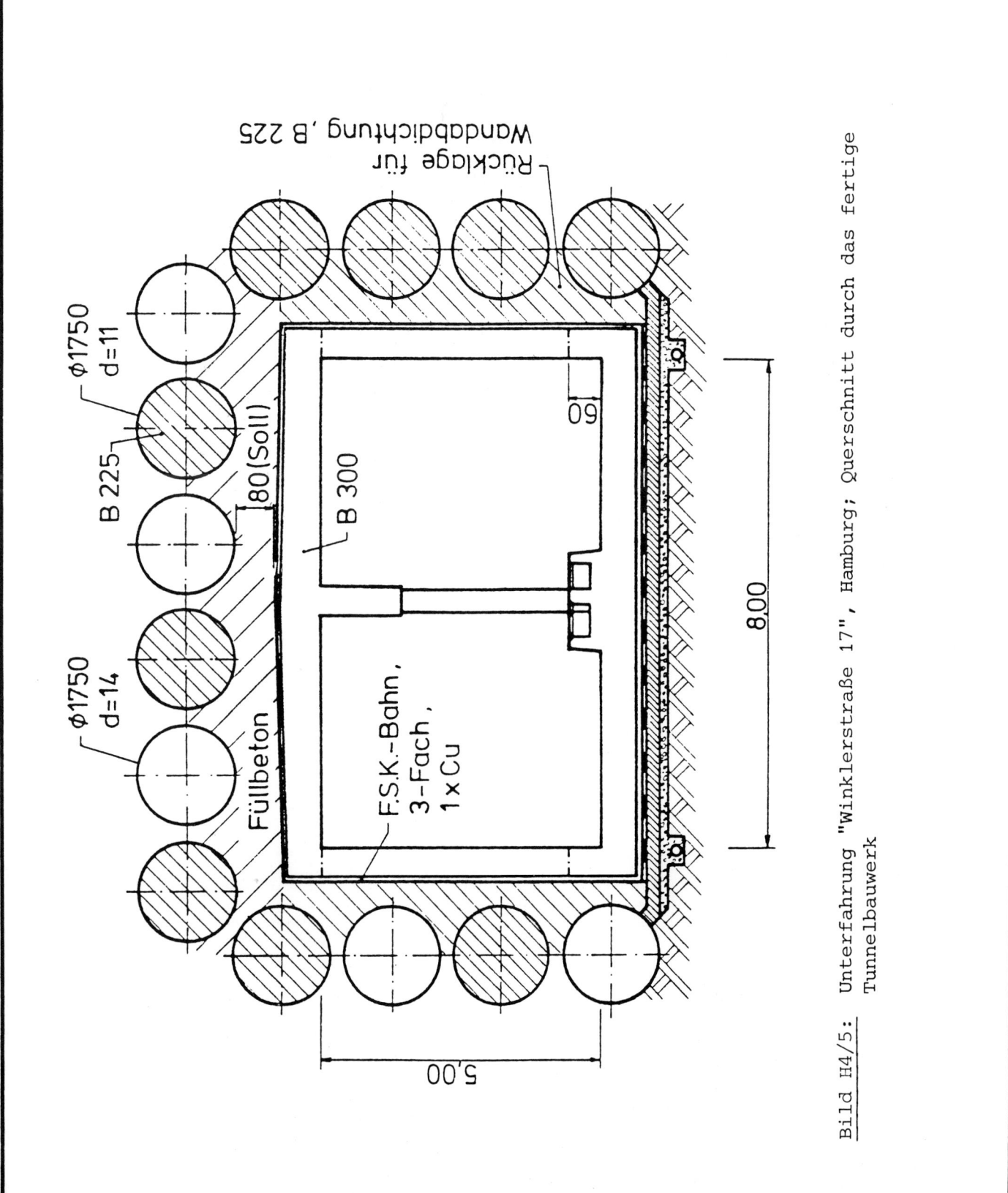

Bild H4/5: Unterfahrung "Winklerstraße 17", Hamburg; Querschnitt durch das fertige Tunnelbauwerk

UNTERFAHRUNG "ST. RAPHAEL HOSPIZ" **U-BAHNLINIE JUNGPFERNSTIEG - MESSBERG ÜBER HBF NACH WANDSBECK** **BAULOS "PULVERTEICH", HAMBURG** **BAUJAHR 1959**	

BAUHERR	Freie und Hansestadt Hamburg, Baubehörde
AUSFÜHRENDE FIRMEN	Philipp Holzmann AG.
AUFGABENSTELLUNG	**Allgemeines** Unterfahrung des "St. Raphael Hospizes" mit einem zweigleisigen U-Bahn-Strecken-tunnel (B = 9,55 m) auf einer Länge von ca. 30 m (Bild H5/1). Der Abstand zwi-schen OK Tunnelbauwerk und UK Fundamente beträgt an der ungünstigsten Stelle 3,5 m. Die zu unterfahrene Fläche ist etwa 285 m² groß. **Geologie und Grundwasserverhältnisse (Bild H5/2)** - Unter einer 3 bis 7 m dicken nach Osten einfallenden Geschiebemergelschicht, in der die Fundamente des St. Raphael Hospizes stehen, befindet sich Fein- und Mittelsand in größerer Mächtigkeit, im Übergangsbereich schluffige Feinsande. Der Tunnel steht im westlichen Teil voll im Sand und durchstößt mit dem Schei-tel nach etwa 1/2 seiner Länge die Grenzschicht zwischen Sand und Mergel (Ham-burger Geschiebemergel: w = 10-11 %, γ = 2,2 - 2,3 t/m³, große Lagerungsdichte, läßt sich nur mit Preßluftspaten lösen, Steineinschlüsse bis Kindskopfgröße). - Höchster Grundwasserstand etwa in Höhe der Tunneldecke. Während der Bauzeit Grundwasserabsenkung mit Tief- und Vakuumbrunnen.
AUSFÜHRUNG	**Prinzip (Bild H5/2)** Vollausbruch eines rechteckförmigen Stollenquerschnittes von max. 11,70 x 8,44 m², in nicht standfestem rolligen Gebirge im Schutze eines zuvor von beiden Enden aus eingepreßten geschlossenen Kastens aus 12 m langen Stahlpfählen und -bohlen. Die Brust wurde abschnittweise vorgebaut und im Abstand von 3,80 m stählerne Ausstei-fungsjoche angeordnet. Nach Fertigstellung dieses 1. Abschnittes wurde innerhalb der Aussteifungsrahmen eine zweite Staffel aus Stahlbohlen eingepreßt und der Vorbau von beiden Seiten bis zum Durchschlag fortgeführt. **Bauablauf und technische Details (Bild H5/3 (1)-(8))** - Vorschub der äußeren Deckenstaffel (1) auf der östlichen Seite (im Bild H5/2 rechts) im Geschiebemergel. Hierfür wurden 14 Doppelbohlen oder 28 Einzelbohlen Larssen IV neu, 12 m lang, zu einer Tafel zusammengezogen (11,60 m breit, d. h. 130 m² Deckenfläche) und durch staffelförmiges Vorpressen von Doppel- und Ein-zelbohlen als Ganzes hydraulisch in den Boden eingedrückt (Hub der Pressen ca. 1,20 m). Nach einer Einbindelänge von 6,40 m überstieg der Pressendruck für die Doppelbohle teilweise 1500 kN, und es wurde auf den Vortrieb von Einzel-bohlen umgeschaltet (bei Drücken über 1600 kN bestand die Gefahr, daß sich die Bohlenköpfe verformten). 92 % der Deckenstaffel konnten im Geschiebemergel planmäßig vorgeschoben werden. - Vorschub der Deckenstaffel auf der Westseite (1) im schluffigen Feinsand und Schluff (im Bild H5/2 links). Hierbei ergab sich, daß in dem anstehenden Boden eine zusammenhängende Spundwand dieses Systems auf die geforderte Tiefe nicht horizontal eingepreßt werden konnte. Schon beim ersten Schub von 1,20 m wurden für die Doppelbohlen Kräfte bis 1500 kN erforderlich. Beim zweiten Schub stie-gen sie bis 2000 kN (Leistungsgrenze der Pressenanlage). Beim dritten Schub wurde auch bei Einzelbohlen die 2000 kN-Grenze erreicht. Aufgrund umfangreicher Versuche wurde darauf eine kombinierte Wand aus einge-preßten Spundpfählen LP 3 (Abstand 80 cm) mit Füllblechen (8 bzw. 14 mm), die beim Bodenaushub abschnittweise eingebaut und verschweißt wurde, gewählt. Beim Einpressen der Pfähle mußte der Bodenkern ausgeräumt werden, ohne daß vor Kopf des Pfahls Auflockerungen entstanden. Entwickelt wurde hierfür ein kombiniertes Preß-Spülverfahren (Bilder H5/4a, b). Ausprobiert wurde bei einigen Pfählen auch eine Bentonitschmierung (Bild H5/4c). Nach dem Verpressen wurden in die Pfähle 60 kg schwere Fertigteile aus B12 ein-geschoben (30 cm lang) und die Hohlräume mit Feinkornmörtel ausgepreßt (Bild H5/4d). Nicht alle Bohlen konnten auf Solltiefe eingepreßt werden, teilweise waren auch Bohlen beschädigt. In diesen Fällen mußten die Bohlen verlängert und aus-gebessert werden (Bilder H5/6a, b).

- Vorschub des äußeren Seiten- und Sohlverbaus (2).
- Aushub des Tunnels schrittweise von beiden Enden (3) und Einbau von Stahlaussteifungen (4). Die Brust wird in Abschnitten von etwa 1,90 m - der halben
  Spannweite, die die Kastenbohlen überbrücken können - in zwei Phasen vorgebaut
  (Bild H5/5):
  1) Drei "Nischen" von oben nach unten pioniermäßig ausschachten und verbauen
     (Pionierkästen). In jeder "Nische" zwei Stiele, ein Decken- und Sohlgurt ein-
     bauen und durch Keile die Last der Deckentafel darauf absetzen.
  2) Boden zwischen den Nischen von oben nach unten abbauen, die Seitenwände
     der Pionierkästen stückweise herausnehmen und die Brust in der Ebene der neu-
     en Stiele in der Art des Berliner Verbaus sichern. Im Laufe dieser Einbohlung
     Deckengurte, Querriegel und Sohlgurte in die Zwischenräume einziehen.

Sobald der Brustverbau 1,90 m nach vorn gerückt war, wurden alle Stiele des zuletzt eingebauten Joches hydraulisch auf die rechnerische Last von max. 2200 kN
vorgespannt. Da die Spundbohlenkästen 3,80 m überbrücken konnten, wurde in dem
vom Vorbau unbeeinflußten Bereich ein Joch wieder entfernt.

Die Füllbleche wurden wie folgt eingebaut:
. Deckenbereich im Mergel: Mergel in Bohlenmitte abschnittweise abstechen,
  gleich anschließend 30 cm lange Blechabschnitte unter die Schlösser schweißen und mit erdfeuchtem Beton hinterstampfen.
. Deckenbereich im feinsandigen Schluff: Boden bündig an den Schlössern abzie-
  hen, sofort 30 cm langes Blech aufschweißen und mit Bentonit-Zement-Wasser-
  Gemisch hinterpressen.
. Wand- und Sohlbereiche im feinsandigen Schluff: wie vor, jedoch Bleche 50 cm
  lang in der Wand bzw. 1,90 m in der Sohle.

- Einpressen der inneren Stahlbohlenstaffeln und Vortrieb des Tunnels von beiden
  Seiten wie vor (5), (6).
- Einbringen des Füllbetons auf 3,20 m Breite zwischen den Jochscheiben (Abstand ca. 3,80 m) und Aufkleben der Abdichtung auf der Innenseite (7). Die Abdichtung besteht aus mehreren Lagen Bitumenpappe und wurde im Gieß- und Ein-
  walzverfahren eingebaut. In den Seitenwänden und in der Decke ist eine Me-
  tallfolie eingelegt.
- Bewehren, Schalen und Betonieren von 2,20 m breiten Querrahmen des Tunnel-
  körpers, so daß die Abdichtung beidseitig 50 cm jeweils übersteht (7). Der
  Deckenriegel wurde auch von oben geschalt, und zwar mit 5 cm Zwischenraum zur
  Abdichtung. Dieser Zwischenraum wurde nach Erhärten des Betons mit einem erd-
  feuchten Mörtel hinterstampft.
- Ausbau der Stahljoche, Ergänzen der Abdichtung und Schließen der Abschnitte
  zwischen den Rahmen (8). Die Zwischenteile wurden als gelenkig gelagerte
  Längsträger auf zwei Stützen dimensioniert. Im Sohl- und Wandbereich wurden
  sie aus Ortbeton hergestellt, im Deckenbereich aus Fertigteilen. Der Hohlraum
  zur Abdichtung wurde mit Mörtel hinterstampft.

QUELLEN

[1] Schenck, W.: "Neuartige Unterfahrung des Hospizes St. Raphael beim Bau der
    Hamburger Untergrundbahn". Baugrundtagung 1960 in Frankfurt/Main, S. 97 - 129

[2] Krabbe, W.: "Einige Besonderheiten der Unterfahrung des St. Raphael-Hospizes
    in Hamburg". Baumaschine und Bautechnik 8 (1961), H. 8, S. 325 - 332/H. 9,
    S. 371 - 376

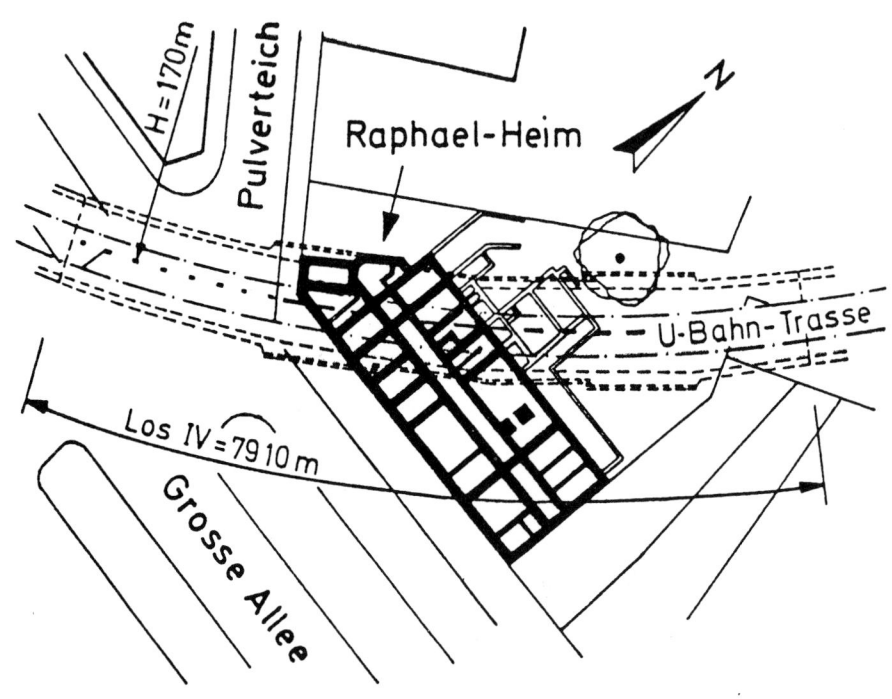

Bild H5/1:   Unterfahrung des St. Raphael-Hospizes, Hamburg; Lageplan

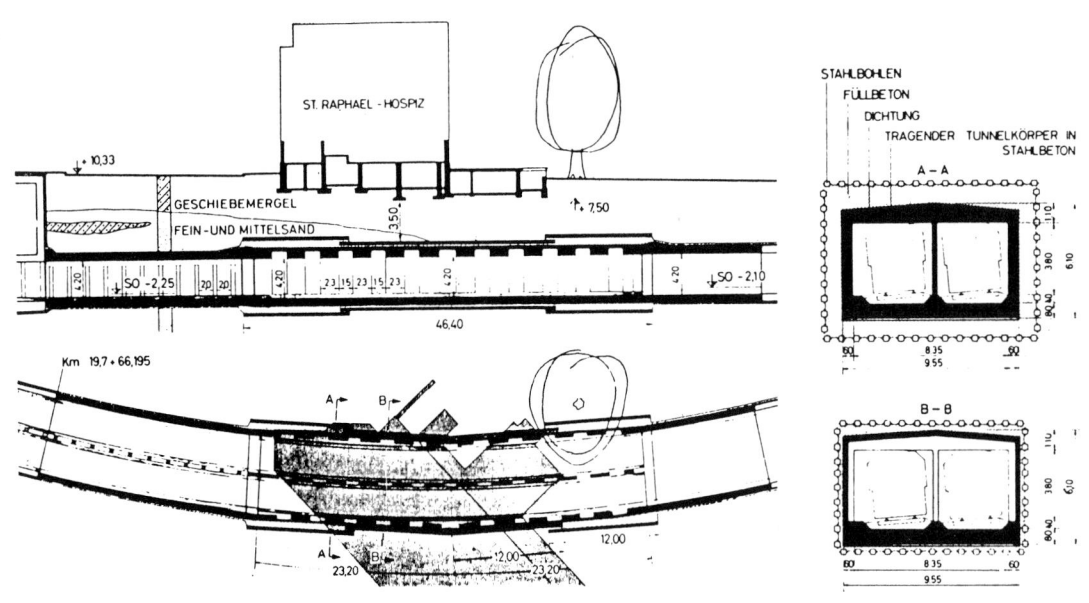

Bild H5/2:   Unterfahrung des St. Raphael-Hospizes, Hamburg;
             Längsschnitt (mit Bodenschichten, Grundriß und Querschnitte
             des Unterfahrungsbauwerkes)

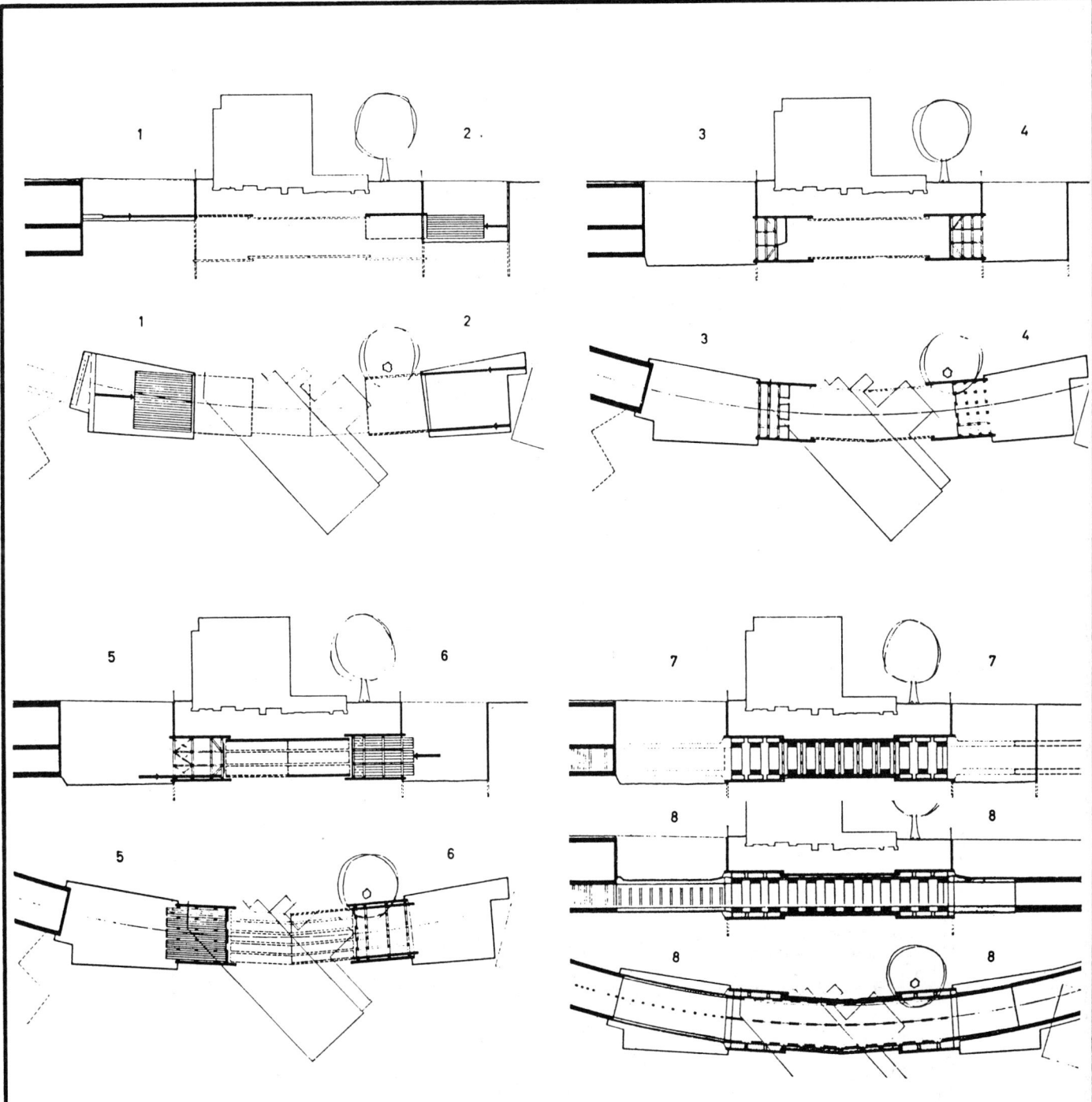

Bild H5/3: Unterfahrung des St. Raphael-Hospizes, Hamburg; Bauablauf
            (Zahlen 1 bis 8 siehe Text)

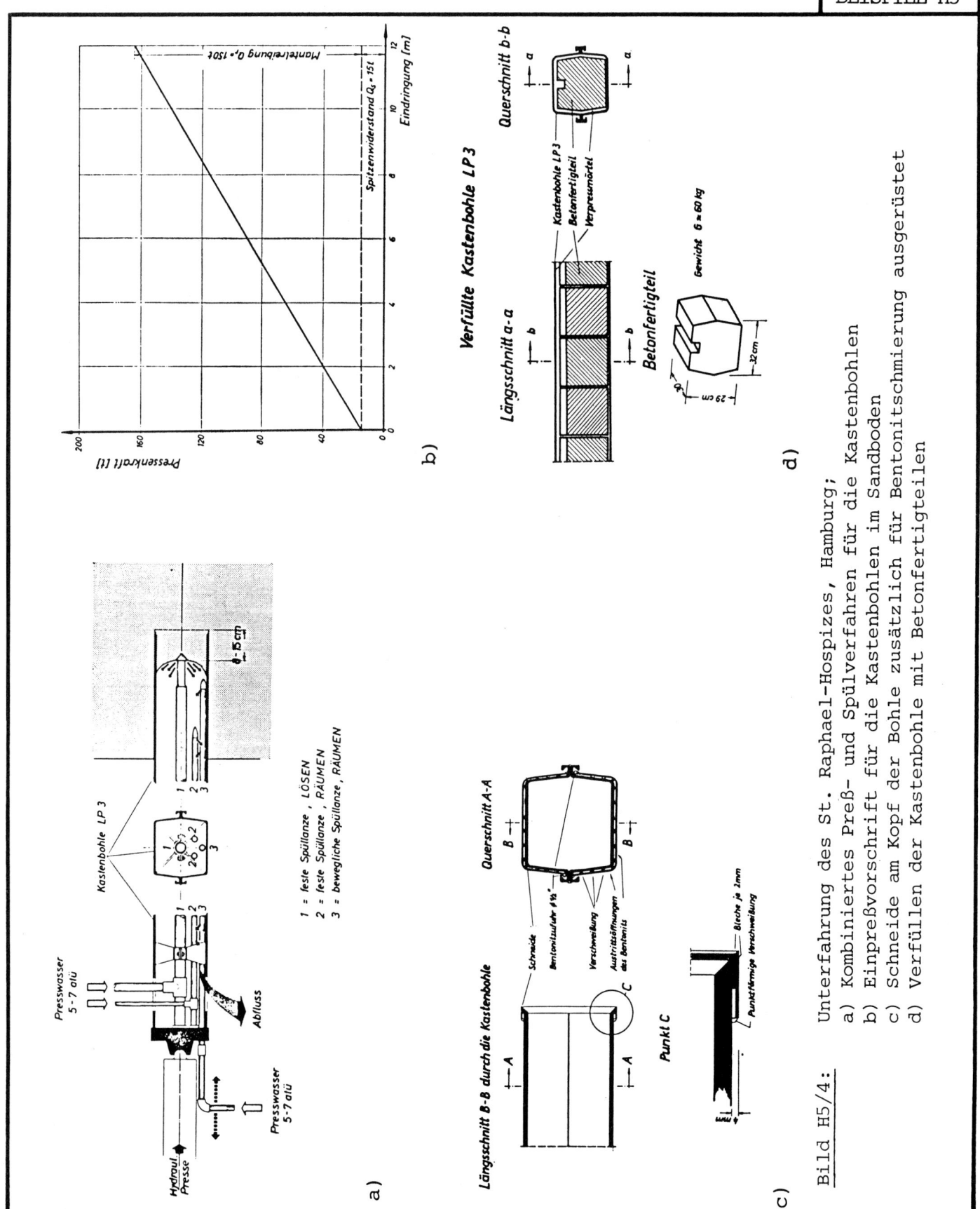

Bild H5/4: Unterfahrung des St. Raphael-Hospizes, Hamburg;
a) Kombiniertes Preß- und Spülverfahren für die Kastenbohlen
b) Einpreßvorschrift für die Kastenbohlen im Sandboden
c) Schneide am Kopf der Bohle zusätzlich für Bentonitschmierung ausgerüstet
d) Verfüllen der Kastenbohle mit Betonfertigteilen

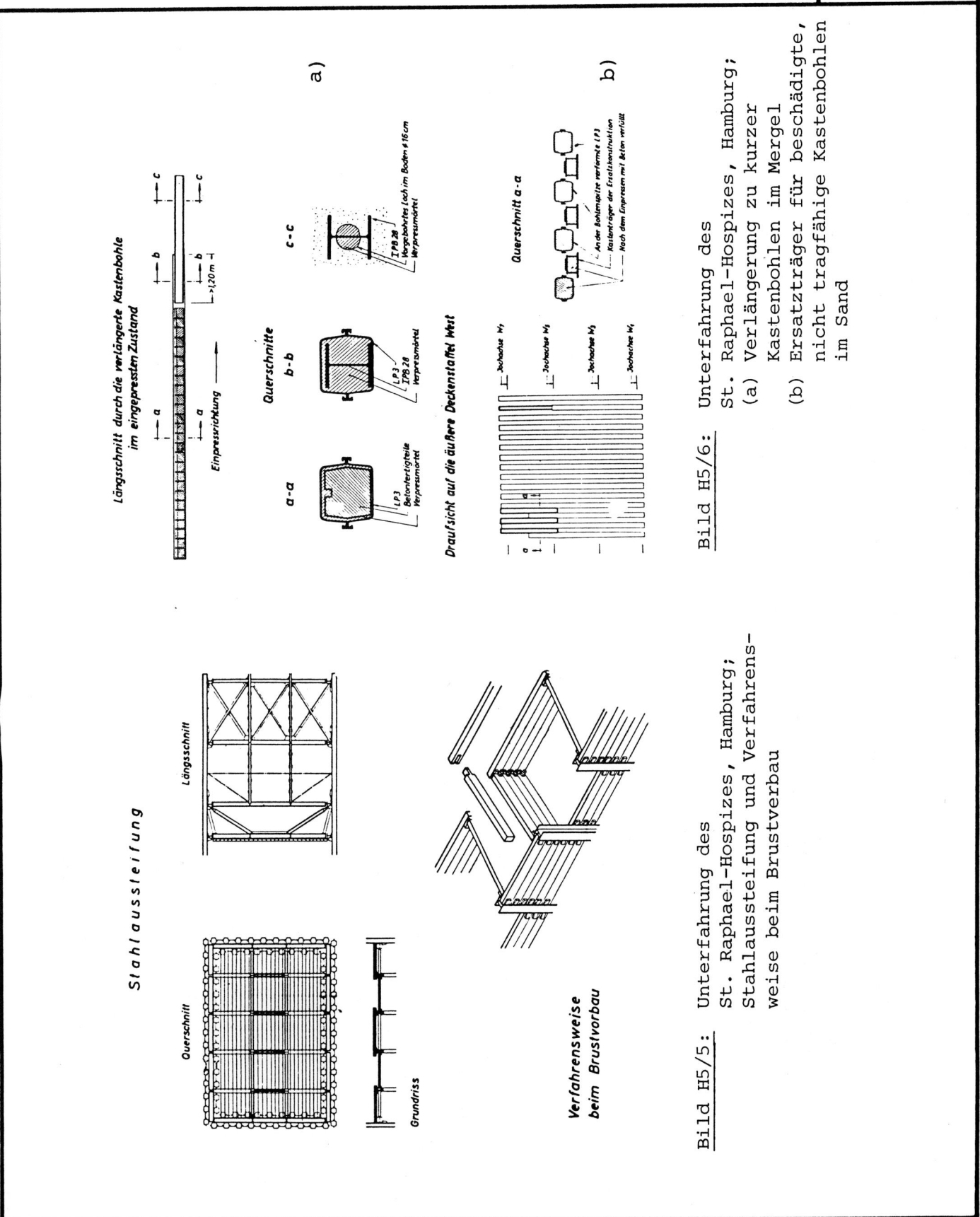

a)

Längsschnitt durch die verlängerte Kastenbohle
im eingepressten Zustand

Einpressrichtung

Querschnitte
b-b

a-a

Draufsicht auf die äußere Deckenstaffel West

c-c

Querschnitt a-a

b)

Bild H5/6:   Unterfahrung des
St. Raphael-Hospizes, Hamburg;
(a) Verlängerung zu kurzer
    Kastenbohlen im Mergel
(b) Ersatzträger für beschädigte,
    nicht tragfähige Kastenbohlen
    im Sand

Stahlaussteifung

Längsschnitt

Querschnitt

Grundriss

Verfahrensweise
beim Brustvorbau

Bild H5/5:   Unterfahrung des
St. Raphael-Hospizes, Hamburg;
Stahlaussteifung und Verfahrens-
weise beim Brustverbau

UNTERFAHRUNG "WOHNHAUS LANGGASSE 27" **I. BAUABSCHNITT, U-BAHN-BAULOS 12, KÖLN** **BAUJAHR 1965**	**ROHRSCHIRME**

BAUHERR	Stadt Köln
AUSFÜHRENDE FIRMEN	Philipp Holzmann, Grün & Bilfinger, Wayss & Freytag
AUFGABENSTELLUNG	**Allgemeines** Unterfahrung des Gebäudes Langgasse 27 mit einem zweigleisigen U-Bahntunnel auf ca. 12 m Breite und ca. 9 m Länge (Bild H6/1). Der Abstand zwischen UK Gebäudefundamenten und dem erforderlichen Lichtraumprofil des Tunnels beträgt 2,30 m. Die unterfahrene Fläche ist 84 m² groß. **Baugrund und Grundwasserverhältnisse** - Unter den Fundamenten steht eine mit Mauerwerk durchsetzte Aufschuttschicht an, darunter bis 9,45 m unter OKG eine leicht bindige, bimshaltige Sandschicht, gefolgt von Fein- und Grobkiesschichten. - Der Grundwasserstand liegt je nach Rheinwasserstand 12 - 16 m unter OKG.
AUSFÜHRUNG	**Prinzip (Bild H6/2)** Nach Abfangung des zu unterfahrenen Gebäudeteiles mit einer eingepreßten Stahlrohrdecke (Stahlrohre Ø 1,20 m) und einbetonierten IPB 1000-Trägern, die die Gebäudelasten in zwei Stahlbetonstreichbalken außerhalb des Gebäudes abgeben, wurden unter dieser Decke in horizontal verbauten Wandschlitzen die Tunnellängswände erstellt, durch Verpressung der Wandsohlfuge vorbelastet und der Aushub für den Tunnel im Schutze dieser Konstruktion durchgeführt. **Bauablauf und technische Details (Bilder H6/2 bis H6/4)** - Rammen der Verbauträger außerhalb des Gebäudes - Aushub und Verbau der Baugruben beiderseits der Unterfahrung bis zu den Gebäudefundamenten - Verfestigung des unter den Fundamenten anstehenden Aufschuttes und leicht bindigen bimshaltigen Standes auf 2 - 2,3 m Tiefe durch Injektionen. Um größere Hohlräume auszufüllen, wurde zunächst ein Ton-Zement-Gemisch eingepreßt (Einpreßdruck 0,3 N/mm²). Anschließend wurde Wasserglas, mit einem Äthylazetat als Fällungsmittel und einem Verzögerer unter einem Einpreßdruck von 0,6 N/mm² injiziert. Es wurden mittlere Druckfestigkeiten des verfestigten Erdreiches von 5 N/mm² erzielt (stat. erforderlich 2 N/mm²). - Weiterer Aushub und Verbau der Baugruben für die Rohrdurchpressung bis unterhalb der späteren Rohrdecke (t = 6 m) sowie Herstellen der Widerlagerwand. Wegen der benachbarten Gebäude stand nur eine sehr kleine Grube zum Durchpressen der Rohre zur Verfügung (Bild H6/1). - Einpressen von 10 dicht nebeneinanderliegenden Stahlrohren, Außendurchmesser 1,20 m, Wanddicke 20 mm, 40 cm unterhalb der ursprünglichen Gebäudefundamente in einem Winkel von 55° zur Hausfront und Abschneiden der Rohre beidseitig parallel zur Hausfront (Bild H6/3). Die 9,10 m langen Rohre mußten wegen der beengten Baugrube aus drei Rohrschüssen von 2,50 m Länge und einem Abschnitt von 1,60 m Länge zusammengeschweißt werden. Die Schweißnaht wurde als K-Naht ausgebildet. Zum Durchpressen der Rohre standen 2 hydraulische Pressen mit je 1,1 MN Kraft und 420 mm Hub zur Verfügung. Die Führung der Rohre beim Durchpressen erfolgte einmal durch den Führungsrahmen, zum anderen durch eine starre Führung in dem verfestigten Boden. Die mittleren Abweichungen der Rohre betrugen auf 9,10 m Länge 3,5 cm nach oben und 6 cm nach unten. Der Abbau der Ortsbrust erfolgte von Hand, Mauerwerk und sonstige Hindernisse wurden mit dem Preßlufthammer beseitigt. Eine vorgesehene Rohrvoreilung von 50 cm war nur unter günstigen Bodenverhältnisssen möglich. Hohlräume im angrenzenden Erdreich wurden über Bohrungen in der Rohrwandung mit einer Mischung 1/3 Zement, 1/3 Bentonit und 1/3 Kalkmehl aufgefüllt. Beim Durchörtern der verfestigten Zonen wurden durch den Luftzutritt Gase frei, die eine Belüftung der Ortsbrust erforderlich machten. - Einziehen von IPB-1000 Trägern je Rohr als Tragelement und Ausbetonieren des Rohres. Die Trägerenden ragen je 80 cm aus dem Rohr hervor zum Einbinden in die Streichbalken. Aus Platzgründen waren die Träger einmal in der Mitte zu stoßen. Die Stöße wurden biegesteif mit HV-Schrauben ausgeführt. - Bewehren, Schalen und Betonieren der Streichbalken außerhalb des Gebäudes (Höhe/Breite/Länge = 3,0/1,8/18,50 m)

26 Forschung + Praxis

- Gleichzeitiges Auffahren der beiden horizontal verbauten Wandschlitze für die Tunnellängswände (Bild H6/4). Im Schutze der Bodenverfestigung unter der Rohrdecke im Bereich der Tunnellängswände wurde zunächst ein Firststollen aufgefahren und dann von oben nach unten die Wandschlitze abgeteuft und mit 2,40 m langen IPE 200-Profilen horizontal verbaut. Ausgesteift wurden die Schlitze vorübergehend mit Spindeln, endgültig dann mit hydraulisch vorgespannten Stahlsteifen. Der Aushub eilte etwa 20 cm dem Trägereinbau voraus.
- Bewehren, Schalen und Betonieren der Längswände. Wände und Streichbalken wurden kraftschlüssig verbunden.
- Vorbelasten des Baugrundes in der Gründungssohle der Tunnellängswände. Zur Vorwegnahme späterer Bodenumlagerungen und damit Bauwerkssetzungen unter den Tunnelwänden mit ihrer konzentrierten Lastabtragung wurde ein Kammersystem im Fuß der Längswände ausgebildet und mit Zementmörtel verpreßt. Diese Technik hat sich jedoch nicht besonders bewährt. Besser zur Vorbelastung ist der Einbau und das Auspressen von Gummikissen.
- Auffahren des Kernquerschnittes
- Einbau der Tunnelsohle mit abgefederter Sohlplatte
- Füllen der unteren Zwickel zwischen den Stahlrohren der Decke mit Torkretbeton, engmaschiges Baustahlgewebe an den Rohrunterseiten befestigen (Maschenweite 150 x 150 mm)und 5 cm Torkretbeton aufbringen.

| QUELLEN | [1] D. Rappert: "Beeinflussung von Bauwerken durch Unterfahrungen", Haus der Technik, Vortragsveröffentlichungen, Heft 216, Vulkan-Verlag, Essen, 1969 |

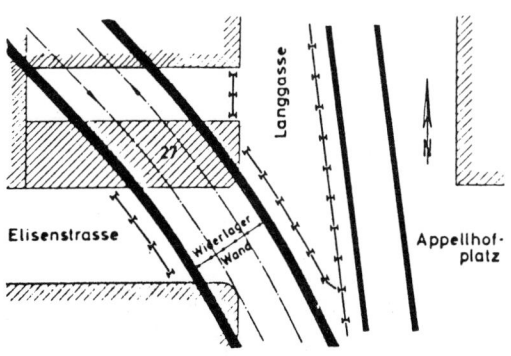

Lageplan

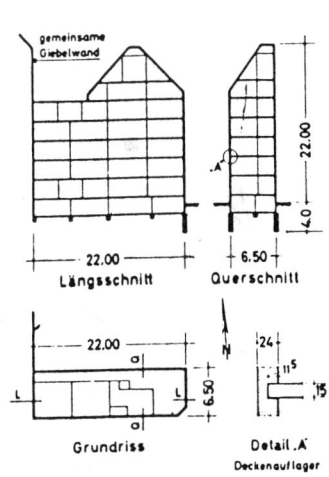

Haus Langgasse 27

Bild H6/1: Unterfahrung "Wohnhaus Langgasse 27", Köln; Lageplan sowie Längsschnitt, Querschnitt und Grundriss des Gebäudes

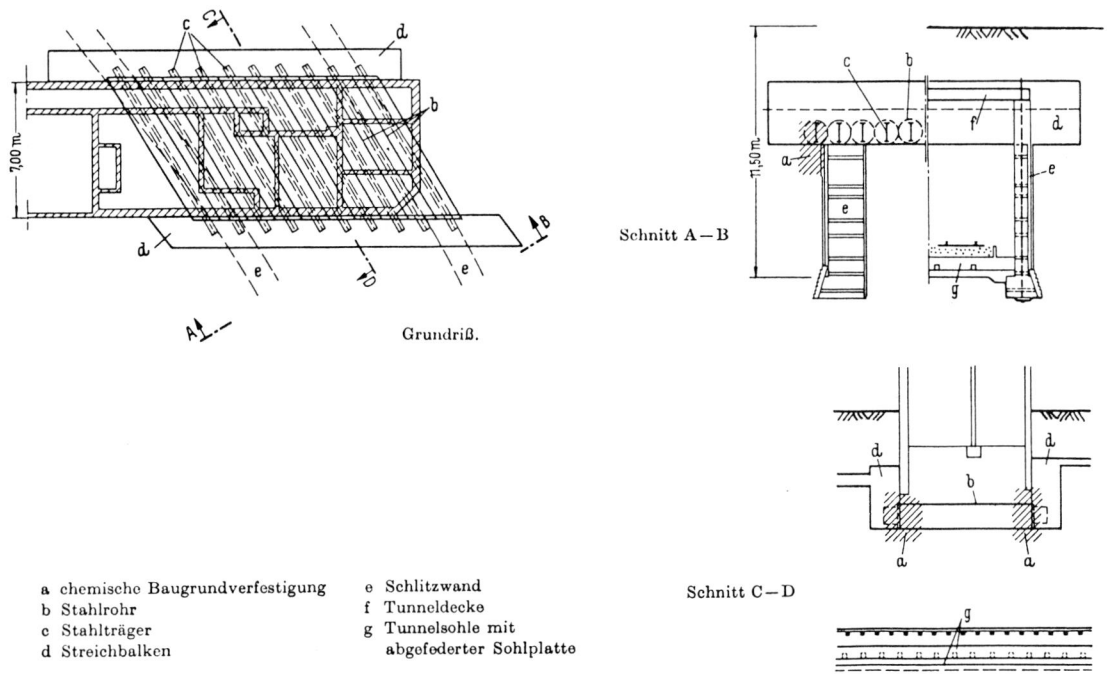

a chemische Baugrundverfestigung   e Schlitzwand
b Stahlrohr   f Tunneldecke
c Stahlträger   g Tunnelsohle mit
d Streichbalken   abgefederter Sohlplatte

Bild H6/2:   Unterfahrung "Wohnhaus Langgasse 27", Köln, Unterfangungskonstruktion

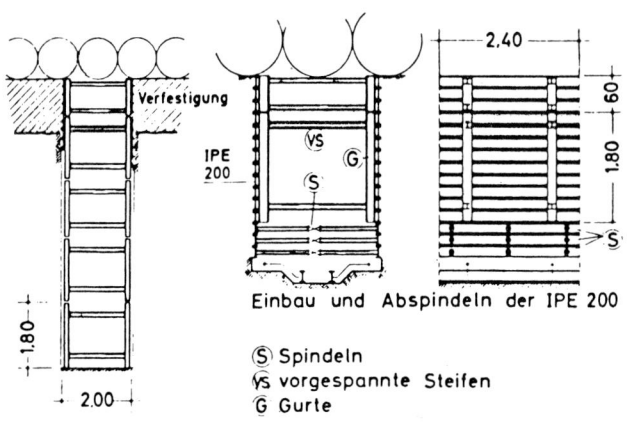

Bild H6/4:   Unterfahrung "Wohnhaus Langgasse 27", Köln;
Horizontalverbau für die Tunnellängswände

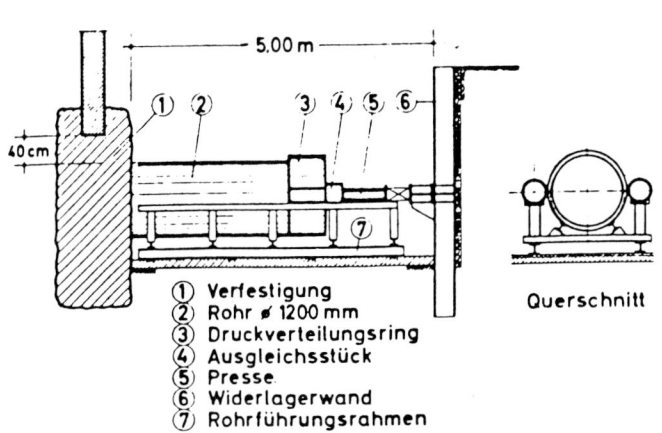

① Verfestigung
② Rohr ⌀ 1200 mm
③ Druckverteilungsring
④ Ausgleichsstück
⑤ Presse
⑥ Widerlagerwand
⑦ Rohrführungsrahmen

Querschnitt

Vorpreßeinrichtung

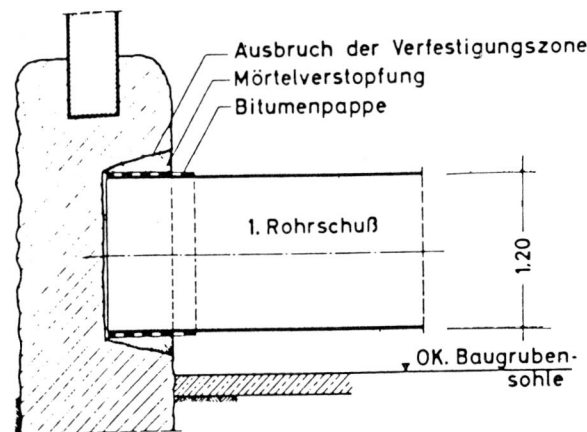

Rohrführung durch
Festsetzen des 1. Rohrschusses

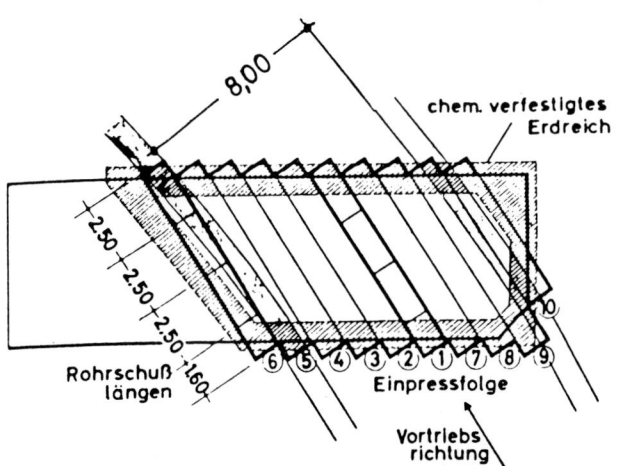

Die Rohrdecke (Grundriß)

Bild H6/3: Unterfahrung "Wohnhaus Langgasse 27", Köln;
Horizontalverbau für die Tunnellängswände

UNTERFAHRUNG BUNDESBAHNBRÜCKE EIGELSTEIN, KÖLN BAUJAHR 1967/69	ROHRSCHIRME

BAUHERR	Stadt Köln
AUSFÜHRENDE FIRMEN	Huta-Hegerfeld AG.
AUFGABENSTELLUNG	**Allgemeines** Unterfahrung der Widerlager der Bundesbahnbrücke Eigelstein und eines Teils des Bahndammes im Bereich der Weichenstraße nordwestlich des Hauptbahnhofs Köln durch einen sechsspurigen Stadtautobahntunnel im Zuge der Nord-Süd-Fahrt (Bild H7/1). Der Tunnel ist im Unterfahrungsbereich ca.42 m lang und 28 m breit. Er besteht aus einem zweifeldrigen Rahmen mit 2 x 12 m breiten Röhren und trägt auf ca. 70 % seiner Grundrißfläche die Auflasten des Bundesbahndammes und des Ostwiderlagers der Brücke. **Baugrund** im oberen Bereich aufgeschüttetes Dammaterial, locker; im unteren Bereich Grobsand sowie Fein- bis Grobkies
AUSFÜHRUNG	**Prinzip** Im Schutze eines Rohrschirmes wurde die Tunneldecke unter dem Bahndamm und dem Brückenwiderlager hindurch in Stollenbauweise aufgefahren und anschließend mit den Tunnelwänden unterfangen. **Bauablauf und technische Details** - Abstützung der gemauerten Schildbogenmauer an der Maximinenstraße im Unterfahrungsbereich und Sicherung durch eine neue vorgesetzte Stahlbetonwand. - Abstützung der stählernen Bogenbrücke zur vollständigen Entlastung der gemauerten Widerlager durch eine Fachwerkträgerkonstruktion mit der Möglichkeit, die Lage der Brückenbögen auch während der Bauzeit durch Anheben oder Absenken der Bogenauflagerpunkte beliebig regulieren zu können. - Einpressen des Rohrschirmes oberhalb der späteren Tunneldecke in den Bahndamm. Der Rohrschirm besteht aus 15 dicht beieinander liegenden Stahlrohren von 9 bis 39 m Länge Ø 1,20 m,d = 16 mm. Die Vorpressung erfolgte von der Maximinenstraße aus in Längsrichtung des Tunnels (Bilder H7/2 und H7/3). Die Rohre wurden aus Rohrschüssen von je 4,5 m Länge zusammengeschweißt. Das Ausräumen der Rohre während des Einpreßvorganges erfolgte manuell, wobei 10 cm Schneidenvorlauf grundsätzlich einzuhalten waren. Zur Verkittung der Zwischenräume zwischen den Rohren und zur Füllung der beim Ausbruch entstandenen kleineren Hohlräume sowie zur Herabsetzung der Mantelreibung wurde in den Scheitel- und Kämpferpunkten eine Bentonit-Suspension injiziert. Nach dem Vorpressen wurden die Rohre sofort ausbetoniert. - Bergmännisches Herstellen der ca. 2 m dicken Tunneldecke einschließlich deren Abdichtung im Bahndamm und unter den alten Brückenwiderlagern im Schutze des Rohrschirms in 14 nebeneinander liegenden Einzelstollen von 3 m Breite (Bilder H7/3b und H7/4). - Durchführung der Injektionsarbeiten für die Sicherungswände von den Deckenstollen aus, als Vorarbeit zum Auffahren der Längswandschlitze (Bild H7/3b). - Auffahren der Längswandschlitze unter der Tunneldecke und Herstellung der Tunnelwände einschließlich Abdichtung und Fundamente (Bild H7/3c). - Aufbringen der Fundamentvorbelastung (Bild H7/3c) unter den Längswänden mit hydraulischen Pressen zur Vorwegnahme der Bauwerkssetzungen und anschließendes Ausräumen der Erdkerne zwischen den Längswänden. - Rückbettung der stählernen Brückenbögen auf die Widerlager
QUELLEN	[1] Zimmermann, H.: Kreuzungsbauwerk Nord-Süd-Fahrt/Eigelstein in Köln. Straße Brücke Tunnel 21 (1969) 5, S. 113 - 120 [2] Briske, R.: Unterfahrung von Bauwerken bei Kölner Verkehrsbauten. VDI-Zeitschrift, Band 109, Nr. 3, S. 88 - 92

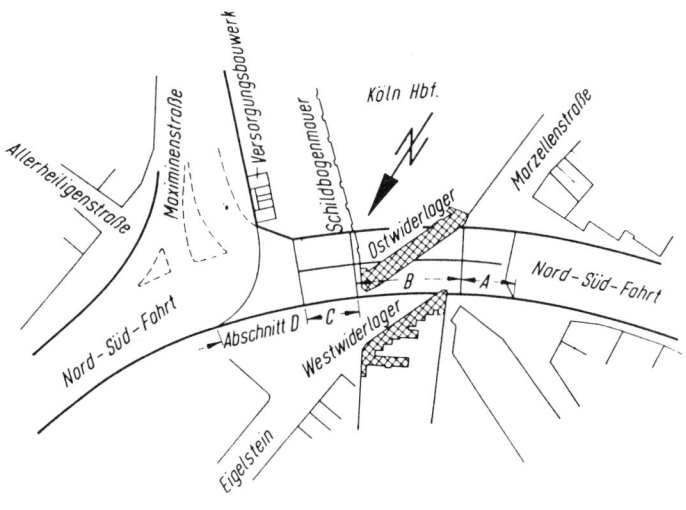

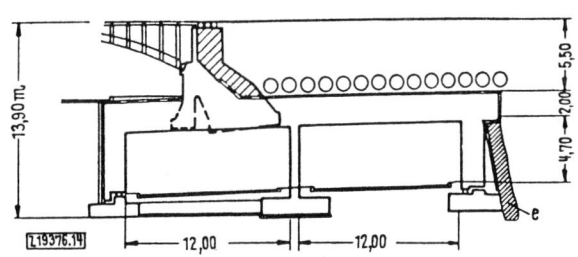

Bild H7/1: Lage des Bauwerkes und Schnitt durch das Bauwerk im Endzustand

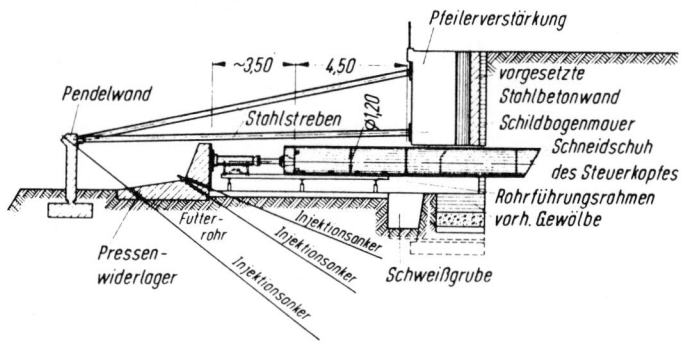

Bild H7/2: Einpressen der Rohre des Rohrschirms

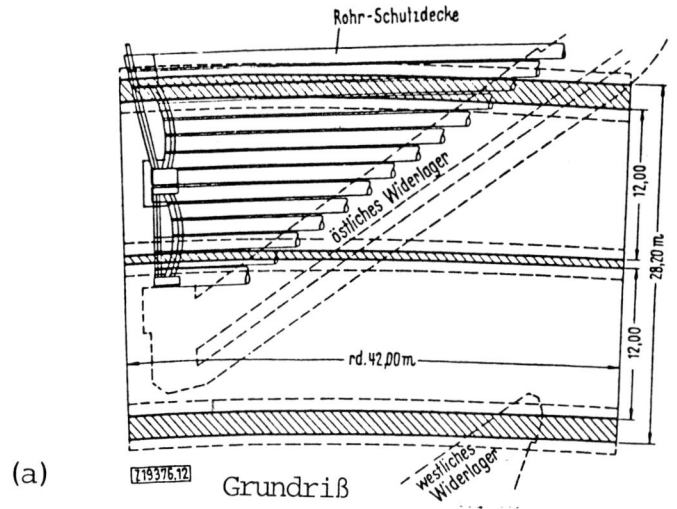

(a) Grundriß

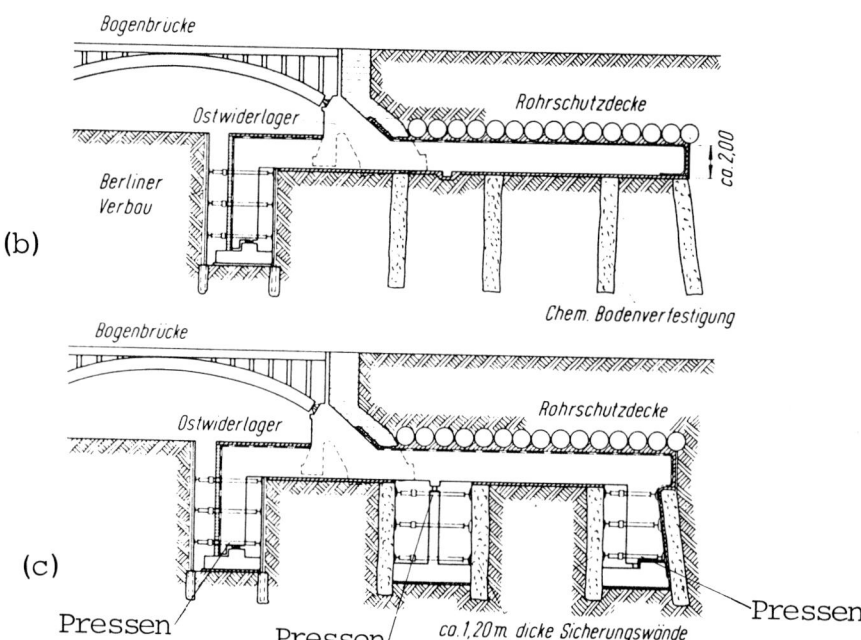

(b)

(c)

Bild H7/3: Grundriß der Unterfahrung sowie Einbau der Tunneldecke und der Tunnellängswände

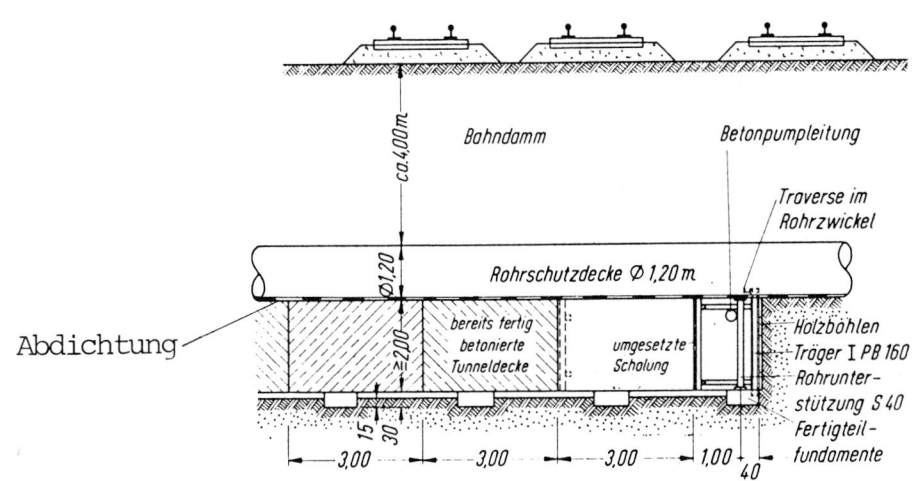

Bild H7/4:   Auffahren der Deckenstollen im Schutze des
Rohrschirmes

UNTERFAHRUNG "STADTSPARKASSE" U-STADTBAHN, BAULOS 11, ESSEN BAUJAHR 1970/72	ROHRSCHIRME

BAUHERR	Stadt Essen, U-Bahn-Bauamt
AUSFÜHRENDE FIRMEN	Hochtief, Siemens Bauunion, E. Heitkamp, Huta Hegerfeld, Lenz Bau
AUFGABENSTELLUNG	**Allgemeines** Unterfahrung der Stadtsparkasse mit zwei eingleisigen, dicht beieinanderliegenden U-Bahntunneln auf einer Länge von ca. 75 m. Die Gradiente des östlichen Gleises 3 verläuft horizontal 16,20 m bis 19,70 m unter Gelände, während die Gradiente des westlichen Gleises 1 mit 2,2 % vom Niveau des Nachbargleises im Haltestellenbereich Wiener Platz zum Defaka-Gebäude ansteigt (Bilder H8/1 und H8/2). Die geringste Überdeckung der Tunnel unter den Sparkassenfundamenten beträgt ca. 2,0 m. Die unterfahrene Gebäudefläche ist ca. 12,5 x 75 = 937 m² groß. **Baugrund und Grundwasserverhältnisse (Bild H8/3)** - Anschüttung (Bauschutt, Asche, Schlacke, Kiessand, Schluff, Ton) bis zu ca. 8 m unter OKG, darunter Mehlsand, Mergel und Grünsande mit Kalkbankeinlagerungen. Einzelne Mehlsandzonen reichen bis in die obere Tunnelhälfte hinein. In 17 bis 25 m Tiefe steht unter dem Sparkassengebäude Felsgestein des Karbons (Schieferton bzw. Sandstein) an. - Im Unterfahrungsbereich liegt der GW-Horizont ca. 7 m unter OKG. Das auftretende Schichtwasser kann mit offener Wasserhaltung in den Stollen beherrscht werden.
AUSFÜHRUNG	**Prinzip (Bild H8/4)** Die Unterfahrung wurde in geschlossener Bauweise ausgeführt. Um die Bodenbewegungen gering zu halten, wurde ein Bauverfahren gewählt, bei dem in Teilabschnitten ein großer Erdkern, der spätere Tunnelquerschnitt, bergmännisch durch Öffnen kleiner Hohlräume (Firststollen, Rohrschirmdecken, Wandstollen, Abteufen von Bohrungen) umfahren und mit einem biegesteifen Rahmen umgeben wird. Im Schutze dieses Rahmens wird dann der Tunnelquerschnitt mit Großgerät freigelegt. Anschließend erhält das den Erddruck aufnehmende Rahmenbauwerk eine Innenabdichtung und eine Innenschale zur Aufnahme des Wasserdruck. **Bauablauf und technische Details (Bilder H8/3 bis H8/6)** - Vortreiben des Firststollens und Verbau mit Stahlbögen, Tunnelblechen und Spritzbeton (Bild H8/3). Der Stollen wurde von Hand vorgetrieben. Im Firstbereich wurde er auf ca. 1,5 m Breite mit Verzugsblechen (Kopfschutz) und im übrigen Bereich mit einer 7 cm dicken Spritzbetonschale gesichert. Als Verbaurahmen wurden Stahlstreckenbögen GI 110 und GI 120 im Abstand von 1,15 m eingesetzt. In Bereichen hoher Auflasten wurde dieses Maß auf die Hälfte verringert. Um Setzungen im Bereich der Sparkasse weitgehendst zu vermeiden, wurden die Streckenbögen hydraulisch gegen die Sohlschwellen verspannt und anschließend verkeilt. Außerdem wurden zur besseren Lastverteilung unter den Stielen der Verbaurahmen Stahlbetonfertigteilplatten eingebaut. - Herstellen der Pressenwiderlager und Vordrücken, Bewehren und Ausbetonieren der Deckenrohre Gleis 1 (Bild H8/5). Die Rohre aus St 37 haben einen Außendurchmesser von 1.016 mm, eine Wanddicke von 15 mm und eine maximale Länge von 6,50 m. Sie wurden in einem Abstand von 1,15 m durch zwei Hydraulikpressen mit einer Vorschubkraft von maximal 700 kN vorgepreßt. Aufgrund der hohen Lagerungsdichte und Festigkeit des Bodens konnte der Abbau etwa 80 cm dem Rohr vorauseilen. Jedes Rohr mußte wegen der geringen Firststollenbreite von 3,50 m in vier Abschnitten vorgetrieben werden. Etwaige Hohlräume zwischen Gebirge und Rohr wurden durch Abklopfen festgestellt und mit Injektionsmörtel verpreßt. Um die Standfestigkeit des Bodens nicht zu beeinträchtigen, wurde zunächst nur jedes dritte Rohr vorgepreßt, bewehrt und betoniert. Beim Bewehren der Rohre wurde in der Achse der späteren Tunnelaußenwand in den Rohmantel eine Öffnung gebrannt und ein 60 cm langer Träger IPB 100 für die Aufnahme der Horizontalkraft aus der Außenwand senkrecht miteingesetzt (Bild H8/2). Die Rohrschirmdecke ragt 1,50 m über die Tunnelaußenwand hinaus. - Vertiefen des Firststollens und Herstellen der Pressenwiderlager sowie Vordrücken, Bewehren und Ausbetonieren der Deckenrohre Gleis 3 (vgl. Beschreibung für Gleis 1)

- Auffahren der Außenwand-Sohlstollen und Herstellen der Grundbruchsicherung für Gleis 1. Der Ausbau erfolgte wie im Firststollen. Die Grundbruchsicherung besteht aus Schrägstützen unter dem Wandfundament, die bis in das Karbon reichen. Sie haben einen Durchmesser von 90 cm und sind im Abstand von 3,45 m angeordnet.
- Bewehren, Schalen und Betonieren der unteren Wandabschnitte der Außenwände
- Abteufen, Bewehren, Schalen und Betonieren der Mittelstützen im Abstand von 3,45 m. Die Stützen haben einen Außendurchmesser von 88 cm und leiten die Lasten aus dem Firstbalken und der Rohrdecke in das Karbon (Bilder H8/3 und H8/6).
- Auffahren der oberen Wandstollen und Ergänzen der Tunnelaußenwände (Bewehren, Schalen, Betonieren) mit Anschluß an die Rohrdecke. Mit jedem Deckenrohr wurde eine Pressennische vorgesehen.
- Bewehren, Schalen und Betonieren des Firstbalkens mit Anschluß der Rohrdecken in ungefähr 20 m langen Abschnitten. Zwischen den Mittelstützen und den Firstbalken wurden Kapselpressen zur Vorbelastung eingebaut (Bild H8/6). Verbleibende Hohlräume zwischen Firstbalken und Stollenausbau wurden nachträglich verpreßt.
- Blockweise Vorbelastung der Mittelstützen und Tunnelaußenwände. Unter jedem Deckenrohr eines Wandblocks wurden in den vorgesehenen Nischen in den Außenwänden hydraulische Pressen mit 2000 kN Tragkraft installiert. Gemeinsam mit den festeingebauten Kapselpressen über den Mittelstützen wurden sie stufenweise gleichzeitig bis zur vollen Auflast beaufschlagt.
- Teilaushub des Erdkerns und vorübergehende Ankerung der Außenwand des Gleises 1 zur Entlastung der Schrägstützen (Grundbruchsicherung)
- Abschnittweises Ausheben des Restkernes bei gleichzeitigem Einbau der 30 cm dicken Stahlbetonsohlplatten und Herstellung der 95 cm dicken Mittelwand, in die die Mittelstützen eingebunden werden.
- Einbau der Abdichtung und der Stahlbetoninnenschale. Als Abdichtung wurde eine 1,5 bzw. 2,0 mm dicke PVC-Weichfolie beidseitig mit Schutzschichten aus 1 mm dicken Hart-PVC-Folien eingebaut.

QUELLEN	

[1] "U-Bahn Essen, Baulos 11: Unterfahrung der Stadtsparkasse". Hochtief Nachrichten 45 (1972) November

[2] Erler, E.: "Erkenntnisse bei der Unterfahrung der Stadtsparkasse in Essen". Forschung + Praxis, Bd. 15, S. 147-152, Herausgeber: STUVA, Köln, Alba-Buchverlag, Düsseldorf, 1974

BEISPIEL H8

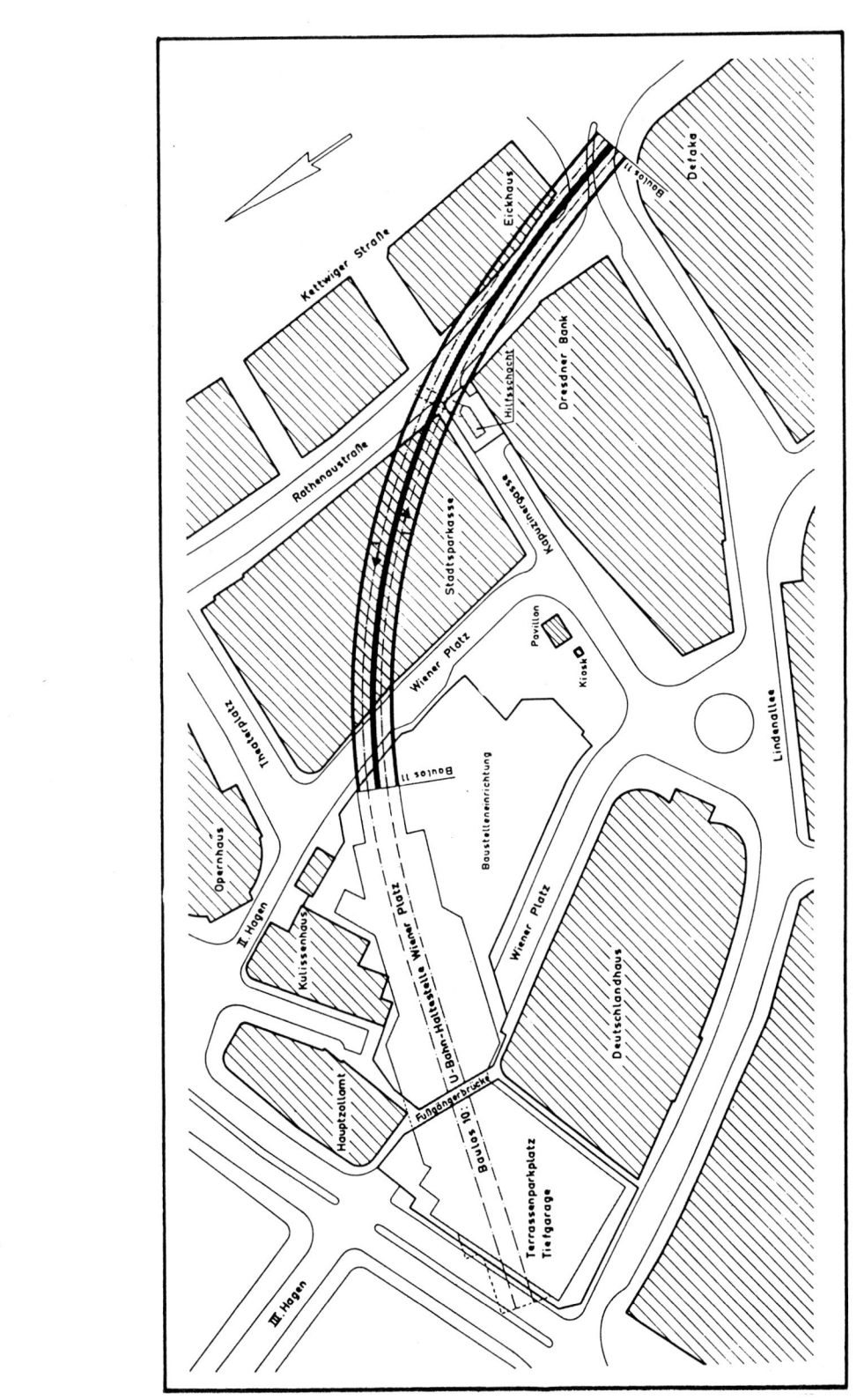

Bild H8/1:   Unterfahrung Stadtsparkasse, Essen; Lageplan

308   26 Forschung + Praxis

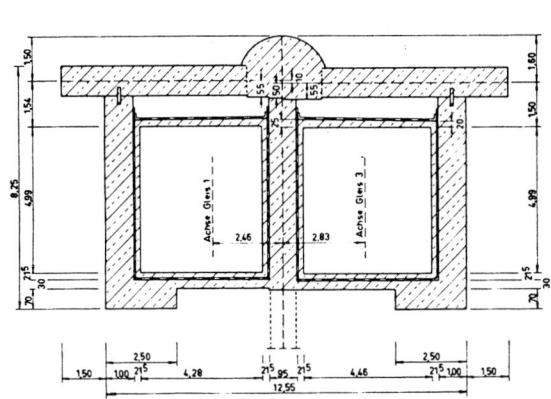

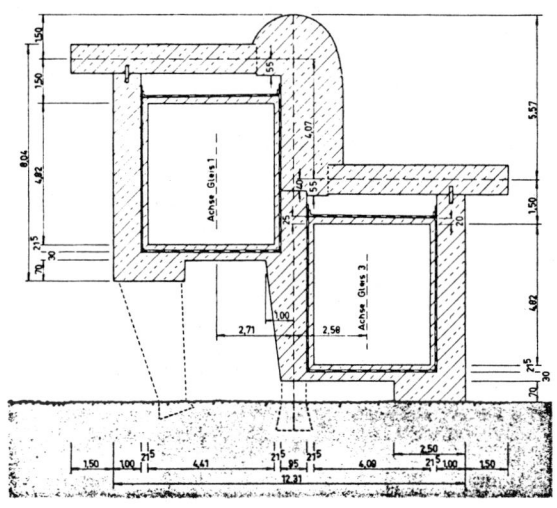

Bereich Wiener Platz   Bereich Defaka

Bild H8/2: Unterfahrung Stadtsparkasse, Essen; Querschnitte

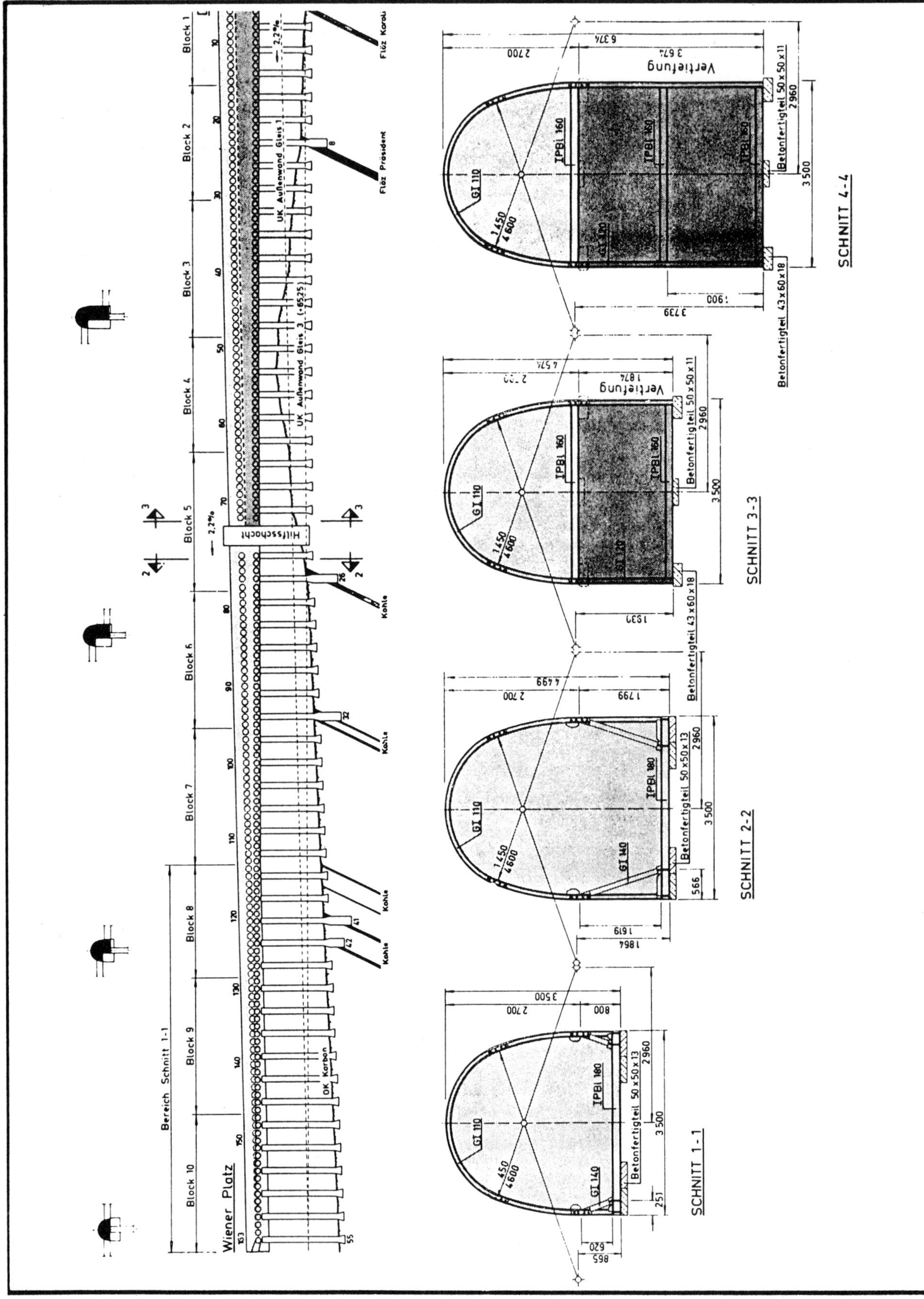

Bild H8/3: Unterfahrung Stadtsparkasse, Essen; Längsschnitt mit typischen Querschnitten des Firststollens

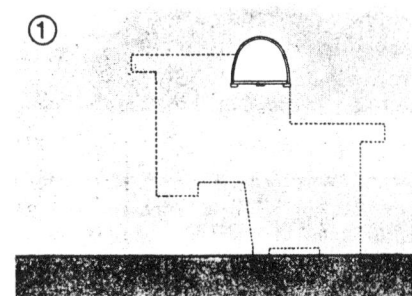

① Vortreiben des Firststollens.

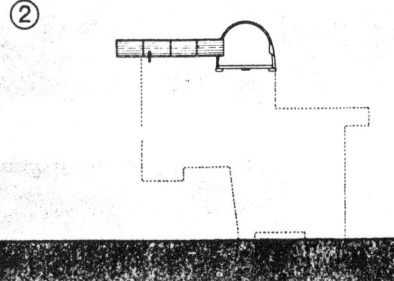

② Herstellen der Pressenwiderlager. Vordrücken und Betonieren der Deckenrohre Gleis 1.

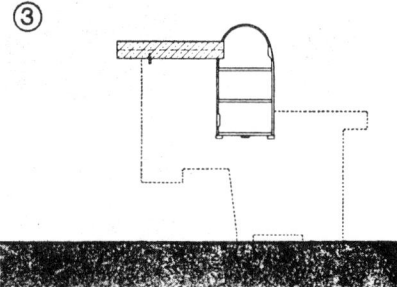

③ Vertiefen des Firststollens. Herstellen der Pressenwiderlager für Gleis 3.

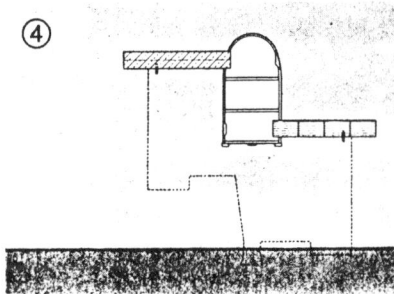

④ Vordrücken und Betonieren der Deckenrohre Gleis 3.

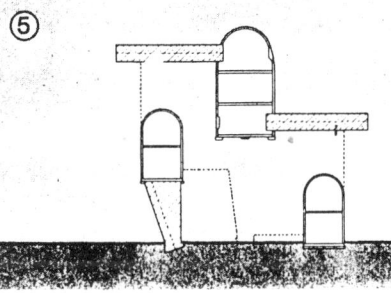

⑤ Auffahren der Außenwand-Sohlstollen. Grundbruchsicherung der Außenwand Gleis 1.

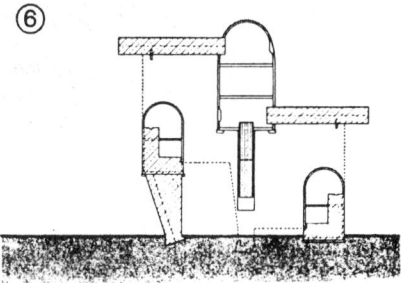

⑥ Herstellen der unteren Wandabschnitte der Außenwände. Absenken der Mittelstützen.

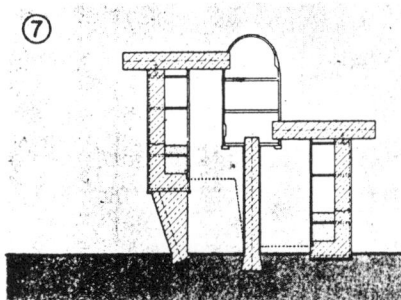

⑦ Ergänzen der Außenwände. Stahlbeton der Mittelstützen.

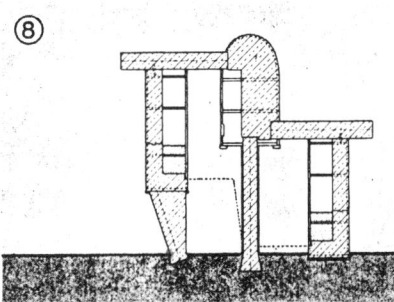

⑧ Herstellen des Durchlaufbalkens im Firststollen mit Anschluß der Rohrdecken.

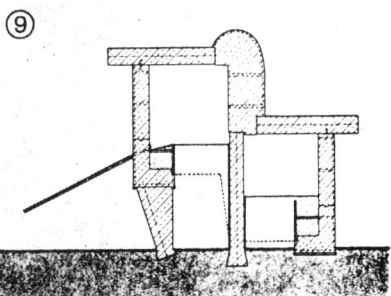

⑨ Teilaushub des Erdkerns. Ankerung der Außenwand Gleis 1.

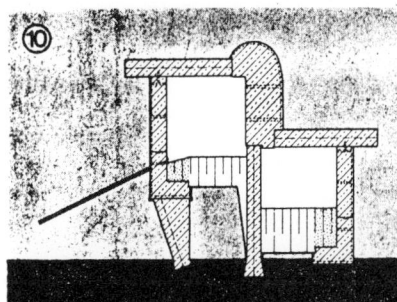

⑩ Abschnittsweises Ausheben des Restkerns.

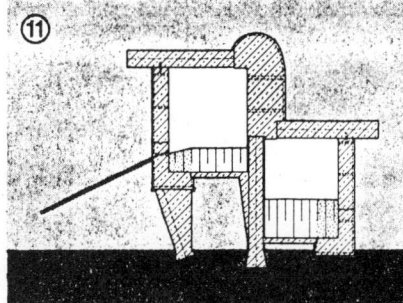

⑪ Abschnittsweises Einbauen des Sohlbetons und der Mittelwand.

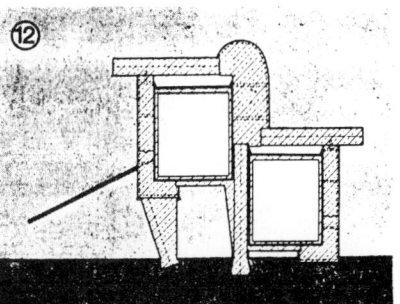

⑫ Einbauen der Isolierung und der Innenschale.

Bild H8/4: Unterfahrung Stadtsparkasse, Essen; Schematische Darstellung des Bauablaufes

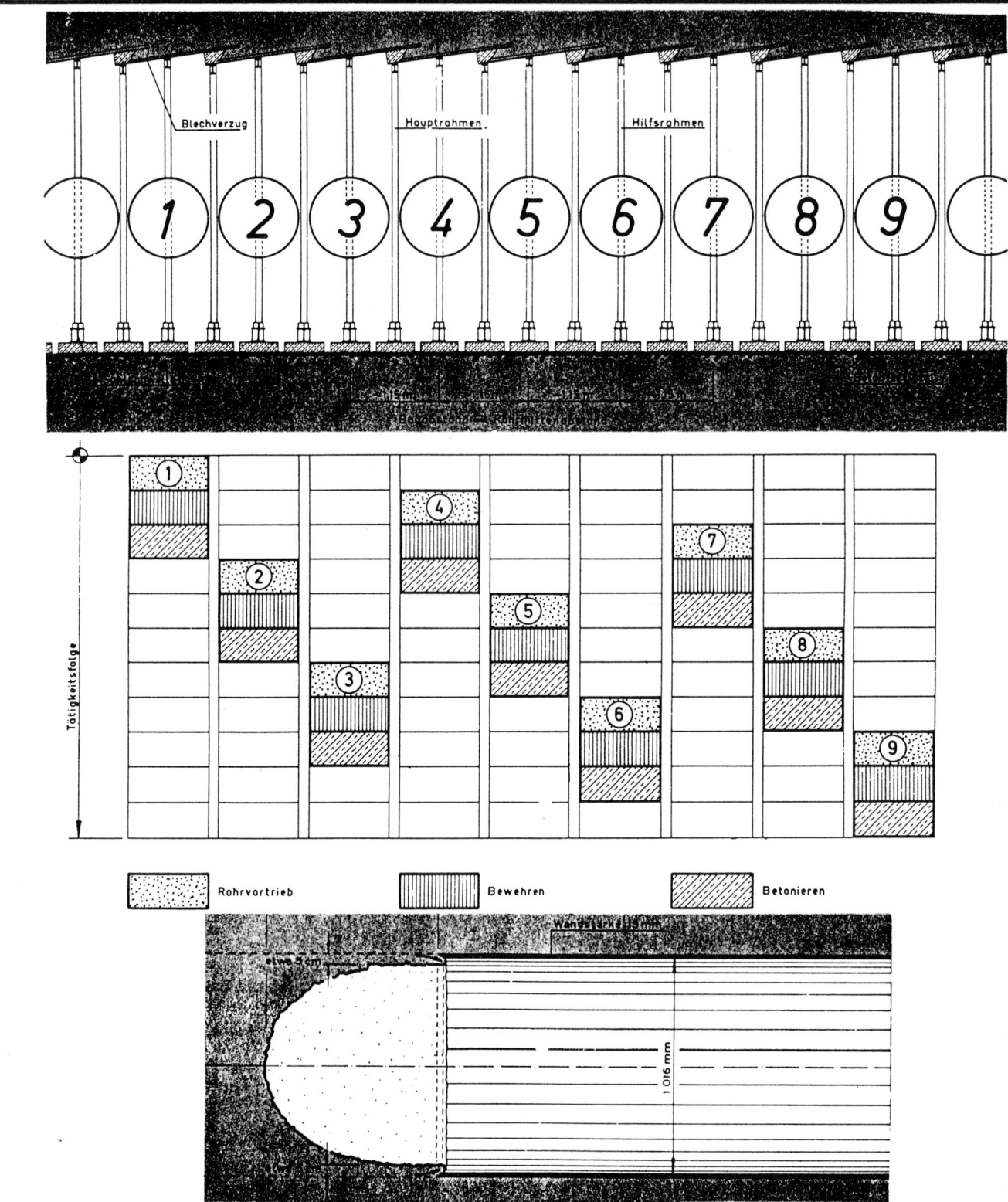

Bild H8/5: Unterfahrung Stadtsparkasse, Essen; Schema und Arbeitsrhythmus beim Herstellen der Rohrdecke sowie Art des Bodenabbaus in den Deckenrohren

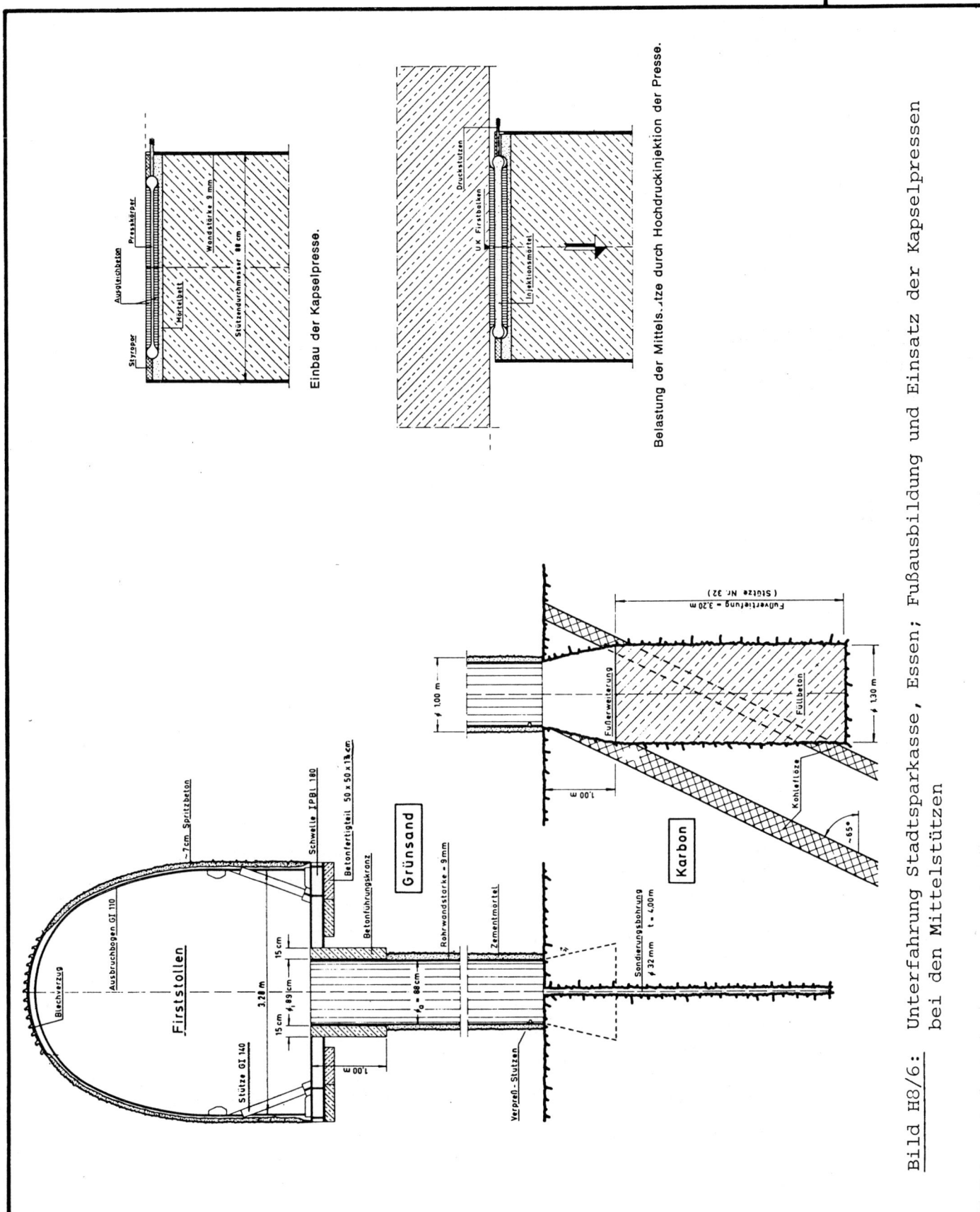

Bild H8/6: Unterfahrung Stadtsparkasse, Essen; Fußausbildung und Einsatz der Kapselpressen
bei den Mittelstützen

UNTERFAHRUNG "SCHWARZENBERGSTRASSE 12-18" HARBURGER - S - BAHN, BAULOS HARBURG-MITTE/WEST, HAMBURG BAUJAHR 1975/78	ROHRSCHIRME

BAUHERR	Deutsche Bundesbahn, Bundesbahndirektion Hamburg
AUSFÜHRENDE FIRMEN	Held & Francke, Lenz Bau, Züblin
AUFGABENSTELLUNG	**Allgemeines** Unterfahrung der Gebäude Schwarzenbergstraße 12-18 am Ostende der Haltestelle Harburg Rathaus mit einem 3gleisigen S-Bahntunnel auf einer Länge von 49 m und einer Tiefe von 4,5 bis 11,5 m in offener Bauweise; unterfahrene Fläche ca. 460 m² (Bild H9/1). Der Abstand zwischen OK-Tunnelbauwerk und UK-Kellerfundamenten beträgt ca. 7,5 m. **Baugrund und Grundwasserverhältnisse** - Bis ca. 11,5 m unter OKG steht Feinsand bis Kies an, darunter Geschiebemergel mit Sand- und Schluffeinlagerungen. - Der Wasserstand liegt ca. 5,0 m unter OKG.

AUSFÜHRUNG	**Prinzip (Bild H9/2)**
	Portalabfangkonstruktion aus einer vorgespannten Rohrschirmdecke mit 15 bis 21 m Spannweite, die außerhalb der Gebäude auf Großbohrpfählen und unter den Gebäuden auf einer Stabwand aus Preßbetonpfählen aufliegt. Die Stabwand wurde aus den Rohren der Rohrschirmdecke heraus hergestellt.
	
	Bauablauf und technische Details (Bild H9/2)
	1. <u>Pressenbaugrube und äußere Gründung</u>
	  - Brunnen für die Grundwasserabsenkung herstellen
	  - Bohlträger für die Pressenbaugrube einbringen
	  - 15 Großbohrpfähle Ø 180 cm als äußeres Auflager für die Hauptträger abteufen und bis UK Pfahlkopfbalken ausbetonieren. Die Einbindetiefe unterhalb der Tunnelsohle beträgt 5 - 9 m je nach anfallenden Lasten (3,5 bis 5,5 MN je Pfahl). Der Pfahlabstand entspricht dem Abstand der Hauptträger (Achsabstand: 3,0 bis 3,2 m).
	  - Pressenbaugrube ausheben sowie Einbau der Steifenlagen mit entsprechender Grundwasserabsenkung
	  - Äußeren Stahlbeton-Pfahlkopfbalken über den Großbohrpfählen herstellen
	  - Bodenverfestigung über den Vorpreßrohren von der Pressenbaugrube aus durchführen. Direkt über dem Rohrschirm wurden Weichinjektionen ausgeführt, darüber eine Platte mit Hartinjektionen. Der Boden zwischen der Injektionsplatte und den Gebäudefundamenten wurde mit mittelhart eingestellten Injektionen verfestigt.
	
	2. <u>Herstellen der Rohrschirmdecke und der inneren Gründung im Taktverfahren</u>
	  - Stahlrohre Ø 2000 mm, d = 18 mm, unter den Gebäuden einzeln vorpressen (insgesamt 24 Stück)
	  - Aus den jeweils aufgefahrenen Stollen Preßbetonpfähle (Wurzelpfähle) Ø 20 cm als innere Gründung bis 4,5 m unter Tunnelsohle abteufen (Tragkraft 400 kN/Pfahl, 10-15 Einzelpfähle je nach Auflagerlast unter jedem Rohr)
	  - Stahlbeton-Pfahlkopfplatten zur Lastverteilung über den einzelnen Wurzelpfahlgruppen herstellen
	  - Lager unter den Rohren einbauen und Auflagersattel an die Rohrwandungen anschweißen. Die Lager bestehen aus einer 15 mm dicken Stahlplatte 400 x 600 mm².
	  - Lager unter den Hauptbalken (Rohrverlängerungen) außerhalb des Gebäudes einbauen. Die Lager bestehen aus einer 15 mm dicken Stahlplatte 400 x 450 mm². Beidseitig der Lagerplatte werden Nischen für Regulierungspressen im Hauptträger vorgesehen
	  - Rohre zusammen mit den in der Pressenbaugrube liegenden Trägerverlängerungen als Hauptträger über die gesamte S-Bahnbaugrube bewehren und betonieren (Spannweite 15 bis 21 m)
	  - Bereiche zwischen den Rohren nach Fertigstellung zweier nebeneinander liegender Hauptträger bergmännisch mit gewölbeartigem Firstverbau aus Bernoldblechen und Spritzbeton, der sich seitlich auf die Rohre abstützt, auffahren.
	
	3. <u>Lastumlagerung</u>
	  - Hauptträger vorspannen. Die Längsvorspannung der Hauptträger wurde so stark bemessen, daß die Rohrschirmdecke keinerlei Biegeverformung erfährt.
	  - Vorwegnahme der Setzungen der Großbohrpfähle durch Vorbelasten mit hydrau-

lischen Pressen (4 Stück je Balkenende)
- kraftschlüssiges Unterstopfen der Trägerenden mit Beton.

4. Aushub und Verankerung der S-Bahnbaugrube
   - Herstellen der S-Bahnbaugrube unter den Gebäuden im Zuge des Aushubes für das gesamte Los
   - Sicherung der außerhalb der Gebäude liegenden Baugrubenwand mit fortschreitender Aushubtiefe durch Spritzbetongewölbe zwischen den Großbohrpfählen. Die horizontale Abstützung der Wand wird mit Auflagernocken an der Rohrschirmdecke erreicht.
   - Sicherung der unterhalb der Gebäude liegenden Stabwand abschnittweise durch eine Spritzbetonschale und 5 Ankerlagen mit Verpreßankern.

5. Herstellen des S-Bahn-Bauwerkes
   - Herstellen des S-Bahn-Bauwerkes unter der Unterfangungskonstruktion aus Ortbeton.

   Das S-Bahn-Bauwerk wurde mit einer mehrlagigen bituminösen Hautabdichtung mit Kupferverstärkung gegen das Grundwasser abgedichtet. Die Wandbereiche erhielten vor Aufbringen der Abdichtung einen Ausgleichsputz, eine Porenbetonschicht zur Entwässerung der Wand, eine Sperrputzschicht und schließlich eine Falzpappe.

   Der Raum zwischen Tunneldecke und Rohrschirm wurde nicht verfüllt. Es wurden hier nur Auftriebssicherungen für den Tunnel über den Stützenreihen eingebaut.

QUELLEN	[1] Frank, A./Kauer, H.: "Konstruktive Anwendung von Verpreßpfählen mit kleinem Durchmesser bei Gebäudeunterfahrungen im Zuge der S-Bahn Hamburg"; Buchreihe Forschung + Praxis, Bd. 21; Herausgeber: STUVA, Köln; Alba-Buchverlag, Düsseldorf; 1977, S. 101 - 109 [2] Unterlagen der Bundesbahndirektion Hamburg

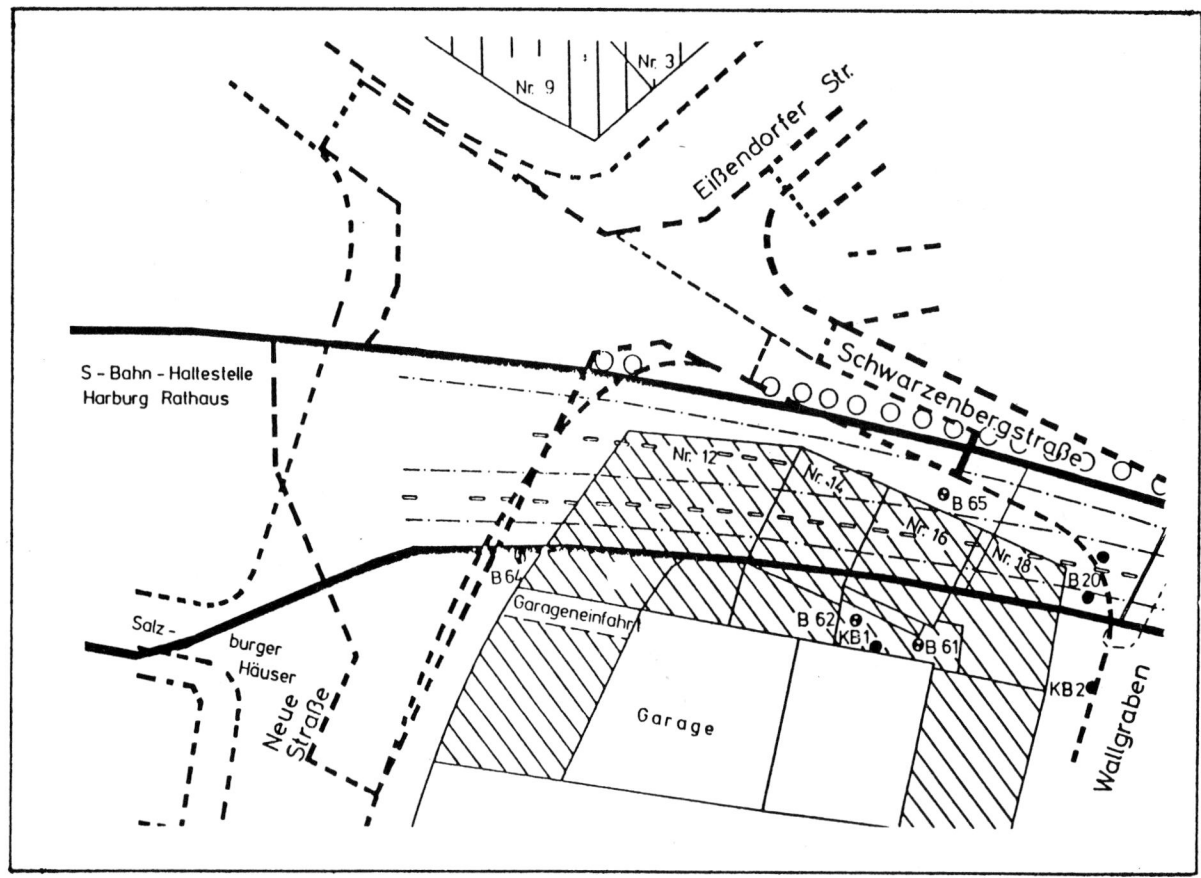

Bild H9/1: Unterfahrung Schwarzenbergstraße 12 - 18, Hamburg;
            Lageplan

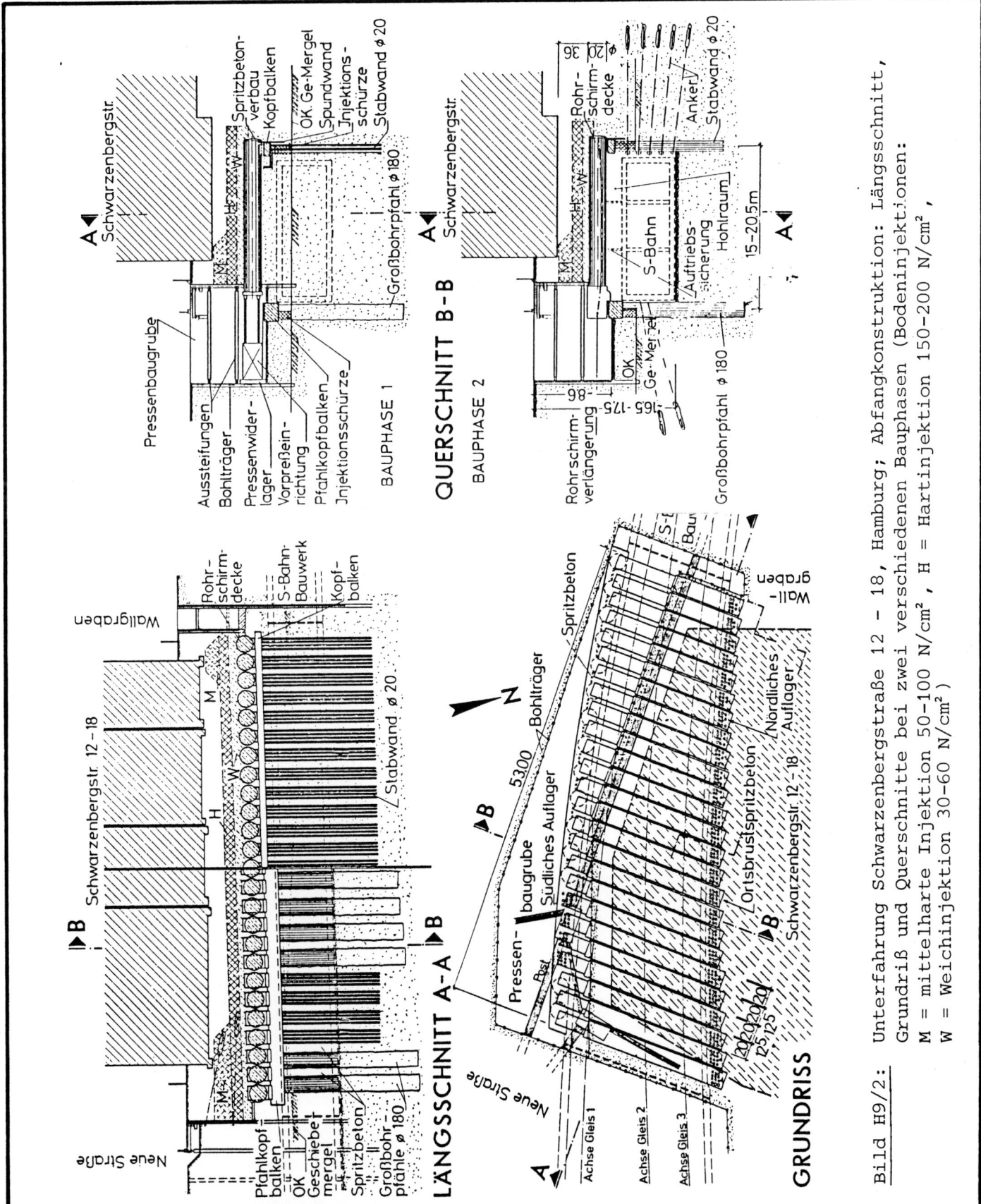

QUERSCHNITT B-B

BAUPHASE 1

BAUPHASE 2

LÄNGSSCHNITT A-A

GRUNDRISS

Bild H9/2: Unterfahrung Schwarzenbergstraße 12 – 18, Hamburg; Abfangkonstruktion: Längsschnitt,
Grundriß und Querschnitte bei zwei verschiedenen Bauphasen (Bodeninjektionen:
M = mittelharte Injektion 50–100 N/cm², H = Hartinjektion 150–200 N/cm²,
W = Weichinjektion 30–60 N/cm²)

UNTERFAHRUNG "AHSTRASSE 6"
STADTBAHNLINIE 5, BAULOS 5051, 4B, GELSENKIRCHEN
BAUJAHR 1979

BAUHERR	Stadt Gelsenkirchen, Stadtbahnbauamt
AUSFÜHRENDE FIRMEN	Huta-Hegerfeld, Wayss & Freytag

AUFGABENSTELLUNG	**Allgemeines**

Unterfahrung der Gebäudeecke Ahstraße Nr. 6 bis zu 2,10 m mit dem Stadtbahntunnel im Bereich der Aufweitung vor der Haltestelle Neumarkt (Bild H10/1). Der Abstand zwischen OK Tunnelbauwerk und Fundament beträgt 2,40 m. Die unterfahrene Fläche ist ca. 6,5 m² groß.

Baugrund und Grundwasserverhältnisse
- schluffiger Feinsand und sandiger Schluff bis ca. 9,5 m unter OKG, darunter Mergel
- Kluftwasser ab ca. 3 m unter OKG.

AUSFÜHRUNG	**Prinzip (Bilder H10/2 und H10/3)**

Abgestützte Rohrschirmdecke quer zur Tunnelachse unter der Gebäudeecke und Unterfangung der Rohrschirmdecke in "Neuer Österreichischer Tunnelbauweise" in drei Abschnitten mit einseitig offenen abgestützten Spritzbetonschalen.

Bauablauf und technische Details
1) Herstellen der Rohrschirmdecke (Bild H10/2)
- Setzen der Bohrträger und Montage der Hilfsbrücke am Gebäude Ahstraße 6
- Aushub der Baugrube bis auf Kote 45,00 bei gleichzeitigem Einbau der Verbohlung, der Spritzbetonbogenwand (Anfang) sowie der Anker- und Steifenlage A
- Weiterer Aushub der Baugrube (Höhenkoten: Fläche A + B = 44,00, C = 41,80, D = 42,50, E = 40,60, Bild H10/2, Grundriß) bei gleichzeitigem Einbau der Verbohlung, der Spritzbetonbogenwand (Weiterbau) sowie der Ankerlage B im Bereich der Flächen C + E
- Einbau der Pressewiderlager für die Rohrschirmdecke sowie der Träger für die Auflagerung der Rohrschirmdecke
- Einpressen der Stahlrohre (Ø 1,05 m, d = 15 mm, Länge 9,5 - 11,5 m) des Rohrschirms bei gleichzeitigem Handaushub des Bodens in den Rohren
- Bewehren und Ausbetonieren der Rohre sofort nach dem Einpressen
- Aushub der Flächen A + B bis auf Kote 42,50 bei gleichzeitigem Einbau der Verbohlung, der Spritzbetonbogenwand (Weiterbau) sowie der Ankerlage B im Bereich der Flächen A + B
- Einbau der Steifenlage B einschließlich der Gurte
- Einbau der Regulierungspressen unter der Rohrschirmdecke und Umsetzen der Lasten auf die Abstützträger der Rohrschirmdecke durch Vorbelasten

2) Unterfahren der Rohrschirmdecke
- Spritzen des Betonwulstes und Aushub bis Kote 39,60 bei gleichzeitiger Verplombung der Ortsbrust
- Aushub im Bereich der Bohrträgerabstützung bis zur Sohle des Tunnels I und schrittweiser Einbau des Widerlagers für die Spritzbetonsohle (Hilfssteifenlage C) mit dem Tunnelvortrieb (1) (6)
- Anfahren des Tunnels I (Kalotte): Setzen des 1. Bogens bei gleichzeitigem Einbau der Vorpfändschiene sowie Einspritzen des Bogens mit Spritzbeton und Sohlschluß (2)
- Vortrieb des Tunnels I in Abschlägen von ca. 0,80 m, Sichern mit Bögen und Spritzbetonschale (3),(4),(5)
- Aushub im Bereich der Bohrträgerabstützung außerhalb der Rohrschirmdecke bis zur Sohle des Tunnels II (Strosse) bei gleichzeitiger Verbohlung der Baugrubenwand zwischen den Abstützträgern und schrittweiser Einbau des Widerlagers für die Spritzbetonsohle (Steifenlage C) mit dem Tunnelvortrieb (1) (6)
- Anfahren des Tunnels II: Verlängern des Bogens 1 bei gleichzeitigem Einbau der Vorpfändschiene sowie Einspritzen des Bogens mit Spritzbeton und Sohlschluß (2)
- Vortrieb des Tunnels II wie Tunnel I (3) (4) (5)
- Weiterer Aushub für den Tunnel III (Sohle). Anfahren und Vortrieb des Tunnels III wie vor
- Herstellen des Tunnelbauwerkes aus wasserundurchlässigem Beton mit Fugenbanddichtung in den Blockfugen und Absetzen des Rohrschirmes auf die Tunneldecke.

QUELLEN	[1] Unterlagen des Stadtbahnbauamtes

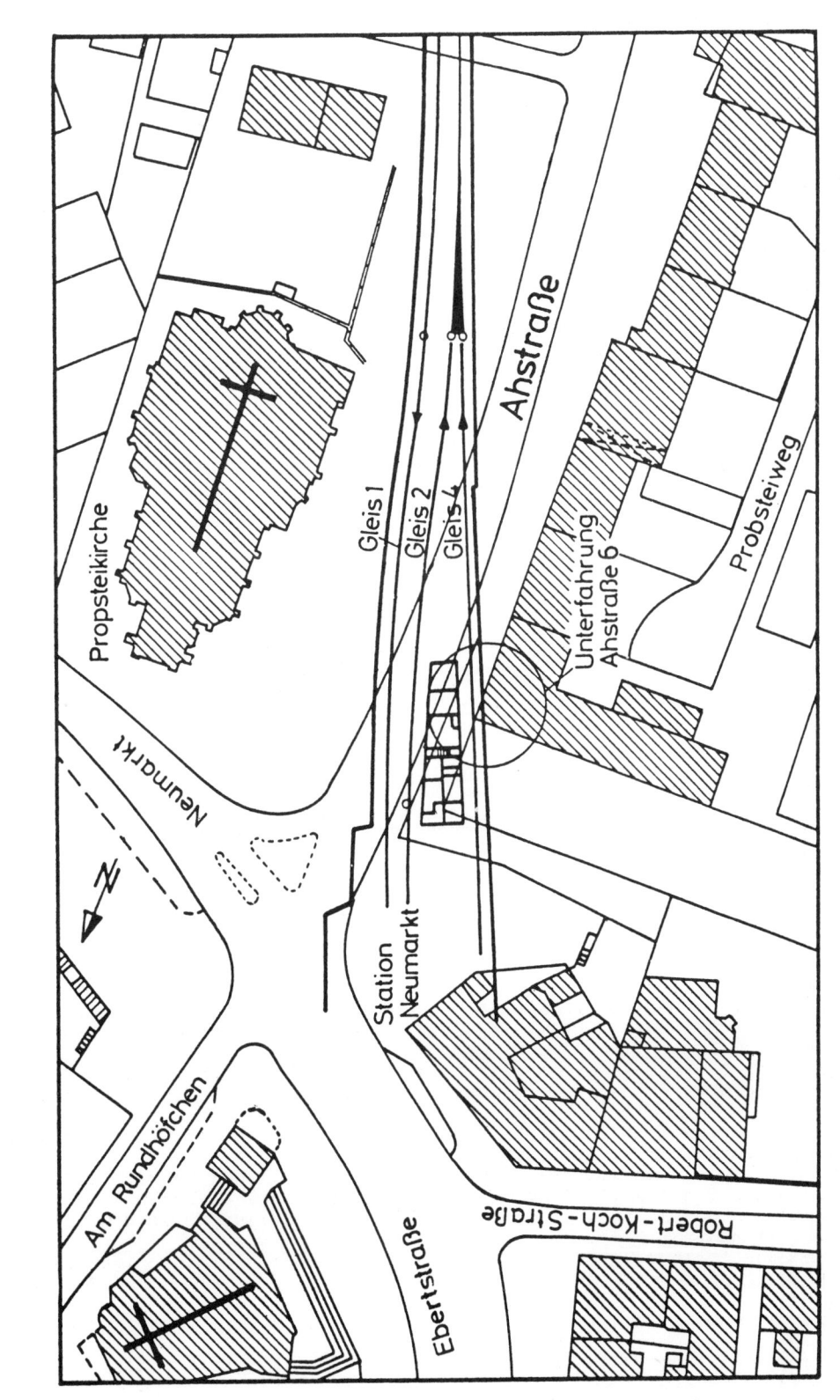

Bild H10/1: Unterfahrung "Ahstraße 6", Gelsenkirchen; Lageplan

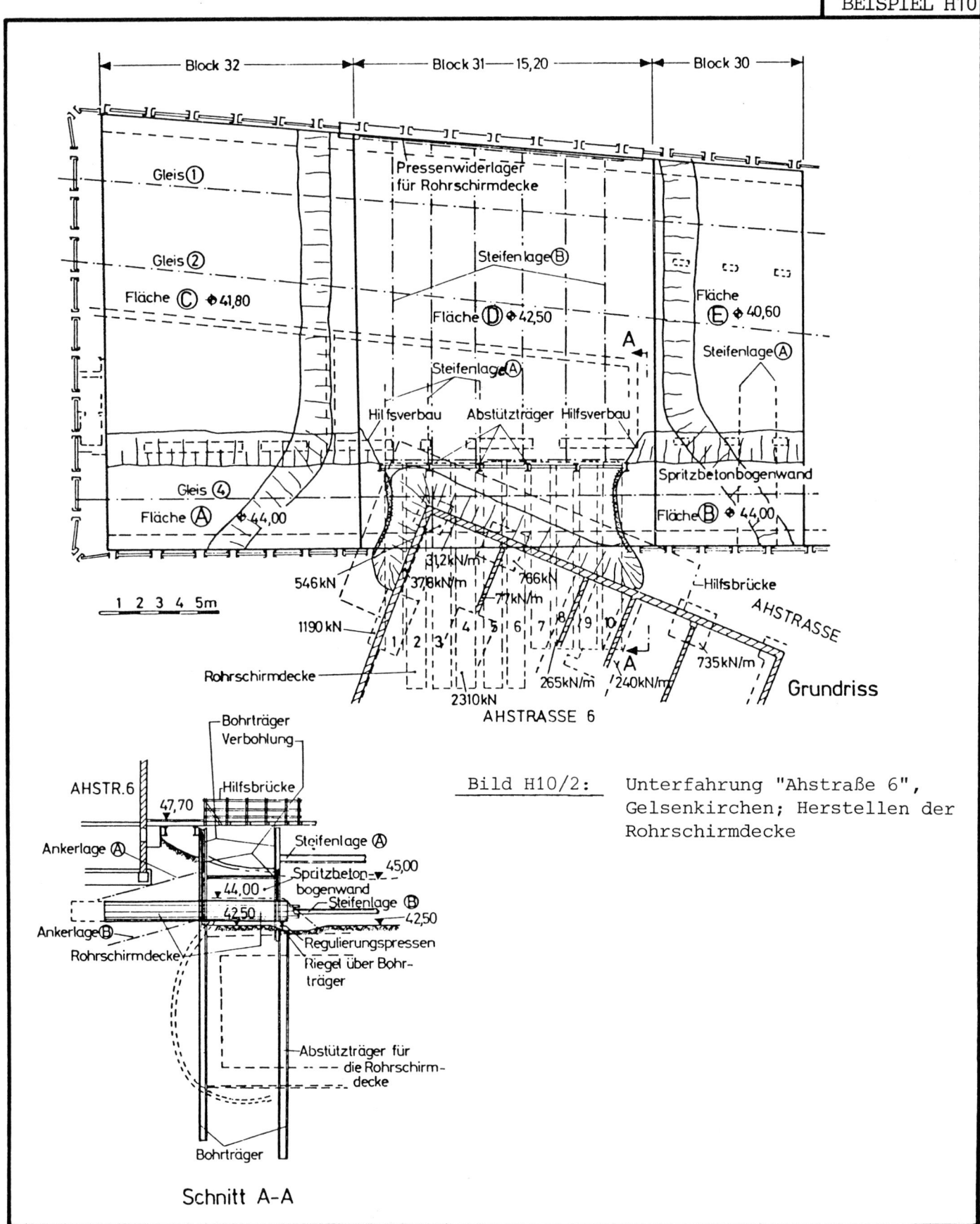

Bild H10/2: Unterfahrung "Ahstraße 6",
Gelsenkirchen; Herstellen der
Rohrschirmdecke

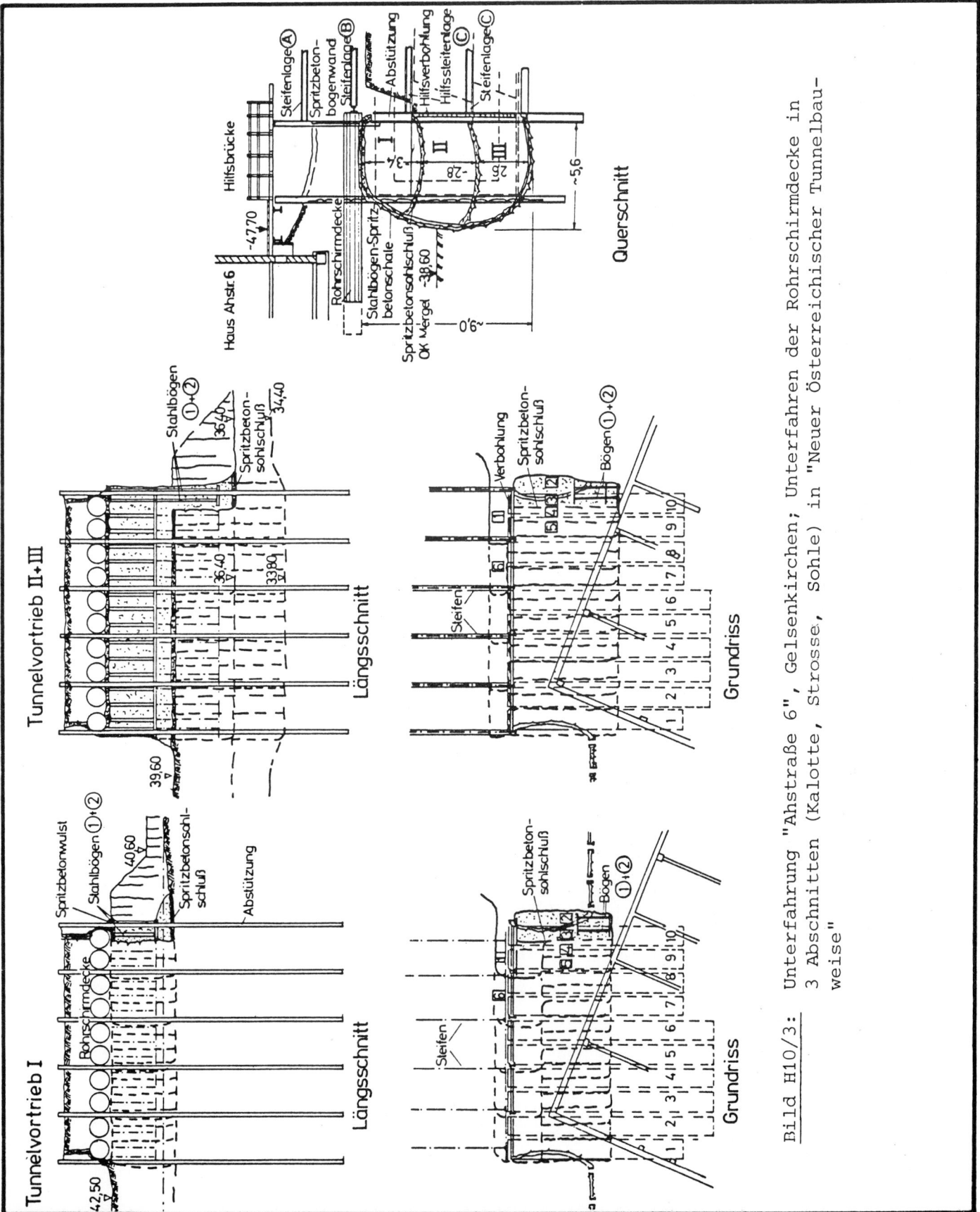

Bild H10/3: Unterfahrung "Ahstraße 6", Gelsenkirchen; Unterfahren der Rohrschirmdecke in 3 Abschnitten (Kalotte, Strosse, Sohle) in "Neuer Österreichischer Tunnelbauweise"

UNTERFAHRUNG "TAUNUSSTRASSE SOWIE DEREN BEBAUUNG" S-BAHN FRANKFURT AM MAIN, BAULOS 5.2 BAUJAHR 1972/75	ROHRSCHIRME

BAUHERR	Deutsche Bundesbahn, Bundesbahndirektion Frankfurt
AUSFÜHRENDE FIRMEN	Dyckerhoff & Widmann, Grün und Bilfinger, Huta Hegerfeld, Josef Riepl

AUFGABENSTELLUNG

Allgemeines

Unterfahrung der Taunusstraße sowie deren Bebauung durch das Zusammenführungswerk von vier Bahnhofsgleisen des S-Bahnhofes Frankfurt Hauptbahnhof auf zwei Streckengleise in 23 m Sohltiefe unter Gelände (Bild H11/1). Gesamtlänge: ca. 157 m, Abstand zwischen UK Fundamente und OK Tunnel: ca. 1,8 bis 8,8 m. Unterfahrene Gebäudeflächen: ca. 2300 m^3.

Baugrund und Grundwasserverhältnisse
- bis ca. 9 m unter GOK Auffüllung, Lehm und alluviale Sande und Kiese, darunter tertiärer Ton mit 5 - 15 % Kalkstein- und Sandschichten durchsetzt ("Frankfurter Ton", bekannt durch große Setzungen und Verformungen).
- Grundwasser steht ca. 6 - 7 m unter GOK im alluvialen Kies und gespannt in den Klüften der Kalkbänke und Sande an; es kann nur teilweise abgesenkt werden.

AUSFÜHRUNG

Prinzipien (Bilder H11/1 und H11/2)
Herstellen einer Rohrschirmdecke unter den Gebäuden von einer offenen Baugrube aus und Unterfangen des Rohrschirmes mit Sohle und Wand, hergestellt in kleinen Einzelstollen von unten nach oben.
Anschließend Ergänzen des Tunnelquerschnitts und Ausheben des Kerns.

Bauablauf und technische Details (Bild H11/2)
- Niederbringen der Bohrpfähle für die Baugrubenumschließung, Teilaushub der offenen Baugrube bis UK Rohre
- Verfestigen des Quartärkieses chemisch zwischen Fundamentsohle und Ton horizontal von Schächten aus (Bild H11/3). Es wurde eine Mindestfestigkeit des Bodens von 300 N/cm² gefordert.
- Durchbrechen der Bohrpfahlwände und Einpressen der Stahldeckenrohre, $\emptyset$a 2,50 m, Wanddicke 30 mm, in Schüssen von 1,0 m bis 3,5 m Länge, im Takt 1, 3, 2, 4 etc. Die Rohre ragen mindestens 7,50 m über die Außenwände des Rechtecktunnels hinaus. Es waren Gesamtvortriebslängen von 12 m bis 25 m erforderlich. Die Verbindung der einzelnen Rohrschüsse beim Vortrieb erfolgte durch eingebaute Spreizringe, die nach dem Vortrieb wieder ausgebaut wurden. Der anstehende Boden im Rohr wurde von Hand abgebaut.
- Einbauen der Wandauflager (Linienkipplager), Bewehren und Ausbetonieren der Rohre jeweils sofort nach dem Vortrieb. Die bis zu 5lagige Bewehrung erhielt Schraubpreßmuffenanschlüsse für die Verlängerung in die offene Baugrube.
- Aufbrechen der Bohrpfahlwand für den Vortrieb der Sohlquerstollen im Takt 1, 5, 3, 7, 2, 6 etc. Der Vortrieb erfolgte mit Abschlägen von 1,0 m bis 1,20 m im Vollausbruch mit sofortiger Sicherung mit 1 Lage Baustahlgewebe Q 188 und i. M. 12,5 cm Spritzbeton. Tunnelquerschnitt ca. 12 m². Im Bereich der Wanddecke wurden die Stollenfirste hammerkopfartig aufgeweitet.
- Ausheben der restlichen Baugrube bis Bauwerkssohle
- Einbauen der Stahlblechabdichtung, Bewehren und Betonieren der Sohlelemente und Verfüllen der übrigen Hohlräume mit Magerbeton einschließlich Nachverpressen jeweils sofort nach dem Vortrieb der einzelnen Stollen.
- Auffahren des Wandlängsstollens (Querschnitt ca. 22 m²) wie oben, Einbau der Stahlblechabdichtung und Betonieren des Wandabschnittes einschließlich verfüllen der übrigen Hohlräume mit Magerbeton.
- Auffahren des Deckenlängsstollens, Betonieren des Wandkopfes, Verpressen der Rohrauflager.
- Ergänzen der Tunnelsohle, Tunnelwand und Tunneldecke in offener Baugrube einschließlich Stahlblechabdichtung.
- Abtrennen des ausladenden Rohrteiles durch Trennen der Bewehrung in der vorgesehenen Sollbruchfuge. Hierdurch sollen durch eine künftige Bebauung nicht überschaubare Lasten auf den auskragenden Teil der Rohrschirmdecke keine Einflüsse auf das Bauwerk nehmen können.
- Erdaushub im Tunnel einschließlich Abbrechen der Bohrpfahlwand sowie der Stollensicherungen und -verfüllungen.
- Einbauen der die Dichtung tragenden Innendecke.
- Verfüllen der Baugrube

QUELLEN

[1] K.-H. Eule: "Bautechnische Probleme beim S-Bahnbau im Bereich des Hauptbahn-
    hofes Frankfurt/M", Forschung + Praxis, Bd. 12, Herausgeber: STUVA, Köln,
    Alba-Buchverlag, Düsseldorf

[2] F. Rottenfußer: "Baugrundverhalten bei Stollenbauten mit Spritzbeton für die
    S-Bahn Frankfurt/M", Forschung + Praxis, Bd. 15, Herausgeber: STUVA, Köln,
    Alba-Buchverlag, Düsseldorf

[3] Unterlagen der Firma Dyckerhoff & Widmann

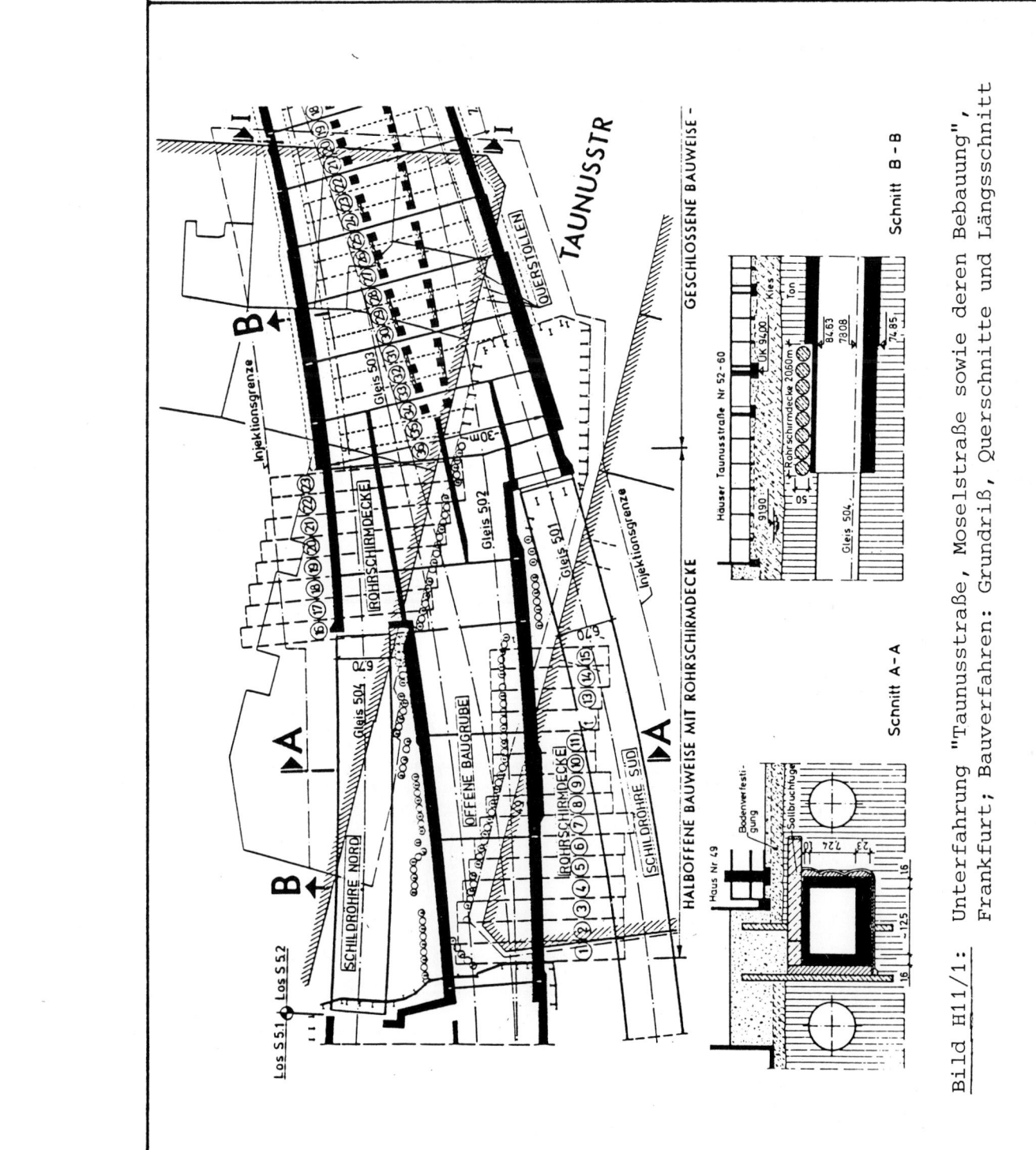

Bild H11/1: Unterfahrung "Taunusstraße, Moselstraße sowie deren Bebauung",
Frankfurt; Bauverfahren: Grundriß, Querschnitte und Längsschnitt

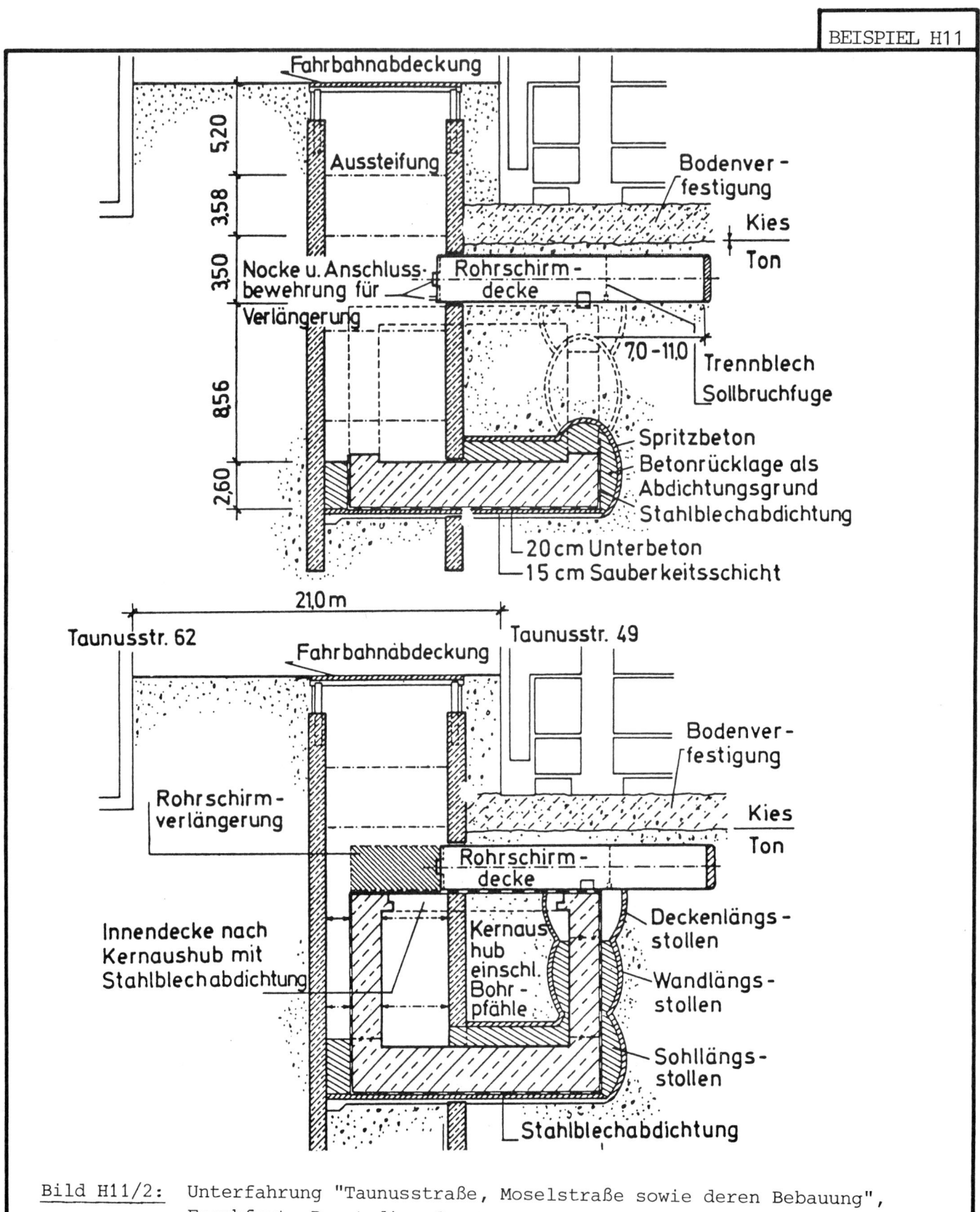

Fahrbahnabdeckung

5,20
3,58

Aussteifung

Bodenver-festigung

Kies
Ton

3,50

Nocke u. Anschluss-bewehrung für
Verlängerung

Rohrschirm-decke

8,56

7,0 - 11,0

Trennblech
Sollbruchfuge

Spritzbeton
Betonrücklage als
Abdichtungsgrund
Stahlblechabdichtung

2,60

20 cm Unterbeton
15 cm Sauberkeitsschicht

21,0 m

Taunusstr. 62

Fahrbahnabdeckung

Taunusstr. 49

Bodenver-festigung

Kies
Ton

Rohrschirm-verlängerung

Rohrschirm-decke

Innendecke nach
Kernaushub mit
Stahlblechabdichtung

Kernaus-hub einschl.
Bohr-pfähle

Deckenlängs-stollen

Wandlängs-stollen

Sohllängs-stollen

Stahlblechabdichtung

Bild H11/2:   Unterfahrung "Taunusstraße, Moselstraße sowie deren Bebauung",
Frankfurt; Baustadien der Unterfahrung mit Rohrschirmdecke

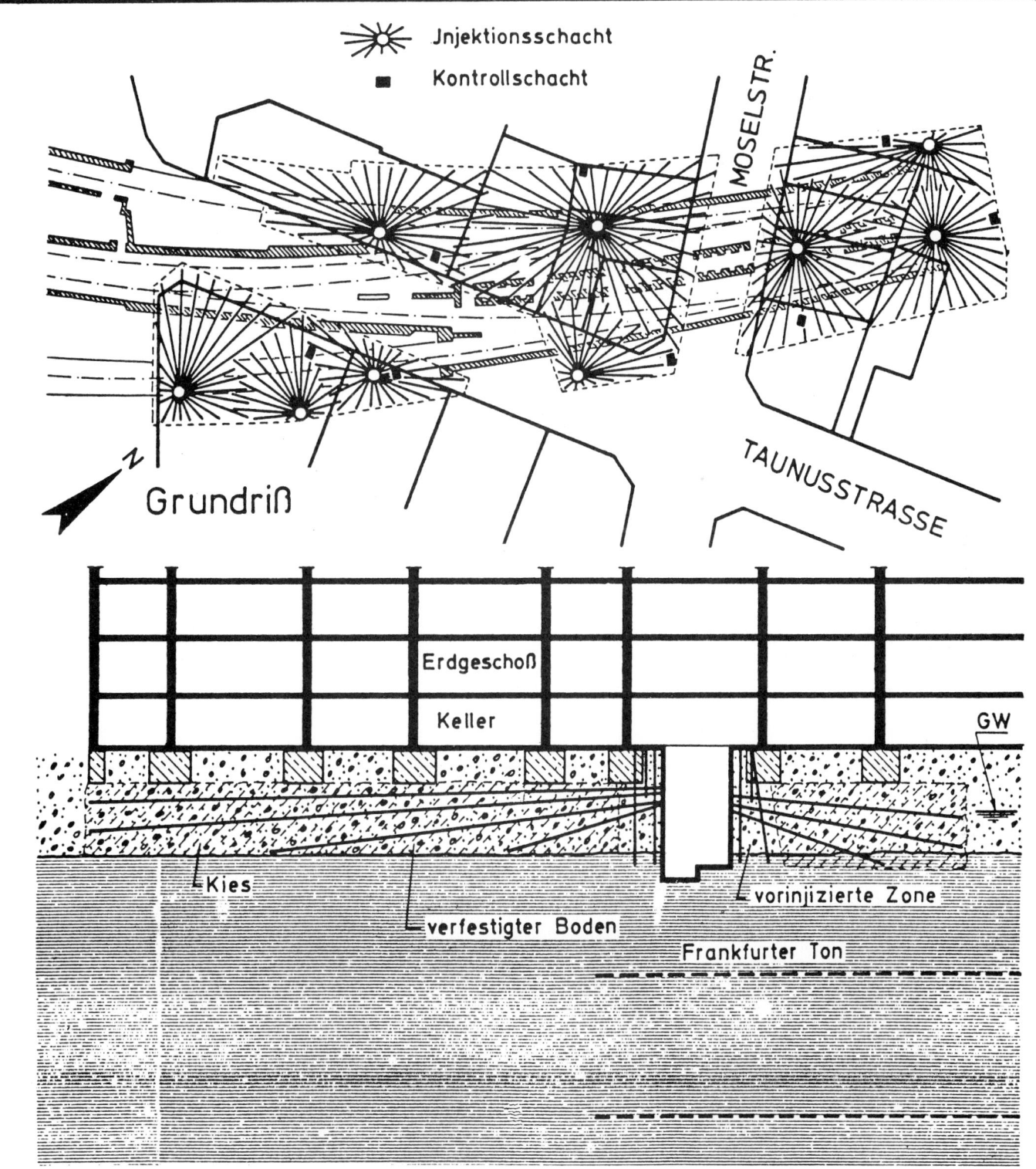

Jnjektionsschacht

Kontrollschacht

Grundriß

MOSELSTR.

TAUNUSSTRASSE

Erdgeschoß

Keller

GW

Kies

verfestigter Boden

vorinjizierte Zone

Frankfurter Ton

Typischer Längsschnitt durch einen Jnjektionsschacht mit seinem Kranz von Jnjektionsbohrungen

Bild H11/3: Unterfahrung "Taunusstraße, Moselstraße sowie deren Bebauung", Frankfurt; Ausführung der Bodenverfestigung

Anhang I

REGENWASSERVORFLUTSTOLLEN CORINTHSTRASSE, HAMBURG BAUJAHR 1969/71	LINER PLATES

BAUHERR	Freie und Hansestadt Hamburg, Baubehörde, Hauptabteilung Stadtentwässerung
AUSFÜHRENDE FIRMEN	Wayss & Freytag, Hochtief
AUFGABENSTELLUNG	**Allgemeines** Unterfahrung des Elbhanges zwischen der nördlichen Elbtunneleinfahrt in Hamburg-Othmarschen und der Elbe mit einem Stollen von 751 m Länge und 2,20 m lichtem Durchmesser (Bild I11/1). Die Überdeckung beträgt maximal 26 m. **Baugrund und Grundwasserverhältnisse (Bild I11/1)** Festgelagerte Geschiebemergel sowie wasserführende Fein- und Mittelsande. Maximaler Wasserstand über dem Tunnel 19 m.
AUSFÜHRUNG	**Prinzip** Schildvortrieb unter Druckluft mit vorläufigem wasserdichten Verbau aus Liner Plates und endgültiger Auskleidung in Ortbeton **Bauablauf und technische Details** - Vortrieb des Stollens unter Druckluft (max. 1,9 bar Überdruck) mit einem Handschild, äußerer Durchmesser 3,035 m; installierte Vorschubkraft 10 x 800 kN, Pressenhub 0,6 m. Im Mergel wurde die Ortsbrust mit 4 Brustpressen und Platten gesichert, im Sandbereich durch zwei einschraubbare Bühnen. Der Materialabbau an der Ortsbrust erfolgte mit Spatenhämmern. Über ein 4,5 m langes Kratzband gelangte das Material zum Förderband des Nachläufers und von dort in die von Batterieloks gezogenen Förderwagen. - Verbau des Stollens im Schildschwanz mit verschraubten Liner-Plates aus tiefgezogenem Schwarzblech (Stahl St37) mit glatter Außenhaut und 2 eingeschweißten Winkelprofilen in den Viertelspunkten zur Übertragung der Vorschubkräfte (Bild I11/2). Ein Ring besteht aus 9 Platten (957 mm x 406 mm) und einem Schlußstück (478 mm x 406 mm). Wegen des geringen Gewichtes konnten die Platten von Hand eingebaut werden. Die Liner-Plates erhielten umlaufend aufgeklebte dichtende Neoprene-Moosgummistreifen, so daß dadurch die nachfolgende Ortbetoninnenschale ohne Druckluft eingebaut werden konnte. Entsprechend den Gebirgsverhältnissen wurden im Mergel 5 mm dicke und im Sandbereich 7 mm dicke Platten eingebaut. Die Längsfugen der Liner-Plates wurden versetzt, so daß dadurch ein guter Verbund erreicht wurde. Die Spaltverpressung erfolgte mit einem Kalk-Zement-Gemisch. Die im Durchschnitt erzielte Tagesvortriebsleistung betrug 4,60 m. - Einbau der 35 cm dicken Stahlbetoninnenschale aus B30 mit einer Spezialschalung (Bild I11/3). Damit konnte die Forderung des Bauherrn erfüllt werden, eine fugenlose, wasserdichte Stahlbetonröhre herzustellen. Die größte wöchentliche Betonierleistung betrug 60 m. Die Dehnfugen haben einen Abstand von 15 m. Abschließend erhielt die Innenfläche des Stollens eine dreifache Fluatierung. - Herstellen von drei Kontrollschächten neben dem Stollen (Bild I11/4). Mit hydraulisch betriebenen Verrohrungsanlagen wurden im Boden verbleibende stählerne Mantelrohre, Innendurchmesser 1,30 m, abgeteuft. Die Rohrschüsse wurden untereinander verschweißt. Nach Erreichen der Solltiefe wurde die Bohrung durch einen Unterwasserbetonpfropfen verschlossen, Betonfertigteile eingebaut und der Querschlag vom Stollen aus hergestellt. Bei zwei im Sandbereich liegenden Schächten war eine chemische Bodenverfestigung mit Wasserglas im unteren Teil der Bohrung und im Anschlußbereich erforderlich. Die Verfestigung wurde vom Stollen aus unter Druckluft vorgenommen.
QUELLEN	[1] Hochtief-Nachrichten; 47. Jahrgang, Januar/Februar 1974, Heft 5: Tunnel- und Stollenbau [2] Technische Blätter Wayss & Freytag; Schildvortrieb im Leitungsbau, Heft 1/1971

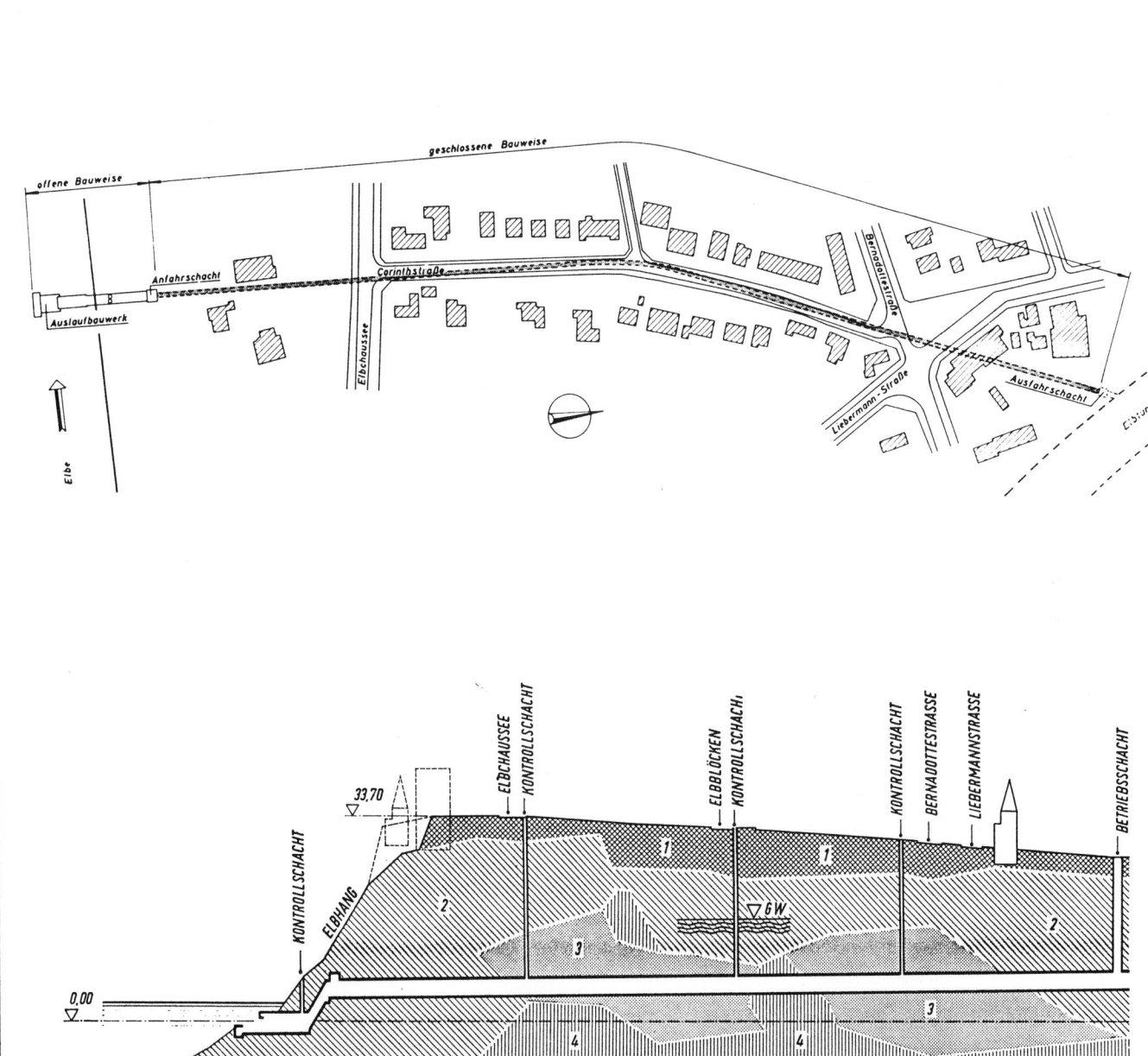

Bild I11/1: Lageplan und Längsschnitt des Regenwasservorflutstollens

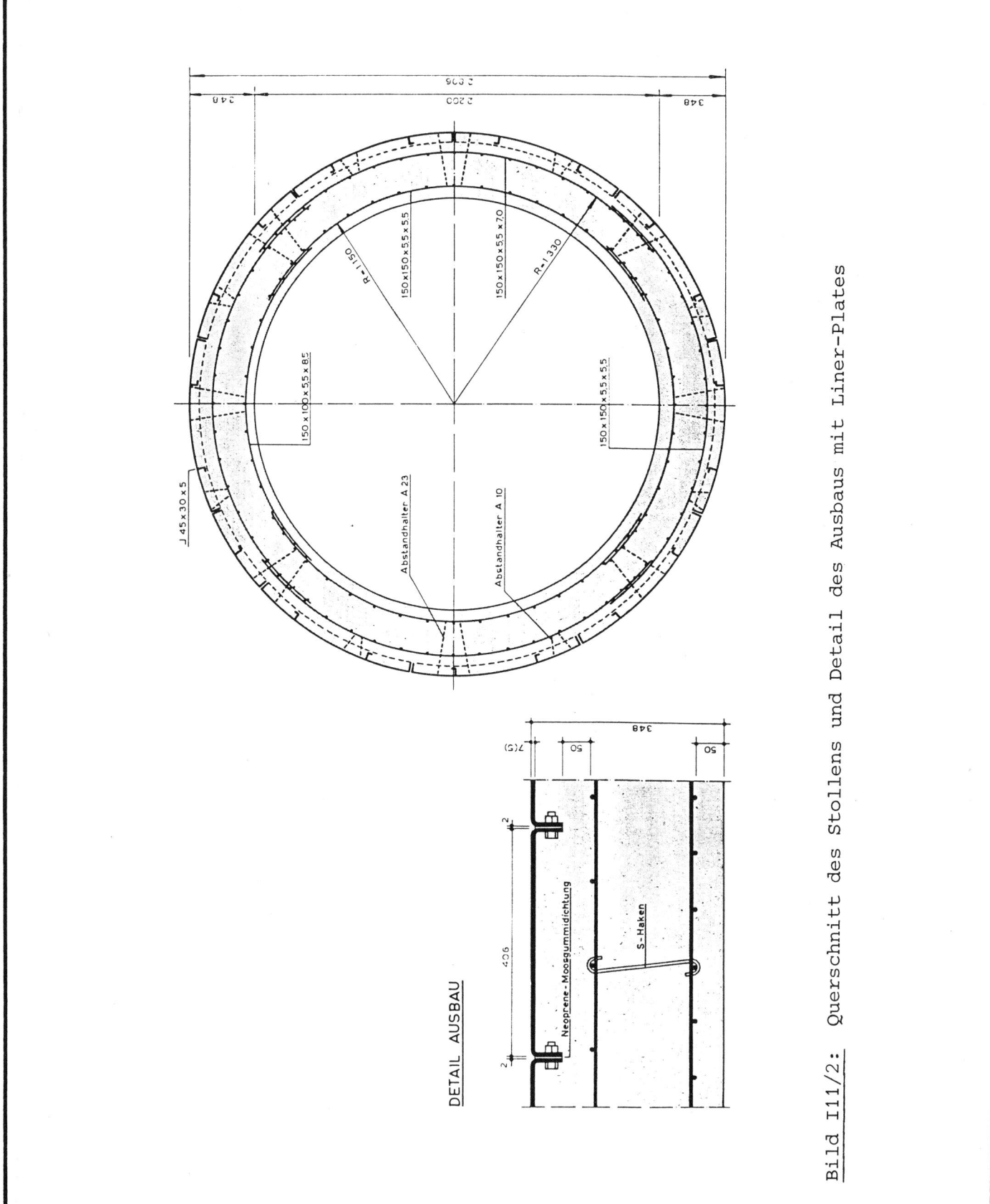

DETAIL AUSBAU

Bild I11/2: Querschnitt des Stollens und Detail des Ausbaus mit Liner-Plates

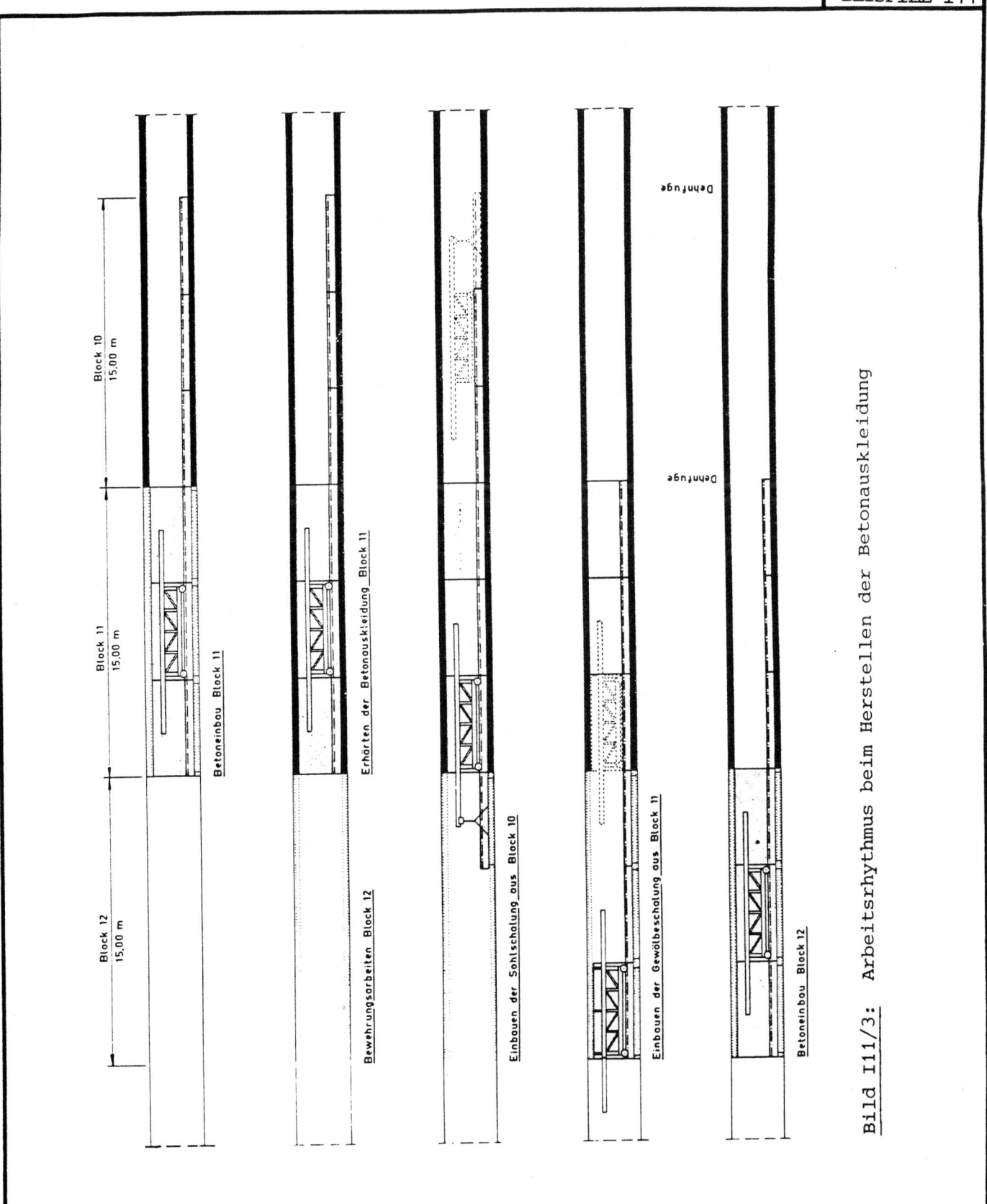

Bild I11/3: Arbeitsrhythmus beim Herstellen der Betonauskleidung

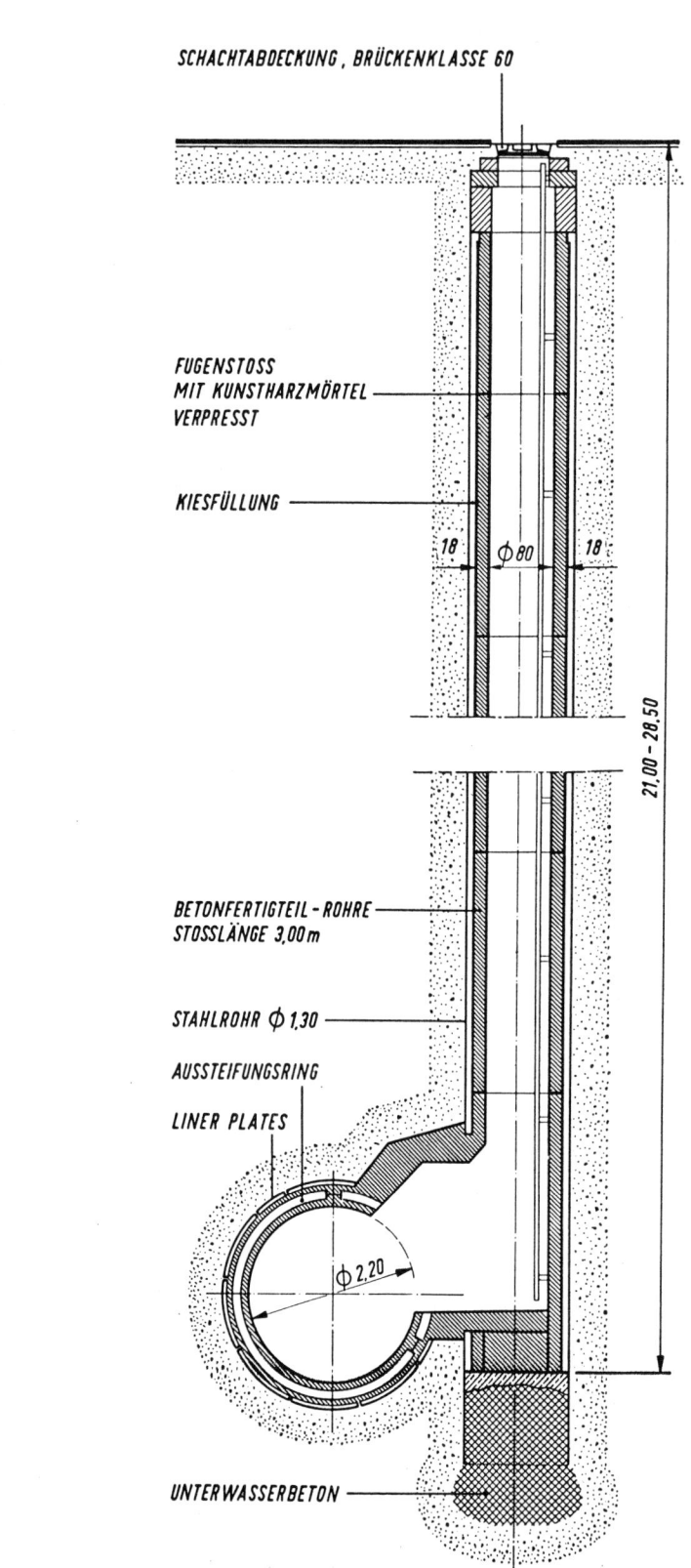

SCHACHTABDECKUNG, BRÜCKENKLASSE 60

FUGENSTOSS
MIT KUNSTHARZMÖRTEL
VERPRESST

KIESFÜLLUNG

18   φ80   18

21,00 - 28,50

BETONFERTIGTEIL - ROHRE
STOSSLÄNGE 3,00 m

STAHLROHR φ 1,30

AUSSTEIFUNGSRING

LINER PLATES

φ 2,20

UNTERWASSERBETON

Bild I11/4:   Kontrollschacht

KABELSTOLLEN DER DEUTSCHEN BUNDESPOST UNTER DEM MÜNCHENER HAUPTBAHNHOF BAUJAHR 1970/71	LINER PLATES

BAUHERR	Deutsche Bundespost, Fernmeldeamt 4, München
AUSFÜHRENDE FIRMEN	Wayss & Freytag AG.
AUFGABENSTELLUNG	**Allgemeines** Unterfahrung der Gleisanlagen des Münchener Hauptbahnhofs bei km 1,480 zwischen Helmholtz- und Bergmannstraße mit einem Kabelstollen von 350 m Länge und 1,98 m Außendurchmesser. Die Überdeckung beträgt 13,0 m (Bild I12/1). **Baugrund und Grundwasserverhältnisse** s. Bild I11/1 **Besondere Bedingungen** Die Bauarbeiten durften den Betrieb des Münchener Hauptbahnhofs nicht stören.
AUSFÜHRUNG	**Prinzip** Schildvortrieb unter Druckluft mit wasserdichtem vorläufigen Verbau aus Liner-Plates. Anschließend Einziehen der Kabel und Ausbetonieren des Stollens. **Bauablauf und technische Details** - Vortrieb des Stollens unter Druckluft (1,1 bar Überdruck) mit einer vollmechanischen Abbaumaschine für das Lösen und Laden des Bodens vor Ort (Bild I12/2). Die installierte Vortriebskraft des Schildes betrug 8 x 500 kN, die Auszieh-länge der Pressen 500 mm. Der Abtransport des Bodens im Stollen erfolgte mit einer elektrisch betriebenen Einschienenbahn. - Verbau des Stollens im Schildschwanz mit verschraubten Liner-Plates von 406 mm Breite und 6 1/2 Platten je Ring (Bild I12/3). Die Dichtung der Fugen zwischen den Stahlblechkassetten erfolgte durch Neoprenebänder. Eine Aussteifung der Liner-Plates zur Aufnahme der Vortriebskräfte war ursprünglich vorgesehen, konnte jedoch später entfallen, da die Vortriebskräfte unter 1000 kN lagen. Die äußere Spaltverpressung erfolgte mit einem Gemisch aus Zement, Sand und Tixoton. Die im Durchschnitt erzielte Tagesvortriebsleistung betrug 5,05 m. - Einbau von 86 Kabelhüllrohren sowie Ausbetonieren des verbleibenden Stollen-querschnitts abschnitts- und lagenweise unter atmosphärischen Bedingungen mit einer Pumpanlage (Bild I12/3)
QUELLEN	[1] Technische Blätter Wayss & Freytag; Schildvortrieb im Leitungsbau, Heft 1/1971 [2] Engelmann, E./Mornhinweg, G.: "Schildvortrieb mit Liner-Plates; ein neues Verfahren im unterirdischen Leitungsbau"; Der Tiefbau 3 (1971) 11; S. 1081 - 1098

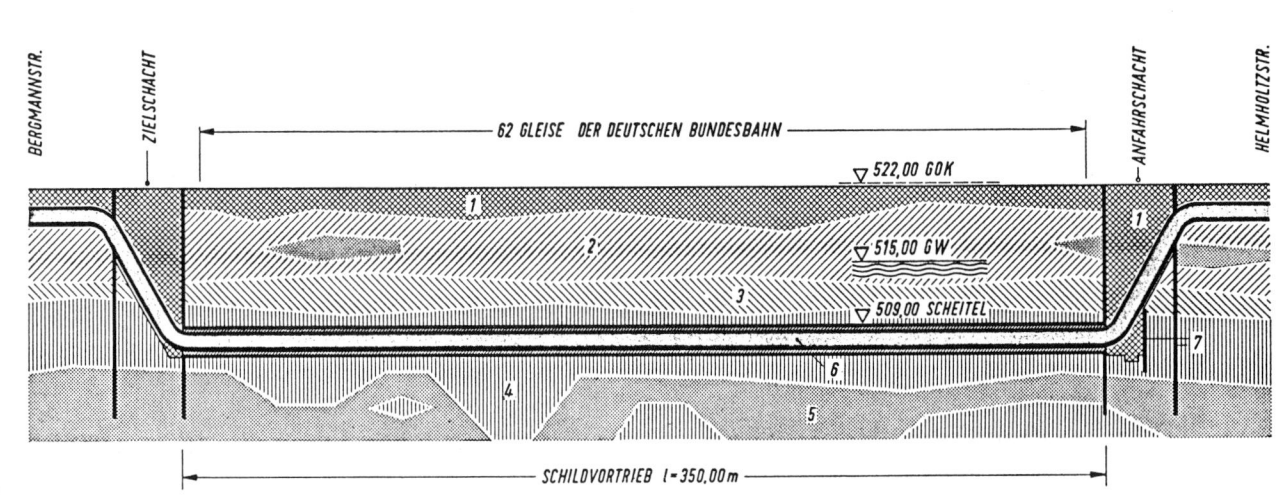

Bild I12/1: Längsschnitt durch den Kabelstollen

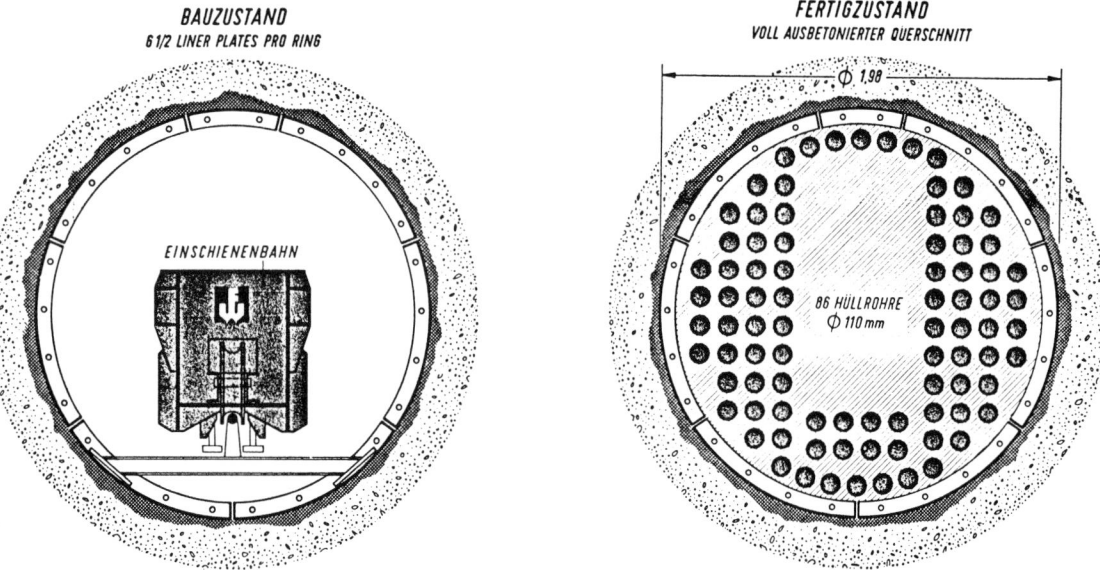

Bild I12/3: Regelquerschnitte des Kabelstollens

Bild U12/2 umseitig!

Anfahrschacht mit Antriebsaggregaten und Kippgrube

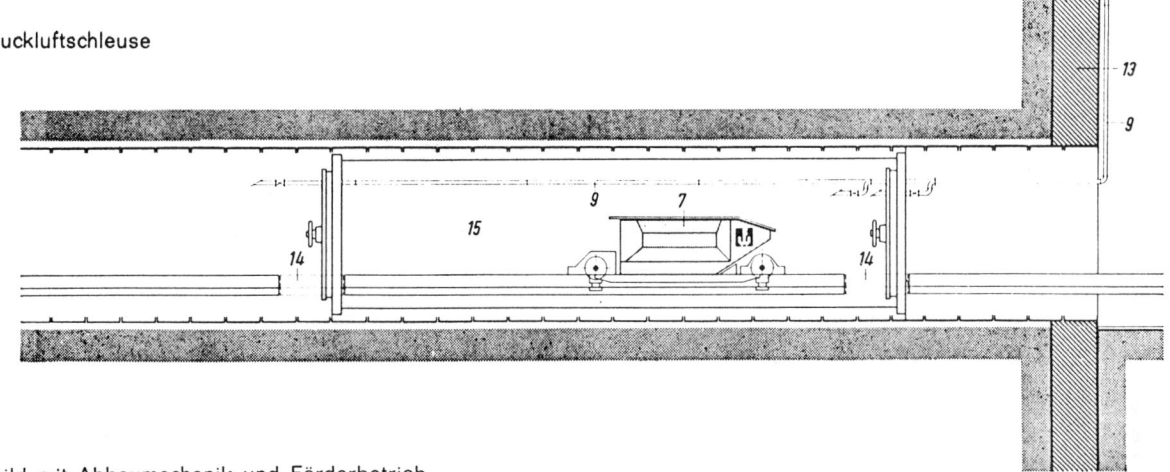

Druckluftschleuse

Schild mit Abbaumechanik und Förderbetrieb

1 SCHNEIDRAD	4 AUSTRAGBAND 300 mm	7 KÜBELWAGEN	10 ANTRIEBSAGGREGATE	13 SCHLITZWAND
2 ANTRIEBSMOTOR STAFFA MARK 5	5 LINER PLATES 5 mm	8 MOTORWAGEN	11 KÜBEL	14 SCHIENEN-ZWISCHENSTÜCK
3 8 HYDR. VORSCHUB-PRESSEN JE 50 MP	6 HINTERPRESSMÖRTEL	9 LUFTLEITUNGEN	12 KIPPGRUBE	15 SCHLEUSE

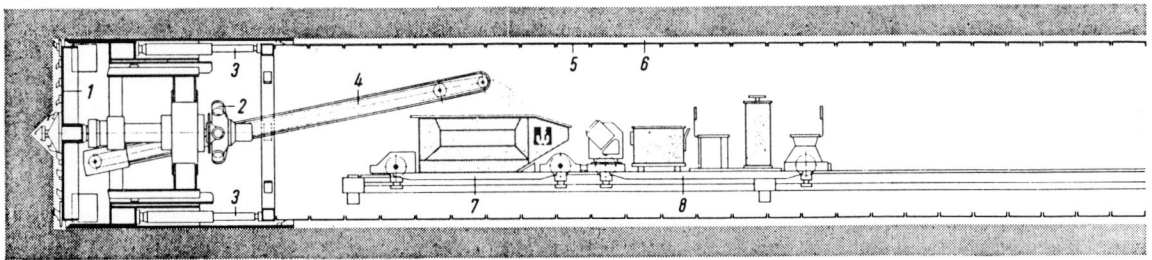

Bild I12/2:   Vortriebseinrichtung für den Bau des Kabelstollens

MISCHWASSERDÜKER AM INNSBRUCKER PLATZ, BERLIN BAUJAHR 1970/71	LINER PLATES

BAUHERR	Berliner Entwässerungswerke ·
AUSFÜHRENDE FIRMEN	Wayss & Freytag AG.
AUFGABENSTELLUNG	**Allgemeines** Unterfahrung des geplanten Schnellstraßentunnels, des Bahndamms der Berliner Stadtbahn (fünf Gleise; davon zwei S-Bahn-Gleise) und der Ebersstraße zwischen Eisachstraße und Hauptstraße mit zwei Stollen von je ca. 68 m Länge und 2,28 m Außendurchmesser (Bild I13/1). Die Überdeckung beträgt im Bereich der Ebersstraße ca. 13 m und im Bereich des Bahndamms ca. 19,50 m. Der lichte Abstand der parallel verlaufenden Röhren beträgt nur 66 cm. **Baugrund und Grundwasserverhältnisse** Im Vortriebsbereich stehen Schluff-, Feinst-, Mittel und Grobsande an. Der Grundwasserstand liegt etwa 5 m über der Stollenachse.
AUSFÜHRUNG	**Prinzip** Schildvortrieb mit Grundwasserabsenkung und vorläufigem wasserdichten Verbau aus Liner-Plates. Anschließend Einziehen der Düker-Betriebsrohre und Ausbetonieren des verbleibenden Zwischenraumes. **Bauablauf und technische Details** - Vortrieb des Stollens I (Bild I13/1) mit einem steuerbaren Schild; installierte Vorschubkraft 8 x 500 kN, Pressenhub 0,7 m. Die Schildhöhe war durch zwei in der Länge variable Bühnen unterteilt. Der Boden wurde vor Ort mit Hilfe von Druckwasser gelöst und in einem Spülbecken im Schild zwischengelagert. Spezialpumpen beförderten das Boden-Wassergemisch in Rohrleitungen nach außen (Bild I13/2). - Verbau des Stollens im Schildschwanz mit verschraubten Liner-Plates von 610 mm Breite und 7 1/2 Platten je Ring. Wegen des geringen Gewichtes konnten die Platten von Hand eingebaut werden. Für die Längsaussteifung wurden jeweils zwei Stahlwinkel in die Stahlkassetten eingeschweißt. Die Dichtung der Liner-Plates erfolgte durch stranggepreßte Bitumenbänder. Die Vortriebsgeschwindigkeit betrug i.M. 3,0 m in 24 Stunden. - Einziehen des Betriebsrohres, Durchmesser 1,9 m und Ausbetonieren des verbleibenden Zwischenraumes. - Vortrieb und Verbau des Stollens II wie vor. - Einziehen der Betriebsrohre, Durchmesser 0,6 bzw. 1,2 m und Ausbetonieren des verbleibenden Zwischenraumes.
QUELLEN	[1] Technische Blätter Wayss & Freytag; Schildvortrieb im Leitungsbau, Heft 1/1971 [2] Engelmann, E./Mornhinweg, G.: Schildvortrieb mit Liner-Plates; ein neues Verfahren im unterirdischen Leitungsbau. Der Tiefbau 3 (1971) H. 11, S. 1081-1098

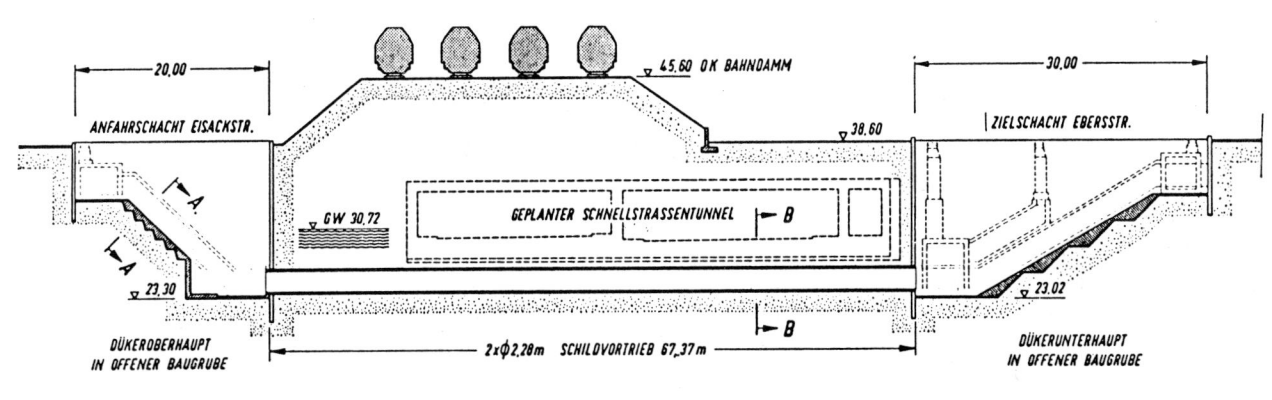

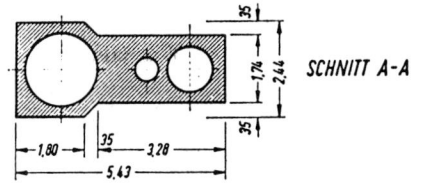

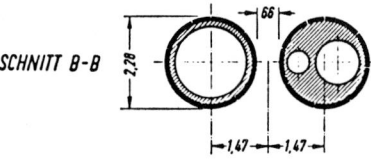

Bild I13/1: Längs- und Querschnitte des Mischwasserdükers

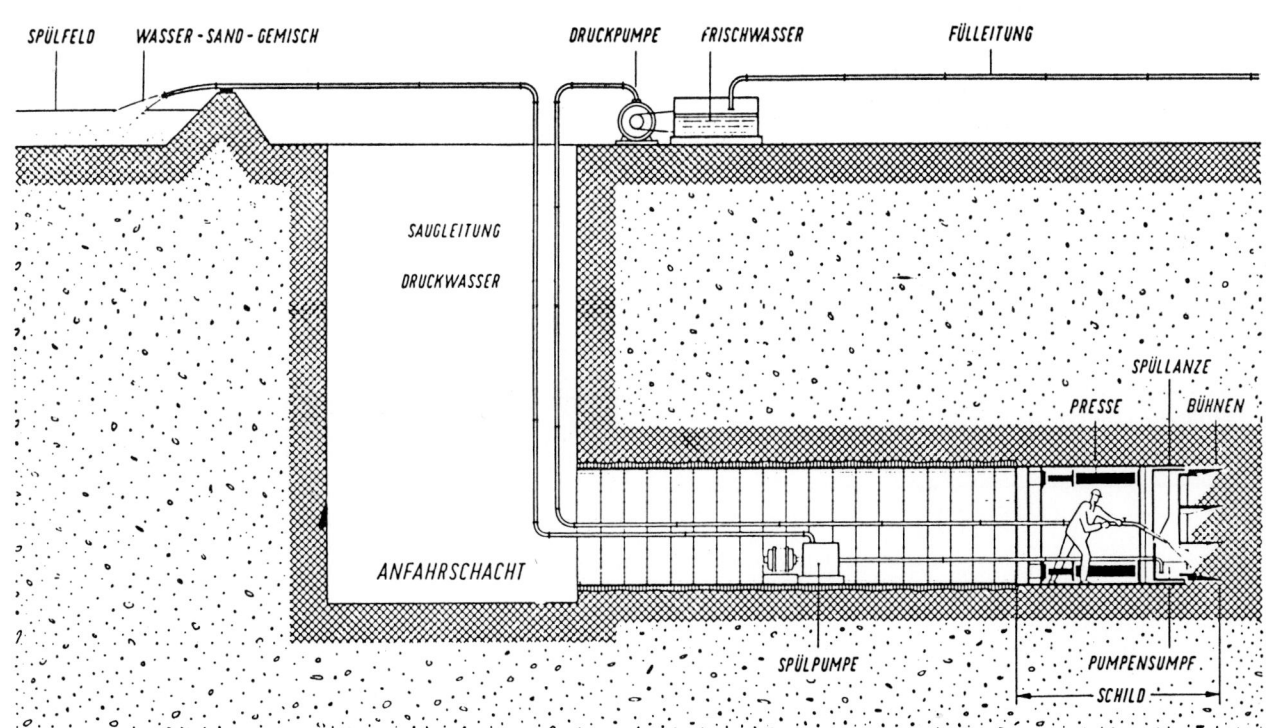

Bild I13/2: Schematische Darstellung des Spülbetriebes

ABWASSERSAMMLER OST, PORT RICHMOND WATER POLLUTION CONTROL PROJECT, NEW YORK, USA BAUJAHR 1972	STAHLTÜBBING

BAUHERR	New York City, Environmental Protection Administration, Dept. of Water Resources
AUSFÜHRENDE FIRMEN	Ostabschnitt, Los 3A: Peter Kiewit Sons Co Westabschnitt, Los 3B: ARGE Richmond Constructors: Grow Tunneling Corp./ Mac Lean Grove & Company, Inc./ Grove, Shepherd, Wilson & Kruge, Inc./ Morrison Hundsen Company, Inc./ Andrew Catapano Co., Inc.
BAUWERK UND BAUGRUND	**Bauwerk** Abwassersammler (Bilder I21/1 und I21/2) Länge: Los 3A: 3109 m Los 3B: 2160 m Außendurchmesser: 3,05 m Überdeckung: ca. 3 bis 20 m **Baugrund** Dicht gelagerter Fein- bis Grobsand mit wechselndem Anteil Kies und Schluff, stellenweise Steine; in Teilbereichen des Loses 3A leicht verwitterter Fels (Serpentin, Schiefer); **Grundwasser** Wechselnd, bis zu 9 m über First
BAUVORGANG	**Schildvortrieb:** Los 3A: 2 Schilde von einem Zentralschacht aus in entgegengesetzter Richtung laufend, Bodenabbau mit hydraulischem Löffelbagger, Schildaußendurchmesser 3,20 m; 12 Vortriebspressen mit insgesamt 13,3 MN Vorschubkraft. Los 3B: 1 Schild von einem Zentralschacht erst östlich, dann nach Umsetzen westlich gefahren, Bodenabbau mit Hydraulikspaten, Schildaußendurchmesser 3,18 m; 12 Vortriebspressen mit insgesamt 10,4 MN Vorschubkraft. Ringspaltverpressung: unmittelbar beim Vortrieb Verfüllung mit Perlkies, einige Tage später Zementinjektion. Grundwasserhaltung: Absenkung
AUSBAU	Stahltübbingring aus 4 Segmenten als Einzel- oder Doppeltübbing und 1 Schlußstück in Längsfugen verschraubt, Querschnitt und Abmessungen s. Bild I21/3. Material: Walzstahl, U-Profil MC 24 x 60 Hersteller: Commercial Shearing and Stamping Company, USA Außendurchmesser: 3,05 m Ringbreite: 0,61 m bei Einzeltübbing, 1,22 m bei Doppeltübbing Ringhöhe: 12,7 cm Verbindung der Ringe: Bolzen; Zusammenfügen von 2 Einzeltübbingen zu einem Doppeltübbing durch Schweißen in der Werkstatt. Aus hydraulischen Gründen erfolgte Einbau einer Sekundärauskleidung aus unbewehrtem Beton, ca. 25 cm dick; Fugendichtung: unbekannt
KORROSIONS-SCHUTZMASS-NAHMEN	Keine Einzelheiten bekannt
QUELLEN	[1] Belhoff, W.R./Dunnicliff, J./Jaworski, W.E.: Performance of a 10-Foot Diameter Steel Tunnel Lining in Soft Ground; Proceedings of "Rapid Excavation and Tunnelling Conference", Atlanta 1979, Chap. 48, pp 838-860

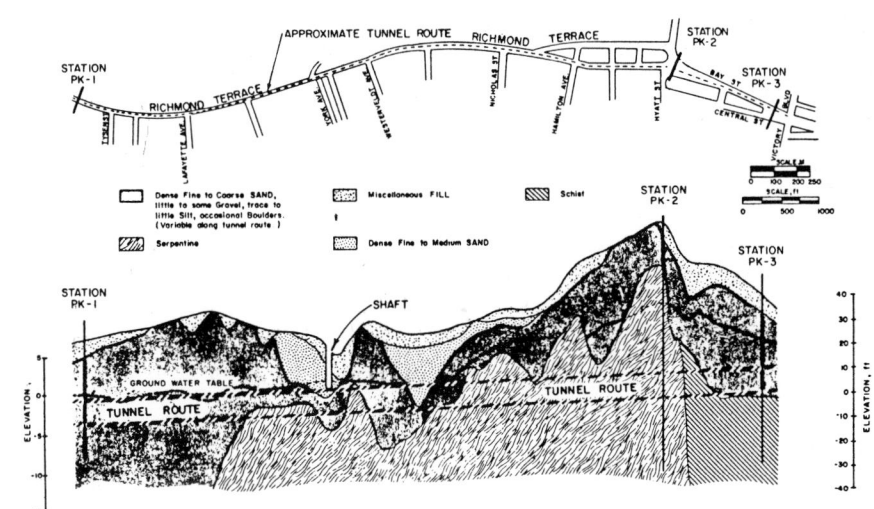

Bild I21/1: Längsschnitt Baulos 3A [1]

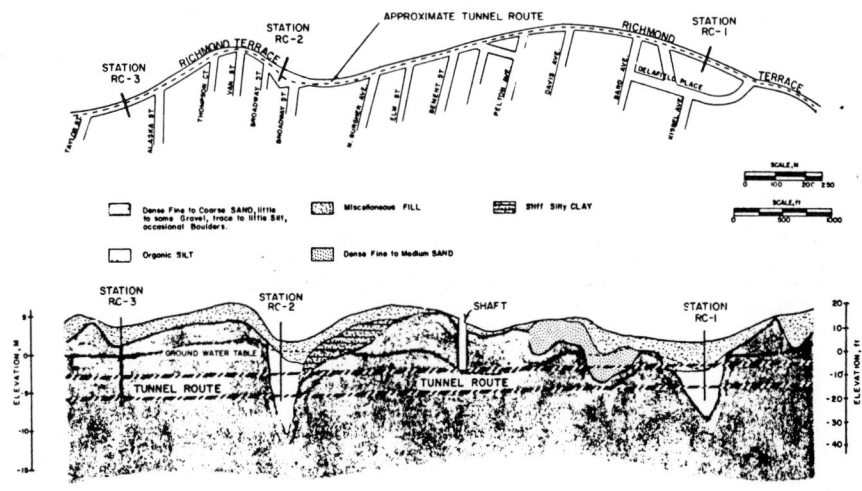

Bild I21/2: Längsschnitt Baulos 3B [1]

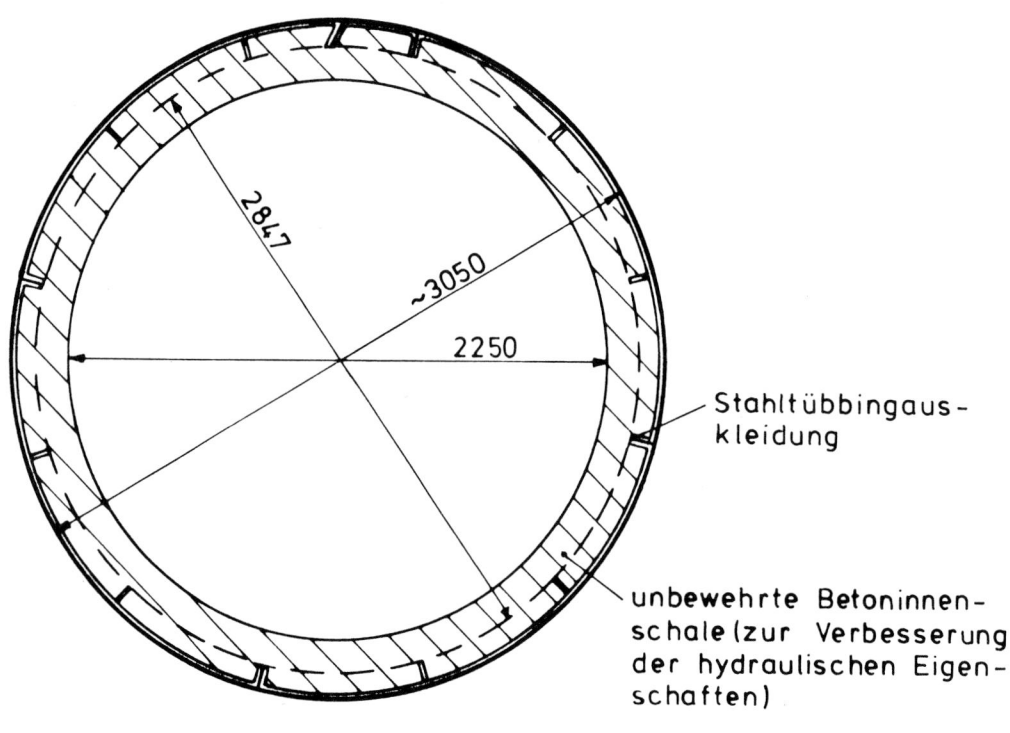

a) Tunnelquerschnitt

Stahltübbingaus-
kleidung

unbewehrte Betoninnen-
schale(zur Verbesserung
der hydraulischen Eigen-
schaften)

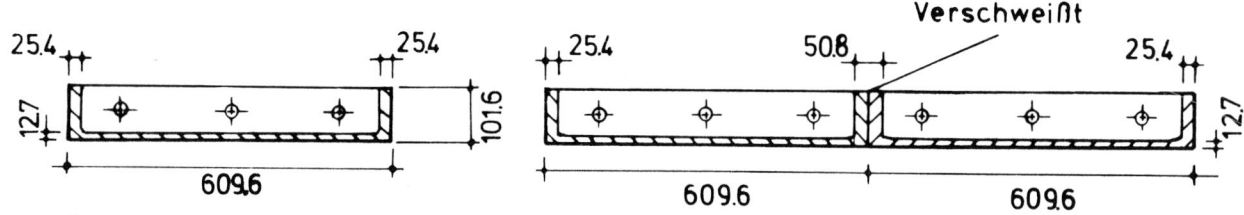

b) Querschnitte von Einzel- und Doppeltübbingen

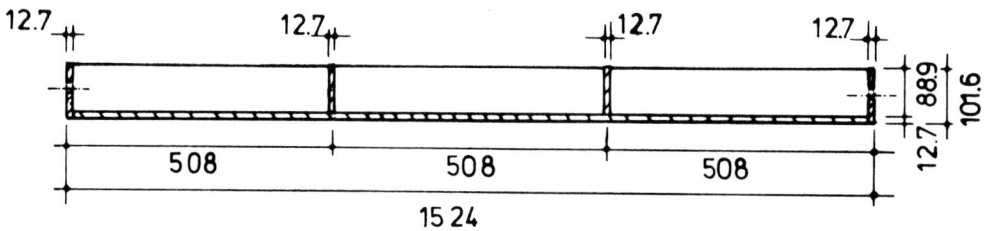

c) Tübbinglängsschnitt

Bild I21/3: Konstruktive Details des Abwassersammlers Ost, New York [1]

U-BAHNTUNNEL IN CHICAGO, USA BAUJAHR 1940	STAHLTÜBBING

BAUHERR	City of Chicago
BAUWERK UND BAUGRUND	**Bauwerk** 3,2 km U-Bahnstrecke mit zwei eingleisigen Röhren einschließlich Stationen Innendurchmesser: 6,22 m Außendurchmesser: 7,54 m Überdeckung: ca. 7,5 m **Baugrund** sehr weicher Ton (Druckfestigkeit von 4,4 bis 8,0 N/cm²) mit Einschlüssen größerer Festigkeit.
BAUVORGANG	Auffahren der Einzelröhren im Schildvortrieb mit vorläufiger Stahltübbingaus-kleidung und Betonieren der tragenden Innenschale, anschließend Auffahren der Stationsmittelteile ebenfalls im Schildvortrieb und Einbau der Innenschalen.
AUSBAU	Als erste (vorläufige) Auskleidung wurde ein Ring aus sechs Stahltübbingen Breite 840 mm, Flanschhöhe 270 mm, Länge 3850 mm) und einem Schlußstück einge-baut. Dieser Ausbau ist verhältnismäßig "weich" und paßt sich somit den Unter-grundverhältnissen gut an. Er erlitt während des Vortriebs und der freien Stand-zeit erhebliche Verformungen. Als endgültiger Ausbau wurde nach Abklingen der Bewegungen im Tübbingausbau (frühestens nach 8 Monaten) eine 65 cm dicke Stahlbetonschale eingebaut, die unmittelbar gegen die Tübbinge betoniert wurde. Sie ist in der Lage, die ge-samten auf den Tunnel einwirkenden Lasten aufzunehmen. Einzelheiten zur Ausbildung der Tübbinge zeigt Bild I22/1.
KORROSIONS-SCHUTZMASS-NAHMEN	Es wurden keine besonderen Korrosionsschutzvorkehrungen am Stahlausbau getroffen, da die Stahltübbinge im Endzustand keine Tragfunktion mehr übernehmen.
QUELLEN	[1] Briefe der City of Chicago vom 12. Juli 1972 und 21. August 1972 an die STUVA nebst Anlagen [2] Apel, F.: Tunnel mit Schildvortrieb; Werner Verlag, 1968, S. 247-250

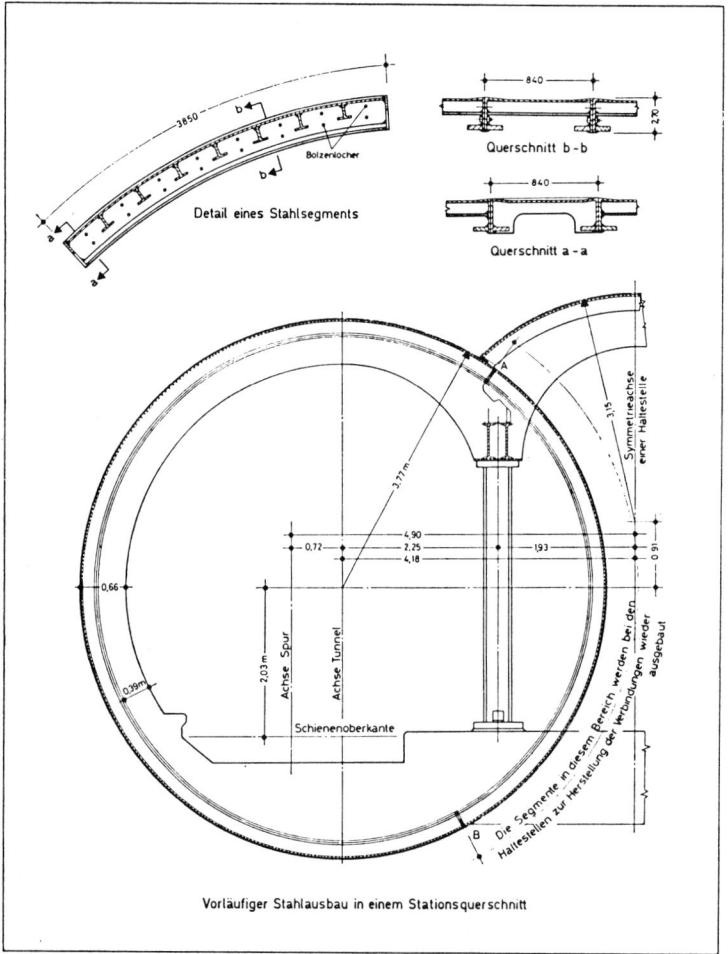

Bild I22/1: Stahlausbau des U-Bahntunnels in Chicago

DETROIT-WINDSOR-TUNNEL, DETROIT, USA BAUJAHR UM 1928	STAHLTÜBBING

BAUWERK UND BAUGRUND	**Bauwerk** Unterwasser-Straßentunnel zwischen Detroit (USA) und Windsor (Kanada). Der Tunnel besteht aus einer Röhre mit zwei Fahrspuren, die im Gegenverkehr befahren werden. Die Ausführung des gesamten Tunnelprojektes erfolgte in fünf unterschiedlichen Bauabschnitten (Bild I23/1), wovon Abschnitte 1 und 5 in offener Bauweise, Abschnitte 2 und 4 im Schildvortrieb, Abschnitt 3 im Einschwimmverfahren errichtet wurden. Die zugehörigen Querschnitte gehen aus Bild I23/2 hervor. Die Gesamttunnellänge beträgt ca. 1782 m. Im Hinblick auf unterirdische Stahltragwerke mit Stahltübbingauskleidung interessieren hier nur die beiden Schildtunnelabschnitte. Länge der Schildtunnel: 379 und 142 m Außendurchmesser: 9,45 m Überdeckung: 7,0 bis 20,0 m. **Baugrund** Im Bereich der Schildtunnelabschnitte steht eine wasserundurchlässige Tonschicht an.
BAUVORGANG	Auffahren des Tunnels im Schildvortrieb mit vorläufiger Stahltübbingauskleidung und Betonieren der tragenden Stahlbetoninnenschale.
AUSBAU	Als erster (vorläufiger) Ausbau wurde ein Tübbingring aus 11 Segmenten (Breite 762 mm, Normallänge 2750 mm) eingebaut. Die Tübbinge selbst sind aus Einzelblechen und Profilstählen zusammengesetzt (Bild I23/3). Die Grundform besteht aus einem 9,5 mm dicken Blech von 1220 mm Breite und 2743 mm Länge, dessen Seiten zu einer U-Form aufgebogen sind und das in Längsrichtung dem Tunnelumfang entsprechend geformt ist. Das Formen erfolgte auf einer 1500-Mp-Presse. Zur Versteifung ist das Blech auf den Flanschinnenseiten mit durchgehenden Winkeln versehen und an den Segmentenden sind 9,5 mm dicke Endbleche angeordnet. Diese sind mit Löchern ausgestattet, um ein Verschrauben mit dem anschließenden Tübbingelement zu ermöglichen. Zwischen den Flanschen liegen in einem Abstand von 343 mm kurze T-Eisen von 125 mm Höhe, die ebenfalls der Aussteifung dienen. Alle Verbindungen wurden durch Schweißung hergestellt. Nach Abklingen der Bewegungen wurde als endgültiger Aushub eine 50 cm dicke Stahlbetoninnenschale unmittelbar gegen die Tübbinge betoniert. Sie ist so bemessen, daß sie allein die äußeren Lasten tragen kann.
KORROSIONS-SCHUTZMASS-NAHMEN	Es wurden keine besonderen Korrosionsschutzvorkehrungen am Stahlausbau getroffen, da die Tübbinge im Endzustand keine Tragfunktion mehr übernehmen.
QUELLEN	[1] Brief des Ingenieurbüros Singstad, Kehart, November & Hurka, New York, vom 20. Juni 1972 nebst Anlagen an die STUVA. [2] Illies: Der Tunnel unter dem Detroit River zwischen Detroit, Mich. und Windsor, Ont.; Der Bauingenieur 11 (1930), 27, S. 474

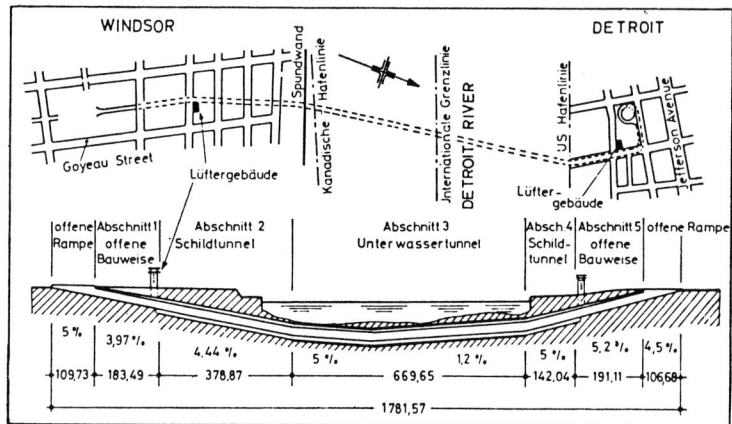

Bild I23/1: Bauabschnitte
des Detroit-Windsor-Tunnels [1]

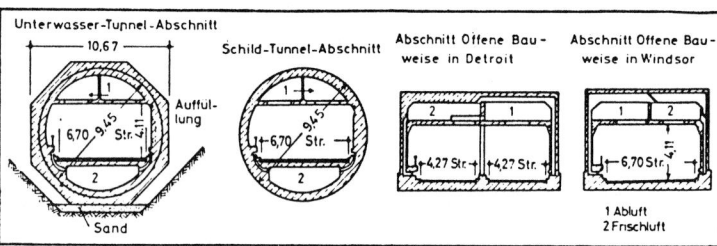

Bild I23/2: Querschnitte
des Detroit-Windsor-Tunnels [1]

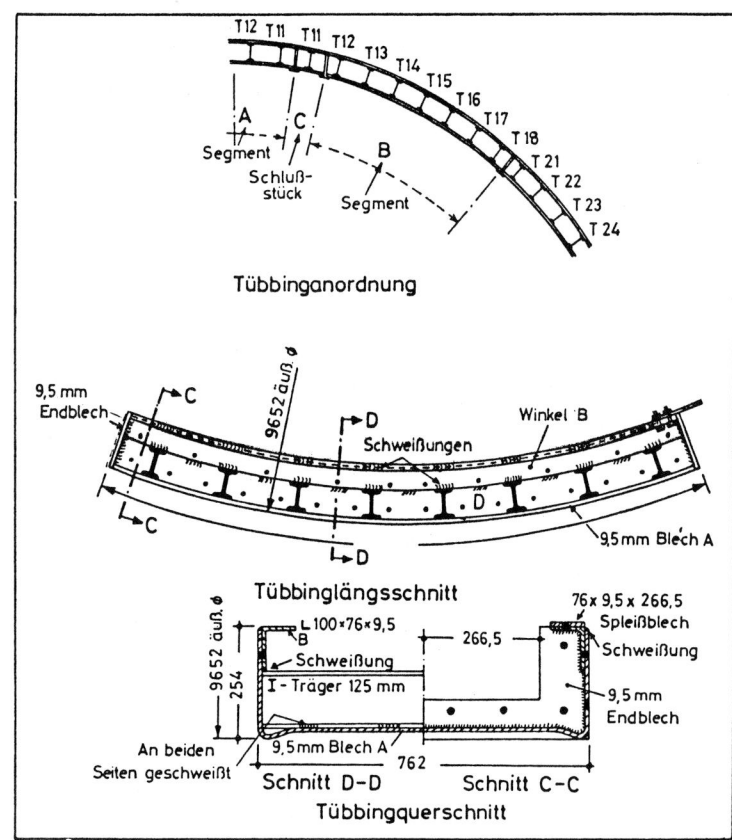

Bild I23/3: Details
der Stahltübbinge
beim Detroit-Windsor-Tunnel [1] [2]

UNTERFAHRUNG "HOTEL HANDELSHOF, ALLIANZ BÜROHAUS (PARKHOCHHAUS BV - ARAL), TEICHSTRASSE 10, BURGGYMNASIUM U-STADTBAHN, BAULOSE 12/13, ESSEN BAUJAHR 1971/74	PFÄNDUNG (KÖLNER VERBAU)

BAUHERR	Stadt Essen, U-Bahn-Bauamt
AUSFÜHRENDE FIRMEN	E.Heitkamp, Alfred Kunz, F. + N. Kronibus, Philipp Holzmann, Krupp Universalbau
AUFGABENSTELLUNG	**Allgemeines** Unterfahrung mehrerer Gebäude zwischen dem Vorplatz des Burggymnasiums und dem Bahnhofsvorplatz mit zwei im Abstand von etwa 20 m parallel in verschiedener Tieflage verlaufenden je ca. 375 m langen Tunnelröhren.Unter dem Allianz-Bürohaus und dem Handelshof erweitert sich die westliche eingleisige Röhre (Gleis 2) zu einem zweigleisigen Tunnel und die östliche Röhre (Gleis 4) verzweigt sich in zwei eingleisige Röhren (Bild I31/1). Die geringsten Abstände zwischen den Tunneln und den Gebäudefundamenten betragen beim: Handelshof ca. 2 m, Allianz-Bürohaus ca. 3 - 4 m, Aral-Parkhochhaus ca. 3,5 m, Gebäude Teichstraße 10 ca. 5 m und Komplex Burggymnasium 4 m zwischen Weströhre und Verbindungsbau, 8 m zwischen Oströhre und Sporthalle. Die unterfahrenen Gebäudeflächen ergeben insgesamt etwa 2330 m² (einschließlich der Fläche unter dem Parkhaus Aral). Die gesamte unterfahrene Fläche (Gebäude-, Straßen- Hofflächen usw.) beträgt ca. 6790 m². **Baugrund und Grundwasserverhältnisse** . Der Bodenaufbau setzt sich von oben nach unten in unterschiedlicher Mächtigkeit wie folgt zusammen: Anschüttung, Bachablagerung, Lößlehm, Bochumer Grünsand, Labiatus Mergel, Essener Grünsand, Gesteine des Karbons (Sandstein,Schiefer- ton). Der Felshorizont ist in Bild I31/1 eingetragen. Der Boden ist teilweise aggressiv (SO_4), daher mußte mit hochsulfatbeständigem Zement (Sulfadur) ge- arbeitet werden. . Grundwasser ist nicht vorhanden.

AUSFÜHRUNG	**Prinzip (Bilder I31/2 und I31/3)**
	 Die Tunnelröhren werden geschlossen nach der sogenannten Kernbauweise in mehreren Arbeitsgängen aufgefahren. Das Erstellen des Gewölbeprofils erfolgte in drei Schritten: (1) 2 Sohlstollen mit Fundamenten, (2) Kalottenvortrieb und Stahlbetongewölbe, (3) Kernabbau mit Sohlbeton. Das Erstellen des Rechteck- querschnittes erfolgte ebenfalls in drei Schritten: (1) Auffahren der Wandstollen mit Herstellung der Wände, (2) Vortrieb und Herstellen der Deckenabschnitte, (3) Kernabbau und Sohlbeton. Wände und Deckenbeton sind vorgespannt.
	
	 Bauablauf und technische Details
	 Die jeweils 375 m langen Tunnelröhren teilen sich auf in 549 m eingleisiges Gewölbeprofil mit 46 m² Ausbruchquerschnitt, 132 m trompetenförmige Aufweitung des Gewölbeprofils mit bis zu 87 m² Ausbruchschnitt und 158 m Rechteck- profil von 75 - 120 m² Ausbruchquerschnitt. Aufgefahren werden die Röhren von 4 Startschächten aus (Bild I31/1)
	 1. Herstellung der Gewölbeprofile (Bild I31/2)
	   - Gleichzeitiges Auffahren der beiden Sohlstollen mit einer Pfändung im Deckenbereich in Kölner Bauweise und in den Wandbereichen mit Spritzbeton- sicherung. Die lichte Breite der Sohlstollen betrug 2,0 m, die lichte Höhe ca. 2,3 m. Der Verbau bestand aus vergüteten Grubenprofilen GT 120 bis GT 140 in Form geschlossener Rahmen, die in einem Abstand von 80 cm ein- gebaut wurden. Die Rahmen lagen auf dem Sohlverzug aus vorgefertigten, 10 cm dicken Betonfertigteilen auf. Die im Mittel 2,25 m langen und 6 mm dicken Vorpfändbleche wurden mit Bohrstützen und hydraulischen Schlaghämmern ins Erdreich eingetrieben.
	
	   Der Vortrieb erfolgte im Grünsandbereich mit Spatenhämmern, im Karbon mit Schießarbeit.
	   - Nach Durchschlag der Sohlstollen Einbringen des Fundamentbetons in 60 bis 70 cm Dicke vom Zielschacht aus.
	   - Auffahren des Kalottenprofils in Kölner Bauweise und Einspritzen der Bögen und Bleche unmittelbar dem Vortrieb folgend mit Spritzbeton. Die tragenden Stahlbögen (ebenfalls GT Profile) wurden wegen der geringen Tieflage der Tunnel und der nahen Bebauung zur Einschränkung von Setzungen durch Hydraulikstempel unterstützt. Diese leiteten die Kräfte über einen

Portalrahmen in die in den Sohlstollen bereits erstellten Fundamente. Auf diese Weise bleibt der Kern lastfrei und alle vertikalen Kräfte werden bereits in das endgültige Fundament eingetragen. Die einzelnen Stempel wurden mit je 50 kN angepreßt. Dies entsprach etwa 70 % der minimalen theoretischen Stempelkräfte. Mit Hilfe der gewählten Verspannung der Kalottenbögen wurde einer Entspannung des Erdreiches weitgehend entgegengewirkt. Es wurden insgesamt sieben solcher Unterstützungsböcke verwendet, die mit dem Vortrieb wanderten.

- Bewehren und Betonieren des gesamten Kreisprofils über den Fundamenten in einem Stück aus wasserundurchlässigem Beton auf eine Länge von 1,60 m unmittelbar hinter den Stützböcken. In die Blockfugen wurden im Gewölbebereich 32 cm breite Fugenbänder einbetoniert. Im First wurde ein Röhrchen miteingebaut für die spätere Kontaktverpressung zwischen Spritzbetonschale und Bauwerksbeton. Ausbruch und Betonieren der Kalotte war ein Taktverfahren, das genau aufeinander abgestimmt sein mußte.
- Hinter dem Schalwagen Abbau des Erdkerns bis Oberkante Fundament.
- Verlegen der Dränageleitung, Einziehen von Steifen zwischen den Fundamenten zur Grundbruchsicherung und Bewehren und Betonieren der Sohle (im Karbon d = 25 cm, im Grünsandbereich d = 60 cm).

2. Herstellung der Rechteckprofile (Bild I31/3)
   - Auffahren der drei Wandstollen. Im ersten Arbeitsgang waren die Stollen (Sohlstollen) 2 m breit und 4 m hoch mit einer Zwischensteife in 2,50 m Höhe aufzufahren. Das Karbon stand in den Wandstollen bis zu 4 m hoch an und mußte durch Schießarbeit hereingeholt werden. Die Sprengarbeiten wurden mit einem geeichten Erschütterungsmeßgerät, einer seismischen Dreikomponenten-Meßstation, Lichtstrahloszillographen und einem Analogrechner überwacht. Der Verbau wurde wie im Gewölbeprofil (1) ausgebildet.

     Im Rückschreiten wurden die Wandstollen auf die endgültige Höhe von ca. 7 m aufgeweitet.

   - Bewehren, Schalen und Betonieren der Fundamente und Wände. In einem Taktverfahren folgte dicht auf die Aufweitung der Wandstollen (Vortrieb) die Herstellung der Fundamente und Wandteile in Abschnitten von 1,60 m. Am Ende dieses Bauabschnittes waren die drei Wände betoniert.

     Die Außenwände wurden vorgespannt, um die Zugspannung an der Wandaußenseite auf 3,5 MN/m² zu beschränken.

   - Vortrieb und Betonieren der Deckenteile. Die Deckenteile wurden ebenfalls mit Hydraulikstempeln vorgespannt (mit 20 % der rechnerischen Werte), um eine Auflockerung des Erdreiches zu verhindern. Sie gaben die Kräfte über angehängte Träger in die Wandköpfe ab. Zur Stabilisierung der Wände mußten Rohrstützen zwischen den Wandköpfen eingebracht werden. Der Kern wurde nicht belastet, vielmehr wurden alle Lasten bereits im Bauzustand auf die endgültigen Fundamente übertragen. Auf den Vortrieb folgte dicht die Schalung, die ebenfalls die Hängeträger benutzte, und das Betonieren. Die Decke wurde so vorgespannt, daß die Zugspannungen in der Fuge Wandkopf-Decke überbrückt wurden.
   - Herstellen der Dränage und der Sohle.

| QUELLEN | [1] Gais, W-H.: "Belastungsannahmen, tatsächliche Lasten und gemessene Setzungen beim Vortrieb im Bauabschnitt Handelshof/Burggymnasium der U-Stadtbahn Essen"; Forschung + Praxis, Bd. 15, Herausgeber: STUVA, Köln; Alba-Buchverlag, Düsseldorf; 1974, S. 153-159 |

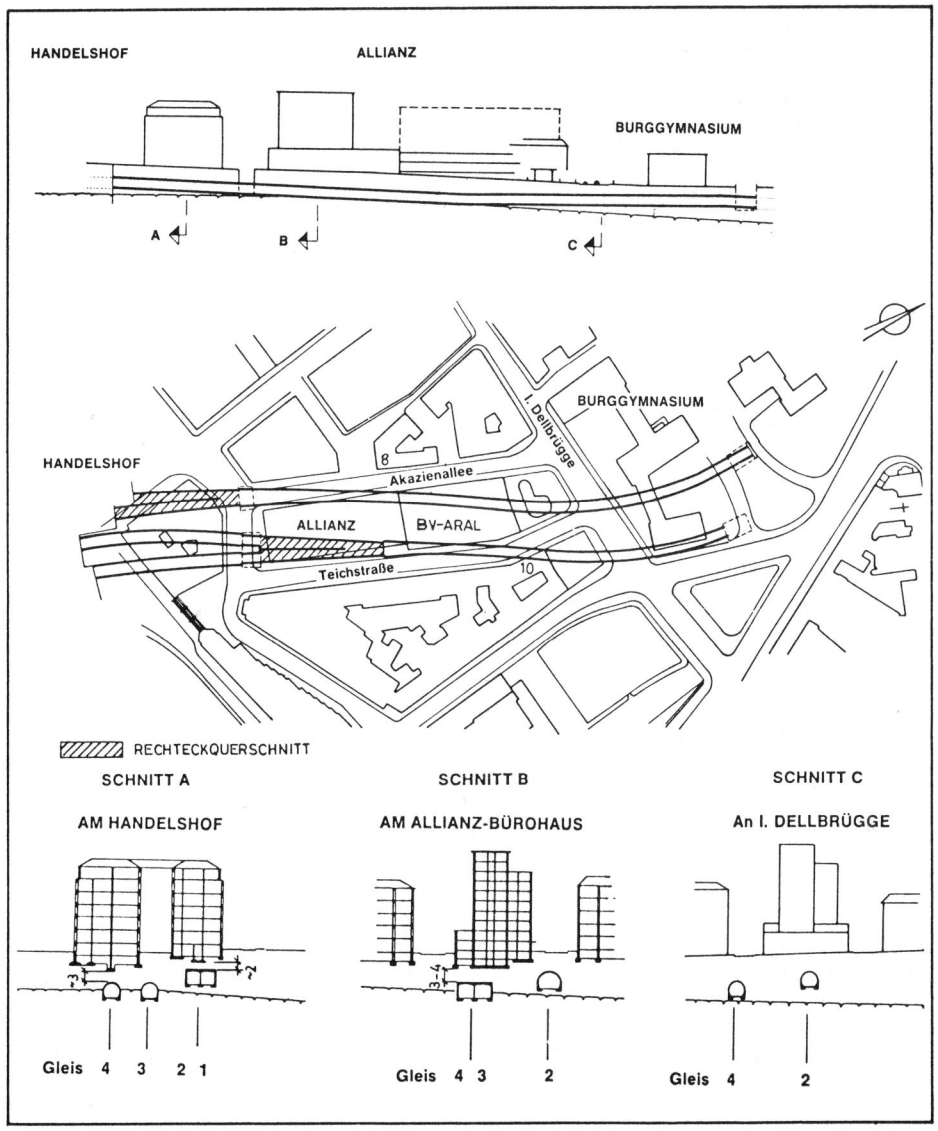

Bild I31/1:   Unterfahrung "Hotel Handelshof, Allianz-Bürohaus,
(Parkhochhaus BV-Aral), Teichstraße 10, Burggymnasium",
Essen; Lageplan und Querschnitte A, B, C

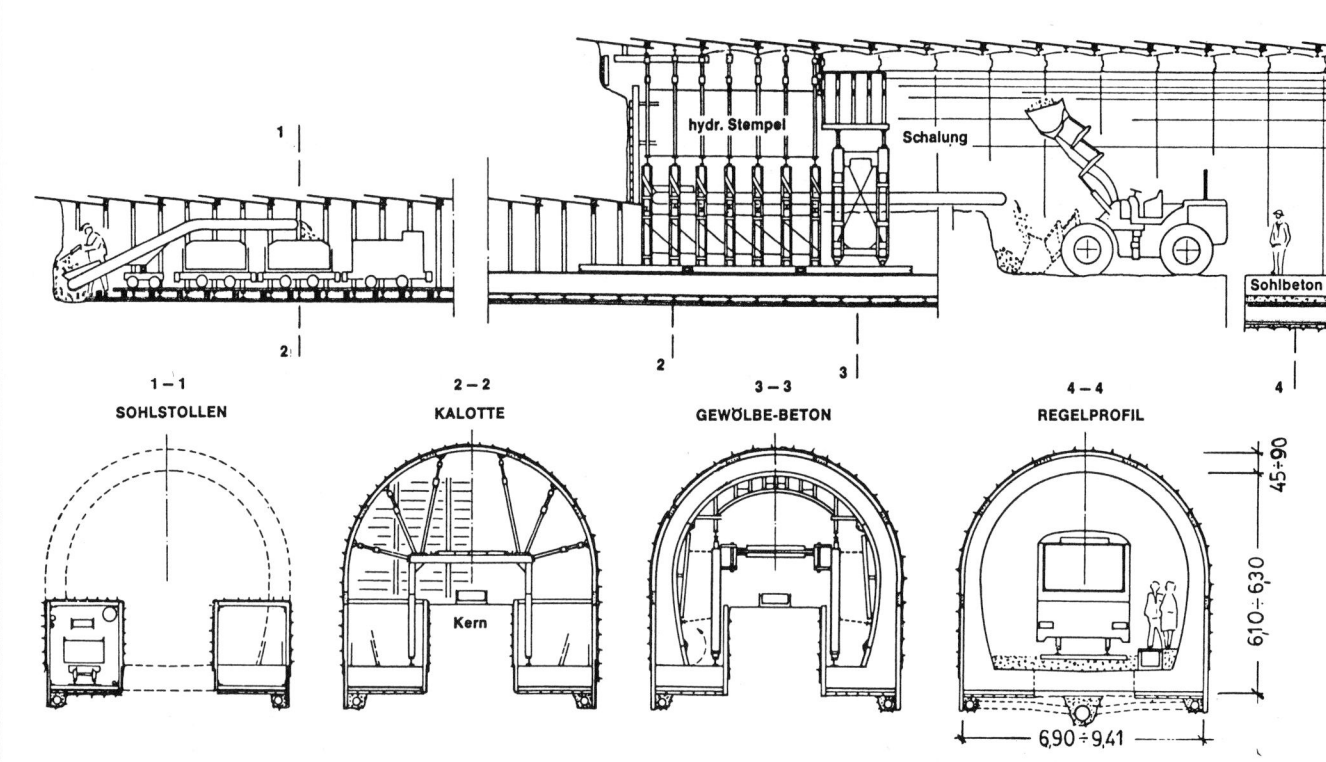

Bild I31/2: Unterfahrung Parkhochhaus BV-Aral, Essen; Querschnitt und Grundriß

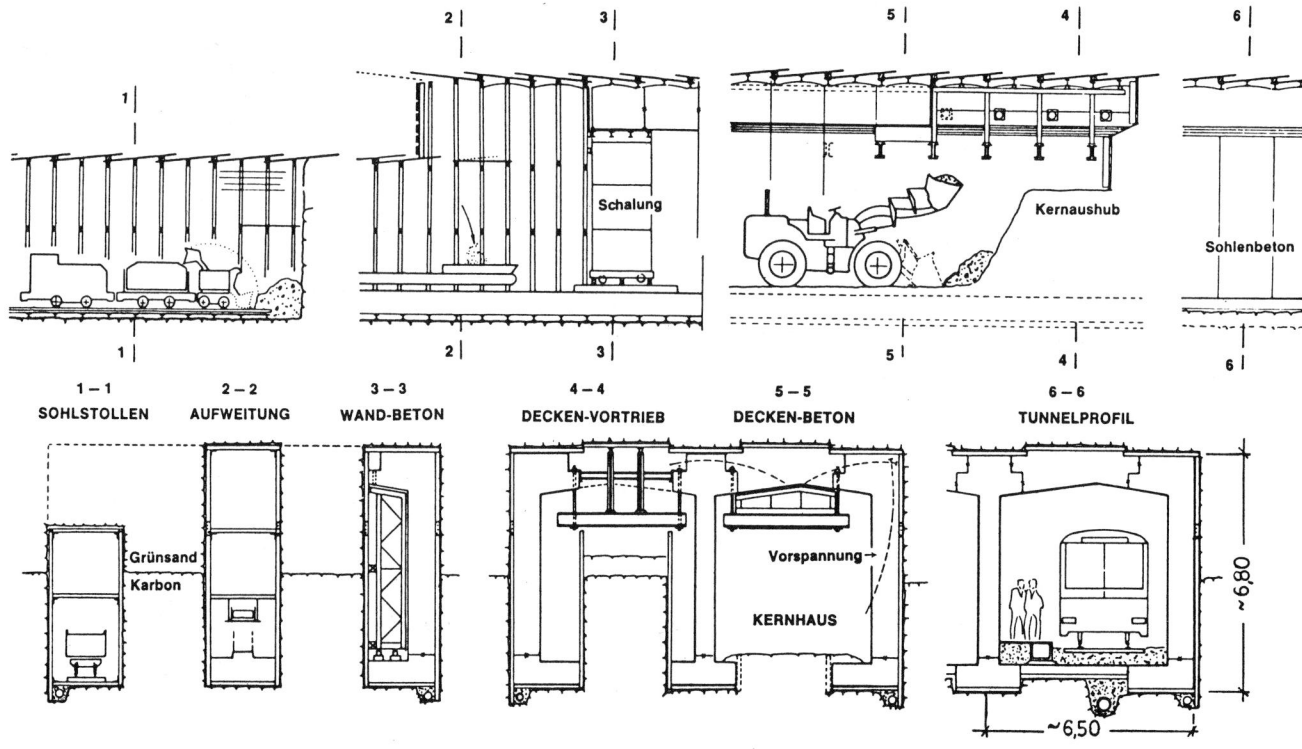

Bild I31/3: Unterfahrung "Hotel Handelshof, Allianz-Bürohaus, (Parkhochhaus BV-Aral), Teichstraße 10, Burggymnasium", Essen; Bauablauf und Rechteckquerschnitt

UNTERFAHRUNG "WESTENHELLWEG BIS SCHWARZE-BRÜDER-STRASSE", STADTBAHNLINIE I, BAUABSCHNITT A, BAU-LOS 4, DORTMUND, BAUJAHR 1976/77	PFÄNDUNG (KÖLNER VERBAU)

BAUHERR	Stadt Dortmund, Stadtbahnbauamt
AUSFÜHRENDE FIRMEN	Wiemer & Trachte, Boswau + Knauer, Heilmann & Littmann, Hanebeck-Baugesellschaft
AUFGABENSTELLUNG	**Allgemeines**
	Die Häuser Westenhellweg Nr. 62 und Nr. 64 sowie der Westenhellweg selbst werden auf 50 m Länge von der Stadtbahn mit einem zweigleisigen Rechtecktunnel unterfahren (Bild I32/1). Die Unterfahrung wurde in bergmännischer Bauweise durchgeführt. Der Abstand zwischen OK-Tunnelbauwerk (Querschläge) und UK Hausfundamente beträgt teilweise nur 1,0 m. Die unterfahrene Hausfläche ist ca. 340 m² groß.
	Baugrund und Grundwasserverhältnisse
	Unter geringmächtiger Anschüttung steht eine 2 bis 3 m mächtige Schluffschicht an. Diese Schicht geht in stark verwitterte Grünsandmergel der oberen Kreide mit schluffiger Struktur über. Der gesteinsharte Mergel steht im Unterfahrungsbereich in einer Tiefe von ca. 5 m unter Gelände an. Ein Grundwasserspiegel wurde in den Bohrungen nicht erschlossen. Der Mergel führt allerdings z.T. Kluftwasser.
AUSFÜHRUNG	**Prinzip (Bild I32/2)**
	Die Abfangung erfolgte durch Querschläge, die aus einem Längsstollen senkrecht zur Tunnelachse nach beiden Seiten bis ca. 2 m hinter Außenkante des späteren Stadtbahntunnels vorgetrieben wurden. Querstollen und Längsstollen wurden ausbetoniert und so zur endgültigen Tunneldecke zusammengefügt. Im Schutze der Tunneldecke erfolgt der Kernausbruch und die Ergänzung des Tunnelquerschnitts durch Wände und Sohle.
	Bauablauf und technische Details (Bilder I32/2 und I32/3
	- offenen Einschnitt im Kellerraum des Nebengebäudes Haus Nr. 64 - ca. 3,60 m breit und ca. 3,10 m tief - herstellen. Im gesteinsharten Mergel wurde senkrecht (Höhe ca. 1,75 m), darüber im halbfesten Mergel unter 60° geböscht. Die Böschungsflächen wurden durch 2 bis 3 cm Spritzbeton gesichert.
	- Längsstollen - 2,50 m breit, 2,40 m hoch, ca. 32 m lang - von diesem offenen Einschnitt aus vortreiben. Das Gestein im Stollen wurde durch Meißeln, Bohren und Sprengen gelöst. Die Vortriebssicherung erfolgte durch Stahlrahmen aus Grubenstahl, die im allgemeinen in einem Abstand von 1,20 m eingebaut wurde. Bei der Unterfahrung von Fundamenten wurde ihr Abstand auf 0,60 m reduziert. Unter dem Westenhellweg konnte der Abstand bis auf 1,35 m vergrößert werden. Im Kappenbereich wurde gepfändet und die Hohlräume laufend mit Zementmörtel verpreßt. Die Seitenflächen des Stollens wurden zusätzlich zum Rahmenverbau durch 2 bis 3 cm Spritzbeton gesichert.
	- Querschläge - 1,20 m breit, 1,60 m hoch und ca. 6,0 bzw. 5,0 m lang, aus dem offenen Einschnitt und dem Längsstollen auffahren und ausbetonieren. Die Rahmenstiele der Längsstollen wurden belassen, d.h. sie wurden nicht abgefangen. Da die Querschläge bis zum First im gesteinsharten Mergel liegen, genügte es bei dem kleinen Stollenquerschnitt, sie nur durch Spritzbeton zu sichern. Auf die Wände wurden mindestens 2 cm, im Kappenbereich mindestens 3 cm Spritzbeton aufgebracht. Das Gestein wurde durch Meißeln gelöst. Die Angriffstiefe wurde auf 1,20 m begrenzt. Unter Fundamenten wurde sie auf die Hälfte reduziert. Die Querschläge wurden nach dem Einbringen einer Sauberkeitsschicht (10 cm dick) und nach dem Verlegen der Fugenbänder an den Wänden bewehrt und mit wasserundurchlässigem Beton B25 ausbetoniert. Da die Sauberkeitsschicht in Höhe der Unterkante Tunneldecke liegt, wurde sie vorher mit einem Trennanstrich versehen. Als Fugenbänder wurden rechtwinklig abgeklappte PVC-Fugenbänder eingelegt, die nach dem Auffahren der Nachbarstollen wieder horizontal gestreckt wurden. Zum Längsstollen hin wurden Zwischenstücke eingepaßt und an Ort und Stelle verschweißt. Es durfte höchstens jeder 5. Querschlag gleichzeitig offenstehen. Querschläge, die sich im Längsstollen gegenüberlagen, wurden nicht gleichzeitig hergestellt.
	- Längsstollen und offenen Einschnitt nach der Fertigstellung der Querschläge bewehren und mit wasserundurchlässigem Beton B25 ausbetonieren. Der Bewehrungsanschluß erfolgte durch Muffenstöße.

349

- Tunnelquerschnitt unter der Querschlagdecke ausbrechen. Der Felsausbruch erfolgte durch Meißeln, Bohren und Sprengen. Die seitlichen Felsflächen wurden durch Verpreßanker, Felsnägel und 5 cm Spritzbeton gesichert. Für die Decken- konstruktion verbleibt ein Felsauflager von 2,0 m Tiefe, was einer Felspressung von max. 90 N/cm² entspricht.
- Tunnelentwässerung einbauen sowie Tunnelsohle und -wände bewehren und in wasserundurchlässigem Beton B25 erstellen. Wände und Sohle wurden in 9,60 m langen Blöcken betoniert. Die Abdichtung der Blöcke untereinander erfolgte mit PVC-Fugenbändern. Die Kontaktfuge Wand/Decke wurde verpreßt.

| QUELLEN | [1] Informationsschrift "Stadtbahn Dortmund" Kreuzungshaltestelle Kampstraße, Tunnel Kuhstraße bis Königswall, Baulos 4 |

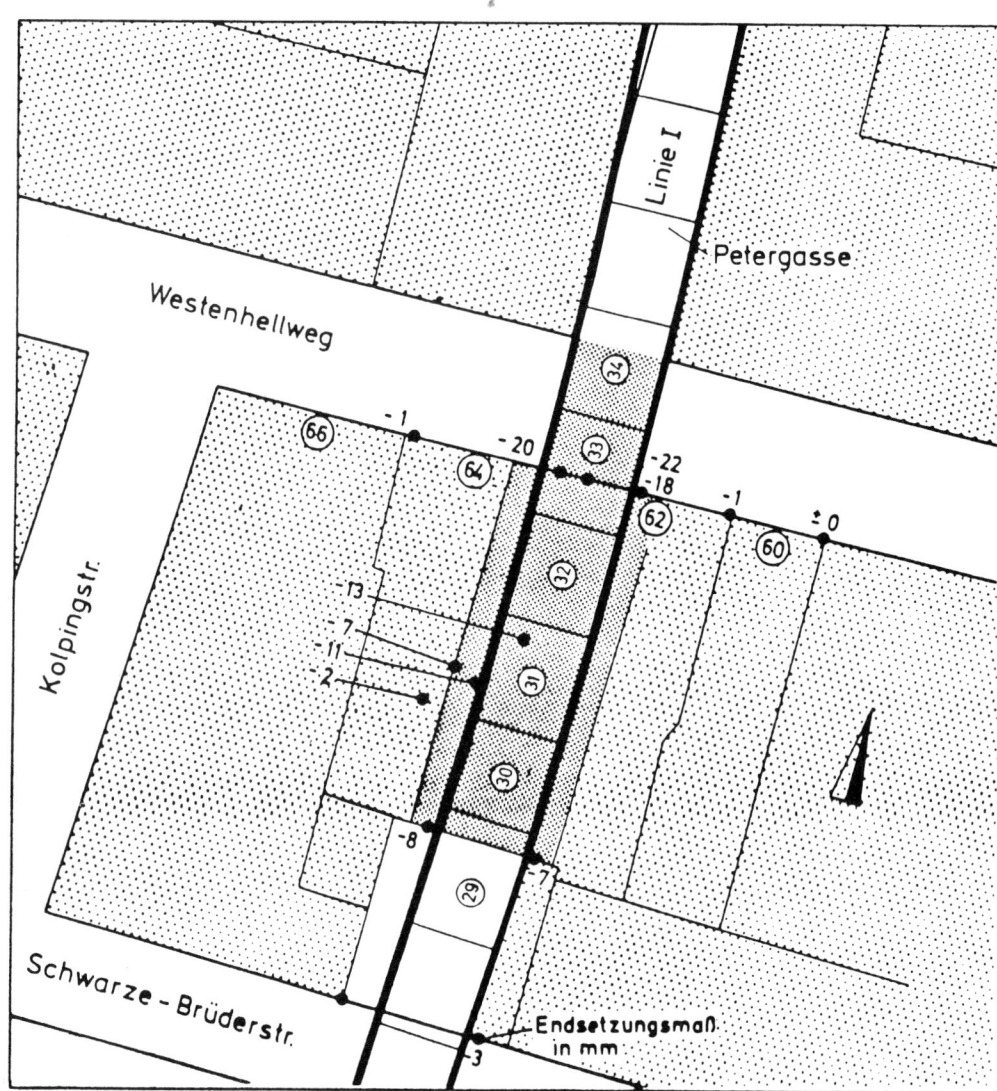

Bild I32/1: Unterfahrung "Westenhellweg bis Schwarze-Brüder- Straße", Dortmund; Lageplan

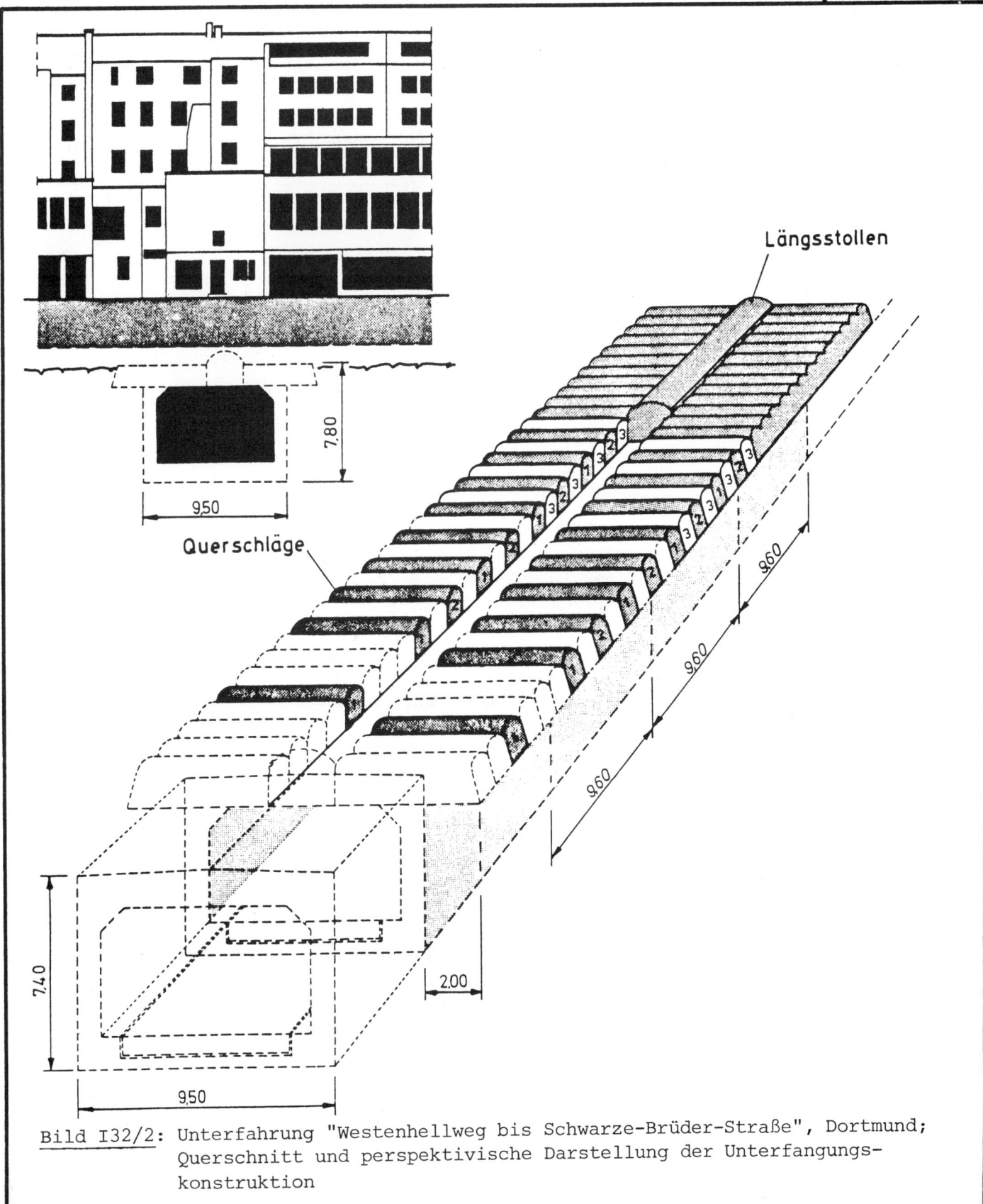

Längsstollen

7,80

9,50

Querschläge

9,60

9,60

9,60

7,40

2,00

9,50

Bild I32/2: Unterfahrung "Westenhellweg bis Schwarze-Brüder-Straße", Dortmund;
Querschnitt und perspektivische Darstellung der Unterfangungskonstruktion

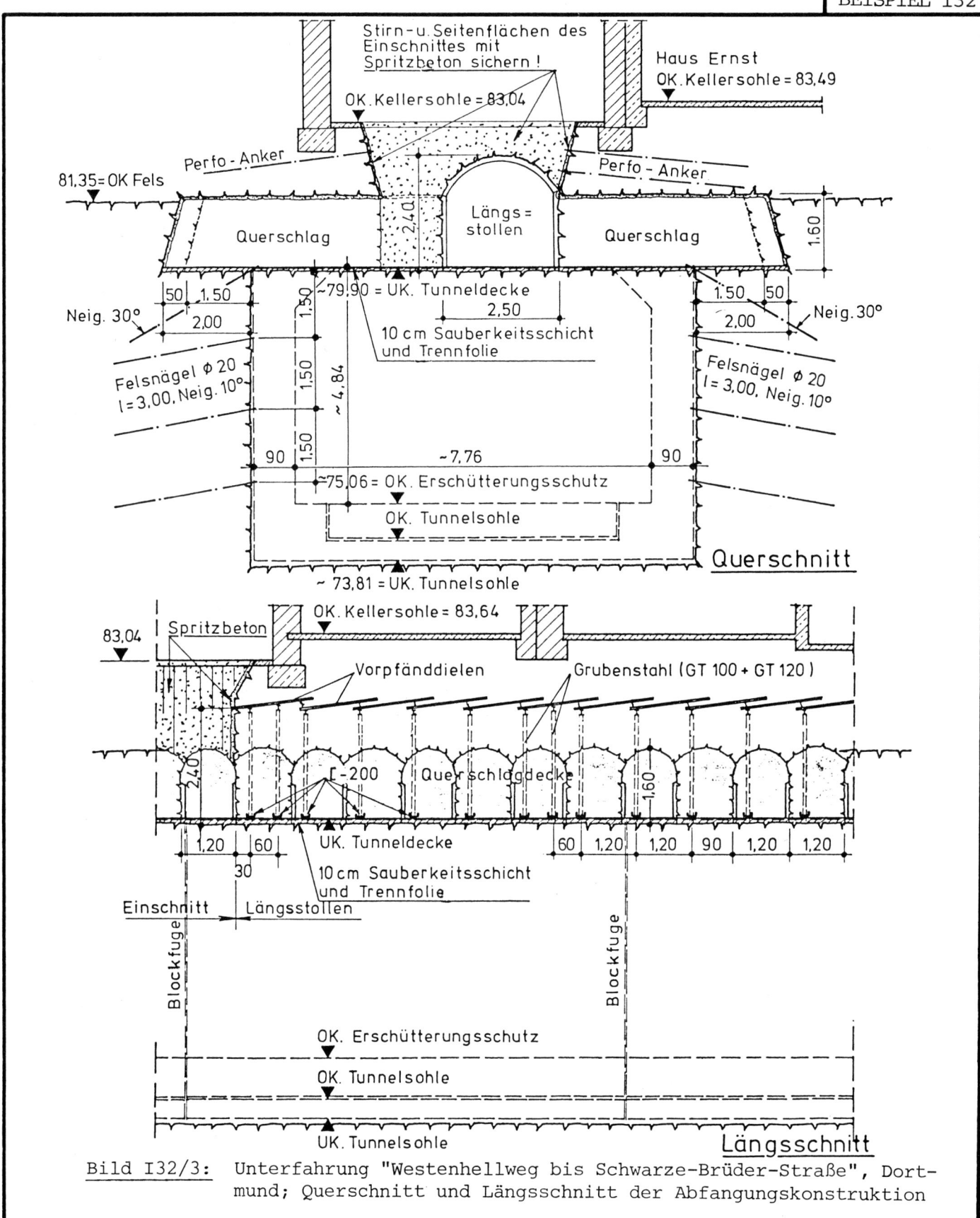

Bild I32/3: Unterfahrung "Westenhellweg bis Schwarze-Brüder-Straße", Dortmund; Querschnitt und Längsschnitt der Abfangungskonstruktion

UNTERFAHRUNG "SPARKASSENGEBÄUDE UND POSTGEBÄUDE" U-BAHNLINIE 8/1, BAULOS 6 - BHF. INNSBRUCKER RING, MÜNCHEN BAUJAHR 1976/77	PFÄNDUNG (KOMB.MIT NÖT)

BAUHERR	Landeshauptstadt München, U-Bahnreferat
AUSFÜHRENDE FIRMEN	A. Kunz & Co., Held & Francke
AUFGABENSTELLUNG	**Allgemeines** Unterfahrung zweier Gebäude - Gesamtunterfahrungslänge ca. 65 m - mit der U-Bahn-Linie 8/1 westlich vom Bhf. Innsbrucker Ring. Sowohl der Bahnhof als auch die Anschlußstrecke wurden in offener Bauweise errichtet. Lage des Verkehrsbauwerkes zu den unterfahrenen Gebäuden s. Bild I33/1. Der kleinste Abstand zwischen Oberkante Tunnel und Fundamentunterkante beträgt 2,3 m. Die unterfahrenen Gebäudeflächen sind etwa 470 m² groß. **Baugrund und Grundwasserverhältnisse** - Bis ca. 14,5 m unter GOF Fein- bis Grobkiese des Quartärs mit sandigen und steinigen Beimengungen, sehr dicht gelagert, darunter Sande und Schluffe des Tertiärs - Der natürliche Grundwasserspiegel im Baubereich reicht bis ca. 1,5 m unter Gelände. Durch den Einfluß der bereits mehr als 3 Jahre dauernden U-Bahnarbeiten lag der Wasserspiegel zur Bauzeit etwa 1,0 m über der geplanten Tunnelsohle.
AUSFÜHRUNG	**Prinzip, Bauablauf und technische Details** Gewählt wurde eine bergmännische Unterfahrung der Gebäude durch zwei nebeneinanderliegende, eingleisige Tunnelröhren mit einer Länge von ca. 85 m. Die Überdeckungshöhe, der Abstand zwischen Tunnelfirst und GOK beträgt max. 6,5 m. Im Bereich der Hausunterfahrung ist der minimale Abstand zwischen Tunnelfirst und Fundamentunterkante ca. 2,3 m. Der verbleibende Erdkern zwischen beiden Röhren beträgt ca. 1,0 m. Beide Röhren wurden nacheinander vorgetrieben. Vom Startschacht (Baulos 5.2) wurde zuerst die Röhre Gleis 2 auf ganzer Länge in Spritzbeton-Rampenbauweise mit Pfändung, Brustverbau und Kalottenfußbalken aufgefahren und die 40 cm dicke Innenschale aus wasserundurchlässigem Beton eingebaut. Erst nach Fertigstellung der Innenschale in der Röhre Gleis 2 wurde die Röhre Gleis 1 vorgetrieben, und zwar zunächst nur die Kalotte. Die Strosse wurde mit ringweise Komplettierung der Außenschale nachgezogen. Danach erfolgte der Einbau der Innenschale. Die Bauphasen des Vortriebs und die Ausbildung der Außenschale zeigt Bild I33/2. Zur Absenkung des Grundwassers waren an den Streckenenden jeweils 2 Horizontalbrunnen unter den Gleisachsen eingebaut.
QUELLEN	[1] Nach Unterlagen des U-Bahnreferates, Landeshauptstadt München

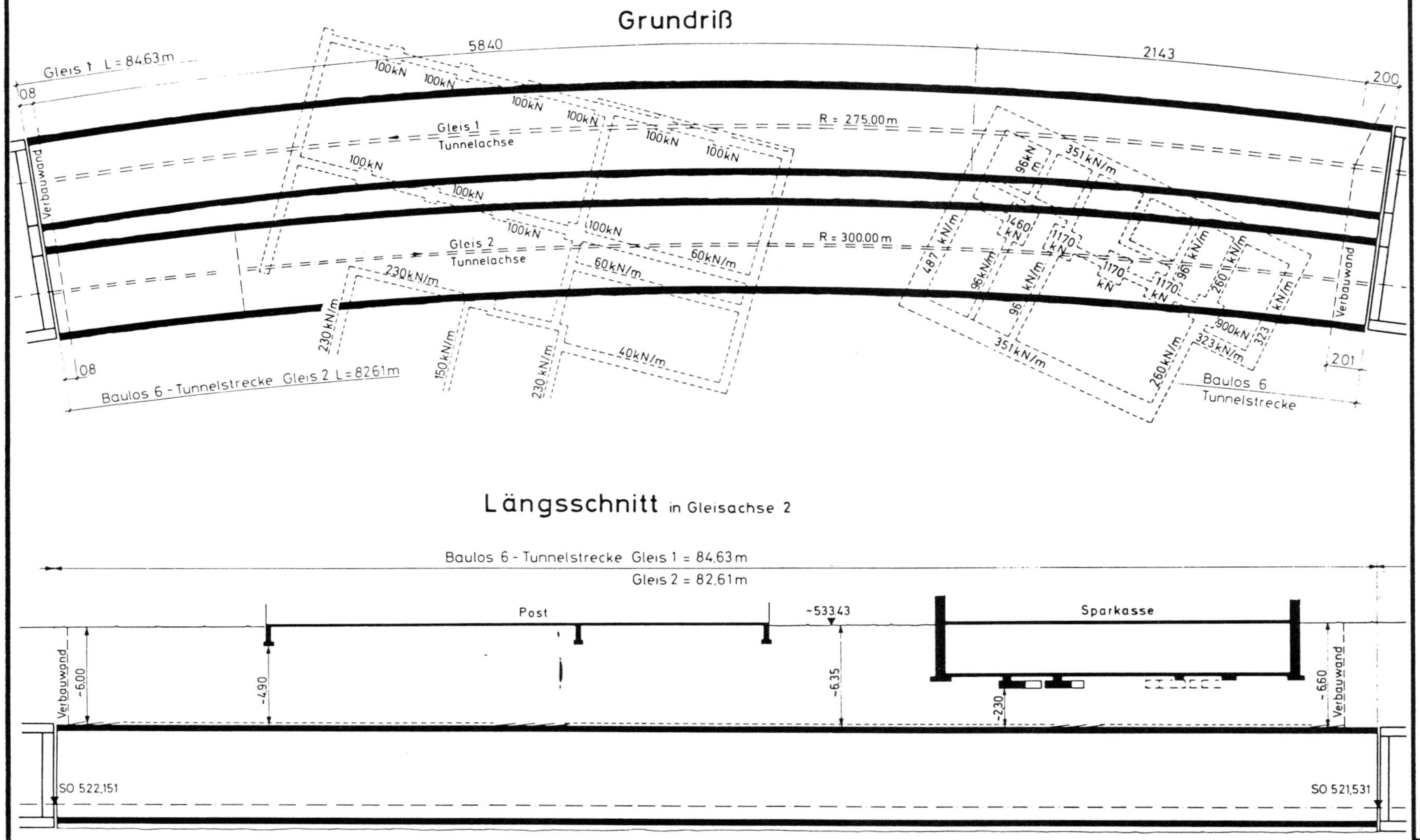
Grundriß
Gleis 1 L = 84,63 m
5840
2143
200
08
100kN
Gleis 1
Tunnelachse
R = 275,00 m
Gleis 2
Tunnelachse
R = 300,00 m
230kN/m
60kN/m
40kN/m
150kN/m
351kN/m
96kN/m
487 kN/m
1460 kN
1170 kN
900kN
323kN/m
260kN/m
Verbauwand
201
Baulos 6 - Tunnelstrecke Gleis 2 L = 82,61 m
Baulos 6
Tunnelstrecke
Längsschnitt in Gleisachse 2
Baulos 6 - Tunnelstrecke Gleis 1 = 84,63 m
Gleis 2 = 82,61 m
Post
Sparkasse
-533,43
-6,00
-4,90
-6,35
-2,30
-6,60
SO 522,151
SO 521,531

Bild I33/1: Unterfahrung "Sparkassengebäude und Postgebäude", Bf. Innsbrucker Ring, München; Grundriß und Längsschnitt mit Gebäudelasten

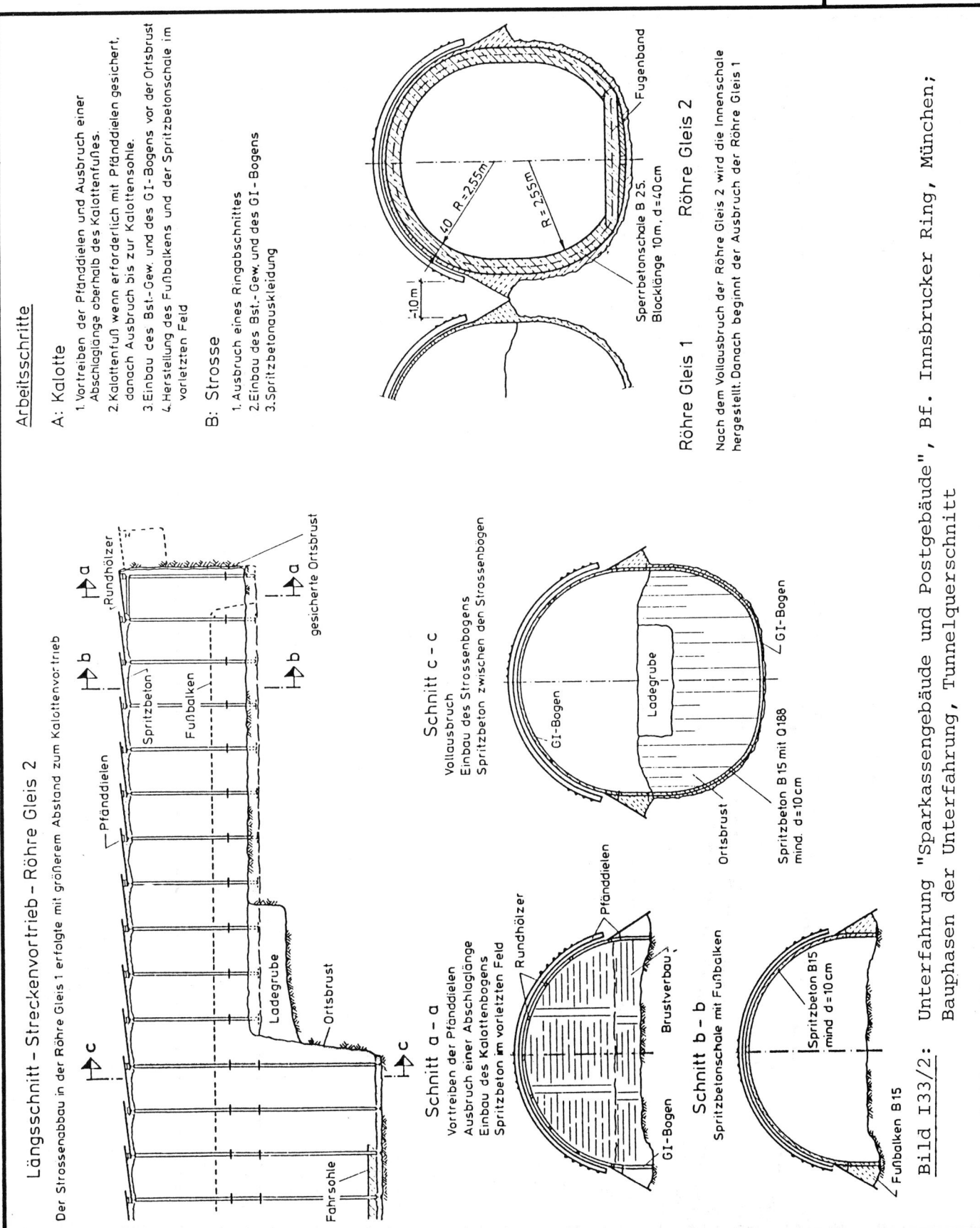

Arbeitsschritte

A: Kalotte

1. Vortreiben der Pfänddielen und Ausbruch einer Abschlaglänge oberhalb des Kalottenfußes.
2. Kalottenfuß wenn erforderlich mit Pfänddielen gesichert, danach Ausbruch bis zur Kalottensohle.
3. Einbau des Bst.-Gew. und des GI-Bogens vor der Ortsbrust
4. Herstellung des Fußbalkens und der Spritzbetonschale im vorletzten Feld

B: Strosse

1. Ausbruch eines Ringabschnittes
2. Einbau des Bst.- Gew. und des GI - Bogens
3. Spritzbetonauskleidung

Röhre Gleis 1   Röhre Gleis 2

Nach dem Vollausbruch der Röhre Gleis 2 wird die Innenschale hergestellt. Danach beginnt der Ausbruch der Röhre Gleis 1

R = 2.55m   R = 2.55m   40

Sperrbetonschale B 25, Blocklänge 10m, d=40cm

Fugenband

1.0 m

Längsschnitt - Streckenvortrieb - Röhre Gleis 2

Der Strossenabbau in der Röhre Gleis 1 erfolgte mit größerem Abstand zum Kalottenvortrieb

Rundhölzer
Pfänddielen
Spritzbeton
Fußbalken
gesicherte Ortsbrust
Ladegrube
Ortsbrust
Fahrsohle

Schnitt a - a

Vortreiben der Pfänddielen
Ausbruch einer Abschlaglänge
Einbau des Kalottenbogens
Spritzbeton im vorletzten Feld

Rundhölzer
GI-Bogen
Brustverbau
Pfänddielen

Schnitt b - b

Spritzbetonschale mit Fußbalken

Spritzbeton B15 mind d =10cm
Fußbalken B15

Schnitt c - c

Vollausbruch
Einbau des Strossenbogens
Spritzbeton zwischen den Strossenbogen

GI-Bogen
Ladegrube
GI-Bogen
Ortsbrust
Spritzbeton B 15 mit Q188 mind. d=10cm

Bild I33/2: Unterfahrung "Sparkassengebäude und Postgebäude", Bf. Innsbrucker Ring, München; Bauphasen der Unterfahrung, Tunnelquerschnitt

UNTERFAHRUNG DER CARNOTSTRAAT ZWISCHEN DER STATION CARNOT UND DER BISSCHOPSTRAAT, ANTWERPEN, BELGIEN BAUJAHR 1978/82	PFÄNDUNG (KÖLNER VERBAU)

BAUHERR	Maatschappij voor het intercommunaal vervoer te Antwerpen, MIVA
AUSFÜHRENDE FIRMEN	Franki N.V.
AUFGABENSTELLUNG	**Allgemeines** Unterfahrung der Carnotstraat im Anschluß an die Station Carnot mit einem zwei-, teilweise dreigleisigen Tunnel auf ca. 138 m Länge (Bild I34/1). Die unterfahrene Fläche ist etwa 1200 m² groß. Die Überdeckung beträgt ca. 3,5 bis 4,5 m. **Baugrund und Grundwasserverhältnisse** . Sand . Grundwasserstand 7 m unter Gelände; Absenkung des Grundwasserspiegels während der Baumaßnahme auf 19 m unter Gelände.
AUSFÜHRUNG	**Prinzip** Von vorgepreßten Stahlrohren in den oberen Tunnelrahmenecken aus werden die Tunnelwände in Schachtbauweise abgeteuft. Der Tunneldeckenbereich wird dann in Längsstollen, Querschnitt 3 x 3 m², streifenweise aufgefahren und die Tunneldecke betoniert. Anschließend wird das Tunnelbauwerk im Schutze der Decke und Wände ausgehoben und ergänzt (Bild I34/1). **Bauablauf und technische Details** (Bild I34/2) - Vorpressen der Stahlrohre Ø 1,80 m, d = 18 mm, für das Abteufen der Wände von der Station Carnot aus (1) - Abteufen der Tunnelaußenwände in Schachtbauweise mit Stahldielensicherung und Betonieren der Wände aus wasserundurchlässigem Beton mit Fugenbanddichtung (2) - Auffahren des Tunneldeckenbereichs streifenweise in 3 x 3 m² großen Längsstollen. Die Längsstollen werden im First mit vorgepfändeten Stahldielen und im Wandbereich mit Holzbohlen gesichert, die auf Stahlrahmen und Stützen auflagern (3) - Betonieren der Tunneldecke aus wasserundurchlässigem Beton mit Fugenbanddichtung (4) - Aushub des Bauwerks bis zur nächsten Sohle (5) - Abteufen der Tunnelwände für den tieferen Tunnelteil in Schachtbauweise mit Stahldielensicherung und Betonieren der Wände aus wasserundurchlässigem Beton mit Fugenbanddichtung (6) - Betonieren der Zwischendecke aus wasserundurchlässigem Beton mit Fugenbanddichtung (7) - Betonieren der Zwischenwand (8) - Aushub des unteren Tunnelquerschnittes (9) - Betonieren der Bodenplatte aus wasserundurchlässigem Beton mit Fugenbanddichtung (10)
QUELLEN	[1] Ausschreibungsunterlagen der MIVA, Antwerpen

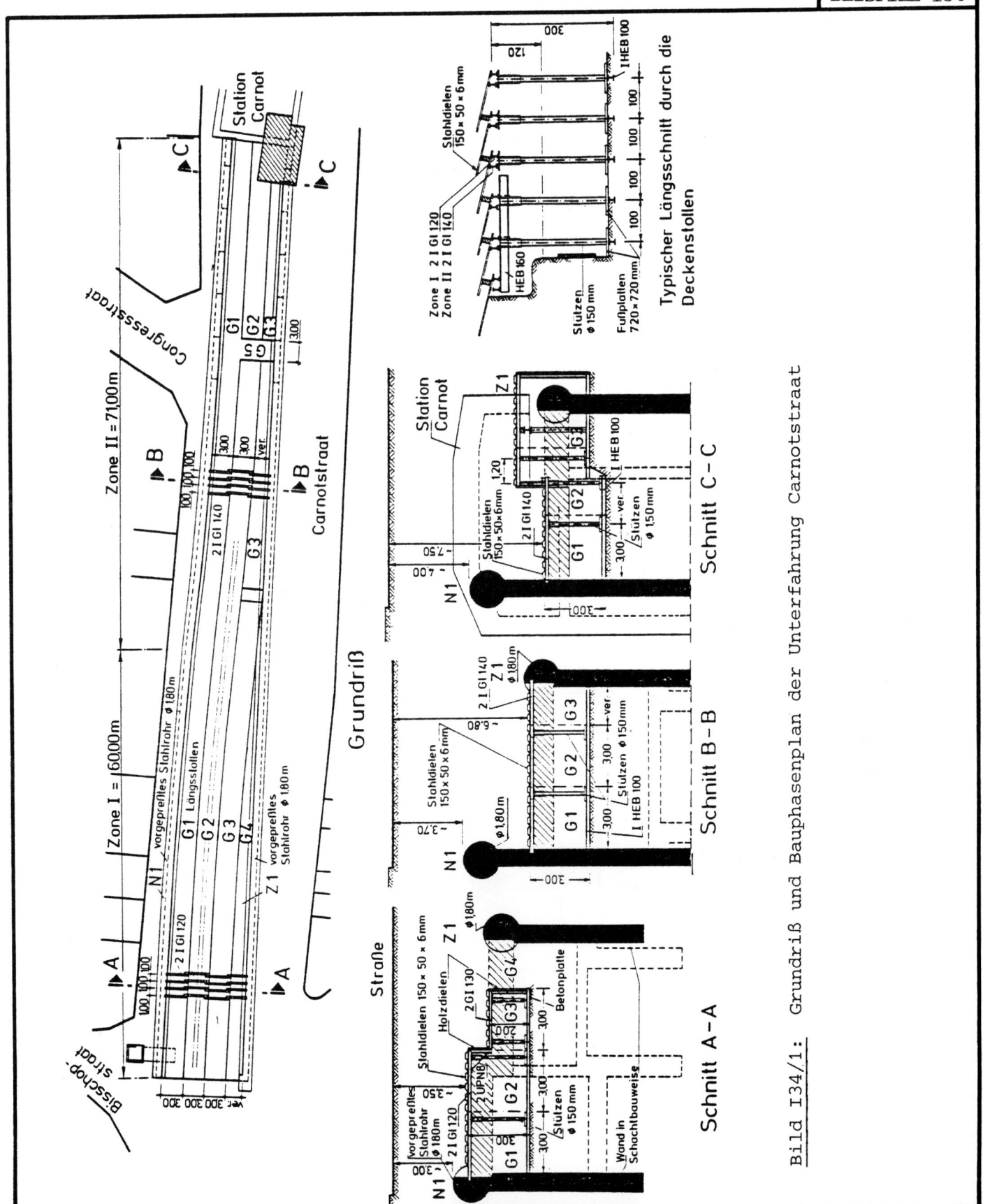

Bild I34/1: Grundriß und Bauphasenplan der Unterfahrung Carnotstraat

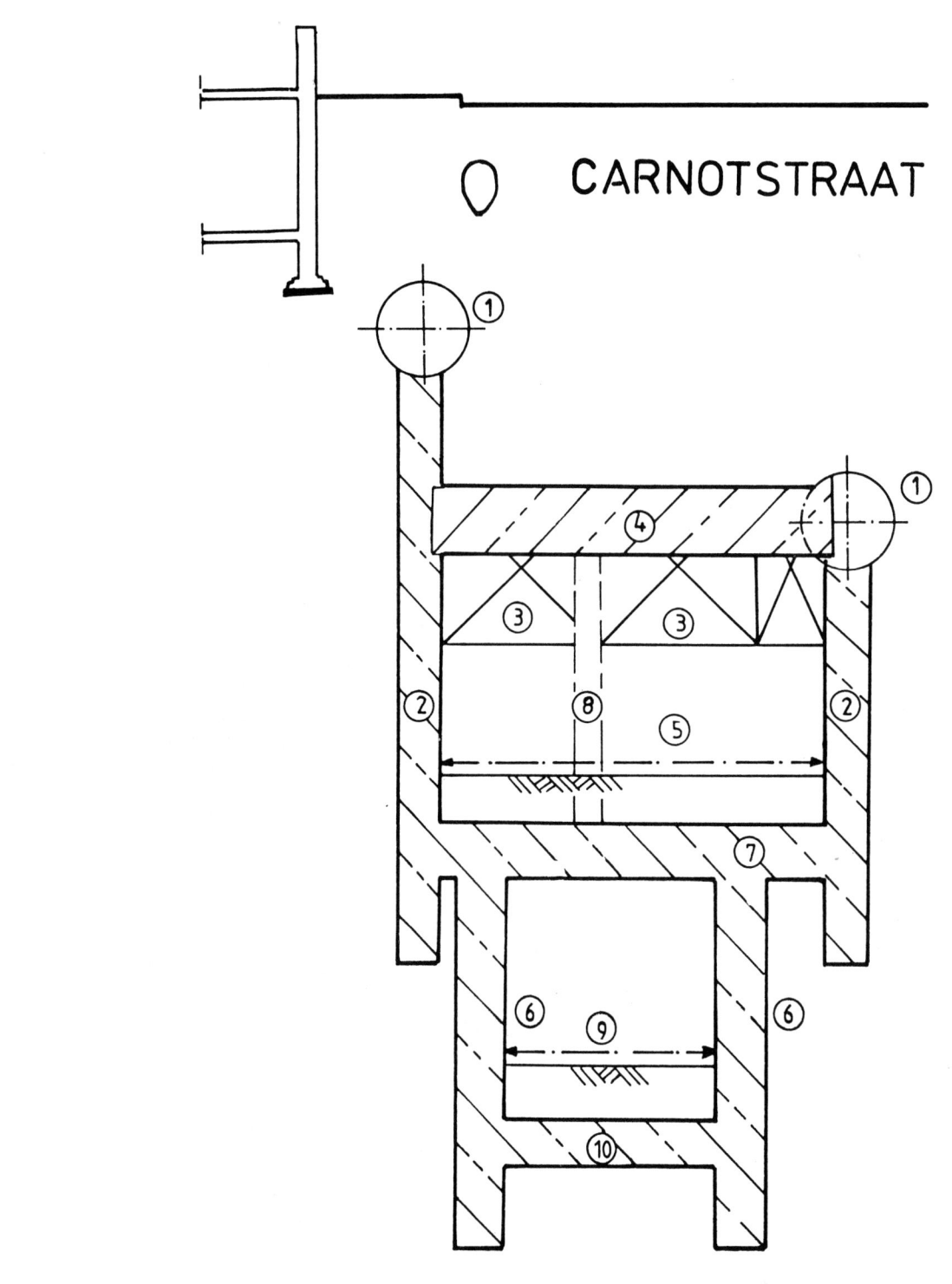

CARNOTSTRAAT

Bild I34/2: Arbeitsablauf

Anhang K*

Die Bemessung von Stahltübbingen nach dem Traglastverfahren – Rechengang und Beispiel

Für die Bemessung schildvorgetriebener Tunnel nach Theorie II. Ordnung und mit Berücksichtigung der Längskraftverformungen hat Kessler in [6/45] Tabellen zusammengestellt. Sie erfassen die Steifigkeitsverhältnisse β und Längskraftverformungseinflüsse f in den folgenden, die Praxis abdeckenden Bereichen:

$$10 \leq \beta \leq 1500$$
$$0 \leq f \leq 8 \cdot 10^{-4}.$$
$$\text{mit } \beta = \frac{C_B \cdot R^4}{EJ}, f = \frac{J}{F \cdot R^2}$$

C_B = Bettungsmodul,
R = Tunnelradius,
E = Elastizitätsmodul des Tübbingmaterials,
J = Trägheitsmoment der Tunnelauskleidung (pro m),
F = Fläche des Tübbings (pro m).

Bild K 1 zeigt das hierbei zugrunde gelegte statische System. Die weiteren Berechnungsmaßnahmen sind [6/45] zu entnehmen.

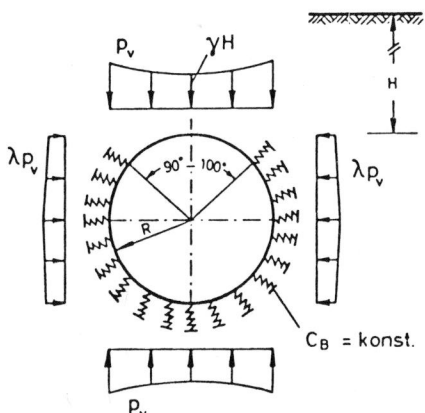

Bild K 1: Von Kessler [6/45] angesetztes Berechnungsmodell, vgl. auch [6/2]

---

* Verfasser
Professor Dr.-Ing. H. Duddeck und
Dr.-Ing. A. Städing, Institut für Statik TU Braunschweig

In [6/33] werden auch Tabellen für die Bemessung stählerner Tunnelauskleidungen nach dem Traglastverfahren angegeben. Sie gelten für Steifigkeitsverhältnisse von

$$20 \leq \cdot \beta \leq 750$$

und Längskraftverformungseinflüsse von

$$3,5 \times 10^{-4} \leq f \leq 6,5 \times 10^{-4}.$$

Als Grenzzustand wird die Entstehung von drei plastischen Gelenken in der oberen Tunnelhälfte (2 Ulmengelenke, 1 Firstgelenk) definiert.

Die Anwendung des Verfahrens wird nachfolgend an einem Beispiel erläutert [6/33, S. 162]. Weitere Beispiele sind in [6/33] zu finden.

1. Abmessungen und Belastung

Es wird der Tübbingausbau aus Stahl St 52 für einen Tunnel mit dem Radius R = 5,0 m untersucht. Der Tübbingquerschnitt ist das Ergebnis einer Bemessung, wobei unter dem Einwirken der Schnittgrößen – ermittelt nach Theorie I. Ordnung und für einen dehnstarren Ausbau – im First und in der Ulme eine „Bemessungsspannung" mit 2600 kp/cm² nicht überschritten wurde. Die dabei ermittelten Querschnittswerte betragen:

Querschnittsfläche	F	= 174,6	cm²/m
Trägheitsmoment	I	= 16350	cm⁴/m
Schwerlinienabstände	e_i	= 13,55 cm	
	e_a	= 10,55 cm	
Widerstandsmomente	W_i	= 1207	cm³/m
	W_a	= 1550	cm³/m
Dehnsteifigkeit	EF	=366660	Mp/m
Biegesteifigkeit	EI	= 3433,5	Mp m²/m

Lasten und erdstatische Grundwerte (1,0-fache Werte):

Firstauflast	p_F	= 50,0	Mp/m²
Bodenraumgewicht	γ	= 2,00	Mp/m³
Erddruckbeiwert	λ_s	= 0,50	
Bettungsmodul	k_s	= 1500	Mp/m³

Die Tangentiallasten werden voll berücksichtigt.

2. Vorwerte und Tafeleingangswerte für den biegesteifen Ring

Für die Berechnung der Schnittgrößen im biegesteifen Ring mit den Tabellen [6/45] sind Firstauflast p_F und Seitendruck in die folgenden, den primären Erddruck kennzeichnenden „Last"-Werte, umzurechnen:

p_u = λ·(p_F + R·γ) = 0,5 · (50 + 5,0 · 2) = 30 Mp/m²
p_{ro} = (p_F + p_u)/2 = (50 + 30)/2 = 40 Mp/m²
p_{r1} = (p_F − p_u)/2 = (50 − 30)/2 = 10 Mp/m²

p_{t1} = $(p_v - p_h)/2 = (52{,}93 - 26{,}47)/2 = 13{,}23$ Mp/m²
p = $2 \cdot p_{R1} + p_{t1} = 2 \cdot 10 + 13{,}23 = 33{,}23$ Mp/m²
p_v = $p_F + 0{,}293 \cdot R \cdot \gamma = 50 + 0{,}293 \cdot 5{,}0 \cdot 2{,}0 = 52{,}93$ Mp/m²
p_h = $\lambda \cdot p_v = 0{,}5 \cdot 52{,}93 = 26{,}47$ Mp/m²

Diese Erddruckbeiwerte sind in Abhängigkeit von Tunnelradius, First-auflast, Erddruckbeiwert und Wichte des Baugrunds ebenfalls in [6/45] tabelliert.

Weiterhin werden die folgenden Faktoren bei der Schnittgrößenermittlung benötigt:

$p \cdot R$ = 166,2, $\quad p_{ro} \cdot R$ = 200,0,
$p \cdot R^2$ = 830,8, $\quad p_{t1} \cdot R/2$ = 33,1,
$p \cdot r^4/EI$ = 6,049.

Von den Querschnittswerten und Steifigkeiten abhängige Tafeleingangsparameter:

$$\beta = \frac{k_s \cdot R^4}{EJ} = \frac{1500 \cdot 5{,}0^4}{3433{,}5} = 273\,,$$

$$f = \frac{J}{F \cdot R^2} = \frac{16350 \cdot 10^{-8}}{174{,}6 \cdot 10^{-4} \cdot 5{,}0^2} = 3{,}7 \cdot 10^{-6}.$$

3. Schnittgrößenermittlung für den biegesteifen Ring

Die Berechnung des biegesteifen Tunnelringes erfolgt mit den Tabellen aus [6/45] auf Seite A 5. Für den Eingangswert $\beta = 275$ muß dort interpoliert werden. Dazu werden für $f = 3{,}5 \cdot 10^{-4}$ und die Werte $\beta = 200, 250, 300$ und 400 die Tafeln TAB. 35-08 und TAB. 35-09 verwendet.

Aufgrund einer überschlägigen Vorberechnung wird der Tunnelausbau unter der 1,6-fachen Belastung untersucht.

Als erste Schätzung für die Ringdruckkraft $\overline{N}$ hat sich die Gleichung

$$\overline{N}_1 = \alpha_p \cdot (p_F + p_{ro}) \cdot R/2$$

bewährt, wobei α_p der Laststeigerungsfaktor ist.

$$\overline{N}_1 = 1{,}6 \cdot (50 + 40) \cdot 5{,}0/2 = 360 \text{ Mp/m}$$

Daraus folgt der Tafeleingangswert α zu

$$\alpha = -(1 + w_v/w) \cdot \overline{N} \cdot R^2/EJ = 1{,}0 \cdot 360{,}0 \cdot 5{,}0^2/3433{,}5 = 2{,}62\,.$$

Dieser Wert muß anhand der Ergebnisse für die Längskraft im Ring mit Fließgelenken überprüft und eventuell verbessert (Iteration) werden.

Die Ermittlung der Schnittgrößen im biegesteifen Ring erfolgt in Tabellenform, vgl. Tabelle K 1.

Tabelle K 1: Schnittgrößenermittlung für den biegesteifen Ring unter der 1,6-fachen Last

$$\alpha = -(1 + w_v/w) \cdot \overline{N} \cdot R^2/B$$

$$\alpha = (1 + 0) \cdot 360{,}0 \cdot 5{,}0^2/3433{,}5 = 2{,}62$$

Darin zunächst vorgeschätzt: $\overline{N} = -360{,}0$ Mp
$\overline{N} = N_F$ aus dem Fließgelenkring

$\alpha = 2{,}62$ Gl.(5.11)	First $\varphi_F = 0°$		Ulme $\varphi_U = 52°$		Sohle $\varphi_S = 180°$	
T = Tafelwert	Tafelwert oder $\cos 2\varphi_F$	Zustandsgröße	Tafelwert oder $\cos 2\varphi_U$	Zustandsgröße	Tafelwert oder $\cos 2\varphi_S$	Zustandsgröße
$M = T \times p \times R^2$	-0,0359	-47,66	0,0247	32,83		
$N_o = -p_{ro} \times R$		-320,0		-320,0	Für den Stand-sicherheitsnachweis nicht maßgebend	
$N_t = \frac{p_{t1} \times R}{2} \times \cos 2\varphi$	1,000	52,9	-0,242	-12,8		
$N_B = T \times p \times R$	-0,288	-76,6	-0,321	-85,4		
$N = N_o + N_t + N_B$		-343,7		-418,2		
$w = T \times \frac{p \times R^4}{E \times J}$	0,0101	0,0982				
$\frac{p \times R^4}{E \times J} = 9{,}68$	$p \times R^2 = 1329{,}2$	$p_{ro} \times R = 320{,}0$	$\frac{p_{t1}}{2} \times R = 52{,}9$	$p \times R = 265{,}9$		

Benutzte Tabelle: TAB. 35-09 aus [6/45] . Dimensionen [Mp, m]
Lastwerte $\alpha_p = 1{,}6$-fach

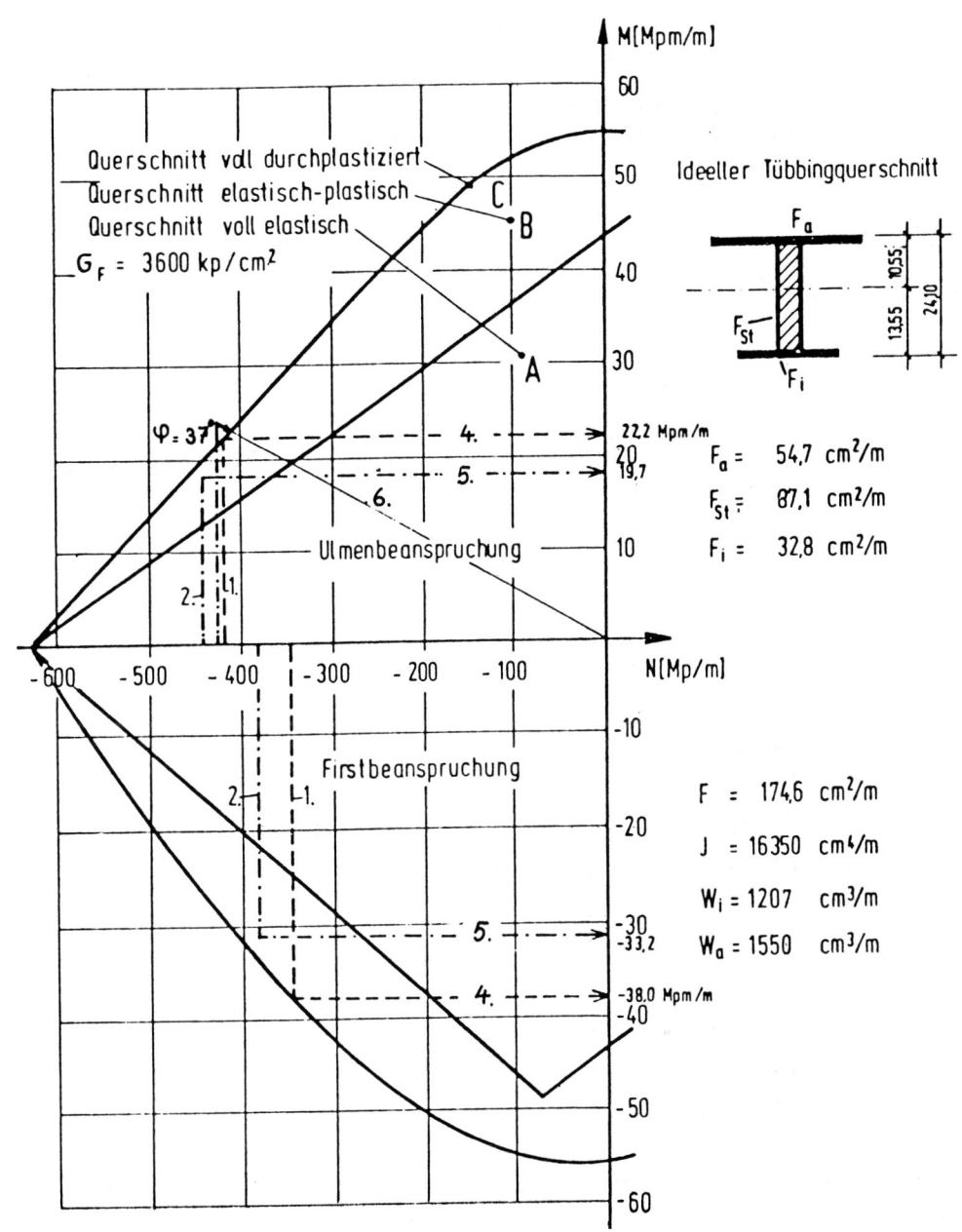

Bild K 2: M-N-Interaktionsdiagramm

4. Interaktion und Schnittgrößenermittlung für den Ring mit Fließgelenken

Die Interaktionskurve für das plastische Versagen des Querschnitts muß für das jeweils gewählte Tübbingprofil in einer Vorberechnung ermittelt werden, sofern sie nicht aus anderen Unterlagen her bekannt ist. Dazu wird das Stahlprofil auf einen ideellen Querschnitt reduziert. Am einfachsten läßt sich die Interaktionskurve (Fließfläche) ermitteln, wenn man für eine Reihe von vollständig plastizierten Zuständen des Querschnitts die zugehörigen Schnittgrößen bestimmt (Bild K 2).

Die M-N-Kombinationen von First und Ulme nach Tabelle K 1 sind nicht zulässig, weil diese zunächst bestimmte Kombination außerhalb der Fließfläche liegt.

First $\quad M_F \quad = -47,7 \quad$ Mpm/m
$\qquad N_F \quad = -343,7 \quad$ Mp/m
$\qquad$ aus dem Interaktionsdiagramm folgt zu N_F :

$\qquad$ zul $\quad M \qquad = -38,00$ Mpm/m $= 0,790 \cdot M_F$.
Ulme $\quad M_U \qquad = 32,8 \quad$ Mpm/m
$\qquad N_U \qquad = -418,2$ Mp/m
$\qquad$ aus dem Interaktionsdiagramm folgt zu N_U :
$\qquad$ zul $\quad M \qquad = 22,20$ Mpm/m $= 0,671 \, M_U$

In einem weiteren, iterativen Rechenschritt wird durch Einfügen von Fließgelenken im First und in der Ulme das statische System geändert. Die dabei in den Gelenkpunkten vorgegebenen Werte für das Biegemoment werden wie äußere Momente behandelt und deren Größe entsprechend der Fließbedingung festgelegt. Zur Beschleunigung der Konvergenz werden diese Biegemomente kleiner vorgeschätzt als nach Bild K 2 berechnet.

First $\quad M/M_F \quad = 0,65 < 0,79$,
$\qquad M \qquad = -0,65 \cdot 48,12 = -31,28$ Mpm/m .
Ulme $\quad M/M_U \quad = 0,55 < 0,67$,
$\qquad M \qquad = 0,55 \cdot 33,10 = 18,21$ Mpm/m .

Tabelle K 2: Schnittgrößenermittlung für den Ring mit Fließgelenken

$\alpha = 2,62$	First $\varphi_F = 0°$		Fließgelenk $\varphi_U = 52°$		$\varphi = FIU = 39°$	
T=Tafelwert	Tafelwert oder $\cos 2\varphi_F$	Zustands-größe	Tafelwert oder $\cos 2\varphi_U$	Zustands-größe	Tafelwert oder $\cos 2\varphi$	Zustands-größe
$M = T \times p \times R^2$ oder $M_{pl,N}$	$-0,65 \cdot 48,12 =$	$-31,28$	$0,55 \cdot 33,10 =$	$18,21$	$0,0189$	$25,12$
$N_o = -p_{ro} \times R$		$-320,0$		$-320,0$		$-320,0$
$N_t = \dfrac{p_{t1} \times R}{2} \times \cos 2\varphi$	$1,000$	$52,9$	$-0,242$	$-12,8$	$0,208$	$11,0$
$N_B = T \times p \times R$	$-0,450$	$-119,8$	$-0,427$	$-113,6$	$-0,448$	$-119,1$
$N = N_o + N_t + N_B$		$-386,9$		$-446,4$		$-428,1$
$w = T \times \dfrac{p \times R^4}{E \times J}$	$0,0177$	$0,171$				

Benutzte Tabelle : G 35-14 (Anhang Seite A-14), [6/33] $\qquad$ Dimensionen [Mp, m]

5. Überprüfung der Tafeleingangswerte α, M/M_F und M/M_U

a) Für den Ring mit Fließgelenken folgt nach Tabelle K2

$\overline{N} = N_F = -386,9$ Mp/m und daraus

$\alpha = -(1+W_v/W) \cdot \overline{N} \cdot R^2/EJ = 1,0 \cdot 386,9 \cdot 5,0^2/3433,5 = 2,82 > 2,62$

d. h., daß der Einfluß aus Theorie II. Ordnung etwas zu klein angesetzt wurde. Die Tafeleingangswerte M/M_F und M/M_U zur Ermittlung der Schnittgrößen im Ring mit Fließgelenken ändern sich hierdurch jedoch nicht. Dieser Rechengang ist daher mit einem verbesserten α zu wiederholen, vgl. Tabelle K 3.

Die erneute Überprüfung des Eingangswertes α ergibt eine ausreichende Übereinstimmung zwischen Schätzwert und Ergebnis:
$\overline{N} = N_F = -398,5$ Mp/m,

$\alpha = -(1 + W_v/W) \cdot \overline{N} \cdot R^2/EJ$
$= 1,0 \cdot 398,5 \cdot 5,0^2/3433,5$
$= 2,90 < 3,0,$

d. h. daß der Einfluß aus Theorie II. Ordnung nun leicht überschätzt wurde. Das Ergebnis liegt damit auf der sicheren Seite.

b) Die Spannungszustände im First und in der Ulme liegen innerhalb der Interaktionskurve, vgl. Bild K 2.

First: $N_F = -398,5$ Mp/m
aus dem Interaktionsdiagramm folgt dazu:

zul $M = -32,3$ Mpm/m
angesetzt: $M = 31,3$ Mpm/m

Ulme: $N_U = -452,0$ Mp/m
aus dem Interaktionsdiagramm folgt dazu:

zul $M = 19,0$ Mpm/m,
angesetzt: $M = 18,2$ Mpm/m.

Tabelle K 3: Schnittgrößenermittlung für den Ring mit Fließgelenken

$\alpha = 3,00$ T = Tafelwert	First $\varphi_F = 0°$		Fließgelenk $\varphi_U = 51°$		$\varphi = FIU = 37°$	
	Tafelwert oder $\cos 2\varphi_F$	Zustandsgröße	Tafelwert oder $\cos 2\varphi_U$	Zustandsgröße	Tafelwert oder $\cos 2\varphi$	Zustandsgröße
$M = T \times p \times R^2$ oder $M_{pl,N}$	$-0,65 \cdot 48,12 =$	$-31,28$	$0,55 \cdot 33,10 =$	$18,21$	$0,0211$	$28,0$
$N_o = -p_{ro} \times R$		$-320,0$		$-320,0$		$-320,0$
$N_t = \dfrac{p_{t1} \times R}{2} \times \cos 2\varphi$	$1,000$	$52,9$	$-0,208$	$-11,0$	$0,276$	$14,6$
$N_B = T \times p \times R$	$-0,494$	$-131,4$	$-0,455$	$-121,0$	$-0,481$	$-127,9$
$N = N_o + N_t + N_B$		$-398,5$		$-452,0$		$-433,3$
$w = T \times \dfrac{p \times R^4}{E \times J}$	$0,0192$	$0,156$				

Benutzte Tabelle: G 35-14 (Anhang Seite A-14), [6/33]   **Dimensionen [Mp, m]**

6. Einschränkung der Traglast

Die Schnittgrößen im Ring mit plastischen Gelenken sind im Schnitt $\varphi = 37°$ größer als die aufnehmbare Kombination aus M und N. Die $\alpha_p = 1,6$-fache Belastung wird daher durch Anwendung der Einschrankungssätze abgemindert. (Alle Zustände, die die Bedingungen Gleichgewicht und [M] < M_{pl} erfüllen, sind statisch zulässige Spannungszustände [6/28]). Man erhält so eine untere Schranke.

Werden die Längskraft und das Biegemoment im Schnitt $\varphi = 37°$ im gleichen Verhältnis so abgemindert, daß deren Kombination auf der Interaktionskurve liegt, ist die zugehörige reduzierte Belastung eine verbesserte Lösung für die Traglast. Den Reduktionsfaktor findet man, indem man die Interaktionskurve mit der Geraden durch den Spannungsnullpunkt und durch den Punkt der errechneten Schnittgrößen zum Schnitt bringt, vgl. Diagramm Bild K 2.

Bei dem Beispiel folgt mit den Werten für die Längskraft $N_{37} = -428,1$ Mp/m und red. N = $- 408$ Mp/m der Abminderungsfaktor

$$\lambda_p = 408/428,1 = 0,95, \text{ und}$$
$$\gamma = \alpha_p \times \lambda_p = 1,6 \times 0,95 = 1,52.$$

7. Spannungszustand im Tübbingausbau unter der 1,0-fachen Belastung

Beanspruchung der Tunnelauskleidung unter der 1,0-fachen Gebrauchslast mit Berücksichtigung der Längskraftverformung und der Einflüsse aus der Theorie II. Ordnung (mit $w_v = 0$ cm):

First $N_F = -211,5$ Mp/m $M_F = -27,81$ Mpm/m
Ulme $N_U = -256,9$ Mp/m $M_U = 19,14$ Mpm/m

Radspannungen: $\sigma_{Fa} = - 3004$ kp/cm²,
$\sigma_{Fi} = 1094$ kp/cm²,
$\sigma_{Ui} = - 3059$ kp/cm².

Gewinn an rechnerischer Tragfähigkeit nach plastischen Grenzzuständen:

Nach der Elastizitätstheorie erhält man aus dem Vergleich der größten Randspannung mit der Spannung an der Fließgrenze:

$$\gamma_E = \sigma_F/\sigma_{Ui} = 3600/3059 = 1,18 = 100\%$$

Bei Berücksichtigung der Plastizität liefert die Näherung

$$\gamma = \alpha_p \times \lambda_p = 1,52 = 129\% \text{ von } \nu_E.$$

FORSCHUNG+PRAXIS
U-VERKEHR UND
UNTERIRDISCHES BAUEN

Herausgeber: Studiengesellschaft für unterirdische
Verkehrsanlagen e. V. – STUVA
5000 Köln 30, Mathias-Brüggen-Str. 41

Band 1: Arbeitsgebiete – Aufgaben – Einzelthemen

61 Seiten, 63 Abbildungen u. Tabellen, 1965, Broschur, Preis 24,30 DM
Tagungsband: STUVA-Jahrestagung 1964 in Frankfurt/M.

Band 2: Begehbare Sammelkanäle für Versorgungsleitungen

Gesamtbearbeitung: Dr.-Ing. G. Girnau
336 Seiten, 157 Abbildungen, 143 Tabellen, 1968, Leineneinband mit
Schutzumschlag, Preis 148,– DM
Forschungsauftrag der Stadt Frankfurt/M.   vergriffen

Band 3: Abschlüsse für große Schutzbauten

Bearbeitung: Dr.-Ing. G. Girnau unter Mitarbeit
von Bauing. G. Behrendt und Bauing. K. Zimmermann
62 Seiten, 85 Abbildungen u. Tabellen, 1967, Broschur, Preis 19,50 DM
Forschungsauftrag des Bundesministers für Wohnungswesen und
Städtebau   vergriffen

Band 4: Verkehrsumleitungen beim Tunnelbau

Bearbeitet vom Arbeitsausschuß U-Verkehr der STUVA
(Leitung Prof. Dr.-Ing. H. Nebelung)
Gesamtbearbeitung Dr.-Ing. G. Girnau
86 Seiten, 86 Abbildungen, 29 Tabellen, 1968, Broschur, Preis 32,– DM
Forschungsauftrag des Bundesministers für Verkehr

Band 5: Neue Wege im Nahverkehr, Städtebau und Tunnelbau

35 Seiten, 49 Abbildungen, 1968, Broschur, Preis 18,– DM
Tagungsband: STUVA-Jahrestagung 1967 in Hannover

Band 6: Tunnelabdichtungen

Gesamtbearbeitung Dr.-Ing. G. Girnau und Dipl.-Ing. A. Haack
248 Seiten, 120 Abbildungen, 31 Tabellen, 1969, Leineneinband mit
Schutzumschlag, Preis 98,– DM
Forschungsauftrag des Ministers für Wohnungsbau und öffentliche
Arbeiten des Landes NRW

Band 7: Unterirdische Verkehrsbauten

110 Seiten, 141 Abbildungen, 2 Tabellen, 1969, Broschur, Preis 25,– DM
Tagungsband: STUVA-Jahrestagung 1968 in Frankfurt/M.

Band 8: Verkehr und Tunnelbau

88 Seiten, 150 Abbildungen, 4 Tabellen, 1970, Broschur, Preis 35,– DM
Tagungsband: STUVA-Jahrestagung 1969 in Hamburg

Band 9: Verknüpfung von Nahverkehrssystemen

Gesamtbearbeitung: Dr.-Ing. G. Girnau und Dipl.-Ing. F. Blennemann
152 Seiten, 143 Abbildungen, 41 Tabellen, 1970, Leineneinband mit
Schutzumschlag, Preis 115,– DM
Forschungsauftrag des Bundesministers für Verkehr

Band 10: Brandschutz beim Tunnelbau

Leitung: Priv.-Doz. Dr.-Ing. G. Girnau
Bearbeitung: Dipl.-Ing. A. Haack
152 Seiten, 218 Abbildungen, 24 Tabellen, 1971, Leineneinband mit
Schutzumschlag, Preis 125,– DM
Forschungsauftrag des Hauptverbandes der Deutschen Bauindustrie

Band 11: Nichtmechanische Gesteinszerstörung

Gesamtbearbeitung: Priv.-Doz. Dr.-Ing. G. Girnau
und Dipl.-Ing. F. Blennemann
124 Seiten, 140 Abbildungen, 55 Tabellen, 1972, Leineneinband mit
Schutzumschlag, Preis 115,– DM
Forschungsauftrag des Bundesministers der Verteidigung

Band 12: Moderner Tunnelbau

88 Seiten, 159 Abbildungen, 1972, Broschur, Preis 35,– DM
Tagungsband: STUVA-Jahrestagung 1971 in Stuttgart

Band 13: Fugen und Fugenbänder

Gesamtbearbeitung: Priv.-Doz. Dr.-Ing. G. G i r n a u
und Dipl.-Ing. N. K l a w a

136 Seiten, 175 Abbildungen, 91 Tabellen, 1972, Leineneinband mit Schutzumschlag, Preis 124,– DM

Forschungsauftrag des Ministers für Wirtschaft, Mittelstand und Verkehr des Landes NRW

Band 14: Konstruktion, Korrosion und Korrosionsschutz unterirdischer Stahltragwerke

Gesamtbearbeitung: Priv.-Doz. Dr.-Ing. G. G i r n a u, Dipl.-Ing. F. B l e n n e m a n n, Dipl.-Ing. N. K l a w a und Bauing. K. Z i m m e r m a n n

184 Seiten, 162 Abbildungen, 77 Tabellen, 1973, Leineneinband mit Schutzumschlag, Preis 146,– DM

Forschungsauftrag der Studiengesellschaft für Anwendungstechnik von Eisen und Stahl e. V., Düsseldorf

Band 15: Bau und Betrieb von Verkehrstunneln

164 Seiten, 295 Abbildungen, 4 Tabellen, 1974, Broschur, Preis 68,– DM,
Tagungsband: STUVA-Jahrestagung 1973 in Essen

Band 16: Baukosten von Verkehrstunneln

Bearbeitung: Dr.-Ing. A. H a a c k, Dipl.-Ing. F. P o y d a, Ing. (grad.) K. F. E m i g. Ing. (grad.) M. F o r n e r u. a.

102 Seiten, 57 Abbildungen, 51 Tabellen, 1975, Leineneinband mit Schutzumschlag und Schuber, Preis 110,– DM

Forschungsauftrag der Studiengesellschaft Nahverkehr mbH, SNV, Hamburg

Band 17: Anforderungen der Fahrgäste an den öffentlichen Nahverkehr

Leitung: apl. Professor Dr.-Ing. G. G i r n a u
Bearbeitung: Dr.-Ing. F. B l e n n e m a n n
Dipl.-Ing. W. B r a n d e n b u r g

94 Seiten, 81 Abbildungen, 56 Tabellen, 1976, Leineneinband mit Schutzumschlag und Schuber, Preis 115,– DM

Forschungsaufträge des Bundesministers für Verkehr, Bonn, und der Studiengesellschaft Nahverkehr mbH, SNV, Hamburg

Band 18: Neue Fugenbänder

Leitung: apl. Professor Dr.-Ing. G. G i r n a u
Bearbeitung: Dr.-Ing. N. K l a w a, Dipl.-Ing. A. S a b i el-Eish

50 Seiten, 63 Abbildungen, 1 Tabelle, 1975, Broschur, Preis 65,– DM
Forschungsauftrag des Ministers für Wirtschaft, Mittelstand und Verkehr des Landes NRW

Band 19: Moderne U-Verkehrs- und Tunnelbautechnik

154 Seiten, 296 Abbildungen, 5 Tabellen, 1976, Broschur, Preis 60,– DM
Tagungsband: STUVA-Jahrestagung 1975 in Köln

Band 20: Aufspüren von Abdichtungsschäden

Leitung apl. Professor Dr.-Ing. G. G i r n a u
Bearbeitung: Dr.-Ing. N. K l a w a

135 Seiten, 182 Abbildungen, 23 Tabellen, 1976, Leineneinband mit Schutzumschlag und Schuber, Preis 138,– DM

Forschungsauftrag des Bundesministers für Verkehr

Band 21: Neue Erfahrungen im U-Verkehr und Tunnelbau

158 Seiten, 298 Abbildungen, 23 Tabellen, 1978, Broschur, Preis 60,– DM
Tagungsband: STUVA-Jahrestagung 1977 in Hamburg

Band 22: Tunnelbaukosten und deren wichtigste Abhängigkeiten

Projektleitung: apl. Professor Dr.-Ing. G. G i r n a u, Dr. Ing. Norbert K l a w a
Bearbeitung: Dr. Ing. Norbert K l a w a, Dipl.-Ing. Jörg S c h r e y e r

146 Seiten, 138 Abbildungen, 30 Tabellen, 1979, Leineneinband mit Schutzumschlag und Schuber, Preis 148,– DM

Forschungsauftrag des Bundesministers für Forschung und Technologie, Bonn

Band 23: Tunnel – Planung, Bau, Betrieb und Umweltschutz

208 Seiten, 421 Abbildungen und Tabellen, 1980, Broschur, Preis 84,– DM
Tagungsband: STUVA-Jahrestagung 1979 in München

Band 24: Mechanisches Verhalten von PVCweich-Abdichtungen

Leitung: apl. Professor Dr.-Ing. G. G i r n a u, Dr.-Ing. A. H a a c k
Bearbeitung: Dipl.-Ing. F. P o y d a

76 Seiten, 35 Abbildungen, 19 Tabellen, 1980, Broschur, Preis 65,– DM
Forschungsaufträge des Bundesministers für Verkehr und des Bundesministers für Forschung und Technologie, Bonn

Band 25: Gebäudeunterfahrungen und -unterfangungen
Methoden · Kosten · Beispiele

Leitung: Professor Dr.-Ing. G. G i r n a u
Bearbeitung: Dr.-Ing. N. K l a w a

563 Seiten, 472 Abbildungen, 3 Tabellen, 1981
Leineneinband mit Schutzumschlag und Schuber, Preis 285,– DM

Forschungsauftrag des Bundesministers für Verkehr, Bonn

Band 26: Unterirdische Stahltragwerke
Hinweise und Empfehlungen zu Planung,
Berechnung und Ausführung

Leitung: Professor Dr.-Ing. G. G i r n a u

Gesamtbearbeitung: Dr.-Ing. A. H a a c k ,
Dr.-Ing. N. K l a w a

368 Seiten, 315 Abbildungen, 22 Tabellen, 1982, Leineneinband mit
Schutzumschlag und Schuber, Preis 98.– DM

Forschungsauftrag der Studiengesellschaft für Anwendungstechnik
von Eisen und Stahl e. V., Düsseldorf

Band 27: Unterirdisches Bauen –
Gegenwart und Zukunft

Tagungsband: STUVA-Jahrestagung 1981 in Berlin   in Vorbereitung